航天科技图书出版基金资助出版

航天器导航滤波器设计方法

熊　凯　魏春岭　郭建新　编著

中国宇航出版社
·北京·

图书在版编目（CIP）数据

航天器导航滤波器设计方法 / 熊凯，魏春岭，郭建新编著. -- 北京 : 中国宇航出版社，2022.2

ISBN 978-7-5159-2031-3

Ⅰ.①航… Ⅱ.①熊… ②魏… ③郭… Ⅲ.①航天器—滤波器—设计 Ⅳ.V47

中国版本图书馆CIP数据核字(2022)第008240号

责任编辑　侯丽平　　**封面设计**　宇星文化

出　版
发　行　中国宇航出版社

社　址　北京市阜成路8号　**邮　编**　100830
(010)60286808　(010)68768548

网　址　www.caphbook.com

经　销　新华书店

发行部　(010)60286888　(010)68371900
(010)60286887　(010)60286804(传真)

零售店　读者服务部　(010)68371105

承　印　天津画中画印刷有限公司

版　次　2022年2月第1版
2022年2月第1次印刷

规　格　787×1092

开　本　1/16

印　张　19.75　**彩　插**　4面

字　数　481千字

书　号　ISBN 978-7-5159-2031-3

定　价　98.00元

本书如有印装质量问题，可与发行部联系调换

航天科技图书出版基金简介

航天科技图书出版基金是由中国航天科技集团公司于2007年设立的，旨在鼓励航天科技人员著书立说，不断积累和传承航天科技知识，为航天事业提供知识储备和技术支持，繁荣航天科技图书出版工作，促进航天事业又好又快地发展。基金资助项目由航天科技图书出版基金评审委员会审定，由中国宇航出版社出版。

申请出版基金资助的项目包括航天基础理论著作，航天工程技术著作，航天科技工具书，航天型号管理经验与管理思想集萃，世界航天各学科前沿技术发展译著以及有代表性的科研生产、经营管理译著，向社会公众普及航天知识、宣传航天文化的优秀读物等。出版基金每年评审1～2次，资助20～30项。

欢迎广大作者积极申请航天科技图书出版基金。可以登录中国航天科技国际交流中心网站，点击“通知公告”专栏查询详情并下载基金申请表；也可以通过电话、信函索取申报指南和基金申请表。

网址：http：//www.ccastic.spacechina.com

电话：(010) 68767205，68768904

序

航天技术是促进太空资源开发、知识传播与科技水平进步的重要引擎。经过多年努力，我国进出空间、利用空间、探索空间和控制空间的能力显著增强，航天科技和产业持续发展，系统创新工作不断取得新的成就。2020年，北斗三号全球卫星导航系统的建成开通，为全球公共服务基础设施建设做出重大贡献；嫦娥五号完成我国首次地外天体采样返回任务，标志着探月工程“绕、落、回”三步走收官之战取得了圆满胜利。2021年，长征五号B运载火箭将中国空间站工程首个航天器天和核心舱顺利送入太空，我国空间站在轨建造大幕正式开启；天问一号着陆巡视器成功着陆于火星乌托邦平原，使我国在行星探测领域进入世界先进行列。未来我国还将开展综合定位导航授时体系、国家卫星互联网、小行星监测预警与防御、太阳系外行星生命探索、太阳系边际探测等一系列重大工程，对航天器的自主能力和智能水平提出了新的挑战，也为自主导航技术的发展应用提供了动力源泉。

航天器自主导航系统能够为近地轨道、深空探测和星际飞行的各类航天器提供位置、速度、姿态和时间等信息，支持航天器发展成为具备感知、学习、推理、执行、进化等能力的智能无人系统，使其能够长期在不确定环境且无外界干预的条件下执行空间任务。导航滤波器设计是航天器自主导航的核心技术之一，对于提升系统性能具有重要作用。

本书的作者在航天器自主导航领域潜心耕耘20余年，取得了具有自主知识产权的创新研究成果；特别是近几年来，在新概念导航体制、测量敏感器产品、地面验证系统和空间飞行试验等方面取得了多项突破性进展。《航天器导航滤波器设计方法》一书面向当前自主导航技术发展需求，充分吸纳作者的理论研究成果和工程实践经验，深入浅出地介绍了导航滤波器设计的基本概念和原理方法，对先进滤波器设计方法与导航定位方案进行了分析，并给出了多个典型系统的仿真案例，实现了基础理论与工程背景的有机融合，对期待应用滤波方法解决实际问题的研究人员具有指导意义。

相信本书的出版将对我国航天器自主导航技术研究和相关领域青年人才培养起到积极

的推动作用。同时，希望更多怀揣航天梦的年轻人投身祖国航天事业，为加快航天强国建设做出贡献。

杨孟飞

2021 年 11 月

前　言

如果理论和应用没有一个快乐的婚姻，控制论将不再辉煌。尽管卡尔曼滤波器在航天器导航领域已有广泛的应用，但在很多情况下，卡尔曼滤波器理论及其设计方法并没有被很好地理解。这一现状对于随机系统状态估计理论研究与航天器导航工程实践都是不利的。事实上，非常多的用户仅仅被告知卡尔曼滤波器是什么，而不知道为什么它们如此有效。迄今为止，在航天器导航工程实践过程中，主要应用传统最小二乘法、卡尔曼滤波器或扩展卡尔曼滤波器解决随机系统状态估计问题；面对广泛存在的模型不确定性的影响，有意或无意地应用鲁棒状态估计方法的设计理念，在地面结合大量场景的数学仿真人为进行滤波器参数优化，使得滤波器能够在不同条件下保证稳定性，并满足一定的估计精度要求。

将当代先进的随机系统状态估计方法与航天器导航应用背景相结合，对航天控制领域工程型号的技术进步能够产生积极的推动作用；同时，在工程实践活动中涌现出来的新的需求又将促进随机系统状态估计理论研究的进一步发展。本书的一个目的是通过对卡尔曼滤波器理论和多种应用问题的讨论，来说明滤波器设计的基本原理，以及通过滤波器的优化设计能够解决什么问题，使得广大读者不仅“知其然”，而且能够“知其所以然”。尽管本书给出的卡尔曼滤波器设计方法主要面向航天器导航，但类似技术途径可以推广到随机系统状态估计的其他应用对象。

卡尔曼滤波器理论既有广阔的应用前景，也牵引了很多富有挑战性的研究课题。本书的写作风格趋向于随意而非刻板，数学证明趋向于简单且具有启发性，使得具备线性代数和概率统计基本知识的任何人，无论是学生还是专家，都易于阅读。出于这一目的，本书引入了一个预备知识章节，包含有关矩阵论和概率论的一些基本概念。

本书共分为10章，主要沿着卡尔曼滤波器理论及其在航天器导航系统中的应用两条主线展开论述。为了便于读者理解，遵循由简单到复杂的客观事物发展规律，一方面，在随机系统状态估计方面，由浅入深，依次阐明最小二乘法、卡尔曼滤波器、鲁棒卡尔曼滤波器、自适应卡尔曼滤波器，以及强化学习卡尔曼滤波器的典型设计方法；另一方面，在航天器导航方面，按照航天器姿态确定、传统光学成像导航、X射线脉冲星导航、基于相对测量的星座导航，以及新兴的天文观测相对论效应导航的顺序进行说明。

本书是作者20多年相关研究成果和教学经验的总结和提炼，重点论述了卡尔曼滤波器用于地球轨道航天器自主导航时面临的理论、方法和技术问题，分析了通过改善滤波器的设计提高航天器导航性能的技术途径，是一本融基础理论方法与应用设计技术为一体的学术专著，既可作为从事工程型号研制工作的科研人员的参考书，也可作为高等院校相关专业研究生的教材。

本书成稿过程中，得到了“空间智能控制技术”重点实验室航天器导航技术研究团队的大力支持，其中张斌、李克行、石恒、李茂登和周鹏等同志参与了本书部分内容编写、仿真试验以及数据整理工作；北京控制工程研究所的吴宏鑫院士、中国空间技术研究院的杨孟飞院士给予了指导，袁利、解永春和何英姿研究员提出了许多宝贵意见；中国人民解放军国防科技大学的周海银教授、王炯琦教授和北京航空航天大学的宁晓琳教授仔细审阅了书稿；中国宇航出版社对本书的出版给予了大力支持，在此一并致谢。

本书研究工作得到了民用航天技术预先研究项目（D020403）、国家自然科学基金（U21B6001）、中国空间技术研究院杰出青年人才基金和北京控制工程研究所的大力支持，本书出版得到了航天科技图书出版基金的资助，作者在此表示衷心感谢。

由于卡尔曼滤波器理论和航天器导航技术发展迅速，加上作者水平所限，难以全面、完整地就研究前沿一一深入探讨。在本书写作的过程中，作者始终怀着忐忑的心情，唯恐贻笑大方，希望广大读者本着批判的态度，取其精华，去其糟粕，争取达到推陈出新的效果。书中疏漏及不当之处在所难免，恳请读者批评指正。

作　者

2021年6月于北京

目 录

第1章 绪 论

1.1 航天器导航概述

航天器的运动一般可分为绕其质心的角运动和质心运动；通常航天器绕其质心的角运动通过姿态参数来描述，航天器质心的运动状态通过位置矢量和速度矢量来描述。航天器导航是指为了保障航天器完成空间任务，通过敏感器和计算装置，按照一定准则确定航天器的位置、速度和姿态等运动状态的方法或过程。航天器导航系统主要回答以下问题："航天器在哪里？飞行速度是多少？航天器指向什么方向？"主要目的是给出实现航天器控制所需的输入信息。

对于不同的航天器平台，导航信息具有多种不同用途，如对地观测卫星需要利用导航系统给出航天器上有效载荷的参考指向信息，用于有效载荷的数据处理；在载人航天器中，需要通过仪表向航天员显示导航参数；对于需要执行轨道机动任务的航天器（如图1-1中所示的嫦娥探测器），需要导航系统给出所需机动的初始条件；在航天器返回再入过程中，常常要求知道航天器相对于地球的位置和速度；在两个航天器交会对接的运动控制过程中需要进行相对导航，即确定两个航天器之间的相对位置、相对速度和相对姿态。

图1-1 "嫦娥五号"探测器探月任务示意图

航天器导航研究通常可划分为两类问题，即姿态确定和轨道确定。航天器姿态确定可通过星敏感器、地球敏感器或太阳敏感器等设备在轨实现，地球轨道航天器还可使用多天线GNSS（Global Navigation Satellite System，全球导航卫星系统）定姿技术，陀螺可用于抑制上述姿态敏感器的测量噪声。基于星敏感器和陀螺实施测量，利用卡尔曼滤波器（Kalman Filter，KF）等状态估计算法进行数据处理的自主姿态确定技术相对比较成熟，是遥感卫星平台的标配，已形成规范化算法。在航天器导航领域，往往重点研究尚未实现完全自主的轨道确定技术。

轨道确定指的是基于轨道动力学模型，并辅以敏感器观测量，确定航天器在轨道上的位置和速度。根据轨道确定所依据的信息来源的不同，航天器导航通常可分为自主导航和非自主导航，惯性导航和天文导航等不依赖人造信标的方式属于典型的自主导航，而基于地面测控站或GNSS卫星等人造信标的方式为非自主导航，如图1-2所示。

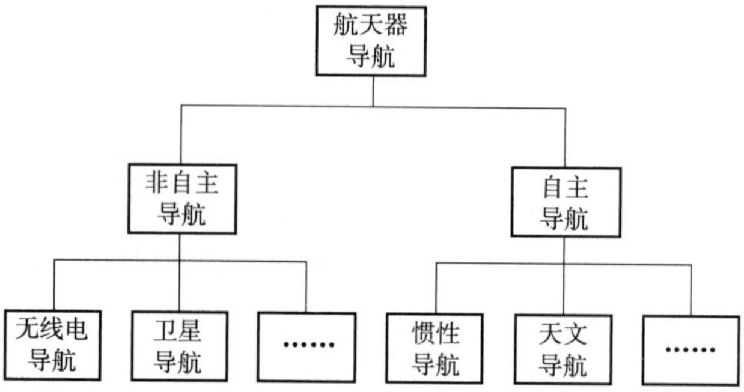

图1-2　航天器导航的轨道确定实现方式

目前，航天器轨道确定主要依靠地面测控站的跟踪测量进行，测量手段包括多普勒无线电定轨系统、雷达跟踪以及卫星激光测距等。受地理条件的限制，国内地面测控站可跟踪测量的航天器轨道弧段是有限的，往往难以实现航天器整个飞行过程的实时定位导航，尤其是对于距离遥远的深空探测器，存在时延长、信号弱、测量精度低等问题。以全球定位系统（Global Positioning System，GPS）、北斗导航卫星系统（BeiDou Navigation Satellite System，BDS）为代表的GNSS是重要的导航信息源，在低轨卫星上已得到广泛应用。但是，由于GNSS技术存在地面系统、空间系统和传输信道易受攻击的风险，限制了其在对抗条件下的应用。相对而言，天文导航技术利用自然天体提供的空间基准场实现导航，具有隐蔽性强、不受电磁干扰影响等特点，经过多年发展，已逐渐成为实施航天器导航的有效手段。

导航作为航天器的核心关键技术之一，关系着航天任务的成败。为了提高航天器的自主运行、自主管理和在轨生存能力，各航天大国都在积极发展各种不依赖于地面无线电测控的航天器自主导航技术。中国航天事业历经60多年的努力，在航天器导航领域取得了令人瞩目的成就，达到了世界先进水平。

1.2　航天器自主导航简介

航天器自主导航是指在不依赖地面支持的情况下，仅利用自身携带的测量设备和数据处理装置，在轨实时确定航天器的位置和速度等信息的方法或过程。现阶段国内外航天器导航大多数依靠地面设备完成，主要方式是采用地面测控站的无线电或光学系统对航天器进行跟踪测量，然后利用地面计算机确定航天器的位置、速度或轨道参数。随着空间技术的发展和应用，航天器在通信、导航和遥感等领域发挥着重要作用，在轨运行的航天器数量不断增多，对地面测控系统带来的负担越来越重。航天器实现自主导航，不仅能够减小其对地面测控系统的依赖程度，降低地面支持的成本，还能缓解国土面积有限对地面测控站布局的制约，提升航天器在测控区外执行任务的能力。航天器在轨执行空间操作任务示意图如图 1－3 所示。

图 1－3　航天器在轨执行空间操作任务示意图

航天器自主导航系统主要由测量设备和数据处理装置组成，测量设备一般包含一种或多种敏感器，数据处理装置主要是数字计算机，用于处理敏感器提供的测量数据，通过精心设计的状态估计算法或数字信号处理算法，结合轨道动力学模型，根据空间任务需求完成航天器的运动参数计算。典型的自主导航敏感器包括地球敏感器、星敏感器以及 X 射线探测器等。航天器轨道动力学模型基于中心天体引力场建立，干扰力考虑中心天体非球形引力摄动、大气摄动、太阳光压摄动以及非中心天体引力摄动等。目前，航天器轨道动力学模型已具有相当高的精度。航天器自主导航系统中广泛采用的状态估计算法为扩展卡尔曼滤波器（Extended Kalman Filter，EKF）。

航天器导航系统具有多种不同的信息获取方式，经常采用的包括基于自然天体测量的天文导航系统和基于人造目标测量的信标导航系统。基于天体观测的光学成像导航（Optimal Navigation，OPNAV）、X 射线脉冲星导航（X－ray Pulse－based Navigation，XNAV），以及新兴的恒星多普勒导航（StarNAV－DE）等可归于天文导航系统，地面站无线电测控、GNSS 导航等属于典型的信标导航系统。近些年来，我国航天器导航技术研究得到突飞猛进的发展，取得了很多创新型成果，部分正在快速发展的航天器非自主/自主导航技术如图 1－4 所示。

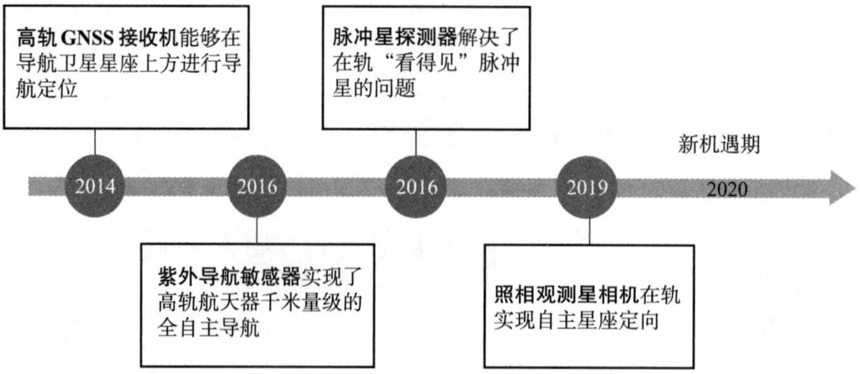

图 1-4 近些年来航天器导航技术的发展情况

值得注意的是，尽管惯性导航系统（Inertial Navigation System，INS）在航空、航海等领域得到广泛应用，但对于长期在轨道上运行的航天器而言，由于所受的非保守力非常微弱，导致惯性导航系统中加速度计测量的信噪比很低，通过惯性导航系统对航天器进行航位推算，往往难以保证导航系统的长期精度要求。因此，惯性导航系统通常不单独用作航天器正常运行期间的自主导航手段。当然，惯性测量单元（Inertial Measurement Unit，IMU）可在航天器的某些特殊任务段对自主导航性能提升起到重要作用。对于很多地球轨道航天器来说，轨道控制较为频繁，例如，高轨卫星需要定期进行南北位置保持，低轨卫星会根据任务需求进行轨道机动，电推进卫星平台轨道转移时间较长，需要推进系统长时间保持工作状态。在这种情况下，对航天器轨道运动的影响除了引力以外，星上推进系统的推力也是一项重要的因素。加速度计能够测量作用于航天器的非引力加速度，将加速度计测量引入航天器的轨道动力学方程，能显著改善自主导航性能。在航天器轨道机动期间，通过加速度计测量发动机推力加速度，并及时修正航天器轨道动力学模型，将有助于轨道机动过程中和结束后自主导航系统快速准确地获取航天器位置信息。

1.3 面向航天器的典型导航方式

本节对几种已得到应用或受到广泛关注的航天器导航方式进行简要说明，包括光学成像导航、X 射线脉冲星导航和恒星光谱测速导航这 3 种自主导航方式，以及全球卫星导航这一重要的非自主导航方式。卡尔曼滤波器在上述导航方式的具体实施过程中均起到重要作用。

1.3.1 光学成像导航

天文导航系统是通过敏感器对自然天体提供的辐射信号或空间基准场进行探测，经解算确定载体相对某个参考坐标系的位置、速度和姿态等信息的系统[1]。常用的天文导航目标源如图 1-5 所示[2]。天文导航系统具有以下特点。

1）天文导航系统以自然天体为观测目标，不依赖地面测控站和导航卫星等人造信标，在获取导航信息的过程中，仅需要被动接收天体辐射的信号，无须向外部环境发射信号，工作过程隐蔽性强、安全性高。

2）天文导航系统的定位精度主要取决于目标源的稳定度和敏感器的测量精度，其误差通常不随时间积累，这一特点对于长期运行的航天器而言至关重要。

3）自然天体能够提供可用丁导航的多种信号形式，包括 X 射线、紫外光、可见光、红外光等电磁辐射，中微子等物质波，以及磁场、重力场等基准场，且天体运行不易受人为干扰，基于日月星辰构建的空间基准具有高度的稳定性，保障了天文导航系统的完备性和可靠性。

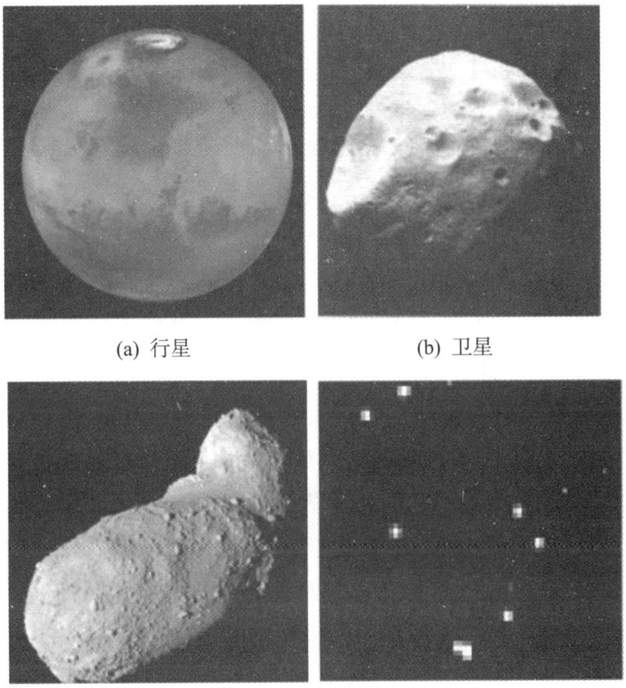

(a) 行星　　(b) 卫星

(c) 小行星　　(d) 恒星

图 1－5　常用的天文导航目标源

人类社会对基于恒星等自然天体观测的天文导航技术的研究与应用具有悠久的历史。随着人类文明的进步，天文导航系统被古代欧洲、阿拉伯、中国和波利尼西亚等地的学者分别独立地发展起来，很多船只依赖天文导航技术在海上航行，如图 1－6 所示。人们逐渐发现，通过测量某一时刻恒星与海平面或地平线的夹角，可以解算出观测者所在位置的经纬度。20 世纪 90 年代以来，GNSS（全球导航卫星系统）逐渐取代了传统天文导航系统，但对于航天任务而言，天文导航系统仍具有重要应用价值，相关研究受到世界上主要航天大国的支持。在过去的大约 30 年中，天文导航技术在理论方法和技术应用层面均得到快速发展。

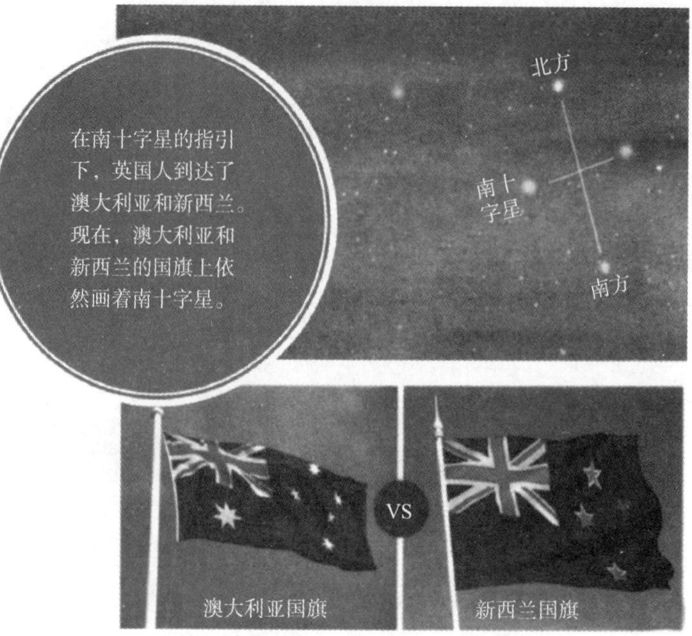

图 1-6　天文导航在人类历史中的作用

面向航天器的天文导航系统具有多种实现方式，包括传统的光学成像导航和地磁导航等，以及近些年来新兴的 X 射线脉冲星导航、恒星光谱测速导航、天体重力场匹配导航和中微子定向导航等。根据不同的空间任务，可用于天文导航的敏感器包括地球敏感器、星敏感器、磁强计、X 射线探测器、摄谱仪、重力梯度仪以及中微子定向仪等。

经典的航天器自主天文导航系统利用恒星背景中的天体图像实现航天器位置估计，基于近天体（如行星）和远天体（如恒星）成像观测和图像处理的导航方式通常被称为光学成像导航（OPNAV)，该导航方式已得到深入研究，并已在地球轨道卫星和深空探测任务中得到验证[3]。由航天员手动操作的空间六分仪率先用于美国国家航空航天局（National Aeronautics and Space Administration，NASA）登月计划中阿波罗飞船自主导航任务。对于现代航天器上的天文导航系统，如美国喷气推进实验室（Jet Propulsion Laboratory，JPL）的深空 1 号（Deep Space 1，DS1）探测器上的天文导航系统，可利用航天器上的光学敏感器自主获取天体观测量，并通过星上计算机解算得到所需导航信息[4]。

面向地球轨道卫星的“星光＋地心方向”光学成像导航原理如图 1-7 所示。利用航天器上配置的地球敏感器和星敏感器，分别对地心矢量和星光方向进行观测，结合航天器轨道动力学方程，基于导航敏感器的观测信息，通过卡尔曼滤波器的迭代解算可以估计得到航天器的位置、速度和姿态等运动状态[5-6]。基于上述原理设计的紫外地球敏感器在 2016 年发射的我国新技术试验卫星上得到成功应用，实现了高轨卫星千米量级的自主导航精度。

此外，基于星光方向测量校准陀螺漂移误差的天文/惯性组合导航技术在航空航天领域得到广泛应用。通过高精度星敏感器测量恒星在天球的方位信息，可以解算得到载体的

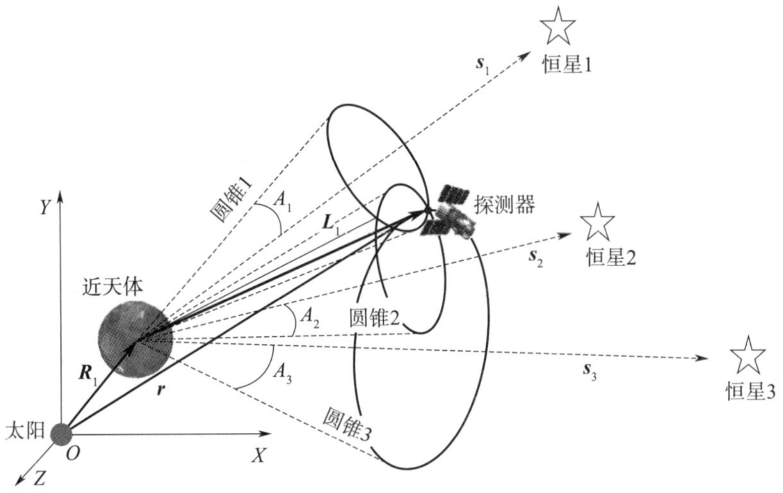

图 1-7 传统的光学成像导航原理图

惯性姿态，相当于在惯性导航系统中引入了没有漂移的陀螺。天文/惯性组合导航系统通过导航滤波器对星敏感器和惯性测量单元的数据进行处理，完成陀螺漂移补偿，输出载体的位置、速度和姿态信息，适用于高空远程飞机和战略导弹等对象的自主导航[7-8]。

1.3.2 X射线脉冲星导航

X射线脉冲星导航是指以X射线脉冲星或其他宇宙X射线源辐射的X射线光子作为观测信号，通过X射线探测器获取脉冲到达时间、方向等观测量，经过数据处理自主确定航天器位置、姿态和时间等参数的方法或过程。脉冲星在射电、红外、可见光、紫外、X射线和γ射线等电磁波频段均存在信号辐射，其中X射线信号由高能光子构成，集中了脉冲星辐射的大部分能量，具有稳定周期，且易于被小型化设备探测，因此，在X射线脉冲星导航领域，研究重点是X射线脉冲星信号的测量技术和处理方法。作为自主天文导航的实现方式之一，X射线脉冲星导航系统能够为宇宙空间中的航天器提供导航服务，但是，由于宇宙X射线源辐射的X射线光子不能穿透地球大气层，因此，不能直接对地面用户进行导航。基于星上设备观测宇宙X射线源的原理如图1-8所示。

X射线脉冲星系统基于在航天器上配置的脉冲星探测器，测量脉冲星辐射的光子信号，提取光子到达时间（Time of arrival，TOA）等观测量，经过数字信号处理自主确定航天器的位置、速度和时间等导航参数。脉冲星是宇宙空间中以稳定的周期高速自转的中子星，部分脉冲星的自转周期变化率达到$10^{-19}\sim10^{-21}$，被誉为“宇宙中的灯塔”“自然界最精确的天体钟”[9]。脉冲星能够沿磁极方向发射辐射波束，由于其自转轴与磁极方向不一致，脉冲星的转动带着辐射波束在空间中扫过一个巨大的锥形，当波束扫过航天器时，航天器上的脉冲星探测器就能接收到一个脉冲信号。脉冲星辐射波束示意图如图1-9所示。

脉冲星能够以稳定的周期向宇宙空间发射脉冲信号，并且脉冲星在天球上的视线方向

图 1-8　基于星上设备观测宇宙 X 射线源的原理

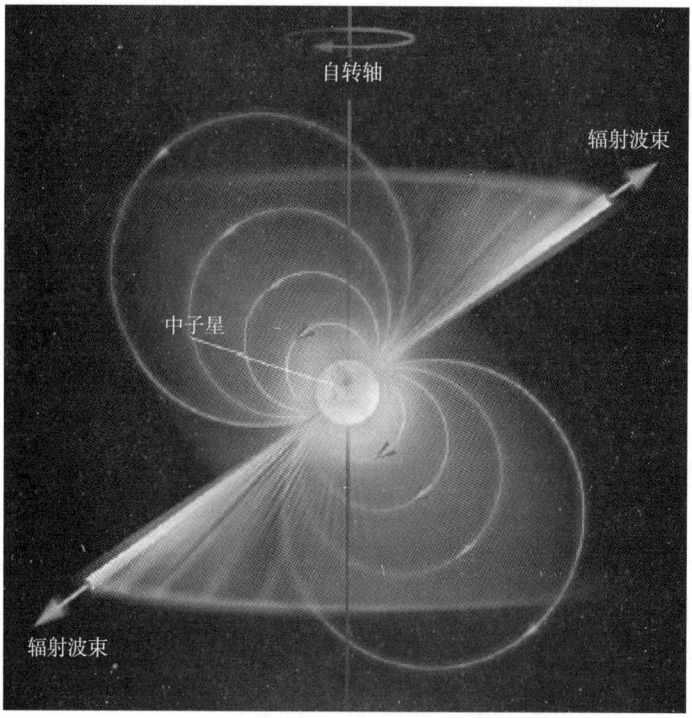

图 1-9　脉冲星辐射波束示意图

可以精确测定。因此，脉冲星可以作为太空中的天然信标，为航天器提供导航信息。脉冲星导航通常以太阳系质心（Solar System Barycenter，SSB）作为时空参考点。太阳系质心位于太阳表面附近靠木星一侧，太阳及其行星均围绕该点运动，脉冲星信号相对于太阳系质心的脉冲轮廓和脉冲到达时间（Time of arrival，TOA）可以精确预报，因此，脉冲星导航系统的数学模型和基本观测量通常在太阳系质心坐标系表述。

X射线脉冲星导航的基本原理为：某颗脉冲星发射的同一个脉冲信号到达航天器与到达太阳系质心的时间之差，反映了航天器相对于太阳系质心的位置矢量在脉冲星视线方向上的投影；脉冲信号到达航天器的时间可通过航天器上的X射线探测器记录得到，脉冲信号到达太阳系质心的时间可根据建立在太阳系质心的脉冲星时间模型精确地预测得到；以脉冲信号到达航天器与到达太阳系质心的时间之差为观测量，结合航天器轨道动力学模型，通过滤波器处理一个时间序列上的观测量，可以获得航天器位置和速度的估计值；必要的情况下，还可对航天器上的时钟偏差进行校准[10]。脉冲星导航系统原理如图1-10所示。

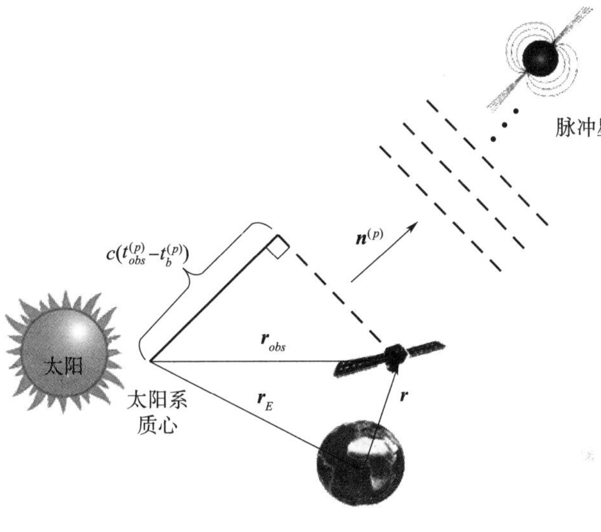

图1-10 脉冲星导航系统原理

应当说明，考虑到脉冲星探测器的质量和体积通常较大，在航天器上安装多个脉冲星探测器往往比较困难。采取同一脉冲星探测器分时段观测不同脉冲星的测量方式，有助于强化脉冲到达时间观测量对航天器定位误差的几何约束，优化脉冲星导航系统性能。

相对传统的光学成像导航方式，X射线脉冲星导航具有以下特点。

1）X射线脉冲星导航能够同时为航天器提供位置、速度、姿态和时间信息，而传统光学成像导航方式通常不能用于授时。

2）X射线脉冲星导航适用范围广，既可用于近地轨道航天器和深空探测器，以及恒星际飞行器，也可用于无稠密大气的天体表面巡视器，而传统光学成像导航方式主要在目标天体对于敏感器可见的区域发挥作用。

3）根据宇宙X射线源的周期稳定性进行折算，X射线脉冲星导航所能达到的定位精度优于传统光学成像导航方式。

X射线脉冲星的信号非常微弱，受X射线探测器有效面积的限制，往往很难根据一个脉冲周期的光子到达时间测定脉冲到达时间。通常需要对脉冲星进行多个脉冲周期的重复观测，再通过周期折叠和轮廓比对计算脉冲到达时间[11]。

脉冲星是理想的天体目标源，X 射线脉冲星导航是一项极具发展潜力的技术，其可行性已通过在轨试验得到验证，但其性能受 X 射线脉冲星信号弱等因素的限制[12-14]。例如，2016 年发射的我国首颗脉冲星导航专用试验卫星（XPNAV－1）轨道确定精度约为 38 km[15-16]；2018 年，美国 NASA 资助的“空间站 X 射线计时与导航技术试验（SEXTANT）”在轨实现的定位精度为 5～10 km[17]（SEXTANT 在轨试验系统结构图如图 1－11 所示）；2019 年“慧眼”卫星 X 射线脉冲星导航试验定位精度优于 10 km（慧眼卫星结构如图 1－12 所示）。

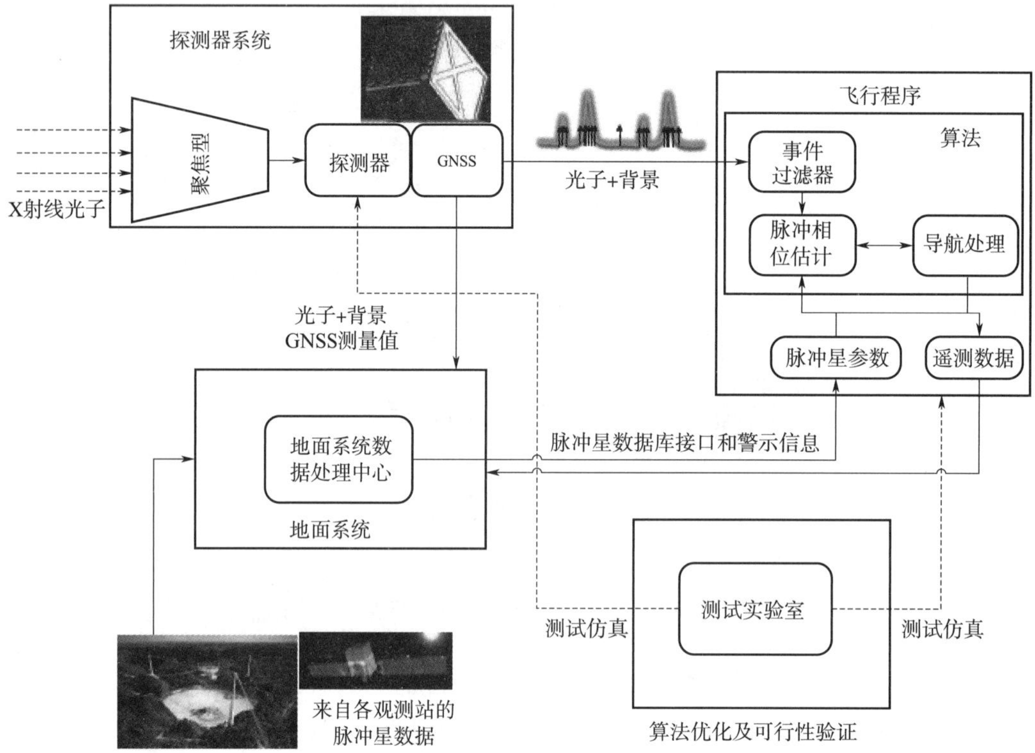

图 1－11　SEXTANT 在轨试验系统结构图

1.3.3　恒星光谱测速导航

恒星光谱测速导航是指利用太阳、恒星等天体目标源光信号的多普勒效应，根据航天器与目标源之间的距离变化率观测量来确定航天器位置和速度的方法或过程。当机械波或电磁波的发射源与接收点之间沿两者连线方向存在相对速度时，接收频率与发射频率并不一致，这一频率差称为多普勒频移。光学多普勒效应是指航天器在远离或接近目标源的过程中，测量得到的目标源光信号的频率变化现象。光信号的多普勒频移反映了航天器与目标源的相对运动信息，其幅度与航天器在目标源视线方向上的相对速度成正比。因此，根

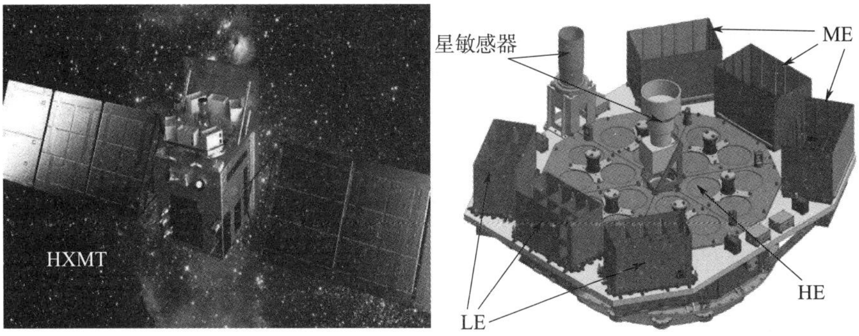

图 1-12 “慧眼”卫星及其载荷配置

据在航天器上测量得到的光信号多普勒频移，可以求解得到航天器相对于目标源的速度。在实际的航天器轨道运动中，航天器的速度是三维矢量，而通过对一个目标源进行观测，仅能确定航天器速度在目标源视线方向上的一个分量；通过对三个或三个以上目标源进行观测，可以估计得到完整的航天器三维速度信息；进一步结合目标源的天体星历数据，测定航天器在惯性坐标系中的速度矢量，如图 1-13 所示[18]。

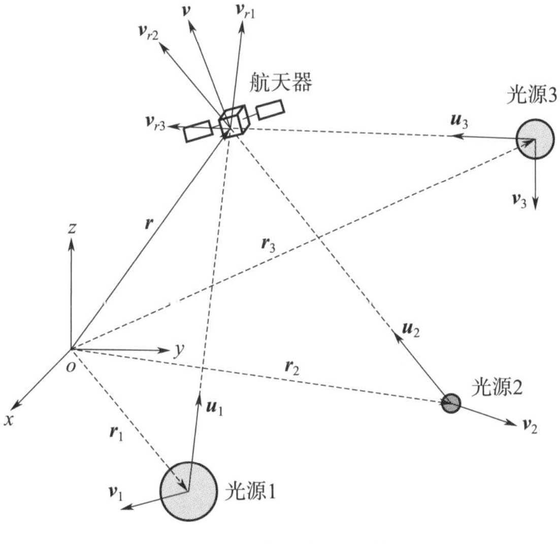

图 1-13 基于光学多普勒效应的航天器测速原理

恒星光谱测速导航系统的基本工作方式为：利用航天器上的摄谱仪结合数字计算机测定航天器在惯性坐标系中的速度信息，进而对速度进行积分，获得航天器的位置信息。导航系统中的摄谱仪是一种可将接收到的光线分离成频谱的仪器，可用于光学多普勒效应的测量，如图 1-14 所示。

在恒星光谱测速导航系统工作过程中，航天器位置估计误差会随时间积累；因此，有必要将恒星光谱测速导航与其他导航方式相结合，构成组合导航系统。恒星光谱测速导航方式用于航天器组合导航系统时，可通过摄谱仪测量在一个时间序列上的光信号多普勒频

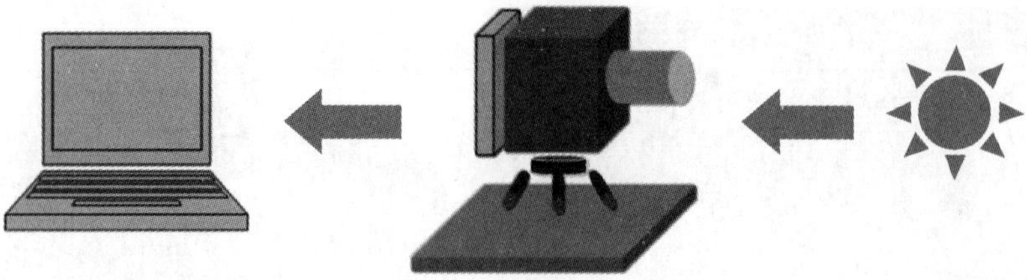

图 1-14 面向太阳光学多普勒效应观测的摄谱仪示意图

移，并利用其他敏感器设备（如紫外地球敏感器、X 射线探测器等）得到多个时刻的测量数据，结合航天器轨道动力学方程，通过卡尔曼滤波器或其他数字处理算法估计得到航天器的运动状态。

恒星光谱测速导航系统具有导航原理直观、潜在应用范围广等优点，但也面临目标源自身光学信号不稳定等问题，尚处于研究阶段[19]。针对上述问题，将目标源光信号的多普勒频移测量用于相对导航，通过比较卫星编队中两个航天器测量得到的恒星光谱，能够比较准确地测定两个航天器的相对速度，该应用方式对恒星光谱的长期变化不敏感。此外，基于太阳振荡时间延迟测量的自主导航方法通过比较直接接收的太阳振荡信号到达时间和经行星、卫星等天体反射的太阳震荡信号到达时间，获得时间延迟观测量，进而利用时间延迟解算航天器位置信息[20]。上述方法均可以从某种程度上克服目标源自身光学信号不稳定的问题。

以现阶段的技术水平，前述几种面向航天器应用的典型自主天文导航方法所能达到的定位精度和性能特点如表 1-1 所示。

表 1-1 面向航天器应用的典型自主天文导航方法

序号	自主天文导航方式	测量信息	定位精度水平	技术特点	工程应用
1	光学成像导航（OPNAV）	天体视线矢量	km 量级	简单成熟，精度随距离增加而降低	阿波罗登月，深空 1 号，新技术试验卫星
2	X 射线脉冲星导航（XNAV）	脉冲到达时间	km 量级	提供时间基准，可用脉冲星数目少、信号弱	XPNAV-1，SEXTANT，“慧眼”卫星
3	恒星光谱测速导航（StarNAV-DE）	光谱多普勒频移	10 km 量级	原理直观，实时测速，信号源不稳定	处于探索研究阶段

1.3.4 全球卫星导航

全球卫星导航是指将导航卫星作为无线电信标，通过接收导航卫星发射的信号，测量载体与卫星之间的距离或多普勒频移，从而实时解算得到载体位置、速度和时间等导航参数的方法或过程[21]。GNSS 能够为地球表面和近地空间的广大用户提供全天候、全天时、高精度的导航信息，在未来相当长的时间内，将作为国家综合 PNT（定位、导航和授时）体系的核心空间基础设施，服务于国民经济发展和国防建设。美国 GPS 卫星概念图如图 1-15 所示。

图 1-15 美国 GPS 卫星概念图

GNSS 由空间系统、地面台站和用户设备三大部分组成，其中，空间系统主要指由多颗导航卫星构成的星座，导航卫星上安装了天基无线电导航设备；地面台站负责对导航卫星进行跟踪测量和运行控制，根据测量数据计算出导航卫星的轨道，并将星历预测数据注入导航卫星上，导航卫星可向用户发送卫星星历数据，其中包含了导航卫星自身的定位信息；用户设备主要指卫星导航接收机，通常由信号接收装置、定时器和数据处理器等组成。

基于 GNSS 的航天器定位基本过程为：围绕地球运动的导航卫星向地球表面发射经过编码的无线电信号，其中含有卫星信号准确的发射时间，以及导航卫星在空间的准确位置；安装在航天器上的卫星导航接收机接收导航卫星发射的无线电信号，测量信号到达时间，通过信号发射时间和到达时间之差计算导航卫星和航天器之间的距离；进而，基于多颗导航卫星的测量信息，通过最小二乘法、卡尔曼滤波器或其他数字信号处理方法解算得到航天器的位置和卫星导航接收机的时钟偏差，如图 1-16 所示。

国际全球卫星导航系统委员会指定的四大卫星导航系统包括美国的全球定位系统（GPS）、俄罗斯的全球导航卫星系统（GLObal NAvigation Satellite System, GLONASS）、中国的北斗导航卫星系统（BDS）和欧洲的伽利略（Galileo）卫星导航系统，如图 1-17 所示。GNSS 是航天器的重要导航信息源，在低轨卫星上已得到广泛应用。对于高轨航天器，2014 年，经过“嫦娥五号”飞行试验器探月任务在轨验证，卫星导航接收机能够在 60 000 km 地月转移轨道实现百米量级的定位精度[22]。

高自主的星座稳定运行、卓越的系统安全与导航战能力是正在发展的新一代全球卫星导航系统的主要特征。星座自主导航技术是全球卫星导航技术的研究重点之一。针对高精度自

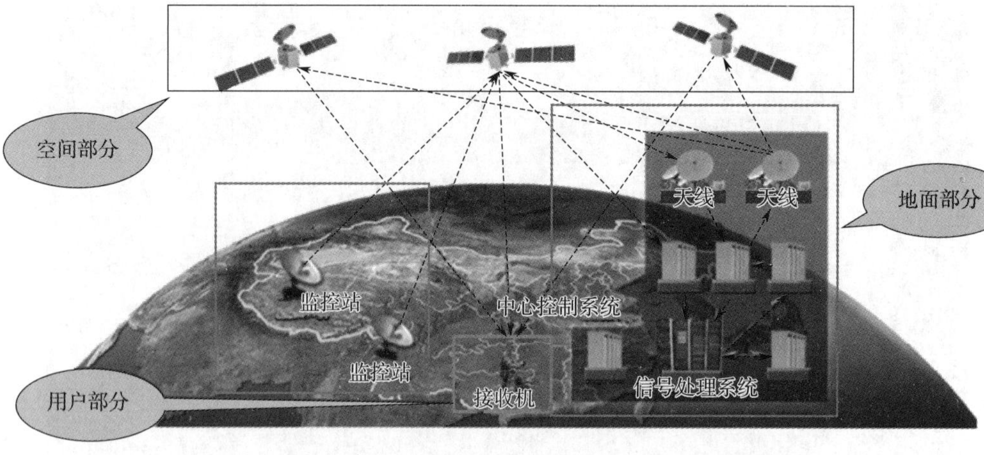

图 1-16 基于卫星导航系统的用户定位服务

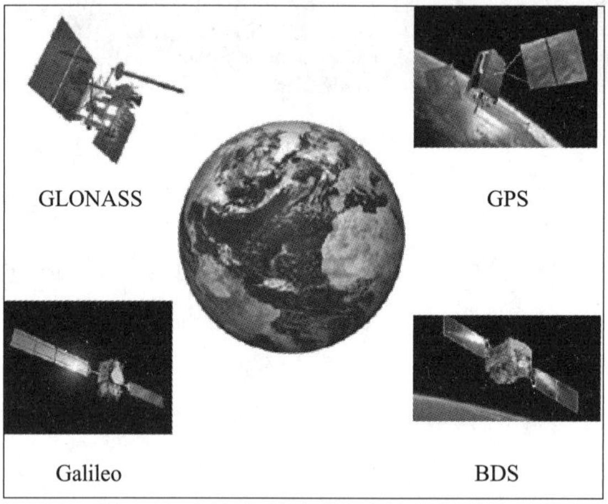

图 1-17 四大全球卫星导航系统

主导航需求，在基于照相观测的星座定向技术方面已取得重要进展[23-24]，如图 1-18 所示。

基本方法是在星座卫星上配置具有跟踪指向功能的星相机，对相邻星座卫星视线（LOS）方向矢量进行观测；进而，结合航天器轨道动力学模型，采用卡尔曼滤波器或其改进算法，对星座卫星的位置和速度矢量进行估计[25]。采用星相机照相观测的方式同时对目标卫星和背景恒星成像，通过图像处理和最小二乘法直接确定目标卫星在惯性空间中的视线矢量，避免定位精度受定姿精度的影响，有助于减少潜在的误差源，实现目标卫星视线方向高精度测量。作为星座自主导航系统的关键单机，我国自主研制的定向观测星相机于 2019 年在北斗导航卫星上进行了试验，成功实现星座自主定向。星上试验结果表明，星相机产品的观测灵敏度和光轴指向精度优于试验任务要求，在轨表现优于地面测试的情况。

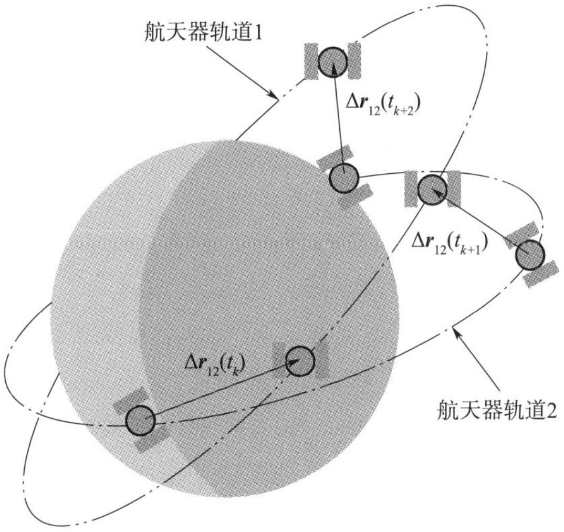

图 1-18 基于照相观测的星座定向示意图

1.4 随机系统状态估计

根据前面几节的描述，对于不同的航天器导航系统，基本实施方式可统一概括为：通过卡尔曼滤波器或其他状态估计算法，处理与航天器运动状态相关联的一个时间序列上的敏感器观测数据，并结合航天器的动力学或运动学模型，估计得到航天器的位置、速度和姿态等导航参数。对于航天器导航系统而言，卡尔曼滤波器的优化设计对于抑制噪声影响、提升状态估计精度具有至关重要的作用。在对卡尔曼滤波器的基本方法和设计思想进行阐述之前，本节简要回顾随机系统状态估计的研究思路。

在许多物理系统、技术系统和社会经济系统中，由于某些要素的复杂性、技术局限性或人类认知水平等方面原因，使得对这些系统的数学描述只能以某种统计规律的形式进行，或者由于系统分析工作的日益严谨，使得原本可以认为是确定性的系统也呈现出一定程度的随机性[26]。随机性在实际系统中广泛存在，例如，在工业生产过程中，用于表征某过程运行状态的变量（如温度、压力等）除了受到一些人为的控制量（如燃料流量、排气阀开度等）的影响之外，同时还受到某些不确知因素的影响（如环境温度、外界气流等）；飞机和导弹在飞行过程中会遇到气流干扰；在我们研究的航天器导航系统中，导航性能会受到各种敏感器测量误差和空间环境干扰因素（如大气阻力、太阳光压等）的影响，使得系统运行往往具有一定的随机性。由此带来的影响是系统的状态向量、观测量和特定模型参数都不再是确定量，而表现为随机变量或随机过程。随机变量不能用确定的解析函数来描述，而只能考察它们的某些统计特性。严格地说，任何实际系统都含有随机性，如根据量子力学原理，室温下一个常人的位置应以波长为 10^{-25} m 左右的概率波形式进行准确描述。当然，对于航天器导航系统而言，在很多情况下，可以忽略远低于敏感器噪声水平的随机性因素。

这种受到某种随机性影响的系统就是人们一般所说的随机系统，它是最优控制理论和随机过程理论有机结合的产物，涉及的主要内容包括：

1）分析系统中观测量的统计规律和环境对系统所产生的影响，确定相应的概率统计模型；

2）根据观测数据，按照某种准则来确定模型的结构和参数；

3）与确定性系统不同，由于随机性的作用，系统当前和未来状态向量的精确值已不可能获得，因此，需要在统计意义下对其进行最优估计。

描述随机系统最常用的数学模型是状态空间模型，大多数工业过程的采样系统和本书研究的航天器导航系统都可以用状态空间模型来描述。

典型的随机系统框图如图 1-19 所示，主要考虑两方面的干扰，即系统噪声和测量噪声；其中，系统噪声反映了系统内部和外部存在一些不能控制的现象，如飞机飞行过程中由气流导致的颠簸等，而测量噪声是指通过特定敏感器对系统状态进行观测时受到的随机干扰，如敏感器电子线路中的噪声等，从而导致系统的观测量存在误差[27]。

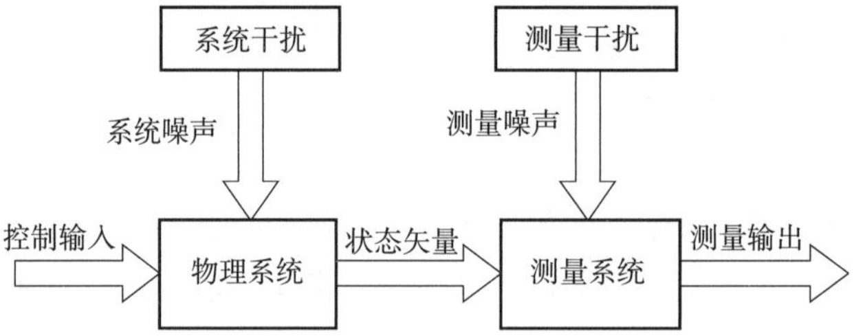

图 1-19　典型的随机系统框图

随机系统的状态是指为了预测系统未来运动统计特性所需的关于系统当前运动的最少量信息。例如，对于在轨稳定运行的航天器而言，其下一时刻的轨道运动特性可由当前时刻航天器的位置和速度确定。对于状态向量的选取，一般要求关注以下两个特性：

1）充分性，即已知当前状态向量可以预测未来的状态向量；

2）最小性，即对未来状态向量的预测仅需当前状态向量。

随机系统是一个受噪声作用的动力学系统，状态向量和观测量之间存在某种关联关系。状态向量会受到系统噪声的干扰，通常这种干扰既不能有效控制，也不能在模型中以解析函数的形式进行表述；同时，通过敏感器得到的观测量受到测量噪声的污染，不能将随机系统的状态直接测量出来。为了得到准确的状态，有必要实施随机系统状态估计。如何在存在系统噪声和测量噪声的随机系统中，根据已知的观测量计算得到未知状态向量的统计特性，这是随机系统状态估计所要解决的问题。

状态估计方法在已知观测量的基础上，根据某种统计优化准则，估计随机系统中的未知状态向量。在随机系统状态估计中，由于状态向量没有确定性的变化规律，对它们的估计不可能完全准确，所谓的最优状态估计方法指的是在某一特定准则下的最优。根据不同的优化准则，可以设计出多种不同的最优状态估计方法。

状态估计方法的设计一般从两方面入手：首先是未知状态向量和观测量之间关系的描

述，即系统模型的建立；其次是选择所采用的优化准则。影响系统模型及优化准则选择的主要因素包括：随机系统自身演化的固有物理规律，应用系统对状态估计精度的要求，以及从数学角度描述该问题并得到问题解的可行性。在状态估计方法设计的过程中，既要注意通过模型描述实际系统的准确程度，又要考虑系统模型的数学易处理性。如何较好地权衡二者之间的关系是所设计的状态估计方法用于实际工程系统的关键。

1.5 卡尔曼滤波器的提出和发展

为了使读者更好地理解卡尔曼滤波器的理论方法和设计要点，本节简要回顾随机系统状态估计发展的历史。状态估计问题的提出可以追溯到很久以前。真正意义上的估计理论是由意大利物理学家和天文学家伽利略（Galileo）于1632年提出的，当时给出的优化准则是保证估计误差的某个函数最小。历史上，随机系统状态估计研究经历了最小二乘法、维纳滤波器、卡尔曼滤波器、鲁棒滤波器和自适应滤波器等几个阶段，并伴随着应用需求的牵引而不断得到发展和完善。尽管鲁棒滤波器和自适应滤波器各自都具有多种不同的实现方法，它们中的多数可视为卡尔曼滤波器的改进形式。

1.5.1 最小二乘法

最早促进状态估计理论研究的动因源于天文学的发展。起初，伽利略在利用望远镜观测数据研究行星运动的过程中，为了减小测量误差的影响，在状态估计理论研究方面开展了尝试性的探索。1795年，德国数学家和天文学家高斯（Gauss，如图1-20所示）在他18岁时做出了具有开创性的工作，为了利用已知观测数据高精度确定天体运行的轨道，提出了最小二乘法。

最小二乘法是基于观测量和其预测值之差的平方和最小这一优化准则设计的，其优点在于原理直观，应用简便，仅需要建立系统的观测方程即可实施，因此应用非常广泛，至今仍在不少技术领域中得到应用，如惯性导航系统的测试数据处理等。从今天的观点来看，最小二乘法的估计精度往往不及卡尔曼滤波器，原因在于，在传统最小二乘法的设计过程中未考虑状态自身的演化规律和统计特性，因而，不能有效地将有关系统模型的先验信息用于改进估计性能。举例来说，对于航天器导航系统而言，考虑到往往可以根据航天器轨道动力学建立精确的状态方程，应用卡尔曼滤波器代替传统最小二乘法实施状态估计，能够更有效地利用状态方程中包含的导航信息。

图1-20 德国数学家、天文学家高斯

关于最小二乘法的实际发明者，在 19 世纪初曾存在较大的争议。争议的焦点是高斯并没有在 1795 年发表他的成果，关于最小二乘法的学术论文是由勒让德（Legendre）于 1805 年率先发表的，当时，勒让德宣称自己独立发明了该方法。尽管如此，当代学术界普遍把最小二乘法的发明归功于高斯。

1.5.2 维纳滤波器

在高斯提出最小二乘法约 140 年后，20 世纪 30 年代，随机系统状态估计理论取得了积极的发展。1940 年，控制论的创始人之一，美国学者维纳（Wiener，如图 1－21 所示）针对火力控制中的估计问题，提出一种在频域中设计的最优状态估计方法，该方法被称为维纳滤波。

图 1－21　美国应用数学家维纳

同一时期，苏联学者柯尔莫戈洛夫（Kolmogorov）提出了离散随机序列的预测和外推方法。维纳和柯尔莫戈洛夫的工作是分别独立进行的，但他们的研究结果存在某些重叠，相关工作开创了一个应用状态估计方法研究随机系统问题的新领域。维纳滤波器根据全部过去的观测量和当前观测量来获得当前状态的估计值，目的是在输出端将未知状态尽可能精确地表现出来，其原理如图 1－22 所示。

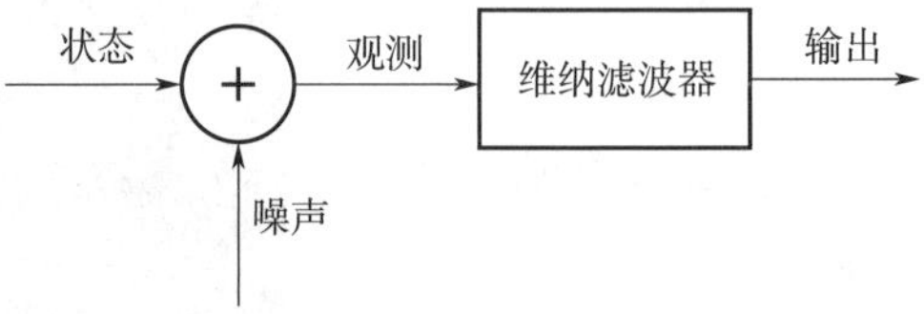

图 1－22　维纳滤波器原理图

维纳滤波器具有以下特点：

1）滤波器的算法方程是线性的，滤波器输出的状态估计值可写为输入观测量的线性函数形式，使得数学分析容易进行。

2）滤波器以离散时间方程的形式给出，易于通过数字软件实现。

3）在统计意义上，基于优化准则设计滤波器系数，根据特定的模型，从理论上保证状态估计误差的最小化。维纳滤波器在信号分布于特定频率范围内的工程系统（如通信、雷达和声呐等）中得到应用。

从用户的角度看，维纳滤波器的局限性体现在以下几个方面：要求被估状态为标量，采用频域设计法求解滤波器系数，运算复杂；设计过程中应用的脉冲响应（指线性系统在输入为单位冲激函数时的输出）等概念难以直接推广用于非线性系统，导致其应用局限于线性系统；并且，维纳滤波器要求考虑全部过去的观测量，并采用批处理的方式进行解算，所需存储空间大，使其在工程实现上遇到很多困难。

尽管如此，维纳滤波器的提出对滤波理论的发展具有重要价值。维纳和柯尔莫戈洛夫等人的主要贡献在于，建立了随机系统状态估计方法设计的理论框架，在这一理论框架中，基本的信号（包括观测量和被估状态）被假设为具有特定统计特性的随机过程，进而采用估计误差方差最小等优化准则设计滤波器参数，并通过数值解算得到期望的状态估计结果。上述工作为此后卡尔曼滤波器的提出和发展提供了一个舞台。

1.5.3 卡尔曼滤波器

维纳滤波器的局限性，在 20 世纪 50 年代后期确定卫星运行轨道的研究中变得尤为明显。在卫星定轨应用中，系统状态为卫星的位置和速度（或其某些组合）构成的向量，导航系统为非线性系统，且存在地面测控站的卫星观测数据量大、不断累积等问题，难以通过维纳滤波器进行处理。维纳滤波器的局限性促使研究者积极探索随机系统状态估计的新方法。此前，已有一些学者对维纳滤波器进行了改进和推广，但这些算法往往过于复杂，难以随着观测量的增加实现递推计算，并且，很难用于被估状态为向量的情况。在这一时期，状态估计领域的大多数学者并未取得令人满意的研究成果。

直到 1958 年，斯沃林（Swerling）提出采用递推计算的方法解决估计问题。1960 年，美国学者卡尔曼（Kalman，如图 1 - 23 所示）取得了突破性的成果，卡尔曼推导出离散时间线性随机系统状态估计的最优增益（为了致敬卡尔曼的天才创新，该增益被称为卡尔曼增益），提出了在时域内直接设计最优状态估计器的新方法，在此基础上诞生了本书讨论的核心内容——卡尔曼滤波器（Kalman Filter，KF）。

卡尔曼滤波器采用与维纳滤波器类似的随机系统状态估计理论框架，将观测量和状态向量建模为随机过程，并基于估计误差方差最小的优化准则推导滤波器系数。卡尔曼滤波器的主要创新之处如下。

1）引入状态空间形式的模型来描述随机系统，将系统模型表述为状态方程和观测方程的形式，原理直观，并且能够方便地处理系统状态为向量的情况。

图 1-23　美国数学家卡尔曼

2）采用递推形式进行数值计算，根据当前的观测量和前一时刻的状态估计值，按照卡尔曼滤波器的递推计算公式得到状态向量的精确估计值，不需要存储过去的观测量，算法易于在数字计算机上执行，便于实时处理，数据存储量相对较小。

卡尔曼滤波器具有极其重要的理论意义和应用价值。由于卡尔曼滤波器具备维纳滤波器等当时主流状态估计方法所不具备的优点，卡尔曼滤波理论几乎一经提出，就立刻被应用于工程实践活动中。当时，美国 NASA 正在论证载人登月方案，面临的主要困难是阿波罗飞船的导航问题。经过研究的导航系统状态估计方法包括最小二乘法和维纳滤波器等，但均因精度不满足要求或计算过于繁杂而半途而废。1960 年，卡尔曼访问 NASA，汇报了卡尔曼滤波器的研究进展，立即引起官方的重视。此后，麻省理工学院（Massachusetts Institute of Technology，MIT）的研究小组基于卡尔曼滤波理论成功研制出阿波罗飞船的导航系统。

此后的十多年间，在以卡尔曼为代表的众多学者一系列令人兴奋的论文中，给出了随机系统状态估计问题的多种解决方案。在与布西（Bucy）的合作中，卡尔曼提出了面向连续时间系统的卡尔曼滤波器，此后这种连续时间滤波器也被称为卡尔曼-布西滤波器[28]。起初，卡尔曼滤波器的设计要求系统模型是线性的（指状态方程和观测方程均为状态向量的线性函数），而阿波罗飞船的导航系统是一个非线性系统，这一问题迫使卡尔曼等学者做出进一步的思考。事实上，基于状态空间形式的模型，可以方便地将卡尔曼滤波器的递推计算公式推广用于非线性系统，基于这一思路提出了扩展卡尔曼滤波器（Extended Kalman Filter，EKF），该方法至今仍是最重要的面向非线性系统的状态估计方法。

卡尔曼对于现代科技还有许多其他重要贡献，他在 20 世纪 60 年代初期提出的可控和可观的概念深刻揭示了系统的固有属性，既是状态估计方法性能分析的有力工具，也是现代控制理论的两个最基本的概念；几乎在同一时期内，卡尔曼和贝尔曼（Bellman）将状态空间法引入控制领域，对控制论的研究产生了深远的影响。通常认为卡尔曼与贝尔曼，以及苏联学者庞特里亚金等共同创立了现代控制理论。庞特里亚金的极小值原理、贝尔曼的动态规划理论和卡尔曼滤波理论被视为现代控制理论建立的三大标志。

应当说明，在 20 世纪 60 年代，数字计算机的发展还处于初级阶段，为了适应当时计算机的算力，减少算法的计算量，削弱初始误差的影响，或避免由于字长不够产生的舍入误差引起卡尔曼滤波器的发散，研究者提出了常增益卡尔曼滤波器、$\alpha-\beta-\gamma$ 跟踪器以及平方根滤波器等多种算法[29]，并且，卡尔曼滤波器经常分为离散型和连续型两种形式进行表述。近些年来，归功于数字计算机技术的不断进步，对状态估计方法数值计算复杂性和舍入误差等因素的关注程度正在下降。另外，数字计算机的广泛普及带来的一个后果是，用户更乐意使用面向离散时间系统的卡尔曼滤波器。考虑到这一情况，本书中涉及的状态向量和观测量，以及滤波器参数和噪声数字特征等均定义在离散时刻。

卡尔曼滤波器非常适合解决本书关注的航天器导航问题，在相关理论出现后，在航空航天领域得到广泛应用。20 世纪 70 年代后，卡尔曼滤波器又在工业生产过程控制、通信信号处理、雷达目标跟踪和机器人控制等方面得到了进一步的推广应用。卡尔曼滤波理论的一个很重要且成功的应用领域是组合导航系统。从 20 世纪 80 年代起，随着越来越多的导航系统被建立和应用，从各种导航子系统中得到全局导航信息的需求也在不断增多。通过卡尔曼滤波器进行多源测量信息融合，是提高组合导航系统精度的有效手段。卡尔曼滤波器在组合导航系统的研制和开发过程中涌现出非常多的成功应用案例[30-31]。

令人啼笑皆非的是，在卡尔曼因理论得到广泛认可并且声名鹊起之后，本节开始部分提到的学者斯沃林写了一封信，声称对卡尔曼滤波器具有优先权。然而，斯沃林的诉求没有被人理睬。根据前面的论述不难看出，在最小二乘法、维纳滤波器和卡尔曼滤波器这三个具有里程碑意义的成果被揭示出来的过程中，都存在不同学者在同一历史时期各自完成相似研究的情况。这种两个科学家不约而同取得类似重大发现的案例在科学发展史上不胜枚举，如牛顿和莱布尼茨对微积分的发现等。近现代的一个著名事件是海森堡和薛定谔分别于 1925 和 1926 年提出了矩阵力学和波动力学，标志着量子力学的建立；此后，薛定谔证明了二者的等价性，说明矩阵力学和波动力学是同一理论的两种不同表述方式。

值得注意的是，最小二乘法、维纳滤波器和卡尔曼滤波器都是在解决工程实践问题的过程中提出和发展起来的。上述事件体现了自然科学发展的规律性，即自然科学与社会实践相统一的规律。根据恩格斯的有关论述，社会一旦有技术上的需要，这种需要就会比十所大学更能把科学推向前进。自然科学作为人同自然斗争经验的总结，来源于人的社会实践。社会实践是科学发展的根本动力，为科学发展指明了方向，并提供了必要的研究基础和实验手段。在对卡尔曼滤波器理论方法进行研究的过程中，应坚持理论与实践相结合的原则，深入了解应用系统和总体需求，尽可能利用先进的理论工具解决工程实践活动中遇到的问题。本书正是秉承这一原则编撰的。

1.5.4 鲁棒滤波器

随着人类社会的不断发展进步，实际工程系统变得越来越复杂，对卡尔曼滤波器性能的要求也越来越高，使得以往认为可以忽略的一些问题逐渐突显出来。卡尔曼滤波器的基本假设要求已知精确的系统模型，包括模型结构、模型参数，以及系统噪声和测量噪声的统计特性等。但是，对于某些工程应用场景，面临系统模型存在误差、模型参数在滤波过程中发生变化，以及缺乏对噪声统计特性的了解等方面的问题。在系统模型存在不确定性的情况下，卡尔曼滤波器有可能出现严重的问题，如状态向量估计误差增大，甚至导致滤波结果的发散。这一实际问题促使人们针对卡尔曼滤波器提出一系列改进算法，其中一类重要方法是鲁棒滤波器，最初的目的是保障卡尔曼滤波器在应用过程中的鲁棒性[32]。

鲁棒滤波理论的研究是在传统卡尔曼滤波理论基础上进行的。起初，很多学者研究了模型不确定性对卡尔曼滤波器性能的影响，包括噪声统计特性的不确定性，以及模型中的不确定参数等。20 世纪 90 年代，鲁棒滤波理论逐渐成为随机系统状态估计领域的研究热点，主要目的是设计一种对系统模型误差和外部干扰信号统计特性变化不敏感的滤波器。鲁棒滤波器的典型优化准则为：设计一种滤波器，使得噪声和模型不确定性到滤波器估计误差的最大可能能量增益最小化；这样，就可以保证针对各种模型不确定性，滤波器估计误差的能量尽可能小。针对模型不确定性的影响，鲁棒滤波器能够保证其在最坏情况下的可用性，同时，无须事先假设模型不确定性的统计特性。但是，由于未对模型不确定性的统计特性进行假设，原理上所设计的鲁棒滤波器应适用于所有潜在的模型不确定性，往往会导致滤波器设计的保守性；在不存在模型不确定性的情况下，鲁棒滤波器的性能往往不及传统卡尔曼滤波器。换句话说，鲁棒滤波器以牺牲理想情况下的状态估计精度为代价，换取滤波器对模型不确定性的鲁棒性。

卡尔曼滤波器和鲁棒滤波器是基于随机系统状态估计理论设计的两类具有代表性的方法。分析二者的设计思路，卡尔曼滤波器以理想情况下估计误差方差最小为优化准则，而鲁棒滤波器则重点考虑最坏情况下的滤波性能。近些年来的研究重点是如何更好地平衡鲁棒滤波器的估计精度和鲁棒性，在保障滤波器鲁棒性的基础上提高其估计精度，或在满足鲁棒性要求的滤波器中寻找估计精度最佳的滤波器。当然，一种滤波器的实际可用性还包括其他多方面的内容，如滤波解算的实时性、滤波估计的稳定性等。

1.5.5 自适应滤波器

前面提到，卡尔曼滤波器的设计要求事先建立的状态空间形式的系统模型是准确的，只有在滤波模型与实际系统相匹配的情况下，卡尔曼滤波器才是最优的。但是，对于实际工程系统，有时会发生模型参数缓慢变化，甚至模型结构缓慢变化的情况，噪声统计特性也未必满足假设条件。对于这样的系统，模型无法完全描述系统的行为，根据此模型设计的卡尔曼滤波器往往不能获得最优的状态估计。针对上述问题，一种传统的解决办法是设计鲁棒滤波器，以牺牲滤波器在理想情况下的估计精度为代价，利用滤波器本身的鲁棒性被动地适应系统特性或干扰特性的未知变化。应当说明，鲁棒滤波器的鲁棒性通常只能适应事先建立的不确定性模型规定范围内的不确定性，而不能有效解决不确定性模型之外系统特性、干扰特性变化的问题。面对上述系统特性未知或经常处于变化之中，且无法事先确定的情况，如何设计一个满意的滤波器，使其能够主动适应这些系统特性未知或变化的情况，这是自适应滤波器研究需要解决的问题。

自适应滤波器研究的基本思想是：在实际系统的运行过程中，通过敏感器观测数据在线辨识系统的参数和性能，认识或掌握反映当前系统的运行状况的信息，利用所掌握的信息，根据一定的自适应率改变滤波模型的结构和参数，或改变滤波器的作用方式，使得滤波器达到或接近某种最优准则所要求的条件，如使滤波模型与实际系统相匹配。按这种思想设计得到的状态估计算法通常可称为自适应滤波器[33]。

从随机系统状态估计理论发展的角度来看，鲁棒滤波器和自适应滤波器研究都是为了克服或削弱实际系统受外部干扰或内部变化所带来的滤波器性能恶化的影响。无法完全事先确定，且在滤波器设计过程中需要考虑的一定范围内的系统外部干扰或内部变化称为模型不确定性。自适应滤波器和鲁棒滤波器设计的主要区别在于：自适应滤波器的设计思路是使状态估计算法不断适应实际系统或应用场景的变化，而鲁棒滤波器则是被动地、以不变应万变地依靠滤波器自身设计时所赋予的鲁棒性，来抑制模型不确定性对滤波稳定性和估计精度的影响。如果设计得当，自适应滤波器能够在一定程度上适应模型不确定性，使得滤波器不仅能够稳定运行，还能够保持在某种意义下的最优或接近最优；而鲁棒滤波器尽管能够在一定范围内保证滤波器的稳定性，但不可避免会降低滤波器在无模型不确定性影响情况下的估计精度。

应当说明，自适应滤波器也是一种基于模型的方法，尽管如此，与依赖精确模型的传统卡尔曼滤波器相比，自适应滤波器所依赖的关于模型结构、参数和统计特性的先验知识相对较少。基于一定的自适应策略，自适应滤波器可以在运行过程中提取有关系统模型的信息，自动地使滤波模型得到完善。但是，在航天器导航系统方案论证中，在以“保成功”为基本原则的技术人员看来，自适应滤波器似乎存在估计结果不稳定的风险。以作者的认识水平，自适应滤波器在航天型号上的工程应用并不多见。如何改变这一现状，是自适应滤波器研究过程中需要关注的问题。

1.6　本书主要内容

各章内容安排如下。

第 1 章为绪论，简要介绍了航天器导航和卡尔曼滤波器相关方法的特点、历史和发展现状；概述了国内外相关领域的研究和发展情况。

第 2 章为预备知识，介绍了在卡尔曼滤波器理论方法研究过程中经常用到的有关矩阵论和概率论的一些基本知识，并在此基础上，给出了作为卡尔曼滤波器设计依据的随机系统模型，以及可用于导航系统性能评估的克拉美劳下界的概念。

第 3 章研究最小二乘法，介绍了最小二乘法的推导过程和性能特点，给出了两个典型应用实例，包括陀螺随机误差模型参数辨识和星敏感器低频误差参数辨识。

第 4 章研究卡尔曼滤波器，给出了对卡尔曼滤波器递推计算公式及其最优性的说明，以航天器姿态确定为例介绍了卡尔曼滤波器的设计实施方式；介绍了面向模型参数辨识的扩维卡尔曼滤波器，以星敏感器低频误差校准为例进行说明。

第 5 章研究适用于非线性系统的扩展卡尔曼滤波器，基于最优贝叶斯估计原理推导了扩展卡尔曼滤波器的递推计算公式，并基于随机过程有界性判据对其稳定性进行了理论分析。在算法设计实施方面，以光学成像导航和 X 射线脉冲星导航为例进行说明。

第 6 章研究适用于处理模型不确定性的鲁棒卡尔曼滤波器，通过对最小、最大问题的求解，推导了鲁棒卡尔曼滤波器的递推计算公式；进而，对鲁棒卡尔曼滤波器的鲁棒性进行了理论分析；仍以 X 射线脉冲星导航为例说明其设计实施方式。

第 7 章研究能够主动适应模型变化的多模型自适应估计，介绍了模型集的建立方式和并行滤波器结构形式，分析了多模型自适应估计的收敛性，以基于照相观测的星座自主导航和星际连音自主导航为例，说明了该算法在航天器导航系统中应用的可行性。

第 8 章进一步研究基于并行滤波器结构形式的自适应状态估计方法设计策略。首先，设计了一种基于卡尔曼滤波器和扩维卡尔曼滤波器自适应切换的状态估计算法，用于改善星敏感器低频误差校准的性能；进而，设计了一种基于卡尔曼滤波器和自适应卡尔曼滤波器自适应切换的状态估计算法，用于空间目标相对位姿确定。

第 9 章探讨以对系统模型的自学习为特色的强化学习卡尔曼滤波器，以基于星间相对测量的星座自主导航和天文观测相对论效应导航为例，说明了该算法所能产生的有益效果，并通过数学仿真将强化学习卡尔曼滤波器与传统卡尔曼滤波器、鲁棒卡尔曼滤波器和自适应卡尔曼滤波器进行了对比研究。

第 10 章结合我国新一代航天装备的研制需求，展望了航天器导航技术的未来发展与应用，对一些新型导航方法和随机系统状态估计领域值得关注的内容进行了说明，对研究方向和发展策略提出了构想建议，以期为广大同行和相关技术人员提供参考。

参 考 文 献

[1] 房建成，宁晓琳，刘劲．航天器自主天文导航原理与方法 [M]．北京：国防工业出版社，2017.

[2] 张伟，张恒．天文导航在航天工程应用中的若干问题及进展 [J]．深空探测学报，2016，3 (3)：204-213.

[3] J A Christian. Optical navigation using planet's centroid and apparent diameter in image [J]. Journal of Guidance, Control, and Dynamics, 2015, 38 (2): 192-204.

[4] 王大轶，黄翔宇，魏春岭．基于光学成像测量的深空探测自主控制原理与技术 [M]. 北京：中国宇航出版社，2012.

[5] 李明群，魏春岭，梅志武，姚宁，武延鹏，王哲，袁军．基于资源一号 02B 卫星姿态敏感器的自主导航 [J]. 空间控制技术与应用，2009，35 (3)：58-64.

[6] J Chang, Y Geng, J Guo, W Fan. Calibration of satellite autonomous navigation based on attitude sensor [J]. Journal of Guidance, Control, and Dynamics 2017, 40: 185-191.

[7] 全伟，刘百奇，宫晓琳，房建成．惯性/天文/卫星组合导航技术 [M]. 北京：国防工业出版社，2011.

[8] 卢欣，李春艳，李晓，孙大开，夏梦绮．星光导航技术现状与发展综述 [J]. 空间控制技术与应用，2017，43 (4)：1-8.

[9] 帅平．脉冲星-宇宙航行的灯塔 [M]. 北京：国防工业出版社，2016.

[10] S I Sheikh, D J Pines, P S Ray, K S Wood, M N Lovellette, M T Wolff. Spacecraft navigation using X-ray pulsars [J]. Journal of Guidance, Control, and Dynamics, 2006, 29 (1): 49-63.

[11] 李连升，梅志武，吕政欣，邓楼楼，刘继红，陈建武，石永强，左富昌．X 射线脉冲星导航探测技术发展综述 [J]. 兵器装备工程学报，2017，38 (5)：1-9.

[12] H Zhang, R Jiao, L Xu. Orbit determination using pulsar timing data and orientation vector [J]. The Journal of Navigation, 2019, 72, 155-175.

[13] Y Wang, W Zheng, D Zhang, Q Zhou, S Xin. X-ray pulsar-based navigation method using one sensor and modified time-differenced measurement [J]. Proc IMechE Part G: Journal of Aerospace Engineering. 2019, 233 (1): 299-309.

[14] M Gui, X Ning, X Ma, J Zhang. A novel celestial aided time-differenced pulsar navigation method against ephemeris error of jupiter for jupiter exploration [J]. IEEE Sensor Journal, 2019, 19 (3): 1127-1134.

[15] 帅平，刘群，黄良伟，张新源，陈绍龙，薛力军，丁强强，邓楼楼，陈建武，胡慧君．首颗脉冲星导航试验卫星及其观测结果 [J]. 中国惯性技术学报，2019，27 (3)：281-287.

[16] 张大鹏，王奕迪，姜坤，郑伟．XPNAV-1 卫星实测数据处理与分析 [J]. 宇航学报，2018，39 (4)：411-417.

[17] L M B Winternitz, J W Mitchell, M A Hassouneh, et al. SEXTANT X-ray pulsar navigation demonstration: additional on-orbit results [C]. SpaceOps Conferences, Marseille, France, 2018.

[18] 张伟，陈晓，尤伟，张嵬，方宝东．光谱红移自主导航新方法［J］．上海航天，2013，30（2）：32－38.

[19] J A Christian. StarNAV：Autonomous optical navigation of a spacecraft by the relativistic perturbation of starlight［J］. Sensors，2019，19，4064.

[20] X Ning，M Gui，J Fang，W Wu. A novel autonomous celestial navigation method using solar oscillation time delay measurement［J］. IEEE Transactions on Aerospace and Electronic Systems，2018，54（3）：1392－1403.

[21] 袁建平，罗建军，岳晓奎，方群．卫星导航原理与应用［M］．北京：中国宇航出版社，2003.

[22] 王猛，王盾，岳富占．GNSS自主导航技术通过初验［J］．科技纵览，2017，1，62－65.

[23] 陈金平，尤政，焦文海．基于星间距离和方向观测的导航卫星自主定轨研究［J］．宇航学报，2005，26（1）：43－46.

[24] M L Psiaki. Absolute orbit and gravity determination using relative position measurements between two satellites［J］. Journal of Guidance，Control，And Dynamics，2011，34（5）：1285－1297.

[25] 蔡志武，韩春好，陈金平，徐天河．导航卫星长期自主定轨的星座旋转误差分析与控制［J］．宇航学报，2008，29（2）：522－528.

[26] P S Maybeck. Stochastic models，estimation，and control［M］. Academic Press，1982.

[27] 刘伟，董国华．随机控制与滤波技术［M］．北京：国防工业出版社，2016.

[28] R E Kalman，R S Bucy. New results in linear filtering and prediction theory［J］. Trans. ASME J. Basic Eng.，1961，83，95－108.

[29] C K Chui，G Chen. Kalman filtering with real－time applications［M］. Springer International Publishing AG，2017.

[30] 秦永元，张洪钺，汪叔华．卡尔曼滤波与组合导航原理［M］．西安：西北工业大学出版社，1998.

[31] 潘晓刚，娇媛媛，周海银．基于多传感器天文信息的自主导航算法及可观测性分析［J］．空间科学学报，2014，34（1）：116－126.

[32] 岳晓奎，袁建平，侯建文．飞行器组合导航鲁棒滤波理论及应用［M］．北京：中国宇航出版社，2013.

[33] S Haykin. Adaptive filter theory［M］. Prentice Hall，2001.

第 2 章　预备知识

卡尔曼滤波器在工程应用中的重要性得到了广泛的认可，并且建立了严格的数学理论。本书的主要目的是讨论卡尔曼滤波器的优化设计方法及其在航天器导航问题中的应用。为了解释如何对卡尔曼滤波器进行优化设计，以及分析经过改进的算法具有哪些优良的性能，必须应用一些矩阵论的公式。此外，在滤波器设计所需的随机系统模型中考虑了系统噪声和测量噪声的统计特性，需要了解概率论的一些基本概念。本章归纳了矩阵论和概率论等方面与卡尔曼滤波器设计相关的一些最基本的内容。

2.1　矩阵论的预备知识

在写作本书时，假定读者已经具备了一些线性代数教科书中矩阵论的知识。尽管如此，为了读者阅读上的方便，在这一节，将扼要地给出本书要用到的一些重要定义和定理。本节的内容偏重于基础，为了节省篇幅，略去了定理的证明，感兴趣的读者可以从有关矩阵论和矩阵不等式的专著中找到它们的证明（如参考文献［1］）。

2.1.1　正定阵

本书中用 $\mathbf{R}^n$ 表示所有列向量 $\boldsymbol{x}=[x_1\quad\cdots\quad x_n]^{\mathrm{T}}$ 的集合，其中 x_1，…，x_n 是实数，$\mathbf{R}^{n\times n}$ 表示 $n\times n$ 的实矩阵集合。设 $\boldsymbol{A}\in\mathbf{R}^{n\times n}$，且 $\boldsymbol{A}$ 的转置矩阵 $\boldsymbol{A}^{\mathrm{T}}=\boldsymbol{A}$，则称 $\boldsymbol{A}$ 为实对称阵。在实对称阵中，正定阵是一类特别重要的矩阵，具备很多有用性质。

定义 2.1（正定阵）：设 $\boldsymbol{A}$ 为 n 阶实对称阵，若对于任意 $\boldsymbol{x}\in\mathbf{R}^n$，$\boldsymbol{x}^{\mathrm{T}}\boldsymbol{A}\boldsymbol{x}\geqslant\mathbf{0}$，则称为半正定阵，记为 $\boldsymbol{A}\geqslant\mathbf{0}$。若进一步，$\boldsymbol{x}^{\mathrm{T}}\boldsymbol{A}\boldsymbol{x}=\mathbf{0}$ 当且仅当 $\boldsymbol{x}=\mathbf{0}$，则称 $\boldsymbol{A}$ 为正定阵，记为 $\boldsymbol{A}>\mathbf{0}$。

在本书以后的讨论中，当我们使用记号 $\boldsymbol{A}\geqslant\mathbf{0}$ 或 $\boldsymbol{A}>\mathbf{0}$ 时，总假定 $\boldsymbol{A}$ 是对称的。如果 $\boldsymbol{A}$ 和 $\boldsymbol{B}$ 是两个 $n\times n$ 阶实对称阵，当 $\boldsymbol{A}-\boldsymbol{B}$ 半正定时，表示为 $\boldsymbol{A}\geqslant\boldsymbol{B}$，当 $\boldsymbol{A}-\boldsymbol{B}$ 正定时，表示为 $\boldsymbol{A}>\boldsymbol{B}$。以下关于正定阵的定理是非常有用的。

定理 2.1：设 $\boldsymbol{A}\in\mathbf{R}^{n\times n}$ 为对称阵，则 $\boldsymbol{A}>\mathbf{0}$ 当且仅当下列条件之一成立：

1）$\boldsymbol{A}$ 的所有特征值都是正数（特征值的定义在 2.1.2 节给出）；

2）存在可逆对称阵 $\boldsymbol{B}$，使得 $\boldsymbol{A}=\boldsymbol{B}^2$；

3）存在可逆阵 $\boldsymbol{B}$，使得 $\boldsymbol{A}=\boldsymbol{B}^{\mathrm{T}}\boldsymbol{B}$；

4）对任意可逆阵 $\boldsymbol{P}$，有 $\boldsymbol{P}^{\mathrm{T}}\boldsymbol{A}\boldsymbol{P}>\mathbf{0}$。

定理 2.2：设 $\boldsymbol{A}\in\mathbf{R}^{n\times n}$ 和 $\boldsymbol{B}\in\mathbf{R}^{n\times n}$ 皆为实对称阵，矩阵 $\boldsymbol{P}\in\mathbf{R}^{n\times k}$：

1）若 $\boldsymbol{A}\geqslant\boldsymbol{B}$，则 $\boldsymbol{P}^{\mathrm{T}}\boldsymbol{A}\boldsymbol{P}\geqslant\boldsymbol{P}^{\mathrm{T}}\boldsymbol{B}\boldsymbol{P}$；

2）若矩阵的秩 $\text{rank}(\boldsymbol{P})=k$ ，$\boldsymbol{A}>\boldsymbol{B}$ ，则 $\boldsymbol{P}^{\mathrm{T}}\boldsymbol{A}\boldsymbol{P}>\boldsymbol{P}^{\mathrm{T}}\boldsymbol{B}\boldsymbol{P}$。

定理 2.3：设 $\boldsymbol{A}\in\mathbf{R}^{n\times n}$ 和 $\boldsymbol{B}\in\mathbf{R}^{n\times n}$ 皆为对称正定阵，则

1）$\boldsymbol{A}\geqslant\boldsymbol{B}\Leftrightarrow\boldsymbol{B}^{-1}\geqslant\boldsymbol{A}^{-1}$ ；

2）$\boldsymbol{A}>\boldsymbol{B}\Leftrightarrow\boldsymbol{B}^{-1}>\boldsymbol{A}^{-1}$。

对于两个非负数 a 和 b ，$a\geqslant b$ 与 $a^2\geqslant b^2$ 等价。然而，对于两个对称半正定阵 $\boldsymbol{A}$ 和 $\boldsymbol{B}$ 而言，$\boldsymbol{A}\geqslant\boldsymbol{B}$ 与 $\boldsymbol{A}^2\geqslant\boldsymbol{B}^2$ 并不等价。尽管如此，可以建立以下定理。

定理 2.4：设 $\boldsymbol{A}\in\mathbf{R}^{n\times n}$ 和 $\boldsymbol{B}\in\mathbf{R}^{n\times n}$ 皆为对称半正定阵，则

1）$\boldsymbol{A}^2\geqslant\boldsymbol{B}^2\Rightarrow\boldsymbol{A}\geqslant\boldsymbol{B}$

2）若 $\boldsymbol{A}\boldsymbol{B}=\boldsymbol{B}\boldsymbol{A}$ ，则 $\boldsymbol{A}\geqslant\boldsymbol{B}\Rightarrow\boldsymbol{A}^2\geqslant\boldsymbol{B}^2$。

作为上述定理的一个推广，还有一个更一般的结果，可归纳如下所示。

定理 2.5：设 $\boldsymbol{A}\in\mathbf{R}^{n\times n}$ 和 $\boldsymbol{B}\in\mathbf{R}^{n\times n}$ 皆为对称半正定阵，若 $\boldsymbol{A}\geqslant\boldsymbol{B}\geqslant\boldsymbol{0}$，则 $\boldsymbol{A}^r\geqslant\boldsymbol{B}^r$ ，对于一切 $r\in[0,1]$ 成立，如 $\boldsymbol{A}^{0.5}\geqslant\boldsymbol{B}^{0.5}$。

2.1.2 特征值

特征值与特征向量是矩阵论中两个基本概念，在数值计算、概率统计及其他数学分支都有应用，其定义如下：

定义 2.2（特征值）：设 $\boldsymbol{A}\in\mathbf{R}^{n\times n}$ ，若数 λ 和非零向量 $\boldsymbol{x}$ 满足

$$\boldsymbol{A}\boldsymbol{x}=\lambda\boldsymbol{x} \tag{2-1}$$

则称 λ 为 $\boldsymbol{A}$ 的特征值，$\boldsymbol{x}$ 为 $\boldsymbol{A}$ 的对应于 λ 的特征向量。

定义 2.2 中的线性方程组可改写为 $(\lambda\boldsymbol{I}-\boldsymbol{A})\boldsymbol{x}=\boldsymbol{0}$，其中 $\boldsymbol{I}$ 表示单位阵，本书总假定 $\boldsymbol{I}$ 具有适当的维数。此方程有非零解当且仅当行列式 $\det(\lambda\boldsymbol{I}-\boldsymbol{A})=0$，符号 $\det(\cdot)$ 表示矩阵的行列式。因此，λ 为 $\boldsymbol{A}$ 的特征值当且仅当 $\det(\lambda\boldsymbol{I}-\boldsymbol{A})=0$。基于特征值的定义，易于得到特征值的下述性质。

定理 2.6：设 $\boldsymbol{A}\in\mathbf{R}^{n\times n}$ ，则

1）$\boldsymbol{A}^{\mathrm{T}}$ 和 $\boldsymbol{A}$ 有相同的特征值，即

$$\lambda(\boldsymbol{A}^{\mathrm{T}})=\lambda(\boldsymbol{A}) \tag{2-2}$$

2）若 $\boldsymbol{A}$ 为可逆阵，则

$$\lambda(\boldsymbol{A}^{-1})=\frac{1}{\lambda(\boldsymbol{A})} \tag{2-3}$$

矩阵和 $\boldsymbol{A}+\boldsymbol{B}$ 的特征值与矩阵 $\boldsymbol{A}$ 和 $\boldsymbol{B}$ 特征值之间的关系可通过以下定理描述。

定理 2.7：设 $\boldsymbol{A}\in\mathbf{R}^{n\times n}$ 和 $\boldsymbol{B}\in\mathbf{R}^{n\times n}$ 皆为实对称阵，则

$$\lambda_i(\boldsymbol{A})+\lambda_{\min}(\boldsymbol{B})\leqslant\lambda_i(\boldsymbol{A}+\boldsymbol{B})\leqslant\lambda_i(\boldsymbol{A})+\lambda_{\max}(\boldsymbol{B})\text{ , }i=1,\cdots,n \tag{2-4}$$

其中，$\lambda_{\min}(\boldsymbol{B})$ 和 $\lambda_{\max}(\boldsymbol{B})$ 分别表示矩阵 $\boldsymbol{B}$ 的最小特征值和最大特征值，$\lambda_i(\boldsymbol{A})$ 表示将矩阵 $\boldsymbol{A}$ 的特征值按从大到小排列时的第 i 个特征值。

根据上述定理可以得到以下关于矩阵特征值的不等式。

推论 2.1：设 $\boldsymbol{A}\in\mathbf{R}^{n\times n}$ 和 $\boldsymbol{B}\in\mathbf{R}^{n\times n}$ 皆为实对称阵：

1）若 $\boldsymbol{A}\geqslant\boldsymbol{B}$ ，则 $\lambda_i(\boldsymbol{A})\geqslant\lambda_i(\boldsymbol{B})$，$i=1,\cdots,n$ ；

2）若 $\boldsymbol{A} > \boldsymbol{B}$，则 $\lambda_i(\boldsymbol{A}) > \lambda_i(\boldsymbol{B})$，$i = 1, \cdots, n$。

关于矩阵乘积的特征值，可通过以下定理来描述。

定理 2.8：设 $\boldsymbol{A} \in \mathbf{R}^{n\times n}$ 为实对称阵，$\boldsymbol{U} \in \mathbf{R}^{n\times n}$ 为正交阵，即 $\boldsymbol{U}^{\mathrm{T}}\boldsymbol{U} = \boldsymbol{I}$，则

$$\lambda_i(\boldsymbol{U}^{\mathrm{T}}\boldsymbol{A}\boldsymbol{U}) \leqslant \lambda_i(\boldsymbol{A}) \tag{2-5}$$

定理 2.9：设 $\boldsymbol{A} \in \mathbf{R}^{n\times n}$ 和 $\boldsymbol{B} \in \mathbf{R}^{n\times n}$ 皆为对称阵，且 $\boldsymbol{A} > \mathbf{0}$，$\boldsymbol{B} \geqslant \mathbf{0}$，则

1）$\boldsymbol{A} \geqslant \boldsymbol{B} \Leftrightarrow \lambda_{\max}(\boldsymbol{B}\boldsymbol{A}^{-1}) \leqslant 1$；

2）$\boldsymbol{A} > \boldsymbol{B} \Leftrightarrow \lambda_{\max}(\boldsymbol{B}\boldsymbol{A}^{-1}) < 1$。

在本书中，该定理用于第 7 章中多模型自适应估计算法的性能分析。

2.1.3　矩阵的迹

本节给出矩阵的迹的定义，以及有关迹的一些重要不等式。与矩阵的行列式、特征值等概念相比，通过矩阵的迹考察矩阵的性质相对比较简单。

定义 2.3（矩阵的迹）：设 $\boldsymbol{A} \in \mathbf{R}^{n\times n}$，矩阵 $\boldsymbol{A} = (a_{ij})_{n\times n}$ 的迹定义为矩阵对角线元素的和，即

$$\mathrm{tr}(\boldsymbol{A}) = \sum_{i=1}^{n} a_{ii} \tag{2-6}$$

对于矩阵的迹，给出以下重要结论。

定理 2.10：设 $\boldsymbol{A} \in \mathbf{R}^{n\times n}$，$\boldsymbol{B} \in \mathbf{R}^{n\times n}$，矩阵的迹具有如下性质：

1）$\mathrm{tr}(\alpha\boldsymbol{A} + \beta\boldsymbol{B}) = \alpha\,\mathrm{tr}(\boldsymbol{A}) + \beta\,\mathrm{tr}(\boldsymbol{B})$，其中 α 和 β 皆为标量；

2）$\mathrm{tr}(\boldsymbol{A}^{\mathrm{T}}) = \mathrm{tr}(\boldsymbol{A})$；

3）对于任意可逆阵 $\boldsymbol{P}$，$\mathrm{tr}(\boldsymbol{P}^{-1}\boldsymbol{A}\boldsymbol{P}) = \mathrm{tr}(\boldsymbol{A})$；

4）设 $\boldsymbol{x} \in \mathbf{R}^{n}$，则 $\boldsymbol{x}^{\mathrm{T}}\boldsymbol{A}\boldsymbol{x} = \mathrm{tr}(\boldsymbol{A}\boldsymbol{x}\boldsymbol{x}^{\mathrm{T}})$；

5）$\mathrm{tr}(\boldsymbol{A}) = \sum_{i=1}^{n} \lambda_i(\boldsymbol{A})$，其中，$\lambda_i(\boldsymbol{A})$ 为矩阵 $\boldsymbol{A}$ 的特征值；

6）设 $\boldsymbol{A} \geqslant \boldsymbol{B}$，则 $\mathrm{tr}(\boldsymbol{A}) \geqslant \mathrm{tr}(\boldsymbol{B})$，且等号成立$\Leftrightarrow \boldsymbol{A} = \boldsymbol{B}$。

关于矩阵的乘积，给出如下定理。

定理 2.11：设 $\boldsymbol{A} \in \mathbf{R}^{n\times m}$，$\boldsymbol{B} \in \mathbf{R}^{m\times n}$，则 $\mathrm{tr}(\boldsymbol{A}\boldsymbol{B}) = \mathrm{tr}(\boldsymbol{B}\boldsymbol{A})$。

定理 2.12：设 $\boldsymbol{A} \in \mathbf{R}^{n\times n}$ 和 $\boldsymbol{B} \in \mathbf{R}^{n\times n}$ 皆为对称半正定阵，且 $\boldsymbol{A} \geqslant \boldsymbol{B}$，则 $\mathrm{tr}(\boldsymbol{A}^2) \geqslant \mathrm{tr}(\boldsymbol{B}^2)$。

定理 2.13：设 $\boldsymbol{A} \in \mathbf{R}^{n\times n}$ 和 $\boldsymbol{B} \in \mathbf{R}^{n\times n}$ 皆为对称半正定阵，则

$$0 \leqslant \mathrm{tr}(\boldsymbol{A}\boldsymbol{B}) \leqslant \lambda_{\max}(\boldsymbol{B})\mathrm{tr}(\boldsymbol{A}) \leqslant \mathrm{tr}(\boldsymbol{A})\mathrm{tr}(\boldsymbol{B}) \tag{2-7}$$

其中，$\lambda_{\max}(\cdot)$ 表示矩阵的最大特征值。

根据上述定理可以得到以下推论。

推论 2.2：设 $\boldsymbol{A} \in \mathbf{R}^{n\times n}$ 和 $\boldsymbol{B} \in \mathbf{R}^{n\times n}$ 皆为实对称阵，且 $\boldsymbol{A} > \mathbf{0}$，$\boldsymbol{B} \geqslant \mathbf{0}$，则

$$\mathrm{tr}(\boldsymbol{A}^{-1}\boldsymbol{B}) \geqslant \frac{\mathrm{tr}(\boldsymbol{B})}{\lambda_{\max}(\boldsymbol{A})} \geqslant \frac{\mathrm{tr}(\boldsymbol{B})}{\mathrm{tr}(\boldsymbol{A})} \tag{2-8}$$

在本书第 7 章进行多模型自适应估计算法的收敛性分析时，将会用到这一推论。

2.1.4 矩阵范数

为了用一般的途径度量矩阵的“大小”，引入了矩阵范数的概念，矩阵范数的物理意义可与向量的长度相类比。

定义 2.4（矩阵范数）：设 $\boldsymbol{A} \in \mathbf{R}^{m\times n}$ ，定义非负实函数 $\|\boldsymbol{A}\|$ ，若它满足下列性质：

1）正定性：$\|\boldsymbol{A}\| \geqslant 0$，且 $\|\boldsymbol{A}\|=0 \Leftrightarrow \boldsymbol{A}=\boldsymbol{0}$；

2）齐次性：$\|\alpha\boldsymbol{A}\|=|\alpha|\,\|\boldsymbol{A}\|$ ，其中，α 为标量，符号 $|\cdot|$ 表示绝对值；

3）三角不等式：$\|\boldsymbol{A}+\boldsymbol{B}\| \leqslant \|\boldsymbol{A}\|+\|\boldsymbol{B}\|$ 。

则 $\|\boldsymbol{A}\|$ 称为 $\boldsymbol{A}$ 的范数，若对任意的 $\boldsymbol{A} \in \mathbf{R}^{m\times n}$ 和 $\boldsymbol{B} \in \mathbf{R}^{n\times l}$ ，有

$$\|\boldsymbol{AB}\| \leqslant \|\boldsymbol{A}\|\,\|\boldsymbol{B}\| \tag{2-9}$$

则称该范数是相容的。

下面给出两个滤波器设计过程常用的相容范数的例子。

定义 2.5（谱范数）：设 $\boldsymbol{A} \in \mathbf{R}^{m\times n}$ ，$\boldsymbol{A}$ 的谱范数是 $\boldsymbol{A}^{\mathrm{T}}\boldsymbol{A}$ 的最大特征值的平方根，即

$$\|\boldsymbol{A}\|_2=\lambda_{\max}^{0.5}(\boldsymbol{A}^{\mathrm{T}}\boldsymbol{A}) \tag{2-10}$$

其中，符号 $\lambda_{\max}(\cdot)$ 表示矩阵的最大特征值。矩阵 $\boldsymbol{A}^{\mathrm{T}}\boldsymbol{A}$ 特征值的平方根也称为矩阵 $\boldsymbol{A}$ 的奇异值。因此，$\boldsymbol{A}$ 的谱范数就是 $\boldsymbol{A}$ 的最大奇异值。

定义 2.6（欧式范数）：设 $\boldsymbol{A}=(a_{ij})_{m\times n}$，$a_{ij}$ 是矩阵 $\boldsymbol{A}$ 中的元素，定义

$$\|\boldsymbol{A}\|_{\mathrm{F}}=\left(\sum_{i=1}^{m}\sum_{j=1}^{n}a_{ij}^2\right)^{0.5} \tag{2-11}$$

则它是一种范数，称为矩阵 $\boldsymbol{A}$ 的欧式范数。

根据上面的定义，对于向量 $\boldsymbol{x}$ 而言，其欧式范数形式为 $\|\boldsymbol{x}\|_{\mathrm{F}}=(\boldsymbol{x}^{\mathrm{T}}\boldsymbol{x})^{0.5}$。矩阵 $\boldsymbol{A}$ 的欧式范数可写为如下形式

$$\|\boldsymbol{A}\|_{\mathrm{F}}=[\mathrm{tr}(\boldsymbol{A}^{\mathrm{T}}\boldsymbol{A})]^{0.5} \tag{2-12}$$

其中，符号 $\mathrm{tr}(\cdot)$ 表示矩阵的迹。在未进行特别声明的场合，本书中的范数符号 $\|\cdot\|$ 指代欧式范数，即 $\|\boldsymbol{x}\|=(\boldsymbol{x}^{\mathrm{T}}\boldsymbol{x})^{0.5}$ ，$\|\boldsymbol{A}\|=[\mathrm{tr}(\boldsymbol{A}^{\mathrm{T}}\boldsymbol{A})]^{0.5}$。

2.1.5 矩阵求逆引理

矩阵求逆引理（Matrix inversion lemma）可用于本章信息矩阵的求解和第 4 章卡尔曼滤波器递推计算公式的推导。将矩阵 $\boldsymbol{A} \in \mathbf{R}^{n\times n}$ 写为分块矩阵的形式

$$\boldsymbol{A}=\begin{bmatrix}\boldsymbol{A}_{11} & \boldsymbol{A}_{12}\\ \boldsymbol{A}_{21} & \boldsymbol{A}_{22}\end{bmatrix} \tag{2-13}$$

矩阵求逆引理可归纳如下所示。

定理 2.14：假设 $\boldsymbol{A}$ 可逆，且分块矩阵中 $\det(\boldsymbol{A}_{11})\neq 0$，$\det(\boldsymbol{A}_{22})\neq 0$，符号 $\det(\cdot)$ 表示矩阵的行列式，则

$$\boldsymbol{A}^{-1}=\begin{bmatrix}\boldsymbol{A}_{11}^{-1}+\boldsymbol{A}_{11}^{-1}\boldsymbol{A}_{12}(\boldsymbol{A}_{22}-\boldsymbol{A}_{21}\boldsymbol{A}_{11}^{-1}\boldsymbol{A}_{12})^{-1}\boldsymbol{A}_{21}\boldsymbol{A}_{11}^{-1} & -\boldsymbol{A}_{11}^{-1}\boldsymbol{A}_{12}(\boldsymbol{A}_{22}-\boldsymbol{A}_{21}\boldsymbol{A}_{11}^{-1}\boldsymbol{A}_{12})^{-1}\\ -(\boldsymbol{A}_{22}-\boldsymbol{A}_{21}\boldsymbol{A}_{11}^{-1}\boldsymbol{A}_{12})^{-1}\boldsymbol{A}_{21}\boldsymbol{A}_{11}^{-1} & (\boldsymbol{A}_{22}-\boldsymbol{A}_{21}\boldsymbol{A}_{11}^{-1}\boldsymbol{A}_{12})^{-1}\end{bmatrix} \tag{2-14}$$

特别地

$$(\boldsymbol{A}_{11}-\boldsymbol{A}_{12}\boldsymbol{A}_{22}^{-1}\boldsymbol{A}_{21})^{-1}=\boldsymbol{A}_{11}^{-1}+\boldsymbol{A}_{11}^{-1}\boldsymbol{A}_{12}(\boldsymbol{A}_{22}-\boldsymbol{A}_{21}\boldsymbol{A}_{11}^{-1}\boldsymbol{A}_{12})^{-1}\boldsymbol{A}_{21}\boldsymbol{A}_{11}^{-1} \tag{2-15}$$

2.1.6　标量对矩阵求导

在卡尔曼滤波器相关方法设计和性能分析的过程中，会遇到标量 u 对矩阵 $\boldsymbol{X}$ 或向量 $\boldsymbol{x}$ 求导数的问题。假设 $\boldsymbol{X}\in\mathbf{R}^{m\times n}$ 可表示为

$$\boldsymbol{X}=\begin{bmatrix} x_{11} & \cdots & x_{1n} \\ \vdots & \ddots & \vdots \\ x_{m1} & \cdots & x_{mn} \end{bmatrix} \tag{2-16}$$

$u=f(\boldsymbol{X})$ 为实值函数，标量 u 对矩阵 $\boldsymbol{X}$ 的导数定义为

$$\frac{\partial u}{\partial \boldsymbol{X}}=\begin{bmatrix} \dfrac{\partial f}{\partial x_{11}} & \cdots & \dfrac{\partial f}{\partial x_{1n}} \\ \vdots & \ddots & \vdots \\ \dfrac{\partial f}{\partial x_{m1}} & \cdots & \dfrac{\partial f}{\partial x_{mn}} \end{bmatrix} \tag{2-17}$$

这是一个 $m\times n$ 矩阵。从本质上讲，标量对矩阵求导数，和对普通多元函数求导是一样的，但是为了表示上的简洁和运算上的方便，我们需要把求出的偏导数写成矩阵形式，因而需要一些基本运算规律和技巧。本节归纳了这方面一些简单的例子。

例 2.1：设 $\boldsymbol{a}\in\mathbf{R}^n$，$\boldsymbol{x}\in\mathbf{R}^n$，$u=\boldsymbol{a}^{\mathrm{T}}\boldsymbol{x}$，则偏导数 $\dfrac{\partial u}{\partial \boldsymbol{x}}=\boldsymbol{a}$。

例 2.2：设 $\boldsymbol{A}\in\mathbf{R}^{n\times n}$ 为对称阵，$\boldsymbol{x}\in\mathbf{R}^n$，$u=\boldsymbol{x}^{\mathrm{T}}\boldsymbol{A}\boldsymbol{x}$，则偏导数 $\dfrac{\partial u}{\partial \boldsymbol{x}}=2\boldsymbol{A}\boldsymbol{x}$。

例 2.3：设 $\boldsymbol{A}\in\mathbf{R}^{n\times m}$，$\boldsymbol{X}\in\mathbf{R}^{m\times n}$，则偏导数 $\dfrac{\partial \mathrm{tr}(\boldsymbol{AX})}{\partial \boldsymbol{X}}=\boldsymbol{A}^{\mathrm{T}}$。

例 2.4：设 $\boldsymbol{A}\in\mathbf{R}^{n\times n}$，$\boldsymbol{X}\in\mathbf{R}^{n\times m}$，则偏导数 $\dfrac{\partial \mathrm{tr}(\boldsymbol{X}^{\mathrm{T}}\boldsymbol{AX})}{\partial \boldsymbol{X}}=(\boldsymbol{A}^{\mathrm{T}}+\boldsymbol{A})\boldsymbol{X}$。

例 2.5：设 $\boldsymbol{A}\in\mathbf{R}^{n\times n}$，$\boldsymbol{X}\in\mathbf{R}^{n\times m}$，则偏导数 $\dfrac{\partial \mathrm{tr}(\boldsymbol{XAX}^{\mathrm{T}})}{\partial \boldsymbol{X}}=\boldsymbol{X}(\boldsymbol{A}^{\mathrm{T}}+\boldsymbol{A})$。

应当注意，对于向量对向量求导的情况，在所获得的偏导数矩阵中，与前面讲到的标量对向量求导时元素的排列方式有所不同。假设 $\boldsymbol{x}\in\mathbf{R}^n$，$\boldsymbol{u}\in\mathbf{R}^m$，$\boldsymbol{x}$ 和 $\boldsymbol{u}$ 分别表示为

$$\boldsymbol{x}=\begin{bmatrix} x_1 \\ \vdots \\ x_n \end{bmatrix},\boldsymbol{u}=\begin{bmatrix} f_1(\boldsymbol{x}) \\ \vdots \\ f_m(\boldsymbol{x}) \end{bmatrix} \tag{2-18}$$

则向量 $\boldsymbol{u}$ 对向量 $\boldsymbol{x}$ 的导数定义为

$$\frac{\partial \boldsymbol{u}}{\partial \boldsymbol{x}}=\begin{bmatrix} \dfrac{\partial f_1}{\partial x_1} & \cdots & \dfrac{\partial f_1}{\partial x_n} \\ \vdots & \ddots & \vdots \\ \dfrac{\partial f_m}{\partial x_1} & \cdots & \dfrac{\partial f_m}{\partial x_n} \end{bmatrix} \tag{2-19}$$

对比式（2－17）和式（2－19）不难看出二者的差别。在研究过程中应注意区分偏导数构成的矩阵的不同元素排列方式，在运用已有公式进行求导计算时避免张冠李戴。

2.2 概率论的预备知识

随机系统是指受噪声影响的动力学系统，噪声可被认为是一种随机干扰，概率论为随机系统的研究提供了理论基础。随机系统具有两个基本特征：

1）随机性，即具有多种可能实现，满足一定的概率分布，实现之前一般不能准确预测；

2）按一定规律变化，在不同时刻有不同表现[2]。

根据以上特征选定随机过程的描述方法。合适的随机干扰描述方法应该既能描述随机的量，又能描述有规律变化的量。随机干扰可采用概率论的方法，通过随机变量来描述，而有规律变化的量可通过解析函数来描述。注意到单独使用随机变量或解析函数都无法准确描述随机系统的全部特性，在随机系统建模研究过程中，通常的作法是将二者相互结合。本章介绍与卡尔曼滤波器优化设计与性能分析相关的概率论基础知识，包括概率密度函数、随机过程及其数字特征的基本概念。

2.2.1 概率密度函数

概率论是研究随机现象及其统计规律的一门科学。不同于必然发生或必然不发生的确定性事件，在一定条件下有可能发生也有可能不发生的现象被称为随机事件。随机事件可通过随机试验来观察，随机试验是可重复的，可能出现的结果事先可以推测，但严格地说，在试验之前具体结果是未知的。例如，每一次投掷骰子的过程都是一个随机试验，骰子落在点数 1～6 之间的可能性都存在。

随机事件是概率论的主要研究对象，通常用随机变量来描述，它是由样本空间到实数域取值的映射，随机变量的取值具有一定的概率。在随机试验中，称每一个基本事件为一个样本点，称样本点的全体为样本空间，即全体样本点的集合。例如，对于简单的掷硬币这一随机事件，可以用如下的随机变量来描述：

$$X=\begin{cases}0, & \text{正面朝上}\\1, & \text{反面朝上}\end{cases}$$

该随机变量的概率可写为：$P(X=1)=p$ ，$P(X=0)=1-p$ ，对于一个标准的硬币，概率的取值应为 $p=0.5$。如果假定各随机变量之间是相互独立的，则表示各次试验的结果互不影响，如一个硬币连续四次出现正面，并不代表它下次掷出时出现反面的可能性更大。

对于随机变量的概率，可通过概率分布函数来描述。设 X 是随机变量，x 为任意实数，X 的概率分布函数可记为 $F_X(x)=P\{X\leqslant x\}$。概率分布函数是单调不减的函数，且有 $0\leqslant F_X(x)\leqslant 1$。若存在非负可积的函数 $p(x)$ ，使得 $F_X(x)=\int_{-\infty}^{x}p(u)\mathrm{d}u$ ，则称

$p(x)$ 是随机变量 X 的概率密度函数。举例来说，在工程实践活动中常用的高斯（或正态）概率密度函数定义为

$$p(x)=\frac{1}{\sqrt{2\pi}\sigma}\exp\left[-\frac{(x-\mu)^2}{2\sigma^2}\right] \tag{2-20}$$

其中，μ 和 σ 均为实数，且 $\sigma>0$，符号 exp(·) 表示以自然常数 e(e=2.718 28…) 为底的指数函数。典型高斯概率分布函数曲线如图 2－1 所示。

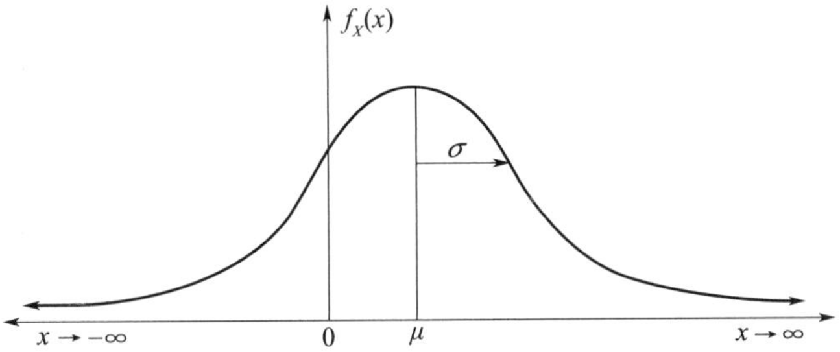

图 2－1　高斯概率分布函数曲线

如果 $\boldsymbol{x}\in\mathbf{R}^n$ 是由多个随机变量组成的随机矢量，高斯概率密度函数可写为

$$p(\boldsymbol{x})=\frac{1}{(2\pi)^{n/2}(\det(\boldsymbol{\Omega}))^{0.5}}\exp\left[-\frac{1}{2}(\boldsymbol{x}-\boldsymbol{\mu})^{\mathrm{T}}\boldsymbol{\Omega}^{-1}(\boldsymbol{x}-\boldsymbol{\mu})\right] \tag{2-21}$$

其中，$\boldsymbol{\mu}\in\mathbf{R}^n$，$\boldsymbol{\Omega}\in\mathbf{R}^{n\times n}$ 为对称正定阵。

下面简单介绍条件概率的概念。在概率论中，两个随机变量之间的统计关联可用条件概率来表征。条件概率 $p(X_1\mid X_2)$ 定义为事件 X_1 在另外一个事件 X_2 已经发生的条件下的发生概率。考虑这样一个试验，一个罐子中装有 M_1 个白球和 M_2 个黑球。当采用不放回抽取的策略时，即球取出后不再放入原来的罐子，条件概率 p（第二次取到黑球｜第一次取到黑球）为在第一次取到黑球的条件下，第二次又取到黑球的概率。因为已知从罐子中取到的第一个球是黑球，则第二次取球前，罐子中剩余 M_1 个白球和 M_2-1 个黑球，此时取得黑球的概率为 $\dfrac{M_2-1}{M_1+M_2-1}$。显然，条件概率的取值与第一次取球时就取得黑球的概率，以及第一次和第二次都取到黑球的概率是不同的。与条件概率相对应，在给定随机变量 $Y=y$ 的条件下，随机变量 X 的条件概率密度函数形式为 $p(x\mid y)$，其中，x 和 y 为实数，分别表示随机变量 X 和 Y 的取值。

2.2.2　随机过程

在自然界中，人类研究的事物随时间变化的过程可分为两大类：一类是确定性过程，这类事物的演化过程遵循一定的变化规律，可以用解析函数进行描述；另一类是随机过程，这类事物的演化过程没有确定的规律，对于每一特定的时刻可取不同数值，无法直接用解析函数进行描述。应当说明，概率论中研究的随机过程通常是具有统计规律的过程，随机过程可理解为无限多个随机变量的集合。

随机过程被认为是概率论中的“动力学”部分，它的研究对象是随时间演化的随机现象。对于这种现象，一般来说，人们已经不能简单地用随机变量或有限维随机向量来合理描述，而需要用无限多个随机变量来描述。下面来看一个具体例子。

例 2.6：星敏感器测量噪声。

在航天器导航系统中，用于姿态确定的星敏感器由于内部因素或外部干扰导致的测量噪声在任一确定时刻 t 的值是一个随机变量，记为 $\nu(t)$。不同时刻对应不同的随机变量，当时间在某个区间，如 $[0, +\infty)$ 上推移时，星敏感器测量噪声就表现为一组随机变量，记为 $\{\nu(t), t \geqslant 0\}$。星敏感器测量噪声将对观测量产生持续干扰，为了通过卡尔曼滤波器消除这种干扰，就必须了解星敏感器测量噪声随时间变化的过程。为此，通过测试装置对星敏感器测量噪声进行长时间的测量，并把结果记录下来，作为一次试验结果，可以得到一条测量噪声-时间函数 $\nu_1(t)$，$t \geqslant 0$。一般来说，这个测量噪声-时间函数在试验前不可能确知，需要通过测量才能得到。如果在相同条件下再进行一次测量，则得到的记录是不同的。如某星敏感器在两次试验中输出的测量噪声如图 2-2 所示。

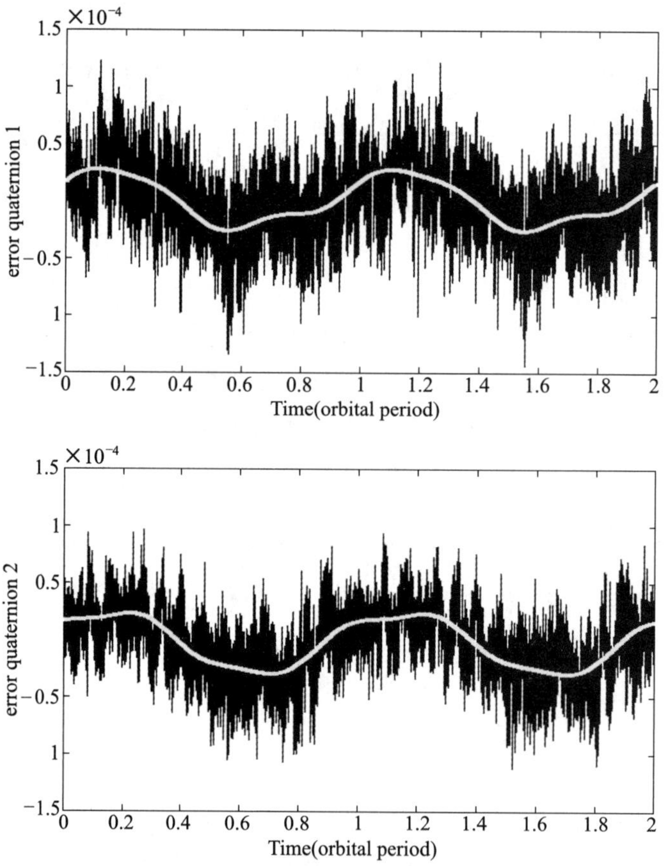

图 2-2 两次试验中星敏感器测量噪声随时间变化曲线

事实上，由于星敏感器测量噪声的随机性，在相同条件下每次测量都将产生不同的测量噪声-时间函数。这样，不断独立重复地一次次试验就可以得到一组不同的测量噪声-时间函数，这组函数从某一角度刻画了星敏感器测量噪声的变化特性。以该例子为背景，引入随机过程的概念。

定义 2.7 (随机过程)：设 T 是一个无限实数集，称依赖于参数 $t \in T$ 的一组随机变量为随机过程，记为 $\{X(t),\ t \in T\}$。对于每一个 $t \in T$，$X(t)$ 是一个随机变量，T 称为参数集。

在很多情况下将 t 看作时间，$X(t)=x$ 表示在 t 时刻随机变量 $X(t)$ 的取值为实数 x。对随机过程 $\{X(t),\ t \in T\}$ 进行一次试验，其结果是时间 t 的函数，记为 $X(t),\ t \in T$，称为随机过程的一个样本函数。随机过程可以看作多维随机变量的延伸。随机过程与其样本函数的关系就像数理统计中总体和样本的关系一样。对于例 2.6，星敏感器测量噪声的变化过程 $\{\nu(t),\ t \geqslant 0\}$ 是一个随机过程，一次试验得到的测量噪声-时间函数是该随机过程的一个样本函数。

不同于概率论中经常研究一些相互独立的随机变量，随机过程研究的是一组随机变量。通过引入时间变量 t，随机过程可以描述随机现象随时间的推移而发生变化的情况。如果 T 是可数集，如 $T=\{0,\ 1,\ 2,\ \cdots\}$，则称 $\{X(t),\ t \in T\}$ 为离散随机过程，或随机序列。在日常生活中，随机序列非常多见。等时间间隔掷硬币的结果用数字 0、1 来表示，就是一个典型的随机序列。其他例子还有很多，如某一地区生物群体的数量、公路中指定地点通过的汽车数量，以及航天器导航系统中的各种噪声等。大量的工业过程和航天控制领域都存在各种随机序列，可以应用概率论的知识加以分析和研究。

2.2.3 随机过程的数字特征

随机过程是一组随机变量的集合，可以利用随机变量的统计描述方法来刻画随机过程的特性。为了全面了解一个随机过程 $\{X(t),\ t \in T\}$，最彻底的方法是掌握其在各个时刻对应状态变量 $X(t)$ 的概率密度函数。尽管随机过程的概率密度函数族能够完善地刻画随机过程的统计特性，但是，在工程实践活动中，往往仅能够得到随机过程在有限次试验和有限时间内的部分样本，应用有限的数据确定概率密度函数族非常困难。在以往研究中，部分随机系统状态估计方法尝试直接对状态的概率密度函数（或概率分布函数）进行估计，由于存在解算流程和性能评估复杂等问题，在航天器导航领域的应用研究并未得到广泛认可。

在研究随机过程时，我们关注的往往不是通过试验得到的某一样本函数，而是随机过程的平均性能，它反映了随机过程在未来可能出现的情况。因此，利用数字特征来研究随机过程是非常明智的选择。本节介绍随机过程的两个最基本的数字特征——均值和方差。

定义 2.8 (均值)：给定随机过程 $\{X(t),\ t \in T\}$，固定时间 t，$X(t)$ 是一个随机变量

$$E[X(t)]=\int_{-\infty}^{\infty} x p(x, t) \mathrm{d} x \tag{2-22}$$

称为随机过程的均值，$E\{X(t)\}$ 一般是时间 t 的函数。式 (2-22) 中 $p(x,\ t)$ 表示 $X(t)$ 的概率密度函数。

均值 $E\{X(t)\}$ 表示了随机过程 $\{X(t),\ t\in T\}$ 在各个时刻变化的中心。需要注意的是，$E\{X(t)\}$ 的含义是随机过程的所有样本函数在时刻 t 的平均值，这种平均称为统计平均，以区别时间平均的概念。

定义 2.9（协方差）：给定任意 $t_1,\ t_2\in T$ ，随机过程 $\{X(t),\ t\in T\}$ 的协方差为

$$\mathrm{Cov}[X(t_1),X(t_2)]=E\{[X(t_1)-E(X(t_1))][X(t_2)-E(X(t_2))]\} \tag{2-23}$$

协方差 $\mathrm{Cov}[X(t_1),\ X(t_2)]$ 一般是时间 t_1，t_2 的函数。随机过程独立和不相关的概念可由随机变量的相关定义引申而来。如果任何两个时刻对应的随机变量的协方差为 0，那么该随机过程不同时刻之间是不相关的。在实际应用过程中，经常取 $t_1=t_2$ ，此时，协方差就退化为方差，可记为 $\mathrm{Cov}[X(t)]=E\{[X(t)-E(X(t))]^2\}$。在均值 $E(X(t))$ 为 0 的情况下，方差的计算可进一步简化为 $\mathrm{Cov}[X(t)]=E\{[X(t)]^2\}$ ，这一计算方式在卡尔曼滤波器研究中经常用到。

均值和方差描述了随机过程的统计特性，其中均值是随机过程在时刻 t 的平均值，方差是随机过程在时刻 t 对均值的偏离程度。在理论上，仅研究均值和方差当然不能揭示整个随机过程的运动规律，但是，由于它们刻画了随机过程的主要统计特性，而且相比较概率密度函数族易于观察和实际计算；因此，对于解决实际应用系统中的问题，它们常常受到工程技术人员的青睐。本书所研究的卡尔曼滤波器主要对随机系统状态向量的均值和方差进行估计。

下面请读者思考一个问题：随机过程的均值和方差是随机变量，还是确定性函数呢？答案是显而易见的，均值和方差都是为了研究随机过程而引入的确定性函数。尽管实际系统中的干扰或噪声具有随机性，但描述它们统计规律的数字特征是确定性的。这揭示了研究随机系统的一般性思路，就是要发现随机现象中的统计规律，并将其转换为确定的数学公式来表达。在后续卡尔曼滤波器相关方法的设计与分析中，我们经常采用这一思路，即首先将随机过程用其统计特性来描述，然后采用确定性的数学方法，结合优化准则来解决问题，从而实现最优状态估计。

接下来，介绍在工程中常用的一种随机过程，即正态过程，其定义如下：

定义 2.10（正态过程）：若对于每一个 $t_i\in T$ ，$i=1,2,\cdots,k$ ，向量 $[X(t_1)\quad X(t_2)\quad\cdots\quad X(t_k)]^{\mathrm{T}}$ 的概率密度函数是正态的，则称该随机过程为正态过程。

在正态过程中，每个时间点的随机变量都满足正态分布，对应的正态概率密度函数可以参见本书 2.2.1 节中的说明。正态分布是自然界和工程中最重要的一种概率分布，对于航天器导航系统而言，敏感器的测量噪声往往可以足够精确地看成是正态分布的。正态分布常用符号 $N(\mu,\ \sigma^2)$ 来表示，其中 μ 为随机变量的均值，σ^2 为随机变量的方差，σ 被称为标准差。

由于正态分布在现实生活中大量存在，以至于被看作正常状态下的分布，正态分布因此而得名。正态过程具有很多非常优良的性质，包括：

1）正态过程的统计特性可由均值和方差完全确定；

2）在两个正态过程之间，不相关和独立是完全等价的；

3）正态过程经线性变换后仍然是正态过程。

正态过程的特性在工程上具有重要意义，使得工程技术人员仅需掌握少量既往时刻正态过程的样本信息，即可有效揭示其统计规律。

在本节的结尾部分，给出对条件均值的说明。条件均值反映了两个随机变量之间的统计关联。对于随机变量 X 和 Y，X 在 $Y=y$ 的条件下的条件均值 $E(X\mid y)$ 的计算公式为

$$E(X\mid y)=\int xp(x\mid y)\mathrm{d}x$$

式中，$p(x\mid y)$ 为随机变量 X 的条件概率密度函数。条件均值具有以下重要性质：

1）当随机变量 X 和 Y 相互独立时，$E(X\mid Y)=E(X)$；

2）对于任意常数 c，$E(c\mid Y)=c$；

3）对于 X 的函数 $g(X)$，$E(g(X)\mid X)=g(X)$，特别地，$E(X\mid X)=X$；

4）对于任意常数 a 和 b，以及随机变量 X、Y 和 Z，$E(aX+bY\mid Z)=aE(X\mid Z)+bE(Y\mid Z)$。

应当说明，卡尔曼滤波器的推导方法之一就是在给定观测量的情况下，求解状态向量的条件均值。在本书第 5 章对扩展卡尔曼滤波器的研究中将会用到条件均值的概念。

2.3 随机系统模型

本节给出状态空间形式的随机系统模型，后续章节将围绕该模型讨论随机系统状态估计问题。状态空间是控制理论研究领域的一个专有名词，指的是系统全部可能状态的集合，系统的状态可以表示为此空间中的一个向量。不同于确定性系统中要求计算状态方程解的精确值，随机系统模型主要用于研究状态随时间演化的统计特性。离散时间状态空间模型可写为差分方程组的形式，这样对于分析随机系统的统计特性来说非常方便。

2.3.1 状态方程和观测方程

针对离散时间系统定义的随机系统模型可通过差分方程组来描述，类似形式的模型适用于很多实际应用系统。对于一个不考虑控制输入和模型不确定性的随机系统，将 t_k 时刻的状态向量记为 $\boldsymbol{x}_k$，则随机系统模型可表示为如下所示的状态方程和观测方程的形式

$$\boldsymbol{x}_k=f(\boldsymbol{x}_{k-1})+\boldsymbol{w}_k \tag{2-24}$$

$$\boldsymbol{y}_k=h(\boldsymbol{x}_k)+\boldsymbol{v}_k \tag{2-25}$$

式中，$\boldsymbol{x}_k\in\mathbf{R}^l$ 为状态向量，$\boldsymbol{y}_k\in\mathbf{R}^m$ 为观测量，f：$\mathbf{R}^l\rightarrow\mathbf{R}^l$ 为状态转移函数，h：$\mathbf{R}^l\rightarrow\mathbf{R}^m$ 为测量函数，$\boldsymbol{w}_k\in\mathbf{R}^l$ 为系统噪声，$\boldsymbol{v}_k\in\mathbf{R}^m$ 为测量噪声，为了研究上的方便，假定 $\{\boldsymbol{w}_k,k=0,1,2,\cdots\}$ 和 $\{\boldsymbol{v}_k,k=0,1,2,\cdots\}$ 为正态随机过程。正态随机过程的统计特性能够用其均值和方差完全表征。用于描述 $\boldsymbol{w}_k$ 和 $\boldsymbol{v}_k$ 的数字特征如下所示

$$E(\boldsymbol{w}_k)=\mathbf{0},E(\boldsymbol{v}_k)=\mathbf{0} \tag{2-26}$$

$$\mathrm{Cov}(\boldsymbol{w}_k,\boldsymbol{w}_j)=\mathbf{0},\mathrm{Cov}(\boldsymbol{v}_k,\boldsymbol{v}_j)=\mathbf{0} \tag{2-27}$$

$$\mathrm{Cov}(\boldsymbol{w}_k)=\boldsymbol{Q}_k,\mathrm{Cov}(\boldsymbol{v}_k)=\boldsymbol{R}_k \tag{2-28}$$

式中，$\boldsymbol{Q}_k \in \mathbf{R}^{l\times l}$ 为系统噪声方差阵，$\boldsymbol{R}_k \in \mathbf{R}^{m\times m}$ 为测量噪声方差阵，通常假定 $\boldsymbol{Q}_k$ 和 $\boldsymbol{R}_k$ 为已知的对称正定阵。

应当说明，满足条件式（2-26）～式（2-28）的随机序列 $\{\boldsymbol{w}_k, k=0, 1, 2, \cdots\}$ 和 $\{\boldsymbol{v}_k, k=0, 1, 2, \cdots\}$ 又称为白噪声过程。对于一个白噪声过程，如果概率分布满足正态分布，则称其为高斯白噪声过程。在本书接下来的讨论中，除非特别指出，$\{\boldsymbol{w}_k, k=0, 1, 2, \cdots\}$ 和 $\{\boldsymbol{v}_k, k=0, 1, 2, \cdots\}$ 均指零均值高斯白噪声过程。

如式（2-24）所示的状态方程反映了状态向量 $\boldsymbol{x}_k$ 的演化过程，以及系统噪声 $\boldsymbol{w}_k$ 对状态向量的影响；如式（2-25）所示的观测方程反映了观测量 $\boldsymbol{y}_k$ 与状态向量之间的关联关系，以及测量噪声 $\boldsymbol{v}_k$ 对观测量的影响。根据上述状态空间形式的随机系统模型不难看出，与确定性系统不同，当前的状态向量 $\boldsymbol{x}_k$ 不能唯一地由过去的状态向量 $\boldsymbol{x}_{k-1}$ 给定。尽管如此，$\boldsymbol{x}_k$ 仍是一个依赖于 $\boldsymbol{x}_{k-1}$ 的随机变量，其统计特性也是状态向量 $\boldsymbol{x}_{k-1}$ 的函数。此外，为了便于研究，通常假定在给定 $\boldsymbol{x}_{k-1}$ 的情况下，$\boldsymbol{x}_k$ 的条件概率不依赖于 $k-1$ 时刻之前的历史数据。

对于航天器导航系统而言，可以方便地利用状态方程描述航天器位置、速度和姿态的演化规律，并利用观测方程描述敏感器观测量与航天器运动状态之间的关系。如何针对特定的状态方程和观测方程给出令人满意的状态估计结果，这是卡尔曼滤波器相关研究的主要内容。值得注意的是，系统的随机性是客观存在的，在工程实践活动中，作为状态估计方法设计依据的状态方程和观测方程往往是对实际系统特性的近似描述。在考虑模型不确定性的情况下，需要用到鲁棒滤波器或自适应滤波器的设计思路。

进而，考虑一种特殊情况，如果在式（2-24）和式（2-25）中，$f(\cdot)$ 和 $h(\cdot)$ 是关于状态向量的线性函数，则可以得到如下所示的线性随机系统模型。

$$\boldsymbol{x}_k = \boldsymbol{F}_k \boldsymbol{x}_{k-1} + \boldsymbol{w}_k \tag{2-29}$$

$$\boldsymbol{y}_k = \boldsymbol{H}_k \boldsymbol{x}_k + \boldsymbol{v}_k \tag{2-30}$$

式中，$\boldsymbol{F}_k \in \mathbf{R}^{l\times l}$ 称为状态转移矩阵，$\boldsymbol{H}_k \in \mathbf{R}^{m\times l}$ 称为测量矩阵，其余变量可参照式（2-24）和式（2-25）中的定义和说明。起初，卡尔曼滤波器是基于线性随机系统模型推导的，此后推广用于非线性系统。卡尔曼滤波器设计所要解决的问题，就是如何充分合理地运用随机系统模型和观测量 $\boldsymbol{y}_k$ 中包含的信息，实现对状态向量 $\boldsymbol{x}_k$ 的准确估计。

如式（2-24）和式（2-25）所示的离散时间非线性随机系统模型，以及如式（2-29）和式（2-30）所示的离散时间线性系统模型都是状态空间模型的不同表现形式。状态空间模型具有如下共同特点。

1）状态空间模型不仅能够反映系统内部状态，而且能够揭示系统内部状态与外部输入和输出变量（如控制器的控制量、敏感器的观测量等）的联系。

2）状态空间模型将多个随机变量的时间序列转换为状态向量的时间序列进行处理，这种从标量到矢量的转换，使得状态空间模型更适于解决多输入、多输出情况下的建模问题，而经典控制理论中的传递函数等模型形式主要适用于单输入、单输出的线性定常系统。

3）状态空间模型利用当前信息描述系统状态，不显含历史数据，具有形式简洁、易于套用的优点；相对而言，在时间序列分析中常用的自回归（AR）模型、移动平均（MA）模型和自回归移动平均（ARMA）模型中均涉及大量历史数据[3]，经常会给工程技术人员造成困惑。

2.3.2　随机系统状态预测

本节尝试运用前述有关概率论的基本知识，对随机系统模型中的状态方程进行求解。不像确定性方程可以根据状态方程和状态初值确定未来的状态向量，随机系统状态方程的求解是指根据状态方程，以及状态向量和噪声的统计特性，确定未来状态向量的统计特性。本节内容有助于我们理解卡尔曼滤波器中对状态向量的预测方式。

理论上，可以通过状态方程计算各个时刻状态向量 $\boldsymbol{x}_k$ 的概率分布函数，但是，对于一般的状态方程，求解状态向量的概率分布函数比较困难。通常采用的技术途径为，针对某些特殊的随机差分方程，如线性正态差分方程，求解状态向量的数字特征。线性正态差分方程如式（2－29）所示，为了方便，将其重写如下

$$\boldsymbol{x}_k=\boldsymbol{F}_k\boldsymbol{x}_{k-1}+\boldsymbol{w}_k \tag{2-31}$$

其中，$\boldsymbol{x}_k\in\mathbf{R}^l$ 为状态向量，$\boldsymbol{F}_k\in\mathbf{R}^{l\times l}$ 为含时变元素的状态转移矩阵，系统噪声 $\{\boldsymbol{w}_k,\ k=0,\ 1,\ 2,\ \cdots\}$ 为正态随机序列。将线性正态差分方程求解的基本假设条件归纳如下：

1）$\boldsymbol{w}_k$ 为独立同分布正态随机向量，其数字特征为

$$E(\boldsymbol{w}_k)=\boldsymbol{0} \tag{2-32}$$

$$\mathrm{Cov}(\boldsymbol{w}_k,\boldsymbol{w}_j)=\begin{cases}\boldsymbol{Q}_k, & k=j\\ \boldsymbol{0}, & k\neq j\end{cases} \tag{2-33}$$

2）状态向量 $\boldsymbol{x}_k$ 的初始值满足正态分布，初始条件为

$$E(\boldsymbol{x}_0)=\boldsymbol{m}_0 \tag{2-34}$$

$$E(\boldsymbol{x}_0\boldsymbol{x}_0^{\mathrm{T}})=\boldsymbol{P}_0 \tag{2-35}$$

其中，$\boldsymbol{m}_0\in\mathbf{R}^l$ 和 $\boldsymbol{P}_0\in\mathbf{R}^{l\times l}$ 分别表示状态向量的均值和方差阵的初始值，通常假定 $\boldsymbol{P}_0$ 为对称半正定阵。

3）$\boldsymbol{w}_k$ 与 $\boldsymbol{x}_k$ 相互独立，满足下式

$$\mathrm{Cov}(\boldsymbol{w}_k,\boldsymbol{x}_j)=0,k\geqslant j \tag{2-36}$$

由于在特定时刻下状态向量的值是正态随机变量的线性组合，随机过程 $\{\boldsymbol{x}_k,\ k=0,\ 1,\ 2,\ \cdots\}$ 也是一个正态随机过程。因此，状态向量能够用其均值和方差完全表征。根据状态向量 $\boldsymbol{x}_k$ 的正态分布特性，$\boldsymbol{x}_k$ 的均值和方差可以通过求解线性正态差分方程得到。显然，如果每次从初值开始计算未来状态向量的均值和方差是非常不方便的，在此以递推形式来表示其计算结果。

将状态向量的均值表示为 $E(\boldsymbol{x}_k)=\boldsymbol{m}_k$，为了确定状态向量均值的递推计算方式，对式（2－31）两端求均值，得到

$$E(\boldsymbol{x}_k)=E(\boldsymbol{F}_k\boldsymbol{x}_{k-1}+\boldsymbol{w}_k)=\boldsymbol{F}_kE(\boldsymbol{x}_{k-1}) \tag{2-37}$$

或

$$\boldsymbol{m}_k = \boldsymbol{F}_k \boldsymbol{m}_{k-1} \tag{2-38}$$

根据初始条件，状态向量 $\boldsymbol{x}_k$ 的均值可由确定性差分方程式（2-38）进行递推计算。

将状态向量的方差阵表示为 $E(\boldsymbol{x}_k \boldsymbol{x}_k^{\mathrm{T}}) = \boldsymbol{\Sigma}_k$，根据式（2-31），其递推计算方式为

$$\boldsymbol{\Sigma}_k = E[(\boldsymbol{F}_k \boldsymbol{x}_{k-1} + \boldsymbol{w}_k)(\boldsymbol{F}_k \boldsymbol{x}_{k-1} + \boldsymbol{w}_k)^{\mathrm{T}}] = \boldsymbol{F}_k E(\boldsymbol{x}_{k-1} \boldsymbol{x}_{k-1}^{\mathrm{T}}) \boldsymbol{F}_k^{\mathrm{T}} + E(\boldsymbol{w}_k \boldsymbol{w}_k^{\mathrm{T}}) \tag{2-39}$$

或

$$\boldsymbol{\Sigma}_k = \boldsymbol{F}_k \boldsymbol{\Sigma}_{k-1} \boldsymbol{F}_k^{\mathrm{T}} + \boldsymbol{Q}_k \tag{2-40}$$

对于一个没有控制输入和测量输出的线性随机系统，均值递推公式（2-38）和方差阵递推公式（2-40）反映了状态向量在系统噪声 $\boldsymbol{w}_k$ 的作用下，其统计特性随时间演化的情况。在给定系统的初始条件并且已知噪声的统计特性时，可以根据上述递推公式计算出未来状态向量的均值和方差阵。将上述递推计算公式的特点归纳如下：

1）状态向量均值的递推公式适用于没有噪声输入时的状态方程；

2）方差阵的递推公式右侧第一项表示在 $k-1$ 时刻的方差阵 $\boldsymbol{\Sigma}_{k-1}$ 受到系统动态特性的作用（体现在状态转移矩阵 $\boldsymbol{F}_k$ 上），第二项是由于系统噪声 $\boldsymbol{w}_k$ 作用而引起的方差阵增量。换句话说，当前时刻状态向量的方差阵是上一时刻状态向量方差阵与噪声综合作用的结果。

考虑到 $\boldsymbol{F}_k \boldsymbol{\Sigma}_{k-1} \boldsymbol{F}_k^{\mathrm{T}}$ 和 $\boldsymbol{Q}_k$ 均为正定矩阵，如果仅利用式（2-40）进行方差阵递推，则可能出现状态向量的方差阵 $\boldsymbol{\Sigma}_k$ 随时间单调增长的情况，从而导致状态估计方法的不稳定。因此，在实际工程系统中，除了利用状态方程对状态向量的统计特性进行预测外，还需要利用观测方程，通过卡尔曼滤波器对状态变量的统计特性进行修正（或更新）。相关内容将在本书第 4 章进行阐述。

2.4 方差下界分析方法

为了判断某个航天器导航方案能否满足任务要求，需要事先对航天器导航系统的性能进行分析，系统性能分析是在航天器导航方案设计过程中的一项重要基础性工作，本章以克拉美劳下界（Cramer-Rao Lower bounds，CRLB）为例，阐明航天器导航系统可观度分析的典型方法。克拉美劳下界可根据前面一节给出的随机系统模型，通过递推计算的方式得到。通过计算克拉美劳下界，能够针对所研究的航天器导航系统，给出理想情况下的状态估计精度极限，从而为航天器导航方案选择和滤波器性能评估提供参考依据。

2.4.1 克拉美劳下界的概念

针对航天器导航系统的性能分析问题，本节介绍克拉美劳下界（CRLB）的基本概念。克拉美劳下界是根据给定的随机系统模型、状态向量先验信息，以及噪声统计特性计算得到的实际状态估计误差方差阵的下界，其取值直接反映了一个导航系统的本质属性。如果用于计算克拉美劳下界的模型与实际系统相符，那么任何一种状态估计方法都不能超越克

拉美劳下界所规定的估计精度[4-6]。

克拉美劳下界可以作为衡量系统可观度大小的依据，对于指导卡尔曼滤波器及其相关算法的设计具有理论意义。系统的可观度描述的是由敏感器输出的测量值精确估计状态向量的可能性。系统具备较高的可观度是卡尔曼滤波器取得有效状态估计结果的前提。在设计卡尔曼滤波器之前，通常要先进行系统的可观度分析。可观度分析包括两部分内容：一是确定系统的可观性；二是确定系统及其系统状态的可观程度，以便事先确定卡尔曼滤波器的估计效果。应当说明，可观度的概念不同于系统的可观性，通过对航天器导航系统进行可观性分析，可以判断出状态向量是否能利用选定的观测数据进行确定，但是，状态估计的精度并不能得到有效反映。关于系统的可观性分析方法，可以参阅文献[7]。

对于航天器导航系统而言，能否利用敏感器测量信息解算出航天器的准确位置，在理论上取决于导航系统的可观度；若导航系统具有较好的可观度，则通过设计合理的状态估计方法，根据在有限时间内的观测量能够准确估计出航天器的位置和速度。反之，若导航系统的可观度较差，甚至不可观，则任何状态估计方法都不能得到准确结果。在航天器导航系统方案论证的初始阶段，通过对航天器导航系统进行可观度分析，能够在不进行系统性能仿真的情况下，事先确定最优状态估计方法的实施效果。对于同样具有可观性的两个航天器导航系统，如果其可观度并不相同，使用同一种滤波器进行状态估计时，往往会得到不同的估计精度；通常，可观度高的系统对应的状态估计精度也较高。

应用克拉美劳下界，可以对航天器导航系统的可观度进行分析。如果出现状态向量中的某些元素对应的克拉美劳下界不收敛，或其取值不满足系统性能指标的情况，则说明航天器导航系统自身设计存在缺陷，该问题不能通过优化状态估计方法的设计得到解决，而应当改进导航系统模型，提升敏感器测量精度，或引入新的敏感器测量信息。此外，克拉美劳下界还可用于考察不同导航系统或同一导航系统中各个状态所能达到的估计精度的差异。

通过计算克拉美劳下界，不仅能够评价导航系统自身的可观度，还有助于验证状态估计方法的有效性。将克拉美劳下界与通过状态估计方法得到的估计误差进行比对，如果状态估计方法的估计误差统计值接近克拉美劳下界，则说明对于给定的系统，所设计的状态估计方法是有效的；相反，如果实际估计误差与克拉美劳下界相差较大，则说明状态估计方法尚有改进的余地。

相对于传统可观性分析方法而言，基于克拉美劳下界的导航系统性能分析方法的优势主要体现在以下几个方面[8]。

1）传统可观性分析是针对整个系统进行的，往往是针对整个系统给出可观或不可观的结论，而克拉美劳下界的计算是针对状态向量中的各个元素进行的，利用克拉美劳下界能够辨别出系统中哪些状态能够得到准确估计，哪些状态的潜在估计精度较低，哪些状态的估计不收敛；所取得的结论可以方便地用于导航系统模型或敏感器配置的改进。

2）传统可观性分析方法是针对线性系统提出的；相对而言，借助克拉美劳下界不仅能够对线性系统的性能进行分析，还能方便地对非线性系统的性能进行分析。

3）再次，通过传统可观性分析得到的是系统是否可观的定性结论，而通过克拉美劳下界计算得到的是定量结果，即针对状态向量中的各个元素，给出状态估计在理论上所能达到的最高精度。

对于随机系统状态估计问题，克拉美劳下界的定义如下所示。

定义 2.11：设 $\boldsymbol{x}_{1:k}=\{\boldsymbol{x}_1, \cdots, \boldsymbol{x}_k\}$ 为未知的状态向量序列，$\boldsymbol{y}_{1:k}=\{\boldsymbol{y}_1, \cdots, \boldsymbol{y}_k\}$ 为带有噪声的观测序列，$p(\boldsymbol{y}_{1:k}, \boldsymbol{x}_{1:k})$ 是 $\boldsymbol{x}_{1:k}$ 和 $\boldsymbol{y}_{1:k}$ 的联合概率密度函数，根据观测序列 $\boldsymbol{y}_{1:k}$ 对状态向量 $\boldsymbol{x}_k$ 进行估计，得到状态向量估计值 $\hat{\boldsymbol{x}}_k$，那么状态向量估计误差 $\tilde{\boldsymbol{x}}_k=\boldsymbol{x}_k-\hat{\boldsymbol{x}}_k$ 的克拉美劳下界可写为如下形式

$$E(\tilde{\boldsymbol{x}}_k\tilde{\boldsymbol{x}}_k^{\mathrm{T}}) \geqslant \boldsymbol{J}_k^{-1} \tag{2-41}$$

其中

$$\boldsymbol{J}_k=E\left[-\frac{\partial^2 \ln(p(\boldsymbol{y}_{1:k}, \boldsymbol{x}_{1:k}))}{\partial \boldsymbol{x}_k^2}\right] \tag{2-42}$$

式中，$\boldsymbol{J}_k$ 被称为信息矩阵，其物理意义是表征先验知识、系统模型和观测量中所包含的信息量大小。注意到在定义中并未规定状态估计方法的实现形式，也就是说，作为状态估计误差方差下界的克拉美劳下界，其取值与具体状态估计方法的选择无关，只与以概率密度函数的形式描述的随机系统模型有关。

2.4.2 克拉美劳下界的计算

以概率密度函数 $p(\boldsymbol{y}_{1:k}, \boldsymbol{x}_{1:k})$ 表述的随机系统模型形式往往非常复杂，甚至难以得到。为了简化计算，考虑一种特殊情况。对于如式（2-24）和式（2-25）所示的随机系统模型，可按本节所述方法，通过递推计算得到信息矩阵 $\boldsymbol{J}_k$。该递推计算方法基于以下定理得到。

定理 2.15：状态向量 $\boldsymbol{x}_k$ 的估计误差 $\tilde{\boldsymbol{x}}_k$ 对应的信息矩阵 $\boldsymbol{J}_k$ 满足以下迭代关系

$$\boldsymbol{J}_k=\boldsymbol{D}_k^{22}-\boldsymbol{D}_k^{21}(\boldsymbol{J}_{k-1}+\boldsymbol{D}_k^{11})^{-1}\boldsymbol{D}_k^{12} \tag{2-43}$$

其中

$$\boldsymbol{D}_k^{11}=E\left[-\frac{\partial^2 \ln(p(\boldsymbol{x}_k \mid \boldsymbol{x}_{k-1}))}{\partial \boldsymbol{x}_{k-1}^2}\right]$$

$$\boldsymbol{D}_k^{12}=E\left[-\frac{\partial^2 \ln(p(\boldsymbol{x}_k \mid \boldsymbol{x}_{k-1}))}{\partial \boldsymbol{x}_k \partial \boldsymbol{x}_{k-1}}\right]$$

$$\boldsymbol{D}_k^{21}=E\left[-\frac{\partial^2 \ln(p(\boldsymbol{x}_k \mid \boldsymbol{x}_{k-1}))}{\partial \boldsymbol{x}_{k-1} \partial \boldsymbol{x}_k}\right]$$

$$\boldsymbol{D}_k^{22}=E\left[-\frac{\partial^2 \ln(p(\boldsymbol{x}_k \mid \boldsymbol{x}_{k-1}))}{\partial \boldsymbol{x}_k^2}\right]+E\left[-\frac{\partial^2 \ln(p(\boldsymbol{y}_k \mid \boldsymbol{x}_k))}{\partial \boldsymbol{x}_k^2}\right]$$

可以证明，式（2-43）与式（2-42）是等价的。为了方便起见，将如式（2-24）和式（2-25）所示的系统方程和观测方程重写如下

$$\boldsymbol{x}_k=f(\boldsymbol{x}_{k-1})+\boldsymbol{w}_k \tag{2-44}$$

$$\boldsymbol{y}_k=h(\boldsymbol{x}_k)+\boldsymbol{v}_k \tag{2-45}$$

注意到在所研究的随机系统模型中，系统噪声 $\boldsymbol{w}_k$ 和测量噪声 $\boldsymbol{v}_k$ 服从均值为 $\mathbf{0}$，方差阵为 $\boldsymbol{Q}_k$ 和 $\boldsymbol{R}_k$ 的正态分布，此时，根据式（2－44）和式（2－45），参照正态分布概率密度函数的形式，状态向量 $\boldsymbol{x}_k$ 和观测量 $\boldsymbol{y}_k$ 的条件概率密度函数可写为

$$p(\boldsymbol{x}_k \mid \boldsymbol{x}_{k-1}) = \frac{1}{(2\pi)^{l/2}(\det(\boldsymbol{Q}_k))^{0.5}} \exp\left\{-\frac{1}{2}[\boldsymbol{x}_k - f(\boldsymbol{x}_{k-1})]^{\mathrm{T}} \boldsymbol{Q}_k^{-1} [\boldsymbol{x}_k - f(\boldsymbol{x}_{k-1})]\right\} \tag{2-46}$$

$$p(\boldsymbol{y}_k \mid \boldsymbol{x}_k) = \frac{1}{(2\pi)^{m/2}(\det(\boldsymbol{R}_k))^{0.5}} \exp\left\{-\frac{1}{2}[\boldsymbol{y}_k - h(\boldsymbol{x}_k)]^{\mathrm{T}} \boldsymbol{R}_k^{-1} [\boldsymbol{y}_k - h(\boldsymbol{x}_k)]\right\} \tag{2-47}$$

式中，l 为状态向量的维数，m 为观测量的维数。事实上，式（2－46）和式（2－47）可视为随机系统模型式（2－44）和式（2－45）的另外一种表述形式。对以上两式求对数，不难得到

$$\begin{aligned} -\ln(p(\boldsymbol{x}_k \mid \boldsymbol{x}_{k-1})) &= c_1 + \frac{1}{2}[\boldsymbol{x}_k - f(\boldsymbol{x}_{k-1})]^{\mathrm{T}} \boldsymbol{Q}_k^{-1} [\boldsymbol{x}_k - f(\boldsymbol{x}_{k-1})] \\ -\ln(p(\boldsymbol{y}_k \mid \boldsymbol{x}_k)) &= c_2 + \frac{1}{2}[\boldsymbol{y}_k - h(\boldsymbol{x}_k)]^{\mathrm{T}} \boldsymbol{R}_k^{-1} [\boldsymbol{y}_k - h(\boldsymbol{x}_k)] \end{aligned} \tag{2-48}$$

式中，c_1 和 c_2 是常数。将上述两式代入式（2－43）进行计算，就得到定理 2.15 的特殊形式，也就是在系统噪声和测量噪声均为加性正态随机序列情况下，随机系统状态估计误差克拉美劳下界的递推计算公式。

推论 2.3：如果对如式（2－44）和式（2－45）所示随机系统的状态向量 $\boldsymbol{x}_k$ 进行估计，那么信息矩阵 $\boldsymbol{J}_k$ 可按下式进行递推计算

$$\boldsymbol{J}_k = \boldsymbol{Q}_k^{-1} + E(\overline{\boldsymbol{H}}_k^{\mathrm{T}} \boldsymbol{R}_k^{-1} \overline{\boldsymbol{H}}_k) - \boldsymbol{Q}_k^{-1} E(\overline{\boldsymbol{F}}_k)[\boldsymbol{J}_{k-1} + E(\overline{\boldsymbol{F}}_k^{\mathrm{T}} \boldsymbol{Q}_k^{-1} \overline{\boldsymbol{F}}_k)]^{-1} E(\overline{\boldsymbol{F}}_k^{\mathrm{T}}) \boldsymbol{Q}_k^{-1} \tag{2-49}$$

其中，偏导数矩阵 $\overline{\boldsymbol{F}}_k = \left.\dfrac{\partial f}{\partial \boldsymbol{x}}\right|_{\boldsymbol{x}=\boldsymbol{x}_{k-1}}$ 和 $\overline{\boldsymbol{H}}_k = \left.\dfrac{\partial h}{\partial \boldsymbol{x}}\right|_{\boldsymbol{x}=\boldsymbol{x}_k}$ 通常称为雅可比矩阵。矩阵中元素的排列方式可参考本书 2.1 节中的说明。应当说明，雅可比矩阵 $\overline{\boldsymbol{F}}_k$ 和 $\overline{\boldsymbol{H}}_k$ 中代入的是状态向量的真值；这一点与本书第 5 章中将要论述的扩展卡尔曼滤波器中的雅可比矩阵是不同的。特别地，对于如式（2－29）和式（2－30）所示的线性随机系统，信息矩阵的递推计算具有更加简洁的表述形式

$$\boldsymbol{J}_k = \boldsymbol{Q}_k^{-1} + \boldsymbol{H}_k^{\mathrm{T}} \boldsymbol{R}_k^{-1} \boldsymbol{H}_k - \boldsymbol{Q}_k^{-1} \boldsymbol{F}_k (\boldsymbol{J}_{k-1} + \boldsymbol{F}_k^{\mathrm{T}} \boldsymbol{Q}_k^{-1} \boldsymbol{F}_k)^{-1} \boldsymbol{F}_k^{\mathrm{T}} \boldsymbol{Q}_k^{-1} \tag{2-50}$$

应用 2.1 节所述的矩阵求逆引理，式（2－50）可以写为更为简洁的形式

$$\boldsymbol{J}_k = (\boldsymbol{F}_k \boldsymbol{J}_{k-1}^{-1} \boldsymbol{F}_k^{\mathrm{T}} + \boldsymbol{Q}_k)^{-1} + \boldsymbol{H}_k^{\mathrm{T}} \boldsymbol{R}_k^{-1} \boldsymbol{H}_k \tag{2-51}$$

信息矩阵的初始值 $\boldsymbol{J}_0$ 可根据有关估计误差统计特性的先验知识确定。值得注意的是，如式（2－51）所示，用于克拉美劳下界递推计算的公式形式与本书第 4 章将要阐述的卡尔曼滤波器估计误差方差阵的递推计算形式是一致的。这说明对于线性随机系统，在理想情况下，卡尔曼滤波器能够达到克拉美劳下界规定的极限精度。这一事实可视为卡尔曼滤波器在理论层面上最优性的一种体现。

克拉美劳下界的值取决于系统中包含的信息量的大小，一般来说，先验知识、系统模型和观测量中包含的信息越多，克拉美劳下界就越小，相应地，经过优化设计所能实现的状态估计精度越高。克拉美劳下界的取值对导航系统的设计具有重要价值。通常认为，如果通过随机系统模型计算得到的克拉美劳下界的幅值相对较小，则说明该导航系统的可观度相对较高；反之，如果克拉美劳下界相对较大，则说明导航系统的可观度较低。为了便于理解，设想一种极端情况，如果观测矩阵 $\boldsymbol{H}_k=\boldsymbol{0}$，显然系统不可观，此时计算得到的克拉美劳下界（即信息矩阵的逆）取值为无穷。本书后面章节将通过计算克拉美劳下界分析星敏感器低频误差校准、星际连音自主导航，以及天文观测相对论导航等系统的可观度。

2.5 本章小结

本章首先给出了矩阵论的一些基本概念和常用的矩阵不等式，这些知识在卡尔曼滤波器相关方法设计和性能分析中将会涉及。其次，介绍了概率论中有关概率密度函数、随机过程及其数字特征的概念。然后，将解析函数与随机过程相结合，建立了状态空间形式的随机系统模型，作为后续章节状态估计方法设计的基础。对于随机系统而言，不可能确切地预报未来的状态向量，尽管如此，随机系统模型可用于预报未来状态向量的数字特征。面向在工程实践活动中广泛应用的离散时间系统，将随机系统模型表征为状态方程和观测方程的形式。进而，根据随机系统模型，介绍了基于克拉美劳下界的系统可观度分析方法。通过计算克拉美劳下界的取值，能够在不进行状态估计方法设计与仿真的情况下，揭示出状态估计精度与敏感器配置、噪声幅度、测量间隔和初始误差等因素之间的关系，为事先考察系统的潜在性能提供了有效途径，并为说明系统自身设计的合理性提供了参考依据。经过对本章内容的浏览，相信不少读者已经跃跃欲试，希望将相关理论工具用于卡尔曼滤波器的设计。

参 考 文 献

[1] 王松桂，吴密霞，贾忠贞．矩阵不等式［M］. 北京：科学出版社，2006.

[2] 刘伟，董国华．随机控制与滤波技术［M］. 北京：国防工业出版社，2016.

[3] W W S Wei. Time series analysis：univariate and multivariate methods［M］. Pearson Education Inc.，2006.

[4] P Tichavsky P，C H Muravchik，A Nehorai. Posterior cramer－rao bounds for discrete－time nonlinear filtering［J］. IEEE Transactions on Signal Processing，1998，46：1386－1396.

[5] B Ristic，A Farina，D Benvenuti，M S Arulampalam. Performance bounds and comparison of nonlinear filters for tracking a ballistic object on re－entry［J］. IEE proceedings on Radar，Sonar and Navigation，2003，150：65－70.

[6] M Lei，B J Wyk，Y Qi. Online estimation of the approximate posterior cramer－rao lower bound for discrete－time nonlinear filtering. IEEE Transactions on Aerospace and Electronic Systems，2011，47（1）：37－57.

[7] 王大轶，黄翔宇，魏春岭．基于光学成像测量的深空探测自主控制原理与技术［M］. 北京：中国宇航出版社，2012.

[8] 熊凯．非线性滤波及其在卫星姿态估计中的应用［D］. 北京航空航天大学博士学位论文，2006.

第3章 最小二乘法

随机系统状态估计的目的是按照某种优化准则计算得到状态向量的最优估计值，不同的优化准则对应不同的状态估计方法，通过不同状态估计方法得到的估计值不一定相同。在本章中，我们从最小二乘（Least Squares，LS）法入手，介绍随机系统状态估计的设计和应用方法。最小二乘法是一种较为简单的随机系统状态估计方法，这种方法不需要有关状态向量统计特性的先验知识，状态估计过程中也不需要对状态向量的数字特征进行预测，其估计精度在很大程度上取决于计算中所用的样本数。由于具有原理直观，所需假设条件少等优势，该方法在工程实践活动中得到广泛应用。在实施方式上，最小二乘法是一种批处理方法，通过一个数据块接一个数据块的处理方式获得状态向量的估计值，其计算量通常大于递推形式的状态估计方法。不过，由于当代数字计算机能力的提升，计算量的问题已不像以前那样成为最小二乘法实施的主要障碍。在完成算法推导和性能分析后，本章给出了最小二乘法在航天器导航领域的两个典型应用实例：陀螺随机误差模型参数辨识和星敏感器低频误差校准。

3.1 最小二乘法推导

3.1.1 问题描述

最小二乘法是高斯在1795年为测定行星轨道而提出的随机系统状态估计方法。这种方法的特点是对系统模型的要求相对比较简单，无须用到状态方程，也不必知道系统噪声和测量噪声的统计特性[1]。最小二乘法基于如本书第2章式（2-30）所示的模型进行设计，为了明晰，将其重写如下

$$\boldsymbol{y}_k=\boldsymbol{H}_k\boldsymbol{x}+\boldsymbol{v}_k \tag{3-1}$$

式中，$\boldsymbol{x}\in\mathbf{R}^l$ 为未知状态向量，假设其为常值，$\boldsymbol{y}_k\in\mathbf{R}^m$ 为观测量，表示通过第 k 次测量得到的 $\boldsymbol{x}$ 各个分量的线性组合，$\boldsymbol{H}_k\in\mathbf{R}^{m\times l}$ 为观测矩阵，$\boldsymbol{v}_k$ 为随机测量噪声。注意到本书第2章给出的状态向量预测法仅考虑系统的状态方程，与之恰恰相反，最小二乘法仅考虑系统的观测方程。

若测量 N 次，则可以得到如下 N 个方程构成的方程组

$$\begin{cases}\boldsymbol{y}_1=\boldsymbol{H}_1x+\boldsymbol{v}_1\\ \boldsymbol{y}_2=\boldsymbol{H}_2x+\boldsymbol{v}_2\\ \quad\vdots\\ \boldsymbol{y}_N=\boldsymbol{H}_Nx+\boldsymbol{v}_N\end{cases} \tag{3-2}$$

令

$$\boldsymbol{Y}=\begin{bmatrix}\boldsymbol{y}_1\\ \boldsymbol{y}_2\\ \vdots\\ \boldsymbol{y}_N\end{bmatrix},\boldsymbol{H}=\begin{bmatrix}\boldsymbol{H}_1\\ \boldsymbol{H}_2\\ \vdots\\ \boldsymbol{H}_N\end{bmatrix},\boldsymbol{V}=\begin{bmatrix}\boldsymbol{v}_1\\ \boldsymbol{v}_2\\ \vdots\\ \boldsymbol{v}_N\end{bmatrix} \tag{3-3}$$

则根据式（3-2）可以得到描述 N 次观测量的观测方程

$$\boldsymbol{Y}=\boldsymbol{H}\boldsymbol{x}+\boldsymbol{V} \tag{3-4}$$

用于最小二乘法设计的优化准则为

$$\hat{\boldsymbol{x}}=\arg\min_{x}(\|\boldsymbol{Y}-\boldsymbol{H}\boldsymbol{x}\|^2) \tag{3-5}$$

式中，符号 $\|\cdot\|$ 表示欧式范数，符号 $\arg\min_x(\cdot)$ 表示使括号中的代价函数 $\|\boldsymbol{Y}-\boldsymbol{H}\boldsymbol{x}\|^2$ 最小的 $\boldsymbol{x}$。根据上式不难看出，最小二乘法的估计值 $\hat{\boldsymbol{x}}$ 使得观测量 $\boldsymbol{Y}$ 与由状态估计值预测的观测量 $\boldsymbol{H}\hat{\boldsymbol{x}}$ 相匹配，即使向量 $\boldsymbol{Y}-\boldsymbol{H}\hat{\boldsymbol{x}}$ 各分量的平方和最小。形如式（3-5）的关系被称为最小二乘准则。

3.1.2　算法推导

为了使读者更好地体会最小二乘法、卡尔曼滤波器和鲁棒卡尔曼滤波器一脉相承的发展脉络，本书第 3、4、6 章将采取便于类比的方式完成算法推导。首先，给出如下引理。

引理 3.1：考虑如下所示的优化问题

$$\hat{\boldsymbol{x}}=\arg\min_{x}(\|\boldsymbol{A}\boldsymbol{x}-\boldsymbol{b}\|^2) \tag{3-6}$$

式中，$\boldsymbol{x}$ 是未知矢量，$\boldsymbol{A}$ 是已知矩阵，$\boldsymbol{b}$ 是已知矢量，如式（3-6）所示的优化问题的解为

$$\hat{\boldsymbol{x}}=(\boldsymbol{A}^{\mathrm{T}}\boldsymbol{A})^{-1}\boldsymbol{A}^{\mathrm{T}}\boldsymbol{b} \tag{3-7}$$

证明：引理 3.1 可通过以下方法得到，定义代价函数

$$\begin{aligned}J(\boldsymbol{x})&=\|\boldsymbol{A}\boldsymbol{x}-\boldsymbol{b}\|^2\\&=(\boldsymbol{A}\boldsymbol{x}-\boldsymbol{b})^{\mathrm{T}}(\boldsymbol{A}\boldsymbol{x}-\boldsymbol{b})\end{aligned} \tag{3-8}$$

为了使代价函数 $J(\boldsymbol{x})$ 最小化，$\hat{\boldsymbol{x}}$ 应满足下式

$$\left.\frac{\partial J(\boldsymbol{x})}{\partial \boldsymbol{x}}\right|_{x=\hat{x}}=2\boldsymbol{A}^{\mathrm{T}}(\boldsymbol{A}\boldsymbol{x}-\boldsymbol{b})=0 \tag{3-9}$$

根据上式求解得到式（3-7）。证毕。

将最小二乘法的推导归纳为如下所示的定理形式，该定理的证明基于引理 3.1 进行。在后续章节将会看到，卡尔曼滤波器和鲁棒卡尔曼滤波器均可采用类似优化准则推导得到。根据不同的优化准则，我们可以清楚地看出不同状态估计方法的性能侧重。此外，通过推导过程易于看出，应用最小二乘法并不需要有关测量噪声 $\boldsymbol{V}$ 统计特性的信息，使其有应用简便的优势，这一点是从事工程实践活动的技术人员喜闻乐见的。

定理 3.1：根据式（3-4）定义的观测方程和式（3-5）定义的优化指标，所设计的最小二乘法的计算公式为

$$\hat{\boldsymbol{x}}=(\boldsymbol{H}^{\mathrm{T}}\boldsymbol{H})^{-1}\boldsymbol{H}^{\mathrm{T}}\boldsymbol{Y} \tag{3-10}$$

证明：比较如式（3-6）所示的优化问题和如式（3-5）所示的最小二乘法优化准

则，令

$$A \leftarrow H \text{ , } b \leftarrow Y \tag{3-11}$$

则由引理 3.1 可得，根据最小二乘法的优化准则得到的设计结果如式（3－10）所示。证毕。

通过最小二乘法得到的估计值 $\hat{x}$ 虽然不能满足式（3－2）中的每个方程，但能够使对应所有方程偏差 $Y-H\hat{x}$ 的平方和最小，这实际上兼顾了所有方程的近似程度，使得整体误差达到最小，这种处理方式对于抑制测量噪声的影响是有益的。如果状态向量能够通过观测量直接测量得到，即 $H=[1 \quad 1 \quad \cdots \quad 1]^{\mathrm{T}}$，则根据式（3－10），最小二乘法退化为对观测样本的时间平均。最小二乘法的局限性在于未考虑状态向量动态变化的情况，原则上只能估计确定性的常值状态向量，而无法有效估计动态变化的随机过程。应当说明，最小二乘法具有多种改进形式，如加权最小二乘法、递推最小二乘法等，感兴趣的读者可参阅文献[2]。

3.2 最小二乘法的特性

本节将通过以下几个特性的介绍，增进读者对最小二乘法的了解。在假定已知观测矩阵 H 的情况下，以定理的形式介绍这些特性[3]。

定理 3.2：对于如式（3－4）所示的系统模型，如果假定测量噪声 V 具有零均值，则如式（3－10）所示的最小二乘法得到的估计值 $\hat{x}$ 是无偏估计。

证明：将最小二乘法的估计误差定义为

$$\tilde{x}=x-\hat{x} \tag{3-12}$$

由于 $E(V)=0$，将式（3－10）代入式（3－12），并求均值得到

$$\begin{aligned} E(\tilde{x}) &= E[(H^{\mathrm{T}}H)^{-1}(H^{\mathrm{T}}H)x-(H^{\mathrm{T}}H)^{-1}H^{\mathrm{T}}Y] \\ &= (H^{\mathrm{T}}H)^{-1}H^{\mathrm{T}}E(Hx-Y) \\ &= -(H^{\mathrm{T}}H)^{-1}H^{\mathrm{T}}E(V) \\ &= 0 \end{aligned} \tag{3-13}$$

不难发现，最小二乘估计 $\hat{x}$ 是无偏的，即 $\hat{x}=E(x)$。证毕。

定理 3.3：对于如式（3－4）所示的系统模型，当测量噪声 V 的均值为 0，方差阵为 $\sigma^2 I$（σ 为常数）时，则如式（3－10）所示的最小二乘法得到的估计值 $\hat{x}$ 的估计误差方差阵等于 $\sigma^2(H^{\mathrm{T}}H)^{-1}$。

证明：由于 $E(VV^{\mathrm{T}})=\sigma^2 I$，最小二乘法的估计误差方差阵可按下式计算

$$E(\tilde{x}\tilde{x}^{\mathrm{T}})=(H^{\mathrm{T}}H)^{-1}H^{\mathrm{T}}E(VV^{\mathrm{T}})H(H^{\mathrm{T}}H)^{-1}=\sigma^2(H^{\mathrm{T}}H)^{-1} \tag{3-14}$$

根据上式可知定理成立。证毕。

定理 3.4：对于如式（3－4）所示的系统模型，如果测量噪声服从均值为 0，方差阵为 $\sigma^2 I$ 的正态分布，则如式（3－10）所示的最小二乘法的估计误差方差阵 $E(\tilde{x}\tilde{x}^{\mathrm{T}})$ 达到了无偏估计的克拉美劳下界。

证明：根据第 2 章给出的定理 2.15，对于如式（3-4）所示的系统，状态向量 $\boldsymbol{x}$ 为常值，用于表征克拉美劳下界的信息矩阵 $\boldsymbol{J}_k$ 可按下式计算

$$\boldsymbol{J}_k = E\left[-\frac{\partial^2 \ln(p(\boldsymbol{y}_k \mid \boldsymbol{x}_k))}{\partial \boldsymbol{x}_k^2}\right] \tag{3-15}$$

根据正态分布概率密度函数形式和定理 3.4 中有关系统模型和测量噪声统计特性的假设条件，观测量 $\boldsymbol{Y}$ 的条件概率密度函数如下所示

$$p(\boldsymbol{Y} \mid \boldsymbol{x}) = \frac{1}{(2\pi)^{m/2}\ (\det(\sigma^2 \boldsymbol{I}))^{0.5}} \exp\left\{-\frac{1}{2}\ [\boldsymbol{Y} - \boldsymbol{H}\boldsymbol{x}]^{\mathrm{T}}\ (\sigma^2 \boldsymbol{I})^{-1}\ [\boldsymbol{Y} - \boldsymbol{H}\boldsymbol{x}]\right\} \tag{3-16}$$

对上式求对数，不难得到

$$-\ln(p(\boldsymbol{Y} \mid \boldsymbol{x})) = c_2 + \frac{1}{2}\ [\boldsymbol{Y} - \boldsymbol{H}\boldsymbol{x}]^{\mathrm{T}}\ (\sigma^2 \boldsymbol{I})^{-1} [\boldsymbol{Y} - \boldsymbol{H}\boldsymbol{x}] \tag{3-17}$$

其中，c_2 是常数。将上式代入式（3-15）进行计算，得到

$$\boldsymbol{J}_k = \sigma^{-2} \boldsymbol{H}^{\mathrm{T}} \boldsymbol{H} \tag{3-18}$$

或

$$\boldsymbol{J}_k^{-1} = \sigma^2\ (\boldsymbol{H}^{\mathrm{T}} \boldsymbol{H})^{-1} \tag{3-19}$$

对比式（3-14）和式（3-19）可知定理成立。证毕。

根据上述定理可以看出，在满足特定假设条件的情况下，通过最小二乘法进行随机系统状态估计，能够达到克拉美劳下界规定的极限精度，这一理论分析结果是最小二乘法在特定条件下最优性的一种体现。在系统模型准确，并且测量噪声是零均值正态随机过程时，最小二乘估计 $\hat{\boldsymbol{x}}$ 是最小方差无偏估计（minimum - variance unbiased estimate）。在本章后面两节，将通过两个典型应用实例对最小二乘法的设计实施方式进行说明。

3.3　陀螺随机误差模型参数辨识

本节将陀螺随机误差概括地描述为角度随机游走（Angular Random Walk，ARW）和速率随机游走（Rate Random Walk，RRW）之和，给出了用于陀螺随机误差模型；进而，介绍了基于 Allan 方差法，通过最小二乘法处理实测陀螺数据，计算角度随机游走系数和速率随机游走系数的步骤。

3.3.1　基本方法

随着经济社会的发展进步，高分辨率对地观测、空间天文观测和近距离在轨操作等任务对航天器导航系统中姿态确定精度要求越来越高（航天器对地观测如图 3-1 所示）。航天器的运动一般可分为绕其质心的角运动和质心的运动；航天器姿态确定研究主要关注航天器绕质心的角运动，而自主导航研究的重点是精确估计其质心的运动状态。空间应用任务要求航天器姿态相对于观测目标保持高精度定向，或要求航天器的姿态在空间按照预定要求进行机动。自然，航天器的姿态确定是实施姿态控制的基础。陀螺作为航天器的主要

姿态敏感器之一，其性能是影响航天器姿态确定精度的重要因素[4]。

图 3-1　航天器对地观测示意图

建立与实际情况相接近的陀螺随机误差模型，将陀螺的测量误差有效地反映到模型中，使通过模型产生的误差数据能够最大程度地模拟真实陀螺误差，是面向航天器姿态确定的卡尔曼滤波器设计的重要环节，也是对航天器姿态确定系统进行数学仿真研究的基础性工作[5]。准确的数学模型有助于提高随机系统状态估计精度和数学仿真的可信度，事实上，对于航天器自主导航系统的设计也是如此。

陀螺的随机误差主要包括角度随机游走和速率随机游走等。对于这些随机误差，利用常规的分析方法，如直接计算陀螺误差数据的样本均值和方差，不能准确地描述陀螺的随机误差特性。陀螺随机误差可通过其功率谱密度函数（Power Spectral Density，PSD）进行分类和研究。但是，实际工作中通过直接计算功率谱密度函数的方法来分离和确定各项误差系数比较困难。20 世纪 60 年代，美国国家标准局的 David Allan 提出了 Allan 方差法。Allan 方差法是一种基于时域信号对频域特性进行分析的方法，可用于分析多种精密测量仪器的误差特性。美国霍尼韦尔公司将其用于激光陀螺误差分析。此后，该方法逐渐成为陀螺误差数据处理的一种标准化算法。Allan 方差法的突出特点是能够方便地计算出用于表征各项随机误差的系数，是研究陀螺随机误差特性的一种重要手段[6]。

3.3.2　陀螺的测量输出

作为一种常用的航天器导航敏感器，陀螺用于测量星体坐标系相对于惯性坐标系的转动。惯性坐标系的概念最初是由伽利略提出的，其主要思想对此后牛顿力学和爱因斯坦狭义相对论的创建起到了推动作用。通常要求惯性坐标系的原点保持匀速直线运动或静止运动状态，其坐标轴指向相对于宇宙背景固定。在航天器导航研究中常用的是近似的惯性坐标系。例如，对于地球附近的航天器而言，惯性坐标系以在天球上的恒星为基准建立（更严谨的称呼是天球坐标系，参阅文献［7］中的说明）。这是因为遥远的恒星视线方向变化非常缓慢，对于以数小时或数天计的航天器导航过程来说，往往不必考虑恒星视线方向变化造成的影响（事实上，如果恒星视线方向的测量足够精确，则监测恒星视线方向的变化能够获取导航信息，参阅本书第 9 章对天文观测相对论效应导航方式的说明）。惯性坐标系的原点可根据研究对象的不同在空间平移，但坐标轴指向保持不变；在本书中，为了表述上的方便，惯性坐标系的原点可能取在航天器质心（如本章和第 4 章所述的航天器姿态确定）、地球质心（如第 5 章所述的基于紫外地球敏感器的光学成像导航）或太阳系质心（如第 6 章所述的 X 射线脉冲星导航），尽管如此，上述惯性坐标系的坐标轴是平行的。星体坐标系指的是固连于航天器本体的坐标系，其坐标轴指向随航天器姿态运动而在空间中旋转。星体坐标系与航天器本体之间的固连关系根据实际航天任务而定，其具体定义方式不影响本书中主要问题的讨论。

在航天器上经常用到的陀螺包括光纤陀螺和三浮陀螺等，其中，光纤陀螺是光纤传感领域最重要的成就之一，它具有工艺简单、动态范围大、启动快、寿命长、抗冲击等优点，在航空、航天和航海等领域具有广泛的应用。光纤陀螺与传统机电陀螺的一个重要区别是光纤陀螺无运动部件、无加速度引起的误差。由于光纤陀螺的光学元件的特性和环境干扰等原因，在光纤陀螺的输出信号中存在随机误差。三浮陀螺是在单自由度液浮陀螺基础上研制的高精度陀螺，采用动压气浮轴承代替滚珠轴承来提高陀螺寿命，同时采用磁悬浮来消除陀螺浮子组件和陀螺壳体间的摩擦力矩并对浮子组件进行精确定中，进一步提高陀螺精度。由于其同时采用了液浮技术、动压气浮技术和磁悬浮技术，所以称其为三浮陀螺。以美国为代表的航天发达国家在三浮陀螺技术领域占据领先地位，高精度三浮陀螺在远程战略武器上具有重要作用。国内从 20 世纪 70 年代开始三浮陀螺的研制，近年来国产三浮陀螺的精度得到了较大幅度的提高。国外某型号陀螺组件外形如图 3－2 所示。

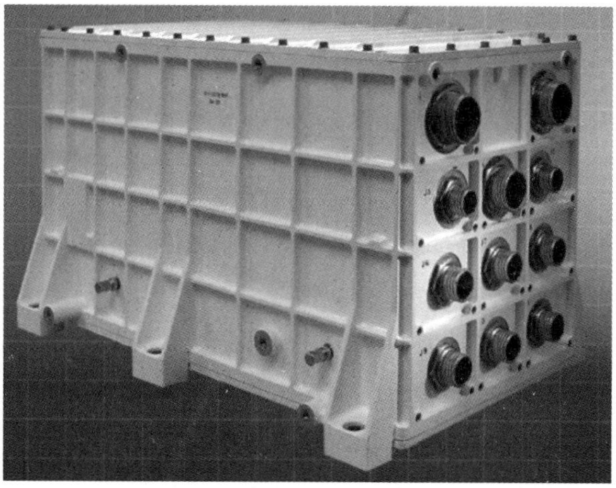

图 3－2　陀螺组件外形图

在理想情况下，陀螺的输出应正比于星体坐标系相对于惯性坐标系的转速沿陀螺输入轴的分量。受陀螺自身设计、装配工艺和工作机理等内在因素的影响，以及载体运动环境等外在因素的影响，在陀螺的测量输出数据中不可避免地会存在误差。在实际应用过程中，为了准确描述陀螺的输出特性，往往需要建立陀螺的误差模型。国内外研究的陀螺误差模型主要包括以下三类。

（1）静态误差模型

陀螺静态误差模型指的是载体线运动情况下陀螺误差与载体加速度之间关系的表达式。陀螺的静态误差主要是由质量不平衡引起的与比力一次方成比例的干扰力矩、结构的不等弹性引起的与比力二次方成比例的干扰力矩等因素引起的误差。所谓比力，是指单位质量所受到的引力（宇宙空间中天体的引力场引起）与惯性力（载体相对惯性坐标系的加速度引起）的合力。对用于大气层内飞行器平台惯性导航或捷联惯性导航的陀螺，往往需要建立静态误差模型，以便在导航系统中对这部分误差进行补偿。该误差模型一般具有多项式的结构形式。陀螺静态误差模型中的参数和产生静态误差的物理原因直接相关。

（2）动态误差模型

陀螺动态误差模型指的是载体角运动情况下陀螺误差与角速度、角加速度之间关系的表达式。动态误差模型的典型应用是捷联惯性导航系统的误差补偿。当陀螺在平台式惯性导航系统中应用时，平台对载体的角运动起到隔离作用，安装在平台上的陀螺不参与载体的角运动，一般只考虑静态误差模型。对于捷联惯性导航系统而言，由于陀螺直接与载体固联，载体的角运动直接作用于陀螺，载体运动产生的恶劣动态环境（高角速度、角加速度等）使陀螺产生不可忽视的动态误差。此时，除考虑静态误差模型外，还应考虑动态误差模型。该数学模型一般也具有多项式结构形式。

（3）随机误差模型

前面所述的静态误差模型和动态误差模型主要用于描述陀螺的有规律漂移，这部分误差的数值大小、变化规律可以通过试验或分析方法求得。除有规律漂移之外，陀螺输出中还包含一部分误差，这部分误差的表现形式是一组随时间做无规律变化的随机变量，大小和方向没有明显的规律性，被称为陀螺随机误差。所谓陀螺随机误差模型，指的是描述陀螺随机误差统计特性的数学表达式。与有规律漂移不同，随机误差的变化无法直接用确定性方法来描述，也很难通过建模的方法进行直接补偿。对陀螺随机误差的研究侧重于对其统计特性进行分析。

3.3.3 随机误差模型形式

对于多数航天器的常规应用模式而言，比力和角速度通常不是影响陀螺误差特性的主要因素，基于角度随机游走和速率随机游走的陀螺随机误差模型具有广泛的应用。在 Journal of Guidance，Control，and Dynamics 于 2000 年刊载的文章［8］中，将角度随机游走和角速率随机游走作为陀螺随机误差的主要组成部分。在文献［9－13］中，用于航天器姿态确定方法研究的陀螺随机误差模型均具有角度随机游走和速率随机游走之和的形式。

本章给出的陀螺模型面向对地三轴姿态稳定卫星姿态确定系统状态估计方法设计和数学仿真建立，适用于总的仿真时间在数小时以内的情况。对于不同应用场景和不同型号的陀螺产品，其模型结构和参数可能有所不同。在实际应用过程中，应根据所采用的陀螺性能指标和实测的陀螺误差数据确定相应的模型参数。陀螺误差模型的基本形式如图3-3所示。

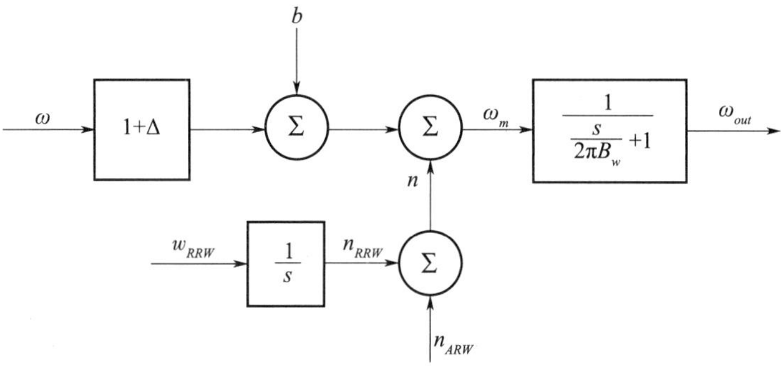

图3-3 陀螺误差模型的基本形式

图中，ω 表示陀螺的输入轴角速率，反映了航天器相对于惯性坐标系的转速，Δ 表示标度因数误差，b 表示常值漂移，即陀螺测量误差中的常值部分；n 表示陀螺随机误差，其中包含两个组成部分，即角度随机游走 n_{ARW} 和速率随机游走 n_{RRW}，其中，速率随机游走 n_{RRW} 是受噪声 w_{RRW} 驱动产生的。w_{RRW} 和 n_{ARW} 为0均值且满足正态分布的随机过程。角度随机游走表现为陀螺输出的角速率测量噪声，速率随机游走是白噪声信号经过积分后叠加在陀螺角速率观测量上的一部分误差。ω_m 和 ω_{out} 之间方框中的传递函数主要用于描述陀螺的动态特性，其中 B_w 表示陀螺的频带宽度，ω_{out} 表示陀螺的测量输出。该模型考虑了标度因数误差、常值漂移、随机误差和频带宽度对陀螺输出的综合影响，能够较为全面地反映陀螺的误差特性。本节主要聚焦陀螺角度随机游走和速率随机游走参数辨识问题，对陀螺传递函数，以及其他类型的测量误差不做进一步探讨，感兴趣的读者可参阅陀螺建模相关专著[5-6]。

为了明晰，将陀螺的输入输出及各项误差写为时间 t 的函数。不考虑陀螺动态特性时，受随机误差影响的单轴陀螺输出角速度用 $\omega_m(t)$ 来表示。描述陀螺输出 $\omega_m(t)$ 与输入 $\omega(t)$ 关系的数学表达式如下所示

$$\omega_m(t) = (1+\Delta)\,\omega(t) + b(t) + n(t) \tag{3-20}$$

式中，常值漂移 $b(t)$ 的表达式为

$$\dot{b}(t) = 0 \tag{3-21}$$

陀螺随机误差 $n(t)$ 在时域的微分方程表达式为

$$n(t) = n_{ARW}(t) + n_{RRW}(t) \tag{3-22}$$

$$\dot{n}_{RRW}(t) = w_{RRW}(t) \tag{3-23}$$

式中，零均值高斯噪声 $n_{ARW}(t)$ 和 $w_{RRW}(t)$ 的方差分别为

$$E\left[n_{ARW}(t)n_{ARW}(\tau)\right]=N^2\delta(t-\tau) \tag{3-24}$$

$$E\left[w_{RRW}(t)w_{RRW}(\tau)\right]=K^2\delta(t-\tau) \tag{3-25}$$

式中，N 和 K 为正实数，$\delta(\cdot)$ 为狄拉克函数，其取值为

$$\delta(t-\tau)=\begin{cases}1, & t=\tau\\ 0, & t\neq\tau\end{cases} \tag{3-26}$$

N 和 K 分别表示角度随机游走 $n_{ARW}(t)$ 和速率随机游走驱动噪声 $w_{RRW}(t)$ 的标准差，通常 N 称为角度随机游走系数，K 称为速率随机游走系数，二者均为待辨识的参数。

角度随机游走和速率随机游走等陀螺随机误差都会对陀螺测量精度造成影响，至于哪一种起主要作用，与实际应用系统的工作时间有关。例如，对于由陀螺和星敏感器构成的航天器姿态确定系统，由星敏感器对陀螺漂移进行定期校准，要求陀螺测量输出的角速率在短时间内达到很高精度，此时，角度随机游走是影响系统性能的主要因素。相对而言，对于大气层内飞行器的惯性导航系统，由于陀螺独立工作时间通常较长，导致反映长期漂移误差的速率随机游走成为影响惯性导航系统性能的主要因素。

值得注意的是，如果简单地用均值和方差来研究陀螺误差的统计特性，并笼统地采用高斯噪声（或角度随机游走）来模拟陀螺随机误差，将无法准确体现速率随机游走的影响，相当于把能够通过星敏感器校准消弱的部分误差错误地折算为不能校准的白噪声。如果将该简化模型用于模拟产生陀螺测量数据，进行航天器姿态确定系统数学仿真，将导致模型失真，从而造成仿真验证的保守性，即通过数学仿真得到的航天器姿态确定精度水平不及实际系统。相对而言，如果应用本节所述方法，分别将角度随机游走和速率随机游走用于描述陀螺随机误差的不同组成部分，则能够更准确地反映真实陀螺的随机误差特性，从而提升系统模型的保真度和数学仿真结果的可信度。

3.3.4 连续系统离散化

前述陀螺随机误差模型是以微分方程的形式给出的，通过计算机进行处理的信号应为离散信号。为了便于应用，在以上分析的基础上，给出利用差分方程描述角度随机游走和速率随机游走的方法。对式（3－22）和式（3－23）做离散化处理，得到离散形式的陀螺随机误差表达式

$$n_k=n_{ARW,k}+n_{RRW,k} \tag{3-27}$$

$$n_{RRW,k}=n_{RRW,k-1}+w_{RRW,k} \tag{3-28}$$

其中，n_k 表示陀螺随机误差，$n_{ARW,k}$ 和 $n_{RRW,k}$ 分别表示陀螺的角度随机游走和速率随机游走。根据线性系统理论，离散化系统的等效噪声 $n_{ARW,k}$ 和激励噪声的离散化形式 $w_{RRW,k}$ 分别定义为[2]

$$n_{ARW,k}=\frac{1}{T_s}\int_{t_k}^{t_k+T_s}n_{ARW}(t)\mathrm{d}t \tag{3-29}$$

$$w_{RRW,k}=\Gamma_k\cdot\frac{1}{T_s}\int_{t_k}^{t_k+T_s}w_{RRW}(t)\mathrm{d}t \tag{3-30}$$

式中，t_k 为采样时刻，T_s 表示采样周期，函数 Γ_k 的形式为

$$\Gamma_k=\int_{t_k}^{t_k+T_s}\Phi(t)\mathrm{d}t \tag{3-31}$$

对于如式（3－23）所示的线性系统，$\Phi(t)$ 的计算公式为 $\Phi(t)=\exp(0\cdot t)=1$，因此，根据式（3－31）可以简单地计算得到 $\Gamma_k=T_s$，此时，式（3－30）变为

$$w_{RRW,k}=\int_{t_k}^{t_k+T_s}w_{RRW}(t)\mathrm{d}t \tag{3-32}$$

考虑式（3－24）和式（3－25），得到 $n_{ARW,k}$ 和 $w_{RRW,k}$ 的方差分别为

$$E(n_{ARW,k}^2)=E\left[\frac{1}{T_s}\int_{t_k}^{t_k+T_s}n_{ARW}(t)\mathrm{d}t\cdot\frac{1}{T_s}\int_{t_k}^{t_k+T_s}n_{ARW}(\tau)\mathrm{d}\tau\right]=\frac{N^2}{T_s} \tag{3-33}$$

$$E(w_{RRW,k}^2)=E\left[\int_{t_k}^{t_k+T_s}w_{RRW}(t)\mathrm{d}t\cdot\int_{t_k}^{t_k+T_s}w_{RRW}(\tau)\mathrm{d}\tau\right]=K^2T_s \tag{3-34}$$

在如式（3－27）和式（3－28）所示的离散时间系统中，噪声 $n_{ARW,k}$ 和 $w_{RRW,k}$ 的方差分别如式（3－33）和式（3－34）所示。根据以上两式的形式易知，如果角度随机游走系数 N 和速率随机游走系数 K 的单位分别取为 $(°)/h^{0.5}$ 和 $(°)/h^{1.5}$，则根据式（3－27）和式（3－28）求得的陀螺随机误差 $n_{ARW,k}$ 和 $w_{RRW,k}$ 的单位均为 (°)/h。此外，不难看出，角度随机游走的方差 $E(n_{ARW,k}^2)$ 随采样周期 T_s 的增大而减小，速率随机游走的方差 $E(w_{RRW,k}^2)$ 随采样周期 T_s 的增大而增大。直观上，以上误差表达式与我们在工程实践活动中对陀螺随机误差的直观认识是一致的，即角度随机游走（表现为测量噪声）的影响可通过增加陀螺采样周期的方式减小，而速率随机游走（表现为慢变误差）的影响随采样周期的增大而增大。

实际工作中可结合对 Allan 方差的计算，通过最小二乘法估计出角度随机游走系数 N 和速率随机游走系数 K 的值，上述误差系数既可用于随机系统状态估计方法的设计（确定递推计算公式中的系统噪声方差阵），又可以在航天器姿态确定系统数学仿真过程中，用于模拟产生陀螺随机误差数据。原则上，利用本节所述方法，根据陀螺随机误差模型模拟产生的误差数据应具有与实测陀螺随机误差相近的 Allan 方差曲线。

3.3.5　基于最小二乘法的参数辨识

Allan 方差法是在时域上对随机信号统计特性进行分析的一种方法，为估计陀螺的各类随机误差系数（包括角度随机游走系数和速率随机游走系数等）和评价陀螺误差特性提供了一种有力工具。结合 Allan 方差分析，通过最小二乘法对陀螺输出数据构成的一个样本序列进行处理，可以辨识出陀螺各项随机误差的系数。Allan 方差法是一种较为成熟的方法，关于 Allan 分析的原理可参阅文献［6，8］，本节不再赘述。下面针对陀螺随机误差参数辨识问题，直接给出计算 Allan 方差的步骤。

Step 1：数据获取。

以固定的采样周期 T_s 采集陀螺输出的角速率观测量，共采样 L 个点，得到长度为 L 的样本序列 $\{\omega_k,\ k=0,1,2,\cdots,L\}$。

Step 2：数组生成。

将样本空间中每 $m(m=1, 2, \cdots, M, M<L/2)$ 个数据分成一组，得到 K 个独立的数组。K 可按下式计算

$$K=[L/m] \tag{3-35}$$

式中，运算符 $[L/m]$ 表示对 L/m 向 0 取整。

Step 3：群平均。

对每组原始数据取平均值，即求群平均 $\overline{\omega}_k(m)$，得到的结果为群平均的随机变量集合

$$\overline{\omega}_k(m)=\frac{1}{m}\sum_{i=1}^{m}\omega_{(k-1)m+i}, k=1,2,\cdots,K \tag{3-36}$$

群平均计算过程如下：

$$\underbrace{\omega_1,\omega_2,\omega_m}_{k=1},\underbrace{\omega_{m+1},\omega_{m+2},\omega_{2m}}_{k=2},\cdots\underbrace{\omega_{L-m+1},\omega_{L-m+2},\omega_L}_{k=K}$$

$$\downarrow\qquad\qquad\downarrow\qquad\qquad\downarrow$$

$$\overline{\omega}_1(m)\qquad\overline{\omega}_2(m)\qquad\overline{\omega}_K(m)$$

Step 4：方差计算。

定义每个数组的持续时间 $\tau_m=mT_s$ 为相关时间，Allan 方差可按下式计算

$$\sigma^2(\tau_m)=\frac{1}{2(K-1)}\sum_{k=1}^{K-1}[\overline{\omega}_{k+1}(m)-\overline{\omega}_k(m)]^2 \tag{3-37}$$

对于每个特定的相关时间 τ_m，Allan 方差可视为相邻群平均的方差。数组中元素个数 m 取不同值时，计算得到的群平均的方差 $\sigma^2(\tau_m)$ 各不相同。对于不同的 m，分别取 $\tau_m=mT_s$（即 $\tau_m=T_s$，$2T_s$，…，MT_s），得到在双对数坐标系中以 τ_m 为横坐标，以 $\sigma(\tau_m)$ 为纵坐标的曲线，称为 Allan 方差曲线。

事实上，Allan 方差中包含多种类型随机误差的综合影响，总的 Allan 方差可以表示为各类误差所对应的 Allan 方差的和。典型 Allan 方差曲线如图 3-4 所示，图中左半部分主要体现了角度随机游走的影响，右半部分主要体现了速率随机游走的影响。直观上可以看出，角度随机游走对 Allan 方差的影响随相关时间 τ_m（反映了用于求群平均的元素个数）的增大而减小，速率随机游走的影响随 τ_m 的增大而增大。

仅考虑陀螺的角度随机游走和速率随机游走这两类误差的情况下，Allan 方差可简单表述为如下形式

$$\sigma^2(\tau_m)=\sigma^2_{ARW}(\tau_m)+\sigma^2_{RRW}(\tau_m) \tag{3-38}$$

其中

$$\sigma^2_{ARW}(\tau_m)=\frac{N^2}{\tau_m}, \sigma^2_{RRW}(\tau_m)=\frac{K^2\tau_m}{3} \tag{3-39}$$

不难看出，角度随机游走和速率随机游走所对应的 Allan 方差 $\sigma^2_{ARW}(\tau_m)$ 和 $\sigma^2_{RRW}(\tau_m)$ 分别与 τ_m^{-1} 和 τ_m 成正比。式（3-38）给出了角度随机游走系数 N 和速率随机游走系数 K 与 Allan 方差 $\sigma^2(\tau_m)$ 的关系。因此，利用 Allan 方差可以估计出陀螺的各项随机误差系数。将 Allan 方差的表达式写为最小二乘法观测方程的标准形式

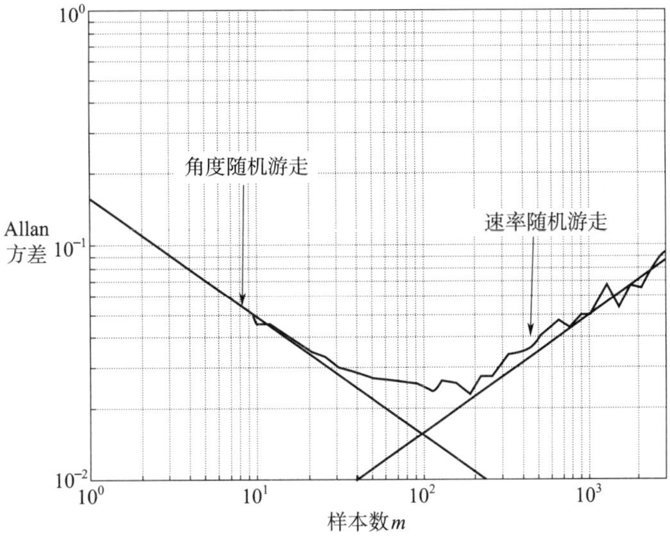

图 3-4　典型 Allan 方差曲线

$$\boldsymbol{Y} = \boldsymbol{H}\boldsymbol{x} + \boldsymbol{V} \tag{3-40}$$

其中

$$\boldsymbol{Y} = \begin{bmatrix} \sigma^2(\tau_1) \\ \sigma^2(\tau_2) \\ \vdots \\ \sigma^2(\tau_M) \end{bmatrix}, \boldsymbol{H} = \begin{bmatrix} \tau_1^{-1} & \tau_1 \\ \tau_2^{-1} & \tau_2 \\ \vdots & \vdots \\ \tau_M^{-1} & \tau_M \end{bmatrix}, \boldsymbol{x} = \begin{bmatrix} a_{-1} \\ a_1 \end{bmatrix} \tag{3-41}$$

Allan 方差的系数 a_{-1} 和 a_1 定义为

$$a_{-1} = N^2, a_1 = \frac{K^2}{3} \tag{3-42}$$

建模误差以测量噪声 $\boldsymbol{V}$ 的形式进行表述。利用最小二乘法，Allan 方差的系数 a_{-1} 和 a_1 可通过式（3-43）估计得到

$$\hat{\boldsymbol{x}} = (\boldsymbol{H}^{\mathrm{T}}\boldsymbol{H})^{-1}\boldsymbol{H}^{\mathrm{T}}\boldsymbol{Y} \tag{3-43}$$

进而，基于估计得到的 Allan 方差的系数，根据式（3-42）可以计算出陀螺的角度随机游走系数 N 和速率随机游走系数 K。应当说明，当陀螺观测数据构成的样本序列中的元素较少时，Allan 方差的可信度较低，从而导致陀螺随机误差模型参数辨识的准确性不高。为了提高估计的准确性，要求陀螺测量数据足够多，一般通过陀螺测试试验获得的一组样本序列的长度在数小时以上。

3.3.6　数学仿真分析

本节结合实测数据，分析基于最小二乘法的陀螺随机误差模型参数辨识方法的有效性。利用北京控制工程研究所研制的某型号三浮陀螺获取静态测试数据，由陀螺输出的观测量构成的一个典型样本序列如图 3-5 所示。

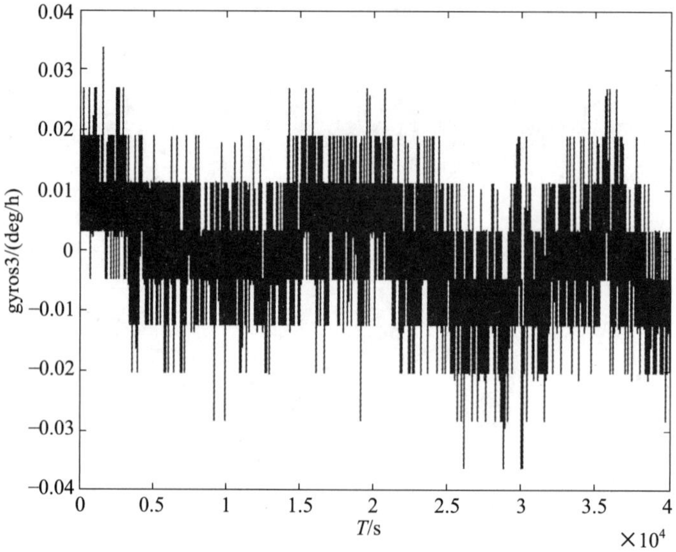

图 3-5　典型陀螺实测数据

对陀螺静态测试数据进行 Allan 方差分析，得到的 Allan 方差曲线如图 3-6 中的实线所示。不难看出，通过实测数据计算得到的 Allan 方差曲线与典型 Allan 方差曲线具有类似的形式，因此，将光纤陀螺随机误差建模为角度随机游走和速率随机游走之和，并通过 $\sigma^2_{ARW}(\tau_m)$ 和 $\sigma^2_{RRW}(\tau_m)$ 来拟合 Allan 方差曲线的做法是可行的。

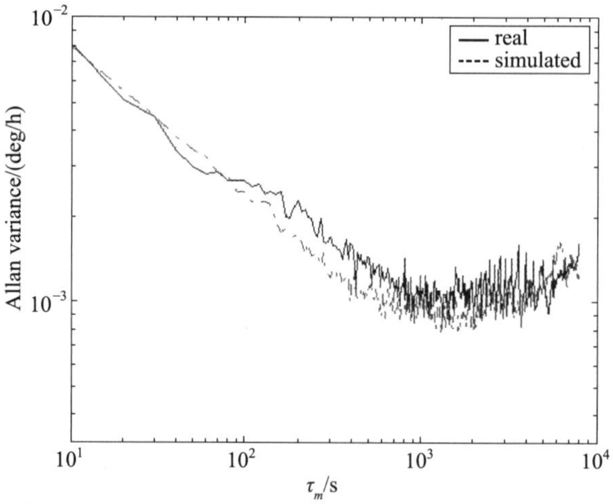

图 3-6　通过实测数据和仿真数据得到的陀螺 Allan 方差曲线（见彩插）

基于本节所述方法，通过最小二乘法，根据 Allan 方差曲线获得三浮陀螺的角度随机游走系数和速率随机游走系数，对于某个陀螺得到的结果为：$N=4.159\ 2\times10^{-4}(°)/h^{0.5}$，$K=0.001\ 7(°)/h^{1.5}$；进而，根据陀螺随机误差模型仿真产生陀螺随机误差数据，再对仿真数据进行 Allan 方差分析，得到的 Allan 方差曲线如图 3-6 中的虚线所示。不难看出，仿真数据和实测数据具有相近的 Allan 方差曲线。这说明通过模型模拟产生的陀螺随机误差数据真实地反映了实际陀螺随机误差的部分特性，基于最小二乘法的陀螺随机误差模型参数辨识方法是有效的。

3.4　星敏感器低频误差参数辨识

针对星敏感器及其安装结构热变形等因素引起的星敏感器低频误差（Low Frequency Error，LFE）影响航天器姿态确定精度的问题，本节阐明了根据有效载荷提供的地标测量信息，采用最小二乘法辨识星敏感器低频误差参数的方法。考虑到航天器姿态确定系统是为有效载荷服务的，为了使航天器姿态确定系统输出的姿态信息与有效载荷相一致，从而准确反映有效载荷的指向变化情况，星敏感器低频误差参数辨识以有效载荷为基准进行。

3.4.1　星敏感器低频误差

为了保障对地观测卫星上的有效载荷（如大口径望远镜）获取高精度图像，要求航天器姿态确定系统能够准确给出有效载荷指向信息。对地观测卫星广泛采用由星敏感器和陀螺组成的姿态确定系统。星敏感器是用星光方位来确定航天器姿态的精密姿态测量部件，能够根据多颗恒星视线方向矢量的观测数据，给出航天器在惯性坐标系中的指向或姿态信息[14]。国外某型号星敏感器外形如图 3－7 所示。

图 3－7　星敏感器外形图

对于航天器姿态确定系统，在过去的几十年中，人们通常将星敏感器的测量误差近似为高斯噪声。在对姿态确定精度要求不高的场合，这种近似是合理的。但是，近些年来，高分辨率对地观测卫星的发展对航天器姿态确定精度提出了越来越高的要求；在这种情况下，将星敏感器测量误差近似为高斯噪声进行处理的做法不能满足航天器姿态确定的高精度要求[15]。事实上，星敏感器的测量误差可分为几个部分，包括测量噪声、常值偏差和低频误差等，下面分别进行说明。

（1）测量噪声

测量噪声包括图像传感器噪声和电路噪声等，这类误差属于随机误差，无法用软件补偿，但可通过星敏感器/陀螺组合滤波的方法消弱。传统航天器姿态确定系统设计过程中主要考虑这部分误差。

（2）常值偏差

常值偏差可视为等效安装偏差，表现为星敏感器的实际安装矩阵偏离其标称值，从而对航天器姿态确定系统性能造成影响。在航天器发射前，会利用专门的检测设备对星敏感器安装位置进行标定，但航天器发射过程中的振动变形和长期在轨运行造成的器件老化等因素会造成星敏感器实际安装矩阵的变化。星敏感器的常值偏差可通过在轨标定的方法进行处理[16]。

（3）低频误差

低频误差指的是安装在航天器上的星敏感器受冷热交变的空间热环境等影响而产生的依轨道周期变化的误差。在对地定向运行模式下，航天器运动的角速度等于轨道角速度。航天器在轨运行过程中受太阳照射角度呈现周期性变化趋势，自身结构受热不均匀，光学系统受其影响，导致光轴位置发生变化，这会造成周期性的测量误差。太阳照射角度依轨道周期变化情况如图 3-8 所示。此外，星敏感器观测恒星过程中，其光轴所指向的天区随航天器轨道运动发生周期性变化，导致光学系统偏差、星表误差和恒星光行差等随恒星进出视场而发生变化，也会造成周期性误差。低频误差既不能直接用星敏感器/陀螺组合滤波进行处理，也很难通过传统的星敏感器标定方法完全消除，是制约航天器姿态确定系统性能的主要因素之一。

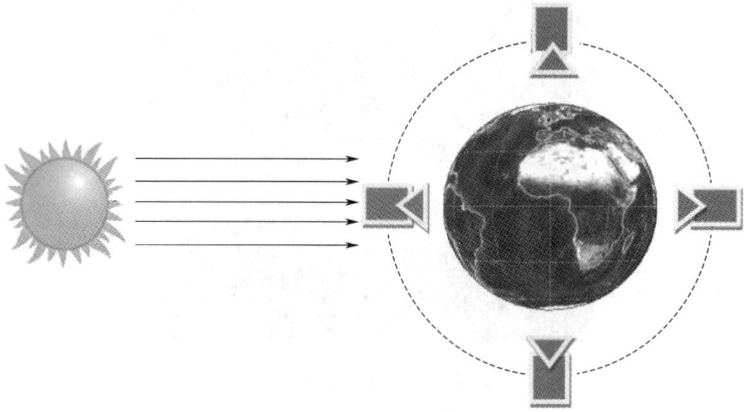

图 3-8　太阳照射角度依轨道周期变化情况

在航天器对姿态确定精度要求较低的情况下，往往忽略星敏感器低频误差等因素的影响。但随着应用背景对性能指标提出了更高要求，原来可以忽略的一些因素现在呈现出来。为了改善航天器姿态确定系统的精度，有必要将低频误差的影响体现在星敏感器数学模型当中。通过在轨航天器遥测数据分析认为，星敏感器低频误差可视为周期信号，其变化周期近似等于航天器轨道周期；众所周知，周期信号可以表述为傅里叶级数的形式，即多个正弦和余弦函数的和。这样，星敏感器低频误差的校准问题，就转化为傅里叶级数中各项系数的辨识问题。

国外 ALOS（Advanced Land Observing Satellite）卫星、Aqua 卫星、CHAMP（Camera，Hand Lens，and Microscope Probe）卫星和 Sentinel - 2 卫星上的星敏感器在轨误差特性受低频误差影响的情况如图 3 - 9 所示[17-20]。

例如，通过日本先进陆地观测卫星（ALOS）上三个星敏感器在轨观测数据计算得到星敏感器光轴夹角变化情况，通过 ALOS 卫星上的 3 台星敏感器每两个一组计算得到光轴夹角变化曲线，从上到下分别表示星敏感器 1 和星敏感器 3 光轴之间的夹角、星敏感器 1 和星敏感器 2 光轴之间的夹角，以及星敏感器 2 和星敏感器 3 光轴之间的夹角。从图中可知，通过不同星敏感器测量得到的光轴夹角呈现周期性变化的趋势，并且，不同轨道周期之间夹角变化的趋势具有一致性，这一现象体现了星敏感器低频误差的影响。

考虑到具有成像能力的航天器有效载荷具备获取已知地标视线方向矢量测量数据的能力，并且其测量精度相对较高，可将其作为姿态基准；进而，根据体现低频误差影响的数学模型，通过最小二乘法实现对星敏感器低频误差主要参数（即傅里叶级数的系数）的辨识。

3.4.2　基于最小二乘法的参数辨识

星敏感器低频误差参数辨识的基本方法为：根据航天器有效载荷提供的一个时间序列（几个轨道周期）上的地标视线方向矢量测量信息，采用批处理的方式，基于最小二乘法估计星敏感器低频误差参数，即傅里叶级数中各正弦和余弦函数的振幅；进而，根据傅里叶级数形式的低频误差模型和估计得到的低频误差参数，模拟产生低频误差轮廓，并将其用于补偿航天器姿态确定系统中星敏感器低频误差的影响。下面进行具体说明。

为了应用最小二乘法，需要推导反映星上有效载荷观测量与星敏感器低频误差参数之间关系的数学表达式。考虑有效载荷对已知地标进行观测的情况，将地标相对于航天器的视线方向矢量在惯性坐标系和星体坐标系的投影分别表示为 $\boldsymbol{r}_{I,k}$ 和 $\boldsymbol{r}_{B,k}$，其中，下标 k 表示离散的时间。$\boldsymbol{r}_{I,k}$ 可根据航天器和地标之间的位置关系计算得到，$\boldsymbol{r}_{B,k}$ 由航天器上的有效载荷观测得到。

在不区分有效载荷坐标系（固连于有效载荷）和星体坐标系的情况下，$\boldsymbol{r}_{B,k}$ 和 $\boldsymbol{r}_{I,k}$ 的关系可表述为

$$\boldsymbol{r}_{B,k}=\boldsymbol{A}(\boldsymbol{q}_k)\boldsymbol{r}_{I,k} \tag{3-44}$$

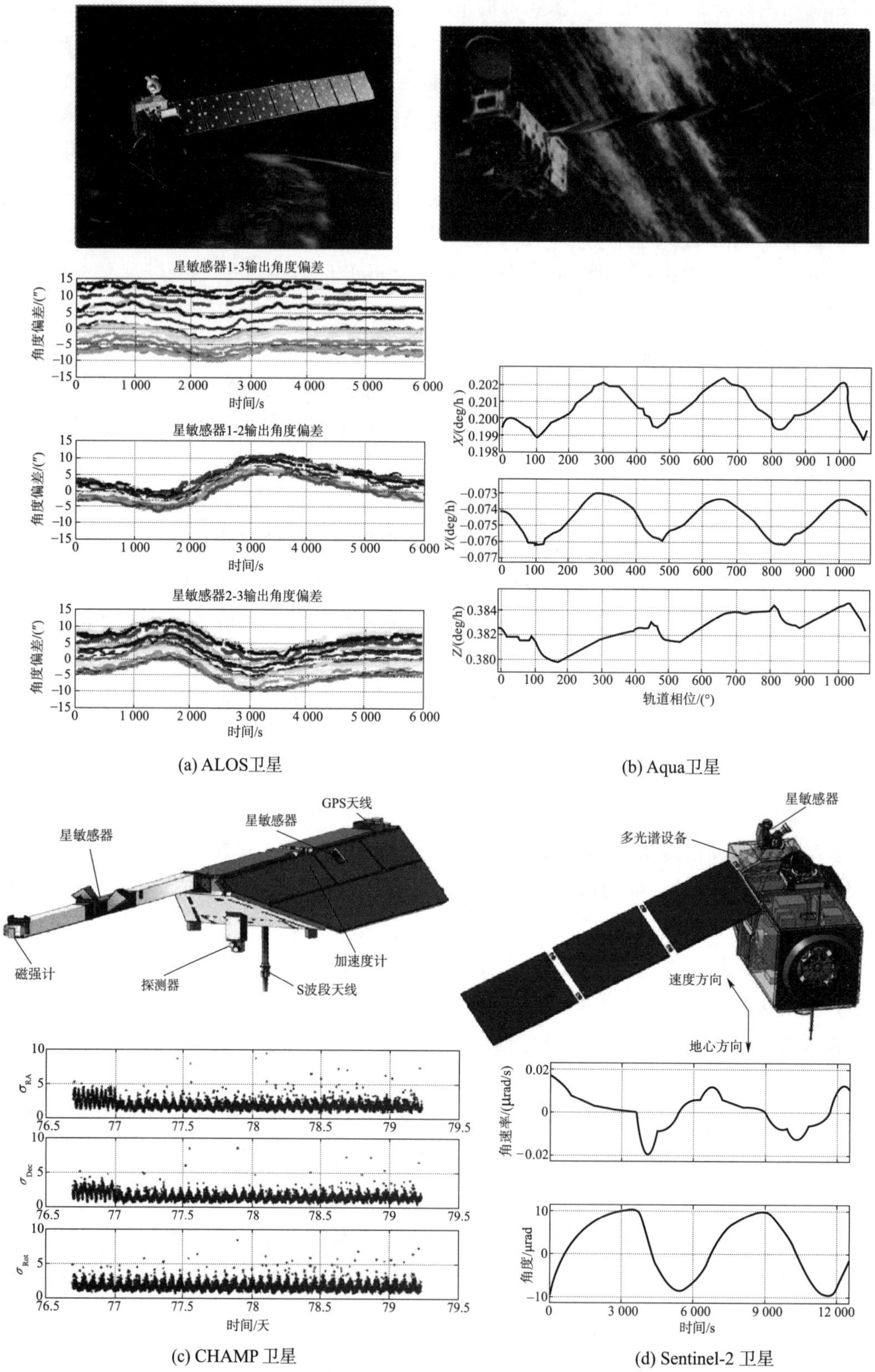

图 3－9　星敏感器在轨误差特性受低频误差影响的情况

其中，$\boldsymbol{A}(\boldsymbol{q}_k)$ 表示由惯性坐标系到星体坐标系的姿态转换矩阵，可根据航天器姿态四元数 $\boldsymbol{q}_k$ 计算得到，即

$$\boldsymbol{A}(\boldsymbol{q}_k)=(q_{4k}^2-\boldsymbol{\rho}_k^{\mathrm{T}}\boldsymbol{\rho}_k)\boldsymbol{I}_{3\times3}+2\boldsymbol{\rho}_k\boldsymbol{\rho}_k^{\mathrm{T}}-2q_{4k}[\boldsymbol{\rho}_k\times] \tag{3-45}$$

式中

$$\boldsymbol{q}_k=\begin{bmatrix}\boldsymbol{\rho}_k\\ q_{4k}\end{bmatrix},\ \boldsymbol{\rho}_k=\begin{bmatrix}q_{1k}\\ q_{2k}\\ q_{3k}\end{bmatrix},\ [\boldsymbol{\rho}_k\times]=\begin{bmatrix}0 & -q_{3k} & q_{2k}\\ q_{3k} & 0 & -q_{1k}\\ -q_{2k} & q_{1k} & 0\end{bmatrix} \tag{3-46}$$

姿态转换矩阵 $\boldsymbol{A}(\boldsymbol{q}_k)$ 满足条件 $\boldsymbol{A}^{\mathrm{T}}(\boldsymbol{q}_k)\boldsymbol{A}(\boldsymbol{q}_k)=I_{3\times3}$。四元数法是在工程上应用最广泛的航天器姿态参数化方法，相关描述可参阅专著［4］。q_{1k}，q_{2k}，q_{3k} 和 q_{4k} 为四元数中的元素，$\boldsymbol{\rho}_k$ 称为四元数的矢量部分。

将基于星敏感器和陀螺的航天器姿态确定系统获得的姿态四元数记为 $\hat{\boldsymbol{q}}_k$，估计值 $\hat{\boldsymbol{q}}_k$ 和真实姿态四元数 $\boldsymbol{q}_k$ 的关系可用下式表示[21]

$$\boldsymbol{q}_k=\delta\boldsymbol{q}_k\otimes\hat{\boldsymbol{q}}_k \tag{3-47}$$

式中，$\delta\boldsymbol{q}_k=[\delta\boldsymbol{\rho}_k^{\mathrm{T}}\quad \delta q_{4k}]^{\mathrm{T}}$ 被称为误差四元数，$\delta\boldsymbol{q}_k$ 的矢量部分表示为 $\delta\boldsymbol{\rho}_k=[\delta q_{1k}\quad \delta q_{2k}\quad \delta q_{3k}]^{\mathrm{T}}$。上式中的四元数乘法定义为

$$\delta\boldsymbol{q}_k\otimes\hat{\boldsymbol{q}}_k=[\boldsymbol{\Psi}(\delta\boldsymbol{q}_k)\quad \delta\boldsymbol{q}_k]\hat{\boldsymbol{q}}_k \tag{3-48}$$

其中

$$\boldsymbol{\Psi}(\delta\boldsymbol{q}_k)=\begin{bmatrix}\delta q_{4k}\boldsymbol{I}_{3\times3}-[\delta\boldsymbol{\rho}_k\times]\\ -\delta\boldsymbol{\rho}_k^{\mathrm{T}}\end{bmatrix} \tag{3-49}$$

$$\hat{\boldsymbol{q}}_k=[\hat{q}_{1k}\quad \hat{q}_{2k}\quad \hat{q}_{3k}\quad \hat{q}_{4k}]^{\mathrm{T}} \tag{3-50}$$

考虑到 $\hat{\boldsymbol{q}}_k$ 是根据星敏感器观测量计算得到的，不可避免会受到星敏感器低频误差的影响。将式（3-47）代入式（3-44）可得

$$\boldsymbol{r}_{B,k}=\boldsymbol{A}(\delta\boldsymbol{q}_k\otimes\hat{\boldsymbol{q}}_k)\boldsymbol{r}_{I,k}=\boldsymbol{A}(\delta\boldsymbol{q}_k)\boldsymbol{A}(\hat{\boldsymbol{q}}_k)\boldsymbol{r}_{I,k} \tag{3-51}$$

令

$$\hat{\boldsymbol{r}}_{B,k}=\boldsymbol{A}(\hat{\boldsymbol{q}}_k)\boldsymbol{r}_{I,k} \tag{3-52}$$

其分量形式为

$$\hat{\boldsymbol{r}}_{B,k}=[\hat{r}_{Bx,k}\quad \hat{r}_{By,k}\quad \hat{r}_{Bz,k}]^{\mathrm{T}} \tag{3-53}$$

将式（3-52）代入式（3-51）得到

$$\boldsymbol{r}_{B,k}=\boldsymbol{A}(\delta\boldsymbol{q}_k)\hat{\boldsymbol{r}}_{B,k} \tag{3-54}$$

考虑到对于高精度姿态确定系统而言，姿态确定精度可达到角秒量级甚至更高，误差四元数 $\delta\boldsymbol{q}_k$ 中的各分量可视为小量，忽略二次项，则 $\boldsymbol{A}(\delta\boldsymbol{q}_k)$ 可写为如下所示的简化形式

$$\boldsymbol{A}(\delta\boldsymbol{q}_k)=\begin{bmatrix}1 & 2\delta q_{3k} & -2\delta q_{2k}\\ -2\delta q_{3k} & 1 & 2\delta q_{1k}\\ 2\delta q_{2k} & -2\delta q_{1k} & 1\end{bmatrix} \tag{3-55}$$

将式（3-55）和式（3-53）代入式（3-54）可得

$$\begin{aligned}\boldsymbol{r}_{B,k} &= \begin{bmatrix} 1 & 2\delta q_{3k} & -2\delta q_{2k} \\ -2\delta q_{3k} & 1 & 2\delta q_{1k} \\ 2\delta q_{2k} & -2\delta q_{1k} & 1 \end{bmatrix} \begin{bmatrix} \hat{r}_{Bx,k} \\ \hat{r}_{By,k} \\ \hat{r}_{Bz,k} \end{bmatrix} \\ &= \begin{bmatrix} \hat{r}_{Bx,k} \\ \hat{r}_{By,k} \\ \hat{r}_{Bz,k} \end{bmatrix} + 2 \begin{bmatrix} 0 & -\hat{r}_{Bz,k} & \hat{r}_{By,k} \\ \hat{r}_{Bz,k} & 0 & -\hat{r}_{Bx,k} \\ -\hat{r}_{By,k} & \hat{r}_{Bx,k} & 0 \end{bmatrix} \begin{bmatrix} \delta q_{1k} \\ \delta q_{2k} \\ \delta q_{3k} \end{bmatrix}\end{aligned} \tag{3-56}$$

或

$$\boldsymbol{r}_{B,k} - \hat{\boldsymbol{r}}_{B,k} = 2\,[\hat{\boldsymbol{r}}_{B,k}\times]\,\delta\boldsymbol{\rho}_k \tag{3-57}$$

式中

$$[\hat{\boldsymbol{r}}_{B,k}\times] = \begin{bmatrix} 0 & -\hat{r}_{Bz,k} & \hat{r}_{By,k} \\ \hat{r}_{Bz,k} & 0 & -\hat{r}_{Bx,k} \\ -\hat{r}_{By,k} & \hat{r}_{Bx,k} & 0 \end{bmatrix}$$

式（3-57）反映了误差四元数的矢量部分 $\delta\boldsymbol{\rho}_k$ ，以及地标视线方向矢量的观测量与预测值之差 $\boldsymbol{r}_{B,k}-\hat{\boldsymbol{r}}_{B,k}$ 之间的关系，星敏感器低频误差参数辨识可基于式（3-57）进行。在此之前，还需要对星敏感器低频误差的影响进行参数化。将受星敏感器测量误差影响的误差四元数的矢量部分表述为常值项、周期项和随机项之和的形式。

$$\delta\boldsymbol{\rho}_k = \boldsymbol{c} + \boldsymbol{p}_k + \boldsymbol{\eta}_k \tag{3-58}$$

式中，$\boldsymbol{c}=[c_1\quad c_2\quad c_3]^{\mathrm{T}}$ 为常值向量，$\boldsymbol{\eta}_k$ 为随机噪声，$\boldsymbol{p}_k$ 表示星敏感器低频误差造成的周期性误差项。将 $\boldsymbol{p}_k$ 写为傅里叶级数的形式，得到

$$\boldsymbol{p}_k = [p_{1k}\quad p_{2k}\quad p_{3k}]^{\mathrm{T}} \tag{3-59}$$

式中

$$\begin{aligned} p_{1k} &= \sum_{j=1}^{M}[\alpha_{1j}\cos(\mathrm{j}\omega_0 k\tau)+\beta_{1j}\sin(\mathrm{j}\omega_0 k\tau)] \\ p_{2k} &= \sum_{j=1}^{M}[\alpha_{2j}\cos(\mathrm{j}\omega_0 k\tau)+\beta_{2j}\sin(\mathrm{j}\omega_0 k\tau)] \\ p_{3k} &= \sum_{j=1}^{M}[\alpha_{3j}\cos(\mathrm{j}\omega_0 k\tau)+\beta_{3j}\sin(\mathrm{j}\omega_0 k\tau)] \end{aligned}$$

式中，$\omega_0=\dfrac{2\pi}{T}$ 为航天器的轨道角速率，T 是轨道周期，τ 是航天器姿态确定系统的采样周期，α_{1j} ，β_{1j} ，α_{2j} ，β_{2j} ，α_{3j} 和 β_{3j}（$j=1$，…，M）是傅里叶级数的系数。M 为傅里叶级数的阶数，本节取傅里叶级数的前三阶项，即令 $M=3$，在工程实践活动中，M 可根据实际低频误差轮廓拟合的情况适当增减。下面构造状态向量，令

$$\begin{aligned} \boldsymbol{x}_1 &= [c_1\quad \alpha_{11}\quad \beta_{11}\quad \alpha_{12}\quad \beta_{12}\quad \alpha_{13}\quad \beta_{13}]^{\mathrm{T}} \\ \boldsymbol{x}_2 &= [c_2\quad \alpha_{21}\quad \beta_{21}\quad \alpha_{22}\quad \beta_{22}\quad \alpha_{23}\quad \beta_{23}]^{\mathrm{T}} \\ \boldsymbol{x}_3 &= [c_3\quad \alpha_{31}\quad \beta_{31}\quad \alpha_{32}\quad \beta_{32}\quad \alpha_{33}\quad \beta_{33}]^{\mathrm{T}} \end{aligned}$$

$$\boldsymbol{\phi}_k = [1\quad \cos(\omega_0 k\tau)\quad \sin(\omega_0 k\tau)\quad \cos(2\omega_0 k\tau)\quad \sin(2\omega_0 k\tau)\quad \cos(3\omega_0 k\tau)\quad \sin(3\omega_0 k\tau)]$$

则式（3-58）可写为

$$\delta \boldsymbol{q}_k = \begin{bmatrix} \boldsymbol{\phi}_k & & \\ & \boldsymbol{\phi}_k & \\ & & \boldsymbol{\phi}_k \end{bmatrix}_{3\times 21} \begin{bmatrix} \boldsymbol{x}_1 \\ \boldsymbol{x}_2 \\ \boldsymbol{x}_3 \end{bmatrix}_{21\times 1} + \boldsymbol{\eta}_k$$

或

$$\delta \boldsymbol{\rho}_k = \boldsymbol{\Phi}_k \boldsymbol{x} + \boldsymbol{\eta}_k \tag{3-60}$$

式中

$$\boldsymbol{\Phi}_k = \begin{bmatrix} \boldsymbol{\phi}_k & & \\ & \boldsymbol{\phi}_k & \\ & & \boldsymbol{\phi}_k \end{bmatrix}_{3\times 21}, \boldsymbol{x} = \begin{bmatrix} \boldsymbol{x}_1 \\ \boldsymbol{x}_2 \\ \boldsymbol{x}_3 \end{bmatrix}_{21\times 1}$$

将式（3-60）代入式（3-57）得到

$$\boldsymbol{r}_{B,k} - \hat{\boldsymbol{r}}_{B,k} = 2[\hat{\boldsymbol{r}}_{B,k} \times] \boldsymbol{\Phi}_k \boldsymbol{x} + 2[\hat{\boldsymbol{r}}_{B,k} \times] \boldsymbol{\eta}_k \tag{3-61}$$

根据一个时间序列 $k=1, 2, \cdots, N$ 上的有效载荷测量信息构造观测量

$$\boldsymbol{Y} = \begin{bmatrix} \boldsymbol{r}_{B,1} - \hat{\boldsymbol{r}}_{B,1} \\ \boldsymbol{r}_{B,2} - \hat{\boldsymbol{r}}_{B,2} \\ \vdots \\ \boldsymbol{r}_{B,N} - \hat{\boldsymbol{r}}_{B,N} \end{bmatrix}_{3N\times 1} \tag{3-62}$$

令

$$\boldsymbol{H} = \begin{bmatrix} 2[\hat{\boldsymbol{r}}_{B,1} \times] \boldsymbol{\Phi}_1 \\ 2[\hat{\boldsymbol{r}}_{B,2} \times] \boldsymbol{\Phi}_2 \\ \vdots \\ 2[\hat{\boldsymbol{r}}_{B,N} \times] \boldsymbol{\Phi}_N \end{bmatrix}_{3N\times 21}, \boldsymbol{V} = \begin{bmatrix} 2[\hat{\boldsymbol{r}}_{B,1} \times] \boldsymbol{\eta}_1 \\ 2[\hat{\boldsymbol{r}}_{B,2} \times] \boldsymbol{\eta}_2 \\ \vdots \\ 2[\hat{\boldsymbol{r}}_{B,N} \times] \boldsymbol{\eta}_N \end{bmatrix}_{3N\times 1}$$

则根据式（3-61）可以得到最小二乘法观测方程的标准形式

$$\boldsymbol{Y} = \boldsymbol{H}\boldsymbol{x} + \boldsymbol{V} \tag{3-63}$$

根据式（3-63），利用最小二乘法获得状态向量 $\boldsymbol{x}$ 的估计值 $\hat{\boldsymbol{x}}$，其中包含了误差四元数中的常值项，以及傅里叶级数的各项系数

$$\hat{\boldsymbol{x}} = (\boldsymbol{H}^{\mathrm{T}}\boldsymbol{H})^{-1}\boldsymbol{H}^{\mathrm{T}}\boldsymbol{Y} \tag{3-64}$$

在得到状态向量的估计值 $\hat{\boldsymbol{x}}$ 之后，可根据下式计算误差四元数矢量部分的估计值

$$\delta \hat{\boldsymbol{\rho}}_k = \boldsymbol{\Phi}_k \hat{\boldsymbol{x}} \tag{3-65}$$

根据四元数的归一化条件 $\delta \hat{\boldsymbol{q}}_k^{\mathrm{T}} \delta \hat{\boldsymbol{q}}_k = 1$，误差四元数的估计值可写为 $\delta \hat{\boldsymbol{q}}_k = \begin{bmatrix} \delta \hat{\boldsymbol{\rho}}_k \\ (1 - \|\delta \hat{\boldsymbol{\rho}}_k\|^2)^{0.5} \end{bmatrix}$。考虑式（3-47），利用如下方法实现对航天器姿态确定系统偏差的修正

$$\hat{\boldsymbol{q}}_k^{(c)} = \delta \hat{\boldsymbol{q}}_k \otimes \hat{\boldsymbol{q}}_k \tag{3-66}$$

从而获得与有效载荷相一致的航天器姿态确定结果，式中 $\hat{\boldsymbol{q}}_k^{(c)}$ 为经过补偿的航天器姿态四

元数。

在本小节的结尾部分，将基于最小二乘法的星敏感器低频误差参数辨识算法流程归纳如下。

Step 1：数据获取。

通过星上有效载荷观测若干地标，得到地标视线方向矢量 $\boldsymbol{r}_{B,k}$ ，通过由星敏感器和陀螺构成的姿态确定系统获得 $\hat{\boldsymbol{q}}_k$ ，并根据式（3－52）计算 $\hat{\boldsymbol{r}}_{B,k}$ ；通过长时间（如航天器的几个轨道周期）的观测获得如式（3－62）所示的用于参数辨识的观测量 $\boldsymbol{Y}$。

Step 2：参数辨识。

基于观测量 $\boldsymbol{Y}$ ，采用如式（3－64）所示的最小二乘法辨识低频误差参数 α_{1j} ，β_{1j} ，α_{2j} ，β_{2j} ，α_{3j} 和 β_{3j} $(j=1, \cdots, M)$，根据傅里叶级数的计算公式，可以形成低频误差的参考轮廓。

Step 3：误差补偿。

利用式（3－65）计算星敏感器低频误差造成的航天器姿态确定系统偏差，采用式（3－66）在轨补偿低频误差的影响。

Step 4：有效性检验。

将经过补偿的航天器姿态四元数 $\hat{\boldsymbol{q}}_k^{(c)}$ 用于计算 $\hat{\boldsymbol{r}}_{B,k}$ ，并将其与后续有效载荷观测量 $\boldsymbol{r}_{B,k}$ 进行对比，如果二者之差不超过一定范围，则说明星敏感器低频误差参数辨识的结果是有效的；反之，则需要重新进行星敏感器低频误差参数辨识。

3.4.3　数学仿真分析

以对地定向的三轴稳定静止地球轨道（Geostationary Earth Orbit，GEO）卫星为例开展数学仿真，设陀螺随机误差为 0.02（°）/h，星敏感器测量误差建模为随机噪声和低频误差之和，其中测量噪声标准差为 5″，低频误差的幅度约为 3″；星敏感器的采样周期为 1 s，星上有效载荷的采样周期为 15 min，对 3 个地标点进行观测，3 个地标点之间的角距为 6°；有效载荷的测量噪声标准差为 3″；仿真时间为 7 天，约为静止地球轨道卫星的 7 个轨道周期；取航天器姿态确定系统的采样周期 $\tau=1$ s。仿真过程中，通过系统模型模拟产生状态向量真实值和敏感器观测量，将星敏感器低频误差补偿前后的航天器姿态确定精度进行比对，验证基于最小二乘法的星敏感器低频误差参数辨识的有效性。

首先，考察星敏感器低频误差补偿前的航天器姿态确定精度。利用传统的航天器姿态确定方法（相关内容将在本书第 4 章结合卡尔曼滤波器设计方法进行说明）处理陀螺和星敏感器的测量数据，获得的姿态确定结果如图 3－10 所示。从图中不难看出，航天器姿态确定误差呈现周期性变化趋势，且变化的周期与轨道周期相同，这显示了星敏感器低频误差对姿态确定精度的影响。

其次，基于最小二乘法进行星敏感器低频误差参数辨识，对航天器姿态确定结果和有效载荷地标视线方向观测量进行处理，获得用于补偿星敏感器低频误差影响的傅里叶级数的系数，并对通过航天器姿态确定系统得到的姿态四元数进行补偿。经过补偿，航天器姿

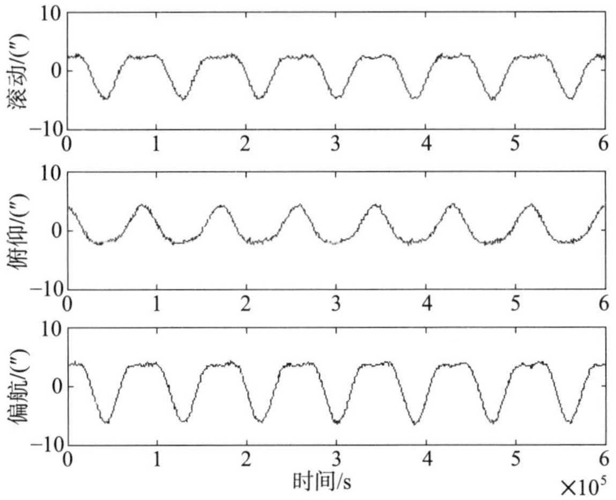

图 3 - 10　星敏感器低频误差补偿前的航天器姿态确定误差曲线

态确定误差如图 3 - 11 所示。与补偿前的结果相比，姿态确定误差显著减小，这说明星敏感器低频误差对姿态确定精度的影响被部分消除了。

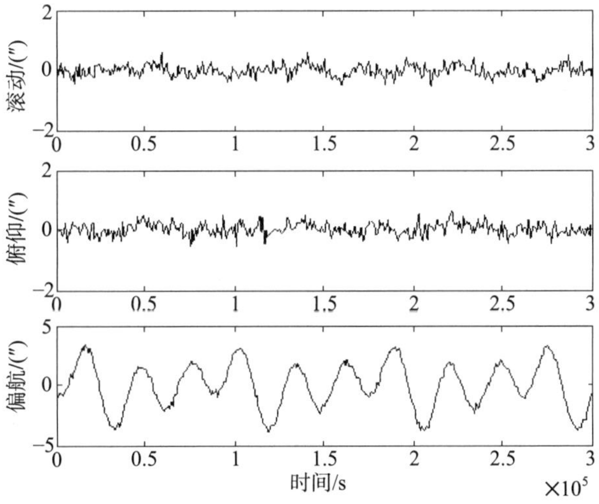

图 3 - 11　星敏感器低频误差补偿后的航天器姿态确定误差曲线

再次，计算星敏感器低频误差补偿前后航天器姿态确定误差的均方根（Root Mean Square，RMS）。航天器导航系统的精度指标主要包括位置误差、速度误差和姿态误差等。考虑到系统状态向量及其估计误差都是随机变量，为了以量化方式准确描述估计误差大小，在数学仿真分析中，经常利用均方根误差这一统计值来评估导航精度，主要从以下两个角度进行统计。

（1）统计整个仿真过程的导航精度

为了方便地描述整个仿真过程中导航系统的定位、测速或定姿性能，对一次仿真中各个时间点上的估计误差进行统计，计算其均方根误差，作为整个仿真过程的估计精度。此时，均方根的计算公式为 $\mathrm{RMS}_x=\sqrt{\frac{1}{n}\sum_{k=1}^{n}\tilde{x}_k^2}$ ，式中 RMS_x 表示估计误差均方根，n 表示总的仿真时间，$\tilde{x}_k$ 表示 k 时刻状态向量中某一元素的估计误差。

（2）统计单个时间点上的导航精度

对于某一个时间点上的估计误差统计，一般采用蒙特卡罗（Monte - Carlo）方法进行多次仿真，并统计每次仿真在该时间点上的误差，计算其均方根误差作为该时间点上的导航精度。计算公式为 $\mathrm{RMS}_{x,k}=\sqrt{\frac{1}{s}\sum_{t=1}^{s}(\tilde{x}_k^{(t)})^2}$ ，式中 $\mathrm{RMS}_{x,k}$ 表示 k 时刻的估计误差均方根，s 表示仿真次数，$\tilde{x}_k^{(t)}$ 表示在第 t 次仿真中，k 时刻状态向量中某一元素的估计误差。与单次仿真的结果相比，显然多次仿真的均方根误差更具有代表性，能够更好地排除随机性对仿真结果的影响。根据各个时间点上的均方根误差，可以绘制出均方根误差曲线，直观反映导航系统的估计精度。

本节采用整个仿真过程的姿态估计误差均方根作为评价航天器姿态确定系统性能的依据，如表 3 - 1 所示。为了便于对比，表中还给出了体现三轴姿态误差综合影响的精度因子，该精度因子通过对滚动、俯仰和偏航姿态误差的均方根求范数得到。从表 3 - 1 中不难看出，星敏感器低频误差的影响经过补偿后，航天器姿态确定精度显著提高。

表 3 - 1　低频误差补偿前后的航天器姿态确定精度

误差补偿情况	姿态误差均方根/(″)			
	滚动	俯仰	偏航	精度因子
低频误差补偿前	2.585 9	2.229 2	3.591 2	4.955 1
低频误差补偿后	0.199 1	0.210 3	1.876 6	1.898 8
低频误差补偿后(地标点角距减小)	0.203 7	0.233 9	2.378 0	2.398 1
低频误差补偿后(有效载荷误差增大)	0.287 7	0.274 7	2.562 4	2.593 1

仿真结果表明，基于最小二乘法的星敏感器低频误差参数辨识方法能够有效消弱星敏感器低频误差的影响，获得优于现有姿态确定方法的精度；低频误差经过补偿后，航天器姿态确定误差减小约 60%。地标点之间的角距减小时，由观测量构成的几何约束减弱，低频误差补偿的效果有所下降。尽管如此，当 3 个地标点之间的角距减小为 3°时，通过星敏感器低频误差参数辨识得到的姿态确定精度，仍优于未进行低频误差补偿的情况。此外，星敏感器低频误差校准的效果随有效载荷测量精度的降低而减弱。当有效载荷的测量误差增大为 5″时，卫星姿态确定误差有所增大。另外，应当指出，对于具有恒星观测功能的有效载荷，以恒星视线方向矢量作为观测量（即以恒星代替地标），仍可采用与本节类似的方法实现星敏感器低频误差参数辨识。

3.5　本章小结

在这一章中，我们讨论了最小二乘法，该方法通过批处理的方式，根据观测量和线性观测方程求解常值状态向量，其显著优点为：在系统模型准确，并且测量噪声服从零均值正态分布的情况下，通过最小二乘法得到的状态估计值是最小方差无偏估计。准确的敏感器误差参数在航天器导航系统优化设计和性能评估中具有重要价值。最小二乘法非常适合用于求解参数辨识问题，本章对两种典型的敏感器误差参数辨识方法进行了说明；相信读者可以从中体会到系统建模在最小二乘法设计过程中所起到的关键作用。事实上，对于本书涉及的其他随机系统状态估计方法也是如此。如何将不同领域的问题归纳为具有某种标准化形式的系统模型，并尽可能地将有关状态向量的先验信息准确地体现在模型中，是随机系统状态估计方法研究的重点问题。

面向姿态角速率测量的陀螺和面向姿态四元数测量的星敏感器是航天器上最常用的两类敏感器。在对陀螺随机误差模型参数辨识方法的论述中，将陀螺随机误差建模为角度随机游走和速率随机游走之和，并利用最小二乘法计算相应的误差系数；相对于将陀螺随机误差笼统地模拟为高斯白噪声的方式，根据角度随机游走系数和速率随机游走系数能够更准确地模拟实际的陀螺随机误差特性，有助于提高航天器姿态确定系统模型的保真度和数学仿真的可信度。在对星敏感器低频误差参数辨识方法的论述中，设计了基于有效载荷地标视线方向观测信息，通过最小二乘法实现星敏感器低频误差补偿的方案；该方案能够显著削弱低频误差对姿态确定的影响，改善航天器姿态确定精度，从而提高航天器姿态确定系统对有效载荷指向的测定精度。

最小二乘法在应用层面的局限性体现在难以有效处理状态向量动态变化的情况，这一困难可通过下一章将要介绍的卡尔曼滤波器解决；同时，对基于陀螺和星敏感器的航天器姿态确定方法也将在下一章进行诠释。

参考文献

[1] C K Chui, G Chen. Kalman filtering with real - time applications [M]. Springer International Publishing AG, 2017.

[2] 秦永元，张洪钺，汪叔华．卡尔曼滤波与组合导航原理 [M]. 西安：西北工业大学出版社，1998.

[3] S Haykin. Adaptive filter theory [M]. Prentice Hall, 2001.

[4] 章仁为．卫星轨道姿态动力学与控制 [M]. 北京：北京航空航天大学出版社，1998.

[5] 毛奔，林玉荣．惯性器件测试与建模 [M]. 哈尔滨：哈尔滨工程大学出版社，2007.

[6] 张桂才．光纤陀螺原理与技术 [M]. 长沙：国防工业出版社，2008.

[7] 刘林，胡松杰，王歆．航天动力学引论 [M]. 南京：南京大学出版社，2006.

[8] L Ng, D Pines. Characterization of ring laser gyro performance using the Allan variance method [J]. Journal of Guidance, Control, and Dynamics, 1997, 20 (1): 211 - 214.

[9] J J Ford, M E Evans. Online estimation of Allan variance parameters [J]. Journal of Guidance, Control, and Dynamics, 2000, 23 (6): 980 - 987.

[10] Q M Lam, N Stamatakos, C Woodruff, et al. Gyro modeling and estimation of its random noise sources [C]. AIAA Guidance, Navigation, and Control Conference and Exhibit, Austin, Texas, 2003.

[11] Q M Lam, T Hunt, P Sanneman. Analysis and design of a fifteen state stellar inertial attitude determination system [C]. AIAA Guidance, Navigation, and Control Conference and Exhibit, Austin, Texas, 2003.

[12] R Zanetti, M Majji, et al, Norm - constrained Kalman filtering [J]. Journal of Guidance, Control, and Dynamics, 32 (5): 1458 - 1465, 2009.

[13] A Carmi, Y Oshman. Adaptive particle filtering for spacecraft attitude estimation from vector observations [J]. Journal of Guidance, Control, and Dynamics, Vol. 32, No. 1, pp. 232 - 241, 2009.

[14] 屠善澄．卫星姿态动力学与控制 [M]. 北京：宇航出版社，1998.

[15] 刘一武，陈义庆．星敏感器测量模型及其在卫星姿态确定系统中的应用 [J]. 宇航学报，2003，24 (2)：162 - 167.

[16] M E Pittelkau. Survey of calibration algorithms for spacecraft attitude sensors and gyros [C]. AAS/AIAA Astrodynamics Specialist Conference, Mackinac Island, United States, 2007.

[17] T Iwata, H Hoshino, T Yoshizawa, et al. Precision attitude determination for the advanced land observing satellite (ALOS): design, verification, and on - orbit calibration [C]. AIAA Guidance, Navigation and Control Conference and Exhibit, South Carolina, United States, 2007.

[18] J A Hashmall, G Natanson, J Glickman, et al. Compensation for time - dependent star tracker thermal deformation on the aqua spacecraft [R]. Goddard Space Flight Center, 2004.

[19] P S Jorgensen, J L Jorgensen, T Denver, et al. In - flight quality and accuracy of attitude

measurements from the CHAMP advanced stellar compass [J]. Acta Astronautica, 2005, 56: 181-186.

[20] S Winkler, G Wiedermann, W. Gockel. High - accuracy on - board attitude estimation for the GMES Sentinel-2 satellite: concept, design, and first results [C]. AIAA Guidance, Navigation and Control Conference and Exhibit, Hawaii, United States, 2008.

[21] F L Markley. Attitude error representations for Kalman filtering [J]. Journal of Guidance, Control, and Dynamics, 2003, 26 (2): 311-317.

第 4 章　卡尔曼滤波器

从这一章开始，我们将介绍卡尔曼滤波器及其多种改进形式的设计思路和使用要点。随机系统状态估计是从实际应用需求出发提炼出的问题，如对于航天器导航系统而言，航天器自身的运动状态（包括位置、速度和姿态等）会受到各种干扰因素的作用，同时，敏感器的输出信号也会受到噪声的污染，使得观测量中包含了噪声信号，不能直接将航天器的运动状态准确地测量出来，因此，有必要实施随机系统状态估计。对于状态向量 $\boldsymbol{x}_k$ 受到干扰的情况，如何从观测量 $\boldsymbol{y}_k$ 中滤去噪声的影响，得到状态向量的估计值 $\hat{\boldsymbol{x}}_k$ ，这是随机系统状态估计研究需要解决的问题。具体到本章关注的内容，卡尔曼滤波器是根据已知线性随机系统模型和含有噪声的观测量序列，估计未知的状态向量，并使其满足特定优化准则的一种状态估计算法；因此，卡尔曼滤波器也被称为卡尔曼滤波算法。

卡尔曼滤波器利用状态空间模型来描述随机系统，不仅为后续随机系统状态估计方法的研究开辟了道路，在此基础上，还诞生了随机系统最优控制的主要方法。卡尔曼滤波器的显著特点在于：采取递推计算的处理方式，其每一步的状态估计值都是由前一步的状态估计值和当前的观测量计算得到，因此，只需要存储前一次的状态估计值，以便于在具有实时性要求的实际应用系统中实施；相对仅考虑观测方程的最小二乘法而言，卡尔曼滤波器的优势是能够实现对动态变化状态向量的估计。

本章介绍了利用特定优化准则推导卡尔曼滤波器递推计算公式的方法，指出最小二乘法是卡尔曼滤波器的一种特殊实现形式，并通过两个典型应用实例阐明了卡尔曼滤波器的设计实施过程。在理想情况下，卡尔曼滤波器能够给出理论上的最优估计值。但在工程应用过程中，可能存在滤波模型与实际系统不符的情况，从而导致卡尔曼滤波器的性能下降。针对这种情况，本章及后续章节将持续讨论有效解决方案。

4.1　卡尔曼滤波器推导

4.1.1　问题描述

卡尔曼滤波器作为一种重要的随机系统状态估计方法，被广泛用于各个领域，尤其是基于多源信息融合的组合导航系统设计。卡尔曼滤波器的设计是基于本书第 2 章给出的离散时间线性随机系统模型进行的，为了方便起见，将其重写如下

$$\boldsymbol{x}_k = \boldsymbol{F}_k \boldsymbol{x}_{k-1} + \boldsymbol{w}_k \tag{4-1}$$

$$\boldsymbol{y}_k = \boldsymbol{H}_k \boldsymbol{x}_k + \boldsymbol{v}_k \tag{4-2}$$

式中，$\boldsymbol{x}_k \in \mathbf{R}^l$ 为状态向量，$\boldsymbol{y}_k \in \mathbf{R}^m$ 为观测量，$\boldsymbol{F}_k \in \mathbf{R}^{l \times l}$ 为状态转移矩阵，$\boldsymbol{H}_k \in \mathbf{R}^{m \times l}$ 为观测矩阵，$\boldsymbol{w}_k \in \mathbf{R}^l$ 为系统噪声，$\boldsymbol{v}_k \in \mathbf{R}^m$ 为测量噪声，下标 k 表示离散的时间，用于区分不

同的时刻；模型中，$\boldsymbol{y}_k$，$\boldsymbol{F}_k$ 和 $\boldsymbol{H}_k$ 为已知量，$\boldsymbol{x}_k$，$\boldsymbol{w}_k$ 和 $\boldsymbol{v}_k$ 为未知量。式（4-1）称为状态方程，描述了状态向量自身的演化规律，式（4-2）称为观测方程，描述了观测量与状态向量之间的解析关系。卡尔曼滤波器的设计依赖于精确的状态方程和观测方程，以及系统噪声和测量噪声的统计信息。通常假定 $\boldsymbol{w}_k$ 和 $\boldsymbol{v}_k$ 为与状态向量不相关的高斯白噪声，相应的数字特征可归纳为

$$E(\boldsymbol{w}_k)=\boldsymbol{0} \tag{4-3}$$

$$\mathrm{Cov}(\boldsymbol{w}_k,\boldsymbol{w}_j)=\begin{cases}\boldsymbol{Q}_k, & k=j\\ \boldsymbol{0}, & k\neq j\end{cases} \tag{4-4}$$

$$E(\boldsymbol{v}_k)=\boldsymbol{0} \tag{4-5}$$

$$\mathrm{Cov}(\boldsymbol{v}_k,\boldsymbol{v}_j)=\begin{cases}\boldsymbol{R}_k, & k=j\\ \boldsymbol{0}, & k\neq j\end{cases} \tag{4-6}$$

式中，$\boldsymbol{Q}_k\in\mathbf{R}^{l\times l}$ 为系统噪声方差阵，$\boldsymbol{R}_k\in\mathbf{R}^{m\times m}$ 为测量噪声方差阵，在传统卡尔曼滤波器中，假定 $\boldsymbol{Q}_k$ 和 $\boldsymbol{R}_k$ 为已知的对称正定阵。

设计卡尔曼滤波器的目的是充分利用系统模型和观测量中包含的信息，尽可能削弱噪声 $\boldsymbol{w}_k$ 和 $\boldsymbol{v}_k$ 的影响，实现对未知状态向量 $\boldsymbol{x}_k$ 的最优估计。卡尔曼滤波方程的推导有多种方法，与以往专著中基于最小方差或正交投影定理的方法有所不同[1-3]，本书采取一种易于与最小二乘法和鲁棒卡尔曼滤波器类比，且物理意义较为直观的方法进行推导。将用于卡尔曼滤波器设计的优化准则写为

$$\hat{\boldsymbol{x}}_k=\arg\min_{\boldsymbol{x}_k}\left[\|\boldsymbol{x}_k-\hat{\boldsymbol{x}}_{k|k-1}\|^2_{\boldsymbol{P}^{-1}_{k|k-1}}+\|\boldsymbol{y}_k-\boldsymbol{H}_k\boldsymbol{x}_k\|^2_{\boldsymbol{R}^{-1}_k}\right] \tag{4-7}$$

式中，$\hat{\boldsymbol{x}}_k$ 表示状态向量的估计值，$\hat{\boldsymbol{x}}_{k|k-1}$ 和 $\boldsymbol{P}_{k|k-1}$ 分别表示状态向量的预测值和相应的误差方差阵，符号 $\|\boldsymbol{x}\|_{\boldsymbol{P}}$ 表示矢量的加权范数，即 $\|\boldsymbol{x}\|_{\boldsymbol{P}}=(\boldsymbol{x}^{\mathrm{T}}\boldsymbol{P}\boldsymbol{x})^{0.5}$。根据本书第 2 章对随机系统状态预测方法的说明（参见 2.3.2 节），利用前一步的状态估计值 $\hat{\boldsymbol{x}}_{k-1}$ 和相应误差方差阵 $\boldsymbol{P}_{k-1}$ 对当前的状态向量及其误差方差阵进行预测的方式可写为

$$\hat{\boldsymbol{x}}_{k|k-1}=\boldsymbol{F}_k\hat{\boldsymbol{x}}_{k-1} \tag{4-8}$$

$$\boldsymbol{P}_{k|k-1}=\boldsymbol{F}_k\boldsymbol{P}_{k-1}\boldsymbol{F}_k^{\mathrm{T}}+\boldsymbol{Q}_k \tag{4-9}$$

根据上述优化准则可以看出，设计卡尔曼滤波器是为了得到 $\boldsymbol{x}_k$ 的估计值 $\hat{\boldsymbol{x}}_k$，一方面，使得由 $\hat{\boldsymbol{x}}_k$ 确定的观测量的预测值 $\boldsymbol{H}_k\hat{\boldsymbol{x}}_k$ 接近于实际观测量 $\boldsymbol{y}_k$，另一方面，使得当前的状态估计值 $\hat{\boldsymbol{x}}_k$ 接近其预测值 $\hat{\boldsymbol{x}}_{k|k-1}$。通过对比易知，卡尔曼滤波器与最小二乘法的优化准则不同，第 3 章中的最小二乘法仅考虑了测量残差 $\boldsymbol{y}_k-\boldsymbol{H}_k\hat{\boldsymbol{x}}_k$ 的范数最小化的问题，而卡尔曼滤波器的优化准则旨在使加权范数 $\|\hat{\boldsymbol{x}}_k-\hat{\boldsymbol{x}}_{k|k-1}\|^2_{\boldsymbol{P}^{-1}_{k|k-1}}$ 与 $\|\boldsymbol{y}_k-\boldsymbol{H}_k\hat{\boldsymbol{x}}_k\|^2_{\boldsymbol{R}^{-1}_k}$ 之和最小化。卡尔曼滤波器在设计阶段就考虑了状态向量动态变化的情况，并通过式（4-8）和式（4-9）实现对当前状态向量的预测；进而，通过求解如式（4-7）所示的优化问题，得到对预测值进行修正（或更新）的递推计算公式，用于求解当前状态向量的估计值。

相较最小二乘法而言，卡尔曼滤波器的主要特色是通过状态方程对状态向量进行预测，增强了状态估计方法削弱测量噪声影响的能力；同时，也带来了应用上的便利性。例

如，对于航天器导航系统而言，在敏感器测量数据短时间内中断的情况下，通过基于航天器轨道动力学的状态方程进行外推，仍然可以维持状态向量的输出，待测量信号恢复后再对状态向量进行修正。应当说明，在卡尔曼滤波器的递推计算过程中，对状态向量进行预测和更新的时间周期可以是不同的。

通过式（4-7）～式（4-9）不难看出，在卡尔曼滤波器的设计过程中考虑了系统噪声 $\boldsymbol{w}_k$ 和测量噪声 $\boldsymbol{v}_k$ 的统计特性，系统噪声方差阵 $\boldsymbol{Q}_k$ 和测量噪声方差阵 $\boldsymbol{R}_k$ 用于优化准则中权系数的计算。在 $\boldsymbol{R}_k$ 较大的情况下，表明系统中的观测量不准确，则优化准则式（4-7）右侧第二项所占的权重相对较小，此时卡尔曼滤波器更倾向于相信预测的结果 $\hat{\boldsymbol{x}}_{k|k-1}$；相反，在 $\boldsymbol{Q}_k$ 较大的情况下，表明系统中的状态方程不准确，则式（4-7）右侧第一项所占的权重相对较小，此时卡尔曼滤波器更倾向于利用观测量 $\boldsymbol{y}_k$ 对预测值进行修正。从经验上判断，上述策略显然是合理的。

另外，对比 3.1 节和 4.1 节中的系统模型和设计准则可知，最小二乘法可视为卡尔曼滤波器在状态向量 $\boldsymbol{x}_k$ 为常值，测量噪声方差阵 $\boldsymbol{R}_k=\sigma^2\boldsymbol{I}$（$\sigma$ 为常数）时的一种特殊实现形式；在这种情况下，优化准则式（4-7）退化为式（3-5），参照 3.1 节中的说明，通过求解优化问题将得到最小二乘法的计算公式。相对而言，卡尔曼滤波器的设计同时考虑了状态向量的动态特性和随机噪声的统计特性，因此，卡尔曼滤波器是一种更完备的随机系统状态估计方法。

4.1.2 算法推导

采取与最小二乘法类似的方式，卡尔曼滤波器递推计算公式的推导可基于如下引理进行[4]。

引理 4.1：考虑如下所示的优化问题

$$\hat{\boldsymbol{x}}=\operatorname{argmin}_x[\|\boldsymbol{x}\|_Q^2+\|\boldsymbol{A}\boldsymbol{x}-\boldsymbol{b}\|_W^2] \tag{4-10}$$

式中，$\boldsymbol{x}$ 为未知矢量，$\boldsymbol{A}$ 为已知矩阵，$\boldsymbol{b}$ 为已知矢量，矩阵 $\boldsymbol{Q}$ 和 $\boldsymbol{W}$ 为给定的权矩阵，该优化问题的解为

$$\hat{\boldsymbol{x}}=(\boldsymbol{Q}+\boldsymbol{A}^{\mathrm{T}}\boldsymbol{W}\boldsymbol{A})^{-1}\boldsymbol{A}^{\mathrm{T}}\boldsymbol{W}\boldsymbol{b} \tag{4-11}$$

基于上述引理，卡尔曼滤波器递推计算公式的推导过程可归纳为如下所示的定理形式。

定理 4.1：考虑如式（4-1）和式（4-2）所示的系统模型和如式（4-7）所示的优化准则，所设计的卡尔曼滤波器递推计算公式为

$$\hat{\boldsymbol{x}}_k=\hat{\boldsymbol{x}}_{k|k-1}+\boldsymbol{K}_k(\boldsymbol{y}_k-\boldsymbol{H}_k\hat{\boldsymbol{x}}_{k|k-1}) \tag{4-12}$$

式中

$$\boldsymbol{K}_k=\boldsymbol{P}_k\boldsymbol{H}_k^{\mathrm{T}}\boldsymbol{R}_k^{-1} \tag{4-13}$$

$$\boldsymbol{P}_k=(\boldsymbol{P}_{k|k-1}^{-1}+\boldsymbol{H}_k^{\mathrm{T}}\boldsymbol{R}_k^{-1}\boldsymbol{H}_k)^{-1} \tag{4-14}$$

证明：比较引理 4.1 中的优化问题式（4-10）和卡尔曼滤波器的优化准则式（4-7），令

$$\boldsymbol{x} \leftarrow \boldsymbol{x}_k - \hat{\boldsymbol{x}}_{k|k-1}, \boldsymbol{Q} \leftarrow \boldsymbol{P}_{k|k-1}^{-1}, \boldsymbol{A} \leftarrow \boldsymbol{H}_k, \boldsymbol{b} \leftarrow \boldsymbol{y}_k - \boldsymbol{H}_k \hat{\boldsymbol{x}}_{k|k-1}, \boldsymbol{W} \leftarrow \boldsymbol{R}_k^{-1}$$

则卡尔曼滤波器的优化准则可写为如式（4－10）所示的形式。根据引理 4.1 可得，优化问题的解如式（4－12）～式（4－14）所示。证毕。

在卡尔曼滤波器的递推计算公式中，通过矩阵运算可知，卡尔曼增益 $\boldsymbol{K}_k$ 可写为等价形式

$$\boldsymbol{K}_k = \boldsymbol{P}_{k|k-1}\boldsymbol{H}_k^{\mathrm{T}}(\boldsymbol{H}_k\boldsymbol{P}_{k|k-1}\boldsymbol{H}_k^{\mathrm{T}} + \boldsymbol{R}_k)^{-1} \tag{4-15}$$

估计误差方差阵具有下列等价表述形式

$$\boldsymbol{P}_k = (\boldsymbol{I} - \boldsymbol{K}_k\boldsymbol{H}_k)\boldsymbol{P}_{k|k-1}(\boldsymbol{I} - \boldsymbol{K}_k\boldsymbol{H}_k)^{\mathrm{T}} + \boldsymbol{K}_k\boldsymbol{R}_k\boldsymbol{K}_k^{\mathrm{T}} \tag{4-16}$$

或

$$\boldsymbol{P}_k = (\boldsymbol{I} - \boldsymbol{K}_k\boldsymbol{H}_k)\boldsymbol{P}_{k|k-1} \tag{4-17}$$

或

$$\boldsymbol{P}_k^{-1} = \boldsymbol{P}_{k|k-1}^{-1} + \boldsymbol{H}_k^{\mathrm{T}}\boldsymbol{R}_k^{-1}\boldsymbol{H}_k \tag{4-18}$$

关于估计误差方差阵各个等价形式的推导，感兴趣的读者可运用有关矩阵论的基础知识（包括第 2 章给出的矩阵求逆引理），作为练习自行完成，或参阅文献 [3]。

4.1.3　递推计算流程

卡尔曼滤波器采用了预测-更新的结构形式，在实际应用过程中，其一步递推计算流程可归纳如表 4－1 所示。

表 4－1　卡尔曼滤波器的一步递推计算流程

Algorithm 4.1：Kalman filter
1：function KF($\hat{\boldsymbol{x}}_{k-1}, \boldsymbol{P}_{k-1}, \boldsymbol{y}_k, \boldsymbol{Q}_k, \boldsymbol{R}_k$)
2：　$\hat{\boldsymbol{x}}_{k\|k-1} \leftarrow \boldsymbol{F}_k\hat{\boldsymbol{x}}_{k-1}$　▷ prediction
3：　$\boldsymbol{P}_{k\|k-1} \leftarrow \boldsymbol{F}_k\boldsymbol{P}_{k-1}\boldsymbol{F}_k^{\mathrm{T}} + \boldsymbol{Q}_k$
4：　$\boldsymbol{K}_k \leftarrow \boldsymbol{P}_{k\|k-1}\boldsymbol{H}_k^{\mathrm{T}}(\boldsymbol{H}_k\boldsymbol{P}_{k\|k-1}\boldsymbol{H}_k^{\mathrm{T}} + \boldsymbol{R}_k)^{-1}$
5：　$\tilde{\boldsymbol{y}}_k \leftarrow \boldsymbol{y}_k - \boldsymbol{H}_k\hat{\boldsymbol{x}}_{k\|k-1}$
6：　$\hat{\boldsymbol{x}}_k \leftarrow \hat{\boldsymbol{x}}_{k\|k-1} + \boldsymbol{K}_k\tilde{\boldsymbol{y}}_k$　▷ update
7：　$\boldsymbol{P}_k \leftarrow (\boldsymbol{I} - \boldsymbol{K}_k\boldsymbol{H}_k)\boldsymbol{P}_{k\|k-1}(\boldsymbol{I} - \boldsymbol{K}_k\boldsymbol{H}_k)^{\mathrm{T}} + \boldsymbol{K}_k\boldsymbol{R}_k\boldsymbol{K}_k^{\mathrm{T}}$
8：　return $\hat{\boldsymbol{x}}_k, \boldsymbol{P}_k$
9：end function

在一个递推计算周期内，从卡尔曼滤波器使用模型信息和测量信息的先后次序来看，其计算过程可以清晰地划分为预测和更新两个部分。在预测部分，基于状态方程获得状态向量的预测值 $\hat{\boldsymbol{x}}_{k|k-1}$，在此期间仅用到了与系统模型有关的信息（$\boldsymbol{F}_k$ 和 $\boldsymbol{Q}_k$）；在更新部分，利用观测量和观测方程对预测值进行修正，获得状态向量的估计值 $\hat{\boldsymbol{x}}_k$，修正量的大小由预测的质量优劣（$\boldsymbol{P}_{k|k-1}$）、观测量的质量优劣（$\boldsymbol{R}_k$）、观测量与状态向量的关系（$\boldsymbol{H}_k$）以及实际观测量 $\boldsymbol{y}_k$ 共同确定，$\boldsymbol{P}_k$ 对状态估计的质量优劣做了定量描述。不难看出，卡尔曼滤波器在递推计算过程中不必存储历史上的观测量，而只需记录当前的观测量，具有所需数据存储量小的优势。

为了表示对卡尔曼开创性贡献的认可，将控制修正量大小的矩阵 $\boldsymbol{K}_k$ 称为卡尔曼增益(Kalman Gain)。为了求解卡尔曼增益，估计误差方差阵 $\boldsymbol{P}_k$ 的递推计算公式被称为黎卡提(Riccati) 方程。$\tilde{\boldsymbol{y}}_k = \boldsymbol{y}_k - \boldsymbol{H}_k \hat{\boldsymbol{x}}_{k|k-1}$ 被称为新息（Innovation），这一概念的起源可以追溯到苏联学者柯尔莫戈洛夫在 1939 年有关维纳滤波器的早期工作。新息指的是利用 $k-1$ 时刻的状态向量估计值 $\hat{\boldsymbol{x}}_{k-1}$（经过状态方程外推得到 $\hat{\boldsymbol{x}}_{k|k-1}$），对 k 时刻观测量 $\boldsymbol{y}_k$ 所作的一步预测。$\tilde{\boldsymbol{y}}_k$ 可看作是 k 时刻的观测量所含新信息的一个度量，因此被称为新息。事实上，$\tilde{\boldsymbol{y}}_k$ 中包含的并不完全是新信息，因为 $k-1$ 时刻的状态向量估计值是由过去的观测量 $\boldsymbol{y}_1$，$\boldsymbol{y}_2$，…，$\boldsymbol{y}_{k-1}$ 等共同确定的。新息 $\tilde{\boldsymbol{y}}_k$ 具有一些重要的特性，可用于航天器故障诊断等，关于这一主题本书不再展开，感兴趣的读者可以参阅相关文献[5-7]。

根据卡尔曼滤波器的递推计算公式不难看出，当系统噪声方差阵 $\boldsymbol{Q}_k$ 增大时，计算得到的 $\boldsymbol{P}_{k|k-1}$ 增大，卡尔曼增益 $\boldsymbol{K}_k$ 也随之增大；这说明，当状态向量所受干扰作用增大时，预测过程的可信度下降时，卡尔曼滤波器将根据当前观测量，加强对预测值的修正。相反，当测量噪声方差阵 $\boldsymbol{R}_k$ 增大时，卡尔曼增益 $\boldsymbol{K}_k$ 减小；这说明，当观测量受噪声污染程度加深，观测量不可靠时，卡尔曼滤波器中观测量的修正作用将减弱。从直观上看，卡尔曼滤波器的公式推导结果符合事先制定的策略。

4.1.4 设计步骤

卡尔曼滤波器设计是航天器导航系统方案论证的关键环节，其估计性能的优劣将直接影响导航系统性能。卡尔曼滤波器设计的主要工作内容包括确定系统的状态向量、列写状态方程、列写观测方程、系统可观度分析、编制仿真程序、滤波器参数整定，以及性能校核与分析等。卡尔曼滤波器的性能与模型的建立和简化、滤波器参数和算法编排等都有关系。选择状态向量的基本原则为：在满足估计精度要求的前提下，尽可能减少状态向量的维数，从而降低卡尔曼滤波器设计与实施的复杂性。如果要通过卡尔曼滤波器对敏感器系统偏差（如星敏感器低频误差）进行估计，则需要针对系统偏差建立数学模型。卡尔曼滤波器的一般设计步骤如下。

Step 1：针对所研究的对象和能够掌握的敏感器测量方式，确定导航系统的状态向量，建立尽可能准确描述实际系统特性的状态方程和观测方程。

Step 2：根据系统噪声和测量噪声的统计特性，初步确定系统噪声方差阵和测量噪声方差阵，从而得到完整的随机系统模型。

Step 3：根据系统模型进行可观度分析，初步确定卡尔曼滤波器可能达到的精度水平。

Step 4：确定卡尔曼滤波器算法编排，在数字计算机上编制仿真程序，包括参考轨迹(指仿真中的真实状态向量）的产生和敏感器测量数据的模拟。

Step 5：通过数学仿真考察卡尔曼滤波器的性能，与可观度分析的结果进行比对，评估滤波器设计的有效性，优化调整噪声方差阵等滤波器参数。

Step 6：在始终达不到预期效果的情况下，修改模型形式、状态向量或测量方式，重新进行卡尔曼滤波器的设计。

在本节的结尾部分，简要说明卡尔曼滤波器参数整定方法。卡尔曼滤波器的性能水平在很大程度上取决于对滤波器参数的良好调节，用于计算卡尔曼增益的系统噪声方差阵 $\boldsymbol{Q}_k$ 和测量噪声方差阵 $\boldsymbol{R}_k$ 是最重要的滤波器参数。在航天器导航系统中，对于测量噪声方差阵，可以通过地面测试获得敏感器的实际观测数据，并通过数据处理辨识出测量噪声方差阵中的参数。例如，利用陀螺实测数据，通过最小二乘法可以辨识出角度随机游走系数和速率随机游走系数，角度随机游走系数和速率随机游走系数可用于计算陀螺随机误差对应的噪声方差阵。系统噪声方差阵的确定是一个更复杂的问题，需要根据状态方程的不确定程度来选择，并利用试错法（Trial and Error），通过大量仿真对 $\boldsymbol{Q}_k$ 进行离线调整。在卡尔曼滤波器中的系统噪声方差阵取不同值的情况下，对数学仿真结果进行比对，通常能够得到一个可以接受的结果。但是，在用于模拟产生参考轨迹和观测量的系统模型不准确的情况下，通过试错法得到的卡尔曼滤波器中的 $\boldsymbol{Q}_k$ 和 $\boldsymbol{R}_k$ 仅适用于仿真系统，在应用于实际系统时，往往无法达到预期的状态估计性能。这一事实再次说明了系统模型的保真度对于随机系统状态估计方法设计的重要性。

4.2　卡尔曼滤波器的最优性

为了增进读者对卡尔曼滤波器的理解，本节以克拉美劳下界作为理论工具，对卡尔曼滤波器的最优性进行说明。将卡尔曼滤波器的估计误差 $\tilde{\boldsymbol{x}}_k$ 及其估计误差方差阵 $\boldsymbol{\Sigma}_k$ 定义为如下形式

$$\tilde{\boldsymbol{x}}_k = \boldsymbol{x}_k - \hat{\boldsymbol{x}}_k \tag{4-19}$$

$$\boldsymbol{\Sigma}_k = E(\tilde{\boldsymbol{x}}_k \tilde{\boldsymbol{x}}_k^{\mathrm{T}}) \tag{4-20}$$

值得注意的是，式（4-20）定义的矩阵 $\boldsymbol{\Sigma}_k$ 表示实际系统中的估计误差方差阵的真实值，在系统模型存在不确定性的情况下，估计误差方差阵的真实值 $\boldsymbol{\Sigma}_k$ 与卡尔曼滤波器中通过递推计算得到的理论值 $\boldsymbol{P}_k$ 并不相同。在实际应用过程中，通常 $\boldsymbol{\Sigma}_k$ 和 $\boldsymbol{P}_k$ 均被笼统地称为估计误差方差阵；在研究工作中，应注意区分估计误差方差阵的理论值 $\boldsymbol{P}_k$ 和真实值 $\boldsymbol{\Sigma}_k$ 的不同含义，避免概念混淆。

基于上述定义，卡尔曼滤波器的一个最重要的特性可概括为如下所示的定理形式。

定理 4.2：对于如式（4-1）和式（4-2）所示的线性随机系统模型，如果假定 $\boldsymbol{w}_k$ 和 $\boldsymbol{v}_k$ 为与状态向量不相关的高斯噪声，相应的数字特征如式（4-3）～式（4-6）所示，假定信息矩阵的初始值 $\boldsymbol{J}_0 = \boldsymbol{P}_0^{-1} = \boldsymbol{\Sigma}_0^{-1}$，则如表 4-1 所示的卡尔曼滤波器估计误差方差阵的真实值 $\boldsymbol{\Sigma}_k$ 达到了无偏估计的克拉美劳下界，即 $\boldsymbol{\Sigma}_k = \boldsymbol{J}_k^{-1}$。

证明：对于如式（4-1）和式（4-2）所示的模型，克拉美劳下界的递推计算形式如本书 2.4 节所示。本节将推导卡尔曼滤波器的实际估计误差方差阵 $\boldsymbol{\Sigma}_k$ 的递推计算形式。根据 $\tilde{\boldsymbol{x}}_k$ 的定义和卡尔曼滤波方程易知

$$\tilde{\boldsymbol{x}}_k = (\boldsymbol{I} - \boldsymbol{K}_k \boldsymbol{H}_k)\tilde{\boldsymbol{x}}_{k|k-1} - \boldsymbol{K}_k \boldsymbol{v}_k \tag{4-21}$$

式中，$\tilde{\boldsymbol{x}}_{k|k-1} = \boldsymbol{x}_k - \hat{\boldsymbol{x}}_{k|k-1}$ 表示预测误差。将式（4-21）代入 $\boldsymbol{\Sigma}_k$ 的定义式（4-20），根据

噪声统计特性可得

$$
\begin{aligned}
\boldsymbol{\Sigma}_k &= E\{[(\boldsymbol{I}-\boldsymbol{K}_k\boldsymbol{H}_k)\widetilde{\boldsymbol{x}}_{k|k-1}-\boldsymbol{K}_k\boldsymbol{v}_k][(\boldsymbol{I}-\boldsymbol{K}_k\boldsymbol{H}_k)\widetilde{\boldsymbol{x}}_{k|k-1}-\boldsymbol{K}_k\boldsymbol{v}_k]^{\mathrm{T}}\} \\
&= (\boldsymbol{I}-\boldsymbol{K}_k\boldsymbol{H}_k)\boldsymbol{\Sigma}_{k|k-1}(\boldsymbol{I}-\boldsymbol{K}_k\boldsymbol{H}_k)^{\mathrm{T}}+\boldsymbol{K}_k\boldsymbol{R}_k\boldsymbol{K}_k^{\mathrm{T}}
\end{aligned}
\tag{4-22}
$$

式中，$\boldsymbol{\Sigma}_{k|k-1}=E(\widetilde{\boldsymbol{x}}_{k|k-1}\boldsymbol{x}_{k|k-1}^{\mathrm{T}})$ 表示预测误差方差阵。根据状态方程易知

$$
\boldsymbol{\Sigma}_{k|k-1}=\boldsymbol{F}_k\boldsymbol{\Sigma}_{k-1}\boldsymbol{F}_k^{\mathrm{T}}+\boldsymbol{Q}_k \tag{4-23}
$$

式（4-22）和式（4-23）构成了估计误差方差阵 $\boldsymbol{\Sigma}_k$ 的递推计算形式，对照卡尔曼滤波器中 $\boldsymbol{P}_k$ 的递推计算形式可知，如果 $\boldsymbol{\Sigma}_0=\boldsymbol{P}_0$，那么 $\boldsymbol{\Sigma}_k=\boldsymbol{P}_k$。根据 4.1 节对卡尔曼滤波器中 $\boldsymbol{P}_k$ 等价形式的说明，$\boldsymbol{\Sigma}_k$ 可写为

$$
\boldsymbol{\Sigma}_k^{-1}=\boldsymbol{\Sigma}_{k|k-1}^{-1}+\boldsymbol{H}_k^{\mathrm{T}}\boldsymbol{R}_k^{-1}\boldsymbol{H}_k \tag{4-24}
$$

将式（4-23）代入式（4-24）可得

$$
\boldsymbol{\Sigma}_k^{-1}=(\boldsymbol{F}_k\boldsymbol{\Sigma}_{k-1}\boldsymbol{F}_k^{\mathrm{T}}+\boldsymbol{Q}_k)^{-1}+\boldsymbol{H}_k^{\mathrm{T}}\boldsymbol{R}_k^{-1}\boldsymbol{H}_k \tag{4-25}
$$

对比式（4-25）和式（2-51）可知，在条件 $\boldsymbol{J}_0=\boldsymbol{\Sigma}_0^{-1}$ 成立的情况下，定理成立。证毕。

根据上述定理可以看出，在满足特定假设条件的情况下，通过卡尔曼滤波器进行随机系统状态估计，能够达到克拉美劳下界规定的极限精度，这一理论分析结果是卡尔曼滤波器最优性的一种体现。卡尔曼滤波器的性能特点可归纳如下。

1）面向离散时间线性随机系统的卡尔曼滤波器是一种线性最小方差递推估计算法：线性意味着卡尔曼滤波器的输出（即状态向量估计值）是输入（即观测量）的线性函数，最小方差意味着卡尔曼滤波器的估计误差方差阵能够达到克拉美劳下界规定的极限精度，而递推性质意味着卡尔曼滤波器的估计值可利用当前时刻的观测量修正前一时刻的估计值来获得。

2）卡尔曼滤波器设计灵活，便于计算机求解；采取不断预测-更新的计算流程，在每一步递推计算过程中，由于只使用当前的观测量，故只需要很小的数据存储量；在短时间内无观测数据的情况下，可以只进行预测，一旦获得新的观测数据，随时可以对预测值进行修正，通过更新得到新的状态估计值；卡尔曼滤波器的递推计算形式对于在线实时估计是至关重要的。

3）在卡尔曼滤波器的设计过程中，将状态向量自身的演化及其与观测量的关系表述为时域内的状态方程和观测方程；状态空间模型在数学上表示方便，适用于多输入/多输出系统，为研究系统统计特性提供了有力工具，并且，与实际物理过程关系密切，很多工程系统都可以建模为状态方程和观测方程相结合的形式，使得卡尔曼滤波器的应用十分广泛。关于这一点，可以结合本章下一节给出的应用实例进一步体会。

4.3 航天器姿态确定

4.3.1 基本原理

航天器姿态确定指的是通过星上姿态敏感器提供的测量信息，精确估计航天器本体相对于某参考基准的方位或指向，并获取反映航天器方位或指向变化的姿态角速度的方法或

过程。航天器的姿态是航天器相对参考基准的几何角度关系的统称，如图 4－1 所示。在讨论航天器的姿态时，通常需要选定坐标系，至少建立两个坐标系才能准确描述航天器的姿态：一个是作为姿态基准的空间参考坐标系，如以恒星为基准建立的惯性坐标系；另一个是固连于航天器、随航天器运动而在空间中转动的星体坐标系，其坐标轴的指向由具体航天器任务而定。星体坐标系的三个坐标轴与空间参考坐标系之间的角度关系反映了航天器的姿态。在航天器姿态确定研究中，为了公式表述上的方便，指定惯性坐标系和星体坐标系的原点都位于航天器的质心。值得注意的是，本章用于航天器姿态确定研究的惯性坐标系与第 5 章用于航天器自主导航研究的地心惯性坐标系的坐标原点不同，在实际应用过程中应注意加以区分。

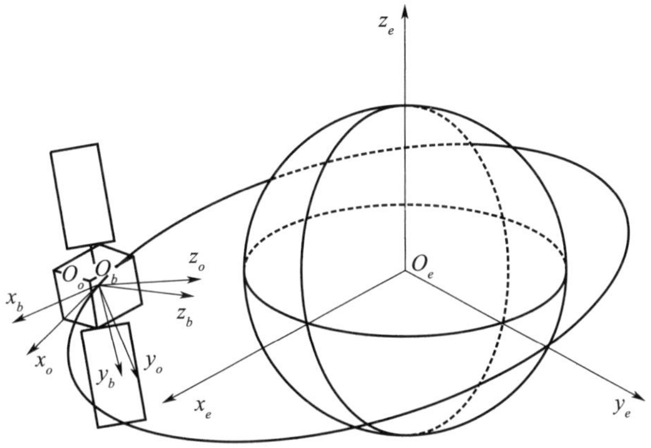

图 4－1　用于描述航天器姿态的坐标系

空间任务要求航天器姿态相对于某一参考坐标系保持高精度定向，或要求航天器姿态按照预定要求进行机动。航天器姿态确定是对航天器进行控制的前提和基础，是航天器顺利执行空间任务的重要保障。姿态确定系统一方面可为姿态控制提供反馈信息，从而实现航天器姿态的闭环控制；另一方面，还可为航天器上的有效载荷提供参考指向信息，维持有效载荷在轨稳定工作。

为了确定航天器的姿态，首先需要进行姿态测量，即用航天器上的姿态敏感器获取含有姿态信息的物理量，然后，由计算机或处理器对测量数据进行处理，解算得到所需的姿态信息。姿态确定大多在航天器上实时进行，其精度主要取决于姿态敏感器和姿态确定算法的精度；此外，精确的姿态敏感器模型对提高航天器姿态确定性能也具有一定作用。面向星上应用的姿态敏感器种类很多，包括星敏感器、陀螺、地球敏感器和太阳敏感器等。高精度星敏感器和陀螺联合定姿已成为对地观测航天器姿态确定的标准化方法，其基本实施流程如图 4－2 所示。

几十年来，人们提出了多种求解航天器姿态的算法，这些算法大致可以分为两大类：一类是确定性方法；另一类是状态估计法。单纯依靠矢量观测进行几何解算的确定性方法易受敏感器测量噪声等因素的影响，往往难以满足高精度的姿态确定要求。相对而言，利用状态估计法，结合航天器姿态运动学模型，对一个时间序列上的姿态敏感器测量数据进

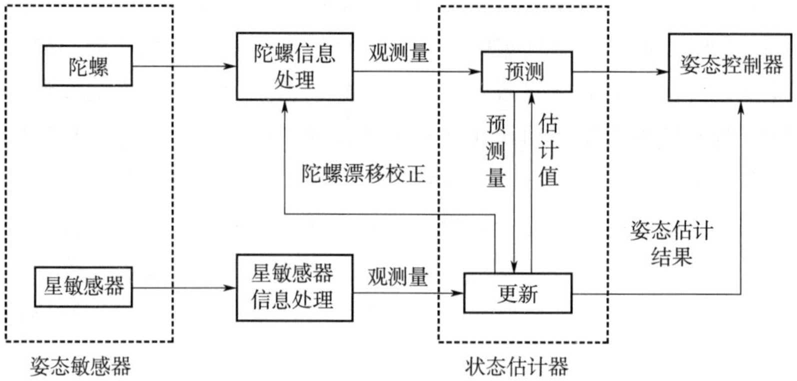

图 4-2 基于星敏感器和陀螺的联合定姿原理框图

行处理，估计得到航天器姿态和一些误差参数，可以有效克服测量噪声等因素的影响，提高航天器姿态确定精度。在航天器姿态确定研究中，发展最成熟的状态估计方式是基于卡尔曼滤波器实现的，形成的算法被广泛用于各类航天器姿态确定任务。

4.3.2 姿态确定系统模型

卫星姿态有多种参数表述方法，其中，基于姿态四元数的方法能够以最少维数的参数实现对卫星三轴姿态的描述，并且避免了传统欧拉角表述方式的模糊性（Ambiguity）问题，是在工程上得到广泛认可的航天器姿态参数化方法。关于姿态四元数 $\boldsymbol{q}_k$ 和四元数乘法、误差四元数 $\delta\boldsymbol{q}_k$ 的概念，以及根据四元数计算姿态转换矩阵 $\boldsymbol{A}(\boldsymbol{q}_k)$ 的方法已在本书3.4节给出。在此基础上，本节将面向航天器姿态确定任务，给出适用于卡尔曼滤波器设计的状态方程和观测方程。通过以下姿态四元数描述航天器姿态信息

$$\boldsymbol{q}_k=\begin{bmatrix}\boldsymbol{\rho}_k\\ q_{4k}\end{bmatrix} \tag{4-26}$$

式中，$\boldsymbol{\rho}_k=[q_{1k}\quad q_{2k}\quad q_{3k}]^{\mathrm{T}}$ 称为姿态四元数的矢量部分，q_{1k}，q_{2k}，q_{3k} 和 q_{4k} 为姿态四元数中的元素，各个元素满足归一化条件 $\boldsymbol{q}_k^{\mathrm{T}}\boldsymbol{q}_k=1$。根据姿态四元数 $\boldsymbol{q}_k$ 可以计算得到由惯性坐标系到星体坐标系的姿态转换矩阵，航天器姿态确定系统的主要任务是获取 $\boldsymbol{q}_k$ 的准确估计值。

根据航天器姿态运动学模型，为了利用前一时刻的姿态四元数估计值 $\hat{\boldsymbol{q}}_{k-1}$ 获得当前时刻的姿态四元数的预测值 $\hat{\boldsymbol{q}}_k=[\hat{\boldsymbol{\rho}}_k^{\mathrm{T}}\quad \hat{q}_{4k}]^{\mathrm{T}}$（其中，$\hat{\boldsymbol{\rho}}_k=[\hat{q}_{1k}\quad \hat{q}_{2k}\quad \hat{q}_{3k}]^{\mathrm{T}}$），可通过以下公式进行递推计算

$$\hat{\boldsymbol{q}}_k=\left[\boldsymbol{I}_{4\times4}\cos\left(\frac{\|\hat{\boldsymbol{\omega}}_{k-1}\|\tau}{2}\right)+\frac{\boldsymbol{\Omega}(\hat{\boldsymbol{\omega}}_{k-1})}{\|\hat{\boldsymbol{\omega}}_{k-1}\|}\sin\left(\frac{\|\hat{\boldsymbol{\omega}}_{k-1}\|\tau}{2}\right)\right]\hat{\boldsymbol{q}}_{k-1} \tag{4-27}$$

式中

$$\boldsymbol{\Omega}(\hat{\boldsymbol{\omega}}_k)=\begin{bmatrix}-[\hat{\boldsymbol{\omega}}_k\times] & \hat{\boldsymbol{\omega}}_k\\ -\hat{\boldsymbol{\omega}}_k^{\mathrm{T}} & \boldsymbol{0}\end{bmatrix} \tag{4-28}$$

$$[\hat{\boldsymbol{\omega}}_k \times] = \begin{bmatrix} \mathbf{0} & -\hat{\boldsymbol{\omega}}_{3k} & \hat{\boldsymbol{\omega}}_{2k} \\ \hat{\boldsymbol{\omega}}_{3k} & \mathbf{0} & -\hat{\boldsymbol{\omega}}_{1k} \\ -\hat{\boldsymbol{\omega}}_{2k} & \hat{\boldsymbol{\omega}}_{1k} & \mathbf{0} \end{bmatrix} \tag{4-29}$$

式中，$\hat{\boldsymbol{\omega}}_k = [\hat{\boldsymbol{\omega}}_{1k} \quad \hat{\boldsymbol{\omega}}_{2k} \quad \hat{\boldsymbol{\omega}}_{3k}]^{\mathrm{T}}$ 为根据星上陀螺观测量计算得到的航天器三轴姿态角速率，τ 表示一步预测的时间步长。考虑到陀螺观测量中角度随机游走、速率随机游走和常值漂移等因素的影响，基于式（4-27）进行姿态预测的误差会随时间增长而逐渐增大。因此，在航天器姿态确定系统中，需要利用星敏感器或其他敏感器设备，对航天器姿态误差和陀螺漂移等进行校准，以获得精确的姿态四元数估计结果。

为了将航天器姿态确定系统描述为如式（4-1）和式（4-2）所示的离散时间线性随机系统模型的形式，将姿态四元数真值 $\boldsymbol{q}_k$ 与姿态四元数估计值 $\hat{\boldsymbol{q}}_k$ 之间的区别表述为误差四元数的形式

$$\delta\boldsymbol{q}_k = \boldsymbol{q}_k \otimes \hat{\boldsymbol{q}}_k^{-1} \tag{4-30}$$

式中，误差四元数可写为 $\delta\boldsymbol{q}_k = [\delta\boldsymbol{\rho}_k^{\mathrm{T}} \quad \delta q_{4k}]^{\mathrm{T}}$，其矢量部分表示为 $\delta\boldsymbol{\rho}_k = [\delta q_{1k} \quad \delta q_{2k} \quad \delta q_{3k}]^{\mathrm{T}}$。根据式（4-30）及四元数乘法的定义，可以得到利用误差四元数 $\delta\boldsymbol{q}_k$ 修正姿态四元数估计值 $\hat{\boldsymbol{q}}_k$ 的方法，如下式所示

$$\boldsymbol{q}_k = \delta\boldsymbol{q}_k \otimes \hat{\boldsymbol{q}}_k \tag{4-31}$$

或记为姿态转换矩阵的形式

$$\boldsymbol{A}(\boldsymbol{q}_k) = \boldsymbol{A}(\delta\boldsymbol{q}_k)\boldsymbol{A}(\hat{\boldsymbol{q}}_k) \tag{4-32}$$

为了建立离散时间线性随机系统模型，需要适当地选取状态向量和观测量，进而建立状态方程和观测方程。对于传统的由星敏感器和陀螺构成的航天器姿态确定系统而言，主要考虑星敏感器测量噪声和陀螺漂移（实际上包含了速率随机游走和常值漂移等误差项的综合影响），状态向量可写为如下形式

$$\boldsymbol{x}_k = [\delta\boldsymbol{\rho}_k^{\mathrm{T}} \quad \delta\boldsymbol{b}_k^{\mathrm{T}}]^{\mathrm{T}} \tag{4-33}$$

其中，$\delta\boldsymbol{b}_k \in \mathbf{R}^3$ 为陀螺漂移误差。根据航天器姿态运动学模型，姿态确定系统的状态方程可写为如下形式

$$\boldsymbol{x}_k = \boldsymbol{F}_k \boldsymbol{x}_{k-1} + \boldsymbol{w}_k \tag{4-34}$$

式中

$$\boldsymbol{F}_k = \begin{bmatrix} \boldsymbol{I}_{3\times3} - \tau[\hat{\boldsymbol{\omega}}_k \times] & -\dfrac{\tau}{2}\boldsymbol{I}_{3\times3} \\ \mathbf{0}_{3\times3} & \boldsymbol{I}_{3\times3} \end{bmatrix} \tag{4-35}$$

航天器姿态角速率的估计值 $\hat{\boldsymbol{\omega}}_k$ 可按下式计算

$$\hat{\boldsymbol{\omega}}_k = \overline{\boldsymbol{\varpi}}_k - \hat{\boldsymbol{b}}_k \tag{4-36}$$

式中，$\overline{\boldsymbol{\varpi}}_k$ 表示陀螺观测量，$\hat{\boldsymbol{b}}_k$ 表示陀螺漂移估计值，$\boldsymbol{w}_k$ 表示系统噪声，其中对应误差四元数和陀螺漂移误差的部分分别为陀螺的角度随机游走，以及速率随机游走的驱动噪声；系统噪声方差阵为 $E(\boldsymbol{w}_k\boldsymbol{w}_k^{\mathrm{T}}) = \boldsymbol{Q}_k$，其中，$\boldsymbol{Q}_k$ 是对称正定阵，可以根据陀螺的角度随机游走

系数和速率随机游走系数计算得到（参阅本书 3.3 节）。为了突出重点，此处略去了状态方程的推导过程，感兴趣的读者可参阅文献［8－10］。上式中的状态转移矩阵 $\boldsymbol{F}_k$ 是对星体实际运动规律的良好近似，适用于大多数三轴姿态稳定对地观测卫星（如图 4－3 所示），以星上的主流陀螺和星敏感器的精度水平，建模误差对系统性能的影响可以忽略不计。

图 4－3　三轴姿态稳定对地观测卫星示意图

考虑到现代星敏感器能够以四元数形式输出航天器姿态信息，航天器姿态确定系统的观测方程形式为

$$\boldsymbol{y}_k=\boldsymbol{H}_k\boldsymbol{x}_k+\boldsymbol{v}_k \tag{4-37}$$

式中，$\boldsymbol{y}_k=\delta\boldsymbol{\rho}_{m,k}$ 是误差四元数 $\delta\boldsymbol{\rho}_k$ 的观测量，$\delta\boldsymbol{\rho}_{m,k}$ 可通过航天器上的星敏感器测量并与 $\hat{\boldsymbol{q}}_k$ 比对得到；观测矩阵 $\boldsymbol{H}_k$ 的形式如下所示

$$\boldsymbol{H}_k=[\boldsymbol{I}_{3\times3}\quad \boldsymbol{0}_{3\times3}] \tag{4-38}$$

$\boldsymbol{v}_k$ 是测量噪声，通常假定为零均值高斯白噪声，其方差阵为 $E(\boldsymbol{v}_k\boldsymbol{v}_k^{\mathrm{T}})=\boldsymbol{R}_k$，其中，$\boldsymbol{R}_k$ 是对称正定阵。值得注意的是，在航天器姿态确定系统模型中，陀螺观测量出现在状态方程中，而不是出现在观测方程中。这种处理方式使得状态方程和观测方程均具有非常简洁的形式，这是卡尔曼滤波器设计技巧的一种体现。

4.3.3　基于卡尔曼滤波器的姿态确定算法

根据如式（4－34）和式（4－37）所示的离散时间线性随机系统模型，基于卡尔曼滤波器设计航天器姿态确定算法，通过星敏感器和陀螺的观测量解算得到航天器的姿态四元数。通过卡尔曼滤波器直接估计得到的是误差四元数的矢量部分 $\delta\hat{\boldsymbol{\rho}}_k$ 和陀螺漂移误差 $\delta\hat{\boldsymbol{b}}_k$，二者可分别用于计算姿态四元数估计值 $\hat{\boldsymbol{q}}_k$ 和陀螺漂移估计值 $\hat{\boldsymbol{b}}_k$。基于本书 3.4 节中给出的提示，根据四元数的归一化条件，得到误差四元数矢量部分的估计值 $\delta\hat{\boldsymbol{\rho}}_k$ 后，误

差四元数的估计值可写为 $\delta\hat{\boldsymbol{q}}_k=\begin{bmatrix}\delta\hat{\boldsymbol{\rho}}_k\\(1-\|\delta\hat{\boldsymbol{\rho}}_k\|^2)^{0.5}\end{bmatrix}$。应当说明，陀螺的数据更新率往往高于星敏感器，在未接收到星敏感器观测量的时段，仅利用陀螺观测量，通过式（4-27）对姿态四元数进行递推计算。

根据前面的描述，将基于卡尔曼滤波器的航天器姿态确定算法流程归纳如表 4-2 所示。

表 4-2　基于卡尔曼滤波器的航天器姿态确定算法

Algorithm 4.2: Spacecraft attitude determination

Initialize estimates $\hat{\boldsymbol{q}}_0$, $\hat{\boldsymbol{b}}_0$ and the estimation error covariance matrix $\boldsymbol{P}_0$

for $k=1,2,\cdots,$ do

　$\hat{\boldsymbol{\omega}}_{k-1}\leftarrow\boldsymbol{\varpi}_{k-1}-\hat{\boldsymbol{b}}_{k-1}$

　$\hat{\boldsymbol{q}}_k\leftarrow\left[\boldsymbol{I}_{4\times4}\cos\left(\frac{\|\hat{\boldsymbol{\omega}}_{k-1}\|\tau}{2}\right)+\frac{\boldsymbol{\Omega}(\hat{\boldsymbol{\omega}}_{k-1})}{\|\hat{\boldsymbol{\omega}}_{k-1}\|}\sin\left(\frac{\|\hat{\boldsymbol{\omega}}_{k-1}\|\tau}{2}\right)\right]\hat{\boldsymbol{q}}_{k-1}$

　$\hat{\boldsymbol{b}}_k\leftarrow\hat{\boldsymbol{b}}_{k-1}$

　If the measurement of star sensor is available, then

　　Calculate $\boldsymbol{y}_k$ based on estimate and measurement of $\boldsymbol{q}_k$ according to (4-30)

　　$[\hat{\boldsymbol{x}}_k,\boldsymbol{P}_k]\leftarrow\mathrm{KF}(\boldsymbol{0},\boldsymbol{P}_{k-1},\boldsymbol{y}_k,\boldsymbol{Q}_k,\boldsymbol{R}_k)$　▷ attitude determination KF

　　$\hat{\boldsymbol{q}}_k\leftarrow\delta\hat{\boldsymbol{q}}_k\otimes\hat{\boldsymbol{q}}_k$　▷ $\delta\hat{\boldsymbol{q}}_k$ is the estimate of $\delta\boldsymbol{q}_k$

　　$\hat{\boldsymbol{b}}_k\leftarrow\hat{\boldsymbol{b}}_k+\delta\hat{\boldsymbol{b}}_k$　▷ $\delta\hat{\boldsymbol{b}}_k$ is the estimate of $\delta\boldsymbol{b}_k$

　else

　　Predict $\boldsymbol{P}_k$ based on the kinematic model

　end if

end for

return $\{\hat{\boldsymbol{q}}_k\}$ and $\{\boldsymbol{P}_k\}$

上述航天器姿态确定算法流程中，卡尔曼滤波器的一步递推计算公式如表 4-1 所示。值得注意的是，在航天器姿态确定算法中，不是直接对姿态四元数 $\hat{\boldsymbol{q}}_k$ 进行估计，而是对误差四元数的矢量部分 $\delta\hat{\boldsymbol{\rho}}_k$ 进行估计；采用该方式得到的状态方程在形式上是线性的，易于卡尔曼滤波器的实施。经过 $k-1$ 时刻卡尔曼滤波器的更新过程，表征误差四元数矢量部分和陀螺漂移误差的状态向量 $\hat{\boldsymbol{x}}_{k-1}$ 在理想情况下均值为 $\boldsymbol{0}$，利用式（4-34）对表征误差的状态向量执行外推计算意义不大。在实际应用过程中采取的处理方式是在卡尔曼滤波器的每步预测过程中，直接将 $\hat{\boldsymbol{x}}_{k-1}$ 置为 $\boldsymbol{0}$；经过 k 时刻卡尔曼滤波器的更新过程，估计得到的 $\hat{\boldsymbol{x}}_k$ 反映了当前时刻的观测信息。采用上述处理方式有利于简化算法流程。

基于卡尔曼滤波器的航天器姿态确定算法最早出现在 NASA 于 1969 年利用陀螺和星敏感器设计的空间精确姿态参考系统（Space Precision Attitude Reference System，SPARS）中。当时，算法设计严重受到数字计算机能力的制约，捷联惯性导航系统尚处于萌芽状态，距离卡尔曼滤波器的提出不到 10 年时间。在这一历史时期，能够设计出如此优美完善的卡尔曼滤波器应用实例是难能可贵的。事实上，航天器姿态确定算法的应用对于卡尔曼滤波器理论方法的发扬光大也起到了推动的作用。经过 50 年的发展，上述方法经过了航天领域严格的试验验证，并应用于多个航天器飞行任务，包括美国哈勃太空望远镜（Hubble Space Telescope，HST）、地球静止轨道气象卫星（Geostationary Operational Environmental Satellite - R Series，GOES - R，如图 4 - 4 所示）、日本先进陆地观测卫星（Advanced Land Observing Satellite，ALOS），以及我国高分系列对地观测卫星等，已成为解决星敏感器/陀螺组合定姿问题的不二之选。

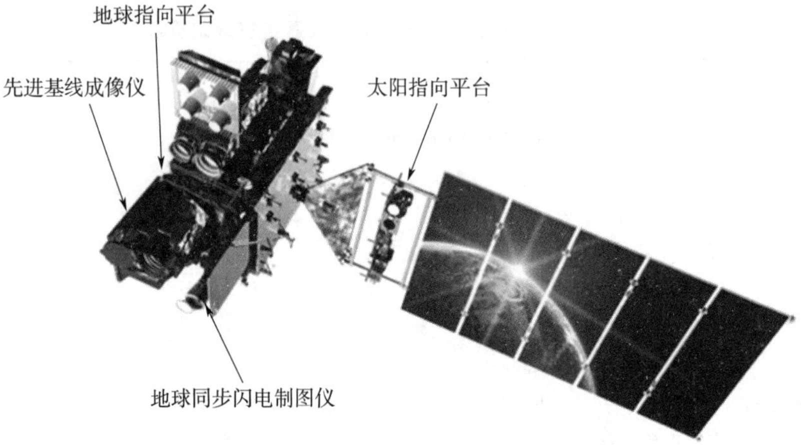

图 4 - 4　美国 GOES - R 卫星构型图

通过本节对基于卡尔曼滤波器的航天器姿态确定算法的推荐，希望航天领域这一标准化算法能够被更多的读者应用在自己的科研工作中。对于本节所述算法的理论推导，可以参阅 Markley 和 Shuster 在 1982 年合著的论文[8]；此后，在 Markley 于 2003 年和 Crassidis 于 2007 年发表的论文中进一步探讨了该算法[9,10]。以上几篇论文是从事姿态确定算法研究的经典参考文献。

4.4　扩维卡尔曼滤波器

4.4.1　设计思路

在航天器导航系统中，敏感器的测量误差通常不仅包含随机误差，还带有按照一定规律变化的系统偏差。关于这一点，在本书 3.4 节结合星敏感器误差特性进行了一些说明。与随机误差相比，敏感器的系统偏差对航天器导航精度的影响往往要大得多。原因在于，随机误差的影响可建模为高斯白噪声，通过卡尔曼滤波器，在最大程度上予以削弱；而系统偏差如果不能在模型中有效地体现出来，将呈现为观测方程的不确定性，其影响不能直接通过卡尔曼滤波器消除，会导致卡尔曼滤波器的状态估计值偏离真实状态，使得航天器导航系统的性能下降。如何减小系统偏差的影响是实现高精度导航需要解决的问题。

敏感器系统偏差的在轨校准是提高航天器导航精度的重要手段。事实上，通过优化卡尔曼滤波器的设计，不仅能够削弱敏感器随机误差的影响，而且能够实现对部分敏感器系统偏差的校准。为了实现这一目的，首先需要对敏感器系统偏差进行建模，要求模型尽可能精确地反映系统偏差特性，典型做法是将系统偏差描述为若干模型参数的函数形式；进而，将模型参数扩充为状态向量，设计扩维卡尔曼滤波器，利用敏感器观测量对模型参数进行实时估计，利用模型参数的估计值实现系统偏差校准，从而部分消除敏感器系统偏差对航天器导航精度的影响。

在航天器导航应用研究领域，扩维卡尔曼滤波器是处理测量模型不确定性最常用的技术手段之一。尽管如此，扩维卡尔曼滤波器的引入也带来了一些新的问题。

1）为了保障扩维卡尔曼滤波器的性能，要求扩维后的系统具有较高的可观度；如果扩维后的系统不可观，那么，敏感器系统偏差的估计结果将是不可信的。对扩维后的系统进行可观度分析，是敏感器系统偏差校准方案设计的重要环节。4.5.3 节将介绍通过计算克拉美劳下界，对受星敏感器低频误差影响的航天器姿态确定系统进行可观度分析的方法。

2）在敏感器系统偏差参数被扩充为状态向量后，如何确定相应的系统噪声方差阵，这是一个需要解决的问题。由于我们无法直接观测到模型参数，确定其系统噪声方差阵的取值往往是比较困难的。在工程实践活动中常用的一种技术手段是本书 4.1 节提到的试错法。但是，对于工程技术人员而言，这是一项费时费力的工作，且通过地面仿真得到的滤波器参数不一定适用于在轨应用的情况。关于解决这一问题的策略，在本书第 9 章还要继续进行探讨。

4.4.2　结构形式

基于扩维卡尔曼滤波器的敏感器误差校准基本方法为：在航天器导航系统模型中，将敏感器系统偏差参数扩充为状态向量的一部分，基于扩维系统的状态方程和观测方程，设计扩维卡尔曼滤波器；利用敏感器观测数据实施滤波器解算，同时对航天器运动状态和敏感器系统偏差参数进行实时估计；进而，利用系统偏差参数的估计值，结合观测方程，对敏感器系统偏差进行在轨补偿。

扩维系统的状态方程和观测方程在如式（4-1）和式（4-2）所示的离散时间线性随机系统模型基础上建立。将多个未知的敏感器系统偏差参数写为矢量形式，用符号 $\boldsymbol{\theta}_k$ 来表示，则扩维的状态可写为 $\boldsymbol{x}_k$ 和 $\boldsymbol{\theta}_k$ 的组合，即 $[\boldsymbol{x}_k^{\mathrm{T}} \quad \boldsymbol{\theta}_k^{\mathrm{T}}]^{\mathrm{T}}$，其中，$\boldsymbol{\theta}_k$ 由待估计的敏感器系统偏差参数组成。相应地，可构造如下形式的状态方程

$$\begin{bmatrix} \boldsymbol{x}_k \\ \boldsymbol{\theta}_k \end{bmatrix} = \begin{bmatrix} \boldsymbol{F}_k & \boldsymbol{0} \\ \boldsymbol{0} & \boldsymbol{I} \end{bmatrix} \begin{bmatrix} \boldsymbol{x}_{k-1} \\ \boldsymbol{\theta}_{k-1} \end{bmatrix} + \begin{bmatrix} \boldsymbol{w}_k \\ \boldsymbol{0} \end{bmatrix} \tag{4-39}$$

考虑到敏感器系统偏差参数矢量 $\boldsymbol{\theta}_k$ 的变化往往非常缓慢，在几个轨道周期的校准过程中可以忽略不计，为了扩维卡尔曼滤波器设计上的便利性，简单将其视为常数，对应向量的状态转移矩阵为单位阵，相应的系统噪声方差阵理论值为 $\boldsymbol{0}$。

对于经过扩维的状态向量 $[\boldsymbol{x}_k^{\mathrm{T}} \quad \boldsymbol{\theta}_k^{\mathrm{T}}]^{\mathrm{T}}$，相应的观测方程可写为

$$\boldsymbol{y}_k = [\boldsymbol{H}_k \quad \boldsymbol{\Phi}_k] \begin{bmatrix} \boldsymbol{x}_k \\ \boldsymbol{\theta}_k \end{bmatrix} + \boldsymbol{v}_k \tag{4-40}$$

式中，$\boldsymbol{\Phi}_k$ 为对应敏感器系统偏差参数矢量 $\boldsymbol{\theta}_k$ 的观测矩阵，可通过敏感器系统偏差模型得到。

针对如式（4－39）和式（4－40）所示的扩维系统，根据本书 4.1 节对卡尔曼滤波器的论述，不难得到扩维卡尔曼滤波器的结构形式为

$$\begin{bmatrix} \hat{\boldsymbol{x}}_{A,k|k-1} \\ \hat{\boldsymbol{\theta}}_{k|k-1} \end{bmatrix} = \begin{bmatrix} \boldsymbol{F}_k & \boldsymbol{0} \\ \boldsymbol{0} & \boldsymbol{I} \end{bmatrix} \begin{bmatrix} \hat{\boldsymbol{x}}_{A,k-1} \\ \hat{\boldsymbol{\theta}}_{k-1} \end{bmatrix} \tag{4-41}$$

$$\begin{bmatrix} \hat{\boldsymbol{x}}_{A,k} \\ \hat{\boldsymbol{\theta}}_k \end{bmatrix} = \begin{bmatrix} \hat{\boldsymbol{x}}_{A,k|k-1} \\ \hat{\boldsymbol{\theta}}_{k|k-1} \end{bmatrix} + \begin{bmatrix} \boldsymbol{K}_{x,k} \\ \boldsymbol{K}_{\theta,k} \end{bmatrix} \left(\boldsymbol{y}_k - [\boldsymbol{H}_k \quad \boldsymbol{\Phi}_k] \begin{bmatrix} \hat{\boldsymbol{x}}_{A,k|k-1} \\ \hat{\boldsymbol{\theta}}_{k|k-1} \end{bmatrix} \right) \tag{4-42}$$

其中，$\hat{\boldsymbol{x}}_{A,k}$ 和 $\hat{\boldsymbol{x}}_{A,k|k-1}$ 分别表示状态向量 $\boldsymbol{x}_k$ 的估计值和预测值，$\hat{\boldsymbol{\theta}}_k$ 和 $\hat{\boldsymbol{\theta}}_{k|k-1}$ 分别表示敏感器系统偏差参数矢量 $\boldsymbol{\theta}_k$ 的估计值和预测值，将卡尔曼增益写为分块矩阵的形式，即 $[\boldsymbol{K}_{x,k}^{\mathrm{T}} \quad \boldsymbol{K}_{\theta,k}^{\mathrm{T}}]^{\mathrm{T}}$，其中，$\boldsymbol{K}_{x,k}$ 和 $\boldsymbol{K}_{\theta,k}$ 分别用于调整 $\hat{\boldsymbol{x}}_{A,k|k-1}$ 和 $\hat{\boldsymbol{\theta}}_{k|k-1}$ 的修正量。为了对后面的性能分析提供便利，式（4－42）中将对 $\boldsymbol{x}_k$ 和 $\boldsymbol{\theta}_k$ 的估计写为解耦的形式。实际应用过程中，可直接根据扩维系统的状态方程和观测方程计算整体的卡尔曼增益。

敏感器系统偏差参数矢量 $\boldsymbol{\theta}_k$ 的初始值需要在扩维卡尔曼滤波器进行递推计算前给定。如果缺乏有关 $\boldsymbol{\theta}_k$ 的先验信息，可以简单地将初始值 $\hat{\boldsymbol{\theta}}_0$ 设为 $\boldsymbol{0}$。初始估计误差方差阵可设为敏感器系统偏差参数潜在幅值的数倍，敏感器系统偏差参数幅值可根据经验选取，或根据以往同类航天器在轨飞行试验情况进行预判。初始状态确定后，应用扩维卡尔曼滤波器，通过递推计算可获取状态向量和敏感器系统偏差参数矢量的估计值。

4.4.3 性能分析

通过理论推导分析基于扩维卡尔曼滤波器的敏感器系统偏差校准对状态估计精度的影响，可为扩维卡尔曼滤波器的设计和应用提供参考。所采用的性能分析方法是将敏感器系统偏差校准前后的状态向量估计误差方差阵进行对比。经过对这一节的阅读，相信读者将会对通过估计误差方差阵分析卡尔曼滤波器性能的基本方法具有初步了解。

前面提到，对于卡尔曼滤波器，其估计误差定义为状态向量的真值与估计值之差，为了方便起见，将卡尔曼滤波器的估计误差表达式重写如下

$$\tilde{\boldsymbol{x}}_k = \boldsymbol{x}_k - \hat{\boldsymbol{x}}_k \tag{4-43}$$

敏感器系统偏差校准基于扩维卡尔曼滤波器进行，扩维卡尔曼滤波器的估计误差表示为

$$\begin{bmatrix} \tilde{\boldsymbol{x}}_{A,k} \\ \tilde{\boldsymbol{\theta}}_k \end{bmatrix} = \begin{bmatrix} \boldsymbol{x}_k \\ \boldsymbol{\theta}_k \end{bmatrix} - \begin{bmatrix} \hat{\boldsymbol{x}}_{A,k} \\ \hat{\boldsymbol{\theta}}_k \end{bmatrix} \tag{4-44}$$

为了对卡尔曼滤波器和扩维卡尔曼滤波器的估计误差方差阵进行比对，根据有关矩阵论的知识，给出如下引理[11]。

引理 4.2：对于 $0 \leqslant k \leqslant n$（$n$ 为正整数），假定矩阵 $\boldsymbol{U} > 0$，矩阵函数 $e_k(\boldsymbol{U}) = e_k^{\mathrm{T}}(\boldsymbol{U})$

$\in \mathbf{R}^{l\times l}$ 和 $g_k(\boldsymbol{U})=g_k^{\mathrm{T}}(\boldsymbol{U})\in \mathbf{R}^{l\times l}$ ，如果存在矩阵 $\boldsymbol{V}>\boldsymbol{U}$ ，使得

$$e_k(\boldsymbol{V})\geqslant e_k(\boldsymbol{U}) \tag{4-45}$$

以及

$$g_k(\boldsymbol{V})\geqslant e_k(\boldsymbol{V}) \tag{4-46}$$

那么，下列差分方程的解 $\boldsymbol{X}_k$ 和 $\boldsymbol{Y}_k$

$$\boldsymbol{X}_k=e_k(\boldsymbol{X}_{k-1}),\boldsymbol{Y}_k=g_k(\boldsymbol{Y}_{k-1}),\boldsymbol{X}_0=\boldsymbol{Y}_0>0 \tag{4-47}$$

满足条件 $\boldsymbol{X}_k\leqslant \boldsymbol{Y}_k$。

基于上述引理，将卡尔曼滤波器和扩维卡尔曼滤波器的实际估计误差方差阵 $E(\tilde{\boldsymbol{x}}_{A,k}\tilde{\boldsymbol{x}}_{A,k}^{\mathrm{T}})$ 和 $E(\tilde{\boldsymbol{x}}_k\tilde{\boldsymbol{x}}_k^{\mathrm{T}})$ 的关系归纳为如下定理。

定理 4.3：考虑如式（4－39）和式（4－40）所示的离散时间线性随机系统，卡尔曼滤波器如表 4－1 所示，扩维卡尔曼滤波器如式（4－41）和式（4－42）所示，令

$$E(\tilde{\boldsymbol{x}}_{A,0}\tilde{\boldsymbol{x}}_{A,0}^{\mathrm{T}})=E(\tilde{\boldsymbol{x}}_0\tilde{\boldsymbol{x}}_0^{\mathrm{T}}) \tag{4-48}$$

$$\boldsymbol{K}_{x,k}=\boldsymbol{K}_k \tag{4-49}$$

如果敏感器系统偏差参数矢量的估计误差满足如下条件

$$E(\tilde{\boldsymbol{\theta}}_k\tilde{\boldsymbol{\theta}}_k^{\mathrm{T}})\geqslant \boldsymbol{\theta}_k\boldsymbol{\theta}_k^{\mathrm{T}} \tag{4-50}$$

那么，对于 $k=1,2,\cdots$，扩维卡尔曼滤波器和卡尔曼滤波器的实际估计误差方差阵满足如下矩阵不等式

$$E(\tilde{\boldsymbol{x}}_{A,k}\tilde{\boldsymbol{x}}_{A,k}^{\mathrm{T}})\geqslant E(\tilde{\boldsymbol{x}}_k\tilde{\boldsymbol{x}}_k^{\mathrm{T}}) \tag{4-51}$$

证明：首先，推导卡尔曼滤波器的估计误差方差阵。在卡尔曼滤波器中，采用掩耳盗铃的处理方式，不对敏感器系统偏差参数矢量进行估计，但实际上，状态估计值会受到敏感器观测量中系统偏差的影响。根据卡尔曼滤波器的估计误差表达式易知

$$\tilde{\boldsymbol{x}}_k=\boldsymbol{x}_k-\hat{\boldsymbol{x}}_{k|k-1}-\boldsymbol{K}_k(\boldsymbol{y}_k-\boldsymbol{H}_k\hat{\boldsymbol{x}}_{k|k-1}) \tag{4-52}$$

根据如式（4－39）和式（4－40）所示的系统模型，得到

$$\boldsymbol{x}_k-\hat{\boldsymbol{x}}_{k|k-1}=\boldsymbol{F}_k\tilde{\boldsymbol{x}}_{k-1}+\boldsymbol{w}_k \tag{4-53}$$

和

$$\boldsymbol{y}_k-\boldsymbol{H}_k\hat{\boldsymbol{x}}_{k|k-1}=\boldsymbol{H}_k(\boldsymbol{x}_k-\hat{\boldsymbol{x}}_{k|k-1})+\boldsymbol{\Phi}_k\boldsymbol{\theta}_k+\boldsymbol{v}_k \tag{4-54}$$

将式（4－53）和式（4－54）代入式（4－52），得到卡尔曼滤波器估计误差的表达式

$$\tilde{\boldsymbol{x}}_k=(\boldsymbol{I}-\boldsymbol{K}_k\boldsymbol{H}_k)\boldsymbol{F}_k\tilde{\boldsymbol{x}}_{k-1}-\boldsymbol{K}_k\boldsymbol{\Phi}_k\boldsymbol{\theta}_k+(\boldsymbol{I}-\boldsymbol{K}_k\boldsymbol{H}_k)\boldsymbol{w}_k-\boldsymbol{K}_k\boldsymbol{v}_k \tag{4-55}$$

根据上式，推导得到卡尔曼滤波器的估计误差方差阵

$$\begin{aligned}E(\tilde{\boldsymbol{x}}_k\tilde{\boldsymbol{x}}_k^{\mathrm{T}})=&E\{[(\boldsymbol{I}-\boldsymbol{K}_k\boldsymbol{H}_k)\boldsymbol{F}_k\tilde{\boldsymbol{x}}_{k-1}-\boldsymbol{K}_k\boldsymbol{\Phi}_k\boldsymbol{\theta}_k+(\boldsymbol{I}-\boldsymbol{K}_k\boldsymbol{H}_k)\boldsymbol{w}_k-\boldsymbol{K}_k\boldsymbol{v}_k]\cdot\\&[(\boldsymbol{I}-\boldsymbol{K}_k\boldsymbol{H}_k)\boldsymbol{F}_k\tilde{\boldsymbol{x}}_{k-1}-\boldsymbol{K}_k\boldsymbol{\Phi}_k\boldsymbol{\theta}_k+(\boldsymbol{I}-\boldsymbol{K}_k\boldsymbol{H}_k)\boldsymbol{w}_k-\boldsymbol{K}_k\boldsymbol{v}_k]^{\mathrm{T}}\}\\=&(\boldsymbol{I}-\boldsymbol{K}_k\boldsymbol{H}_k)\boldsymbol{F}_kE(\tilde{\boldsymbol{x}}_{k-1}\tilde{\boldsymbol{x}}_{k-1}^{\mathrm{T}})\boldsymbol{F}_k^{\mathrm{T}}(\boldsymbol{I}-\boldsymbol{K}_k\boldsymbol{H}_k)^{\mathrm{T}}+\boldsymbol{K}_k\boldsymbol{\Phi}_k\boldsymbol{\theta}_k\boldsymbol{\theta}_k^{\mathrm{T}}\boldsymbol{\Phi}_k^{\mathrm{T}}\boldsymbol{K}_k^{\mathrm{T}}+\\&(\boldsymbol{I}-\boldsymbol{K}_k\boldsymbol{H}_k)\boldsymbol{Q}_k(\boldsymbol{I}-\boldsymbol{K}_k\boldsymbol{H}_k)^{\mathrm{T}}+\boldsymbol{K}_k\boldsymbol{R}_k\boldsymbol{K}_k^{\mathrm{T}}\end{aligned} \tag{4-56}$$

接下来，推导扩维卡尔曼滤波器的估计误差方差阵。在扩维卡尔曼滤波器中，将敏感器系统偏差参数扩充为状态向量进行估计，根据扩维卡尔曼滤波器的估计误差表达式得到

$$\begin{bmatrix} \tilde{\boldsymbol{x}}_{A,k} \\ \tilde{\boldsymbol{\theta}}_k \end{bmatrix} = \begin{bmatrix} \boldsymbol{x}_k \\ \boldsymbol{\theta}_k \end{bmatrix} - \begin{bmatrix} \hat{\boldsymbol{x}}_{A,k|k-1} \\ \hat{\boldsymbol{\theta}}_{k|k-1} \end{bmatrix} - \begin{bmatrix} \boldsymbol{K}_{x,k} \\ \boldsymbol{K}_{\theta,k} \end{bmatrix} \left(\boldsymbol{y}_k - [\boldsymbol{H}_k \quad \boldsymbol{\Phi}_k] \begin{bmatrix} \hat{\boldsymbol{x}}_{A,k|k-1} \\ \hat{\boldsymbol{\theta}}_{k|k-1} \end{bmatrix} \right) \tag{4-57}$$

根据如式（4－39）和式（4－40）所示的系统模型，得到

$$\begin{bmatrix} \boldsymbol{x}_k \\ \boldsymbol{\theta}_k \end{bmatrix} - \begin{bmatrix} \hat{\boldsymbol{x}}_{A,k|k-1} \\ \hat{\boldsymbol{\theta}}_{k|k-1} \end{bmatrix} = \begin{bmatrix} \boldsymbol{F}_k & \boldsymbol{0}_{6\times6} \\ \boldsymbol{0}_{6\times6} & I_{6\times6} \end{bmatrix} \begin{bmatrix} \tilde{\boldsymbol{x}}_{A,k-1} \\ \tilde{\boldsymbol{\theta}}_{k-1} \end{bmatrix} + \begin{bmatrix} \boldsymbol{w}_k \\ \boldsymbol{0}_{6\times1} \end{bmatrix} \tag{4-58}$$

和

$$\boldsymbol{y}_k - [\boldsymbol{H}_k \quad \boldsymbol{\Phi}_k] \begin{bmatrix} \hat{\boldsymbol{x}}_{A,k|k-1} \\ \hat{\boldsymbol{\theta}}_{k|k-1} \end{bmatrix} = [\boldsymbol{H}_k \quad \boldsymbol{\Phi}_k] \left(\begin{bmatrix} \boldsymbol{x}_k \\ \boldsymbol{\theta}_k \end{bmatrix} - \begin{bmatrix} \hat{\boldsymbol{x}}_{A,k|k-1} \\ \hat{\boldsymbol{\theta}}_{k|k-1} \end{bmatrix} \right) + \boldsymbol{v}_k \tag{4-59}$$

将式（4－58）和式（4－59）代入式（4－57），得到扩维卡尔曼滤波器的估计误差表达式

$$\begin{bmatrix} \tilde{\boldsymbol{x}}_{A,k} \\ \tilde{\boldsymbol{\theta}}_k \end{bmatrix} = \begin{bmatrix} \boldsymbol{F}_k \tilde{\boldsymbol{x}}_{A,k-1} + \boldsymbol{w}_k \\ \tilde{\boldsymbol{\theta}}_{k-1} \end{bmatrix} - \begin{bmatrix} \boldsymbol{K}_{x,k} \\ \boldsymbol{K}_{\theta,k} \end{bmatrix} [\boldsymbol{H}_k (\boldsymbol{F}_k \tilde{\boldsymbol{x}}_{A,k-1} + \boldsymbol{w}_k) + \boldsymbol{\Phi}_k \tilde{\boldsymbol{\theta}}_{k-1}] - \begin{bmatrix} \boldsymbol{K}_{x,k} \\ \boldsymbol{K}_{\theta,k} \end{bmatrix} \boldsymbol{v}_k \tag{4-60}$$

其中，状态向量 $\boldsymbol{x}_k$ 的估计误差为

$$\tilde{\boldsymbol{x}}_{A,k} = (\boldsymbol{I} - \boldsymbol{K}_{x,k}\boldsymbol{H}_k)\boldsymbol{F}_k \tilde{\boldsymbol{x}}_{A,k-1} - \boldsymbol{K}_{x,k}\boldsymbol{\Phi}_k \tilde{\boldsymbol{\theta}}_{k-1} + (\boldsymbol{I} - \boldsymbol{K}_{x,k}\boldsymbol{H}_k)\boldsymbol{w}_k - \boldsymbol{K}_{x,k}\boldsymbol{v}_k \tag{4-61}$$

根据上式，推导得到扩维卡尔曼滤波器的估计误差方差阵

$$\begin{aligned} E(\tilde{\boldsymbol{x}}_{A,k}\tilde{\boldsymbol{x}}_{A,k}^{\mathrm{T}}) = {} & E\{[(\boldsymbol{I} - \boldsymbol{K}_{x,k}\boldsymbol{H}_k)\boldsymbol{F}_k \tilde{\boldsymbol{x}}_{A,k-1} - \boldsymbol{K}_{x,k}\boldsymbol{\Phi}_k \tilde{\boldsymbol{\theta}}_{k-1} + (\boldsymbol{I} - \boldsymbol{K}_{x,k}\boldsymbol{H}_k)\boldsymbol{w}_k - \boldsymbol{K}_{x,k}\boldsymbol{v}_k] \cdot \\ & [(\boldsymbol{I} - \boldsymbol{K}_{x,k}\boldsymbol{H}_k)\boldsymbol{F}_k \tilde{\boldsymbol{x}}_{A,k-1} - \boldsymbol{K}_{x,k}\boldsymbol{\Phi}_k \tilde{\boldsymbol{\theta}}_{k-1} + (\boldsymbol{I} - \boldsymbol{K}_{x,k}\boldsymbol{H}_k)\boldsymbol{w}_k - \boldsymbol{K}_{x,k}\boldsymbol{v}_k]^{\mathrm{T}}\} \\ = {} & (\boldsymbol{I} - \boldsymbol{K}_{x,k}\boldsymbol{H}_k)\boldsymbol{F}_k E(\tilde{\boldsymbol{x}}_{A,k-1}\tilde{\boldsymbol{x}}_{A,k-1}^{\mathrm{T}})\boldsymbol{F}_k^{\mathrm{T}} (\boldsymbol{I} - \boldsymbol{K}_{x,k}\boldsymbol{H}_k)^{\mathrm{T}} + \boldsymbol{K}_{x,k}\boldsymbol{\Phi}_k E(\tilde{\boldsymbol{\theta}}_{k-1}\tilde{\boldsymbol{\theta}}_{k-1}^{\mathrm{T}})\boldsymbol{\Phi}_k^{\mathrm{T}}\boldsymbol{K}_{x,k}^{\mathrm{T}} + \\ & (\boldsymbol{I} - \boldsymbol{K}_{x,k}\boldsymbol{H}_k)\boldsymbol{Q}_k (\boldsymbol{I} - \boldsymbol{K}_{x,k}\boldsymbol{H}_k)^{\mathrm{T}} + \boldsymbol{K}_{x,k}\boldsymbol{R}_k\boldsymbol{K}_{x,k}^{\mathrm{T}} \end{aligned} \tag{4-62}$$

下面，我们尝试验证引理 4.2 中的条件。比较卡尔曼滤波器和扩维卡尔曼滤波器的估计误差方差阵表达式，并考虑定理 4.3 中的假设条件可知，如果以下条件成立

$$E(\tilde{\boldsymbol{x}}_{A,k-1}\tilde{\boldsymbol{x}}_{A,k-1}^{\mathrm{T}}) = E(\tilde{\boldsymbol{x}}_{k-1}\tilde{\boldsymbol{x}}_{k-1}^{\mathrm{T}}) \tag{4-63}$$

那么

$$E(\tilde{\boldsymbol{x}}_{A,k}\tilde{\boldsymbol{x}}_{A,k}^{\mathrm{T}}) \geqslant E(\tilde{\boldsymbol{x}}_k\tilde{\boldsymbol{x}}_k^{\mathrm{T}}) \tag{4-64}$$

不难看出，引理 4.2 中的假设条件均是成立的。应用引理 4.2 可知，定理 4.3 的结论成立。证毕。

将敏感器系统偏差参数矢量的估计误差 $\tilde{\boldsymbol{\theta}}_k$ 称为校准误差。受系统噪声和测量噪声的影响，在工程实践活动中，扩维卡尔曼滤波器所能达到的校准精度总是有限的，敏感器系统偏差校准过程一般都会引入校准误差。根据定理 4.3，如果校准误差 $\tilde{\boldsymbol{\theta}}_k$ 大于敏感器系统偏差参数 $\boldsymbol{\theta}_k$，那么扩维卡尔曼滤波器的估计精度将不及传统卡尔曼滤波器。换句话说，如果相对实际敏感器系统偏差参数 $\boldsymbol{\theta}_k$ 而言，校准误差 $\tilde{\boldsymbol{\theta}}_k$ 不是足够小，那么，受不精确的敏感器系统偏差参数估计值 $\hat{\boldsymbol{\theta}}_k$ 的影响，校准后系统状态向量 $\boldsymbol{x}_k$ 的估计精度将会降低。

对于上述分析结果，读者或许会产生疑惑，在扩维卡尔曼滤波器中，校准误差是否会

大于实际敏感器系统偏差参数？答案是肯定的。在继续进行分析之前，给出如下引理。

引理 4.3：考虑具有适当维数的对称正定阵 $\boldsymbol{A}$ 和矢量 $\boldsymbol{b}$ ，如果下式成立

$$\boldsymbol{b}^{\mathrm{T}}\boldsymbol{A}^{-1}\boldsymbol{b} < 1 \tag{4-65}$$

那么，下列矩阵不等式成立

$$\boldsymbol{A} - \boldsymbol{b}\boldsymbol{b}^{\mathrm{T}} > 0 \tag{4-66}$$

基于引理 4.3，定理 4.4 给出了定理 4.3 中条件式（4－50）成立的充分条件。

定理 4.4：考虑如式（4－39）和式（4－40）所示的离散时间线性随机系统，利用如式（4－41）和式（4－42）所示的扩维卡尔曼滤波器估计敏感器系统偏差参数 $\boldsymbol{\theta}_k$ ，如果 $\boldsymbol{\theta}_k$ 满足如下不等式

$$\boldsymbol{\theta}_k^{\mathrm{T}}\left[\boldsymbol{K}_{\theta,k}(\boldsymbol{H}_k\boldsymbol{Q}_k\boldsymbol{H}_k^{\mathrm{T}}+\boldsymbol{R}_k)\boldsymbol{K}_{\theta,k}^{\mathrm{T}}\right]^{-1}\boldsymbol{\theta}_k < 1 \tag{4-67}$$

并且条件

$$\boldsymbol{K}_{\theta,k}(\boldsymbol{H}_k\boldsymbol{Q}_k\boldsymbol{H}_k^{\mathrm{T}}+\boldsymbol{R}_k)\boldsymbol{K}_{\theta,k}^{\mathrm{T}} > 0 \tag{4-68}$$

成立，那么校准误差 $\tilde{\boldsymbol{\theta}}_k$ 满足以下矩阵不等式

$$E(\tilde{\boldsymbol{\theta}}_k\tilde{\boldsymbol{\theta}}_k^{\mathrm{T}}) \geqslant \boldsymbol{\theta}_k\boldsymbol{\theta}_k^{\mathrm{T}} \tag{4-69}$$

证明：根据式（4－60），校准误差可写为如下形式

$$\tilde{\boldsymbol{\theta}}_k = (\boldsymbol{I}-\boldsymbol{K}_{\theta,k}\boldsymbol{\Phi}_k)\tilde{\boldsymbol{\theta}}_{k-1} - \boldsymbol{K}_{\theta,k}\boldsymbol{H}_k\boldsymbol{F}_k\tilde{\boldsymbol{x}}_{A,k-1} - \boldsymbol{K}_{\theta,k}\boldsymbol{H}_k\boldsymbol{w}_k - \boldsymbol{K}_{\theta,k}\boldsymbol{v}_k \tag{4-70}$$

根据上式，推导得到校准误差方差阵

$$\begin{aligned} E(\tilde{\boldsymbol{\theta}}_k\tilde{\boldsymbol{\theta}}_k^{\mathrm{T}}) = & E\{[(\boldsymbol{I}-\boldsymbol{K}_{\theta,k}\boldsymbol{\Phi}_k)\tilde{\boldsymbol{\theta}}_{k-1} - \boldsymbol{K}_{\theta,k}\boldsymbol{H}_k\boldsymbol{F}_k\tilde{\boldsymbol{x}}_{A,k-1} - \boldsymbol{K}_{\theta,k}\boldsymbol{H}_k\boldsymbol{w}_k - \boldsymbol{K}_{\theta,k}\boldsymbol{v}_k]\cdot \\ & [(\boldsymbol{I}-\boldsymbol{K}_{\theta,k}\boldsymbol{\Phi}_k)\tilde{\boldsymbol{\theta}}_{k-1} - \boldsymbol{K}_{\theta,k}\boldsymbol{H}_k\boldsymbol{F}_k\tilde{\boldsymbol{x}}_{A,k-1} - \boldsymbol{K}_{\theta,k}\boldsymbol{H}_k\boldsymbol{w}_k - \boldsymbol{K}_{\theta,k}\boldsymbol{v}_k]^{\mathrm{T}}\} \\ = & E\{[(\boldsymbol{I}-\boldsymbol{K}_{\theta,k}\boldsymbol{\Phi}_k)\tilde{\boldsymbol{\theta}}_{k-1} - \boldsymbol{K}_{\theta,k}\boldsymbol{H}_k\boldsymbol{F}_k\tilde{\boldsymbol{x}}_{A,k-1}][(\boldsymbol{I}-\boldsymbol{K}_{\theta,k}\boldsymbol{\Phi}_k)\tilde{\boldsymbol{\theta}}_{k-1} - \boldsymbol{K}_{\theta,k}\boldsymbol{H}_k\boldsymbol{F}_k\tilde{\boldsymbol{x}}_{A,k-1}]^{\mathrm{T}}\} + \\ & \boldsymbol{K}_{\theta,k}\boldsymbol{H}_k\boldsymbol{Q}_k\boldsymbol{H}_k^{\mathrm{T}}\boldsymbol{K}_{\theta,k}^{\mathrm{T}} + \boldsymbol{K}_{\theta,k}\boldsymbol{R}_k\boldsymbol{K}_{\theta,k}^{\mathrm{T}} \end{aligned} \tag{4-71}$$

根据如下矩阵不等式

$$E\{[(\boldsymbol{I}-\boldsymbol{K}_{\theta,k}\boldsymbol{\Phi}_k)\tilde{\boldsymbol{\theta}}_{k-1} - \boldsymbol{K}_{\theta,k}\boldsymbol{H}_k\boldsymbol{F}_k\tilde{\boldsymbol{x}}_{A,k-1}][(\boldsymbol{I}-\boldsymbol{K}_{\theta,k}\boldsymbol{\Phi}_k)\tilde{\boldsymbol{\theta}}_{k-1} - \boldsymbol{K}_{\theta,k}\boldsymbol{H}_k\boldsymbol{F}_k\tilde{\boldsymbol{x}}_{A,k-1}]^{\mathrm{T}}\} \geqslant 0 \tag{4-72}$$

和式（4－71）易知

$$E(\tilde{\boldsymbol{\theta}}_k\tilde{\boldsymbol{\theta}}_k^{\mathrm{T}}) \geqslant \boldsymbol{K}_{\theta,k}(\boldsymbol{H}_k\boldsymbol{Q}_k\boldsymbol{H}_k^{\mathrm{T}}+\boldsymbol{R}_k)\boldsymbol{K}_{\theta,k}^{\mathrm{T}} \tag{4-73}$$

考虑定理 4.4 中的假设条件，并应用引理 4.3 可得

$$\boldsymbol{K}_{\theta,k}(\boldsymbol{H}_k\boldsymbol{Q}_k\boldsymbol{H}_k^{\mathrm{T}}+\boldsymbol{R}_k)\boldsymbol{K}_{\theta,k}^{\mathrm{T}} - \boldsymbol{\theta}_k\boldsymbol{\theta}_k^{\mathrm{T}} > 0 \tag{4-74}$$

根据式（4－73）和式（4－74）可知，定理 4.3 的结论成立。证毕。

由定理 4.4 可知，在敏感器系统偏差参数足够小的情况下，校准误差会大于敏感器系统偏差参数的真值。结合定理 4.3 和定理 4.4，得到如下论断：敏感器系统偏差校准对状态估计精度的影响取决于校准误差和实际敏感器系统偏差参数的大小对比。如果校准误差大于敏感器系统偏差参数，那么，校准误差将会对状态估计产生不利影响，导致事与愿违的后果；在这种情况下，不宜进行敏感器系统偏差校准。相反，如果敏感器系统偏差参数

大于校准误差，那么，通过校准将有助于消弱敏感器系统偏差的影响，从而提高状态估计精度。本节指出了敏感器系统偏差的大小与校准方法应用效果之间的关系，说明同一种校准方法应用于不同对象时，可能会得到截然不同的效果，这一结论在以往卡尔曼滤波器的专著中较少提及。

根据本节的分析结果，基于扩维卡尔曼滤波器的敏感器系统偏差校准方法适合应用于敏感器系统偏差的影响较为显著的情况。相反，对于敏感器系统偏差淹没在随机误差当中的情况，则没有必要把认知范围内的敏感器系统偏差都扩充为状态向量；此时，应避免盲目应用扩维卡尔曼滤波器。在敏感器系统偏差足够小的情况下，忽略部分系统偏差影响的简化处理方式既是合理的，也是有效的。在实际应用过程中，应坚持“对具体问题做具体分析”，这是马克思主义哲学的一条基本原则，并被列宁称为马克思主义活的灵魂。

4.5 星敏感器低频误差在轨校准

4.5.1 技术需求

航天器姿态确定系统的性能依赖于星敏感器的精度，而星敏感器观测量中通常包含低频误差。星敏感器低频误差可视为周期信号，其变化周期近似等于航天器轨道周期。本书3.4节提到，星敏感器低频误差是制约航天器姿态确定系统性能的主要因素之一，在多个航天器上都发现了周期性的星敏感器低频误差的影响，如ALOS卫星、Aqua卫星、CHAMP卫星和Sentinel-2卫星等。本书4.3节所述的基于卡尔曼滤波器的姿态确定算法在建模阶段未考虑星敏感器低频误差，直接利用该算法不能消除星敏感器低频误差对航天器姿态确定系统性能的影响。在星敏感器低频误差影响显著的情况下，将会导致航天器姿态确定精度降低。随着用户对航天器姿态确定精度提出了越来越高的要求，这一问题逐渐凸显出来。因此，需要研究星敏感器低频误差在轨校准方法。

在本书3.4节给出的方法中，将星上有效载荷作为一种高精度姿态敏感器，利用有效载荷的观测数据对星敏感器低频误差进行估计。但是，在航天器姿态确定系统无权调用有效载荷数据，或已知地标对于有效载荷不可见等情况下，该方法的应用受到限制。针对上述问题，本节给出一种基于扩维卡尔曼滤波器的星敏感器低频误差校准方法。

4.5.2 面向误差校准的扩维系统模型

基于卡尔曼滤波器的航天器姿态确定方法是在假设滤波模型与实际系统相一致的情况下推导得到的，在滤波模型与实际系统不一致，即存在模型不确定性的情况下，通过卡尔曼滤波器得到的状态估计结果不是最优的。对于由星敏感器和陀螺等构成的航天器姿态确定系统而言，观测方程中的低频误差可视为模型不确定性。在传统航天器姿态确定卡尔曼滤波器设计过程中，忽略了星敏感器低频误差的影响，这会导致估计得到的航天器姿态信息不准确。

本节研究一种基于扩维卡尔曼滤波器的星敏感器低频误差在轨校准方法，基本思路是将星敏感器低频误差参数扩充为状态向量，将航天器姿态运动学模型和星敏感器低频误差的数学表达式相结合，用于建立误差校准模型，在此基础上设计扩维卡尔曼滤波器，同时对航天器姿态误差、陀螺漂移误差和星敏感器低频误差参数进行估计。该方法的特色在于：

1）将星敏感器低频误差建模为傅里叶级数的形式，通过扩维卡尔曼滤波器估计傅里叶级数的系数，而不是低频误差本身；

2）仅利用航天器姿态确定系统中的星敏感器和陀螺观测数据进行误差校准，不受星上有效载荷可用性的限制。相关研究可参阅文献［12－15］。

面向误差校准的扩维系统状态方程可在 4.3 节所述传统航天器姿态确定系统状态方程的基础上拓展得到。选择扩维的状态向量为 $[\boldsymbol{x}_k^{\mathrm{T}} \quad \boldsymbol{\theta}_k^{\mathrm{T}}]^{\mathrm{T}}$，其中，$\boldsymbol{x}_k = [\delta\boldsymbol{\rho}_k^{\mathrm{T}} \quad \delta\boldsymbol{b}_k^{\mathrm{T}}]^{\mathrm{T}}$，$\delta\boldsymbol{\rho}_k$ 是误差四元数，$\delta\boldsymbol{b}_k$ 是陀螺漂移误差，$\boldsymbol{\theta}_k = [a_{x1} \quad b_{x1} \quad a_{y1} \quad b_{y1} \quad a_{z1} \quad b_{z1}]^{\mathrm{T}}$ 是由未知的星敏感器低频误差参数构成的矢量。相应地，可构造得到如下形式的状态方程

$$\begin{bmatrix} \boldsymbol{x}_k \\ \boldsymbol{\theta}_k \end{bmatrix} = \begin{bmatrix} \boldsymbol{F}_k & \boldsymbol{0}_{6\times6} \\ \boldsymbol{0}_{6\times6} & \boldsymbol{I}_{6\times6} \end{bmatrix} \begin{bmatrix} \boldsymbol{x}_{k-1} \\ \boldsymbol{\theta}_{k-1} \end{bmatrix} + \begin{bmatrix} \boldsymbol{w}_k \\ \boldsymbol{0}_{6\times1} \end{bmatrix} \tag{4-75}$$

式中，矩阵 $\boldsymbol{F}_k$、噪声 $\boldsymbol{w}_k$ 的定义可参见本书 4.3 节，在此不再重复。基于星敏感器在轨数据分析结果，低频误差参数矢量 $\boldsymbol{\theta}_k$ 自身的变化非常缓慢，在几个轨道周期的校准过程中可以忽略不计，对应 $\boldsymbol{\theta}_k$ 的状态转移矩阵为 6×6 阶单位阵，相应的系统噪声设为 $\boldsymbol{0}_{6\times1}$。

类似地，对于扩维的状态向量，相应的观测方程可在传统航天器姿态确定系统观测方程的基础上拓展得到

$$\boldsymbol{y}_k = [\boldsymbol{H}_k \quad \boldsymbol{\Phi}_k] \begin{bmatrix} \boldsymbol{x}_k \\ \boldsymbol{\theta}_k \end{bmatrix} + \boldsymbol{v}_k \tag{4-76}$$

式中，$\boldsymbol{y}_k$、$\boldsymbol{H}_k$ 和 $\boldsymbol{v}_k$ 的定义可参照本书 4.3 节，矩阵 $\boldsymbol{\Phi}_k$ 的数学表达式为

$$\boldsymbol{\Phi}_k = \begin{bmatrix} \cos(\omega_0 k\tau) & \sin(\omega_0 k\tau) & 0 & 0 & 0 & 0 \\ 0 & 0 & \cos(\omega_0 k\tau) & \sin(\omega_0 k\tau) & 0 & 0 \\ 0 & 0 & 0 & 0 & \cos(\omega_0 k\tau) & \sin(\omega_0 k\tau) \end{bmatrix} \tag{4-77}$$

式中，$\omega_0 = \dfrac{2\pi}{T}$，$T$ 为卫星轨道周期，τ 表示一步状态预测的时间步长。根据观测方程不难看出，周期性的星敏感器低频误差信号 $\boldsymbol{\Phi}_k\boldsymbol{\theta}_k$ 被表述为傅里叶级数的形式；为了简单起见，该方法仅考虑了傅里叶级数的 1 阶项，星敏感器低频误差参数 a_{x1}，b_{x1}，a_{y1}，b_{y1}，a_{z1} 和 b_{z1} 即为傅里叶级数 1 阶项的系数。

基于如式（4－75）所示的状态方程和如式（4－76）所示的观测方程，结合前面几节的论述，相信多数读者可以轻而易举地写出面向星敏感器低频误差校准的扩维卡尔曼滤波器递推计算流程，在此不再赘述。

4.5.3 基于克拉美劳下界的可观度分析

前面提到，扩维卡尔曼滤波器设计的一个重要环节是对扩维后的系统进行可观度分析，以便确定扩维后的状态向量能否得到准确估计。如果扩维后的状态向量具有较好的可观度，则说明敏感器系统偏差校准的基本方法是有效的，可以进一步开展扩维卡尔曼滤波器的算法编排、参数整定和数学仿真等工作；否则，说明在系统总体设计层面存在问题，这时，需要考虑减少被估状态或增加外部观测量。

利用本书 2.4 节所述的克拉美劳下界（CRLB）对扩维系统进行可观度分析。克拉美劳下界是一种经典的系统性能评估理论工具，能够针对随机系统模型，给出状态向量中的各个元素所能达到的理论估计误差下界，或潜在的极限精度。克拉美劳下界通过状态方程、观测方程以及噪声统计特性等计算得到，其取值反映了系统的本质属性，与所采取的状态估计方法无关，分析过程中不涉及敏感器观测量仿真模拟等技术问题。根据克拉美劳下界可以判断出针对特定系统的状态估计是否可行；一般来说，较小的克拉美劳下界说明扩维系统具有较高的可观度；相反，较大的克拉美劳下界说明扩维系统在可观度方面存在问题。基于随机系统模型的克拉美劳下界计算公式可参阅本书 2.4 节。

星敏感器低频误差校准方法的研究对象如下：假定航天器为地球轨道卫星，在周期为 100 min，倾角为 98°的近圆轨道上运行，采取三轴姿态稳定对地定向的工作状态。在航天器上配置 3 个陀螺和两个星敏感器，假定陀螺的角度随机游走和速率随机游走系数分别为 4×10^{-4} $(°)/h^{0.5}$和 5×10^{-3} $(°)/h^{1.5}$，星敏感器观测量中随机误差的标准差为 1″，系统偏差主要考虑低频误差的影响。融合两个星敏感器的测量值获得航天器的姿态四元数，仿真时间约为航天器的 5 个轨道周期，时间间隔为 1 s。地球轨道卫星在轨运行的示意图如图 4－5 所示。

图 4－5　地球轨道卫星在轨运行示意图

基于上述典型仿真条件，根据陀螺和星敏感器的测量精度确定模型中系统噪声方差阵和测量噪声方差阵的取值，通过克拉美劳下界分析星敏感器低频误差校准方法的性能。对应星敏感器低频误差参数 a_{x1}，a_{y1}，a_{z1} 和 b_{x1}，b_{y1}，b_{z1} 的克拉美劳下界中各元素的平方根曲线如图 4－6 所示，图中，横坐标表示仿真时间，单位为轨道周期，纵坐标表示估计误差，单位为角秒（用符号″表示），实线表示典型仿真条件下通过理论计算得到的精度极限；同时，为了分析测量噪声对星敏感器低频误差校准精度的影响，将测量噪声标准差取为典型值的 10 倍和 100 倍，并计算克拉美劳下界，相应的克拉美劳下界的平方根曲线如图 4－6 中的虚线所示。

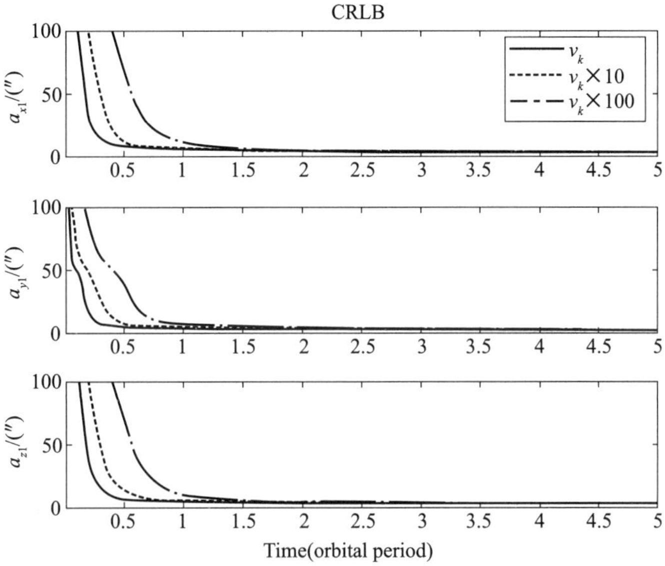

(a) a_{x1}、a_{y1}、a_{z1}

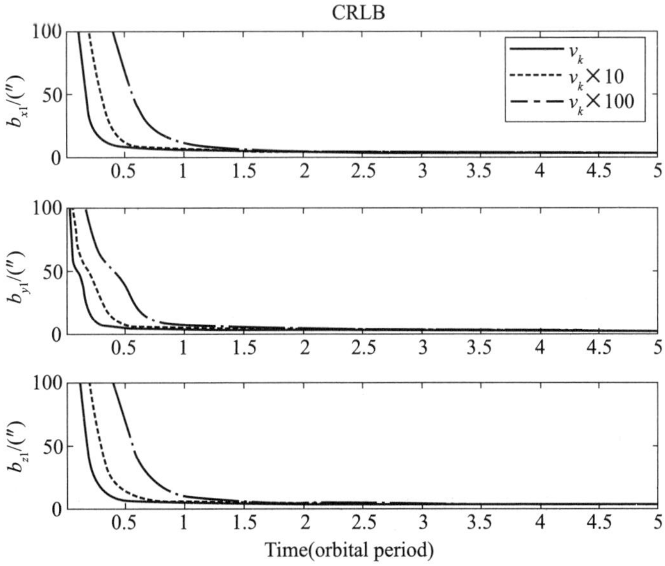

(b) b_{x1}，b_{y1}，b_{z1}

图 4－6　不同测量噪声标准差对应的低频误差参数克拉美劳下界

从图 4－6 中可以看出，面向给定的仿真场景，对于不同的测量噪声水平，通过克拉美劳下界计算得到的理论上的估计误差曲线都是收敛的。这说明，低频误差校准方法在扩维系统设计层面是有效的，星敏感器测量精度对低频误差校准的影响相对较小。

接下来，分析系统噪声对星敏感器低频误差校准精度的影响。基于不同的系统噪声标准差，进行 3 组仿真，系统噪声标准差先取为典型值，再放大为典型值的 10 倍和 100 倍。对于不同的系统噪声水平，对应各个星敏感器低频误差参数的克拉美劳下界的平方根如图 4－7 所示。

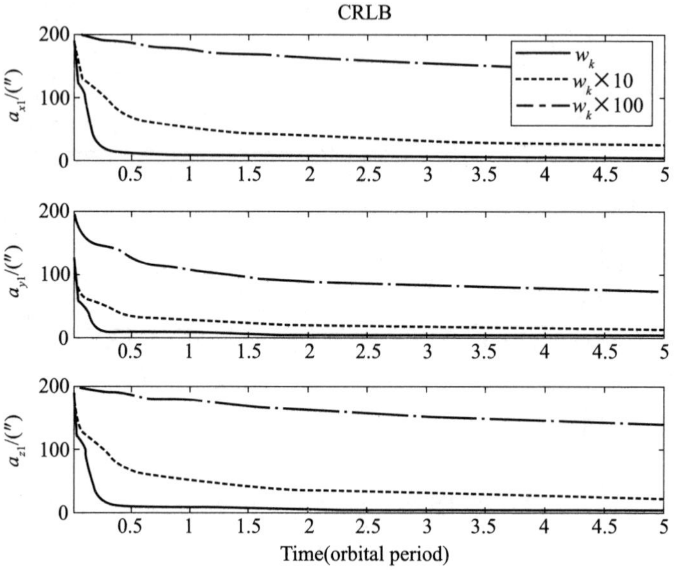

(a) a_{x1}，a_{y1}，a_{z1}

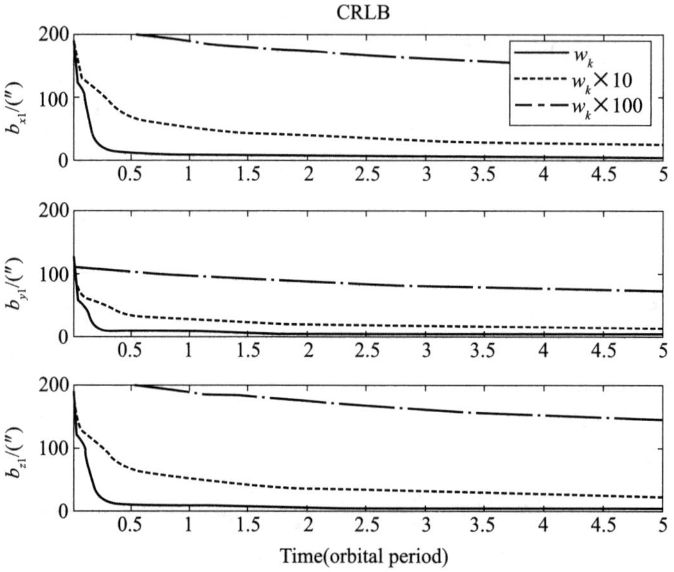

(b) b_{x1}，b_{y1}，b_{z1}

图 4－7　系统噪声标准差不同取值对应的低频误差参数克拉美劳下界

图形显示，计算得到的克拉美劳下界的取值随系统噪声标准差的增大而增大。这表明星敏感器低频误差校准精度与系统噪声水平有关，所能达到极限精度受到系统噪声的限制，系统噪声的增大会降低星敏感器低频误差校准方法改善航天器姿态确定精度的能力。对于由星敏感器和陀螺构成的航天器姿态确定系统，系统噪声主要由陀螺的随机误差引起，因此，星敏感器低频误差校准精度与陀螺精度有关。

本节通过计算克拉美劳下界，考察了星敏感器低频误差校准方法在理论上所能达到的估计精度。根据分析过程不难看出，通过计算扩维系统的克拉美劳下界，不仅可以判断出扩维的状态是否可观，还能够对影响潜在估计精度的因素进行分析。基于克拉美劳下界的导航系统可观度分析方法简便易行，结果准确直观，获得了广泛认可。

4.5.4　数学仿真分析

本节通过数学仿真分析基于扩维卡尔曼滤波器的星敏感器低频误差校准方法的性能，对仿真对象的描述如前所述。为了保证数学仿真与实际系统的一致性，利用通过静态试验得到的陀螺实测数据仿真产生陀螺观测量，低频误差轮廓基于星上星敏感器遥测数据建立，通过不同星敏感器的输出数据拟合得到的低频误差轮廓曲线如图 4－8 所示。

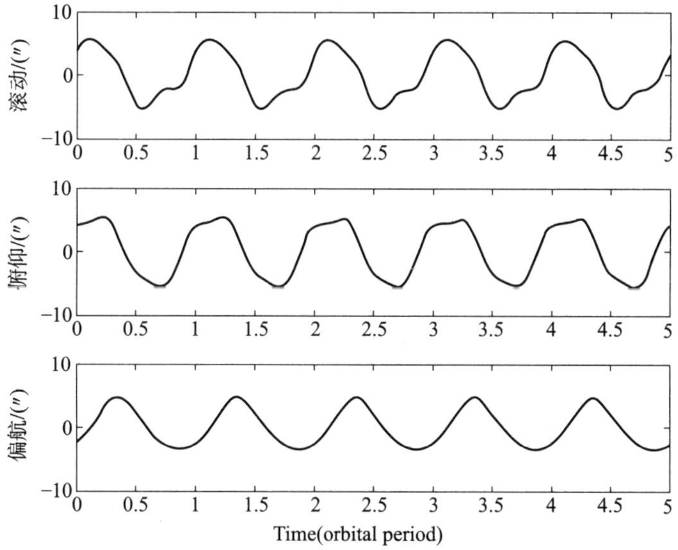

图 4－8　星敏感器低频误差轮廓

将星敏感器低频误差参数表述为傅里叶级数的形式，其计算公式如下

$$\Delta_{x,k}=\sum_{j=1}^{M}[a_{xj}\cos(\mathrm{j}\omega_0 k\tau)+b_{xj}\sin(\mathrm{j}\omega_0 k\tau)]$$

$$\Delta_{y,k}=\sum_{j=1}^{M}[a_{yj}\cos(\mathrm{j}\omega_0 k\tau)+b_{yj}\sin(\mathrm{j}\omega_0 k\tau)]$$

$$\Delta_{z,k}=\sum_{j=1}^{M}[a_{zj}\cos(\mathrm{j}\omega_0 k\tau)+b_{zj}\sin(\mathrm{j}\omega_0 k\tau)]$$

式中，$\Delta_{x,k}$，$\Delta_{y,k}$ 和 $\Delta_{z,k}$ 表示星敏感器低频误差的各个分量，a_{xj}，a_{yj}，a_{zj} 和 b_{xj}，b_{yj}，b_{zj} 表示傅里叶级数的系数，M 表示傅里叶级数的阶数，星敏感器观测量信号模拟过程中取 $M=3$。表 4-3 中给出了仿真中所用的星敏感器低频误差参数的标称值。

表 4-3 星敏感器低频误差参数的标称值

参数		a_{xj} /(″)	b_{xj} /(″)	a_{yj} /(″)	b_{yj} /(″)	a_{zj} /(″)	b_{zj} (″)
j	1	3.387 2	3.789 2	3.200 2	4.559 9	−2.501 8	3.145 1
	2	−0.697 6	0.496 4	0.142 0	−0.298 9	−0.267 4	−0.501 2
	3	0.557 8	0.554 4	0.431 1	−0.669 2	0.019 7	0.005 6

值得注意的是，用于卡尔曼滤波器设计的滤波模型与用于敏感器观测量模拟的仿真模型往往是不同的，如本节中滤波模型取傅里叶级数的 1 阶项，而仿真模型取傅里叶级数的 3 阶项。一般来说，仿真模型通常用于地面计算机，侧重点是高保真地再现实际系统的误差特性，可以选择较为复杂的模型形式；而滤波模型需要考虑星上资源受限的条件，并保障系统可观度的要求，应尽可能选用最少的状态向量对实际系统进行描述，通常选用经过简化的模型。

首先，为了说明基于扩维卡尔曼滤波器的星敏感器低频误差校准方法的有效性，在数学仿真中，对比误差校准前后的航天器姿态确定精度。分别采用 4.3 节所述的传统姿态确定卡尔曼滤波器和 4.5 节所述的星敏感器低频误差校准方法，处理仿真模拟得到的星敏感器和陀螺观测数据，获得航天器姿态估计值。传统姿态确定卡尔曼滤波器和扩维卡尔曼滤波器的姿态估计误差曲线如图 4-9 所示。

在上述仿真场景中，将卡尔曼滤波器与扩维卡尔曼滤波器的估计结果进行对比，可以看出，卡尔曼滤波器不能有效消除星敏感器低频误差的影响，应用基于扩维卡尔曼滤波器的星敏感器低频误差校准方法，姿态估计误差显著减小。通过统计计算得到，仿真中星敏感器低频误差参数的估计误差平方根分别为 0.444 5″，2.165 8″，1.669 5″，0.928 2″，0.803 4″ 和 1.280 1″，低频误差参数的绝对值为 3.387 2″，3.789 2″，3.200 2″，4.559 9″，2.501 8″和 3.145 1″。不难看出，校准误差小于低频误差参数，在这种情况下，采用扩维卡尔曼滤波器能够提高航天器姿态估计精度。

通过克拉美劳下界分析已经说明，星敏感器低频误差校准精度受限于陀螺测量精度，对于特定的系统，不能无限提高。4.4 节的理论分析表明，在星敏感器低频误差校准精度受限的情况下，误差校准对姿态估计精度的影响取决于低频误差的幅值：如果校准误差小于低频误差参数，则通过低频误差校准能够改善姿态估计精度；反之，如果校准误差大于低频误差参数，则通过低频误差校准会降低姿态估计精度。

其次，分析星敏感器低频误差的幅值较小时，基于扩维卡尔曼滤波器的星敏感器低频误差校准对姿态估计精度的影响。仿真基于不同幅值的低频误差参数进行，将星敏感器低频误差参数设置为标称值的 1%时，分别通过卡尔曼滤波器和扩维卡尔曼滤波器得到的航天器姿态估计误差曲线如图 4-10 所示。

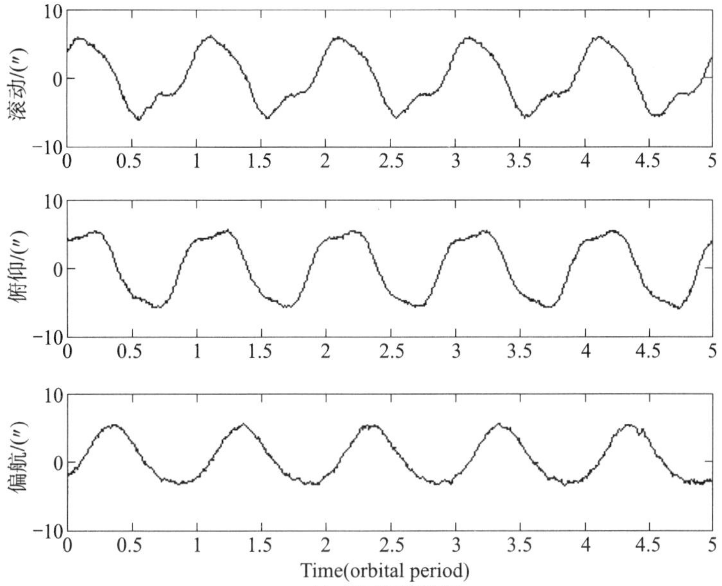

(a) 卡尔曼滤波器

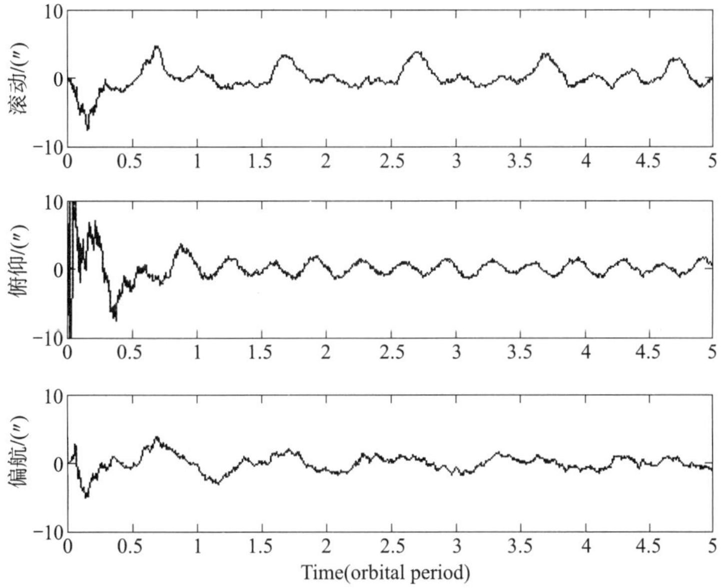

(b) 扩维卡尔曼滤波器

图 4－9　仿真模拟过程中低频误差参数取标称值时的航天器姿态估计误差曲线

仿真结果与理论分析相一致，在星敏感器低频误差较小的情况下，通过扩维卡尔曼滤波校准后，相对于不进行误差校准的情况，航天器姿态估计精度有所降低。通过统计计算得到，仿真中星敏感器低频误差参数的估计误差方差平方根分别为 0.468 5″，1.633 9″，1.389 2″，0.417 9″，0.869 8″和 1.266 2″，而低频误差参数的绝对值分别为 0.033 8″，0.037 8″，0.032 0″，0.045 6″，0.025 0″和 0.031 5″。不难看出，校准误差大于低频误差参数，在这种情况下，不宜进行误差校准。

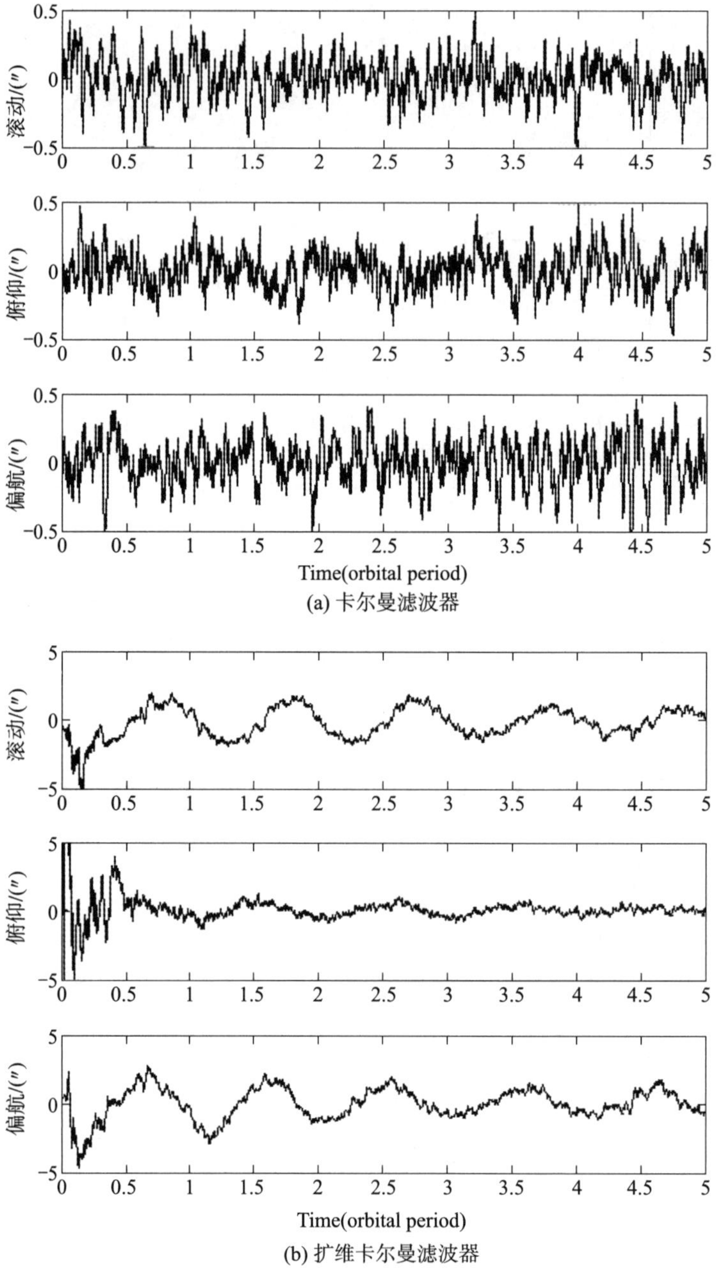

图 4－10　仿真模拟过程中低频误差幅值缩小时的航天器姿态估计误差曲线

为了便于对比，对于不同的星敏感器低频误差参数取值，通过卡尔曼滤波器和扩维卡尔曼滤波器得到的航天器姿态估计误差均方根（RMS）如表 4－4 所示，表中最后一列为三轴姿态估计误差均方根的范数。不难看出，在星敏感器低频误差幅值较大的情况下，扩维卡尔曼滤波器的估计精度优于卡尔曼滤波器；在低频误差幅值较小的情况下，卡尔曼滤波器的估计精度优于扩维卡尔曼滤波器。

表 4-4　星敏感器低频误差校准前后航天器姿态估计误差对比

状态估计方法	低频误差幅值	航天器姿态估计误差均方根/(″)			
		滚动	俯仰	偏航	三轴姿态误差的范数
卡尔曼滤波器	标称值	3.778 1	4.042 6	2.955 8	6.273 2
扩维卡尔曼滤波器	标称值	1.692	1.837 2	1.189 4	2.766 8
卡尔曼滤波器	缩小值	0.147 7	0.137 1	0.163 3	0.259 4
扩维卡尔曼滤波器	缩小值	1.132 4	1.380 3	1.157 8	2.127 9

接下来，利用随机系统模型模拟产生多组敏感器观测量序列，对基于卡尔曼滤波器的航天器姿态确定和基于扩维卡尔曼滤波器的星敏感器低频误差校准方法进行多次仿真，得到的航天器三轴姿态估计误差均方根的范数如图 4-11 所示。从图中可以清楚地看出，仿真模拟过程中星敏感器低频误差取标称值时，经过误差校准，航天器姿态估计精度提高；星敏感器低频误差缩小为标称值的 1%时，经过误差校准，航天器姿态估计精度降低。

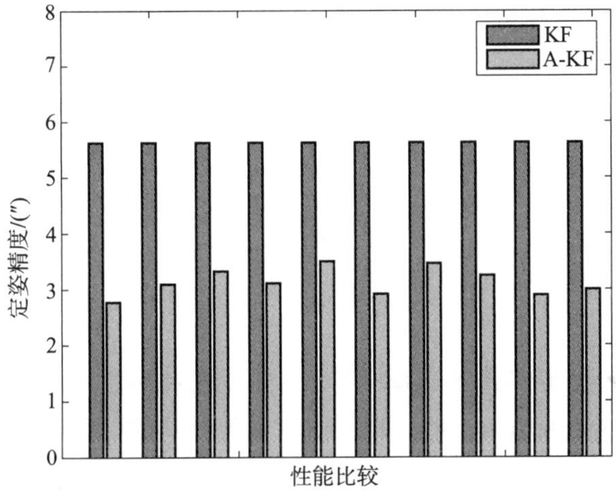

(a) 仿真模拟过程中低频误差参数取标称值

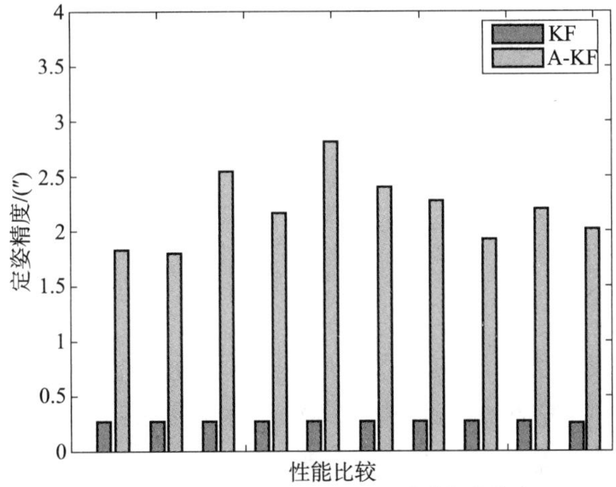

(b) 仿真模拟过程中低频误差参数幅值缩小

图 4-11　星敏感器低频误差校准前后航天器姿态估计误差均方根的范数

为了进一步地说明基于扩维卡尔曼滤波器的星敏感器低频误差校准方法的有效性与误差幅值大小的关系，将星敏感器低频误差参数设置为多个不同值，测试卡尔曼滤波器和扩维卡尔曼滤波器的性能。低频误差参数分别设置为标称值的 10%，20%，30%，50%，100%，200%和 300%时，通过仿真得到的航天器三轴姿态估计误差均方根的范数如图 4-12 所示。

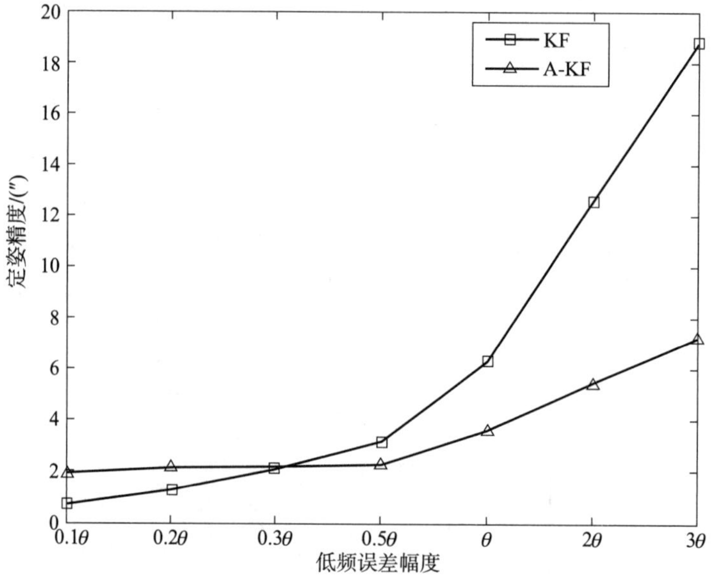

图 4-12 航天器姿态确定精度和星敏感器低频误差的关系

通过分析易知，扩维卡尔曼滤波器相对于卡尔曼滤波器的性能优势取决于星敏感器低频误差的幅值。低频误差幅值较小时，扩维卡尔曼滤波器的性能不如卡尔曼滤波器；低频误差幅值较大时，扩维卡尔曼滤波器的性能优于卡尔曼滤波器。值得注意的是，图中随着低频误差的增大，卡尔曼滤波器的估计精度显著降低，而扩维卡尔曼滤波器估计精度降低的程度相对较小，逐渐体现出相对卡尔曼滤波器的优势。通过上述仿真研究可以得到结论，对于典型星敏感器低频误差幅值和现有陀螺精度水平，通过低频误差校准有利于提高航天器姿态确定系统性能。那么，对于特定的应用场景，能否通过滤波器自适应地选择适当的状态向量维数？关于这一问题，本书第 8 章将尝试给出一种解决方案。

4.6 本章小结

卡尔曼滤波器是根据状态空间形式的线性随机系统模型设计的最小方差状态估计算法，其递推计算公式很适合在数字计算机上实现。卡尔曼滤波器的文献资料非常丰富，大量评论认为，卡尔曼滤波器具有极其重要的理论意义和应用价值，为此前和后续多种随机系统状态估计方法的研究提供了模型框架和数学基础；不仅解决了阿波罗飞船的轨道测定和航天器高精度姿态确定等技术问题，在控制理论和电子工程等领域也得到广泛研究。

卡尔曼滤波器要求系统模型是准确的，噪声统计特性是已知的，而在工程实践活动中，经常遇到系统模型中存在不确定性或噪声统计特性未知的情况，可能导致卡尔曼滤波器性能下降，甚至影响卡尔曼滤波器的稳定性。这些新的要求和问题促使人们提出卡尔曼滤波器的改进算法。本章介绍了扩维卡尔曼滤波器这一解决方案，用于改善模型不准确情况下的状态估计精度，后续章节将沿着这一路线进一步探讨鲁棒卡尔曼滤波器、多模型自适应估计、并行卡尔曼滤波器和强化学习卡尔曼滤波器等一系列方法。但在此之前，我们需要了解：如何将面向线性系统设计的卡尔曼滤波器推广用于非线性系统。

参 考 文 献

[1] 秦永元，张洪钺，汪叔华．卡尔曼滤波与组合导航原理 [M]. 西安：西北工业大学出版社，1998.

[2] S Haykin. Adaptive filter theory [M]. Prentice Hall，2001.

[3] C K Chui，G Chen. Kalman filtering with real - time applications [M]. Springer，2017.

[4] A H Sayed. A framework for state - space estimation with uncertain models [J]. IEEE Transactions on Automatic Control，2001，46 (7)：998 - 1013.

[5] 闻新，张洪钺，周露．控制系统的故障诊断和容错控制 [M]. 北京：机械工业出版社，1998.

[6] 周东华，叶银忠．现代故障诊断与容错控制 [M]. 北京：清华大学出版社，2000.

[7] K Xiong，C W Chan，H Y Zhang. Detection of satellite attitude sensor faults using the UKF [J]. IEEE Transactions on Aerospace and Electronic Systems，2007，43 (2)：480 - 491..

[8] E J Lefferts，F L Markley，M D Shuster. Kalman filtering for spacecraft attitude estimation [J]. Journal of Guidance，Control，and Dynamics，1982，5 (5)：417 - 429.

[9] F L Markley. Attitude error representations for Kalman filtering [J]. Journal of Guidance，Control，and Dynamics，2003，63 (2)：311 - 317.

[10] J L Crassidis，F L Markley，Y Cheng. Survey of nonlinear attitude estimation methods [J]. Journal of Guidance，Control，and Dynamics，2007，30 (1)：12 - 28.

[11] Y Theodor，U Shaked. Robust discrete - time minimum - variance filtering [J]. IEEE Transactions on Signal Processing，1996，44：181 - 189.

[12] K Xiong，C Zhang，L Liu. Identification of star sensor low frequency error parameters [J]. IET Control Theory & Applications，6 (3)：384 - 393，2012.

[13] J Wang，K Xiong，H Zhou. Low - frequency periodic error identification and compensation for star tracker attitude measurement [J]. Chinese Journal of Aeronautics，2012，25 (4)：615 - 621.

[14] K Xiong，L Tang，L Liu. Compensation for periodic star sensor measurement error on the satellite [J]. Asian Journal of Control，2013，15 (5)：1304 - 1312.

[15] K Xiong Kai，S Wang，H Zong. Performance evaluation of star sensor low frequency error calibration [J]. Acta Astronautica，2014，98：24 - 36.

第 5 章　扩展卡尔曼滤波器

卡尔曼滤波器的基本理论最初只适用于线性系统，要求将系统模型中的状态方程和观测方程都写为状态向量的线性函数形式。但是，在工程实践活动中遇到的许多实际应用系统，往往不能用简单的线性系统来描述，如在航天器导航技术研究中经常用到的轨道动力学方程不是线性的，X 射线脉冲星导航系统中基于时间转换方程建立的观测方程也不是线性的，使得传统卡尔曼滤波器的应用受到限制。针对这一问题，有必要研究非线性滤波问题。为了将卡尔曼滤波理论方法推广用于非线性系统，在卡尔曼滤波器提出后的 10 多年时间里，卡尔曼、布西（Bucy）、Sunahara 等学者致力于研究卡尔曼滤波器在非线性系统中的应用，使扩展卡尔曼滤波器（Extended Kalman Filter，EKF）横空出世。

扩展卡尔曼滤波器设计的基本思路是将状态方程和观测方程中的非线性函数围绕状态估计值展成泰勒级数，并截取泰勒级数展开式的一次项，得到非线性系统的线性化模型，然后将卡尔曼滤波器的递推计算公式用于线性化模型，以获得状态向量的估计值。扩展卡尔曼滤波器是针对非线性系统进行状态估计最常用的算法，成功应用的案例不胜枚举。例如，美国的“星尘（STARDUST）”号深空探测器采用扩展卡尔曼滤波器处理光学成像测量信息，从而确定探测器的位置[1]；欧空局（European Space Agency，ESA）的 PROBA（PRoject for OnBoard Autonomy）技术演示卫星通过扩展卡尔曼滤波器处理 GPS（Global Positioning System）接收机的观测量，获取卫星的位置和速度信息[2]；NASA 资助的“空间站 X 射线计时与导航技术试验（SEXTANT）”任务团队研究了利用扩展卡尔曼滤波器处理 X 射线脉冲星导航观测数据的方法[3]。

在航天器导航领域，相对卡尔曼滤波器而言，扩展卡尔曼滤波器无疑更具有应用价值，在本书此后给出的应用实例中，状态估计方法统统是基于扩展卡尔曼滤波器或其改进形式设计的。事实上，此前介绍的用于航天器姿态确定的卡尔曼滤波器，由于在状态方程的推导过程中用到了非线性系统线性化技术，也应视为扩展卡尔曼滤波器。考虑到该方法的重要地位，本章将介绍扩展卡尔曼滤波器的推导过程和稳定性分析结果，并结合光学成像导航和光学成像/脉冲星组合导航两个应用实例阐明其设计实施方式。

5.1　扩展卡尔曼滤波器推导

5.1.1　问题描述

扩展卡尔曼滤波是为了解决非线性系统状态估计问题而提出的。本书第 2 章给出了作为扩展卡尔曼滤波器设计依据的离散时间非线性随机系统模型，为了方便起见，将其重写如下

$$\boldsymbol{x}_k = f(\boldsymbol{x}_{k-1}) + \boldsymbol{w}_k \tag{5-1}$$

$$\boldsymbol{y}_k = h(\boldsymbol{x}_k) + \boldsymbol{v}_k \tag{5-2}$$

式中，$\boldsymbol{x}_k \in \mathbf{R}^l$ 为状态向量，$\boldsymbol{y}_k \in \mathbf{R}^m$ 为观测量，$f: \mathbf{R}^l \to \mathbf{R}^l$ 为状态转移函数，$h: \mathbf{R}^l \to \mathbf{R}^m$ 为测量函数，$\boldsymbol{w}_k \in \mathbf{R}^l$ 为系统噪声，$\boldsymbol{v}_k \in \mathbf{R}^m$ 为测量噪声，式（5-1）称为状态方程，式（5-2）称为观测方程。$\boldsymbol{w}_k$ 和 $\boldsymbol{v}_k$ 为与状态向量不相关的零均值高斯白噪声，并且满足以下条件

$$\mathrm{Cov}(\boldsymbol{w}_k, \boldsymbol{w}_j) = \begin{cases} \boldsymbol{Q}_k, & k = j \\ \boldsymbol{0}, & k \neq j \end{cases}, \mathrm{Cov}(\boldsymbol{v}_k, \boldsymbol{v}_j) = \begin{cases} \boldsymbol{R}_k, & k = j \\ \boldsymbol{0}, & k \neq j \end{cases} \tag{5-3}$$

式中，$\boldsymbol{Q}_k \in \mathbf{R}^{l \times l}$ 为系统噪声方差阵，$\boldsymbol{R}_k \in \mathbf{R}^{m \times m}$ 为测量噪声方差阵，通常假定 $\boldsymbol{Q}_k$ 和 $\boldsymbol{R}_k$ 为已知的对称正定阵。应当说明，对于如式（5-1）和式（5-2）所示的非线性随机系统，很难找到一种严格的最优状态估计方法。针对这一问题，通常采用近似方法进行处理，应用比较广泛的近似方法是非线性系统线性化，扩展卡尔曼滤波器正是基于线性化技术设计的。

读者已经注意到，在本书引入最小二乘法和卡尔曼滤波器的过程中，均采用了先给出优化准则，再求解优化问题的推导方式，但上述方法难以直接推广用于如式（5-1）和式（5-2）所示的非线性随机系统模型。如果采用基于线性干扰方程的推导方式[4]，则需要设定状态偏差的一步预测值恒等于0；事实上，这一设定对于实际工程系统显然是不现实的，也是不必要的，且容易给读者造成困惑，以至于对扩展卡尔曼滤波器的强大性能产生不适当的怀疑。

为了对扩展卡尔曼滤波器的递推计算公式给出有说服力的诠释，本着“知其然必知其所以然”的思想，本章基于最优贝叶斯估计原理进行公式推导。应当说明，最优贝叶斯估计原理不仅为扩展卡尔曼滤波器提供了一种较为规范的推导方式，也是无迹卡尔曼滤波器（Unscented Kalman Filter，UKF）、容积卡尔曼滤波器（Cubature Kalman Filter，CKF）和粒子滤波器（Particle Filter，PF）等一系列非线性滤波器的理论基础[5-7]。

5.1.2 最优贝叶斯估计

将状态向量的先验概率密度函数表示为 $p(\boldsymbol{x}_0)$，到时间 t 为止所获得的观测量的集合表示为 $\boldsymbol{y}_{1:k} = \{\boldsymbol{y}_t, t=1, 2, \cdots, k\}$。从最优贝叶斯估计的观点来看，随机系统状态估计是指根据已知的先验概率密度函数 $p(\boldsymbol{x}_0)$，系统模型式（5-1）、式（5-2）和观测量序列 $\boldsymbol{y}_{1:k}$ 构造出状态向量 $\boldsymbol{x}_k$ 的后验概率密度函数 $p(\boldsymbol{x}_k \mid \boldsymbol{y}_{1:k})$ 的过程。后验概率密度函数 $p(\boldsymbol{x}_k \mid \boldsymbol{y}_{1:k})$ 包含了先验概率密度函数、系统模型和观测量序列中一切关于 $\boldsymbol{x}_k$ 的有用信息；并且，如果能够得到 $p(\boldsymbol{x}_k \mid \boldsymbol{y}_{1:k})$，状态变量 $\boldsymbol{x}_k$ 的均值、方差和其他数字特征均可根据 $p(\boldsymbol{x}_k \mid \boldsymbol{y}_{1:k})$ 计算得到，准确的 $p(\boldsymbol{x}_k \mid \boldsymbol{y}_{1:k})$ 被认为是对状态向量 $\boldsymbol{x}_k$ 的最优估计。理论上，$p(\boldsymbol{x}_k \mid \boldsymbol{y}_{1:k})$ 可通过概率论中的贝叶斯公式计算

$$p(\boldsymbol{x}_k \mid \boldsymbol{y}_{1:k}) = \frac{p(\boldsymbol{x}_k, \boldsymbol{y}_k \mid \boldsymbol{y}_{1:k-1})}{p(\boldsymbol{y}_k \mid \boldsymbol{y}_{1:k-1})} \tag{5-4}$$

但是，公式（5－4）的实现形式一般比较复杂，不易计算，因此，不能直接用于解决随机系统状态估计问题。为了克服这一困难，一方面，人们试图采用随机抽样方法描述后验分布，从而得到了粒子滤波器（PF）等算法；另一方面，人们研究最优贝叶斯估计在特殊情况下的解析形式，如扩展卡尔曼滤波器（EKF）和无迹卡尔曼滤波器（UKF）都是在 $\boldsymbol{w}_k$ 和 $\boldsymbol{v}_k$ 服从正态分布时，最优贝叶斯估计的近似实现形式，而卡尔曼滤波器则是在线性高斯假设下最优贝叶斯估计的精确实现形式，这是卡尔曼滤波器最优性的又一种体现。本节将从贝叶斯公式（5－4）出发推导扩展卡尔曼滤波器。通过扩展卡尔曼滤波器的推导过程，读者可以清楚地了解到扩展卡尔曼滤波器在设计过程中在哪些环节上做了近似处理，并对算法的优势和局限性具有更透彻的认识。

首先，推导系统噪声和测量噪声服从正态分布时贝叶斯估计的特殊实现形式。根据噪声 $\boldsymbol{w}_k$ 和 $\boldsymbol{v}_k$ 统计特性的假设，状态向量和观测量均可用正态过程来描述（可参阅本书第 2 章有关正态过程的说明），概率密度函数 $p(\boldsymbol{x}_k, \boldsymbol{y}_k \mid \boldsymbol{y}_{1:k-1})$ 和 $p(\boldsymbol{y}_k \mid \boldsymbol{y}_{1:k-1})$ 可分别写为

$$p(\boldsymbol{x}_k, \boldsymbol{y}_k \mid \boldsymbol{y}_{1:k-1}) = \frac{1}{(2\pi)^{\frac{l+m}{2}}\left(\det\left(\begin{bmatrix} D(\boldsymbol{x}_k \mid \boldsymbol{y}_{1:k-1}) & \mathrm{Cov}(\boldsymbol{x}_k, \boldsymbol{y}_k) \\ \mathrm{Cov}(\boldsymbol{x}_k, \boldsymbol{y}_k) & D(\boldsymbol{y}_k \mid \boldsymbol{y}_{1:k-1}) \end{bmatrix}\right)\right)^{0.5}}$$

$$\exp\left\{-\frac{1}{2}\begin{bmatrix} \boldsymbol{x}_k - E(\boldsymbol{x}_k \mid \boldsymbol{y}_{1:k-1}) \\ \boldsymbol{y}_k - E(\boldsymbol{y}_k \mid \boldsymbol{y}_{1:k-1}) \end{bmatrix}^{\mathrm{T}} \cdot \begin{bmatrix} D(\boldsymbol{x}_k \mid \boldsymbol{y}_{1:k-1}) & \mathrm{Cov}(\boldsymbol{x}_k, \boldsymbol{y}_k) \\ \mathrm{Cov}(\boldsymbol{x}_k, \boldsymbol{y}_k) & D(\boldsymbol{y}_k \mid \boldsymbol{y}_{1:k-1}) \end{bmatrix}^{-1} \begin{bmatrix} \boldsymbol{x}_k - E(\boldsymbol{x}_k \mid \boldsymbol{y}_{1:k-1}) \\ \boldsymbol{y}_k - E(\boldsymbol{y}_k \mid \boldsymbol{y}_{1:k-1}) \end{bmatrix}\right\} \tag{5-5}$$

$$p(\boldsymbol{y}_k \mid \boldsymbol{y}_{1:k-1}) = \frac{1}{(2\pi)^{\frac{m}{2}}(\det(D(\boldsymbol{y}_k \mid \boldsymbol{y}_{1:k-1})))^{0.5}}$$

$$\exp\left\{-\frac{1}{2}[\boldsymbol{y}_k - E(\boldsymbol{y}_k \mid \boldsymbol{y}_{1:k-1})]^{\mathrm{T}}[D(\boldsymbol{y}_k \mid \boldsymbol{y}_{1:k-1})]^{-1} \cdot [\boldsymbol{y}_k - E(\boldsymbol{y}_k \mid \boldsymbol{y}_{1:k-1})]\right\} \tag{5-6}$$

其中，符号 $E(\cdot)$、$D(\cdot)$ 和 $\mathrm{Cov}(\cdot)$ 分别表示随机变量的均值、方差和协方差。将概率密度函数式（5－5）和式（5－6）代入贝叶斯公式（5－4），经过整理得到

$$p(\boldsymbol{x}_k \mid \boldsymbol{y}_{1:k}) = \frac{1}{(2\pi)^{\frac{l}{2}}(\det(D(\boldsymbol{x}_k \mid \boldsymbol{y}_{1:k})))^{0.5}}$$

$$\exp\left\{-\frac{1}{2}[\boldsymbol{x}_k - E(\boldsymbol{x}_k \mid \boldsymbol{y}_{1:k})]^{\mathrm{T}}[D(\boldsymbol{y}_k \mid \boldsymbol{y}_{1:k})]^{-1}[\boldsymbol{x}_k - E(\boldsymbol{x}_k \mid \boldsymbol{y}_{1:k})]\right\} \tag{5-7}$$

其中

$$E(\boldsymbol{x}_k \mid \boldsymbol{y}_{1:k}) = E(\boldsymbol{x}_k \mid \boldsymbol{y}_{1:k-1}) + \boldsymbol{K}_k[\boldsymbol{y}_k - E(\boldsymbol{y}_k \mid \boldsymbol{y}_{1:k-1})] \tag{5-8}$$

$$D(\boldsymbol{x}_k \mid \boldsymbol{y}_{1:k}) = D(\boldsymbol{x}_k \mid \boldsymbol{y}_{1:k-1}) - \boldsymbol{K}_k D(\boldsymbol{x}_k \mid \boldsymbol{y}_{1:k-1})\boldsymbol{K}_k^{\mathrm{T}} \tag{5-9}$$

$$\boldsymbol{K}_k = \mathrm{Cov}(\boldsymbol{x}_k, \boldsymbol{y}_k)[D(\boldsymbol{y}_k \mid \boldsymbol{y}_{1:k-1})]^{-1} \tag{5-10}$$

从式（5－7）可以看出，通过贝叶斯估计得到的后验分布仍服从正态分布。注意到正态分布的概率密度函数可以用其条件均值和方差来描述，也就是说，假设 $\boldsymbol{w}_k$ 和 $\boldsymbol{v}_k$ 服从正

态分布时，最优贝叶斯估计可写为按条件均值 $E(\boldsymbol{x}_k \mid \boldsymbol{y}_{1:k})$ 和方差 $D(\boldsymbol{x}_k \mid \boldsymbol{y}_{1:k})$ 递推的形式，如式（5－8）～式（5－10）所示，在此基础上，应用非线性系统线性化技术，可以推导得到扩展卡尔曼滤波器。因此，扩展卡尔曼滤波器是在噪声服从高斯分布的情况下，最优贝叶斯估计的一种近似实现形式。类似地，无迹卡尔曼滤波器等也可以利用式（5－8）～式（5－10）推导得到，区别在于推导过程中所采用的近似手段不同[8]。

5.1.3 算法推导

将先验概率密度函数 $p(\boldsymbol{x}_{k-1} \mid \boldsymbol{y}_{1:k-1})$ 的均值和方差记为 $E(\boldsymbol{x}_{k-1} \mid \boldsymbol{y}_{1:k-1}) = \hat{\boldsymbol{x}}_{k-1}$，$D(\boldsymbol{x}_{k-1} \mid \boldsymbol{y}_{1:k-1}) = \boldsymbol{P}_{k-1}$，套用系统噪声和测量噪声服从正态分布时贝叶斯估计的特殊实现形式［式（5－8）～式（5－10）］，推导扩展卡尔曼滤波器的递推计算公式。基本思路是将随机系统模型中的函数 $f(\cdot)$ 和 $h(\cdot)$ 展成泰勒级数，仅取泰勒级数展开式的一次项，忽略各高次项，从而得到式（5－8）～式（5－10）的近似表达式。这种近似的处理方式被称为非线性系统线性化。

先考虑状态向量的预测过程，即根据先验信息 $E(\boldsymbol{x}_{k-1} \mid \boldsymbol{y}_{1:k-1})$ 和 $D(\boldsymbol{x}_{k-1} \mid \boldsymbol{y}_{1:k-1})$ 确定预测分布的条件均值 $E(\boldsymbol{x}_k \mid \boldsymbol{y}_{1:k-1})$ 和方差 $D(\boldsymbol{x}_k \mid \boldsymbol{y}_{1:k-1})$，由随机系统模型中的状态方程不难得到

$$E(\boldsymbol{x}_k \mid \boldsymbol{y}_{1:k-1}) = E[f(\boldsymbol{x}_{k-1}) + \boldsymbol{w}_k \mid \boldsymbol{y}_{1:k-1}] = E[f(\hat{\boldsymbol{x}}_{k-1} + \tilde{\boldsymbol{x}}_{k-1}) \mid \boldsymbol{y}_{1:k-1}] \tag{5-11}$$

其中，$\tilde{\boldsymbol{x}}_{k-1} = \boldsymbol{x}_{k-1} - \hat{\boldsymbol{x}}_{k-1}$ 表示估计误差，其条件均值和方差分别为

$$E(\tilde{\boldsymbol{x}}_{k-1} \mid \boldsymbol{y}_{1:k-1}) = E(\boldsymbol{x}_{k-1} - \hat{\boldsymbol{x}}_{k-1} \mid \boldsymbol{y}_{1:k-1}) = E[\boldsymbol{x}_{k-1} - E(\boldsymbol{x}_{k-1} \mid \boldsymbol{y}_{1:k-1}) \mid \boldsymbol{y}_{1:k-1}] = 0 \tag{5-12}$$

$$D(\tilde{\boldsymbol{x}}_{k-1} \mid \boldsymbol{y}_{1:k-1}) = D(\boldsymbol{x}_{k-1} \mid \boldsymbol{y}_{1:k-1}) = \boldsymbol{P}_{k-1} \tag{5-13}$$

注意到在上式中并不包含近似过程。将 $f(\hat{\boldsymbol{x}}_{k-1} + \tilde{\boldsymbol{x}}_{k-1})$ 在 $\hat{\boldsymbol{x}}_{k-1}$ 处展成泰勒级数，这时 $E(\boldsymbol{x}_k \mid \boldsymbol{y}_{1:k-1})$ 可写为

$$E(\boldsymbol{x}_k \mid \boldsymbol{y}_{1:k-1}) = E[f(\hat{\boldsymbol{x}}_{k-1}) + \boldsymbol{F}_k\tilde{\boldsymbol{x}}_{k-1} + \Delta(\tilde{\boldsymbol{x}}_{k-1}^2) \mid \boldsymbol{y}_{1:k-1}] = f(\hat{\boldsymbol{x}}_{k-1}) + E[\Delta(\tilde{\boldsymbol{x}}_{k-1}^2) \mid \boldsymbol{y}_{1:k-1}] \tag{5-14}$$

其中，状态转移函数对状态向量的偏导数矩阵 $\boldsymbol{F}_k = \left.\dfrac{\partial f}{\partial x}\right|_{x=\hat{x}_{k-1}}$ 为状态转移矩阵，通常也称为雅可比矩阵，符号 $\Delta(\tilde{\boldsymbol{x}}_{k-1}^2)$ 表示泰勒级数展开式的二次项及高次项。基于前述思路，忽略泰勒级数展开式的高次项 $\Delta(\tilde{\boldsymbol{x}}_{k-1}^2)$，将状态向量预测值的条件均值 $E(\boldsymbol{x}_k \mid \boldsymbol{y}_{1:k-1})$ 近似表示为 $\hat{\boldsymbol{x}}_{k|k-1}$

$$E(\boldsymbol{x}_k \mid \boldsymbol{y}_{1:k-1}) \approx \hat{\boldsymbol{x}}_{k|k-1} = f(\hat{\boldsymbol{x}}_{k-1}) \tag{5-15}$$

忽略泰勒级数展开式的高次项，状态向量预测值的方差阵可表示为

$$\begin{aligned}
D(\boldsymbol{x}_k \mid \boldsymbol{y}_{1:k-1}) &= E\{[\boldsymbol{x}_k - E(\boldsymbol{x}_k \mid \boldsymbol{y}_{1:k-1})][\boldsymbol{x}_k - E(\boldsymbol{x}_k \mid \boldsymbol{y}_{1:k-1})]^{\mathrm{T}} \mid \boldsymbol{y}_{1:k-1}\} \\
&\approx E[(\boldsymbol{x}_k - \hat{\boldsymbol{x}}_{k|k-1})(\boldsymbol{x}_k - \hat{\boldsymbol{x}}_{k|k-1})^{\mathrm{T}} \mid \boldsymbol{y}_{1:k-1}] \\
&= E\{[\boldsymbol{F}_k\tilde{\boldsymbol{x}}_{k-1} + \Delta(\tilde{\boldsymbol{x}}_{k-1}^2) + \boldsymbol{w}_k][\boldsymbol{F}_k\tilde{\boldsymbol{x}}_{k-1} + \Delta(\tilde{\boldsymbol{x}}_{k-1}^2) + \boldsymbol{w}_k]^{\mathrm{T}} \mid \boldsymbol{y}_{1:k-1}\} \\
&\approx E[(\boldsymbol{F}_k\tilde{\boldsymbol{x}}_{k-1} + \boldsymbol{w}_k)(\boldsymbol{F}_k\tilde{\boldsymbol{x}}_{k-1} + \boldsymbol{w}_k)^{\mathrm{T}} \mid \boldsymbol{y}_{1:k-1}]
\end{aligned} \tag{5-16}$$

根据上式，将状态向量预测值的方差阵 $D(\boldsymbol{x}_k \mid \boldsymbol{y}_{1:k-1})$ 近似表示为 $\boldsymbol{P}_{k|k-1}$

$$D(\boldsymbol{x}_k \mid \boldsymbol{y}_{1:k-1}) \approx \boldsymbol{P}_{k|k-1} = \boldsymbol{F}_k \boldsymbol{P}_{k-1} \boldsymbol{F}_k^{\mathrm{T}} + \boldsymbol{Q}_k \tag{5-17}$$

进而，研究利用观测量对状态向量预测值进行更新的过程，此时需要推导 $E(\boldsymbol{y}_k \mid \boldsymbol{y}_{1:k-1})$、$D(\boldsymbol{y}_k \mid \boldsymbol{y}_{1:k-1})$ 和 $\mathrm{Cov}(\boldsymbol{x}_k, \boldsymbol{y}_k)$ 的近似表达式。由随机系统模型中的观测方程易知

$$E(\boldsymbol{y}_k \mid \boldsymbol{y}_{1:k-1}) = E[h(\boldsymbol{x}_k) + \boldsymbol{v}_k \mid \boldsymbol{y}_{1:k-1}] = E[h(\hat{\boldsymbol{x}}_{k|k-1} + \tilde{\boldsymbol{x}}_{k|k-1}) \mid \boldsymbol{y}_{1:k-1}] \tag{5-18}$$

其中，$\tilde{\boldsymbol{x}}_{k|k-1} = \boldsymbol{x}_k - \hat{\boldsymbol{x}}_{k|k-1}$ 表示预测误差。将 $h(\hat{\boldsymbol{x}}_{k|k-1} + \tilde{\boldsymbol{x}}_{k|k-1})$ 在 $\hat{\boldsymbol{x}}_{k|k-1}$ 处展成泰勒级数，并忽略泰勒级数展开式的高次项，得到如下近似表达式

$$E(\boldsymbol{y}_k \mid \boldsymbol{y}_{1:k-1}) = E[h(\hat{\boldsymbol{x}}_{k|k-1}) + \boldsymbol{H}_k \tilde{\boldsymbol{x}}_{k|k-1} + \Delta(\tilde{\boldsymbol{x}}_{k|k-1}^2) \mid \boldsymbol{y}_{1:k-1}] \approx h(\hat{\boldsymbol{x}}_{k|k-1}) \tag{5-19}$$

式中，观测函数对状态向量的偏导数矩阵 $\boldsymbol{H}_k = \left.\dfrac{\partial h}{\partial x}\right|_{x=\hat{x}_{k|k-1}}$ 为观测矩阵，也称为雅克比矩阵。将观测量预测值的条件均值 $E(\boldsymbol{y}_k \mid \boldsymbol{y}_{1:k-1})$ 近似表示为 $\hat{\boldsymbol{y}}_k$

$$E(\boldsymbol{y}_k \mid \boldsymbol{y}_{1:k-1}) \approx \hat{\boldsymbol{y}}_k = h(\hat{\boldsymbol{x}}_{k|k-1}) \tag{5-20}$$

忽略泰勒级数展开式的高次项，观测量预测值的方差阵 $D(\boldsymbol{y}_k \mid \boldsymbol{y}_{1:k-1})$ 可近似表示为

$$\begin{aligned} D(\boldsymbol{y}_k \mid \boldsymbol{y}_{1:k-1}) &= E\{[\boldsymbol{y}_k - E(\boldsymbol{y}_k \mid \boldsymbol{y}_{1:k-1})][\boldsymbol{y}_k - E(\boldsymbol{y}_k \mid \boldsymbol{y}_{1:k-1})]^{\mathrm{T}} \mid \boldsymbol{y}_{1:k-1}\} \\ &\approx E[[\boldsymbol{y}_k - \hat{\boldsymbol{y}}_k][\boldsymbol{y}_k - \hat{\boldsymbol{y}}_k]^{\mathrm{T}} \mid \boldsymbol{y}_{1:k-1}] \\ &= E\{[\boldsymbol{H}_k \tilde{\boldsymbol{x}}_{k|k-1} + \Delta(\tilde{\boldsymbol{x}}_{k|k-1}^2) + \boldsymbol{v}_k][\boldsymbol{H}_k \tilde{\boldsymbol{x}}_{k|k-1} + \Delta(\tilde{\boldsymbol{x}}_{k|k-1}^2) + \boldsymbol{v}_k]^{\mathrm{T}} \mid \boldsymbol{y}_{1:k-1}\} \\ &\approx E\{[\boldsymbol{H}_k \tilde{\boldsymbol{x}}_{k|k-1} + \boldsymbol{v}_k][\boldsymbol{H}_k \tilde{\boldsymbol{x}}_{k|k-1} + \boldsymbol{v}_k]^{\mathrm{T}} \mid \boldsymbol{y}_{1:k-1}\} \end{aligned} \tag{5-21}$$

根据上式，将观测量预测值的方差阵近似表示为 $\boldsymbol{P}_{yk}$

$$D(\boldsymbol{y}_k \mid \boldsymbol{y}_{1:k-1}) \approx \boldsymbol{P}_{yk} = \boldsymbol{H}_k \boldsymbol{P}_{k|k-1} \boldsymbol{H}_k^{\mathrm{T}} + \boldsymbol{R}_k \tag{5-22}$$

利用预测均值的近似表达式（5－15）和式（5－20），忽略泰勒级数展开式的高次项，$\boldsymbol{x}_k$ 和 $\boldsymbol{y}_k$ 的协方差阵可写为

$$\begin{aligned} \mathrm{Cov}(\boldsymbol{x}_k, \boldsymbol{y}_k) &= E\{[\boldsymbol{x}_k - E(\boldsymbol{x}_k \mid \boldsymbol{y}_{1:k-1})][\boldsymbol{y}_k - E(\boldsymbol{y}_k \mid \boldsymbol{y}_{1:k-1})]^{\mathrm{T}} \mid \boldsymbol{y}_{1:k-1}\} \\ &\approx E[(\boldsymbol{x}_k - \hat{\boldsymbol{x}}_{k|k-1})(\boldsymbol{y}_k - \hat{\boldsymbol{y}}_k)^{\mathrm{T}} \mid \boldsymbol{y}_{1:k-1}] \\ &= E\{\tilde{\boldsymbol{x}}_{k|k-1}[\boldsymbol{H}_k \tilde{\boldsymbol{x}}_{k|k-1} + \Delta(\tilde{\boldsymbol{x}}_{k|k-1}^2) + \boldsymbol{v}_k]^{\mathrm{T}} \mid \boldsymbol{y}_{1:k-1}\} \\ &\approx E\{\tilde{\boldsymbol{x}}_{k|k-1}[\boldsymbol{H}_k \tilde{\boldsymbol{x}}_{k|k-1} + \boldsymbol{v}_k]^{\mathrm{T}} \mid \boldsymbol{y}_{1:k-1}\} \end{aligned} \tag{5-23}$$

根据上式，将 $\boldsymbol{x}_k$ 和 $\boldsymbol{y}_k$ 的协方差阵近似表示为 $\boldsymbol{P}_{xyk}$

$$\mathrm{Cov}(\boldsymbol{x}_k, \boldsymbol{y}_k) \approx \boldsymbol{P}_{xyk} = \boldsymbol{P}_{k|k-1} \boldsymbol{H}_k^{\mathrm{T}} \tag{5-24}$$

最后，将前面推导的条件均值、方差和协方差的近似表达式（5－15）、式（5－17）、式（5－20）、式（5－22）和式（5－24）代入最优贝叶斯估计的特殊形式［式（5－8）～式（5－10）］，得到扩展卡尔曼滤波器的更新公式

$$E(\boldsymbol{x}_k \mid \boldsymbol{y}_{1:k}) \approx \hat{\boldsymbol{x}}_k = \hat{\boldsymbol{x}}_{k|k-1} + \boldsymbol{K}_k[\boldsymbol{y}_k - \hat{\boldsymbol{y}}_k] \tag{5-25}$$

$$D(\boldsymbol{x}_k \mid \boldsymbol{y}_{1:k}) \approx \boldsymbol{P}_k = \boldsymbol{P}_{k|k-1} - \boldsymbol{K}_k \boldsymbol{P}_{yk} \boldsymbol{K}_k^{\mathrm{T}} \tag{5-26}$$

$$\boldsymbol{K}_k = \boldsymbol{P}_{xyk} \boldsymbol{P}_{yk}^{-1} \tag{5-27}$$

综上，式（5-15）、式（5-17）和式（5-25）～式（5-27）构成了扩展卡尔曼滤波器的递推计算公式，经整理，上述各式可写为与第 4 章给出的卡尔曼滤波器类似的形式。应当说明，对于本书第 4 章给出的离散时间线性随机系统模型，采用上述推导方式可以得到卡尔曼滤波器的递推计算公式，且推导过程中不需要近似处理。因此，卡尔曼滤波器是在状态方程和观测方程为线性、系统噪声和测量噪声服从正态分布时，最优贝叶斯估计的精确实现形式。

通过本节的推导过程不难看出，扩展卡尔曼滤波器所做的近似主要体现在：在根据先验信息计算状态向量的后验均值和方差的过程中，仅考虑了非线性函数泰勒级数展开式的一次项。为了面向非线性系统应用扩展卡尔曼滤波器，要求做出如下基本假设：非线性系统线性化造成的近似误差足够小，即 $\hat{\boldsymbol{x}}_{k|k-1}$，$\boldsymbol{P}_{k|k-1}$，$\hat{\boldsymbol{y}}_k$，$\boldsymbol{P}_{yk}$ 和 $\boldsymbol{P}_{xyk}$ 分别以足够高的精度逼近 $E(\boldsymbol{x}_k \mid \boldsymbol{y}_{1:k-1})$，$D(\boldsymbol{x}_k \mid \boldsymbol{y}_{1:k-1})$，$E(\boldsymbol{y}_k \mid \boldsymbol{y}_{1:k-1})$，$D(\boldsymbol{y}_k \mid \boldsymbol{y}_{1:k-1})$ 和 $\mathrm{Cov}(\boldsymbol{x}_k, \boldsymbol{y}_k)$。上述基本假设在航天器导航系统研究中往往可以得到满足，在工程实践活动中，在滤波器参数得到适当调整的情况下，由于线性化误差（舍弃非线性函数泰勒级数展开式高次项造成的误差）的影响导致扩展卡尔曼滤波器失效的案例并不多见。

应当说明，分别于 20 世纪末和 21 世纪初提出的无迹卡尔曼滤波器（UKF）和容积卡尔曼滤波器（CKF），通过少量确定性的样本点来表征状态向量的概率分布及其非线性变换的过程，能够以较为简洁的形式精确描述非线性函数泰勒级数展开式的二次项，使得样本均值和样本方差逼近状态向量的均值和方差，且无须计算非线性函数的雅可比矩阵，为解决面向强非线性系统的状态估计问题提供了解决方案。确定性采样技术如图 5-1 所示。限于篇幅，对于扩展卡尔曼滤波器之外其他非线性滤波器的原理与应用，本书不作进一步探讨，感兴趣的读者可参阅文献 [9]。

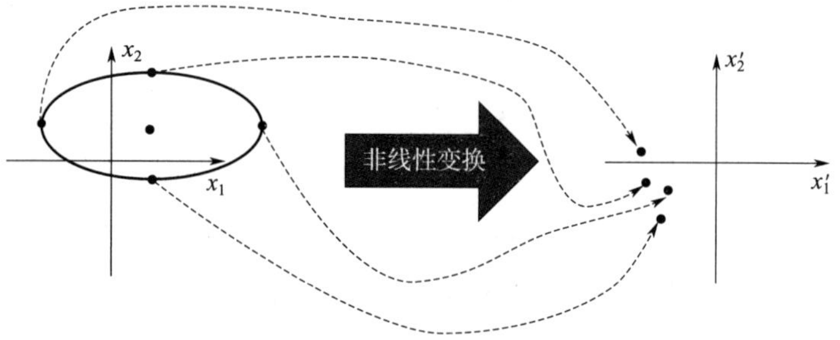

图 5-1　确定性样本点经过非线性变换示意图

5.1.4　递推计算流程

与卡尔曼滤波器类似，扩展卡尔曼滤波器也采取预测-更新的结构形式，在实际应用过程中，其一步递推计算流程可归纳如表 5-1 所示。

表 5-1　扩展卡尔曼滤波器的一步递推计算流程

Algorithm 5.1: Extended Kalman filter

function EKF($\hat{\boldsymbol{x}}_{k-1}, \boldsymbol{P}_{k-1}, \boldsymbol{y}_k, \boldsymbol{Q}_k, \boldsymbol{R}_k$)

　　$\hat{\boldsymbol{x}}_{k|k-1} \leftarrow f(\hat{\boldsymbol{x}}_{k-1})$　　▷ prediction

　　$\boldsymbol{P}_{k|k-1} \leftarrow \boldsymbol{F}_k \boldsymbol{P}_{k-1} \boldsymbol{F}_k^{\mathrm{T}} + \boldsymbol{Q}_k$

　　$\boldsymbol{K}_k \leftarrow \boldsymbol{P}_{k|k-1} \boldsymbol{H}_k^{\mathrm{T}} (\boldsymbol{H}_k \boldsymbol{P}_{k|k-1} \boldsymbol{H}_k^{\mathrm{T}} + \boldsymbol{R}_k)^{-1}$

　　$\tilde{\boldsymbol{y}}_k \leftarrow \boldsymbol{y}_k - h(\hat{\boldsymbol{x}}_{k|k-1})$

　　$\hat{\boldsymbol{x}}_k \leftarrow \hat{\boldsymbol{x}}_{k|k-1} + \boldsymbol{K}_k \tilde{\boldsymbol{y}}_k$　　▷ update

　　$\boldsymbol{P}_k \leftarrow (\boldsymbol{I} - \boldsymbol{K}_k \boldsymbol{H}_k) \boldsymbol{P}_{k|k-1} (\boldsymbol{I} - \boldsymbol{K}_k \boldsymbol{H}_k)^{\mathrm{T}} + \boldsymbol{K}_k \boldsymbol{R}_k \boldsymbol{K}_k^{\mathrm{T}}$

　　return $\hat{\boldsymbol{x}}_k, \boldsymbol{P}_k$

end function

扩展卡尔曼滤波器的递推计算公式中各个符号的命名可参照卡尔曼滤波器，$\hat{\boldsymbol{x}}_k$ 和 $\boldsymbol{P}_k$ 是状态向量的估计值及其估计误差方差阵，$\hat{\boldsymbol{x}}_{k|k-1}$ 和 $\boldsymbol{P}_{k|k-1}$ 是状态向量的预测值和相应的预测误差方差阵，$\boldsymbol{F}_k$ 和 $\boldsymbol{H}_k$ 是通过非线性系统线性化技术得到的状态转移矩阵和观测矩阵，二者也被称为雅可比矩阵，$\boldsymbol{K}_k$ 是卡尔曼增益，$\tilde{\boldsymbol{y}}_k = \boldsymbol{y}_k - h(\hat{\boldsymbol{x}}_{k|k-1})$ 为测量新息。

将本节推导的扩展卡尔曼滤波器与第 4 章中的卡尔曼滤波器进行对比，可以发现扩展卡尔曼滤波器与卡尔曼滤波器在形式上十分相似，这一点对于熟悉卡尔曼滤波器的工程技术人员而言是喜闻乐见的。考虑一种特殊情况，如果随机系统模型中的状态方程和观测方程是线性的，在扩展卡尔曼滤波器的递推计算公式中，用线性函数 $\boldsymbol{F}_k \hat{\boldsymbol{x}}_{k-1}$ 和 $\boldsymbol{H}_k \hat{\boldsymbol{x}}_{k|k-1}$ 代替非线性函数 $f(\hat{\boldsymbol{x}}_{k-1})$ 和 $h(\hat{\boldsymbol{x}}_{k|k-1})$，则扩展卡尔曼滤波器退化为卡尔曼滤波器。考虑到卡尔曼滤波器是最优贝叶斯估计在特殊情况下的精确实现形式，而扩展卡尔曼滤波器是最优贝叶斯估计的近似实现形式，一般认为卡尔曼滤波器是一种最优状态估计方法，而扩展卡尔曼滤波器是一种次优状态估计方法。

5.2　扩展卡尔曼滤波器的稳定性

当扩展卡尔曼滤波器用于非线性随机系统状态估计时，人们期望该方法具有稳定性，这是一个滤波器正常工作的基本要求。一般认为，在状态向量初始值和噪声方差阵不同于实际系统的情况下，如果随着时间的增长，滤波器具备保持实际估计误差有界的能力，并且，该误差界与初始状态误差无关，则滤波器是稳定的。在实际应用系统中，常常得不到状态向量准确的先验信息，递推计算公式中的噪声方差阵可能是人为调整的结果，此时，状态估计方法是否奏效，这是滤波器稳定性研究中需要考察的问题。

影响滤波器稳定性的因素比较复杂，对随机系统模型、状态估计方法的结构和某些参数的调整，都可能导致状态估计误差的特性发生显著变化，甚至改变滤波器的稳定性。如果能够给出滤波器稳定的充分条件，将有助于找出影响稳定性的因素，并为滤波器参数整定提供理论依据。考虑到扩展卡尔曼滤波器是一种次优状态估计方法，如果采取类似于第 4 章的方法，将扩展卡尔曼滤波器的实际估计误差方差阵与克拉美劳下界进行比对，则需要采用近似的方法描述扩展卡尔曼滤波器的统计特性，仅能得到启发式的结论。相对而言，对扩展卡尔曼滤波器进行稳定性分析，是掌握其状态估计误差特性的一种较为严谨的方式；同时，也有助于增进广大读者对滤波器原理的理解。

5.2.1 随机过程有界性判据

随机过程有界性判据是研究随机系统时经常用到的方法之一。基于随机过程有界性判据对扩展卡尔曼滤波器的稳定性进行分析，可以给出比较令人满意的结论。另外，这套分析方法还可用于其他非线性滤波器，如无迹卡尔曼滤波器的稳定性分析[10]。将随机过程有界性判据以引理的形式给出[11]：

引理 5.1：考虑随机过程 $\{\xi_k,\ k=0,\ 1,\ 2,\ \cdots\}$，如果存在标量函数 $V_k(\xi_k)$，以及正实数 $\underline{v}$，$\overline{v}$，u 和 $0<\theta\leqslant 1$，使得以下两个不等式成立

$$\underline{v}\,\|\xi_k\|^2\leqslant V_k(\xi_k)\leqslant\overline{v}\,\|\xi_k\|^2 \tag{5-28}$$

$$E\{V_k(\xi_k)\mid\xi_{k-1}\}-V_{k-1}(\xi_{k-1})\leqslant u-\theta V_{k-1}(\xi_{k-1}) \tag{5-29}$$

那么，随机过程 $\{\xi_k,\ k=0,\ 1,\ 2,\ \cdots\}$ 范数平方的均值有上界，并且满足下式

$$E\{\|\xi_k\|^2\}\leqslant\frac{\overline{v}}{\underline{v}}E\{\|\xi_0\|^2\}\,(1-\theta)^k+\frac{u}{\underline{v}\theta} \tag{5-30}$$

本书中所有涉及随机变量的不等式依概率 1 成立。该判据通过比较 $V_k(\xi_k)$ 和 $V_{k-1}(\xi_{k-1})$ 二者的条件均值（回顾第 2 章中条件均值的性质可知 $V_{k-1}(\xi_{k-1})=E[V_{k-1}(\xi_{k-1})\mid\xi_{k-1}]$）来考察随机过程 $\{\xi_k,\ k=0,\ 1,\ 2,\ \cdots\}$ 统计特性的有界性。$V_k(\xi_k)$ 可视为能量函数，显然，如果 $E[V_k(\xi_k)-V_{k-1}(\xi_{k-1})\mid\xi_{k-1}]\leqslant 0$，直观上可以理解为随机过程 $\{\xi_k,\ k=0,\ 1,\ 2,\ \cdots\}$ 的能量是不断下降的；但是，在实际应用过程中，往往难以精确验证该不等式是否成立。于是，引理 5.1 放宽了这一要求，只要求 $E[V_k(\xi_k)-V_{k-1}(\xi_{k-1})\mid\xi_{k-1}]$ 小于一个正数减去与一个与 $V_{k-1}(\xi_{k-1})$ 成比例的项所得的差。引理 5.1 表明，如果不等式（5-28）和式（5-29）成立，那么由式（5-30），随机过程 $\{\xi_k,\ k=0,\ 1,\ 2,\ \cdots\}$ 范数平方的均值有上界，并且，随着时间 k 的增长，该上界将逐渐不受其初始值 ξ_0 的影响。这一结论与滤波器稳定性对估计误差的要求是类似的。因此，引理 5.1 比较适合用于非线性滤波器的稳定性分析。

在扩展卡尔曼滤波器稳定性分析中，还将用到两个有关矩阵不等式的引理。

引理 5.2：对于任意向量 $\boldsymbol{a}$、$\boldsymbol{b}$ 和矩阵 $\boldsymbol{M}>0$，以及任意常数 $\beta>0$，以下不等式成立[12-13]

$$(\boldsymbol{a}+\boldsymbol{b})^{\mathrm{T}}\boldsymbol{M}(\boldsymbol{a}+\boldsymbol{b})\leqslant(1+\beta^{-1})\,\boldsymbol{a}^{\mathrm{T}}\boldsymbol{M}\boldsymbol{a}+(1+\beta)\boldsymbol{b}^{\mathrm{T}}\boldsymbol{M}\boldsymbol{b}$$

引理 5.3：令 $\boldsymbol{A}$，$\boldsymbol{B}$，$\boldsymbol{C}\in\mathbf{R}^{n\times n}$，假定矩阵 $\boldsymbol{B}$ 和 $\boldsymbol{C}$ 为对称正定阵，并且 $\boldsymbol{C}-\boldsymbol{A}\boldsymbol{B}\boldsymbol{A}^{\mathrm{T}}>0$，那么 $\boldsymbol{B}^{-1}-\boldsymbol{A}^{\mathrm{T}}\boldsymbol{C}^{-1}\boldsymbol{A}>0$。

5.2.2 稳定性分析

为了方便起见，将面向实际应用系统，基于预测-更新结构的扩展卡尔曼滤波器递推计算公式重写如下

$$\hat{\boldsymbol{x}}_{k|k-1} = f(\hat{\boldsymbol{x}}_{k-1}) \tag{5-31}$$

$$\boldsymbol{P}_{k|k-1} = \boldsymbol{F}_k \boldsymbol{P}_{k-1} \boldsymbol{F}_k^{\mathrm{T}} + \hat{\boldsymbol{Q}}_k \tag{5-32}$$

$$\hat{\boldsymbol{x}}_k = \hat{\boldsymbol{x}}_{k|k-1} + \boldsymbol{K}_k (\boldsymbol{y}_k - h(\hat{\boldsymbol{x}}_{k|k-1})) \tag{5-33}$$

$$\boldsymbol{K}_k = \boldsymbol{P}_{k|k-1} \boldsymbol{H}_k^{\mathrm{T}} (\boldsymbol{H}_k \boldsymbol{P}_{k|k-1} \boldsymbol{H}_k^{\mathrm{T}} + \hat{\boldsymbol{R}}_k)^{-1} \tag{5-34}$$

$$\boldsymbol{P}_k = (\boldsymbol{I} - \boldsymbol{K}_k \boldsymbol{H}_k) \boldsymbol{P}_{k|k-1} (\boldsymbol{I} - \boldsymbol{K}_k \boldsymbol{H}_k)^{\mathrm{T}} + \boldsymbol{K}_k \hat{\boldsymbol{R}}_k \boldsymbol{K}_k^{\mathrm{T}} \tag{5-35}$$

式中，符号 $\hat{\boldsymbol{Q}}_k$ 和 $\hat{\boldsymbol{R}}_k$ 表示通过滤波器参数整定得到的对称正定阵，与噪声方差阵的真实值 $\boldsymbol{Q}_k$ 和 $\boldsymbol{R}_k$ 相互区分。在此假定如式（5－1）和式（5－2）所示的随机系统模型与实际系统是相符的，但受工程技术人员认知水平的限制，在滤波器的递推计算公式中，用于计算卡尔曼增益的 $\hat{\boldsymbol{Q}}_k$ 和 $\hat{\boldsymbol{R}}_k$ 往往不同于实际系统中的 $\boldsymbol{Q}_k$ 和 $\boldsymbol{R}_k$。尽管如此，通常仍称 $\hat{\boldsymbol{Q}}_k$ 和 $\hat{\boldsymbol{R}}_k$ 为系统噪声方差阵和测量噪声方差阵。在我们对扩展卡尔曼滤波器和其他先进状态估计方法的误差特性进行分析的过程中，应注意区分递推计算公式和实际系统中的噪声方差阵。

类似卡尔曼滤波器性能分析过程中的处理方式，将扩展卡尔曼滤波器的估计误差 $\tilde{\boldsymbol{x}}_k$ 和预测误差 $\tilde{\boldsymbol{x}}_{k|k-1}$ 定义为

$$\tilde{\boldsymbol{x}}_k = \boldsymbol{x}_k - \hat{\boldsymbol{x}}_k \tag{5-36}$$

$$\tilde{\boldsymbol{x}}_{k|k-1} = \boldsymbol{x}_k - \hat{\boldsymbol{x}}_{k|k-1} \tag{5-37}$$

根据系统模型和扩展卡尔曼滤波器的递推计算公式，将预测误差表示为

$$\tilde{\boldsymbol{x}}_{k|k-1} = \boldsymbol{F}_k \tilde{\boldsymbol{x}}_{k-1} + \boldsymbol{w}_k + \phi(\boldsymbol{x}_{k-1}, \hat{\boldsymbol{x}}_{k-1}) \tag{5-38}$$

其中，$\phi(\boldsymbol{x}_{k-1}, \hat{\boldsymbol{x}}_{k-1})$ 表示线性化误差对 $\tilde{\boldsymbol{x}}_{k|k-1}$ 的影响；类似地，将测量新息表示为

$$\tilde{\boldsymbol{y}}_k - \boldsymbol{H}_k \tilde{\boldsymbol{x}}_{k|k-1} + \boldsymbol{v}_k + \chi(\boldsymbol{x}_k, \hat{\boldsymbol{x}}_{k|k-1}) \tag{5-39}$$

其中，$\chi(\boldsymbol{x}_k, \hat{\boldsymbol{x}}_{k|k-1})$ 表示线性化误差对 $\tilde{\boldsymbol{y}}_k$ 的影响。

基于前述引理和定义，对扩展卡尔曼滤波器的稳定性分析可归纳为如下所示的定理形式。定理 5.1 证明的总体思路是逐项验证引理 5.1 中的两个假设条件，在验证假设条件成立的基础上套用引理 5.1 中的结论。感兴趣的读者可阅读定理 5.1 证明过程，体会滤波器参数 $\hat{\boldsymbol{Q}}_k$ 和 $\hat{\boldsymbol{R}}_k$ 在克服线性化误差影响，遏制能量函数 $V_k(\tilde{\boldsymbol{x}}_k)$ 增大方面所起的作用。

定理 5.1：对于如式（5－1）和式（5－2）所示的离散时间非线性随机系统模型，以及如式（5－31）～式（5－35）所示的扩展卡尔曼滤波器，如果存在正实数 $\overline{f}$，$\underline{f}$，$\overline{h}$，$\overline{p}$，$\underline{p}$，$\overline{q}$，$\underline{q}$，$\overline{r}$，$\underline{r}$，ε_ϕ 和 ε_χ，使得下列矩阵不等式成立（定理中关于矩阵的范数为谱范数）

$$\underline{f} \leqslant \|\boldsymbol{F}_k\| \leqslant \overline{f}, \|\boldsymbol{H}_k\| \leqslant \overline{h}, \underline{p}\boldsymbol{I} \leqslant \boldsymbol{P}_k \leqslant \overline{p}\boldsymbol{I} \tag{5-40}$$

$$\boldsymbol{Q}_k \leqslant \overline{q}\boldsymbol{I}, \boldsymbol{R}_k \leqslant \overline{r}\boldsymbol{I}, \hat{\boldsymbol{Q}}_k \geqslant \underline{q}\boldsymbol{I}, \hat{\boldsymbol{R}}_k \geqslant \underline{r}\boldsymbol{I} \tag{5-41}$$

$$\|\phi(\boldsymbol{x}_{k-1}, \hat{\boldsymbol{x}}_{k-1})\| \leqslant \varepsilon_\phi \|\tilde{\boldsymbol{x}}_{k-1}\|, \|\chi(\boldsymbol{x}_k, \hat{\boldsymbol{x}}_{k|k-1})\| \leqslant \varepsilon_\chi \|\tilde{\boldsymbol{x}}_{k-1}\| \tag{5-42}$$

并且，以下不等式成立

$$\varepsilon_{nl}^2 \leqslant \frac{\theta \underline{p}}{2(1+\beta)\overline{p}} \tag{5-43}$$

式中

$$\varepsilon_{nl} = \left(1+\frac{\overline{p}\,\overline{h}^2}{\underline{r}}\right)\varepsilon_{\phi} + \frac{\overline{p}\overline{h}}{\underline{r}}\varepsilon_{\chi}, \quad \theta = \frac{\underline{q}}{2(\overline{p}\,\overline{f}^2+\underline{q})}, \quad \beta = \frac{2\overline{p}\,\overline{f}^2}{\underline{q}} \tag{5-44}$$

那么，对于任意 $k \geqslant 0$，下列不等式成立

$$E\{\|\tilde{\boldsymbol{x}}_k\|^2\} \leqslant \frac{\overline{p}}{\underline{p}}E\{\|\tilde{\boldsymbol{x}}_0\|^2\}\left(1-\frac{\theta}{2}\right)^k + \frac{2u}{\overline{p}^{-1}\theta} \tag{5-45}$$

式中

$$u = (1+\beta^{-1})\left(\frac{\overline{q}l}{\underline{p}\,\underline{f}^2+\underline{q}} + \frac{\overline{p}\,\overline{h}^2\overline{r}m}{\underline{r}^2}\right) \tag{5-46}$$

证明：首先，将能量函数 $V_k(\tilde{\boldsymbol{x}}_k)$ 定义为

$$V_k(\tilde{\boldsymbol{x}}_k) = \tilde{\boldsymbol{x}}_k^{\mathrm{T}}\boldsymbol{P}_k^{-1}\tilde{\boldsymbol{x}}_k \tag{5-47}$$

根据定理的假设条件，以及正定阵的性质可知

$$\overline{p}^{-1}\|\tilde{\boldsymbol{x}}_k\|^2 \leqslant V_k(\tilde{\boldsymbol{x}}_k) \leqslant \underline{p}^{-1}\|\tilde{\boldsymbol{x}}_k\|^2 \tag{5-48}$$

因此，引理 5.1 中的第一个条件可以得到满足。

下面，我们尝试验证引理 5.2 中的第二个条件。根据 $\tilde{\boldsymbol{x}}_k$，$\tilde{\boldsymbol{x}}_{k|k-1}$ 和 $\tilde{\boldsymbol{y}}_k$ 的定义，以及扩展卡尔曼滤波器的递推计算公式易知

$$\tilde{\boldsymbol{x}}_k = \tilde{\boldsymbol{x}}_{k|k-1} - \boldsymbol{K}_k\tilde{\boldsymbol{y}}_k \tag{5-49}$$

将式（5-38）和式（5-39）代入式（5-49）得到

$$\tilde{\boldsymbol{x}}_k = (\boldsymbol{I}-\boldsymbol{K}_k\boldsymbol{H}_k)\boldsymbol{F}_k\tilde{\boldsymbol{x}}_{k-1} + \boldsymbol{s}_k + \boldsymbol{r}_k \tag{5-50}$$

式中

$$\boldsymbol{s}_k = (\boldsymbol{I}-\boldsymbol{K}_k\boldsymbol{H}_k)\boldsymbol{w}_k - \boldsymbol{K}_k\boldsymbol{v}_k \tag{5-51}$$

$$\boldsymbol{r}_k = (\boldsymbol{I}-\boldsymbol{K}_k\boldsymbol{H}_k)\phi(\boldsymbol{x}_{k-1},\hat{\boldsymbol{x}}_{k-1}) - \boldsymbol{K}_k\chi(\boldsymbol{x}_k,\hat{\boldsymbol{x}}_{k|k-1}) \tag{5-52}$$

根据 $\tilde{\boldsymbol{x}}_k$ 的表达式，能量函数 $V_k(\tilde{\boldsymbol{x}}_k)$ 可写为

$$V_k(\tilde{\boldsymbol{x}}_k) = [(\boldsymbol{I}-\boldsymbol{K}_k\boldsymbol{H}_k)\boldsymbol{F}_k\tilde{\boldsymbol{x}}_{k-1} + \boldsymbol{s}_k + \boldsymbol{r}_k]^{\mathrm{T}}\boldsymbol{P}_k^{-1}[(\boldsymbol{I}-\boldsymbol{K}_k\boldsymbol{H}_k)\boldsymbol{F}_k\tilde{\boldsymbol{x}}_{k-1} + \boldsymbol{s}_k + \boldsymbol{r}_k] \tag{5-53}$$

应用引理 5.2，得到

$$V_k(\tilde{\boldsymbol{x}}_k) \leqslant (1+\beta^{-1})[(\boldsymbol{I}-\boldsymbol{K}_k\boldsymbol{H}_k)\boldsymbol{F}_k\tilde{\boldsymbol{x}}_{k-1} + \boldsymbol{s}_k]^{\mathrm{T}}\boldsymbol{P}_k^{-1}[(\boldsymbol{I}-\boldsymbol{K}_k\boldsymbol{H}_k)\boldsymbol{F}_k\tilde{\boldsymbol{x}}_{k-1} + \boldsymbol{s}_k] + (1+\beta)\boldsymbol{r}_k^{\mathrm{T}}\boldsymbol{P}_k^{-1}\boldsymbol{r}_k \tag{5-54}$$

对上式求条件均值，根据本书第 2 章所述条件均值的性质得到

$$\begin{aligned} E\{V_k(\tilde{\boldsymbol{x}}_k) \mid \tilde{\boldsymbol{x}}_{k-1}\} \leqslant {} & (1+\beta^{-1})\tilde{\boldsymbol{x}}_{k-1}^{\mathrm{T}}\boldsymbol{F}_k^{\mathrm{T}}(\boldsymbol{I}-\boldsymbol{K}_k\boldsymbol{H}_k)^{\mathrm{T}}\boldsymbol{P}_k^{-1}(\boldsymbol{I}-\boldsymbol{K}_k\boldsymbol{H}_k)\boldsymbol{F}_k\tilde{\boldsymbol{x}}_{k-1} + \\ & (1+\beta^{-1})E\{\boldsymbol{s}_k^{\mathrm{T}}\boldsymbol{P}_k^{-1}\boldsymbol{s}_k\} + (1+\beta)E\{\boldsymbol{r}_k^{\mathrm{T}}\boldsymbol{P}_k^{-1}\boldsymbol{r}_k\} \end{aligned} \tag{5-55}$$

接下来，对式（5-55）右侧表达式逐项进行分析，根据扩展卡尔曼滤波器的递推计算公式，易于验证

$$\boldsymbol{P}_k > (\boldsymbol{I}-\boldsymbol{K}_k\boldsymbol{H}_k)(\boldsymbol{F}_k\boldsymbol{P}_{k-1}\boldsymbol{F}_k^{\mathrm{T}}+\hat{\boldsymbol{Q}}_k)(\boldsymbol{I}-\boldsymbol{K}_k\boldsymbol{H}_k)^{\mathrm{T}} \tag{5-56}$$

考虑定理中的假设条件，根据本书第 2 章中对正定阵和范数基本概念的说明易知

$$\boldsymbol{F}_k\boldsymbol{P}_{k-1}\boldsymbol{F}_k^{\mathrm{T}} \leqslant \bar{p}\,\bar{f}^2\boldsymbol{I} \tag{5-57}$$

根据上式易于验证

$$\hat{\boldsymbol{Q}}_k \geqslant \frac{\underline{q}}{\bar{p}\,\bar{f}^2}\boldsymbol{F}_k\boldsymbol{P}_{k-1}\boldsymbol{F}_k^{\mathrm{T}} \tag{5-58}$$

或

$$\boldsymbol{F}_k\boldsymbol{P}_{k-1}\boldsymbol{F}_k^{\mathrm{T}}+\hat{\boldsymbol{Q}}_k \geqslant \left(1+\frac{\underline{q}}{\bar{p}\,\bar{f}^2}\right)\boldsymbol{F}_k\boldsymbol{P}_{k-1}\boldsymbol{F}_k^{\mathrm{T}} \tag{5-59}$$

将上式代入式（5－56），得到

$$\boldsymbol{P}_k > \left(1+\frac{\underline{q}}{\bar{p}\,\bar{f}^2}\right)(\boldsymbol{I}-\boldsymbol{K}_k\boldsymbol{H}_k)\boldsymbol{F}_k\boldsymbol{P}_{k-1}\boldsymbol{F}_k^{\mathrm{T}}(\boldsymbol{I}-\boldsymbol{K}_k\boldsymbol{H}_k)^{\mathrm{T}} \tag{5-60}$$

应用引理 5.3，得到

$$\left(1+\frac{\underline{q}}{\bar{p}\,\bar{f}^2}\right)^{-1}\boldsymbol{P}_{k-1}^{-1} > \boldsymbol{F}_k^{\mathrm{T}}(\boldsymbol{I}-\boldsymbol{K}_k\boldsymbol{H}_k)^{\mathrm{T}}\boldsymbol{P}_k^{-1}(\boldsymbol{I}-\boldsymbol{K}_k\boldsymbol{H}_k)\boldsymbol{F}_k \tag{5-61}$$

根据上式可得

$$(1+\beta^{-1})\tilde{\boldsymbol{x}}_{k-1}^{\mathrm{T}}\boldsymbol{F}_k^{\mathrm{T}}(\boldsymbol{I}-\boldsymbol{K}_k\boldsymbol{H}_k)^{\mathrm{T}}\boldsymbol{P}_k^{-1}(\boldsymbol{I}-\boldsymbol{K}_k\boldsymbol{H}_k)\boldsymbol{F}_k\tilde{\boldsymbol{x}}_{k-1} < (1+\beta^{-1})\left(1+\frac{\underline{q}}{\bar{p}\,\bar{f}^2}\right)^{-1}\tilde{\boldsymbol{x}}_{k-1}^{\mathrm{T}}\boldsymbol{P}_{k-1}^{-1}\tilde{\boldsymbol{x}}_{k-1} \tag{5-62}$$

根据定理 5.1 的假设条件，得到有关能量函数不等式（5－55）右侧第一项的不等式

$$(1+\beta^{-1})\tilde{\boldsymbol{x}}_{k-1}^{\mathrm{T}}\boldsymbol{F}_k^{\mathrm{T}}(\boldsymbol{I}-\boldsymbol{K}_k\boldsymbol{H}_k)^{\mathrm{T}}\boldsymbol{P}_k^{-1}(\boldsymbol{I}-\boldsymbol{K}_k\boldsymbol{H}_k)\boldsymbol{F}_k\tilde{\boldsymbol{x}}_{k-1} < (1-\theta)V_{k-1}(\tilde{\boldsymbol{x}}_{k-1}) \tag{5-63}$$

根据 $\boldsymbol{s}_k$ 的表达式，能量函数不等式（5－55）右侧第二项可写为

$$\begin{aligned}(1+\beta^{-1})E\{\boldsymbol{s}_k^{\mathrm{T}}\boldsymbol{P}_k^{-1}\boldsymbol{s}_k\} = {} & (1+\beta^{-1})E\{\boldsymbol{w}_k^{\mathrm{T}}(\boldsymbol{I}-\boldsymbol{K}_k\boldsymbol{H}_k)^{\mathrm{T}}\boldsymbol{P}_k^{-1}(\boldsymbol{I}-\boldsymbol{K}_k\boldsymbol{H}_k)\boldsymbol{w}_k\}+\\ & (1+\beta^{-1})E\{\boldsymbol{v}_k^{\mathrm{T}}\boldsymbol{K}_k^{\mathrm{T}}\boldsymbol{P}_k^{-1}\boldsymbol{K}_k\boldsymbol{v}_k\}\end{aligned} \tag{5-64}$$

易于验证

$$(\boldsymbol{I}-\boldsymbol{K}_k\boldsymbol{H}_k)^{\mathrm{T}}\boldsymbol{P}_k^{-1}(\boldsymbol{I}-\boldsymbol{K}_k\boldsymbol{H}_k) = \boldsymbol{P}_{k|k-1}^{-1}-\boldsymbol{H}_k^{\mathrm{T}}(\boldsymbol{H}_k\boldsymbol{P}_{k|k-1}\boldsymbol{H}_k^{\mathrm{T}}+\hat{\boldsymbol{R}}_k)^{-1}\boldsymbol{H}_k \tag{5-65}$$

因此

$$(\boldsymbol{I}-\boldsymbol{K}_k\boldsymbol{H}_k)^{\mathrm{T}}\boldsymbol{P}_k^{-1}(\boldsymbol{I}-\boldsymbol{K}_k\boldsymbol{H}_k) \leqslant \boldsymbol{P}_{k|k-1}^{-1} \tag{5-66}$$

根据定理 5.1 的假设条件和正定阵的性质得到

$$\boldsymbol{P}_{k|k-1}^{-1} \leqslant \frac{1}{\underline{p}\,\underline{f}^2+\underline{q}}\boldsymbol{I} \tag{5-67}$$

结合以上两式可知

$$(\boldsymbol{I}-\boldsymbol{K}_k\boldsymbol{H}_k)^{\mathrm{T}}\boldsymbol{P}_k^{-1}(\boldsymbol{I}-\boldsymbol{K}_k\boldsymbol{H}_k) \leqslant \frac{1}{\underline{p}\,\underline{f}^2+\underline{q}}\boldsymbol{I} \tag{5-68}$$

利用定理 5.1 的假设条件可得

$$E\{\boldsymbol{w}_k^{\mathrm{T}}(\boldsymbol{I}-\boldsymbol{K}_k\boldsymbol{H}_k)^{\mathrm{T}}\boldsymbol{P}_k^{-1}(\boldsymbol{I}-\boldsymbol{K}_k\boldsymbol{H}_k)\boldsymbol{w}_k\}\leqslant\frac{\bar{q}l}{\underline{p}\,\underline{f}^2+\underline{q}} \tag{5-69}$$

卡尔曼增益可整理为如下等价形式

$$\boldsymbol{K}_k=\boldsymbol{P}_k\boldsymbol{H}_k^{\mathrm{T}}(\hat{\boldsymbol{R}}_k)^{-1} \tag{5-70}$$

根据定理 5.1 中的假设条件，利用正定阵和范数的性质易知

$$\|\boldsymbol{K}_k\|\leqslant\frac{\bar{p}\bar{h}}{\underline{r}} \tag{5-71}$$

根据上式可得

$$\boldsymbol{K}_k^{\mathrm{T}}\boldsymbol{P}_k^{-1}\boldsymbol{K}_k\leqslant\frac{\bar{p}\,\bar{h}^2}{\underline{r}^2}I \tag{5-72}$$

考虑定理 5.1 中的假设条件，得到

$$E\{\boldsymbol{v}_k^{\mathrm{T}}\boldsymbol{K}_k^{\mathrm{T}}\boldsymbol{P}_k^{-1}\boldsymbol{K}_k\boldsymbol{v}_k\}\leqslant\frac{\bar{p}\,\bar{h}^2\bar{r}m}{\underline{r}^2} \tag{5-73}$$

将式（5－69）和式（5－73）中的分析结果代入式（5－64），得到有关能量函数不等式（5－55）右侧第二项的不等式

$$(1+\beta^{-1})E\{\boldsymbol{s}_k^{\mathrm{T}}\boldsymbol{P}_k^{-1}\boldsymbol{s}_k\}\leqslant u \tag{5-74}$$

考虑 $\boldsymbol{r}_k$ 的表达式和定理 5.1 中的假设条件，根据范数的性质，易于验证

$$\|\boldsymbol{r}_k\|\leqslant\varepsilon_{nl}\|\tilde{\boldsymbol{x}}_k\| \tag{5-75}$$

根据上式得到

$$(1+\beta)E\{\boldsymbol{r}_k^{\mathrm{T}}\boldsymbol{P}_k^{-1}\boldsymbol{r}_k\}\leqslant\frac{(1+\beta)}{\underline{p}}\varepsilon_{nl}^2\|\tilde{\boldsymbol{x}}_k\|^2 \tag{5-76}$$

考虑定理 5.1 中的假设条件和能量函数的定义式，得到

$$\frac{\theta}{2}V_{k-1}(\tilde{\boldsymbol{x}}_{k-1})\geqslant\frac{\theta}{2\bar{p}}\|\tilde{\boldsymbol{x}}_{k-1}\|^2 \tag{5-77}$$

考虑定理 5.1 中的假设条件，进一步得到有关能量函数不等式（5－55）右侧第三项的不等式

$$(1+\beta)E\{\boldsymbol{r}_k^{\mathrm{T}}\boldsymbol{P}_k^{-1}\boldsymbol{r}_k\}\leqslant\frac{\theta}{2}V_{k-1}(\tilde{\boldsymbol{x}}_{k-1}) \tag{5-78}$$

将前面得到的式（5－63）、式（5－74）和式（5－78）代入式（5－55），得到的结果为

$$E\{V_k(\tilde{\boldsymbol{x}}_k)\mid\tilde{\boldsymbol{x}}_{k-1}\}\leqslant\left(1-\frac{\theta}{2}\right)V_{k-1}(\tilde{\boldsymbol{x}}_{k-1})+u \tag{5-79}$$

或

$$E\{V_k(\tilde{\boldsymbol{x}}_k)\mid\tilde{\boldsymbol{x}}_{k-1}\}-V_{k-1}(\tilde{\boldsymbol{x}}_{k-1})\leqslant u-\frac{\theta}{2}V_{k-1}(\tilde{\boldsymbol{x}}_{k-1}) \tag{5-80}$$

因此，引理 5.1 中的第二个条件是可以得到满足的。最后，直接套用引理 5.1 可以得到定理 5.2 的结论。证毕。

上述定理的结论式（5－45）表明，在满足特定条件的情况下，扩展卡尔曼滤波器估计误差的统计值 $E\{\|\tilde{\boldsymbol{x}}_k\|^2\}$ 是有界的。而且，初始误差 $E\{\|\tilde{\boldsymbol{x}}_0\|^2\}$ 对 $E\{\|\tilde{\boldsymbol{x}}_k\|^2\}$ 的误差上界的影响随着 $k\rightarrow\infty$ 而逐渐消失；换句话说，随着时间的增长，$E\{\|\tilde{\boldsymbol{x}}_k\|^2\}$ 的误差上界逐渐不受其初始误差的影响；这对于非线性滤波器而言是一个有益的性质。式（5－45）右侧第二项为常值项，其幅度主要取决于实际系统中系统噪声方差阵 $\boldsymbol{Q}_k$ 和测量噪声方差阵 $\boldsymbol{R}_k$ 上界的大小；在 $\boldsymbol{Q}_k$ 和 $\boldsymbol{R}_k$ 的上界减小的情况下，$E\{\|\tilde{\boldsymbol{x}}_k\|^2\}$ 的上界也将减小。这说明，为了减小扩展卡尔曼滤波器的估计误差，在航天器导航系统设计过程中，应尽可能减小状态方程中建模误差的影响，并选择具有较低噪声水平的敏感器设备。

在定理 5.1 的假设条件中要求雅可比矩阵 $\boldsymbol{F}_k$ 和 $\boldsymbol{H}_k$ 是有界的，但对其大小并未做出严格限定，对于实际物理系统而言，上述条件总是可以满足的。前面提到，扩展卡尔曼滤波器的递推计算公式中的 $\hat{\boldsymbol{Q}}_k$ 和 $\hat{\boldsymbol{R}}_k$ 不同于实际系统中的 $\boldsymbol{Q}_k$ 和 $\boldsymbol{R}_k$ ，同时，在扩展卡尔曼滤波器中通过递推计算得到的估计误差方差阵 $\boldsymbol{P}_k$ 也不同于实际系统中的估计误差方差阵 $\boldsymbol{\Sigma}_k$。矩阵 $\boldsymbol{P}_k$ 有界并不意味着 $\boldsymbol{\Sigma}_k$ 有界。$\boldsymbol{P}_k$ 的有界性与系统的可观度有关，条件 $\underline{p}\boldsymbol{I}\leqslant\boldsymbol{P}_k\leqslant\overline{p}\boldsymbol{I}$ 可通过系统模型得到保障，其成立与否主要取决于系统模型，而不是滤波器本身，相关讨论可参见文献 [11]。

如式（5－43）所示的假设条件是保障定理 5.1 成立的关键条件，其中的参数 ε_{nl} 反映了线性化误差的大小，其幅度取决于表征状态方程和观测方程线性化误差大小的参数 ε_{ϕ} 和 ε_{χ}。同时，该不等式是否成立与描述 $\hat{\boldsymbol{Q}}_k$ 和 $\hat{\boldsymbol{R}}_k$ 下界的参数 $\underline{q}$ 和 $\underline{r}$ 有关。根据公式形式不难看出，如果扩展卡尔曼滤波器中的递推计算公式中的参数矩阵 $\hat{\boldsymbol{Q}}_k$ 和 $\hat{\boldsymbol{R}}_k$ 足够大的话，将有助于假设条件式（5－43）得到满足。因此，适当调节递推计算公式中的参数矩阵 $\hat{\boldsymbol{Q}}_k$ 和 $\hat{\boldsymbol{R}}_k$ 有助于增强扩展卡尔曼滤波器克服线性化误差影响的能力。应当说明，条件式（5－43）是面向非线性随机系统的扩展卡尔曼滤波器稳定性分析特有的，对于面向线性随机系统的卡尔曼滤波器而言，参数 ε_{nl} 恒为 0，条件式（5－43）始终成立，不需要在滤波器稳定性分析中加以考虑。事实上，如果不考虑线性化误差的影响，对滤波器稳定性的分析将非常简单。读者可参考对扩展卡尔曼滤波器的稳定性分析过程，自行完成对卡尔曼滤波器的稳定性分析。

对于线性随机系统，如果模型是准确的，对于卡尔曼滤波器而言，可以方便地选取 $\hat{\boldsymbol{Q}}_k=\boldsymbol{Q}_k$ ，$\hat{\boldsymbol{R}}_k=\boldsymbol{R}_k$。与之不同，对于非线性随机系统而言，为了克服线性化误差的影响，增强扩展卡尔曼滤波器的稳定性，可以考虑适当增大参数矩阵 $\hat{\boldsymbol{Q}}_k$ 和 $\hat{\boldsymbol{R}}_k$。上述定理为实际应用过程中，扩展卡尔曼滤波器的参数整定提供了理论上的参考依据。值得注意的是，对参数矩阵 $\hat{\boldsymbol{Q}}_k$ 和 $\hat{\boldsymbol{R}}_k$ 的调节不仅可以用于克服线性化误差的影响，还可用于抑制模型不确定性。关于这一策略，本书后续章节将继续进行探讨。

5.3 光学成像导航

5.3.1 基本原理

本节引入一个简单的光学成像导航应用实例，对扩展卡尔曼滤波器设计的基本方法进行说明。利用光学成像敏感器对自然天体进行观测，是实现航天器自主导航最可靠的方法之一。传统的光学成像敏感器多工作在红外波段或可见光波段，如红外地球敏感器、星敏感器等。20 世纪 80 年代后期，通过对紫外波段的探测研究，取得了有关地球大气的紫外辐射特性数据，这为研制紫外地球敏感器提供了理论依据。通过对大气透过特性的研究发现，地球辐射的紫外谱段相对可见光谱段具有更强的稳定性，相对红外谱段具有更锐利的梯度变化，这样就为实现高精度地心矢量测量提供了信号基础。

紫外地球敏感器具有新颖的光机电一体化结构（如图 5－2 所示），采用先进的恒星观测通道和地球观测通道共光学系统成像探测方式，可基于单个固态探测器组件同时获取恒星和地球图像，通过图像处理直接提取惯性空间中的地心矢量信息，具备输出航天器三轴姿态数据和自主导航信息的能力。由于紫外地球敏感器实现了对恒星和地球的同时同光电探测器成像，相对于通过星敏感器和地球敏感器分别对恒星和地球进行测量的方式，在很大程度上降低了相对安装误差对自主导航精度的影响（恒星观测和地球观测）。

图 5－2　紫外地球敏感器外形图

对于传统的基于红外地球敏感器和星敏感器的光学成像导航方案，限制导航精度提高的主要因素是地心矢量测量误差。采用紫外地球敏感器能够获得更高的地心矢量测量精度，原因在于：第一，地球紫外辐射稳定，且随高度变化的梯度更大；第二，采用成像测量方式，通过地球边缘拟合提取地心方向，根据地球视半径解算出地心距，精度较红外地球敏感器更高，且避免了运动部件影响敏感器在轨寿命的问题；第三，通过组合视场设计，基于一台敏感器同时获得地心矢量和航天器姿态信息，减小了相对安装误差的影响。因此，基于紫外地球敏感器的光学成像导航系统，原理上能够获得比传统“红外地球敏感器+星敏感器”更高的定位精度。紫外地球敏感器的地球观测通道成像几何关系如图 5-3 所示。

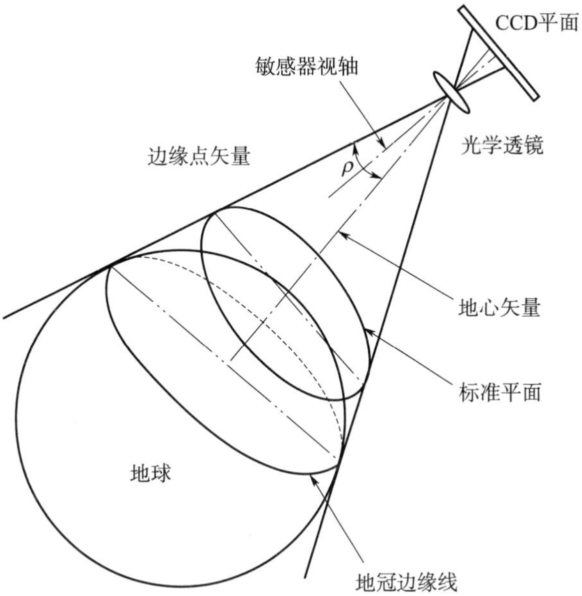

图 5-3　地球光学成像几何关系示意图

紫外地球敏感器对地心方向、地心距离和恒星方向进行测量，能够输出惯性坐标系中的地心矢量和航天器姿态等信息。关于紫外地球敏感器的光学系统结构、成像椭圆拟合、方向矢量提取和系统偏差校准等方面的内容可参阅专著［14］。本节主要说明基于扩展卡尔曼滤波器处理紫外地球敏感器的观测数据，获得航天器的位置和速度估计值的方法。

基于紫外地球敏感器的光学成像导航系统原理框图如图 5-4 所示。紫外导航敏感器通过恒星观测通道和地球观测通道分别获得恒星和地球的光学图像，经图像信息处理后得到测量信息，紫外地球敏感器可以输出地心矢量，也可以输出地心-恒星视线的夹角（星光角距），利用航天器轨道动力学模型对航天器的位置和速度进行预测，当紫外地球敏感器输出测量信息时，利用扩展卡尔曼滤波器给出对预测值的修正量，得到航天器位置矢量和速度矢量的最优估计值。

扩展卡尔曼滤波器的设计是基于光学成像导航系统的状态方程和观测方程进行的。当航天器未进行轨道机动，且受到的非引力摄动很小时，导航系统的状态方程可通过纯引力作用下的航天器轨道动力学模型来描述。航天器轨道动力学用于描述航天器在空间环境各种摄动力作用下的运动特性，在天体力学、卫星轨道运动理论等专著中有详细的论述。在研究航天器导航系统时，常引用轨道动力学中的基本概念和公式。为了突出重点，本章仅针对地球轨道卫星，给出一种常用的轨道动力学模型简化形式，并不作过多探讨。

光学成像导航系统模型中的状态向量选为航天器的位置矢量和速度矢量在地心惯性（Earth Centered Inertial，ECI）坐标系中的三个分量，即 $\boldsymbol{r}_k=[r_{x,k}\quad r_{y,k}\quad r_{z,k}]^{\mathrm{T}}$，$\boldsymbol{v}_k=[v_{x,k}\quad v_{y,k}\quad v_{z,k}]^{\mathrm{T}}$，这种状态向量选取方式的物理意义比较直观，通过扩展卡尔曼滤

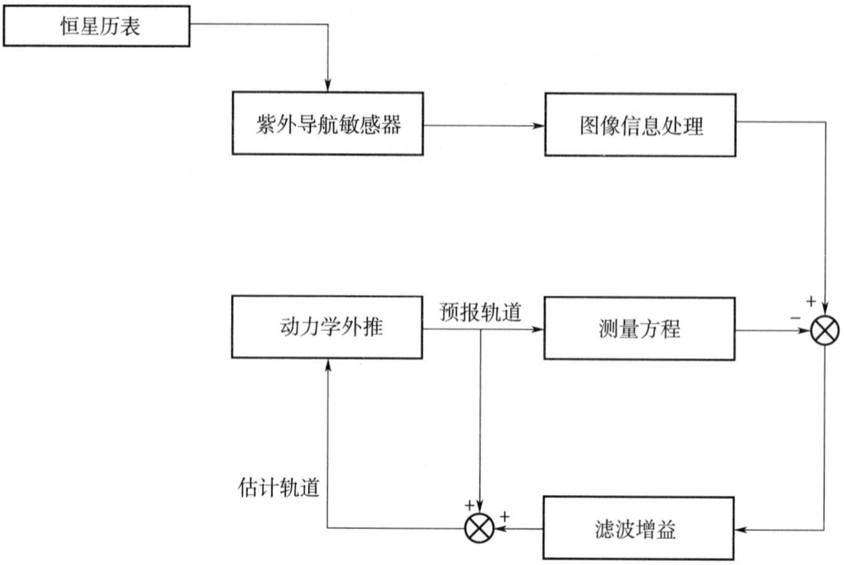

图 5-4　光学成像导航原理框图

波器进行状态估计，可以直接得到航天器的位置和速度信息。当然，也可选择航天器的轨道参数（包括半长轴、偏心率、轨道倾角、升交点赤经、近地点幅角和平近点角，称为轨道六要素）作为状态变量。航天器的位置和速度，以及航天器的轨道参数作为运动状态的不同表述方式，可以相互转化；在实际应用过程中，可根据航天任务的需要进行选取。关于航天器轨道参数的含义，及其与航天器位置、速度矢量的转换关系可参阅专著 [15]。

在航天器导航研究中常用的地心惯性坐标系是指以地球质心为原点建立的空间直角坐标系，用相互垂直的 X、Y 和 Z 三个轴来表示，其 XY 平面定义在地球的赤道面，X 轴指向春分点，如图 5-5 所示。地心惯性坐标系不随地球自转而旋转，基于牛顿力学的航天器轨道动力学方程在该坐标系建立。应当指出，通常要求惯性坐标系的质心处于静止或匀速直线运动状态，但是，由于地球中心运动加速度的存在，地心惯性坐标系实际上是一个准惯性坐标系。关于坐标系的准确命名可参阅文献 [16]。

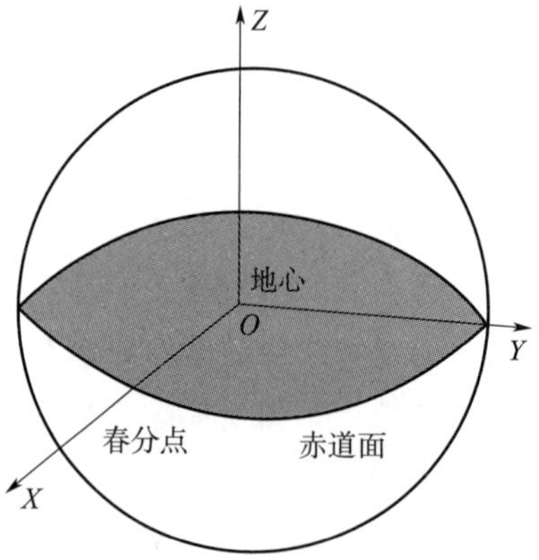

图 5-5　地心惯性坐标系

5.3.2　状态方程

系统模型的准确程度直接影响扩展卡尔曼滤波器的状态估计精度。为了保证航天器导航系统的精度，所建立的状态方程应能准确描述航天器的轨道运动的动态过程，而观测方程应能准确描述通过敏感器获取的测量信息与航天器运动状态之间的关系。在光学成像导航系统中，采用航天器在地心惯性坐标系中的位置矢量和速度矢量作为状态向量，状态向量与紫外地球敏感器的观测量之间的关系明确。根据航天器的轨道动力学模型建立导航系统的状态方程。航天器在轨运行过程中，受到多种摄动力的影响。理论上，考虑的摄动项越全面，基于航天器轨道动力学模型建立的状态方程越精确，越有利于提升航天器导航系统的精度。但是，复杂的轨道动力学模型会造成算法复杂程度增大。为了简化算法编排，应采用尽可能简单的模型。对于状态方程的设计，应从工程实用的角度出发，在保证导航精度的前提下进行折中处理。

在航天器轨道动力学的专著中，航天器的轨道运动通常由连续时间微分方程来描述。本书为了保持表述形式上的统一，便于扩展卡尔曼滤波器的设计，将光学成像导航系统的状态方程写为离散时间非线性随机系统模型的标准形式

$$\boldsymbol{x}_k = f(\boldsymbol{x}_{k-1}) + \boldsymbol{w}_k \tag{5-81}$$

式中，状态向量为航天器位置矢量 $\boldsymbol{r}_k = [r_{x,k} \quad r_{y,k} \quad r_{z,k}]^{\mathrm{T}}$ 和速度矢量 $\boldsymbol{v}_k = [v_{x,k} \quad v_{y,k} \quad v_{z,k}]^{\mathrm{T}}$ 的组合，即，$\boldsymbol{x}_k = [\boldsymbol{r}_k^{\mathrm{T}} \quad \boldsymbol{v}_k^{\mathrm{T}}]^{\mathrm{T}}$，状态转移函数的形式为

$$f(\boldsymbol{x}_k) = \boldsymbol{x}_k + \phi(\boldsymbol{x}_k)\tau \tag{5-82}$$

$$\phi(\boldsymbol{x}_k) = \begin{bmatrix} \boldsymbol{v}_k \\ -\dfrac{\mu_e \boldsymbol{r}_k}{\|\boldsymbol{r}_k\|^3} + p(\boldsymbol{r}_k) \end{bmatrix} \tag{5-83}$$

τ 表示一步状态预测的时间步长，$\mu_e = 3.986\,005 \times 10^{14}\ \mathrm{m^3/s^2}$ 表示地球引力常数，$-\dfrac{\mu_e \boldsymbol{r}_k}{\|\boldsymbol{r}_k\|^3}$ 表示地球质心引力对航天器运动状态的作用，对于地球轨道航天器而言，是影响其运动状态的主要因素；函数 $p(\boldsymbol{r}_k)$ 中包含了地球质心引力以外其他轨道摄动的影响，包括地球形状摄动、太阳光压摄动、大气阻力摄动、日月引力摄动等。用于扩展卡尔曼滤波器设计的往往是经过简化的航天器轨道动力学模型。除地球质心引力外，如果仅考虑地球形状摄动中的 J_2 项摄动，则函数 $p(\boldsymbol{r}_k)$ 的形式为[14]

$$p(\boldsymbol{r}_k) = \begin{bmatrix} -\dfrac{\mu_e r_{x,k}}{\|\boldsymbol{r}_k\|^3} \dfrac{3J_2}{2} \left(\dfrac{R_e}{\|\boldsymbol{r}_k\|}\right)^2 \left[1 - 5\left(\dfrac{r_{z,k}}{\|\boldsymbol{r}_k\|}\right)^2\right] \\ -\dfrac{\mu_e r_{y,k}}{\|\boldsymbol{r}_k\|^3} \dfrac{3J_2}{2} \left(\dfrac{R_e}{\|\boldsymbol{r}_k\|}\right)^2 \left[1 - 5\left(\dfrac{r_{z,k}}{\|\boldsymbol{r}_k\|}\right)^2\right] \\ -\dfrac{\mu_e r_{z,k}}{\|\boldsymbol{r}_k\|^3} \dfrac{3J_2}{2} \left(\dfrac{R_e}{\|\boldsymbol{r}_k\|}\right)^2 \left[3 - 5\left(\dfrac{r_{z,k}}{\|\boldsymbol{r}_k\|}\right)^2\right] \end{bmatrix} \tag{5-84}$$

式中，$J_2 = 1.082\,63 \times 10^3$ 为用于描述地球形状摄动的带谐项系数，$R_e = 6\,378\,137\ \mathrm{m}$ 为地球赤道半径，$\|\boldsymbol{r}_k\|$ 为航天器到地心的距离，通常称为地心距。考虑到忽略航天器轨道动力学

模型中部分摄动项造成的建模误差，系统噪声 $\boldsymbol{w}_k$ 用于描述真实模型与滤波模型之间的差异。

应当说明，对于面向航天器应用的光学成像导航系统，上述状态方程的主要作用是计算雅可比矩阵，用于扩展卡尔曼滤波器中估计误差方差阵的递推计算。事实上，在实际应用过程中，往往不是直接应用式（5-81）进行状态预测，而是采用更为准确的轨道动力学模型，并基于更为完善的数值积分方法实施轨道外推。对于航天器的轨道外推问题，龙格库塔算法是经常用到的数值积分方法，该方法的基本思想是在积分区间内进行插值，从而优化数值积分的结果。通常龙格库塔算法的阶数越高，即插入点越多，计算结果越精确，相应的算法复杂度也越高，在工程实践活动中，四阶龙格库塔算法的精度能够满足大多数航天器导航系统的精度要求，并且计算复杂度也适宜多数处理器的性能。基于四阶龙格库塔算法已形成航天器轨道外推的标准化算法，在扩展卡尔曼滤波器设计与仿真中，可将四阶龙格库塔算法用于递推计算的预测过程。

在扩展卡尔曼滤波器设计中的一个重要环节是计算状态方程中非线性函数的雅克比矩阵，对于上述离散化形式的简化模型，其雅可比矩阵可按下式计算

$$\boldsymbol{F}_k = \boldsymbol{I} + \boldsymbol{\Phi}_k \tau \tag{5-85}$$

式中

$$\boldsymbol{\Phi}_k = \frac{\partial \phi}{\partial x_k} = \begin{bmatrix} \boldsymbol{0}_{3\times 3} & \boldsymbol{I}_{3\times 3} \\ \boldsymbol{\Phi}_{22,k} & \boldsymbol{0}_{3\times 3} \end{bmatrix} \tag{5-86}$$

$$\boldsymbol{\Phi}_{22,k} = \begin{bmatrix} \Phi_k(4,1) & \Phi_k(4,2) & \Phi_k(4,3) \\ \Phi_k(5,1) & \Phi_k(5,2) & \Phi_k(5,3) \\ \Phi_k(6,1) & \Phi_k(6,2) & \Phi_k(6,3) \end{bmatrix} \tag{5-87}$$

矩阵 $\boldsymbol{\Phi}_{22,k}$ 中的各元素的计算公式分别为

$$\Phi_k(4,1) = -\frac{\mu_e}{\|\boldsymbol{r}_k\|^3}\left(1 - \frac{3r_{x,k}^2}{\|\boldsymbol{r}_k\|^2}\right) + \frac{\mu_e R_e^2 J_2}{\|\boldsymbol{r}_k\|^5}\left[\left(7.5\frac{r_{z,k}^2}{\|\boldsymbol{r}_k\|^2} - 1.5\right) - \frac{r_{x,k}^2}{\|\boldsymbol{r}_k\|^2}\left(52.5\frac{r_{z,k}^2}{\|\boldsymbol{r}_k\|^2} - 7.5\right)\right]$$

$$\Phi_k(4,2) = \frac{\mu_e r_{x,k} r_{y,k}}{\|\boldsymbol{r}_k\|^5}\left[3 - \frac{R_e^2 J_2}{\|\boldsymbol{r}_k\|^2}\left(52.5\frac{r_{z,k}^2}{\|\boldsymbol{r}_k\|^2} - 7.5\right)\right]$$

$$\Phi_k(4,3) = \frac{\mu_e r_{x,k} r_{y,k}}{\|\boldsymbol{r}_k\|^5}\left[3 - \frac{R_e^2 J_2}{\|\boldsymbol{r}_k\|^2}\left(52.5\frac{r_{z,k}^2}{\|\boldsymbol{r}_k\|^2} - 22.5\right)\right]$$

$$\Phi_k(5,1) = \Phi_k(4,2)$$

$$\Phi_k(5,2) = -\frac{\mu_e}{\|\boldsymbol{r}_k\|^3}\left(1 - \frac{3r_{y,k}^2}{\|\boldsymbol{r}_k\|^2}\right) + \frac{\mu_e R_e^2 J_2}{\|\boldsymbol{r}_k\|^5}\left[\left(7.5\frac{r_{z,k}^2}{\|\boldsymbol{r}_k\|^2} - 1.5\right) - \frac{r_{y,k}^2}{\|\boldsymbol{r}_k\|^2}\left(52.5\frac{r_{z,k}^2}{\|\boldsymbol{r}_k\|^2} - 7.5\right)\right]$$

$$\Phi_k(5,3) = \frac{\mu_e r_{y,k} r_{z,k}}{\|\boldsymbol{r}_k\|^5}\left[3 - \frac{R_e^2 J_2}{\|\boldsymbol{r}_k\|^2}\left(52.5\frac{r_{z,k}^2}{\|\boldsymbol{r}_k\|^2} - 22.5\right)\right]$$

$$\Phi_k(6,1) = \Phi_k(4,3)$$

$$\Phi_k(6,2) = \Phi_k(5,3)$$

$$\Phi_k(6,3) = -\frac{\mu_e}{\|\boldsymbol{r}_k\|^3}\left(1 - \frac{3r_{z,k}^2}{\|\boldsymbol{r}_k\|^2}\right) - \frac{\mu_e R_e^2 J_2}{\|\boldsymbol{r}_k\|^5}\left(52.5\frac{r_{z,k}^4}{\|\boldsymbol{r}_k\|^4} - 45\frac{r_{z,k}^2}{\|\boldsymbol{r}_k\|^2} + 4.5\right)$$

值得注意的是，航天器在轨运动过程中所受的力可分为保守力和非保守力，其中，保守力包括地球质心引力、地球非球形引力、日月引力等，非保守力包括大气阻力、太阳光压，以及航天器推进系统的推力等。通过加速度计能够测量非保守力引起的加速度，即比力。利用精确的模型描述航天器所受的保守力，并利用高精度星载加速度计测量航天器的非保守力，是降低由于轨道动力学模型误差带来的航天器运动状态预测误差，提高光学成像导航精度的有效手段。

5.3.3　观测方程

在基于紫外地球敏感器的航天器自主导航系统中，观测方程的建立主要可采取以下两种方式。

1）以地心惯性坐标系中的地心矢量作为观测量。利用紫外地球敏感器的地球观测通道，获得敏感器坐标系中的地心方向矢量（$-\boldsymbol{r}_k/\|\boldsymbol{r}_k\|$）与地心距（$\|\boldsymbol{r}_k\|$）测量信息，二者相乘得到地心矢量（$-\boldsymbol{r}_k$）；通过恒星观测通道和姿态确定算法计算得到惯性姿态，将敏感器坐标系中的地心矢量转换至惯性坐标系。以地心矢量为观测量时，光学成像导航系统的观测方程是线性的，在此基础上设计得到的扩展卡尔曼滤波器具有较为简洁的形式。

2）以地心方向矢量和多颗恒星方向矢量的夹角，即星光角距为观测量，星光角距的示意图如图 5－6 所示。星光角距是某一时刻两个方向矢量的夹角，它的大小与具体的坐标系无关；由于星光角距在不同坐标系中的大小保持不变，在敏感器坐标系中测量得到的星光角距可以直接用于描述地心惯性坐标系中地心方向矢量和恒星方向矢量的关系。该方法的特色在于，在获取观测量的过程中无须用到航天器姿态信息，使得导航定位与姿态确定过程解耦。

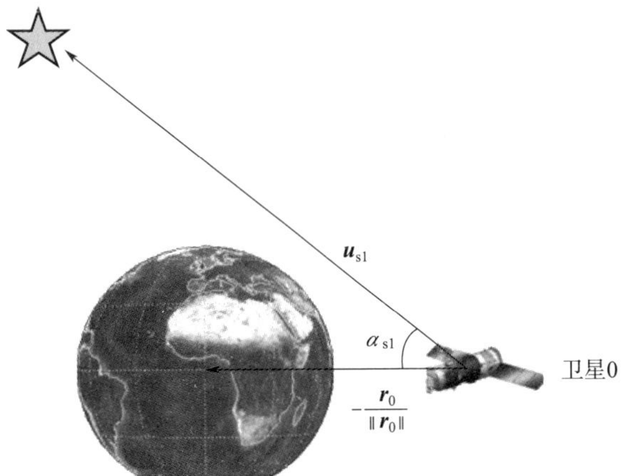

图 5－6　地心方向矢量和恒星方向矢量的星光角距示意图

对比以上两种观测方程的表述形式，一般认为，观测量为地心矢量时能够更为直观地反映航天器的当前位置，便于扩展卡尔曼滤波器的设计和调试，且能够避免星光角矩计算过程中矢量叉乘损失部分导航信息的问题。考虑到利用紫外地球敏感器的恒星观测通道，能够方便地确定敏感器坐标系到地心惯性坐标系的姿态转换矩阵，本章采用第一种方式，即以地心惯性坐标系中的地心矢量作为观测量，建立系统的观测方程。应当说明，在航天器自身的姿态信息难以准确获取的情况下，以星光角距作为观测量的观测方程建立方式具有重要价值。在本书第 9 章对天文观测相对论效应导航方法的研究中，我们将会遇到这种情况。

根据紫外地球敏感器的测量模型，以航天器位置矢量（或地心矢量，二者仅符号不同）为观测量，光学成像导航系统的观测方程可以写成离散时间随机系统模型的标准形式

$$\boldsymbol{y}_k = h(\boldsymbol{x}_k) + \boldsymbol{v}_k \tag{5-88}$$

式中

$$h(\boldsymbol{x}_k) = \boldsymbol{r}_k \tag{5-89}$$

$\boldsymbol{v}_k$ 为测量噪声。观测函数对应的雅可比矩阵为 $\dfrac{\partial h}{\partial x_k} = [\boldsymbol{I}_{3\times3} \quad \boldsymbol{0}_{3\times3}]$。

式（5-81）和式（5-88）构成了光学成像导航系统的状态方程和观测方程，基于上述系统模型，采用本书 5.1 节所述方法，设计扩展卡尔曼滤波器的递推计算公式；利用紫外地球敏感器获得地心矢量观测量，结合航天器轨道动力学模型，通过状态估计得到航天器的位置矢量和速度矢量，从而实现基于紫外地球敏感器的光学成像导航。扩展卡尔曼滤波器的递推计算公式参见本书 5.1 节，在此不再重复。

5.4 多敏感器信息融合

5.4.1 信息融合的概念和特点

随着空间科学技术的进步，航天器对导航精度和可靠性的要求越来越高，仅靠单一测量敏感器提高航天器导航系统精度和可靠性的难度较大。在应用光学成像测量方式实施自主导航的基础上，融合其他测量设备提供的信息，构建基于多敏感器信息融合的组合导航系统，不仅能够改善导航精度，还有助于增强导航系统的容错能力。

关于多敏感器信息融合，比较通用的定义可概括为：以完成估计或决策任务为目的，运用数字计算机技术，对按时序获得的若干敏感器测量数据，在一定准则下进行自动分析综合的信号处理方法或过程[17]。按照这一定义，对于航天器导航系统而言，测量敏感器和星上计算机是信息融合的硬件基础，敏感器测量数据是信息融合的加工对象，协调优化和综合处理算法是信息融合的核心。近些年来，航天器导航研究在深度和广度上不断向前发展，可供航天器利用的导航信息源越来越多，这为多敏感器测量信息融合的实施提供了技术保障。多敏感器测量信息融合的基本结构如图 5-7 所示。

信息融合将不同来源、不同时间和不同形式的测量数据进行综合，从而得到被感知对象更精确的描述。多敏感器信息融合技术常用于建立组合导航系统，通过信息融合可以实现单个测量敏感器难以达到的性能，其功能特点可以概括为以下几个方面。

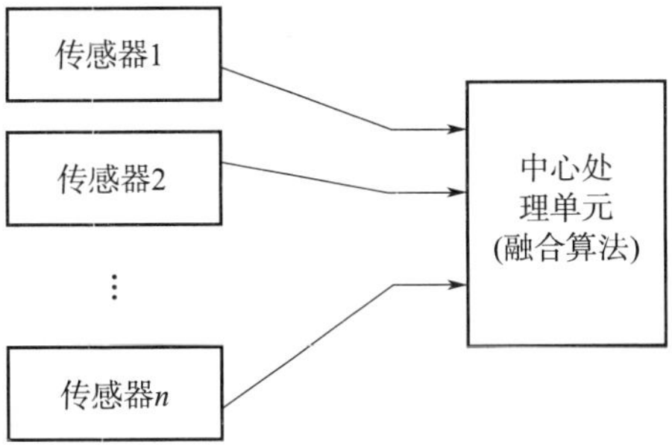

图 5－7　多敏感器测量信息融合的基本结构

(1) 高精度

基于多敏感器信息融合的组合导航系统运用多个敏感器不同体制的观测量进行导航解算，可利用的测量信息增多，对提高导航系统的精度十分有利（关于增加的测量信息对提升导航精度的作用，可以方便地利用克拉美劳下界给出量化分析结论）。此外，利用多敏感器信息融合技术还可以实现敏感器系统偏差校准，从而削弱系统偏差对导航精度的影响；如本书 4.3 节将星敏感器与陀螺测量信息相互融合，用于实现航天器姿态确定和陀螺漂移误差校准。

(2) 互补性

基于多敏感器信息融合的组合导航系统综合利用了多种不同测量敏感器的信息，各个测量敏感器能够取长补短，扩大整个导航系统在空间和时间上的适用范围。举例来说，在航天器姿态确定系统中，星敏感器的测量噪声较大，而陀螺受到漂移误差的影响，融合星敏感器和陀螺的测量信息，既抑制了星敏感器测量噪声，又实现了陀螺误差校准。类似地，将惯性导航系统与 GNSS 等其他导航系统进行信息融合，可以达到取长补短的目的；关于这类系统的设计与应用，可参阅参考文献 [18]。

(3) 高可靠性

从多个测量敏感器中提取出来的导航信息存在一定冗余，如果系统设计得当，在某些测量敏感器发生故障时，基于多敏感器提供的冗余测量信息融合可实现故障诊断与系统重构，隔离已发生故障的敏感器，利用未发生故障的敏感器继续完成导航任务，从而提高整个导航系统的可靠性[19]。基于多敏感器信息融合的组合导航系统，其发展方向是具有自主故障诊断和重构功能的容错系统。

基于多敏感器信息融合设计的组合导航系统具有高精度、互补性和高可靠性等特点。本书下面一节将要说明，在应用光学成像导航方式的基础上，融合 X 射线探测器提供的脉冲星测量信息进行组合导航，能够显著提高航天器导航系统性能。

5.4.2　信息融合的实施方式

现代科学技术能够给航天器提供多种导航方式，包括基于光学成像测量的天文导航、GNSS 导航和地面无线电测控等；此外，人们还在研究其他新概念导航方法，如 X 射线脉冲星导航、基于照相观测的星座定向，以及天文观测相对论效应导航等。这些导航方式各有优缺点，精度和成本也大不相同。通过多敏感器信息融合技术，将各种导航方式适当地组合起来，可以取长补短，实现对某些敏感器系统偏差的在轨校准，提升整个导航系统的任务能力。

用于敏感器测量数据处理和航天器运动状态确定的随机系统状态估计方法是信息融合研究的核心，状态估计性能的优劣直接影响组合导航的质量。组合导航技术的发展已有很长的历史，20 世纪 60 年代以后，一般基于卡尔曼滤波器理论设计多敏感器信息融合算法，对于航天器导航系统而言，扩展卡尔曼滤波器是应用最广泛的随机系统状态估计方法。

用于信息融合的状态估计方法根据算法结构的不同，可分为集中式滤波器和分散化滤波器两种实现途径；其中，集中式滤波器利用单个卡尔曼滤波器或扩展卡尔曼滤波器来处理全部敏感器的测量数据，存在状态维数高和不利于故障诊断等问题；分散化滤波器将全部敏感器分为几个子系统，针对各个子系统分别设计卡尔曼滤波器或扩展卡尔曼滤波器，对各个子系统中敏感器测量数据进行处理，得到局部的状态估计值，然后，将局部的状态估计值作为输入进行状态融合，得到全局的状态估计值。联邦滤波器是分散化滤波器的典型代表，具有设计灵活和容错性好等特点，在参考文献［4］中，对联邦滤波器的设计原理进行了详细的论述。

对于不同的应用要求，可以有不同层次和水平的信息融合模式。根据各个敏感器提供的导航信息相互影响的程度，可以大致把组合模式分为两类：一类叫松耦合（Loose Coupling），另一类叫紧耦合（Tight Coupling）[20]。

1）松耦合的主要特点是：各个测量敏感器独立工作，组合系统的导航信息通过融合各个测量敏感器的输出得到。属于松耦合的一种典型模式是用 GNSS 重调惯性导航系统，其工作方式为：在 GNSS 正常工作期间，组合导航系统输出的是 GNSS 提供的位置和速度；在 GNSS 停止工作的情况下，惯性导航系统将 GNSS 停止工作瞬间输出的位置和速度作为惯性导航系统的初值继续工作。松耦合的优点是设计简单，便于工程实现；缺点在于导航精度往往不及紧耦合。

2）紧耦合的主要特点是：通过滤波器处理组合系统中的各个敏感器的测量数据，对载体运动状态和部分敏感器系统偏差进行估计，从而提高导航精度，或将组合信息用于辅助部分敏感器获取观测量，从而提高该敏感器的信号跟踪能力。紧耦合系统以牺牲各个敏感器的独立性为代价换取高性能，工程实现和误差分析相对比较复杂。举例来说，在基于星敏感器和陀螺的航天器姿态确定系统中，通过组合系统估计陀螺漂移误差，并将陀螺漂移误差的估计值用于修正陀螺观测量，基于这种方法，在陀螺输出的航天器姿态角速率中，实际上也包含了星敏感器测量误差的影响；此外，在下一节将要介绍的脉冲星/光学组合导航系统中，将紫外地球敏感器的测量信息用于 X 射线探测器的信号处理，从而提升脉冲星测量信息的提取精度，这也是一种紧耦合的组合模式。

5.5　脉冲星/光学组合导航

通过扩展卡尔曼滤波器进行多敏感器信息融合，是以现阶段敏感器技术水平提高航天器导航性能的有效手段。将光学成像导航与 X 射线脉冲星导航相结合，构成组合导航系统，与单独 X 射线脉冲星导航系统相比，能够提升 X 射线探测器获取脉冲到达时间差观测量的精度，同时，有助于缩短导航系统输出定位和测速信息的时间间隔。X 射线脉冲星导航在当代航天器导航研究领域具有重要地位，本节对其原理方法作一个简明扼要的概括；在此基础上，说明脉冲星/光学组合导航系统中扩展卡尔曼滤波器设计的基本方法。关于 X 射线脉冲星导航技术的详细说明可参阅参考文献 [21]。

5.5.1　基本原理

X 射线脉冲星是宇宙空间中以稳定的周期高速自转的中子星。20 世纪 30 年代，在英国物理学家查德威克宣告发现中子后不久，苏联科学家朗道就提出了理论预言：宇宙中可能存在全部由中子构成的中子星，其体积很小、非常致密、辐射极其微弱。起初，天文学家热情高涨，试图利用光学望远镜来搜寻中子星。但在此后 35 年的时间里，一直没有发现中子星的踪迹，且中子星模型的密度又高得惊人，以致于人们对中子星假说普遍持怀疑态度。脉冲星的发现是由剑桥大学一位年轻的博士研究生乔斯琳 · 贝尔用造价低廉的自制设备于 1967 完成的，被誉为作为 20 世纪最重大的天文发现之一，如图 5－8 所示。脉冲星的发现引起了科学界的震动，1974 年，贝尔的导师因贝尔发现脉冲星而获得了诺贝尔物理学奖。2018 年，75 岁的贝尔以其过去 50 年的科学成就获得包括马云、马化腾等各国富豪资助的科学界第一巨奖——突破奖。

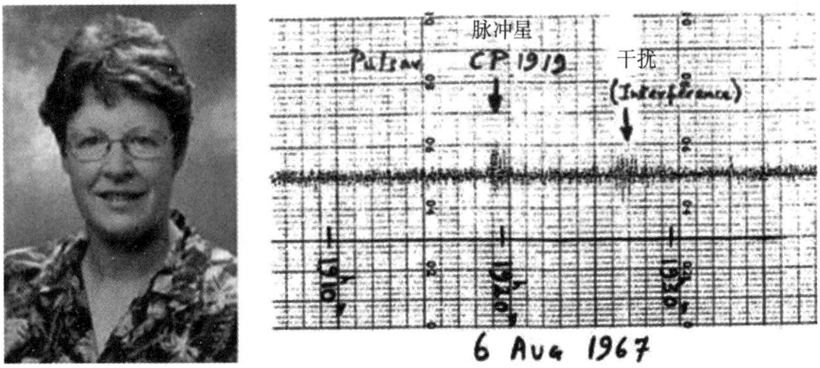

图 5－8　英国天文学家贝尔和记录脉冲星信号的纸带

部分脉冲星自转周期变化率为 $10^{-19} \sim 10^{-21}$，被誉为“自然界的天体钟”。脉冲星能够沿磁极方向发射辐射波束，脉冲星的转动带着辐射波束在宇宙中扫过一个巨大的锥形（如图 5－9 所示），当波束扫过航天器时，航天器上的 X 射线探测器就能接收到一个脉冲信号。脉冲星可以作为“宇宙中的灯塔”，为航天器提供导航信息。

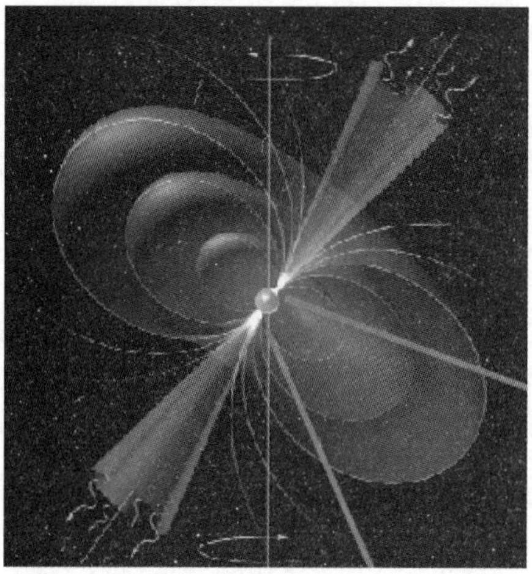

图 5－9　X 射线脉冲星辐射波束示意图

X 射线脉冲星导航通常以太阳系质心（Solar System Barycenter，SSB）作为空间参考点，脉冲星发射的脉冲信号到达太阳系质心的时间可以精确预报，脉冲信号到达航天器的时间可以通过安装在航天器上的 X 射线探测器测量得到（如图 5－10 所示），脉冲信号到达航天器与到达太阳系质心的时间之差反映了航天器相对于太阳系质心的位置。以脉冲到达时间为观测量，结合航天器轨道动力学模型，通过扩展卡尔曼滤波器处理一个时间序列上的观测量，可以获得航天器位置和速度的估计值[22]。

图 5－10　安装在国际空间站上的 X 射线探测器

脉冲到达时间观测量反映了航天器相对于太阳系质心的位置矢量在脉冲星视线矢量上的投影（如图 5－11 所示），可用于确定航天器的位置和速度。但是，在航天器上通过 X 射线探测器获取的原始观测量是光子到达时间。由于到达航天器的脉冲星信号非常微弱，受 X 射线探测器有效面积的限制，往往很难根据一个脉冲周期的光子到达时间准确测定脉冲信号到达航天器的时间。

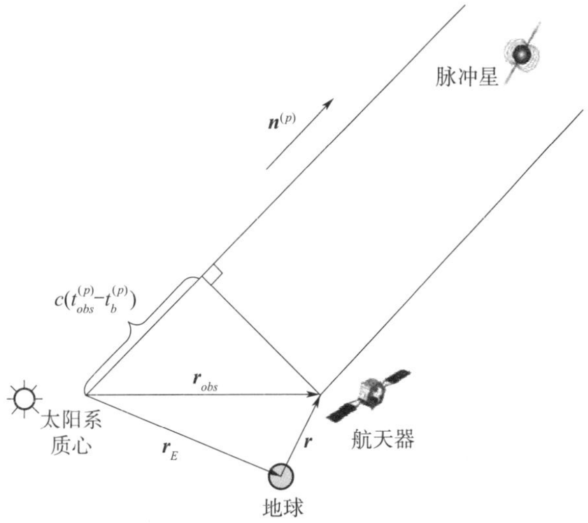

图 5-11　脉冲到达时间与航天器位置矢量的几何关系

针对上述问题，在 X 射线脉冲星导航系统中，需要通过对光子到达时间观测量的数据处理获取脉冲到达时间（Time of Arrival，TOA）。常用的数据处理方法是利用航天器上的 X 射线探测器对脉冲星进行多个脉冲周期的重复观测，并通过周期折叠构造观测脉冲轮廓，再将观测脉冲轮廓与事先建模得到的标准脉冲轮廓模板进行相位比对，二者之间的相位差反映了脉冲到达时间的大小；进而，将计算得到的脉冲到达时间观测量用于导航解算，如图 5-12 所示。应当说明，为了消除相对论效应和多普勒效应的影响，在应用周期折叠方法获取观测脉冲轮廓之前，需要将光子到达时间转换至太阳系质心。然而，如果航天器的位置和速度是未知的，那么，时间转换和周期折叠无法准确进行，此时，观测脉冲轮廓会变得模糊，从而造成观测得到的脉冲到达时间不准确。

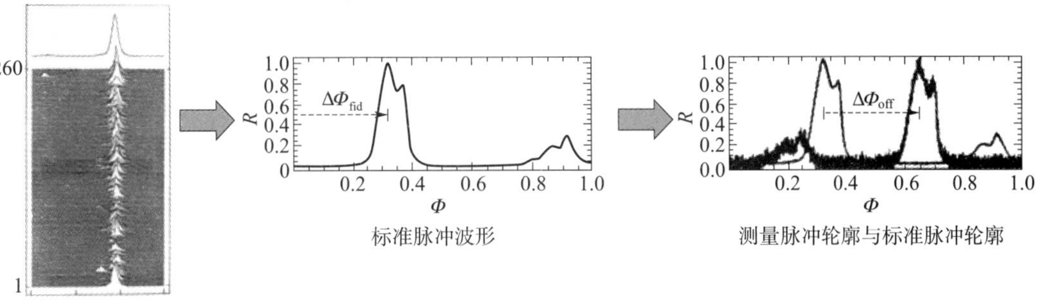

图 5-12　数据处理过程中的周期折叠与轮廓比对示意图

在计算脉冲到达时间差观测量的过程中，需要用到航天器的位置信息，航天器位置误差会对脉冲到达时间测定产生不利影响。针对上述问题，研究通过光学成像测量方式增强 X 射线脉冲星导航系统性能的方法。考虑到紫外地球敏感器是一种具有代表性的光学成像敏感器，以紫外地球敏感器为例，对脉冲星/光学组合导航方法进行说明。引入紫外地球敏感器测量信息辅助进行X射线探测器光子到达时间观测量数据处理的基本方法为：将通过紫外地球敏感器获得的位置信息用于建立时间转换方程，对光子到达时间观测量进行时间转换和周期折叠，从而获得更准确的观测量；进而，通过扩展卡尔曼滤波器，基于所获得的观测量进行状态估计。应用多敏感器信息融合技术，能够达到比单独X射线脉冲星导航更高的定位和测速精度水平。

5.5.2 X射线探测器数据处理方式

在X射线脉冲星导航系统中，通过X射线探测器测量得到的光子到达时间信号处理过程包括时间转换、周期折叠、轮廓比对和滤波解算等[23-24]，下面分别进行说明。

（1）X射线脉冲信号获取

X射线脉冲星导航系统的原始观测量是通过航天器上的X射线探测器获得的脉冲星光子到达时间。脉冲星辐射的光子到达X射线探测器的事件通常建模为泊松过程，并通过周期性的脉冲轮廓函数$\lambda(t)\geqslant 0$来描述，在非重叠时间窗口内的光子数为独立的泊松随机变量。在时间窗口（s，t）内到达光子数为$N_{s,t}$的概率为

$$P(N_{s,t})=\frac{[\Lambda(s,t)]^{N_{s,t}}}{N_{s,t}!}\mathrm{e}^{-\Lambda(s,t)} \tag{5-90}$$

式中，$N_{s,t}$为在时间窗口（s，t）内到达的光子数，$\Lambda(s,t)=\int_s^t\lambda(\tau)\mathrm{d}\tau$为泊松过程的积分速率，$\lambda(t)$为脉冲轮廓函数，$t$表示时间。光子数$N_{s,t}$的均值和方差分别为

$$E(N_{s,t})=D(N_{s,t})=\Lambda(s,t) \tag{5-91}$$

脉冲轮廓函数的物理意义是来源于所观测的脉冲星和宇宙背景中的所有光子到达X射线探测器的平均速率，该函数的形式如下所示

$$\lambda(t)=\lambda_b+\lambda_s g(t)\ (\text{photons/s}) \tag{5-92}$$

式中，λ_b和λ_s为脉冲速率常数，分别表示来源于宇宙背景和作为导航信号源的脉冲星的光子到达速率。函数$g(t)$用于描述脉冲星光子到达速率的周期性变化。函数$g(t)$是非负的，满足以下两式

$$\int_0^{T_p}g(\tau)\mathrm{d}\tau=1$$

$$\min_{t\in[0,T_p)}g(t)=0$$

$g(t)$定义在时间区间$t\in[0,T_p)$内，其中T_p表示所观测脉冲星的脉冲周期。该定义可周期延拓至整个时间轴，即：$g(t+nT_p)=g(t)$，其中n是正整数。脉冲星辐射的X射线光子信号是周期信号，信号的周期取决于脉冲星的自转周期。各个周期的光子流量变化情况可以用一个周期的脉冲轮廓函数来描述。举例来说，通过天文观测得到的天球上不同脉冲星的脉冲轮廓函数波形如图5-13所示。

（2）时间转换

在X射线脉冲星导航方法中，通过观测数据处理，直接计算扩展卡尔曼滤波器中用于修正航天器位置误差的测量新息，称其为脉冲到达时间差（Time Difference of Arrival,

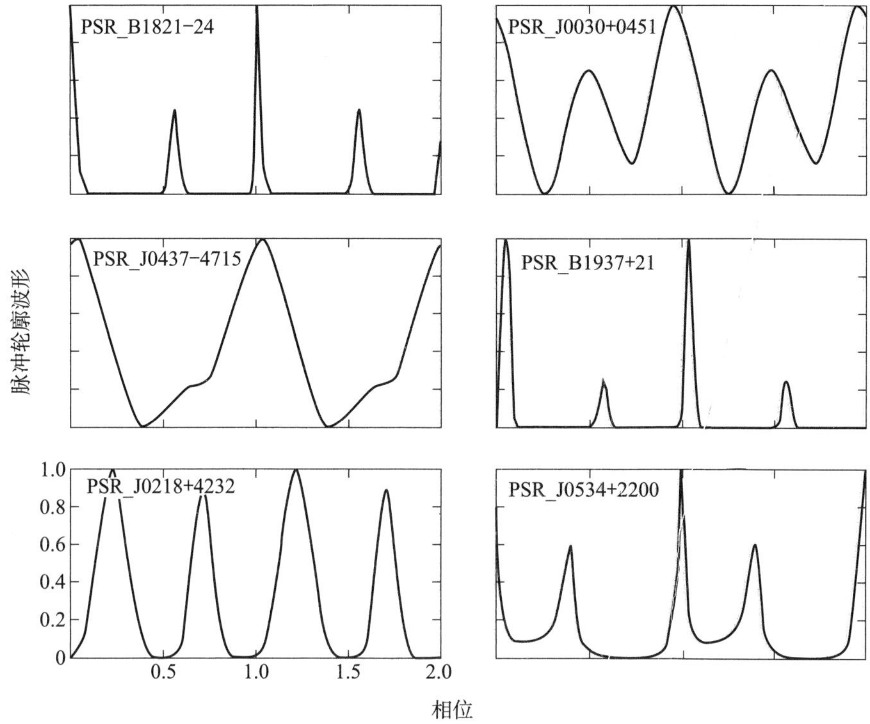

图 5－13　典型脉冲星的归一化脉冲轮廓函数波形（均为两个脉冲周期）

TDOA），即通过 X 射线探测器测量得到的和通过事先建立的模型预测得到的同一脉冲到达指定空间参考点的时间之差。脉冲到达时间差可通过观测脉冲轮廓与标准脉冲轮廓相位比对的方式来计算。通常选择太阳系质心作为进行相位比对的空间参考点，原因在于太阳系质心相对于脉冲星的加速度足够小，在太阳系质心可以观察到稳定的、周期性的脉冲轮廓波形，脉冲轮廓波形随时间变化的情况可以简单地用类似周期函数的形式来表述。从几何约束的角度进行说明，脉冲到达时间差反映了航天器位置误差在脉冲星视线矢量上的投影，脉冲到达时间差与航天器位置误差在两维平面上的几何关系如图 5－14 所示。

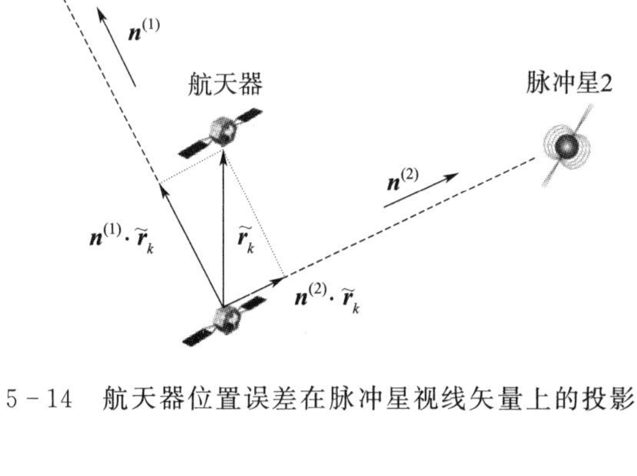

图 5－14　航天器位置误差在脉冲星视线矢量上的投影

为了在太阳系质心构建观测脉冲轮廓，需要将在航天器上观测到的光子到达时间转换到太阳系质心。在时间转换过程中，除航天器位置变化对光子到达时间的影响之外，还需要考虑航天器运动对时钟的影响，以及太阳系重力场效应等因素的影响。在文献［22］中，利用如下所示的时间转换方程描述 X 射线光子到达航天器的时间和到达太阳系质心的时间之间的关系

$$t_k^{(b)}=t_k^{(obs)}+\frac{1}{c}\boldsymbol{n}\cdot\boldsymbol{r}_{sc,k}-\frac{1}{2cD_0}[\|\boldsymbol{r}_{sc,k}\|^2-(\boldsymbol{n}\cdot\boldsymbol{r}_{sc,k})^2]+\frac{2\mu_s}{c^3}\ln\left|\frac{\boldsymbol{n}\cdot\boldsymbol{r}_{sc,k}+\|\boldsymbol{r}_{sc,k}\|}{\boldsymbol{n}\cdot\boldsymbol{b}+\|\boldsymbol{b}\|}+1\right| \tag{5-93}$$

式中，$t_k^{(obs)}$ 表示光子到达航天器的时间，$t_k^{(b)}$ 表示同一光子到达太阳系质心的时间，c 表示光速（$c=299\ 792\ 458$ m/s），单位矢量 $\boldsymbol{n}$ 表示脉冲星视线方向矢量，$\boldsymbol{r}_{sc,k}$ 是航天器位置矢量在太阳系质心惯性坐标系中的投影，D_0 是太阳系质心到脉冲星的距离，μ_s 表示太阳引力常数（$\mu_s=1.327\ 12\ 438\times10^{20}\ \mathrm{m^3/s^2}$），$b$ 表示太阳系质心相对于太阳中心的位置矢量，k 表示离散的时间。

在 X 射线脉冲星导航系统中，航天器的真实位置不是精确已知的，通常的作法是将航天器位置的估计值 $\hat{\boldsymbol{r}}_{sc,k}$ 代替真实值 $\boldsymbol{r}_{sc,k}$，用于实现时间转换。此时，时间转换方程可写为

$$\hat{t}_k^{(b)}=t_k^{(obs)}+\frac{1}{c}\boldsymbol{n}\cdot\hat{\boldsymbol{r}}_{sc,k}-\frac{1}{2cD_0}[\|\hat{\boldsymbol{r}}_{sc,k}\|^2-(\boldsymbol{n}\cdot\hat{\boldsymbol{r}}_{sc,k})^2]+\frac{2\mu_s}{c^3}\ln\left|\frac{\boldsymbol{n}\cdot\hat{\boldsymbol{r}}_{sc,k}+\|\hat{\boldsymbol{r}}_{sc,k}\|}{\boldsymbol{n}\cdot\boldsymbol{b}+\|\boldsymbol{b}\|}+1\right| \tag{5-94}$$

式中，$\hat{t}_k^{(b)}$ 是利用航天器位置的估计值计算得到的光子到达太阳系质心的时间，易于看出，光子到达时间的计算值 $\hat{t}_k^{(b)}$ 易受导航系统中航天器位置误差的影响。对于环绕地球运动的航天器而言，航天器位置矢量及其估计值如下所示

$$\boldsymbol{r}_{sc,k}=\boldsymbol{r}_{E,k}+\boldsymbol{r}_k,\ \hat{\boldsymbol{r}}_{sc,k}=\boldsymbol{r}_{E,k}+\hat{\boldsymbol{r}}_k \tag{5-95}$$

式中，$\boldsymbol{r}_{E,k}$ 是地心相对于太阳系质心的位置矢量，$\boldsymbol{r}_k$ 和 $\hat{\boldsymbol{r}}_k$ 分别是航天器相对于地心的位置矢量及其估计值。

（3）周期折叠

到达航天器的 X 射线脉冲信号非常微弱，受 X 射线探测器有效面积的限制，往往很难根据一个脉冲周期的光子到达时间观测量建立观测脉冲轮廓，而是需要对脉冲星进行多个脉冲周期的重复观测；基本方法为：利用航天器上的 X 射线探测器记录大量的光子到达时间观测数据，并将光子到达时间通过时间转换方程转换到太阳系质心，接下来，应用周期折叠方法，在太阳系质心构造观测脉冲轮廓。

周期折叠的主要过程如图 5－15 所示，实施步骤可归纳如下。

Step 1：在一个特定的观测时段内（通常包含多个脉冲周期），根据 X 射线探测器记录的一个时间序列上的光子到达时间数据，将所有光子到达事件排列在一条时间轴上。

Step 2：将该时间轴折叠到一个单个的时间区间，该时间区间的长度等于所观测脉冲星的 1 个脉冲周期。

Step 3：将该时间区间分割为多个具有同样长度的时间窗口，并统计在整个观测时段内落入各个时间窗口的光子数。

Step 4：对落入各个时间窗口的光子数进行标准化处理，从而在一个单个的脉冲周期内建立观测脉冲轮廓。

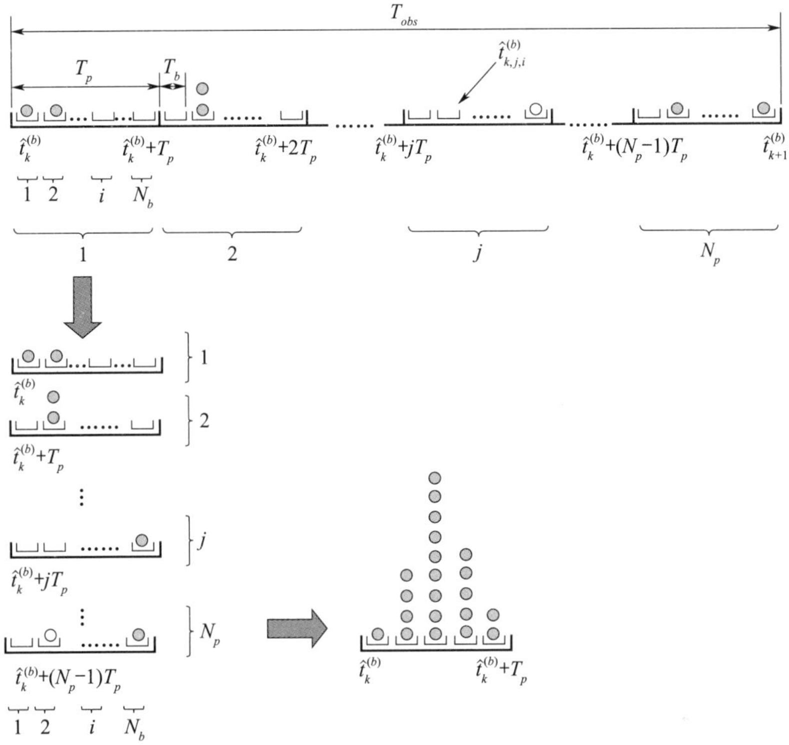

图 5-15 周期折叠过程示意图

假定在某个观测时段中包含 N_p 个脉冲周期，也就是说，$T_{obs}=N_pT_p$，其中，T_p 表示脉冲周期，T_{obs} 表示观测时段的长度。令 $C(t)$ 表示在以 t 为中心的时间窗口中检测到的光子数。假定时间窗口的长度为 T_b，一个脉冲周期内的时间窗口数为 N_b，也就是说，$T_b=\dfrac{T_p}{N_b}$，通常要求时间窗口 T_b 的长度足够小，以保障脉冲轮廓的精细度。将 N_p 个脉冲周期的光子到达时间折叠到一个脉冲周期，计算相应时间窗口内的光子数，并进行规范化处理，即可得到观测脉冲轮廓。假定初始时间为 $\hat{t}_k^{(b)}$，通过上述方法构造得到的观测脉冲轮廓函数如下式所示

$$\hat{\lambda}(\hat{t}_{k,i}^{(b)})=\frac{1}{N_pT_b}\sum_{j=1}^{N_p}C(\hat{t}_{k,j,i}^{(b)})\ ,\ i=1,2,\cdots, \tag{5-96}$$

式中，$\hat{\lambda}(t)$ 表示观测脉冲轮廓函数，符号 $\hat{t}_{k,i}^{(b)}$ 和 $\hat{t}_{k,j,i}^{(b)}$ 按下式定义

$$\hat{t}_{k,i}^{(b)}=\hat{t}_k^{(b)}+(i-0.5)T_b\ ,\ \hat{t}_{k,j,i}^{(b)}=\hat{t}_k^{(b)}+(j-1)T_p+(i-0.5)T_b \tag{5-97}$$

（4）脉冲到达时间差计算

经过周期折叠获得观测脉冲轮廓，将观测脉冲轮廓与标准脉冲轮廓进行比对，二者之间的差异反映了脉冲到达时间差的大小。标准脉冲轮廓可通过长期天文观测建立，脉冲到达时间差可通过非线性最小二乘（Nonlinear Least Square，NLS）法进行计算。优化问题的代价函数 $J(\Delta t_k^{(b)})$ 定义为观测脉冲轮廓函数 $\hat{\lambda}(\hat{t}_{k,i}^{(b)})$ 和标准脉冲轮廓函数 $\lambda(t_{k,i}^{(b)})$ 之差，其数学表达式为

$$J(\Delta t_k^{(b)}) = \sum_{i=1}^{N_b} [\hat{\lambda}(\hat{t}_{k,i}^{(b)}) - \lambda(t_{k,i}^{(b)} - \Delta t_k^{(b)})]^2 \tag{5-98}$$

其中，$t_{k,i}^{(b)} = t_k^{(b)} + (i-0.5)T_b$。通过非线性最小二乘法计算使代价函数 $J(\Delta t_k^{(b)})$ 最小化的 $\Delta\hat{t}_k^{(b)}$，可得

$$\Delta\hat{t}_k^{(b)} = \arg \min_{\Delta t_k^{(b)} \in (0, T_p)} J(\Delta t_k^{(b)}) \tag{5-99}$$

式中，$\Delta t_k^{(b)}$ 为脉冲到达时间差，$\Delta\hat{t}_k^{(b)}$ 是 $\Delta t_k^{(b)}$ 的估计值。不难发现，最小二乘法比较适合解决曲线拟合一类的问题，本书涉及的陀螺随机误差模型参数辨识、星敏感器低频误差校准，以及脉冲到达时间差测定等，都属于这种情况。当读者在工程实践活动中遇到类似问题时，可以尝试运用最小二乘法进行处理。

（5）基于扩展卡尔曼滤波器的状态估计

在 X 射线脉冲星导航系统中，仿照光学成像导航方法，基于航天器轨道动力学模型建立状态方程，根据时间转换方程建立观测方程，以反映航天器位置误差大小的脉冲到达时间差作为测量新息，应用扩展卡尔曼滤波器，对航天器的位置矢量和速度矢量进行估计。根据前面的描述，基于 X 射线脉冲星的数据处理和滤波解算流程如图 5-16 所示。

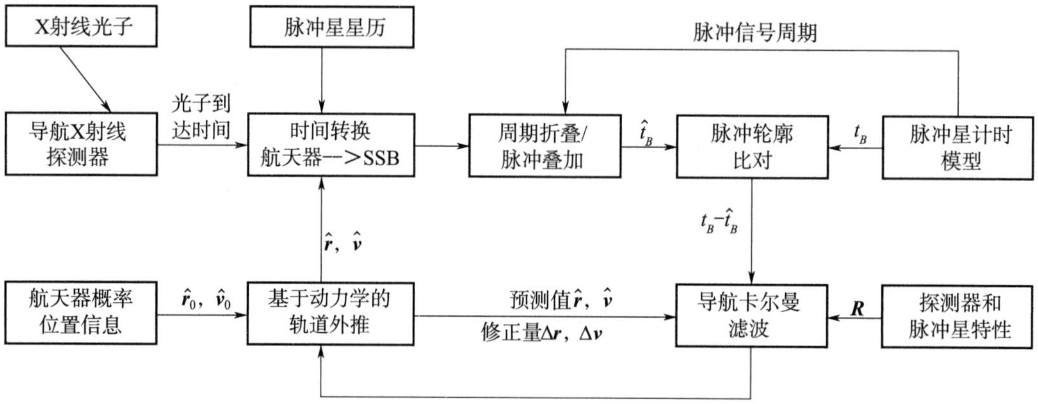

图 5-16 X 射线脉冲星导航系统数据处理和滤波解算流程

X 射线脉冲星导航信号处理基本流程可简略概括为：利用 X 射线探测器记录脉冲星辐射的 X 射线光子到达航天器的时间，经过时间转换和周期折叠等处理过程构造观测脉冲轮廓；将观测脉冲轮廓与标准脉冲轮廓进行比对，并将比对得到的脉冲到达时间差作为测量新息，输入到扩展卡尔曼滤波器，结合航天器轨道动力学模型，进行航天器运动状态估

计，航天器的位置估计结果可用于下一步的光子到达时间数据处理。

5.5.3　脉冲到达时间差测定性能分析

本节分析了作为扩展卡尔曼滤波器测量新息的脉冲到达时间差在不同情况下的测定精度，说明在理论上，脉冲到达时间差自身的测定精度受到航天器位置误差的影响。首先，分析在理想情况下，观测脉冲轮廓与标准脉冲轮廓的关系。在航天器的位置精确已知的情况下，不加证明地给出如下定理。本节中几个定理的证明过程均可在文献［25］中找到。

定理 5.2：假设在不重叠的时间窗口内的到达光子数为独立的泊松随机变量，其统计特性如式（5－90）所示。令 $\lambda(\hat{t}_{k,i}^{(b)})$ 为时间 $\hat{t}_{k,i}^{(b)}$（$\hat{t}_k^{(b)} < \hat{t}_{k,i}^{(b)} < \hat{t}_k^{(b)} + T_p$）上的标准脉冲轮廓函数，$\hat{\lambda}(\hat{t}_{k,i}^{(b)})$ 为通过周期折叠过程得到的观测脉冲轮廓函数。将 $\hat{\lambda}(\hat{t}_{k,i}^{(b)})$ 写为如下形式

$$\hat{\lambda}(\hat{t}_{k,i}^{(b)}) = \lambda(\hat{t}_{k,i}^{(b)}) + v(\hat{t}_{k,i}^{(b)}) \tag{5-100}$$

式中，$v(\hat{t}_{k,i}^{(b)})$ 是理想情况下的周期折叠噪声，则对于无限小的时间窗口 T_b，$v(\hat{t}_{k,i}^{(b)})$ 的均值和方差满足下式

$$E[v(\hat{t}_{k,i}^{(b)})] = 0 \tag{5-101}$$

$$D[v(\hat{t}_{k,i}^{(b)})] = \frac{N_b}{T_{obs}}\lambda(\hat{t}_{k,i}^{(b)}) \tag{5-102}$$

定理 5.2 表明，如果时间窗口 T_b 的长度足够小，并且时间转换过程能够精确实现，那么，观测脉冲轮廓 $\hat{\lambda}(\hat{t}_{k,i}^{(b)})$ 将准确复现标准脉冲轮廓 $\lambda(\hat{t}_{k,i}^{(b)})$。并且，根据式（5－102）可以看出，在不考虑航天器位置误差时，增长观测时段 $T_{obs} = N_p T_p$ 有助于减小周期折叠噪声的方差，从而改善脉冲到达时间差的测定精度。然而，在考虑航天器位置误差的情况下，这一结论可能并不成立。

如果航天器的先验位置信息不准确，通过轨道动力学外推得到的航天器位置的误差随时间增长而逐步增大。在存在航天器位置误差的情况下，经过时间转换过程计算得到的光子到达时间将是不准确的，可能导致在周期折叠过程中，对 X 射线光子到达事件的记录落入错误的时间窗口，从而造成时间窗口中检测到的光子数 $C(\hat{t}_{k,j,i}^{(b)})$ 不准确。为了与理想情况下的 $C(\hat{t}_{k,j,i}^{(b)})$ 相区分，考虑航天器位置误差的情况下，将不准确的光子数记为 $\overline{C}(\hat{t}_{k,j,i}^{(b)})$。相应地，在航天器上观测得到的脉冲轮廓将变得模糊，将受航天器位置误差影响的观测脉冲轮廓函数记为

$$\overline{\lambda}(\hat{t}_{k,i}^{(b)}) = \frac{1}{N_p T_b}\sum_{j=1}^{N_p}\overline{C}(\hat{t}_{k,j,i}^{(b)}) \tag{5-103}$$

为了清楚起见，标准脉冲轮廓函数 $\lambda(\hat{t}_{k,i}^{(b)})$、理想的观测脉冲轮廓函数 $\hat{\lambda}(\hat{t}_{k,i}^{(b)})$ 和失真的观测脉冲轮廓函数 $\overline{\lambda}(\hat{t}_{k,i}^{(b)})$ 的关系描述如图 5－17 所示。

在 X 射线脉冲星导航系统中，我们希望得到的是理想的观测脉冲轮廓函数 $\hat{\lambda}(\hat{t}_{k,i}^{(b)})$，$\hat{\lambda}(\hat{t}_{k,i}^{(b)})$ 应为标准脉冲轮廓函数 $\lambda(\hat{t}_{k,i}^{(b)})$ 的完美复制品，二者的差别仅在于存在一个时间

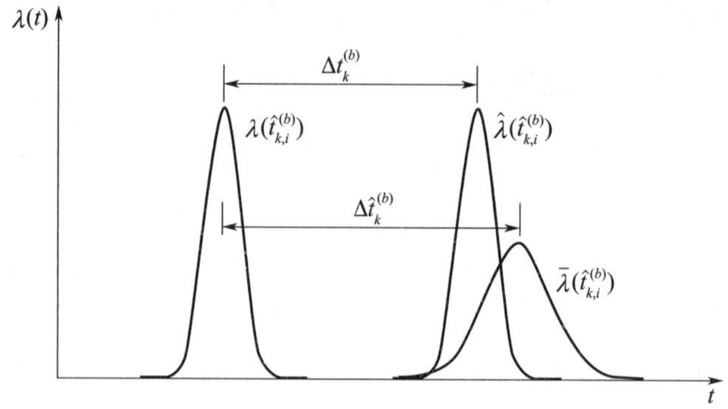

图 5－17　失真的观测脉冲轮廓函数示意图

偏移量 $\Delta t_k^{(b)}$（原因在于，航天器的实际位置与其估计值存在差异）。但是，受航天器位置误差的影响，导致观测脉冲轮廓函数发生失真，实际得到的不是 $\hat{\lambda}(\hat{t}_{k,i}^{(b)})$，而是 $\bar{\lambda}(\hat{t}_{k,i}^{(b)})$。失真的观测脉冲轮廓函数 $\bar{\lambda}(\hat{t}_{k,i}^{(b)})$ 将不能很好地与标准脉冲轮廓函数 $\lambda(\hat{t}_{k,i}^{(b)})$ 相匹配。在此应当注意区分，航天器位置误差造成的时间偏移，与脉冲轮廓函数波形失真造成的匹配误差是完全不同的两个概念。

令光子计数误差

$$\Delta C(\hat{t}_{k,j,i}^{(b)}) = C(\hat{t}_{k,j,i}^{(b)}) - \bar{C}(\hat{t}_{k,j,i}^{(b)}) \tag{5-104}$$

表示时间窗口内观测得到的光子数 $\bar{C}(\hat{t}_{k,j,i}^{(b)})$ 与其理想值 $C(\hat{t}_{k,j,i}^{(b)})$ 之间的差异，则失真的观测脉冲轮廓函数可写为

$$\bar{\lambda}(\hat{t}_{k,i}^{(b)}) = \frac{1}{N_p T_b}\sum_{j=1}^{N_p}\left[C(\hat{t}_{k,j,i}^{(b)}) - \Delta C(\hat{t}_{k,j,i}^{(b)})\right] \tag{5-105}$$

在考虑航天器位置误差影响的情况下，将脉冲轮廓重构性能归纳为以下定理。

定理 5.3：假设在不重叠的时间窗口内的到达光子数为独立的泊松随机变量，其统计特性如式（5－90）所示。令 $\bar{\lambda}(\hat{t}_{k,i}^{(b)})$ 为通过式（5－105）描述的受误差影响的周期折叠过程得到的失真观测脉冲轮廓函数，假定 $\Delta C(\hat{t}_{k,j,i}^{(b)})$ 的均值和方差为

$$E\left[\Delta C(\hat{t}_{k,j,i}^{(b)})\right] = \varepsilon_{k,i} \tag{5-106}$$

$$D\left[\Delta C(\hat{t}_{k,j,i}^{(b)})\right] = \delta_{k,i} \tag{5-107}$$

式中，$\varepsilon_{k,i}$ 和 $\delta_{k,i}$ 为依赖于时间的标量。将 $\bar{\lambda}(\hat{t}_{k,i}^{(b)})$ 写为如下形式

$$\bar{\lambda}(\hat{t}_{k,i}^{(b)}) = \lambda(\hat{t}_{k,i}^{(b)}) + \bar{v}(\hat{t}_{k,i}^{(b)}) \tag{5-108}$$

其中，$\bar{v}(\hat{t}_{k,i}^{(b)})$ 表示受误差影响的周期折叠噪声，则对于无限小的时间窗口 T_b，$\bar{v}(\hat{t}_{k,i}^{(b)})$ 的均值和方差满足下式

$$E\left[\bar{v}(\hat{t}_{k,i}^{(b)})\right] = \frac{\varepsilon_{k,i}}{T_b} \tag{5-109}$$

$$D\left[\bar{v}(\hat{t}_{k,i}^{(b)})\right] = \frac{N_b}{T_{obs}}\left[\lambda(\hat{t}_{k,i}^{(b)}) + \frac{\delta_{k,i}}{T_b}\right] \tag{5-110}$$

根据上述定理不难看出，光子计数误差对周期折叠噪声的均值和方差都有影响。考虑到轨道外推误差随时间增长而不断增大，对于观测时段较长的情况，由航天器位置误差导致的光子计数误差将呈现增大的趋势。相应地，$\varepsilon_{k,i}$ 和 $\delta_{k,i}$ 将会增大，造成的观测脉冲轮廓函数的失真也会越来越严重。

接下来，分析脉冲轮廓函数失真对脉冲到达时间差观测量的影响。$\Delta t_k^{(b)}$ 和 $\Delta\hat{t}_k^{(b)}$ 分别表示脉冲到达时间差的真值和估计值，将如式（5-98）所示的代价函数重写如下

$$J(\Delta\hat{t}_k^{(b)}) = [\boldsymbol{Z}_k - \boldsymbol{\Lambda}(\Delta\hat{t}_k^{(b)})]^{\mathrm{T}}[\boldsymbol{Z}_k - \boldsymbol{\Lambda}(\Delta\hat{t}_k^{(b)})] \tag{5-111}$$

其中

$$\boldsymbol{Z}_k = [\bar{\lambda}(\hat{t}_{k,1}^{(b)}) \quad \bar{\lambda}(\hat{t}_{k,2}^{(b)}) \quad \cdots \quad \bar{\lambda}(\hat{t}_{k,N_b}^{(b)})]^{\mathrm{T}} \tag{5-112}$$

$$\boldsymbol{\Lambda}(\Delta\hat{t}_k^{(b)}) = [\lambda(t_{k,1}^{(b)} - \Delta\hat{t}_k^{(b)}) \quad \lambda(t_{k,2}^{(b)} - \Delta\hat{t}_k^{(b)}) \quad \cdots \quad \lambda(t_{k,N_b}^{(b)} - \Delta\hat{t}_k^{(b)})]^{\mathrm{T}} \tag{5-113}$$

失真的观测脉冲轮廓函数记为 $\bar{\lambda}(\hat{t}_{k,i}^{(b)})$。为了便于分析，采用非线性系统线性化技术得到 $\boldsymbol{\Lambda}(\Delta\hat{t}_k^{(b)})$ 的近似表达式

$$\boldsymbol{\Lambda}(\Delta\hat{t}_k^{(b)}) = \boldsymbol{\Lambda}(\Delta t_k^{(b)}) + \boldsymbol{G}_k(\Delta\hat{t}_k^{(b)} - \Delta t_k^{(b)}) \tag{5-114}$$

式中

$$\boldsymbol{G}_k = \left.\frac{\partial\Lambda(\Delta\hat{t}_k^{(b)})}{\partial\Delta\hat{t}_k^{(b)}}\right|_{\Delta\hat{t}_k^{(b)}=\Delta t_k^{(b)}} \tag{5-115}$$

基于前面的铺垫，将脉冲到达时间差测定的性能分析归纳为以下定理。

定理 5.4：定义脉冲到达时间差的测定误差为

$$\Delta\tilde{t}_k^{(b)} = \Delta t_k^{(b)} - \Delta\hat{t}_k^{(b)} \tag{5-116}$$

如果周期折叠噪声 $\bar{v}(\hat{t}_{k,i}^{(b)})$ 的均值和方差如定理 5.3 所示，并且式（5-114）成立，那么，脉冲到达时间差的测定误差 $\Delta\tilde{t}_k^{(b)}$ 的均值和方差如下所示

$$E[\Delta\tilde{t}_k^{(b)}] = -(\boldsymbol{G}_k^{\mathrm{T}}\boldsymbol{G}_k)^{-1}\boldsymbol{G}_k^{\mathrm{T}}\boldsymbol{\Theta}_k \tag{5-117}$$

$$D[\Delta\tilde{t}_k^{(b)}] = (\boldsymbol{G}_k^{\mathrm{T}}\boldsymbol{G}_k)^{-1}\boldsymbol{G}_k^{\mathrm{T}}\boldsymbol{\Xi}_k\boldsymbol{G}_k(\boldsymbol{G}_k^{\mathrm{T}}\boldsymbol{G}_k)^{-1} \tag{5-118}$$

式中

$$\boldsymbol{\Theta}_k = \begin{bmatrix} \frac{\varepsilon_{k,1}}{T_b} & \frac{\varepsilon_{k,2}}{T_b} & \cdots & \frac{\varepsilon_{k,N_b}}{T_b} \end{bmatrix}^{\mathrm{T}} \tag{5-119}$$

矩阵 $\boldsymbol{\Xi}_k$ 是由元素 $\frac{1}{N_p T_b}\left[\lambda(\hat{t}_{k,1}^{(b)}) + \frac{\delta_{k,1}}{T_b}\right]$，$\frac{1}{N_p T_b}\left[\lambda(\hat{t}_{k,2}^{(b)}) + \frac{\delta_{k,2}}{T_b}\right]$，…，$\frac{1}{N_p T_b}\left[\lambda(\hat{t}_{k,N_b}^{(b)}) + \frac{\delta_{k,N_b}}{T_b}\right]$ 构成的对角阵，上式在矩阵 $\boldsymbol{G}_k^{\mathrm{T}}\boldsymbol{G}_k$ 可逆的条件下成立。

定理 5.4 表明，脉冲到达时间差 $\Delta t_k^{(b)}$ 的测定精度取决于周期折叠噪声 $\bar{v}(\hat{t}_{k,i}^{(b)})$ 的统计特性。一方面，根据定理 5.2，在航天器的位置精确已知的情况下，时间转换过程能够精确进行，此时，观测脉冲轮廓 $\hat{\lambda}(\hat{t}_{k,i}^{(b)})$ 是标准脉冲轮廓 $\lambda(t_{k,i}^{(b)})$ 的完美复制品；在理想情况下周期折叠噪声的均值为 0，方差随观测时段的增长而减小，则脉冲到达时间差的测定可以达到较高精度。另一方面，根据定理 5.3，在航天器位置信息不准确的情况下，脉冲

到达时间差的测定将会受到失真的脉冲轮廓函数 $\bar{\lambda}(\hat{t}_{k,i}^{(b)})$ 的影响，特别是在观测时段较长的情况下，轨道外推误差会逐渐积累，从而降低脉冲到达时间差的测定精度。结合本节几个定理的结论，应综合考虑应用系统的条件和需求，对观测时段 T_{obs} 进行折中选取；在航天器先验位置信息不准确的情况下，不宜选取太长的观测时段（如航天器的几个轨道周期）。

5.5.4 基于紫外地球敏感器的导航性能增强

对于 X 射线脉冲星导航系统而言，由于需要较长的观测时段来构造观测脉冲轮廓，测量更新的间隔较大，修正航天器位置信息的频率非常低，而航天器在惯性空间中的位置是时变的，如果仅依赖 X 射线脉冲星导航系统进行初始定位，则初始化时间较长。另外，考虑到在光子到达时间数据的时间转换过程中需要航天器的位置信息，如果航天器的位置不是精确已知的，则时间转换过程不能准确进行，这将导致观测脉冲轮廓波形失真。由于失真的观测脉冲轮廓和标准脉冲轮廓的形状不一致，通过二者的比对计算得到的脉冲到达时间差具有较大误差。

采取多敏感器信息融合技术，结合 X 射线探测器和紫外地球敏感器的测量信息，建立脉冲星/光学组合导航系统，是解决上述问题的有效途径。将数据更新率较高的光学成像测量信息引入脉冲星导航系统，相当于为 X 射线探测器提供了中等精度的先验位置信息，能够有效克服航天器初始位置误差的不利影响，改善脉冲到达时间差的测定精度。

在脉冲星/光学组合导航系统中，通过扩展卡尔曼滤波器处理源于脉冲星、地球和恒星的观测量，获取航天器位置和速度的最优估计值。类似光学成像导航方法，选择航天器位置和速度矢量作为状态向量，即 $\boldsymbol{x}_k=[\boldsymbol{r}_k^{\mathrm{T}} \quad \boldsymbol{v}_k^{\mathrm{T}}]^{\mathrm{T}}$；基于简化的航天器轨道动力学模型建立的状态方程如式（5－81）所示，其形式为

$$\boldsymbol{x}_k=f(\boldsymbol{x}_{k-1})+\boldsymbol{w}_k \tag{5-120}$$

式中，$\boldsymbol{w}_k$ 是均值为 $\boldsymbol{0}$，方差阵为 $\boldsymbol{Q}_k$ 的系统噪声，状态转移函数的雅可比矩阵为 $\boldsymbol{F}_k$。

为了区分 X 射线探测器和紫外地球敏感器的观测量，将二者的观测方程分别列写如下。对于同一观测时段仅观测 1 颗脉冲星的 X 射线探测器而言，观测方程可写为如下形式

$$y_{X,k}=h_X(\boldsymbol{x}_k)+v_{X,k} \tag{5-121}$$

式中，$y_{X,k}=t_k^{(b)}-t_k^{(obs)}$ 为脉冲到达时间观测量，观测函数基于时间转换方程得到

$$h_X(\boldsymbol{x}_k)=\frac{1}{c}\boldsymbol{n}\cdot\boldsymbol{r}_{sc,k}-\frac{1}{2cD_0}[\|\boldsymbol{r}_{sc,k}\|^2-(\boldsymbol{n}\cdot\boldsymbol{r}_{sc,k})^2]+\frac{2\mu_s}{c^3}\ln\left|\frac{\boldsymbol{n}\cdot\boldsymbol{r}_{sc,k}+\|\boldsymbol{r}_{sc,k}\|}{\boldsymbol{n}\cdot\boldsymbol{b}+\|\boldsymbol{b}\|}+1\right| \tag{5-122}$$

应当说明，该观测函数是实际测量系统模型的一种简化形式，忽略了时间转换方程高次项、脉冲星星历误差和星上时钟偏差等因素的影响。观测函数的雅可比矩阵为

$$\boldsymbol{H}_{X,k}=\frac{\partial h_X}{\partial x_k}=[\boldsymbol{H}_{X,k}(1,1:3) \quad \boldsymbol{0}_{1\times3}] \tag{5-123}$$

式中

$$\boldsymbol{H}_{X,k}(1,1:3)=\frac{1}{c}\boldsymbol{n}^{\mathrm{T}}-\frac{1}{cD_0}[\boldsymbol{r}_{sc,k}^{\mathrm{T}}-(\boldsymbol{n}\cdot\boldsymbol{r}_{sc,k})\boldsymbol{n}^{\mathrm{T}}]+\frac{2\mu_s}{c^3}\left[\frac{\boldsymbol{n}^{\mathrm{T}}+\boldsymbol{r}_{sc,k}^{\mathrm{T}}/\|\boldsymbol{r}_{sc,k}\|}{(\boldsymbol{n}\cdot\boldsymbol{r}_{sc,k}+\|\boldsymbol{r}_{sc,k}\|)+(\boldsymbol{n}\cdot\boldsymbol{b}+\|\boldsymbol{b}\|)}\right] \tag{5-124}$$

$v_{X,k}$ 是均值为 0，方差为 $R_{X,k}$ 的测量噪声。尽管通过光子到达时间数据处理得到的脉冲到达时间差并非观测量，而是扩展卡尔曼滤波器的测量新息，即 $\tilde{y}_{X,k}=\Delta\hat{t}_k^{(b)}$ ，但这并不会影响观测方程和观测矩阵的形式。

对应紫外地球敏感器的观测方程为

$$\boldsymbol{y}_{U,k}=\boldsymbol{h}_U(\boldsymbol{x}_k)+\boldsymbol{v}_{U,k} \tag{5-125}$$

式中，$\boldsymbol{y}_{U,k}$ 为地心矢量观测量（实际上是地心矢量的负数），观测函数形式为

$$\boldsymbol{h}_U(\boldsymbol{x}_k)=\boldsymbol{r}_k \tag{5-126}$$

$\boldsymbol{v}_{U,k}$ 是均值为 $\boldsymbol{0}$，方差阵为 $\boldsymbol{R}_{U,k}$ 的测量噪声。观测函数 $\boldsymbol{h}_U(\boldsymbol{x}_k)$ 对应的雅可比矩阵为 $\boldsymbol{H}_{U,k}=[\boldsymbol{I}_{3\times3}\quad \boldsymbol{0}_{3\times3}]$。

根据前面的描述，将基于扩展卡尔曼滤波器的脉冲星/光学组合导航算法步骤归纳如表 5－2 所示。

表 5－2　基于扩展卡尔曼滤波器的脉冲星/光学组合导航算法

Algorithm 5.2：XNAV/optical integrated navigation

Initialize estimates $\hat{\boldsymbol{x}}_0$ and the estimation error covariance matrix $\boldsymbol{P}_0$
for $k=1,2,\cdots$, do
　$\hat{\boldsymbol{x}}_{k|k-1}\leftarrow f(\hat{\boldsymbol{x}}_{k-1})$
　$\boldsymbol{P}_{k|k-1}\leftarrow \boldsymbol{F}_k\boldsymbol{P}_{k-1}\boldsymbol{F}_k^{\mathrm{T}}+\boldsymbol{Q}_k$
　If innovation obtained from X－ray detector is available, then
　　$\boldsymbol{K}_{X,k}\leftarrow \boldsymbol{P}_{k|k-1}\boldsymbol{H}_{X,k}^{\mathrm{T}}(\boldsymbol{H}_{X,k}\boldsymbol{P}_{k|k-1}\boldsymbol{H}_{X,k}^{\mathrm{T}}+R_{X,k})^{-1}$
　　$\hat{\boldsymbol{x}}_k\leftarrow \hat{\boldsymbol{x}}_{k|k-1}+\boldsymbol{K}_{X,k}\tilde{y}_{X,k}$
　　$\boldsymbol{P}_k\leftarrow(\boldsymbol{I}-\boldsymbol{K}_{X,k}\boldsymbol{H}_{X,k})\boldsymbol{P}_{k|k-1}(\boldsymbol{I}-\boldsymbol{K}_{X,k}\boldsymbol{H}_{X,k})^{\mathrm{T}}+\boldsymbol{K}_{X,k}R_{X,k}\boldsymbol{K}_{X,k}^{\mathrm{T}}$
　　$\hat{\boldsymbol{x}}_{k|k-1}\leftarrow \hat{\boldsymbol{x}}_k$
　　$\boldsymbol{P}_{k|k-1}\leftarrow \boldsymbol{P}_k$
　end if
　If measurement obtained from ultraviolet Earth sensor is available, then
　　$\boldsymbol{K}_{U,k}\leftarrow \boldsymbol{P}_{k|k-1}\boldsymbol{H}_{U,k}^{\mathrm{T}}(\boldsymbol{H}_{U,k}\boldsymbol{P}_{k|k-1}\boldsymbol{H}_{U,k}^{\mathrm{T}}+\boldsymbol{R}_{U,k})^{-1}$
　　$\tilde{\boldsymbol{y}}_k\leftarrow \boldsymbol{y}_k-h_U(\hat{\boldsymbol{x}}_{k|k-1})$
　　$\hat{\boldsymbol{x}}_k\leftarrow \hat{\boldsymbol{x}}_{k|k-1}+\boldsymbol{K}_{U,k}\tilde{\boldsymbol{y}}_{U,k}$
　　$\boldsymbol{P}_k\leftarrow(\boldsymbol{I}-\boldsymbol{K}_{U,k}\boldsymbol{H}_{U,k})\boldsymbol{P}_{k|k-1}(\boldsymbol{I}-\boldsymbol{K}_{U,k}\boldsymbol{H}_{U,k})^{\mathrm{T}}+\boldsymbol{K}_{U,k}\boldsymbol{R}_{U,k}\boldsymbol{K}_{U,k}^{\mathrm{T}}$
　else
　　$\hat{\boldsymbol{x}}_k\leftarrow \hat{\boldsymbol{x}}_{k|k-1}$
　　$\boldsymbol{P}_k\leftarrow \boldsymbol{P}_{k|k-1}$
　end if
end for
return $\{\hat{\boldsymbol{x}}_k\}$ and $\{\boldsymbol{P}_k\}$

其中，$\hat{\boldsymbol{x}}_{k|k-1}$ 和 $\hat{\boldsymbol{x}}_k$ 分别为状态变量的预测值和估计值，$\boldsymbol{P}_k$ 为估计误差方差阵，$\boldsymbol{K}_{X,k}$ 和 $\boldsymbol{K}_{U,k}$ 分别为对应 X 射线探测器和紫外地球敏感器的卡尔曼增益。

值得注意的是，在上述算法实施流程中未将 X 射线探测器和紫外地球敏感器的测量信息建模为一个统一的观测方程，而是利用二者提供的测量信息分别对状态向量的预测值进行修正。这种处理方式的优势是设计简单、应用方便。在扩展卡尔曼滤波器的一个递推计算周期内，当 X 射线探测器的输出信息可用时，就利用脉冲到达时间差进行更新；当紫外地球敏感器的输出信息可用时，就利用地心矢量观测量进行更新；如果二者皆不可用，则只对状态向量进行预测。预测和更新过程反复迭代进行，可以实现对航天器位置和速度矢量的在轨实时估计。相反，如果将组合导航系统中的多个敏感器的输出信息用一个整体的观测方程来表述，则在扩展卡尔曼滤波器的应用过程中需要对各个敏感器进行时间同步，在很多情况下，既不方便，也无必要。

脉冲星/光学组合导航系统的信息融合策略如图 5－18 所示，其运行流程包括光子到达时间记录、时间转换、周期折叠、轮廓比对，以及信息融合和滤波解算等步骤。

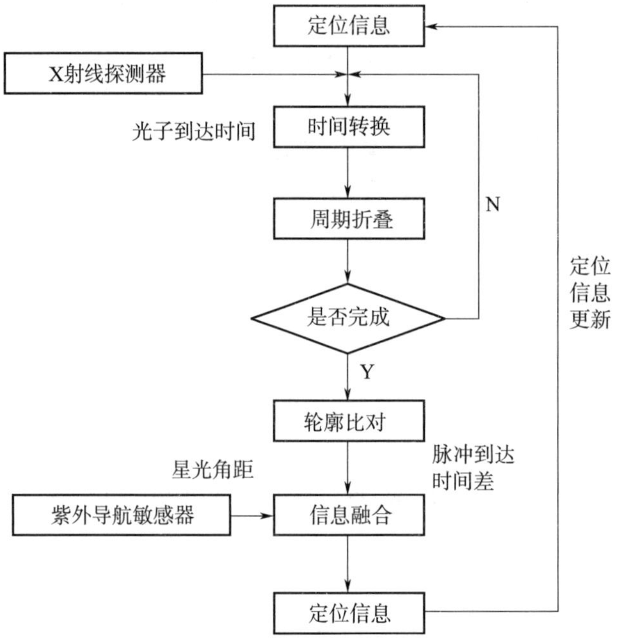

图 5－18　脉冲星/光学信息融合策略

脉冲星/光学信息融合策略的主要特色体现在以下两个方面。

1）通过 X 射线探测器测量得到的脉冲到达时间差信息输出到扩展卡尔曼滤波器，用于估计航天器的位置和速度；同时，通过扩展卡尔曼滤波器估计得到的航天器位置矢量输出到 X 射线探测器，用于光子到达时间数据处理，以测定脉冲到达时间差。在脉冲星/光学组合导航系统中，敏感器数据处理和滤波器导航解算的过程密切联系，不可分割。

2）将紫外地球敏感器的测量信息引入 X 射线脉冲星导航的闭环处理过程，辅助建立时间转换方程，从而优化基于时间转换、周期折叠和轮廓比对的信号处理流程。引入紫外地球敏感器测量信息，通过导航滤波和数据处理的迭代进行，能够在航天器先验位置信息不准确的情况下获得清晰稳定的观测脉冲轮廓，提高脉冲到达时间差的测定精度，为实现航天器高精度、全自主导航提供信号基础。

5.5.5 数学仿真分析

通过数学仿真分析基于扩展卡尔曼滤波器的脉冲星/光学组合导航方法的性能。假定航天器在近圆轨道上围绕地球飞行，轨道半长轴为 21 528 km，轨道倾角为 55°。设置航天器初始位置和速度误差分别为 20 km 和 4 m/s。用于导航的两颗 X 射线脉冲星编号分别为 B0531＋21 和 B1821－24，其中，脉冲星 B1821－24 的周期为 3.05 ms，源于脉冲星和宇宙背景的 X 射线光子辐射流量分别为 1.9×10^{-4} photons/（$cm^2\cdot s$）（即对于 1 cm^2 有效面积的探测器，平均每秒接收到 1.9×10^{-4} 个光子）和 0.5×10^{-4} photons/（$cm^2\cdot s$）。以上数值结合 X 射线探测器有效面积，可用于计算脉冲速率函数。可以看出，X 射线脉冲星的辐射流量极低，为了达到一定的导航定位精度水平，在工程实践活动中，往往要求增大 X 射线探测器的有效面积，或适当延长观测时段的长度。

假设在航天器上利用 1 台 X 射线探测器进行导航，其有效面积为 1 m^2，采用分时段观测两颗脉冲星的工作方式，假定 X 射线探测器安装在二维指向机构上，可实现对作为 X 射线脉冲星的跟踪观测（如图 5－19 所示），设置一个观测时段的长度为 400 s。在周期折叠过程中，脉冲星 B1821－24 的每个脉冲周期划分为 200 个时间窗口。假定紫外地球敏感器地心矢量测量精度为 15 km，可以实现持续对地观测，仿真时间为 X 射线探测器的 40 个观测时段。

图 5－19　X 射线探测器指向脉冲星实施观测的示意图

在数学仿真过程中，通过高保真度数值轨道外推软件模拟产生航天器参考轨道数据，考虑地球非球形引力摄动、太阳光压、日/月引力摄动等因素的影响。根据参考轨道数据和系统模型模拟产生紫外地球敏感器和 X 射线探测器的测量数据。关于 X 射线光子到达时间测量数据的模拟产生，可以参考文献［26］中的方法。通过将扩展卡尔曼滤波器估计得到的结果与参考轨道数据进行比对来计算航天器位置估计误差，通过位置估计误差的统计值来评估导航性能。

受航天器运动状态先验信息不准确和轨道外推误差的影响，通过周期折叠方法得到的脉冲星 B1821－24 的观测脉冲轮廓如图 5－20 所示。图中实线表示观测脉冲轮廓，虚线表示标准脉冲轮廓。不难看出，波形出现了明显的失真。采用失真的观测脉冲轮廓与标准脉冲轮廓进行比对，会影响脉冲到达时间差的测定精度，并进一步影响扩展卡尔曼滤波器的估计精度和航天器导航系统性能。

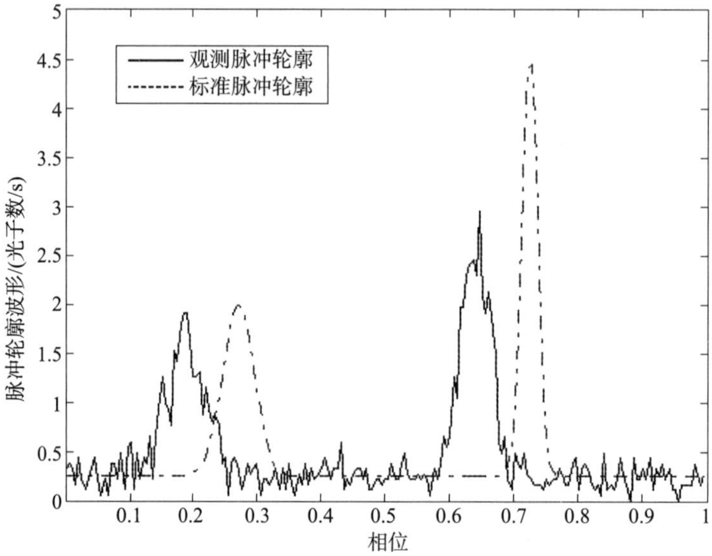

图 5－20　受先验误差影响的观测脉冲轮廓与标准脉冲轮廓比对

在理想情况下，脉冲星 B1821－24 的观测脉冲轮廓和标准脉冲轮廓曲线如图 5－21 所示，理想的观测脉冲轮廓在波形上接近标准脉冲轮廓，此时通过轮廓比对能够获得较为精确的脉冲到达时间差。

在单独采用 X 射线脉冲星导航的情况下，将通过周期折叠和脉冲轮廓比对得到的脉冲到达时间差观测量用于航天器自主导航，脉冲到达时间差计算和导航解算迭代进行，通过扩展卡尔曼滤波器得到的航天器位置误差曲线如图 5－22 中的虚线所示。图中横坐标表示仿真时间，单位为 X 射线探测器的观测周期，纵坐标表示导航定位精度，单位为 km。图中的曲线是通过 50 次蒙特卡罗（Monte Carlo）仿真并统计各个时刻的航天器位置估计误差的均方根（Root Mean Square，RMS）得到的。蒙特卡罗仿真是随机系统状态估计方法研究中常用的技术手段，其典型特点是对初始状态、系统噪声和测量噪声的随机模拟，并在此基础上，应用所研究的状态估计方法实施大量反复的仿真计算。为了便于比较，图中显示的是航天器三轴位置估计误差统计值的范数。不难看出，X 射线脉冲星导航性能受到航天器初始误差的显著影响，扩展卡尔曼滤波器在仿真过程中误差较大。

进而，将紫外地球敏感器提供的光学成像导航信息引入 X 射线脉冲星导航系统，得到

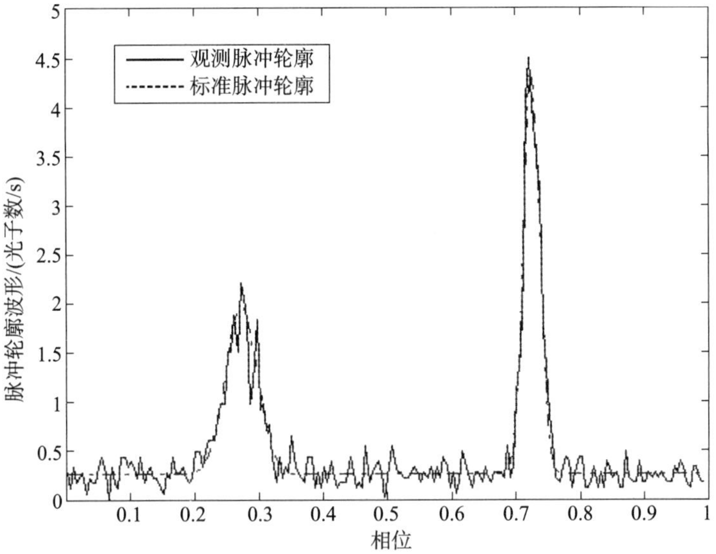

图 5-21 在理想情况下观测脉冲轮廓与标准脉冲轮廓比对

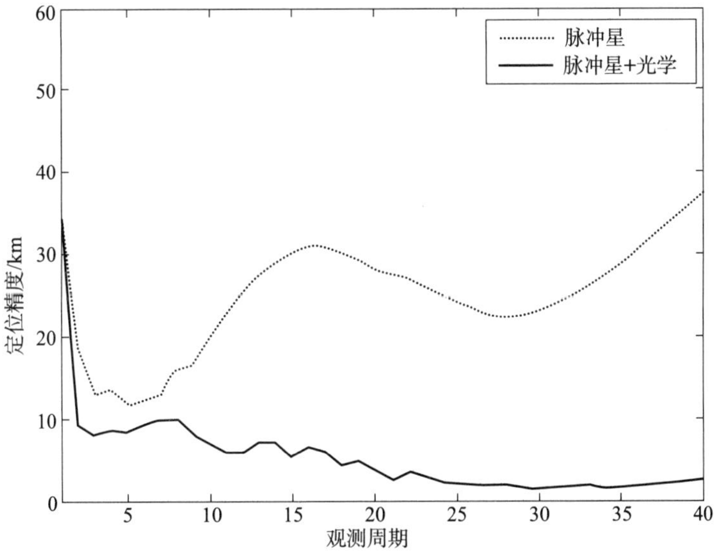

图 5-22 脉冲星导航和脉冲星/光学组合导航位置估计误差曲线

的脉冲星/光学组合导航系统位置估计误差曲线如图中的实线所示。相对单独 X 射线脉冲星导航而言，利用多敏感器信息融合技术，组合导航系统性能得到显著改善，扩展卡尔曼滤波器快速收敛，经误差统计分析表明，能够达到 km 量级的导航定位精度水平。上述仿真结果说明基于扩展卡尔曼滤波器的脉冲星/光学组合导航方法是有效的。

5.6 本章小结

设计卡尔曼滤波器起初是为了估计线性随机系统中的状态向量。如果系统模型是非线性的，则在递推计算公式推导过程中需要应用非线性系统线性化技术，即在状态向量和观测量的数字特征预测过程中，忽略非线性函数泰勒级数展开式的高次项，使得卡尔曼滤波器的主要递推计算公式能够推广用于非线性系统；基于上述线性化技术得到的状态估计方法被称为扩展卡尔曼滤波器。通过线性化技术处理非线性系统模型的这一思想是很自然的，尽管没有严格的理论能够保证扩展卡尔曼滤波器的最优性，很多重要的实时应用已经验证了扩展卡尔曼滤波器的有效性，包括本节介绍的光学成像导航和脉冲星/光学组合导航等。

扩展卡尔曼滤波器较好地解决了非线性随机系统的状态估计问题，但其仍然是基于卡尔曼滤波器理论的基本假设设计的，即要求已知精确的系统模型和噪声统计特性，这对扩展卡尔曼滤波器的进一步应用带来了一定程度的限制。我们注意到，在对扩展卡尔曼滤波器的稳定性进行分析的过程中，在存在线性化误差的情况下，通过调节扩展卡尔曼滤波器中的参数矩阵 $\hat{\boldsymbol{Q}}_k$ 和 $\hat{\boldsymbol{R}}_k$ ，有助于确保滤波器的稳定性。事实上，对于系统模型存在某些不确定性误差项的情况，也可以采取类似手段进行处理。基于这一思路，下一章将探讨面向不确定系统模型的鲁棒卡尔曼滤波器的设计与应用。

参 考 文 献

[1] S Bhaskaran, J E Riedel, S P Synnott. Autonomous nucleus tracking for comet/asteroid encounters: the stardust example [C]. Proceedings of the 1998 IEEE Aerospace Conference, USA, 1998.

[2] O Montenbruck, M Markgraf, J Naudet. Autonomous and precise navigation of the PROBA - 2 spacecraft [C]. AIAA/AAS Astrodynamics Specialist Conference and Exhibit, Hawaii, USA, 2008.

[3] H Y Wayne. Application of X - ray pulsar navigation: a characterization of the earth orbit trade space [C]. 29th International Technical Meeting of the Satellite Division of the Institute of Navigation, USA, 2016.

[4] 秦永元，张洪钺，汪叔华．卡尔曼滤波与组合导航原理 [M]. 西安：西北工业大学出版社，1998.

[5] S Julier, J Uhlmann, H F Durrant - Whyte. A new method for the nonlinear transformation of means and covariances in filters and estimators [J]. IEEE Transactions on Automatic Control, 2000, 45 (3): 477 - 482.

[6] I Arasaratnam, S Haykin. Cubature Kalman filters [J]. IEEE Transactions on Automatic Control, 2009, 54 (6): 1254 - 1269.

[7] M S Arulampalam, S Maskell, N Gordon, et al. A tutorial on particle filters for online nonlinear/non - gaussian bayesian tracking [J]. IEEE Transactions on Signal Processing, 2002, 50 (2): 174 - 188.

[8] 熊凯．非线性滤波及其在卫星姿态估计中的应用 [D]. 北京航空航天大学博士学位论文，2006.

[9] 房建成，宁晓琳，刘劲．航天器自主天文导航原理与方法 [M]. 北京：国防工业出版社，2017.

[10] K Xiong, H Y Zhang, C W Chan. Performance evaluation of UKF - based nonlinear filtering [J]. Automatica, 2006, 42: 261 - 270.

[11] K Reif, S Gunther, E Yaz, R Unbehauen. Stochastic stability of the discrete - time extended Kalman filter [J]. IEEE Transactions on Automatic Control, 1999, 44 (4): 714 - 728.

[12] S Yasini, K Pelckmans. Worst - case prediction performance analysis of the Kalman filter [J]. IEEE Transactions on Automatic Control, 2018, 63 (6): 1768 - 1775.

[13] S Kluge, K Reif, M Brokate. Stochastic stability of the extended Kalman filter with intermittent observations [J]. IEEE Transactions on Automatic Control, 2010, 55 (2): 514 - 518.

[14] 王大轶，魏春岭，熊凯．航天器自主导航技术 [M]. 北京：国防工业出版社，2017.

[15] 章仁为．卫星轨道姿态动力学与控制 [M]. 北京：北京航空航天大学出版社，1998.

[16] 刘林，胡松杰，王歆．航天动力学引论 [M]. 南京：南京大学出版社，2006.

[17] 潘泉，张磊，崔培玲，张洪才．动态多尺度系统估计理论与应用 [M]. 北京：科学出版社，2007.

[18] 全伟，刘百奇，宫晓琳，房建成．惯性/天文/卫星组合导航技术 [M]. 北京：国防工业出版社，2011.

[19] 闻新，张洪钺，周露．控制系统的故障诊断和容错控制 [M]. 北京：机械工业出版社，1998.

[20] 岳晓奎，袁建平，侯建文．飞行器组合导航鲁棒滤波理论及应用［M］. 北京：中国宇航出版社，2013.

[21] 帅平．脉冲星-宇宙航行的灯塔［M］. 北京：国防工业出版社，2016.

[22] S I Sheikh，D J Pines，P S Ray，K S Wood，M N Lovellette，M T Wolff. Spacecraft navigation using X－ray pulsars［J］. Journal of Guidance，Control，and Dynamics，2006，29（1）：49－63.

[23] A A Emadzadeh，J L Speyer. On modeling and pulse phase estimation of X－ray pulsars［J］. IEEE Transactions on Signal Processing，2010，58：4484－4495.

[24] A A Emadzadeh，J L Speyer. X－ray pulsar－based relative navigation using epoch folding［J］. IEEE Transactions on Aerospace and Electronic Systems，2011，47：2317－2328.

[25] K Xiong，C Wei，L Liu. Performance enhancement of X－ray pulsar navigation using autonomous optical sensor［J］. Acta Astronautica，2016，128：473－484.

[26] H Zhang，L Xu，S Song，R Jiao. A fast method for X－ray pulsar signal simulation［J］. Acta Astronautica，2014，98：189－200.

第6章 鲁棒卡尔曼滤波器

从这一章开始，我们讨论针对模型中带有不确定性的系统设计卡尔曼滤波器的方法。在实际应用过程中，人们发现，由卡尔曼滤波器得到的状态估计值 $\hat{\boldsymbol{x}}_k$ 可能与真实状态 $\boldsymbol{x}_k$ 相比，存在较大的估计误差 $\tilde{\boldsymbol{x}}_k$ ，并且实际的估计误差可能大大超过理论计算允许的范围（可根据滤波器的估计误差方差阵 $\boldsymbol{P}_k$ 得到）；即使通过卡尔曼滤波器计算得到的估计误差方差阵 $\boldsymbol{P}_k$ 变得很小，而实际的状态估计误差 $\tilde{\boldsymbol{x}}_k$ 可能向无穷大的方向发展。这种现象被称为滤波器的发散。

在卡尔曼滤波器理论研究的早期，卡尔曼本人就预见到这种发散现象的可能性。导致发散的原因主要有两类。

1）由滤波器实施过程中的计算机舍入误差引起。当卡尔曼滤波器的递推计算公式在有限字长的数字计算机上实现时，每步计算都会引入舍入误差，并且在递推计算过程中不断积累；这可能使得滤波器的估计误差方差阵失去正定性和对称性，从而造成估计结果不稳定。近些年来，随着数字计算机技术的进步，由舍入误差造成滤波器发散的例子在航天器导航研究中并不多见。

2）由滤波器设计过程中的模型误差引起。潜在的模型误差包括：由于对实际应用系统不了解，使得面向滤波器设计的随机系统模型不准确或不符合实际情况；尽管对实际应用系统足够了解，但所建立的数学模型形式复杂（如非线性、维数过高等），不便于工程实施，在简化数学模型（如线性化、降阶等）的过程中引入模型误差；系统噪声和测量噪声的统计特性在实际应用环境中不同于实验室测试的情况，从而造成滤波模型中的噪声统计特性不准确，这也是一种模型误差。上述模型误差统称为模型不确定性（Model Uncertainty），模型不确定性的存在会对卡尔曼滤波器的性能造成不利影响，严重时还会导致滤波器发散。

在卡尔曼滤波器中，在随机系统模型准确的情况下，利用测量新息 $\tilde{\boldsymbol{y}}_k$ ，通过卡尔曼增益 $\boldsymbol{K}_k$ 对预测值 $\hat{\boldsymbol{x}}_{k|k-1}$ 进行修正，使得状态估计值 $\hat{\boldsymbol{x}}_k$ 接近真实状态 $\boldsymbol{x}_k$。但是，当系统中存在模型不确定性时，通过递推计算过程得到的卡尔曼增益不准确，使得测量新息得不到充分合理的运用，从而造成状态估计性能下降。针对模型不确定性带来的问题，人们尝试设计具有良好鲁棒性能的随机系统状态估计方法，用于处理模型中某些误差参数影响。

关于鲁棒状态估计方法的研究已有多年的历史，进入20世纪90年代以后，针对工程系统对鲁棒性的要求，使其逐渐成为控制领域的研究热点之一，主要思路是设计一种对模型不确定性不敏感的滤波器，使得噪声信号和不确定性误差项到估计误差信号的最大可能能量增益最小化（通常用向量的范数刻画能量的大小）；这样，就可以保证针对模型不确定性的影响，估计误差信号的能量尽可能小。鲁棒状态估计方法能够保证其在最坏可能情况下的可用性，理论上，该方法适用于模型中存在各种不确定性的情况。但是，与传统卡尔曼滤波器相比，鲁棒状态估计方法的设计往往比较保守，需要以牺牲滤波器在理想情况下的估计精度为代价，换取其对模型不确定性的鲁棒性。如何在保证滤波器鲁棒性要求的同时，进一步提高其估计精度，是鲁棒状态估计理论研究的发展方向。有关鲁棒状态估计方法研究的文献很多，感兴趣的读者可参阅相关专著[1-2]。

本章以鲁棒卡尔曼滤波器为例，介绍适用于处理模型不确定性的随机系统状态估计算法设计和性能分析的基本方法。通过对最小、最大问题的求解，推导了鲁棒卡尔曼滤波器的递推计算公式，并基于估计误差方差上界最小这一设计指标，对滤波参数进行了优化；说明了将鲁棒卡尔曼滤波器用于 X 射线脉冲星导航系统时所能达到的有益效果。

6.1 鲁棒卡尔曼滤波器推导

6.1.1 问题描述

传统卡尔曼滤波器的设计是基于线性随机系统模型进行的，要求模型的结构、参数以及系统噪声和测量噪声的统计特性精确已知。但是，在实际应用过程中，滤波模型和实际系统之间往往存在一些差异，通过均值和方差描述的高斯白噪声也只是对实际系统中存在的随机干扰信号的一种近似。在鲁棒状态估计理论方法研究中，通常将滤波模型与实际系统之间的未知偏差称为模型不确定性。在航天器导航系统中，星敏感器系统误差校准后的剩余残差，以及 X 射线脉冲星的角位置误差（星表误差）等均可视为模型不确定性，模型不确定性的存在会造成导航系统性能下降。

模型不确定性的问题已经受到学术界的广泛关注，并且提出了多种用于消弱模型不确定性影响的状态估计方法。常用的方法之一是将不确定的模型参数扩充为状态向量，同原有的状态向量一起进行估计，模型参数的估计值可用于对滤波模型进行修正。但是，应当注意，模型参数作为状态向量有可能不可观，在对系统进行扩维处理后，需要重新进行系统可观度分析。如果扩维后的系统具有较好的可观度，那么采取扩维卡尔曼滤波器在一定程度上能够消弱模型不确定性的影响。相反，如果扩维后系统的可观度较差，则作为状态向量的模型参数不能通过滤波器得到准确估计，此时，采用扩维卡尔曼滤波器无助于提升系统性能。另外，不确定的模型参数经过估计和补偿后，不可避免会剩余部分残差，也会影响状态估计精度。

在工程实践活动中，根据经验手工调节卡尔曼滤波器中参数的取值，也是克服模型不确定性影响的方法之一。但是，手工调节滤波器参数的做法缺乏理论依据，并且，针对高维复杂系统的滤波器参数整定往往比较困难。因此，人们试图建立一套理论方法，用于根据有关模型不确定性的先验知识给出滤波器参数的参考值，从而简化或代替人为的滤波器参数整定过程。

近些年来，有关鲁棒状态估计方法的研究工作取得了很大进展，相关文献中经常将考虑不确定性影响的模型称为不确定系统（Uncertain System）模型。针对不确定系统模型，如何设计状态估计方法，使其估计结果满足一定的指标要求，这属于鲁棒状态估计方法的研究范畴。与传统卡尔曼滤波器不同，鲁棒状态估计方法在设计阶段就考虑了模型不确定性的影响，能够将有关模型不确定性的先验知识用于优化滤波器参数的设计，使包含在系统模型和观测量中的信息得到更加合理的运用，从而抑制模型不确定性对估计精度的不利影响。因此，在系统中存在模型不确定性的情况下，鲁棒状态估计方法往往能够体现出优于传统卡尔曼滤波器或扩展卡尔曼滤波器的估计精度。

应当说明，一种鲁棒状态估计方法是否奏效，在很大程度上取决于不确定系统模型是否准确反映了实际系统中模型不确定性的影响。针对实际应用系统和影响导航性能的主要因素建立恰当的不确定模型，是鲁棒状态估计方法设计的关键。如果所建立的不确定模型不恰当，会导致滤波器设计过于保守，造成估计精度降低，或达不到预期的鲁棒性能。

对鲁棒状态估计方法进行研究的目的是减小模型不确定性对状态估计误差的影响。随着研究的不断深化，针对不同类型的模型不确定性，如范数有界不确定性、网络拓扑变化和时间延迟等，不同的设计指标，如 $\boldsymbol{H}_\infty$ 范数有界、估计误差方差上界最小和误差椭球最小等，不同的实现形式，如黎卡提方程和线性矩阵不等式（Linear Matrix Inequality, LMI）等，提出了 $\boldsymbol{H}_\infty$ 滤波器（$\boldsymbol{H}_\infty$ Filter）、鲁棒最小方差滤波器（Robust Minimum-Variance Filter）和本质贝叶斯鲁棒滤波器（Intrinsically Bayesian Robust Filter）等多种不同的鲁棒状态估计方法[3-7]。作为鲁棒状态估计方法的一种典型代表，鲁棒卡尔曼滤波器（Robust Kalman Filter，RKF）采取与卡尔曼滤波器类似的系统模型、设计方法和结构形式，区别仅在于优化准则的不同，易得到工程技术人员的接受和使用[8]。因此，本节以鲁棒卡尔曼滤波器为例展开论述。掌握鲁棒卡尔曼滤波器的设计思路和基本方法，对于其他鲁棒状态估计方法的研究也能起到借鉴作用。

6.1.2　不确定系统模型

针对鲁棒卡尔曼滤波器设计问题，考虑如下所示的不确定系统模型

$$\boldsymbol{x}_k = \boldsymbol{F}_k \boldsymbol{x}_{k-1} + \boldsymbol{w}_k \tag{6-1}$$

$$\boldsymbol{y}_k = (\boldsymbol{H}_k + \delta \boldsymbol{H}_k)\boldsymbol{x}_k + \boldsymbol{v}_k \tag{6-2}$$

式中，$\boldsymbol{x}_k \in \mathbf{R}^l$ 表示状态向量，$\boldsymbol{y}_k \in \mathbf{R}^m$ 表示观测量，$\boldsymbol{F}_k \in \mathbf{R}^{l\times l}$ 和 $\boldsymbol{H}_k \in \mathbf{R}^{m\times l}$ 为已知的状态转移矩阵和观测矩阵，$\boldsymbol{w}_k \in \mathbf{R}^l$ 和 $\boldsymbol{v}_k \in \mathbf{R}^m$ 分别表示系统噪声和测量噪声，$\delta\boldsymbol{H}_k \in \mathbf{R}^{m\times l}$ 是观测方程中的时变不确定误差项。假定 $\boldsymbol{w}_k$ 和 $\boldsymbol{v}_k$ 为不相关的零均值白噪声，且满足以下条件

$$E(\boldsymbol{w}_k \boldsymbol{w}_j^{\mathrm{T}}) = \begin{cases} \boldsymbol{Q}_k, & k=j \\ \mathbf{0}, & k\neq j \end{cases}, E(\boldsymbol{v}_k \boldsymbol{v}_j^{\mathrm{T}}) = \begin{cases} \boldsymbol{R}_k, & k=j \\ \mathbf{0}, & k\neq j \end{cases} \tag{6-3}$$

式中，$\boldsymbol{Q}_k$ 和 $\boldsymbol{R}_k$ 为已知的对称正定矩阵。

不难看出，用于设计鲁棒卡尔曼滤波器的状态空间模型形式与用于设计卡尔曼滤波器的模型比较接近，区别在于式（6-2）描述的观测方程中带有不确定性误差项 $\delta\boldsymbol{H}_k$。为了便于递推计算公式的推导，将 $\delta\boldsymbol{H}_k$ 建模为

$$\delta \boldsymbol{H}_k = \boldsymbol{M}_k \Delta_{Hk} \tag{6-4}$$

式中，$\boldsymbol{M}_k$ 是已知的刻度矩阵，Δ_{Hk} 是满足以下条件的未知矩阵

$$\Delta_{Hk}^{\mathrm{T}} \Delta_{Hk} \leqslant \boldsymbol{I} \tag{6-5}$$

并且，假定下列条件得到满足

$$E(\boldsymbol{x}_k \boldsymbol{x}_k^{\mathrm{T}}) \leqslant \rho_x^2 \boldsymbol{I}, \Delta_{Hk} \Delta_{Hk}^{\mathrm{T}} \leqslant \boldsymbol{I} \tag{6-6}$$

其中，ρ_x 为界定状态向量大小的常数。

一般来说，对于能量有界的物理过程而言，有界性条件 $E(\boldsymbol{x}_k \boldsymbol{x}_k^{\mathrm{T}}) \leqslant \rho_x^2 \boldsymbol{I}$ 可以得到满足。鉴于不确定性误差项的大小可通过矩阵 $\boldsymbol{M}_k$ 来刻画，在 $\boldsymbol{M}_k$ 足够大时，条件 $\Delta_{Hk} \Delta_{Hk}^{\mathrm{T}} \leqslant \boldsymbol{I}$ 可以得到满足。本章仅考虑在观测方程中存在模型不确定性的情况，对于在状态方程和观测方程中均存在不确定性的系统，可采取类似策略进行鲁棒状态估计方法的设计[8]。

6.1.3 优化准则

细心的读者或许会问，能否通过与最小二乘法和卡尔曼滤波器类似的推导方法得到鲁棒卡尔曼滤波器的基本方程？答案是肯定的。本节将给出鲁棒卡尔曼滤波器的优化准则，并通过优化问题求解得到鲁棒卡尔曼滤波器递推计算公式的基本形式。

鲁棒卡尔曼滤波器的优化准则是使不确定性误差项 $\delta \boldsymbol{H}_k$ 对状态估计性能的最大影响最小化，考虑观测方程中存在模型不确定性的情况，其典型形式如下所示

$$\hat{\boldsymbol{x}}_k = \arg \min_{\boldsymbol{x}_k} \max_{\{\delta \boldsymbol{H}_k\}} \left[\| \boldsymbol{x}_k - \hat{\boldsymbol{x}}_{k|k-1} \|_{\boldsymbol{S}_k^{-1}}^2 + \| \boldsymbol{y}_k - (\boldsymbol{H}_k + \delta \boldsymbol{H}_k) \boldsymbol{x}_k \|_{\boldsymbol{T}_k^{-1}}^2 \right] \tag{6-7}$$

式中，$\hat{\boldsymbol{x}}_k$ 是状态向量的估计值，$\hat{\boldsymbol{x}}_{k|k-1}$ 是状态向量的预测值，根据随机系统状态预测方法，可按下式计算

$$\hat{\boldsymbol{x}}_{k|k-1} = \boldsymbol{F}_k \hat{\boldsymbol{x}}_{k-1} \tag{6-8}$$

$\boldsymbol{S}_k^{-1}$ 和 $\boldsymbol{T}_k^{-1}$ 是需要根据进一步的设计要求确定的权矩阵，可选择的设计要求之一是使估计误差方差阵的上界最小化。参照本书第 4 章中对应的内容，不难看出，鲁棒卡尔曼滤波器的优化准则与卡尔曼滤波器有相似之处，区别在于鲁棒卡尔曼滤波器的优化准则考虑了不确定性误差项 $\delta \boldsymbol{H}_k$ 的影响。

根据上述设计要求，鲁棒卡尔曼滤波器递推计算公式的推导可分为两步：第一步是求解如式（6-7）所示的最小最大问题（Min-Max Problem），推导得到滤波器的结构形式；第二步是确定权矩阵 $\boldsymbol{S}_k^{-1}$ 和 $\boldsymbol{T}_k^{-1}$ 的取值，使得滤波器估计误差方差阵的上界最小化。

6.1.4 最小最大问题的求解

通过求解如式（6-7）所示的最小最大问题，确定鲁棒卡尔曼滤波器的结构形式。该问题可应用如下引理求解[9]。

引理 6.1：考虑如下所示的优化问题

$$\hat{\boldsymbol{x}} = \arg \min_{\boldsymbol{x}} \max_{\{\delta \boldsymbol{A}\}} \left[\| \boldsymbol{x} \|_{\boldsymbol{\Pi}}^2 + \| (\boldsymbol{A} + \delta \boldsymbol{A}) \boldsymbol{x} - \boldsymbol{b} \|_{\boldsymbol{W}}^2 \right] \tag{6-9}$$

式中，$\boldsymbol{A}$ 是已知矩阵，$\boldsymbol{b}$ 是已知向量，$\boldsymbol{x}$ 是未知向量，$\boldsymbol{\Pi} = \boldsymbol{\Pi}^{\mathrm{T}} > 0$ 和 $\boldsymbol{W} = \boldsymbol{W}^{\mathrm{T}} > 0$ 为给定的权矩阵，$\delta \boldsymbol{A}$ 为不确定性误差项，建模的形式为 $\delta \boldsymbol{A} = \boldsymbol{C} \boldsymbol{\Delta} \boldsymbol{E}$，式中 $\boldsymbol{C}$ 和 $\boldsymbol{E}$ 为已知矩阵，$\boldsymbol{\Delta}$ 为满

足条件 $\|\boldsymbol{\Delta}\|_2 \leqslant 1$ 的未知矩阵。上述优化问题的解如下所示

$$\hat{\boldsymbol{x}} = [\hat{\boldsymbol{\Pi}} + \boldsymbol{A}^{\mathrm{T}}\hat{\boldsymbol{W}}\boldsymbol{A}]^{-1}\boldsymbol{A}^{\mathrm{T}}\hat{\boldsymbol{W}}\boldsymbol{b} \tag{6-10}$$

式中，矩阵 $\hat{\boldsymbol{\Pi}}$ 和 $\hat{\boldsymbol{W}}$ 定义为

$$\hat{\boldsymbol{\Pi}} = \boldsymbol{\Pi} + \hat{\beta}\boldsymbol{E}^{\mathrm{T}}\boldsymbol{E}\ ,\ \hat{\boldsymbol{W}} = (\boldsymbol{W}^{-1} - \hat{\beta}^{-1}\boldsymbol{C}\boldsymbol{C}^{\mathrm{T}})^{-1} \tag{6-11}$$

$\hat{\beta} > 0$ 为设计参数。

引理 6.1 的相关诠释可参阅文献［10］。下面设法将鲁棒卡尔曼滤波器的优化准则写为引理 6.1 规定的形式。将式（6－7）中右侧第 2 项写为

$$\begin{aligned}\boldsymbol{y}_k - (\boldsymbol{H}_k + \delta\boldsymbol{H}_k)\boldsymbol{x}_k &= -(\boldsymbol{H}_k + \delta\boldsymbol{H}_k)(\boldsymbol{x}_k - \hat{\boldsymbol{x}}_{k|k-1}) - \delta\boldsymbol{H}_k\hat{\boldsymbol{x}}_{k|k-1} + (\boldsymbol{y}_k - \boldsymbol{H}_k\hat{\boldsymbol{x}}_{k|k-1}) \\ &= -(\boldsymbol{H}_k + \delta\boldsymbol{H}_k + \delta\boldsymbol{D}_k)(\boldsymbol{x}_k - \hat{\boldsymbol{x}}_{k|k-1}) + (\boldsymbol{y}_k - \boldsymbol{H}_k\hat{\boldsymbol{x}}_{k|k-1})\end{aligned} \tag{6-12}$$

式中，$\delta\boldsymbol{D}_k \in \mathbf{R}^{l\times l}$ 是未知时变矩阵，满足条件

$$\delta\boldsymbol{H}_k\hat{\boldsymbol{x}}_{k|k-1} = \delta\boldsymbol{D}_k(\boldsymbol{x}_k - \hat{\boldsymbol{x}}_{k|k-1}) \tag{6-13}$$

将矩阵 $\delta\boldsymbol{D}_k$ 写为如下形式

$$\delta\boldsymbol{D}_k = \Delta_{Dk}\boldsymbol{G}_k \tag{6-14}$$

式中，$\Delta_{Dk} \in \mathbf{R}^{l\times l}$ 是满足下述条件的未知矩阵

$$\Delta_{Dk}^{\mathrm{T}}\Delta_{Dk} \leqslant \boldsymbol{I} \tag{6-15}$$

$\boldsymbol{G}_k \in \mathbf{R}^{l\times l}$ 是刻度矩阵。显然，$\boldsymbol{G}_k$ 的取值很难确定。事实上，引入矩阵 $\boldsymbol{G}_k$ 是为了方便引理 6.1 的应用，后面设计完成的鲁棒卡尔曼滤波器中并不需要知道 $\boldsymbol{G}_k$ 的值。根据式（6－12），将鲁棒扩展卡尔曼滤波器的优化准则改写为如下形式

$$\hat{\boldsymbol{x}}_k = \arg\min_{x_k}\max_{\{\delta\boldsymbol{H}_k'\}}[\|\boldsymbol{x}_k - \hat{\boldsymbol{x}}_{k|k-1}\|^2_{\boldsymbol{S}_k^{-1}} + \|(\boldsymbol{H}_k + \delta\boldsymbol{H}_k')(\boldsymbol{x}_k - \hat{\boldsymbol{x}}_{k|k-1}) - (\boldsymbol{y}_k - \boldsymbol{H}_k\hat{\boldsymbol{x}}_{k|k-1})\|^2_{\boldsymbol{T}_k^{-1}}] \tag{6-16}$$

式中

$$\delta\boldsymbol{H}_k' = \delta\boldsymbol{H}_k + \delta\boldsymbol{D}_k = [\boldsymbol{M}_k \quad \boldsymbol{I}]\begin{bmatrix}\Delta_{Hk} & \\ & \Delta_{Dk}\end{bmatrix}\begin{bmatrix}\boldsymbol{I} \\ \boldsymbol{G}_k\end{bmatrix} \tag{6-17}$$

接下来，令 $\boldsymbol{x} \leftarrow \boldsymbol{x}_k - \hat{\boldsymbol{x}}_{k|k-1}$，$\boldsymbol{\Pi} \leftarrow \boldsymbol{S}_k^{-1}$，$\boldsymbol{A} \leftarrow \boldsymbol{H}_k$，$\delta\boldsymbol{A} \leftarrow \delta\boldsymbol{H}_k'$，$\boldsymbol{b} \leftarrow \boldsymbol{y}_k - \boldsymbol{H}_k\hat{\boldsymbol{x}}_{k|k-1}$，$\boldsymbol{W} \leftarrow \boldsymbol{T}_k^{-1}$，$\boldsymbol{C} \leftarrow [\boldsymbol{M}_k \quad \boldsymbol{I}]$，$\Delta \leftarrow \begin{bmatrix}\Delta_{Hk} & \\ & \Delta_{Dk}\end{bmatrix}$，$\boldsymbol{E}_a \leftarrow \begin{bmatrix}\boldsymbol{I} \\ \boldsymbol{G}_k\end{bmatrix}$，则鲁棒卡尔曼滤波器的优化准则可写为引理 6.1 中规定的形式。直接应用引理 6.1，得到鲁棒卡尔曼滤波器的递推计算形式

$$\begin{aligned}\hat{\boldsymbol{x}}_k = \hat{\boldsymbol{x}}_{k|k-1} &+ \{\boldsymbol{S}_k^{-1} + \hat{\beta}(\boldsymbol{I} + \boldsymbol{G}_k^{\mathrm{T}}\boldsymbol{G}_k) + \boldsymbol{H}_k^{\mathrm{T}}[\boldsymbol{T}_k - \hat{\beta}^{-1}(\boldsymbol{I} + \boldsymbol{M}_k\boldsymbol{M}_k^{\mathrm{T}})]^{-1}\boldsymbol{H}_k\}^{-1} \\ &\boldsymbol{H}_k^{\mathrm{T}}[\boldsymbol{T}_k - \hat{\beta}^{-1}(\boldsymbol{I} + \boldsymbol{M}_k\boldsymbol{M}_k^{\mathrm{T}})]^{-1}(\boldsymbol{y}_k - \boldsymbol{H}_k\hat{\boldsymbol{x}}_{k|k-1})\end{aligned} \tag{6-18}$$

定义鲁棒卡尔曼滤波器的增益阵 $\boldsymbol{K}_k$ 为

$$\boldsymbol{K}_k=\{\boldsymbol{S}_k^{-1}+\hat{\beta}(\boldsymbol{I}+\boldsymbol{G}_k^{\mathrm{T}}\boldsymbol{G}_k)+\boldsymbol{H}_k^{\mathrm{T}}[\boldsymbol{T}_k-\hat{\beta}^{-1}(\boldsymbol{I}+\boldsymbol{M}_k\boldsymbol{M}_k^{\mathrm{T}})]^{-1}\boldsymbol{H}_k\}^{-1}\boldsymbol{H}_k^{\mathrm{T}}[\boldsymbol{T}_k-\hat{\beta}^{-1}(\boldsymbol{I}+\boldsymbol{M}_k\boldsymbol{M}_k^{\mathrm{T}})]^{-1} \tag{6-19}$$

则鲁棒卡尔曼滤波器的递推计算公式可写为

$$\hat{\boldsymbol{x}}_k=\hat{\boldsymbol{x}}_{k|k-1}+\boldsymbol{K}_k(\boldsymbol{y}_k-\boldsymbol{H}_k\hat{\boldsymbol{x}}_{k|k-1}) \tag{6-20}$$

到此为止，我们已经获得了鲁棒卡尔曼滤波器递推计算公式的形式，如式（6-8）、式（6-19）和式（6-20）所示。但权矩阵 $\boldsymbol{S}_k^{-1}$ 和 $\boldsymbol{T}_k^{-1}$ 的取值尚未确定，因此，上述递推计算公式不便于直接应用。一种比较方便的处理策略是将 $\boldsymbol{S}_k$ 和 $\boldsymbol{T}_k$ 视为滤波器的设计参数，通过对 $\boldsymbol{S}_k$ 和 $\boldsymbol{T}_k$ 的优化，使得鲁棒卡尔曼滤波器满足进一步的性能要求；同时，给出权矩阵在理论上的参考值，便于工程技术人员设计实施。

值得说明的是，如果在一个滤波器中包含多个待定参数，其优点是为基于滤波器参数整定的状态估计性能优化提供了较大余地，但另一方面，也会增大工程技术人员的工作量。利用不确定系统模型和有关不确定误差项的先验信息，给出滤波器参数与实际物理参数的关联关系，尽可能减少需要人为整定的滤波器参数，对于鲁棒状态估计方法的推广应用具有重要意义。

6.1.5 权矩阵的优化

接下来的任务是对权矩阵 $\boldsymbol{S}_k^{-1}$ 和 $\boldsymbol{T}_k^{-1}$ 进行优化，使得所设计的鲁棒卡尔曼滤波器的估计误差方差阵的上界最小化。鲁棒卡尔曼滤波器的估计误差定义为

$$\tilde{\boldsymbol{x}}_k=\boldsymbol{x}_k-\hat{\boldsymbol{x}}_k \tag{6-21}$$

其预测误差定义为

$$\tilde{\boldsymbol{x}}_{k|k-1}=\boldsymbol{x}_k-\hat{\boldsymbol{x}}_{k|k-1} \tag{6-22}$$

关于权矩阵的优化方法，可以归纳为如下定理。

定理 6.1：考虑如式（6-1）和式（6-2）所示的不确定性系统模型和如式（6-8）、式（6-19）和式（6-20）所示的鲁棒卡尔曼滤波器，如果条件式（6-6）成立，那么对于 $0<k\leqslant n$（n 是任意正整数），鲁棒卡尔曼滤波器的估计误差满足如下所示的有界性条件

$$E(\tilde{\boldsymbol{x}}_k\tilde{\boldsymbol{x}}_k^{\mathrm{T}})\leqslant\boldsymbol{\Sigma}_k \tag{6-23}$$

式中，估计误差方差阵的上界通过如下所示的黎卡提方程表述

$$\boldsymbol{\Sigma}_{k|k-1}=\boldsymbol{F}_k\boldsymbol{\Sigma}_{k-1}\boldsymbol{F}_k^{\mathrm{T}}+\boldsymbol{Q}_k \tag{6-24}$$

$$\boldsymbol{\Sigma}_k=(1+\varepsilon)(\boldsymbol{I}-\boldsymbol{K}_k\boldsymbol{H}_k)\boldsymbol{\Sigma}_{k|k-1}(\boldsymbol{I}-\boldsymbol{K}_k\boldsymbol{H}_k)^{\mathrm{T}}+(1+\varepsilon^{-1})\rho_x^2\boldsymbol{K}_k\boldsymbol{M}_k\boldsymbol{M}_k^{\mathrm{T}}\boldsymbol{K}_k^{\mathrm{T}}+\boldsymbol{K}_k\boldsymbol{R}_k\boldsymbol{K}_k^{\mathrm{T}} \tag{6-25}$$

式中，ε 为正常数，$\boldsymbol{\Sigma}_k$ 的初始条件满足

$$\boldsymbol{\Sigma}_0\geqslant E(\tilde{\boldsymbol{x}}_0\tilde{\boldsymbol{x}}_0^{\mathrm{T}}) \tag{6-26}$$

如果权矩阵按下式选取

$$\boldsymbol{S}_k^{-1}=(1+\varepsilon)^{-1}\boldsymbol{\Sigma}_{k|k-1}^{-1}-\hat{\beta}(\boldsymbol{I}+\boldsymbol{G}_k^{\mathrm{T}}\boldsymbol{G}_k) \tag{6-27}$$

$$\boldsymbol{T}_k^{-1}=[\boldsymbol{R}_k+(1+\varepsilon^{-1})\rho_x^2\boldsymbol{M}_k\boldsymbol{M}_k^{\mathrm{T}}+\hat{\beta}^{-1}(\boldsymbol{I}+\boldsymbol{M}_k\boldsymbol{M}_k^{\mathrm{T}})]^{-1} \tag{6-28}$$

那么，如式（6－19）所示的滤波增益阵 $\boldsymbol{K}_k$ 使得鲁棒卡尔曼滤波器估计误差方差阵上界 $\boldsymbol{\Sigma}_k$ 的迹最小化。

证明：定理证明的基本思路为，先构造鲁棒卡尔曼滤波器估计误差方差阵 $E(\tilde{\boldsymbol{x}}_k\tilde{\boldsymbol{x}}_k^{\mathrm{T}})$ 的上界 $\boldsymbol{\Sigma}_k$，再推导滤波增益阵 $\boldsymbol{K}_k$，使得估计误差方差阵上界 $\boldsymbol{\Sigma}_k$ 的迹最小化；权矩阵 $\boldsymbol{S}_k^{-1}$ 和 $\boldsymbol{T}_k^{-1}$ 根据导出的滤波增益阵 $\boldsymbol{K}_k$ 确定。根据鲁棒卡尔曼滤波器的递推计算公式，估计误差可写为

$$\tilde{\boldsymbol{x}}_k = \boldsymbol{x}_k - \hat{\boldsymbol{x}}_{k|k-1} - \boldsymbol{K}_k(\boldsymbol{y}_k - \boldsymbol{H}_k\hat{\boldsymbol{x}}_{k|k-1}) \tag{6-29}$$

根据不确定系统模型中的观测方程，上式可写为

$$\tilde{\boldsymbol{x}}_k = (\boldsymbol{I} - \boldsymbol{K}_k\boldsymbol{H}_k)\tilde{\boldsymbol{x}}_{k|k-1} - \boldsymbol{K}_k\delta\boldsymbol{H}_k\boldsymbol{x}_k - \boldsymbol{K}_k\boldsymbol{v}_k \tag{6-30}$$

考虑测量噪声的统计特性，鲁棒卡尔曼滤波器的估计误差方差阵可表述为

$$E(\tilde{\boldsymbol{x}}_k\tilde{\boldsymbol{x}}_k^{\mathrm{T}}) = E\{[(\boldsymbol{I} - \boldsymbol{K}_k\boldsymbol{H}_k)\tilde{\boldsymbol{x}}_{k|k-1} - \boldsymbol{K}_k\delta\boldsymbol{H}_k\boldsymbol{x}_k][(\boldsymbol{I} - \boldsymbol{K}_k\boldsymbol{H}_k)\tilde{\boldsymbol{x}}_{k|k-1} - \boldsymbol{K}_k\delta\boldsymbol{H}_k\boldsymbol{x}_k]^{\mathrm{T}}\} + \boldsymbol{K}_k\boldsymbol{R}_k\boldsymbol{K}_k^{\mathrm{T}} \tag{6-31}$$

根据如下所示的不等式

$$[\varepsilon^{0.5}(\boldsymbol{I} - \boldsymbol{K}_k\boldsymbol{H}_k)\tilde{\boldsymbol{x}}_{k|k-1} + \varepsilon^{-0.5}\boldsymbol{K}_k\delta\boldsymbol{H}_k\boldsymbol{x}_k]^{\mathrm{T}}[\varepsilon^{0.5}(\boldsymbol{I} - \boldsymbol{K}_k\boldsymbol{H}_k)\tilde{\boldsymbol{x}}_{k|k-1} + \varepsilon^{-0.5}\boldsymbol{K}_k\delta\boldsymbol{H}_k\boldsymbol{x}_k] \geqslant 0 \tag{6-32}$$

可得

$$\begin{aligned}&\varepsilon(\boldsymbol{I} - \boldsymbol{K}_k\boldsymbol{H}_k)\tilde{\boldsymbol{x}}_{k|k-1}\tilde{\boldsymbol{x}}_{k|k-1}^{\mathrm{T}}(\boldsymbol{I} - \boldsymbol{K}_k\boldsymbol{H}_k)^{\mathrm{T}} + (\boldsymbol{I} - \boldsymbol{K}_k\boldsymbol{H}_k)\tilde{\boldsymbol{x}}_{k|k-1}\boldsymbol{x}_k^{\mathrm{T}}\delta\boldsymbol{H}_k^{\mathrm{T}}\boldsymbol{K}_k^{\mathrm{T}} + \\ &\quad \boldsymbol{K}_k\delta\boldsymbol{H}_k\boldsymbol{x}_k\tilde{\boldsymbol{x}}_{k|k-1}^{\mathrm{T}}(\boldsymbol{I} - \boldsymbol{K}_k\boldsymbol{H}_k)^{\mathrm{T}} + \varepsilon^{-1}\boldsymbol{K}_k\delta\boldsymbol{H}_k\boldsymbol{x}_k\boldsymbol{x}_k^{\mathrm{T}}\delta\boldsymbol{H}_k^{\mathrm{T}}\boldsymbol{K}_k^{\mathrm{T}} \geqslant 0\end{aligned} \tag{6-33}$$

结合式（6－31）和式（6－33）可知

$$\begin{aligned}E(\tilde{\boldsymbol{x}}_k\tilde{\boldsymbol{x}}_k^{\mathrm{T}}) \leqslant\ & (1+\varepsilon)(\boldsymbol{I} - \boldsymbol{K}_k\boldsymbol{H}_k)E(\tilde{\boldsymbol{x}}_{k|k-1}\tilde{\boldsymbol{x}}_{k|k-1}^{\mathrm{T}})(\boldsymbol{I} - \boldsymbol{K}_k\boldsymbol{H}_k)^{\mathrm{T}} + \\ & (1+\varepsilon^{-1})\boldsymbol{K}_k\delta\boldsymbol{H}_kE(\boldsymbol{x}_k\boldsymbol{x}_k^{\mathrm{T}})\delta\boldsymbol{H}_k^{\mathrm{T}}\boldsymbol{K}_k^{\mathrm{T}} + \boldsymbol{K}_k\boldsymbol{R}_k\boldsymbol{K}_k^{\mathrm{T}}\end{aligned} \tag{6-34}$$

根据不确定系统模型中对不确定性误差项 $\delta\boldsymbol{H}_k$ 的描述易知

$$\delta\boldsymbol{H}_kE(\boldsymbol{x}_k\boldsymbol{x}_k^{\mathrm{T}})\delta\boldsymbol{H}_k^{\mathrm{T}} \leqslant \rho_x^2\boldsymbol{M}_k\boldsymbol{M}_k^{\mathrm{T}} \tag{6-35}$$

将式（6－35）代入式（6－34）得到

$$\begin{aligned}E(\tilde{\boldsymbol{x}}_k\tilde{\boldsymbol{x}}_k^{\mathrm{T}}) \leqslant\ & (1+\varepsilon)(\boldsymbol{I} - \boldsymbol{K}_k\boldsymbol{H}_k)E(\tilde{\boldsymbol{x}}_{k|k-1}\tilde{\boldsymbol{x}}_{k|k-1}^{\mathrm{T}})(\boldsymbol{I} - \boldsymbol{K}_k\boldsymbol{H}_k)^{\mathrm{T}} + \\ & \boldsymbol{K}_k[(1+\varepsilon^{-1})\rho_x^2\boldsymbol{M}_k\boldsymbol{M}_k^{\mathrm{T}} + \boldsymbol{R}_k]\boldsymbol{K}_k^{\mathrm{T}}\end{aligned} \tag{6-36}$$

根据不确定系统模型和鲁棒卡尔曼滤波器的递推计算公式，预测误差可写为

$$\tilde{\boldsymbol{x}}_{k|k-1} = \boldsymbol{F}_k\tilde{\boldsymbol{x}}_{k-1} + \boldsymbol{w}_k \tag{6-37}$$

根据系统噪声的统计特性，预测误差的方差阵可表示为

$$E(\tilde{\boldsymbol{x}}_{k|k-1}\tilde{\boldsymbol{x}}_{k|k-1}^{\mathrm{T}}) = \boldsymbol{F}_kE(\tilde{\boldsymbol{x}}_{k-1}\tilde{\boldsymbol{x}}_{k-1}^{\mathrm{T}})\boldsymbol{F}_k^{\mathrm{T}} + \boldsymbol{Q}_k \tag{6-38}$$

接下来，运用数学归纳法来证明 $E(\tilde{\boldsymbol{x}}_k\tilde{\boldsymbol{x}}_k^{\mathrm{T}}) \leqslant \boldsymbol{\Sigma}_k$，即矩阵 $\boldsymbol{\Sigma}_k$ 是鲁棒卡尔曼滤波器估计误差方差阵的上界。先令表示离散时间的变量 $k=1$，由式（6－38）和定理中的假设条件易知

$$E(\tilde{\boldsymbol{x}}_{1|0}\tilde{\boldsymbol{x}}_{1|0}^{\mathrm{T}}) = \boldsymbol{F}_1E(\tilde{\boldsymbol{x}}_0\tilde{\boldsymbol{x}}_0^{\mathrm{T}})\boldsymbol{F}_1^{\mathrm{T}} + \boldsymbol{Q}_1 \leqslant \boldsymbol{F}_1\boldsymbol{\Sigma}_0\boldsymbol{F}_1^{\mathrm{T}} + \boldsymbol{Q}_1 \tag{6-39}$$

或

$$E(\tilde{\boldsymbol{x}}_{1|0}\tilde{\boldsymbol{x}}_{1|0}^{\mathrm{T}}) \leqslant \boldsymbol{\Sigma}_{1|0} \tag{6-40}$$

由式（6－36）和式（6－40），得到 $k=1$ 时估计误差方差阵的上界

$$E(\tilde{\boldsymbol{x}}_1\tilde{\boldsymbol{x}}_1^{\mathrm{T}}) \leqslant (1+\varepsilon)(\boldsymbol{I}-\boldsymbol{K}_1\boldsymbol{H}_1)\boldsymbol{\Sigma}_{1|0}(\boldsymbol{I}-\boldsymbol{K}_1\boldsymbol{H}_1)^{\mathrm{T}}+\boldsymbol{K}_1[(1+\varepsilon^{-1})\rho_x^2\boldsymbol{M}_1\boldsymbol{M}_1^{\mathrm{T}}+\boldsymbol{R}_1]\boldsymbol{K}_1^{\mathrm{T}} \tag{6-41}$$

或

$$E(\tilde{\boldsymbol{x}}_1\tilde{\boldsymbol{x}}_1^{\mathrm{T}}) \leqslant \boldsymbol{\Sigma}_1 \tag{6-42}$$

再令 $k=n-1$，并且假定

$$E(\tilde{\boldsymbol{x}}_{n-1}\tilde{\boldsymbol{x}}_{n-1}^{\mathrm{T}}) \leqslant \boldsymbol{\Sigma}_{n-1} \tag{6-43}$$

由式（6－43），根据预测误差方差阵的表达式，易于验证

$$E(\tilde{\boldsymbol{x}}_{n|n-1}\tilde{\boldsymbol{x}}_{n|n-1}^{\mathrm{T}}) = \boldsymbol{F}_k\boldsymbol{\Sigma}_{n-1}\boldsymbol{F}_k^{\mathrm{T}}+\boldsymbol{Q}_k \tag{6-44}$$

或

$$E(\tilde{\boldsymbol{x}}_{n|n-1}\tilde{\boldsymbol{x}}_{n|n-1}^{\mathrm{T}}) \leqslant \boldsymbol{\Sigma}_{n|n-1} \tag{6-45}$$

由式（6－45），根据估计误差方差阵的表达式易知

$$E(\tilde{\boldsymbol{x}}_n\tilde{\boldsymbol{x}}_n^{\mathrm{T}}) \leqslant (1+\varepsilon)(\boldsymbol{I}-\boldsymbol{K}_k\boldsymbol{H}_k)\boldsymbol{\Sigma}_{n|n-1}(\boldsymbol{I}-\boldsymbol{K}_k\boldsymbol{H}_k)^{\mathrm{T}}+\boldsymbol{K}_k[(1+\varepsilon^{-1})\rho_x^2\boldsymbol{M}_k\boldsymbol{M}_k^{\mathrm{T}}+\boldsymbol{R}_k]\boldsymbol{K}_k^{\mathrm{T}} \tag{6-46}$$

或

$$E(\tilde{\boldsymbol{x}}_n\tilde{\boldsymbol{x}}_n^{\mathrm{T}}) \leqslant \boldsymbol{\Sigma}_n \tag{6-47}$$

通过数学归纳法的推导，根据式（6－42）和式（6－47）可以得出结论，对于 $0<k\leqslant n$，有界性条件 $E(\tilde{\boldsymbol{x}}_k\tilde{\boldsymbol{x}}_k^{\mathrm{T}}) \leqslant \boldsymbol{\Sigma}_k$ 成立。

进而，为了对滤波器的性能进行优化，对推导得到的鲁棒卡尔曼滤波器估计误差方差阵上界 $\boldsymbol{\Sigma}_k$ 的迹对滤波增益阵 $\boldsymbol{K}_k$ 求偏导（可参阅本书第 2 章关于标量对矩阵求导的说明），得到

$$\frac{\partial \mathrm{tr}(\boldsymbol{\Sigma}_k)}{\partial \boldsymbol{K}_k} = 2(1+\varepsilon)(\boldsymbol{I}-\boldsymbol{K}_k\boldsymbol{H}_k)\boldsymbol{\Sigma}_{k|k-1}(-\boldsymbol{H}_k^{\mathrm{T}})+2\boldsymbol{K}_k[(1+\varepsilon^{-1})\rho_x^2\boldsymbol{M}_k\boldsymbol{M}_k^{\mathrm{T}}+\boldsymbol{R}_k] \tag{6-48}$$

令 $\dfrac{\partial \mathrm{tr}(\boldsymbol{\Sigma}_k)}{\partial \boldsymbol{K}_k}=0$，得到使估计误差方差阵上界的迹最小的滤波增益阵

$$\boldsymbol{K}_k = (1+\varepsilon)\boldsymbol{\Sigma}_{k|k-1}\boldsymbol{H}_k^{\mathrm{T}}[(1+\varepsilon)\boldsymbol{H}_k\boldsymbol{\Sigma}_{n|n-1}\boldsymbol{H}_k^{\mathrm{T}}+(1+\varepsilon^{-1})\rho_x^2\boldsymbol{M}_k\boldsymbol{M}_k^{\mathrm{T}}+\boldsymbol{R}_k]^{-1} \tag{6-49}$$

最后，求权矩阵 $\boldsymbol{S}_k^{-1}$ 和 $\boldsymbol{T}_k^{-1}$，使得如式（6－19）所示的滤波增益阵 $\boldsymbol{K}_k$ 与上式具有相同的形式。此时，滤波增益阵 $\boldsymbol{K}_k$ 和估计误差方差阵的上界 $\boldsymbol{\Sigma}_k$ 可分别写为如下所示的等价形式

$$\boldsymbol{K}_k = \boldsymbol{\Sigma}_k\boldsymbol{H}_k^{\mathrm{T}}[(1+\varepsilon^{-1})\rho_x^2\boldsymbol{M}_k\boldsymbol{M}_k^{\mathrm{T}}+\boldsymbol{R}_k]^{-1} \tag{6-50}$$

$$\boldsymbol{\Sigma}_k^{-1} = (1+\varepsilon)^{-1}\boldsymbol{\Sigma}_{k|k-1}^{-1}+\boldsymbol{H}_k^{\mathrm{T}}[(1+\varepsilon^{-1})\rho_x^2\boldsymbol{M}_k\boldsymbol{M}_k^{\mathrm{T}}+\boldsymbol{R}_k]^{-1}\boldsymbol{H}_k \tag{6-51}$$

将式（6－51）代入式（6－50）得到

$$\begin{aligned}\boldsymbol{K}_k = &\{(1+\varepsilon)^{-1}\boldsymbol{\Sigma}_{k|k-1}^{-1}+\boldsymbol{H}_k^{\mathrm{T}}[(1+\varepsilon^{-1})\rho_x^2\boldsymbol{M}_k\boldsymbol{M}_k^{\mathrm{T}}+\boldsymbol{R}_k]^{-1}\boldsymbol{H}_k\}^{-1}\\ &\boldsymbol{H}_k^{\mathrm{T}}[(1+\varepsilon^{-1})\rho_x^2\boldsymbol{M}_k\boldsymbol{M}_k^{\mathrm{T}}+\boldsymbol{R}_k]^{-1}\end{aligned} \tag{6-52}$$

显然，如果 $\boldsymbol{S}_k^{-1}$ 和 $\boldsymbol{T}_k^{-1}$ 根据定理 6.1 中规定的形式选取，则如式（6－19）所示的滤波增益阵 $\boldsymbol{K}_k$ 与式（6－52）相同。证毕。

6.1.6　递推计算流程

根据定理 6.1 的结论，以及通过优化准则得到的滤波器基本结构形式，借鉴本书第 4 章有关估计误差方差阵等价表述形式的说明，将鲁棒卡尔曼滤波器的递推计算公式归纳为与卡尔曼滤波器类似的形式，如表 6－1 所示。

表 6－1　鲁棒卡尔曼滤波器的一步递推计算流程

Algorithm 6.1：Robust Kalman filter

function RKF($\hat{\boldsymbol{x}}_{k-1}, \boldsymbol{P}_{k-1}, \boldsymbol{y}_k, \boldsymbol{Q}_k, \boldsymbol{R}_k$)

　$\hat{\boldsymbol{x}}_{k|k-1} \leftarrow \boldsymbol{F}_k \hat{\boldsymbol{x}}_{k-1}$　　▷ prediction

　$\boldsymbol{\Sigma}_{k|k-1} \leftarrow (1+\varepsilon)(\boldsymbol{F}_k \boldsymbol{\Sigma}_{k-1} \boldsymbol{F}_k^{\mathrm{T}} + \boldsymbol{Q}_k)$

　$\hat{\boldsymbol{R}}_k \leftarrow (1+\varepsilon^{-1})\rho_x^2 \boldsymbol{M}_k \boldsymbol{M}_k^{\mathrm{T}} + \boldsymbol{R}_k$

　$\boldsymbol{K}_k \leftarrow \boldsymbol{\Sigma}_{k|k-1} \boldsymbol{H}_k^{\mathrm{T}} (\boldsymbol{H}_k \boldsymbol{\Sigma}_{k|k-1} \boldsymbol{H}_k^{\mathrm{T}} + \hat{\boldsymbol{R}}_k)^{-1}$

　$\hat{\boldsymbol{x}}_k \leftarrow \hat{\boldsymbol{x}}_{k|k-1} + \boldsymbol{K}_k (\boldsymbol{y}_k - \boldsymbol{H}_k \hat{\boldsymbol{x}}_{k|k-1})$　　▷ update

　$\boldsymbol{\Sigma}_k \leftarrow (\boldsymbol{I} - \boldsymbol{K}_k \boldsymbol{H}_k) \boldsymbol{\Sigma}_{k|k-1} (\boldsymbol{I} - \boldsymbol{K}_k \boldsymbol{H}_k)^{\mathrm{T}} + \boldsymbol{K}_k \hat{\boldsymbol{R}}_k \boldsymbol{K}_k^{\mathrm{T}}$

　return $\hat{\boldsymbol{x}}_k, \boldsymbol{P}_k$

end function

为了表述上的方便，表 6－1 与定理 6.1 中的黎卡提方程相比，$\boldsymbol{\Sigma}_{k|k-1}$ 和 $\boldsymbol{\Sigma}_k$ 在表现形式上有所变化，而递推计算过程实质上是一致的。上述递推计算公式中，$\varepsilon > 0$ 为可调滤波参数，参数 ε 的引入不会影响矩阵 $\boldsymbol{\Sigma}_{k|k-1}$ 和 $\boldsymbol{\Sigma}_k$ 的正定性。值得注意的是，作为鲁棒状态估计方法最著名的实现方式之一，在 $\boldsymbol{H}_\infty$ 滤波器中如果参数选取不恰当，有可能造成黎卡提方程的解失去正定性，在实际应用过程中应尽量避免这种情况。

将设计得到的鲁棒卡尔曼滤波器与卡尔曼滤波器进行对比，不难看出，这两种随机系统状态估计方法的递推计算公式非常相近。受卡尔曼滤波器理论的影响，鲁棒卡尔曼滤波器仍采用卡尔曼滤波器的“预测－更新”结构形式，并且“更新”过程的实现形式也与卡尔曼滤波器类似，即用测量新息修正状态向量的预测值。二者的区别主要体现在以下 3 方面。

1）根据不确定系统模型中对不确定性误差项 $\delta \boldsymbol{H}_k$ 的描述，在鲁棒卡尔曼滤波器中，适当增大了测量噪声方差阵 $\hat{\boldsymbol{R}}_k$ 的取值，相当于削弱了观测量对状态向量的修正作用，从而减小不确定性误差项 $\delta \boldsymbol{H}_k$ 的影响。

2）由于模型不确定性的存在，难以准确计算估计误差方差阵 $\boldsymbol{P}_k$。因此，在鲁棒卡尔曼滤波器中，通过估计误差阵的上界 $\boldsymbol{\Sigma}_k$ 代替 $\boldsymbol{P}_k$，用于滤波增益阵 $\boldsymbol{K}_k$ 的推导和计算；根据定理 6.1 的证明过程易知，估计误差阵的上界计算公式中的修正项 $(1+\varepsilon)^{-1}$ 体现了不确定性误差项 $\delta \boldsymbol{H}_k$ 对估计误差方差阵的放大作用；如果在系统模型中取 $\delta \boldsymbol{H}_k = 0$，则鲁棒卡尔曼滤波器退化为卡尔曼滤波器。

3）注意到本节前面部分推导滤波器基本结构形式过程中定义的未知矩阵 $\boldsymbol{G}_k$ 并未出现

在鲁棒卡尔曼滤波器的递推计算公式中，不会对滤波器的实际应用构成影响。鉴于在滤波器推导过程中用到了不等式（6-34），应用该方法计算得到的估计误差方差阵的上界具有一定的保守性，通过适当选择滤波参数 ε 、ρ_x 和 $\boldsymbol{M}_k$ 有助于减弱这种保守性。

本节所给出的鲁棒卡尔曼滤波器通过求解最小最大问题获得滤波器的基本结构形式，进而，对权矩阵 $\boldsymbol{S}_k^{-1}$ 和 $\boldsymbol{T}_k^{-1}$ 进行了优化，使得估计误差方差阵上界的迹最小。对于测量方程中存在模型不确定性的系统，应用鲁棒卡尔曼滤波器，相当于增大了测量噪声方差阵的取值。通常认为，通过增大滤波器中测量噪声方差阵的取值，有助于增强滤波器克服测量模型不确定性影响的能力。不难看出，在鲁棒卡尔曼滤波器中增大测量噪声方差阵的处理方式与工程经验是相符的。同时，可以认为，通过对鲁棒卡尔曼滤波器递推计算公式的推导，为卡尔曼滤波器实际应用过程中人为整定滤波器参数的做法提供了理论依据。

与传统卡尔曼滤波器相比，在存在模型不确定性的情况下，采用鲁棒卡尔曼滤波器可以获得更高的估计精度。举例来说，鲁棒卡尔曼滤波器可用于处理航天器姿态确定系统中星敏感器相对安装误差的影响。对于由星敏感器和陀螺构成的航天器姿态确定系统，星敏感器相对安装误差的存在，会导致航天器姿态估计误差增大。基于星敏感器相对安装误差的先验信息建立不确定系统模型，进而，针对不确定性系统模型设计鲁棒卡尔曼滤波器，能够取得优于传统卡尔曼滤波器的姿态确定精度[11]。采用类似设计方法，鲁棒卡尔曼滤波器也可以用于解决 X 射线脉冲星导航研究中遇到的星表误差导致模型不确定性的问题。

6.2 鲁棒卡尔曼滤波器的鲁棒性

6.2.1 分析方法

本节考虑不确定系统模型，对鲁棒卡尔曼滤波器的状态估计性能进行分析。在本书第 4 章中，对卡尔曼滤波器的性能分析是通过计算其估计误差方差阵进行的，结果表明，在系统模型准确的情况下，卡尔曼滤波器是一种最小方差估计方法。然而，在存在模型不确定性的情况下，直接对鲁棒卡尔曼滤波器的估计误差方差阵进行分析，不能充分展示其性能特点。在对鲁棒滤波器的状态估计性能进行分析时，我们常常关注噪声信号与不确定性误差项的能量，以及估计误差信号能量的比值；如果这一比值较小，则说明该鲁棒状态估计方法对于模型不确定性具有较好的鲁棒性，即具有较强的克服模型不确定性影响的能力。为了保持推导过程形式简洁，本节仅考虑观测方程中存在模型不确定性的情况。事实上，对于状态方程中存在模型不确定性的情况，也可以采用类似手段对相应的鲁棒状态估计方法进行性能分析[12]。

为了简化符号，将不确定性误差项与测量噪声的综合影响记为

$$\bar{\boldsymbol{v}}_k = \delta \boldsymbol{H}_k \boldsymbol{x}_{k-1} + \boldsymbol{v}_k \tag{6-53}$$

6.2.2 分析结果

对鲁棒卡尔曼滤波器的状态估计性能分析结果可归纳为如下定理。

定理 6.2：考虑如式（6－1）和式（6－2）所示的不确定系统模型和表 6－1 所示的鲁棒卡尔曼滤波器，如果以下条件成立

$$\det(\boldsymbol{F}_k)\neq 0,\det(\boldsymbol{I}-\boldsymbol{K}_k\boldsymbol{H}_k)\neq 0 \tag{6-54}$$

那么，鲁棒卡尔曼滤波器的估计误差 $\tilde{\boldsymbol{x}}_k$ 满足以下不等式

$$\frac{\sum_{k=0}^{n}\|\tilde{\boldsymbol{x}}_k\|^2_{\boldsymbol{\Sigma}_k^{-1}}}{\|\tilde{\boldsymbol{x}}_0\|^2_{\boldsymbol{\Sigma}_0^{-1}}+\sum_{k=1}^{n}(\|\boldsymbol{w}_k\|^2_{\bar{\boldsymbol{Q}}_k^{-1}}+\|\bar{\boldsymbol{v}}_k\|^2_{\bar{\boldsymbol{R}}_k^{-1}})}\leqslant\gamma^2 \tag{6-55}$$

其中

$$\bar{\boldsymbol{Q}}_k=(2+\xi^{-1})^{-1}\boldsymbol{Q}_k,\ \bar{\boldsymbol{R}}_k=(2+\xi^{-1})^{-1}\hat{\boldsymbol{R}}_k \tag{6-56}$$

$\gamma=\sqrt{\dfrac{1+\varepsilon}{\varepsilon-2\xi}}$ 为能量增益因子，ξ 为满足条件 $\xi>\varepsilon/2$ 的正常数，符号 $\|\boldsymbol{x}\|^2_P$ 定义为向量 $\boldsymbol{x}$ 的加权范数，即 $\|\boldsymbol{x}\|^2_P=\boldsymbol{x}^{\mathrm{T}}\boldsymbol{P}\boldsymbol{x}$。

证明：定理证明的基本思路是根据估计误差 $\tilde{\boldsymbol{x}}_k$ 及其方差阵上界 $\boldsymbol{\Sigma}_k$ 的表达式，应用本书第 2 章所述的有关矩阵论的基本知识，推导式（6－55）所示的不等式。利用简记符号 $\bar{\boldsymbol{v}}_k$，鲁棒卡尔曼滤波器的状态估计误差表达式可写为

$$\begin{aligned}\tilde{\boldsymbol{x}}_k&=(\boldsymbol{I}-\boldsymbol{K}_k\boldsymbol{H}_k)\tilde{\boldsymbol{x}}_{k|k-1}-\boldsymbol{K}_k\bar{\boldsymbol{v}}_k\\&=(\boldsymbol{I}-\boldsymbol{K}_k\boldsymbol{H}_k)\boldsymbol{F}_k\tilde{\boldsymbol{x}}_{k-1}+(\boldsymbol{I}-\boldsymbol{K}_k\boldsymbol{H}_k)\boldsymbol{w}_k-\boldsymbol{K}_k\bar{\boldsymbol{v}}_k\end{aligned} \tag{6-57}$$

根据上式，得到估计误差信号 $\tilde{\boldsymbol{x}}_k$ 的能量函数

$$\begin{aligned}\|\tilde{\boldsymbol{x}}_k\|^2_{\boldsymbol{\Sigma}_k^{-1}}&=\tilde{\boldsymbol{x}}_k^{\mathrm{T}}\boldsymbol{\Sigma}_k^{-1}\tilde{\boldsymbol{x}}_k\\&=[(\boldsymbol{I}-\boldsymbol{K}_k\boldsymbol{H}_k)\boldsymbol{F}_k\tilde{\boldsymbol{x}}_{k-1}+(\boldsymbol{I}-\boldsymbol{K}_k\boldsymbol{H}_k)\boldsymbol{w}_k-\boldsymbol{K}_k\bar{\boldsymbol{v}}_k]^{\mathrm{T}}\\&\quad\boldsymbol{\Sigma}_k^{-1}[(\boldsymbol{I}-\boldsymbol{K}_k\boldsymbol{H}_k)\boldsymbol{F}_k\tilde{\boldsymbol{x}}_{k-1}+(\boldsymbol{I}-\boldsymbol{K}_k\boldsymbol{H}_k)\boldsymbol{w}_k-\boldsymbol{K}_k\bar{\boldsymbol{v}}_k]\\&=\tilde{\boldsymbol{x}}_{k-1}^{\mathrm{T}}\boldsymbol{F}_k^{\mathrm{T}}(\boldsymbol{I}-\boldsymbol{K}_k\boldsymbol{H}_k)^{\mathrm{T}}\boldsymbol{\Sigma}_k^{-1}(\boldsymbol{I}-\boldsymbol{K}_k\boldsymbol{H}_k)\boldsymbol{F}_k\tilde{\boldsymbol{x}}_{k-1}+\boldsymbol{w}_k^{\mathrm{T}}(\boldsymbol{I}-\boldsymbol{K}_k\boldsymbol{H}_k)^{\mathrm{T}}\boldsymbol{\Sigma}_k^{-1}(\boldsymbol{I}-\boldsymbol{K}_k\boldsymbol{H}_k)\boldsymbol{w}_k+\\&\quad\bar{\boldsymbol{v}}_k^{\mathrm{T}}\boldsymbol{K}_k^{\mathrm{T}}\boldsymbol{\Sigma}_k^{-1}\boldsymbol{K}_k\bar{\boldsymbol{v}}_k+\tilde{\boldsymbol{x}}_{k-1}^{\mathrm{T}}\boldsymbol{F}_k^{\mathrm{T}}(\boldsymbol{I}-\boldsymbol{K}_k\boldsymbol{H}_k)^{\mathrm{T}}\boldsymbol{\Sigma}_k^{-1}(\boldsymbol{I}-\boldsymbol{K}_k\boldsymbol{H}_k)\boldsymbol{w}_k+\\&\quad\boldsymbol{w}_k^{\mathrm{T}}(\boldsymbol{I}-\boldsymbol{K}_k\boldsymbol{H}_k)^{\mathrm{T}}\boldsymbol{\Sigma}_k^{-1}(\boldsymbol{I}-\boldsymbol{K}_k\boldsymbol{H}_k)\boldsymbol{F}_k\tilde{\boldsymbol{x}}_{k-1}-\tilde{\boldsymbol{x}}_{k-1}^{\mathrm{T}}\boldsymbol{F}_k^{\mathrm{T}}(\boldsymbol{I}-\boldsymbol{K}_k\boldsymbol{H}_k)^{\mathrm{T}}\boldsymbol{\Sigma}_k^{-1}\boldsymbol{K}_k\bar{\boldsymbol{v}}_k-\\&\quad\bar{\boldsymbol{v}}_k^{\mathrm{T}}\boldsymbol{K}_k^{\mathrm{T}}\boldsymbol{\Sigma}_k^{-1}(\boldsymbol{I}-\boldsymbol{K}_k\boldsymbol{H}_k)\boldsymbol{F}_k\tilde{\boldsymbol{x}}_{k-1}-\boldsymbol{w}_k^{\mathrm{T}}(\boldsymbol{I}-\boldsymbol{K}_k\boldsymbol{H}_k)^{\mathrm{T}}\boldsymbol{\Sigma}_k^{-1}\boldsymbol{K}_k\bar{\boldsymbol{v}}_k-\bar{\boldsymbol{v}}_k^{\mathrm{T}}\boldsymbol{K}_k^{\mathrm{T}}\boldsymbol{\Sigma}_k^{-1}(\boldsymbol{I}-\boldsymbol{K}_k\boldsymbol{H}_k)\boldsymbol{w}_k\end{aligned} \tag{6-58}$$

根据不等式

$$[\xi^{0.5}(\boldsymbol{I}-\boldsymbol{K}_k\boldsymbol{H}_k)\boldsymbol{F}_k\tilde{\boldsymbol{x}}_{k-1}-\xi^{-0.5}(\boldsymbol{I}-\boldsymbol{K}_k\boldsymbol{H}_k)\boldsymbol{w}_k]^{\mathrm{T}}\boldsymbol{\Sigma}_k^{-1}[\xi^{0.5}(\boldsymbol{I}-\boldsymbol{K}_k\boldsymbol{H}_k)\boldsymbol{F}_k\tilde{\boldsymbol{x}}_{k-1}-\xi^{-0.5}(\boldsymbol{I}-\boldsymbol{K}_k\boldsymbol{H}_k)\boldsymbol{w}_k]\geqslant 0 \tag{6-59}$$

可以得到

$$\begin{aligned}&\tilde{\boldsymbol{x}}_{k-1}^{\mathrm{T}}\boldsymbol{F}_k^{\mathrm{T}}(\boldsymbol{I}-\boldsymbol{K}_k\boldsymbol{H}_k)^{\mathrm{T}}\boldsymbol{\Sigma}_k^{-1}(\boldsymbol{I}-\boldsymbol{K}_k\boldsymbol{H}_k)\boldsymbol{w}_k+\boldsymbol{w}_k^{\mathrm{T}}(\boldsymbol{I}-\boldsymbol{K}_k\boldsymbol{H}_k)^{\mathrm{T}}\boldsymbol{\Sigma}_k^{-1}(\boldsymbol{I}-\boldsymbol{K}_k\boldsymbol{H}_k)\boldsymbol{F}_k\tilde{\boldsymbol{x}}_{k-1}\\&\leqslant\xi\tilde{\boldsymbol{x}}_{k-1}^{\mathrm{T}}\boldsymbol{F}_k^{\mathrm{T}}(\boldsymbol{I}-\boldsymbol{K}_k\boldsymbol{H}_k)^{\mathrm{T}}\boldsymbol{\Sigma}_k^{-1}(\boldsymbol{I}-\boldsymbol{K}_k\boldsymbol{H}_k)\boldsymbol{F}_k\tilde{\boldsymbol{x}}_{k-1}+\xi^{-1}\boldsymbol{w}_k^{\mathrm{T}}(\boldsymbol{I}-\boldsymbol{K}_k\boldsymbol{H}_k)^{\mathrm{T}}\boldsymbol{\Sigma}_k^{-1}(\boldsymbol{I}-\boldsymbol{K}_k\boldsymbol{H}_k)\boldsymbol{w}_k\end{aligned} \tag{6-60}$$

利用类似方法可得

$$-\tilde{\boldsymbol{x}}_{k-1}^{\mathrm{T}}\boldsymbol{F}_k^{\mathrm{T}}(\boldsymbol{I}-\boldsymbol{K}_k\boldsymbol{H}_k)^{\mathrm{T}}\boldsymbol{\Sigma}_k^{-1}\boldsymbol{K}_k\bar{\boldsymbol{v}}_k-\bar{\boldsymbol{v}}_k^{\mathrm{T}}\boldsymbol{K}_k^{\mathrm{T}}\boldsymbol{\Sigma}_k^{-1}(\boldsymbol{I}-\boldsymbol{K}_k\boldsymbol{H}_k)\boldsymbol{F}_k\tilde{\boldsymbol{x}}_{k-1}$$
$$\leqslant\xi\tilde{\boldsymbol{x}}_{k-1}^{\mathrm{T}}\boldsymbol{F}_k^{\mathrm{T}}(\boldsymbol{I}-\boldsymbol{K}_k\boldsymbol{H}_k)^{\mathrm{T}}\boldsymbol{\Sigma}_k^{-1}(\boldsymbol{I}-\boldsymbol{K}_k\boldsymbol{H}_k)\boldsymbol{F}_k\tilde{\boldsymbol{x}}_{k-1}+\xi^{-1}\bar{\boldsymbol{v}}_k^{\mathrm{T}}\boldsymbol{K}_k^{\mathrm{T}}\boldsymbol{\Sigma}_k^{-1}\boldsymbol{K}_k\bar{\boldsymbol{v}}_k \tag{6-61}$$

以及

$$-\boldsymbol{w}_k^{\mathrm{T}}(\boldsymbol{I}-\boldsymbol{K}_k\boldsymbol{H}_k)^{\mathrm{T}}\boldsymbol{\Sigma}_k^{-1}\boldsymbol{K}_k\bar{\boldsymbol{v}}_k-\bar{\boldsymbol{v}}_k^{\mathrm{T}}\boldsymbol{K}_k^{\mathrm{T}}\boldsymbol{\Sigma}_k^{-1}(\boldsymbol{I}-\boldsymbol{K}_k\boldsymbol{H}_k)\boldsymbol{w}_k$$
$$\leqslant\boldsymbol{w}_k^{\mathrm{T}}(\boldsymbol{I}-\boldsymbol{K}_k\boldsymbol{H}_k)^{\mathrm{T}}\boldsymbol{\Sigma}_k^{-1}(\boldsymbol{I}-\boldsymbol{K}_k\boldsymbol{H}_k)\boldsymbol{w}_k+\bar{\boldsymbol{v}}_k^{\mathrm{T}}\boldsymbol{K}_k^{\mathrm{T}}\boldsymbol{\Sigma}_k^{-1}\boldsymbol{K}_k\bar{\boldsymbol{v}}_k \tag{6-62}$$

结合以上三式，得到有关能量函数 $\|\tilde{\boldsymbol{x}}_k\|_{\boldsymbol{\Sigma}_k^{-1}}^2$ 的不等式

$$\|\tilde{\boldsymbol{x}}_k\|_{\boldsymbol{\Sigma}_k^{-1}}^2\leqslant(1+2\xi)\tilde{\boldsymbol{x}}_{k-1}^{\mathrm{T}}\boldsymbol{F}_k^{\mathrm{T}}(\boldsymbol{I}-\boldsymbol{K}_k\boldsymbol{H}_k)^{\mathrm{T}}\boldsymbol{\Sigma}_k^{-1}(\boldsymbol{I}-\boldsymbol{K}_k\boldsymbol{H}_k)\boldsymbol{F}_k\tilde{\boldsymbol{x}}_{k-1}+$$
$$(2+\xi^{-1})\boldsymbol{w}_k^{\mathrm{T}}(\boldsymbol{I}-\boldsymbol{K}_k\boldsymbol{H}_k)^{\mathrm{T}}\boldsymbol{\Sigma}_k^{-1}(\boldsymbol{I}-\boldsymbol{K}_k\boldsymbol{H}_k)\boldsymbol{w}_k+(2+\xi^{-1})\bar{\boldsymbol{v}}_k^{\mathrm{T}}\boldsymbol{K}_k^{\mathrm{T}}\boldsymbol{\Sigma}_k^{-1}\boldsymbol{K}_k\bar{\boldsymbol{v}}_k \tag{6-63}$$

下面对有关 $\|\tilde{\boldsymbol{x}}_k\|_{\boldsymbol{\Sigma}_k^{-1}}^2$ 的不等式式右侧的三个组成部分逐项进行分析。根据估计误差方差阵上界 $\boldsymbol{\Sigma}_k$ 的表达式得到如下不等式

$$\boldsymbol{\Sigma}_k=(\boldsymbol{I}-\boldsymbol{K}_k\boldsymbol{H}_k)\boldsymbol{\Sigma}_{k|k-1}(\boldsymbol{I}-\boldsymbol{K}_k\boldsymbol{H}_k)^{\mathrm{T}}+\boldsymbol{K}_k\hat{\boldsymbol{R}}_k\boldsymbol{K}_k^{\mathrm{T}}\geqslant(\boldsymbol{I}-\boldsymbol{K}_k\boldsymbol{H}_k)\boldsymbol{\Sigma}_{k|k-1}(\boldsymbol{I}-\boldsymbol{K}_k\boldsymbol{H}_k)^{\mathrm{T}} \tag{6-64}$$

根据上式，有关 $\|\tilde{\boldsymbol{x}}_k\|_{\boldsymbol{\Sigma}_k^{-1}}^2$ 的不等式右侧第一项可表示为

$$(1+2\xi)\tilde{\boldsymbol{x}}_{k-1}^{\mathrm{T}}\boldsymbol{F}_k^{\mathrm{T}}(\boldsymbol{I}-\boldsymbol{K}_k\boldsymbol{H}_k)^{\mathrm{T}}\boldsymbol{\Sigma}_k^{-1}(\boldsymbol{I}-\boldsymbol{K}_k\boldsymbol{H}_k)\boldsymbol{F}_k\tilde{\boldsymbol{x}}_{k-1}\leqslant(1+2\xi)\tilde{\boldsymbol{x}}_{k-1}^{\mathrm{T}}\boldsymbol{F}_k^{\mathrm{T}}\boldsymbol{\Sigma}_{k|k-1}^{-1}\boldsymbol{F}_k\tilde{\boldsymbol{x}}_{k-1} \tag{6-65}$$

根据 $\boldsymbol{\Sigma}_{k|k-1}$ 的表达式可得

$$\boldsymbol{\Sigma}_{k|k-1}=(1+\varepsilon)(\boldsymbol{F}_k\boldsymbol{\Sigma}_{k-1}\boldsymbol{F}_k^{\mathrm{T}}+\boldsymbol{Q}_k)\geqslant(1+\varepsilon)\boldsymbol{F}_k\boldsymbol{\Sigma}_{k-1}\boldsymbol{F}_k^{\mathrm{T}} \tag{6-66}$$

应用上式可知

$$(1+2\xi)\tilde{\boldsymbol{x}}_{k-1}^{\mathrm{T}}\boldsymbol{F}_k^{\mathrm{T}}(\boldsymbol{I}-\boldsymbol{K}_k\boldsymbol{H}_k)^{\mathrm{T}}\boldsymbol{\Sigma}_k^{-1}(\boldsymbol{I}-\boldsymbol{K}_k\boldsymbol{H}_k)\boldsymbol{F}_k\tilde{\boldsymbol{x}}_{k-1}\leqslant\frac{1+2\xi}{1+\varepsilon}\tilde{\boldsymbol{x}}_{k-1}^{\mathrm{T}}\boldsymbol{\Sigma}_{k-1}^{-1}\tilde{\boldsymbol{x}}_{k-1} \tag{6-67}$$

或

$$\begin{aligned}&(1+2\xi)\tilde{\boldsymbol{x}}_{k-1}^{\mathrm{T}}\boldsymbol{F}_k^{\mathrm{T}}(\boldsymbol{I}-\boldsymbol{K}_k\boldsymbol{H}_k)^{\mathrm{T}}\boldsymbol{\Sigma}_k^{-1}(\boldsymbol{I}-\boldsymbol{K}_k\boldsymbol{H}_k)\boldsymbol{F}_k\tilde{\boldsymbol{x}}_{k-1}\\&\leqslant(1-\gamma^{-2})\tilde{\boldsymbol{x}}_{k-1}^{\mathrm{T}}\boldsymbol{\Sigma}_{k-1}^{-1}\tilde{\boldsymbol{x}}_{k-1}\\&=\|\tilde{\boldsymbol{x}}_{k-1}\|_{\boldsymbol{\Sigma}_{k-1}^{-1}}^2-\gamma^{-2}\|\tilde{\boldsymbol{x}}_{k-1}\|_{\boldsymbol{\Sigma}_{k-1}^{-1}}^2\end{aligned} \tag{6-68}$$

仿照前面的方法，分析有关 $\|\tilde{\boldsymbol{x}}_k\|_{\boldsymbol{\Sigma}_k^{-1}}^2$ 的不等式右侧第二项

$$\begin{aligned}&(2+\xi^{-1})\boldsymbol{w}_k^{\mathrm{T}}(\boldsymbol{I}-\boldsymbol{K}_k\boldsymbol{H}_k)^{\mathrm{T}}\boldsymbol{\Sigma}_k^{-1}(\boldsymbol{I}-\boldsymbol{K}_k\boldsymbol{H}_k)\boldsymbol{w}_k\\&\leqslant(2+\xi^{-1})\boldsymbol{w}_k^{\mathrm{T}}\boldsymbol{\Sigma}_{k|k-1}^{-1}\boldsymbol{w}_k\\&=\frac{2+\xi^{-1}}{1+\varepsilon}\boldsymbol{w}_k^{\mathrm{T}}(\boldsymbol{F}_k\boldsymbol{\Sigma}_{k-1}\boldsymbol{F}_k^{\mathrm{T}}+\boldsymbol{Q}_k)^{-1}\boldsymbol{w}_k\\&\leqslant(2+\xi^{-1})\boldsymbol{w}_k^{\mathrm{T}}\boldsymbol{Q}_k^{-1}\boldsymbol{w}_k\\&=\|\boldsymbol{w}_k\|_{\boldsymbol{Q}_k^{-1}}^2\end{aligned} \tag{6-69}$$

分析有关 $\|\tilde{\boldsymbol{x}}_k\|_{\boldsymbol{\Sigma}_k^{-1}}^2$ 的不等式右侧第三项。参照第 4 章中有关卡尔曼增益等价形式的说明，

将鲁棒卡尔曼滤波器的增益阵表示为

$$\boldsymbol{K}_k=\boldsymbol{\Sigma}_k\boldsymbol{H}_k^{\mathrm{T}}\hat{\boldsymbol{R}}_k^{-1} \tag{6-70}$$

应用上式可得

$$(2+\xi^{-1})\bar{\boldsymbol{v}}_k^{\mathrm{T}}\boldsymbol{K}_k^{\mathrm{T}}\boldsymbol{\Sigma}_k^{-1}\boldsymbol{K}_k\bar{\boldsymbol{v}}_k=(2+\xi^{-1})\bar{\boldsymbol{v}}_k^{\mathrm{T}}\hat{\boldsymbol{R}}_k^{-1}\boldsymbol{H}_k^{\mathrm{T}}\boldsymbol{\Sigma}_k\boldsymbol{H}_k\hat{\boldsymbol{R}}_k^{-1}\bar{\boldsymbol{v}}_k \tag{6-71}$$

易于验证

$$\begin{aligned}\hat{\boldsymbol{R}}_k^{-1}-\hat{\boldsymbol{R}}_k^{-1}\boldsymbol{H}_k^{\mathrm{T}}\boldsymbol{\Sigma}_k\boldsymbol{H}_k\hat{\boldsymbol{R}}_k^{-1}&=\hat{\boldsymbol{R}}_k^{-1}(\boldsymbol{I}-\boldsymbol{H}_k^{\mathrm{T}}\boldsymbol{\Sigma}_k\boldsymbol{H}_k\hat{\boldsymbol{R}}_k^{-1})=\hat{\boldsymbol{R}}_k^{-1}(\boldsymbol{I}-\boldsymbol{H}_k^{\mathrm{T}}\boldsymbol{K}_k)\\&=\hat{\boldsymbol{R}}_k^{-1}[\boldsymbol{I}-\boldsymbol{H}_k^{\mathrm{T}}\boldsymbol{\Sigma}_{k|k-1}\boldsymbol{H}_k^{\mathrm{T}}(\boldsymbol{H}_k\boldsymbol{\Sigma}_{k|k-1}\boldsymbol{H}_k^{\mathrm{T}}+\hat{\boldsymbol{R}}_k)^{-1}]\\&=(\boldsymbol{H}_k\boldsymbol{\Sigma}_{k|k-1}\boldsymbol{H}_k^{\mathrm{T}}+\hat{\boldsymbol{R}}_k)^{-1}\end{aligned} \tag{6-72}$$

显然

$$\hat{\boldsymbol{R}}_k^{-1}-\hat{\boldsymbol{R}}_k^{-1}\boldsymbol{H}_k^{\mathrm{T}}\boldsymbol{\Sigma}_k\boldsymbol{H}_k\hat{\boldsymbol{R}}_k^{-1}>0 \tag{6-73}$$

或

$$\hat{\boldsymbol{R}}_k^{-1}\boldsymbol{H}_k^{\mathrm{T}}\boldsymbol{\Sigma}_k\boldsymbol{H}_k\hat{\boldsymbol{R}}_k^{-1}<\hat{\boldsymbol{R}}_k^{-1} \tag{6-74}$$

应用上式可知

$$(2+\xi^{-1})\bar{\boldsymbol{v}}_k^{\mathrm{T}}\boldsymbol{K}_k^{\mathrm{T}}\boldsymbol{\Sigma}_k^{-1}\boldsymbol{K}_k\bar{\boldsymbol{v}}_k\leqslant(2+\xi^{-1})\bar{\boldsymbol{v}}_k^{\mathrm{T}}\hat{\boldsymbol{R}}_k^{-1}\bar{\boldsymbol{v}}_k=\bar{\boldsymbol{v}}_k^{\mathrm{T}}\bar{\boldsymbol{R}}_k^{-1}\bar{\boldsymbol{v}}_k=\|\bar{\boldsymbol{v}}_k\|_{\bar{\boldsymbol{R}}_k^{-1}}^2 \tag{6-75}$$

综合以上对有关 $\|\tilde{\boldsymbol{x}}_k\|_{\boldsymbol{\Sigma}_k^{-1}}^2$ 的不等式的分析结果可得

$$\|\tilde{\boldsymbol{x}}_k\|_{\boldsymbol{\Sigma}_k^{-1}}^2\leqslant\|\tilde{\boldsymbol{x}}_{k-1}\|_{\boldsymbol{\Sigma}_{k-1}^{-1}}^2-\gamma^{-2}\|\tilde{\boldsymbol{x}}_{k-1}\|_{\boldsymbol{\Sigma}_{k-1}^{-1}}^2+\|\boldsymbol{w}_k\|_{\boldsymbol{Q}_k^{-1}}^2+\|\bar{\boldsymbol{v}}_k\|_{\bar{\boldsymbol{R}}_k^{-1}}^2 \tag{6-76}$$

在 $0<k\leqslant n$ 的时段内，将上式左右两端分别叠加起来，得到

$$\|\tilde{\boldsymbol{x}}_n\|_{\boldsymbol{\Sigma}_n^{-1}}^2\leqslant\|\tilde{\boldsymbol{x}}_0\|_{\boldsymbol{\Sigma}_0^{-1}}^2-\gamma^{-2}\sum_{k=0}^{n-1}\|\tilde{\boldsymbol{x}}_k\|_{\boldsymbol{\Sigma}_k^{-1}}^2+\sum_{k=1}^{n}(\|\boldsymbol{w}_k\|_{\boldsymbol{Q}_k^{-1}}^2+\|\bar{\boldsymbol{v}}_k\|_{\bar{\boldsymbol{R}}_k^{-1}}^2) \tag{6-77}$$

注意到 $\gamma^2>1$，整理上式可得

$$\gamma^{-2}\sum_{k=0}^{n}\|\tilde{\boldsymbol{x}}_k\|_{\boldsymbol{\Sigma}_k^{-1}}^2\leqslant\|\tilde{\boldsymbol{x}}_0\|_{\boldsymbol{\Sigma}_0^{-1}}^2+\sum_{k=1}^{n}(\|\boldsymbol{w}_k\|_{\boldsymbol{Q}_k^{-1}}^2+\|\bar{\boldsymbol{v}}_k\|_{\bar{\boldsymbol{R}}_k^{-1}}^2) \tag{6-78}$$

因此，定理的结论成立。证毕。

定理 6.2 的结论如式（6－55）所示，式中，分子中 $\|\tilde{\boldsymbol{x}}_k\|_{\boldsymbol{\Sigma}_k^{-1}}^2$ 的物理意义是鲁棒卡尔曼滤波器估计误差信号的能量，分母中 $\|\tilde{\boldsymbol{x}}_0\|_{\boldsymbol{\Sigma}_0^{-1}}^2$、$\|\boldsymbol{w}_k\|_{\boldsymbol{Q}_k^{-1}}^2$ 和 $\|\bar{\boldsymbol{v}}_k\|_{\bar{\boldsymbol{R}}_k^{-1}}^2$ 表示先验误差、随机噪声和不确定误差项的能量。因此，定理 6.2 的结论可以直观地描述为：通过所设计的鲁棒卡尔曼滤波器，能够保证滤波器估计误差的能量，与先验误差、随机噪声和不确定性误差项的总能量之比小于一个给定的正数 γ^2。换句话说，鲁棒卡尔曼滤波器能够确保不确定性误差项等因素传递到滤波器估计误差的能量增益的有界性。

能量增益因子 γ 显示了鲁棒卡尔曼滤波器克服模型不确定性影响的能力，定理表明，γ 越小，则同样幅度的 $\|\tilde{\boldsymbol{x}}_0\|_{\boldsymbol{\Sigma}_0^{-1}}^2$、$\|\boldsymbol{w}_k\|_{\boldsymbol{Q}_k^{-1}}^2$ 和 $\|\bar{\boldsymbol{v}}_k\|_{\bar{\boldsymbol{R}}_k^{-1}}^2$ 对滤波器估计误差能量 $\|\tilde{\boldsymbol{x}}_k\|_{\boldsymbol{\Sigma}_k^{-1}}^2$ 的影响就越小。值得注意的是，传统卡尔曼滤波器相当于鲁棒卡尔曼滤波器中 $\gamma\rightarrow\infty$ 时的情况，即传统卡尔曼滤波器在理论上不具备鲁棒性。另外，从定理 6.2 的证明过程中，还可

以看到滤波器参数 ε 对于构造能量增益因子所起的作用。在实际应用过程中，可结合典型场景调节参数 ε 的取值。

对于航天器导航系统而言，为了应用鲁棒卡尔曼滤波器，首先需要将系统模型写为如式（6-1）和式（6-2）所示的形式，并确定矩阵 $\boldsymbol{M}_k$ 的表达式；进而，结合实际系统特点和性能要求选择滤波器参数 ε 和 ρ_x；接下来，通过数学仿真验证系统性能，优化滤波器参数的选取。显而易见，在鲁棒卡尔曼滤波器的设计过程中考虑了模型不确定性的影响(体现在不确定误差项 $\delta\boldsymbol{H}_k$ 上)，而传统卡尔曼滤波器的设计忽略了有关模型不确定性的先验信息。应用鲁棒卡尔曼滤波器的关键是建立合理的不确定系统模型，使其能够有效地描述影响航天器导航系统性能的主要因素。

6.3 基于鲁棒滤波的脉冲星导航

6.3.1 基本原理

以 X 射线脉冲星导航系统为例，说明鲁棒卡尔曼滤波器的设计实施方法，展示鲁棒状态估计方法在削弱模型不确定性影响方面的作用。本书第 5 章已经说明，X 射线脉冲星导航系统的脉冲到达时间（TOA）观测量反映了航天器相对空间参考点的位置矢量 $\boldsymbol{r}_{sc,k}$ 在脉冲星视线矢量 $\boldsymbol{n}^{(p)}$ 上的投影。但是，由于脉冲星星表误差（即脉冲星在天球上的角位置误差）的存在，在航天器上根据星表计算得到的脉冲星视线矢量的标称值往往是不准确的。在这种情况下，即使脉冲到达时间观测量是准确的，得到的定位结果也会不可避免地存在误差。由于航天器距离太阳系质心（SSB）往往非常遥远，以太阳系质心为空间参考点的 X 射线脉冲星导航系统性能会受到星表误差的严重影响，如图 6-1 所示。

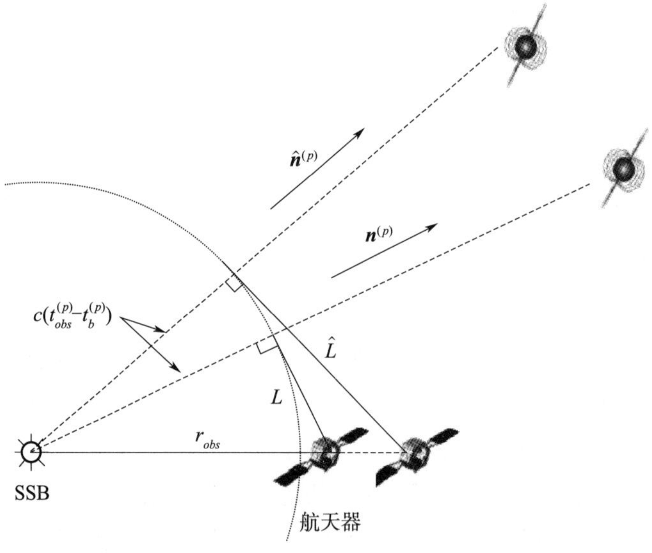

图 6-1　星表误差对脉冲星导航定位精度的影响

将脉冲星视线方向矢量的真实值表示为

$$\boldsymbol{n}^{(p)}=\hat{\boldsymbol{n}}^{(p)}+\Delta\boldsymbol{n}^{(p)} \tag{6-79}$$

其中，$\hat{\boldsymbol{n}}^{(p)}$ 表示脉冲星视线方向矢量的标称值，$\Delta\boldsymbol{n}^{(p)}$ 表示由星表误差造成的脉冲星视线方向矢量偏差。根据本书第 5 章给出的 X 射线脉冲星导航系统的观测方程，$\Delta\boldsymbol{n}^{(p)}$ 对导航性能的主要影响可表示为

$$\Delta y_k^{(p)}=\frac{1}{c}\Delta\boldsymbol{n}^{(p)}\cdot\boldsymbol{r}_{sc,k} \tag{6-80}$$

显然，由星表误差造成的模型误差 $\Delta y_k^{(p)}$ 与航天器到太阳系质心的距离 $\|\boldsymbol{r}_{sc,k}\|$ 成正比。对于距离太阳系质心较远的航天器而言，$\hat{\boldsymbol{n}}^{(p)}$ 与 $\boldsymbol{n}^{(p)}$ 之间的微小差异就会造成很大的定位误差。根据上式估算可知，即使星表中脉冲星角位置的精度达到 0.000 1″，在地球附近（$\|\boldsymbol{r}_{sc,k}\|\approx 1.471\times 10^{11}$ m）仍能造成数十米的定位误差。因此，必须设法消除星表误差的不利影响。

为了解决这一问题，可以利用差分脉冲星观测量（如不同航天器同一时刻获得的脉冲到达时间观测量之差[13]，或同一航天器不同时刻获得的脉冲到达时间观测量之差[14]）代替原始的脉冲星观测量进行导航，如图 6-2 所示。这样做不仅可以消弱星表误差的不利影响，还有助于消除其他与传播路径相关的误差。

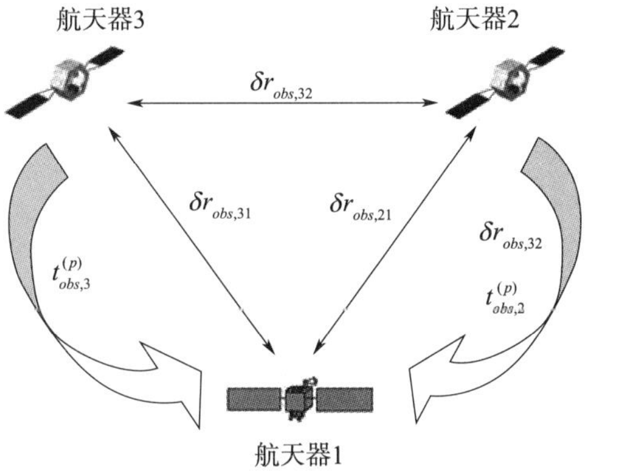

图 6-2　不同航天器之间的差分脉冲星观测量示意图

尽管如此，应用脉冲星观测量差分技术会增大测量噪声的影响。在 X 射线探测器自身的测量噪声相对较大的场合，往往只能运用原始脉冲星观测量实施位置确定；这时，可以通过改进滤波器的设计来增强导航系统克服星表误差等不利因素影响的能力。

本节将星表误差的影响视为模型不确定性，探讨通过设计鲁棒卡尔曼滤波器来削弱星表误差影响，改善 X 射线脉冲星导航系统性能的方法。应当说明，鲁棒卡尔曼滤波器的设计是针对线性系统进行的，而基于航天器轨道动力学方程和时间转换方程的 X 射线脉冲星导航系统是一个非线性系统。因此，需要应用本书第 5 章所述的线性化技术，将鲁棒卡尔曼滤波器推广用于非线性系统，得到鲁棒扩展卡尔曼滤波器（Robust Extended Kalman Filter，REKF）[15]，以满足 X 射线脉冲星导航的需要。

6.3.2　鲁棒扩展卡尔曼滤波器

参照本书第 5 章中扩展卡尔曼滤波器的设计方法，针对如下所示非线性不确定系统的状态方程和观测方程，直接给出鲁棒扩展卡尔曼滤波器的递推计算公式。

$$\boldsymbol{x}_k = f(\boldsymbol{x}_{k-1}) + \boldsymbol{w}_k \tag{6-81}$$

$$\boldsymbol{y}_k = h(\boldsymbol{x}_k) + \delta\boldsymbol{H}_k\boldsymbol{x}_k + \boldsymbol{v}_k \tag{6-82}$$

式中，$\boldsymbol{x}_k \in \mathbf{R}^l$ 为状态向量，$\boldsymbol{y}_k \in \mathbf{R}^m$ 为观测量，f：$\mathbf{R}^l \to \mathbf{R}^l$ 为状态转移函数，h：$\mathbf{R}^l \to \mathbf{R}^m$ 为测量函数，$\delta\boldsymbol{H}_k \in \mathbf{R}^{m\times l}$ 是观测方程中的时变不确定误差项，可写为 $\delta\boldsymbol{H}_k = \boldsymbol{M}_k\Delta_{Hk}$ 的形式，式中，$\boldsymbol{M}_k$ 是已知的刻度矩阵，Δ_{Hk} 是满足条件 $\Delta_{Hk}^{\mathrm{T}}\Delta_{Hk} \leqslant \boldsymbol{I}$ 的未知矩阵，$\boldsymbol{w}_k \in \mathbf{R}^l$ 为系统噪声，$\boldsymbol{v}_k \in \mathbf{R}^m$ 为测量噪声。系统噪声、测量噪声和不确定误差项的特性描述如 6.1 节所述。

基于上述非线性不确定系统模型，鲁棒扩展卡尔曼滤波器的递推计算过程可归纳如表 6－2 所示。

表 6－2　鲁棒扩展卡尔曼滤波器的一步递推计算流程

Algorithm 6.2: Robust Extended Kalman filter	
function REKF($\hat{\boldsymbol{x}}_{k-1}, \boldsymbol{P}_{k-1}, \boldsymbol{y}_k, \boldsymbol{Q}_k, \boldsymbol{R}_k$)	
$\hat{\boldsymbol{x}}_{k\|k-1} \leftarrow f(\hat{\boldsymbol{x}}_{k-1})$	▷ prediction
$\boldsymbol{\Sigma}_{k\|k-1} \leftarrow (1+\varepsilon)(\boldsymbol{F}_k\boldsymbol{\Sigma}_{k-1}\boldsymbol{F}_k^{\mathrm{T}} + \boldsymbol{Q}_k)$	
$\hat{\boldsymbol{R}}_k \leftarrow (1+\varepsilon^{-1})\rho_x^2\boldsymbol{M}_k\boldsymbol{M}_k^{\mathrm{T}} + \boldsymbol{R}_k$	
$\boldsymbol{K}_k \leftarrow \boldsymbol{\Sigma}_{k\|k-1}\boldsymbol{H}_k^{\mathrm{T}}(\boldsymbol{H}_k\boldsymbol{\Sigma}_{k\|k-1}\boldsymbol{H}_k^{\mathrm{T}} + \hat{\boldsymbol{R}}_k)^{-1}$	
$\hat{\boldsymbol{x}}_k \leftarrow \hat{\boldsymbol{x}}_{k\|k-1} + \boldsymbol{K}_k(\boldsymbol{y}_k - h(\hat{\boldsymbol{x}}_{k\|k-1}))$	▷ update
$\boldsymbol{\Sigma}_k \leftarrow (\boldsymbol{I} - \boldsymbol{K}_k\boldsymbol{H}_k)\boldsymbol{\Sigma}_{k\|k-1}(\boldsymbol{I} - \boldsymbol{K}_k\boldsymbol{H}_k)^{\mathrm{T}} + \boldsymbol{K}_k\hat{\boldsymbol{R}}_k\boldsymbol{K}_k^{\mathrm{T}}$	
return $\hat{\boldsymbol{x}}_k, \boldsymbol{P}_k$	
end function	

上述算法中，$\hat{\boldsymbol{x}}_k$ 和 $\boldsymbol{P}_k$ 是状态向量的估计值及其估计误差方差阵，$\hat{\boldsymbol{x}}_{k|k-1}$ 和 $\boldsymbol{P}_{k|k-1}$ 是状态向量的预测值和预测误差方差阵，$\boldsymbol{F}_k = \left.\dfrac{\partial f}{\partial \boldsymbol{x}}\right|_{x=\hat{x}_{k-1}}$ 和 $\boldsymbol{H}_k = \left.\dfrac{\partial h}{\partial \boldsymbol{x}}\right|_{x=\hat{x}_{k|k-1}}$ 是通过非线性系统线性化技术得到状态转移矩阵和观测矩阵，$\boldsymbol{K}_k$ 是滤波增益阵。与扩展卡尔曼滤波器类似，在线性化误差足够小的情况下，我们认为鲁棒扩展卡尔曼滤波器是有效的。事实上，在考虑线性化误差影响的情况下，仍可利用与 6.2 节类似的方法分析滤波器的鲁棒性，相关研究可参阅文献 [16]。

6.3.3　不确定系统模型

面向鲁棒扩展卡尔曼滤波器的设计，将本书 5.5 节所述的 X 射线脉冲星导航系统模型写为不确定系统模型的形式。选择航天器位置矢量和速度矢量的组合作为状态向量，即 $\boldsymbol{x}_k = [\boldsymbol{r}_{sc,k}^{\mathrm{T}}\ \ \boldsymbol{v}_k^{\mathrm{T}}]^{\mathrm{T}}$，其中，$\boldsymbol{r}_{sc,k}$ 是航天器位置矢量相对于空间参考点的位置，可通过下式计算

$$\boldsymbol{r}_{sc,k}=\boldsymbol{r}_{E,k}+\boldsymbol{r}_k \tag{6-83}$$

式中，$\boldsymbol{r}_{E,k}$ 是地心相对于空间参考点的位置矢量，$\boldsymbol{r}_k$ 是航天器相对于地心的位置矢量，$\boldsymbol{v}_k$ 是航天器的速度矢量。以目前的技术测量太阳系质心到 X 射线脉冲星的距离，误差可达 1 kpc（1 kpc$=3\times10^{19}$ m，约合 3 262 光年）以上。因此，不能直接将 X 射线脉冲星在空间中的位置作为参考点进行导航。考虑到脉冲星时间模型一般都以太阳系质心为空间参考点建立，预期本世纪人类对太空的探索活动也主要局限在太阳系内部。因此，通常选择太阳系质心作为航天器位置确定的空间参考点，即设法确定航天器相对于太阳系质心的位置。

基于航天器轨道动力学模型建立起来的状态方程的形式如式（6－81）所示，其中，状态转移函数如下所示

$$f(\boldsymbol{x}_k)=\boldsymbol{x}_k+\begin{bmatrix}\boldsymbol{v}_k\\ -\dfrac{\mu_e\boldsymbol{r}_k}{\|\boldsymbol{r}_k\|^3}+p(\boldsymbol{r}_k)\end{bmatrix}\tau \tag{6-84}$$

式中，$\mu_e=3.986\ 005\times10^{14}\mathrm{m}^3/\mathrm{s}^2$ 表示地球引力常数，函数 $p(\boldsymbol{r}_k)$ 中包含了地球质心引力以外其他轨道摄动的影响，τ 表示一步状态预测的时间步长。相对于当前 X 射线探测器的脉冲到达时间测量精度水平，可以认为用于 X 射线脉冲星导航研究的航天器轨道动力学模型具有足够高的精度，因此，状态方程中的模型不确定性可以忽略。为了模型表述形式的简洁和滤波器设计应用的方便，动力学建模误差仅体现在系统噪声中，而未在不确定系统模型中专门列出相应的不确定性误差项。

假定 X 射线探测器安装在航天器的指向机构上，分时段对不同的 X 射线脉冲星进行观测。基于第 5 章所述的时间转换模型建立起来的对应第 p 颗脉冲星的观测方程如下所示

$$y_k^{(p)}=h^{(p)}(\boldsymbol{x}_k)+\delta\boldsymbol{H}_k^{(p)}\boldsymbol{x}_k+v_k^{(p)} \tag{6-85}$$

式中，$y_k^{(p)}=t_{b,k}^{(p)}-t_{obs,k}^{(p)}$ 为对应第 p 颗脉冲星的观测量，上标（p）用于区分不同的脉冲星，$t_{b,k}^{(p)}$ 为第 p 颗脉冲星发射的脉冲信号到达太阳系质心的时间，可通过事先建立的脉冲星时间模型预测得到，$t_{obs,k}^{(p)}$ 为同一脉冲信号到达航天器的时间，可以通过航天器上的 X 射线探测器测量得到，$v_k^{(p)}$ 是测量噪声。考虑脉冲星星表误差的影响，将第 p 颗脉冲星的测量函数表述为如下形式

$$h^{(p)}(\boldsymbol{x}_k)=\frac{1}{c}\hat{\boldsymbol{n}}^{(p)}\cdot\boldsymbol{r}_{sc,k}-\frac{1}{2cD_0^{(p)}}\left[\|\boldsymbol{r}_{sc,k}\|^2-(\hat{\boldsymbol{n}}^{(p)}\cdot\boldsymbol{r}_{sc,k})^2\right]+\frac{2\mu_s}{c^3}\ln\left|\frac{\hat{\boldsymbol{n}}^{(p)}\cdot\boldsymbol{r}_{sc,k}+\|\boldsymbol{r}_{sc,k}\|}{\hat{\boldsymbol{n}}^{(p)}\cdot\boldsymbol{b}+\|\boldsymbol{b}\|}+1\right| \tag{6-86}$$

式中，c 表示光速（$c=299\ 792\ 458$ m/s），单位矢量 $\hat{\boldsymbol{n}}^{(p)}$ 表示第 p 颗脉冲星的视线方向矢量的标称值，$D_0^{(p)}$ 是太阳系质心到脉冲星的距离，μ_s 表示太阳引力常数（$\mu_s=1.327\ 124\ 38\times10^{20}\mathrm{m}^3/\mathrm{s}^2$），$\boldsymbol{b}$ 表示太阳系质心相对于太阳中心的位置矢量。

注意到在不确定系统模型的观测函数中，用脉冲星的视线方向矢量的标称值 $\hat{\boldsymbol{n}}^{(p)}$ 代替了其真实值 $\boldsymbol{n}^{(p)}$。考虑到测量函数 $h^{(p)}(\boldsymbol{x}_k)$ 中的第二项和第三项在数量级上远小于第 1 项，为了简化不确定系统模型的形式，不考虑这两项中所包含的 $\boldsymbol{n}^{(p)}$ 与 $\hat{\boldsymbol{n}}^{(p)}$ 的差别。仅考

虑 $\Delta\boldsymbol{n}^{(p)}$ 对观测函数第一项影响的情况下，观测方程中的不确定误差项可表示为

$$\delta\boldsymbol{H}_k^{(p)}=[(\Delta\boldsymbol{n}^{(p)})^{\mathrm{T}}\quad \boldsymbol{0}_{1\times3}] \tag{6-87}$$

下面结合 $\boldsymbol{n}^{(p)}$ 的具体数学表达式进行研究，目的是将不确定误差项 $\delta\boldsymbol{H}_k^{(p)}$ 表述为 $\delta\boldsymbol{H}_k=\boldsymbol{M}_k\Delta_{Hk}$ 的形式，从而得到鲁棒扩展卡尔曼滤波器递推计算公式中的刻度矩阵 $\boldsymbol{M}_k$。脉冲星的视线方向矢量 $\boldsymbol{n}^{(p)}$ 可根据其赤经 $\alpha^{(p)}$ 和赤纬 $\delta^{(p)}$ 计算得到，其计算公式为

$$\boldsymbol{n}^{(p)}=\begin{bmatrix}\cos(\delta^{(p)})\cos(\alpha^{(p)})\\ \cos(\delta^{(p)})\sin(\alpha^{(p)})\\ \sin(\delta^{(p)})\end{bmatrix} \tag{6-88}$$

式中，赤经 $\alpha^{(p)}$ 和赤纬 $\delta^{(p)}$ 用于描述天体在天球上的位置，与天体在地球上投影点的经度和纬度相对应，如图 6－3 所示。

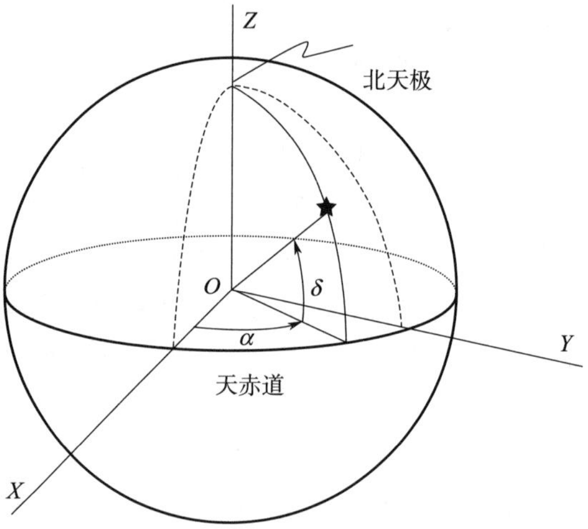

图 6－3 赤经 $\alpha^{(p)}$ 和赤纬 $\delta^{(p)}$ 的定义

通过长期观测可以确定各脉冲星的赤经和赤纬，并编制成详尽的脉冲星星表。受技术水平和测量手段的限制，星表中的脉冲星角位置数据不可避免会存在误差。星表中的脉冲星角位置偏差称为星表误差。适宜用作导航信号源的 10 颗 X 射线脉冲星的赤经、赤纬及其与太阳系质心的距离和相应测量误差的误差界如表 6－3 所示，表中空缺部分表示未查到有效数据。关于星表误差对定位精度造成不良影响，后面还要结合仿真结果进行具体说明。

表 6－3　X 射线脉冲星的角位置及相应误差界

脉冲星编号	赤经/(°)	赤经误差/(arcsec)	赤纬/(°)	赤纬误差/(arcsec)	$D_0^{(p)}$ /kpc	$D_0^{(p)}$ 误差/kpc
B0531＋21	83.63	0.075 1	22.01	0.06	2.0	0.5
B1821－24	276.13	0.000 90	－24.87	0.0120	5.5	0.5
B1937＋21	294.92	0.000 012	21.58	0.000 14	3.6	1.44
B1509－58	228.48	1.349	－59.13	1.0	4.3	0.5
B1957＋20	299.90	0.000 751	20.80	0.000 6	1.5	—

续表

脉冲星编号	赤经/(°)	赤经误差/(arcsec)	赤纬/(°)	赤纬误差/(arcsec)	$D_0^{(p)}$ /kpc	$D_0^{(p)}$ 误差/kpc
B0540－69	85.05	—	－69.33	—	47.3	0.8
B1823－13	276.55	0.15	－13.58	0.800	4.1	1.65
J0218＋4232	34.53	0.15	42.54	0.100	5.7	2.28
J1124－5916	171.16	—	－59.27	—	4.8	1.6
J0437－4715	69.32	0.002 99	－47.25	0.006	0.18	0.026

考虑星表误差的影响，将脉冲星的赤纬和赤经分别写为

$$\alpha^{(p)}=\hat{\alpha}^{(p)}+\Delta\alpha^{(p)}\ ,\ \delta^{(p)}=\hat{\delta}^{(p)}+\Delta\delta^{(p)} \tag{6-89}$$

其中，$\hat{\alpha}^{(p)}$ 和 $\hat{\delta}^{(p)}$ 表示脉冲星星表中给出的数据，$\Delta\alpha^{(p)}$ 和 $\Delta\delta^{(p)}$ 表示星表误差。将上式代入脉冲星的视线方向矢量的计算公式，得到

$$\boldsymbol{n}^{(p)}=\begin{bmatrix}\cos(\hat{\delta}^{(p)}+\Delta\delta^{(p)})\cos(\hat{\alpha}^{(p)}+\Delta\alpha^{(p)})\\ \cos(\hat{\delta}^{(p)}+\Delta\delta^{(p)})\sin(\hat{\alpha}^{(p)}+\Delta\alpha^{(p)})\\ \sin(\hat{\delta}^{(p)}+\Delta\delta^{(p)})\end{bmatrix} \tag{6-90}$$

将 $\cos(\hat{\delta}^{(p)}+\Delta\delta^{(p)})$，$\cos(\hat{\alpha}^{(p)}+\Delta\alpha^{(p)})$，$\sin(\hat{\delta}^{(p)}+\Delta\delta^{(p)})$ 和 $\sin(\hat{\alpha}^{(p)}+\Delta\alpha^{(p)})$ 分别展成泰勒级数，得到

$$\cos(\hat{\delta}^{(p)}+\Delta\delta^{(p)})=\cos(\hat{\delta}^{(p)})-\sin(\hat{\delta}^{(p)})\Delta\delta^{(p)}+o[(\Delta\delta^{(p)})^2] \tag{6-91}$$

$$\cos(\hat{\alpha}^{(p)}+\Delta\alpha^{(p)})=\cos(\hat{\alpha}^{(p)})-\sin(\hat{\alpha}^{(p)})\Delta\alpha^{(p)}+o[(\Delta\alpha^{(p)})^2] \tag{6-92}$$

$$\sin(\hat{\delta}^{(p)}+\Delta\delta^{(p)})=\sin(\hat{\delta}^{(p)})+\cos(\hat{\delta}^{(p)})\Delta\delta^{(p)}+o[(\Delta\delta^{(p)})^2] \tag{6-93}$$

$$\sin(\hat{\alpha}^{(p)}+\Delta\alpha^{(p)})=\sin(\hat{\alpha}^{(p)})+\cos(\hat{\alpha}^{(p)})\Delta\alpha^{(p)}+o[(\Delta\alpha^{(p)})^2] \tag{6-94}$$

式中，$o(.)$ 表示泰勒级数展开式的高次项。考虑到星表误差 $\Delta\alpha^{(p)}$ 和 $\Delta\delta^{(p)}$ 为小量，忽略泰勒级数展开式的高次项，得到脉冲星的视线方向矢量 $\boldsymbol{n}^{(p)}$ 的近似表达式

$$\boldsymbol{n}^{(p)}=\begin{bmatrix}[\cos(\hat{\delta}^{(p)})-\sin(\hat{\delta}^{(p)})\Delta\delta^{(p)}][\cos(\hat{\alpha}^{(p)})-\sin(\hat{\alpha}^{(p)})\Delta\alpha^{(p)}]\\ [\cos(\hat{\delta}^{(p)})-\sin(\hat{\delta}^{(p)})\Delta\delta^{(p)}][\sin(\hat{\alpha}^{(p)})+\cos(\hat{\alpha}^{(p)})\Delta\alpha^{(p)}]\\ \sin(\hat{\delta}^{(p)})+\cos(\hat{\delta}^{(p)})\Delta\delta^{(p)}\end{bmatrix} \tag{6-95}$$

忽略 $\Delta\alpha^{(p)}$ 与 $\Delta\delta^{(p)}$ 相乘的项，将上式分解为 $\hat{\boldsymbol{n}}^{(p)}$ 与 $\Delta\boldsymbol{n}^{(p)}$ 之和的形式，即

$$\boldsymbol{n}^{(p)}=\hat{\boldsymbol{n}}^{(p)}+\Delta\boldsymbol{n}^{(p)} \tag{6-96}$$

式中

$$\hat{\boldsymbol{n}}^{(p)}=\begin{bmatrix}\cos(\hat{\delta}^{(p)})\cos(\hat{\alpha}^{(p)})\\ \cos(\hat{\delta}^{(p)})\sin(\hat{\alpha}^{(p)})\\ \sin(\hat{\delta}^{(p)})\end{bmatrix} \tag{6-97}$$

$$\Delta \boldsymbol{n}^{(p)}=\begin{bmatrix}-\cos(\hat{\delta}^{(p)})\sin(\hat{\alpha}^{(p)})\\ \cos(\hat{\delta}^{(p)})\cos(\hat{\alpha}^{(p)})\\ 0\end{bmatrix}\Delta\alpha^{(p)}+\begin{bmatrix}-\sin(\hat{\delta}^{(p)})\cos(\hat{\alpha}^{(p)})\\ -\sin(\hat{\delta}^{(p)})\sin(\hat{\alpha}^{(p)})\\ \cos(\hat{\delta}^{(p)})\end{bmatrix}\Delta\delta^{(p)} \quad (6-98)$$

根据 $\Delta\boldsymbol{n}^{(p)}$ 的表达式得到不确定误差项 $\delta\boldsymbol{H}_k^{(p)}$ 的表达式

$$\delta\boldsymbol{H}_k=\boldsymbol{M}_k\Delta_{Hk} \quad (6-99)$$

式中

$$\boldsymbol{M}_k=[M_k(1,1)\quad M_k(1,2)\quad M_k(1,3)\quad M_k(1,4)\quad M_k(1,5)\quad M_k(1,6)] \quad (6-100)$$

$$M_k(1,1)=-\cos(\hat{\delta}^{(p)})\sin(\hat{\alpha}^{(p)}),M_k(1,2)=-\sin(\hat{\delta}^{(p)})\cos(\hat{\alpha}^{(p)})$$

$$M_k(1,3)=\cos(\hat{\delta}^{(p)})\cos(\hat{\alpha}^{(p)}),\quad M_k(1,4)=-\sin(\hat{\delta}^{(p)})\sin(\hat{\alpha}^{(p)})$$

$$M_k(1,5)=0,\qquad M_k(1,6)=\cos(\hat{\delta}^{(p)})$$

$$\Delta_{Hk}=\begin{bmatrix}\Delta\alpha^{(p)} & 0 & 0 & \\ \Delta\delta^{(p)} & 0 & 0 & \\ 0 & \Delta\alpha^{(p)} & 0 & \\ 0 & \Delta\delta^{(p)} & 0 & \boldsymbol{0}_{6\times3}\\ 0 & 0 & \Delta\alpha^{(p)} & \\ 0 & 0 & \Delta\delta^{(p)} & \end{bmatrix} \quad (6-101)$$

不难看出，不确定性误差项可以写为刻度矩阵 $\boldsymbol{M}_k$ 和未知矩阵 Δ_{Hk} 乘积的形式，考虑到 $\Delta\alpha^{(p)}$ 和 $\Delta\delta^{(p)}$ 为小量，前面公式推导部分用到的 $\Delta_{Hk}^{\mathrm{T}}\Delta_{Hk}\leqslant\boldsymbol{I}$ 的条件易于得到满足。应当说明，对于推导得到的 Δ_{Hk} 量值较大的应用系统，可以通过在数学模型中同时增大刻度矩阵 $\boldsymbol{M}_k$ 和减小未知矩阵 Δ_{Hk} 的方式进行处理，使得 $\Delta_{Hk}^{\mathrm{T}}\Delta_{Hk}\leqslant\boldsymbol{I}$ 的条件得到满足。

到此为止，我们已经针对 X 射线脉冲星导航系统，建立了面向鲁棒扩展卡尔曼滤波器设计的不确定系统模型。在此基础上，套用鲁棒扩展卡尔曼滤波器的递推计算公式，可以对 X 射线探测器提供的脉冲到达时间观测量进行处理，获得航天器位置和速度的估计值。值得注意的是，在不确定性系统模型建立的过程中，考虑了被传统扩展卡尔曼滤波器忽略的星表误差。相对本书第 5 章给出的理想情况下的 X 射线脉冲星导航系统观测模型而言，本节给出的模型更符合实际情况。针对这一模型设计的随机系统状态估计方法，能够更有效地克服脉冲星星表误差的不利影响。

6.3.4 误差影响因素分析

在开展鲁棒扩展卡尔曼滤波器设计工作时，需要判断模型中的不确定误差项是否为影响导航性能的主要因素。如果不确定误差项自身对导航性能的影响不显著，则应用鲁棒扩展卡尔曼滤波器往往无助于提高状态估计精度。通常认为，出现在不确定系统模型中的不确定误差项，至少应当达到与测量噪声可比拟的幅度。此时，应用鲁棒扩展卡尔曼滤波器有望达到优于传统扩展卡尔曼滤波器的估计精度。本节简要分析了星表误差之外，X 射线脉冲星导航系统中一些其他潜在误差因素的影响。事实上，以当前主流 X 射线探测器 μs 量级的脉冲到达时间测量精度水平，很多误差因素是可以忽略的。

（1）脉冲到达太阳系质心的时间预测

X 射线脉冲星发射的脉冲信号到达太阳系质心的时间预测值 $t_{b,k}^{(p)}$ 通过建立在太阳系质心的脉冲星时间模型预测得到。国际上对于建立精确的脉冲星时间模型已经做了大量工作，研究表明，部分脉冲星信号的长期稳定度优于美国海军天文台保持的原子时。适合用于导航的 10 颗 X 射线脉冲星的脉冲信号周期及其漂移速率如表 6－4 所示。

表 6－4　脉冲星的脉冲信号周期及其变化率

脉冲星编号	脉冲周期/s	周期漂移速率/(s/s)	漂移速率的变化率/(s/s/s)
B0531＋21(Crab)	0.033 40	$4.209\ 6\times10^{-13}$	-2.799×10^{-25}
B1821－24	0.003 05	1.60×10^{-18}	—
B1937＋21	0.001 56	1.05×10^{-19}	-3.78×10^{-32}
B1509－58	0.150 23	$1.540\ 2\times10^{-12}$	$-1.311\ 64\times10^{-23}$
B1957＋20	0.001 60	1.2×10^{-20}	—
B0540－69	0.050 37	$4.790\ 6\times10^{-13}$	$-1.773\ 47\times10^{-25}$
B1823－13	0.101 45	7.495×10^{-14}	—
J0218＋4232	0.002 32	8×10^{-20}	—
J1124－5916	0.135 31	7.45×10^{-13}	—
J0437－4715	0.005 75	2×10^{-20}	—

从表 6－4 中不难看出，信号强度较高的几颗脉冲星的脉冲周期漂移速率介于 10^{-12}～10^{-20} s/s。考虑到脉冲星发射的脉冲信号周期变化率很小，并且可以通过长期观测精确测定，在研究中可以认为脉冲到达太阳系质心时间的预测值 $t_{b,k}^{(p)}$ 是精确的。因此，在面向鲁棒扩展卡尔曼滤波器设计的不确定系统模型中，未考虑时间预测误差的影响。

（2）脉冲星自身角位置变化

脉冲星在天球上的角位置会发生缓慢变化。将赤经和赤纬的初始值分别记为 $\alpha^{(p)}(0)$ 和 $\delta^{(p)}(0)$，它们的变化率记为 $\mu_\alpha^{(p)}$ 和 $\mu_\delta^{(p)}$，则脉冲星在天球上的实际位置可粗略地用下式估算

$$\alpha^{(p)}(\Delta t)=\alpha^{(p)}(0)+\mu_\alpha^{(p)}\Delta t\ ,\ \delta^{(p)}(\Delta t)=\delta^{(p)}(0)+\mu_\delta^{(p)}\Delta t \tag{6-102}$$

其中，Δt 表示星表数据更新的周期。脉冲星在天球上运动的角速率很小。举例来说，脉冲星 B0531＋21 赤经和赤纬的变化率约为 $\mu_\alpha^{(p)}=-17$ mas/year，$\mu_\delta^{(p)}=7$ mas/year（单位 mas 表示毫角秒），其中 1 mas/year＝$1.536\ 282\times10^{-16}$ rad/s。如果航天器运行时间较短，或是脉冲星星表数据定期得到地面数据修正，那么可以不考虑脉冲星位置变化对导航精度的影响。但是，如果航天器长时间自主运行，并且星表数据长期得不到修正，那么脉冲星导航系统的性能将受到脉冲星角位置变化的显著影响。经估算，如果脉冲星 B0531＋21 的星表 180 天得不到修正，其角位置变化可达 0.000 1″以上。

（3）脉冲信号的整周模糊度

应当说明，利用 X 射线探测器记录的 $t_{obs,k}^{(p)}$ ，仅是脉冲到达时间不足一个周期的部分，如图 6－4 所示。

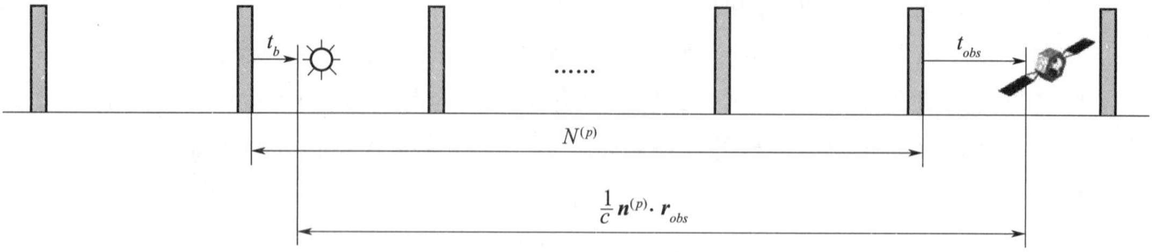

图 6－4　脉冲到达时间信号中的整周模糊度示意图

脉冲信号先后到达航天器和太阳系质心，其间所经历的脉冲周期，即整周模糊度 $N^{(p)}$ 不能通过测量直接得到。显然，为了获得航天器位置矢量在视线矢量上的投影 $\boldsymbol{n}^{(p)}\cdot\boldsymbol{r}_{sc,k}$ ，必须设法获得 $N^{(p)}$ 的准确值。因此，与利用 GPS 的载波相位信号进行姿态解算相类似，在利用脉冲到达时间观测量进行导航的过程中，也会遇到求解整周模糊度的问题。整周模糊度可通过搜索法求解，基本思路是将可能的模糊度整数解分别代入观测方程进行计算，得到观测量的预测值 $\hat{y}_k^{(p)}$ ，并将其与实际观测量 $y_k^{(p)}$ 进行比较，取使测量信息 $\tilde{y}_k^{(p)}=y_k^{(p)}-\hat{y}_k^{(p)}$ 最小的整数作为整周模糊度的解。X 射线脉冲星发射的脉冲信号与 GPS 载波相位信号的区别在于：GPS 载波相位信号波长较短，如 L1 载波波长约为 0.19 m，在解算整周模糊度的过程中需要在大量可能的整数解中进行搜索；而 X 射线脉冲信号在空间上的间隔比较大，如脉冲星 B0531＋21 的脉冲周期为 0.033 4 s，对应的空间间隔达 10 000 km 以上。因此，利用航天器概略位置的先验信息，往往可以直接求得整周模糊度 $N^{(p)}$。本书假定 $N^{(p)}$ 的准确解已经得到，为了简化观测方程的表达式，其中始终未出现整周模糊度 $N^{(p)}$。

（4）航天器时钟偏差

在 X 射线脉冲星导航系统中，航天器位置确定是通过测量脉冲到达时间进行的，而 $t_{obs,k}^{(p)}$ 的测量是通过航天器上的时钟记录各单个光子的到达时间实现的。以某铷原子钟为例，原子钟系统参数在长时间得不到修正的情况下，完全依赖时钟性能进行时间保持，时钟误差会逐渐积累，经过 180 天，时钟误差可达 μs 级，而 1 μs 的时钟偏差会导致约 300 m 的测距误差。因此，航天器上的时钟偏差会直接影响导航系统的性能。要利用 X 射线脉冲星导航系统实现航天器的精确定位，必须对时钟偏差进行在轨校准。最简单的方法是将时钟偏差及其频率误差扩充为状态向量，设计扩维扩展卡尔曼滤波器，对时钟误差参数进行实时估计，并利用估计值补偿时钟偏差的影响。文献［17］通过计算克拉美劳下界分析了时钟偏差在导航系统中的可观度，说明了基于扩维扩展卡尔曼滤波器的时钟偏差校准的可行性。本章主要讨论如何通过鲁棒状态估计方法的设计削弱模型不确定性影响，故并未涉及这一问题。在理论方法研究过程中，通常提倡聚焦某一问题深入开展工作；而在工程实践活动中，则需要综合运用所掌握的方法对实际遇到的多种问题同时进行处理。

（5）X 射线探测器测量精度

X 射线脉冲星导航是基于脉冲到达时间观测量 $t_{obs,k}^{(p)}$ 进行的，提高脉冲到达时间观测量的精度是提升 X 射线脉冲星导航系统性能的关键。将模型不确定性的幅度与导航敏感器的测量精度进行比对，是评估模型不确定性影响严重程度的有效手段。脉冲到达时间观测量的精度不仅取决于所观测的 X 射线脉冲星的固有特性，还与 X 射线探测器的性能特点有关。当航天器上的 X 射线探测器对某一脉冲星进行观测时，脉冲到达时间观测量 $t_{obs,k}^{(p)}$ 的测量噪声标准差 $\sigma_{TOA}^{(p)}$ 可利用以下经验公式进行估算[18]

$$\sigma_{TOA}^{(p)} = \frac{\frac{1}{2}\mathrm{FWHM}^{(p)}}{\mathrm{SNR}^{(p)}} \tag{6-103}$$

$$\mathrm{SNR}^{(p)} = \frac{\mathrm{Flux}^{(p)} A p_f^{(p)} T_{obs}}{\sqrt{[\mathrm{Flux}_B + \mathrm{Flux}^{(p)}(1 - p_f^{(p)})](A T_{obs} d) + \mathrm{Flux}^{(p)} A p_f{}^p T_{obs}}} \tag{6-104}$$

$$d = \frac{\mathrm{FWHM}^{(p)}}{\mathrm{Period}^{(p)}} \tag{6-105}$$

式中，$\mathrm{FWHM}^{(p)}$ 表示脉宽，$\mathrm{Flux}^{(p)}$ 表示 X 射线脉冲星辐射光子流量，A 表示 X 射线探测器的有效面积，$p_f^{(p)}$ 表示辐射源的占空比，Flux_B 表示 X 射线背景辐射光子流量，$\mathrm{Period}^{(p)}$ 表示脉冲信号的周期，T_{obs} 表示观测时段的长度。从经验公式上看，增大观测时段的长度 T_{obs} 有助于提高测量精度，但在实践中，受航天器轨道动力学外推误差等因素的影响，增大 T_{obs} 可能达不到理想的效果。读者可参阅本书第 5 章中的说明。

根据上式不难看出，增大 X 射线探测器的有效面积 A 是减小测量误差最直接的方法之一，但这会增大 X 射线探测器的重量和功耗。受航天器自身承载能力的限制，X 射线探测器的有效面积不宜过大。面向航天器自主导航研究的 X 射线探测器，其有效面积通常都小于 1 m^2。例如，2018 年美国 NASA 用于国际空间站搭载试验的 SEXTANT 探测器有效面积为 1 800 cm^2，如图 6－5 所示。

图 6－5　国际空间站搭载试验中的 SEXTANT 探测器

（6）X 射线脉冲星辐射特性

除 X 射线探测器的有效面积和观测时段的长度以外，脉冲到达时间观测量的精度在很大程度上取决于 X 射线脉冲星自身的辐射特性。适用于导航的 10 颗脉冲星的脉宽、辐射光子流量及占空比如表 6－5 所示，脉冲周期已在前面给出。

表 6－5　X 射线脉冲星辐射特性

脉冲星编号	$FWHM^{(p)}$ /s	$Flux^{(p)}$ /[(photons/(cm^2 · s)]	$p_f^{(p)}$ (%)
B0531＋21	1.7×10^{-3}	1.54	70
B1821－24	5.5×10^{-5}	1.93×10^{-4}	98
B1937＋21	2.1×10^{-5}	4.99×10^{-5}	86
B1509－58	2.7×10^{-3}	1.62×10^{-2}	65
B1957＋20	8.0×10^{-5}	8.31×10^{-5}	60
B0540－69	2.5×10^{-3}	5.15×10^{-3}	67
B1823－13	1.8×10^{-3}	2.63×10^{-3}	10
J0218＋4232	3.5×10^{-4}	6.65×10^{-5}	73
J1124－5916	2.5×10^{-3}	1.70×10^{-3}	10
J0437－4715	2.9×10^{-4}	6.65×10^{-5}	28

从脉冲星选择的角度而言，脉冲信号的脉宽 $FWHM^{(p)}$ 越小，辐射光子流量 $Flux^{(p)}$ 越大，则通过观测该脉冲星得到的脉冲到达时间观测量的潜在精度就越高。例如，背景辐射光子流量 $Flux_B=0.005$ photons/(cm^2 · s)，探测器有效面积 $A=1$ m^2，取观测时段的长度 T_{obs} 分别为 500 s、1 000 s 和 2 000 s 时，根据上述经验公式计算 $\sigma_{TOA}^{(p)}$，所得的结果如表 6－6 所示。为了明晰，表中的时间测量精度均通过乘以光速 c 的方式折合为距离测量精度。

表 6－6　根据经验公式计算得到的脉冲到达时间潜在测量精度

脉冲星编号	距离测量精度/m		
	$T_{obs}=500$ s	$T_{obs}=1\ 000$ s	$T_{obs}=2\ 000$ s
B0531＋21	110.9	78.5	55.5
B1821－24	325.8	230.4	162.9
B1937＋21	344.5	243.6	187.7
B1509－58	1 779.8	1 258.5	889.9
B1957＋20	1 867.7	1 320.7	933.8
B0540－69	2 987.3	2 112.4	1 493.7
B1823－13	9 103.6	6 437.2	4 551.8
J0218＋4232	13 718	9 699.8	6 858.8
J1124－5916	16 807	11 884	8 403.3
J0437－4715	17 257	12 203	8 628.6

显然，选择不同的脉冲星进行导航时，脉冲到达时间的测量精度具有较大差异。在 X 射线探测器面积和观测时段的长度受到应用环境限制的情况下，除 B0531＋21、B1821－24 和 B1937＋21 等少数几颗脉冲星以外，通过对其他脉冲星的信号进行观测，很难达到小于 1 km 的脉冲到达时间测量精度。事实上，以目前的技术水平，能够作为导航信号源的 X 射线脉冲星是非常有限的。

(7) 观测方程的形式

对于 X 射线脉冲星导航系统观测方程的形式，部分读者或许会产生疑问：在计算观测量预测值时，是否能够忽略观测方程中的非线性部分，仅保留线性部分，从而使得滤波器设计的问题得到简化？通常而言，答案是否定的。为了明确 X 射线脉冲星导航系统观测方程中的各项对定位精度的影响，使读者对它们的数量级有一个直观上的认识，分以下几种情况考察时间转换方程中各项的大小：

1) 航天器在地球轨道附近运行（$\|\boldsymbol{r}_{sc,k}\| \approx 1.471 \times 10^{11}$ m）；

2) 航天器在木星轨道附近运行（$\|\boldsymbol{r}_{sc,k}\| \approx 7.649 \times 10^{11}$ m）；

3) 航天器在海王星轨道附近运行（$\|\boldsymbol{r}_{sc,k}\| \approx 4.491 \times 10^{12}$ m）。

利用给定的 $\boldsymbol{r}_{sc,k}$ 和脉冲星 B0531＋21 的视线方向矢量概算 X 射线脉冲星导航系统观测方程中各项的幅度，所得的结果如表 6－7 所示。为了明晰，表中各表示时间的项均折合成距离，用长度单位 m 来表示。

表 6－7　脉冲到达时间观测量各组成部分的量值

脉冲星导航系统观测方程中的项	量值/m		
	地球轨道	木星轨道	海王星轨道
$\hat{\boldsymbol{n}}^{(p)} \cdot \boldsymbol{r}_{sc,k}$	1.4099×10^{11}	7.3313×10^{11}	4.2381×10^{12}
$\frac{1}{2D_0^{(p)}}[\|\boldsymbol{r}_{sc,k}\|^2-(\hat{\boldsymbol{n}}^{(p)}\cdot\boldsymbol{r}_{sc,k})^2]$	14.685 4	397.009 0	1.3266×10^4
$\frac{2\mu_s}{c^2}\ln\left\|\frac{\hat{\boldsymbol{n}}^{(p)}\cdot\boldsymbol{r}_{sc,k}+\|\boldsymbol{r}_{sc,k}\|}{\hat{\boldsymbol{n}}^{(p)}\cdot\boldsymbol{b}+\|\boldsymbol{b}\|}+1\right\|$	1.7265×10^4	2.2120×10^4	2.7287×10^4

以上结果粗略地反映了观测方程中的各项在 X 射线脉冲星导航系统的观测量 $\boldsymbol{y}_k^{(p)}$ 中所占的比例，以及航天器位置变化对观测方程中各项幅度的影响。从表中不难看出，观测方程中的第一项，即航天器位置矢量在脉冲星视线方向矢量上的投影 $\hat{\boldsymbol{n}}^{(p)} \cdot \boldsymbol{r}_{sc,k}$ 在脉冲到达时间观测量中占据主要部分。换句话说，脉冲到达时间观测量主要反映了航天器位置矢量 $\boldsymbol{r}_{sc,k}$ 的大小。观测方程中的第三项（通常称为 Shapiro 延迟）$\frac{2\mu_s}{c^2}\ln\left|\frac{\hat{\boldsymbol{n}}^{(p)}\cdot\boldsymbol{r}_{sc,k}+\|\boldsymbol{r}_{sc,k}\|}{\hat{\boldsymbol{n}}^{(p)}\cdot\boldsymbol{b}+\|\boldsymbol{b}\|}+1\right|$ 对脉冲到达时间观测量的影响也比较大，如果在观测方程中不考虑 Shapiro 延迟，将造成上万米的测距误差，因此，观测方程中的 Shapiro 延迟不可忽略。在地球轨道附近，观测方程中的第二项（通常称为视差）$\frac{1}{2D_0^{(p)}}[\|\boldsymbol{r}_{sc,k}\|^2-(\hat{\boldsymbol{n}}^{(p)}\cdot\boldsymbol{r}_{sc,k})^2]$ 的量值达 10 m 以上，相对于为百米量级的测量精度而言，视差对脉冲到达时间观测量的影响已不可忽略；而

且，视差的影响幅度随航天器相对太阳系距离的增大而增大，举例来说，当航天器在海王星附近进行导航时，视差对测量精度的影响可达 10 km 以上。另外，尽管目前不能精确测量脉冲星到太阳系质心的距离 $D_0^{(p)}$，对于地球轨道航天器而言，以现阶段 X 射线探测器的测量精度水平，$D_0^{(p)}$ 的误差对观测量的影响相对较小，可以暂不考虑这部分模型不确定性的影响。

根据 X 射线脉冲星导航系统误差影响因素分析，星表误差是影响导航系统性能的主要因素之一，将其作为模型不确定性进行处理的做法是合理的。下面，将通过滤波器设计处理模型不确定性的基本原则归纳如下：对于显著影响导航精度的因素，应充分利用有关其物理规律的先验知识，通过状态空间形式的系统模型进行刻画。在此基础上，对于剩余的不确定性误差项，如果满足可观度要求，应扩充为状态变量，通过扩维卡尔曼滤波器进行处理；相反，如果可观度较弱，则可以考虑利用本章所述的鲁棒卡尔曼滤波器，或后续章节介绍的自适应状态估计方法解决。对于导航系统中潜在的能够通过解析表达式描述的部分，如果不进行充分的数学建模，则相当于人为引入模型不确定性，这种不负责任的处理方式在工程实践活动中是不可取的。

6.3.5 数学仿真分析

在仿真研究中，基于航天器轨道动力学模型和脉冲星时间转换方程，以轨道半长轴 12 275 km，偏心率 0.003 8，轨道倾角 109.8°的地球轨道卫星为例，通过与传统扩展卡尔曼滤波器进行对比，说明鲁棒扩展卡尔曼滤波器的有效性。为了模拟航天器的在轨运动情况，在仿真生成参考轨道数据的过程中，考虑如下摄动因素：地球非球形引力、太阳引力、月球引力、太阳光压和大气阻力。通过 X 射线脉冲星导航系统的观测方程模拟生成脉冲到达时间观测数据。假设航天器上 X 射线探测器有效面积为 1 m^2，取背景辐射光子流量为 $Flux_B = 0.005$ photons/(cm^2 · s)，X 射线探测器通过指向机构分时段观测 3 颗脉冲星 B0531+21、B1821−24 和 B1937+21，每隔 1 000 s 进行观测目标的切换，脉冲到达时间观测量的测量噪声标准差 $\sigma_{TOA}^{(p)}$（$p=1, 2, 3$）根据经验公式计算得到。在根据系统模型和参考轨道数据模拟产生观测数据的过程中考虑了脉冲星星表误差的影响，设定 3 颗脉冲星的赤经和赤纬误差均值，以及在仿真中的变化幅度分别如表 6－8 所示。星表误差的具体取值对于滤波器设计而言是未知的。

表 6－8　脉冲星星表误差及其误差界

作为导航信号源的 X 射线脉冲星	星表误差/(″)		误差界/(″)	
	$\Delta\alpha^{(p)}$	$\Delta\delta^{(p)}$	$b_\alpha^{(p)}$	$b_\delta^{(p)}$
B0531+21	0.005	0.007	0.01	0.01
B1821−24	0.000 05	0.000 7	0.000 1	0.000 1
B1937+21	0.000 5	0.000 7	0.001	0.001

在实施鲁棒扩展卡尔曼滤波器时，基本仿真设置如表 6－9 所示。

表 6－9　X 射线脉冲星导航基本仿真设置

仿真设置	
仿真时间	卫星的 3 个轨道周期(约 40 605 s)
一步状态预测的时间步长	1 s
初始位置误差	随机产生三轴位置误差,分布为 $N(0,(5\ \text{km})^2)$
初始速度误差	随机产生三轴速度误差,分布为 $N(0,(10\ \text{m/s})^2)$
脉冲星数	3 个
观测时段的长度	100 s
测量精度	测量噪声标准差根据经验公式计算
滤波器参数	
系统噪声方差阵	$\boldsymbol{Q}_k=\begin{bmatrix}\sigma_r^2\boldsymbol{I}_{3\times3} & \\ & \sigma_v^2\boldsymbol{I}_{3\times3}\end{bmatrix}$, $\sigma_r=2\times10^{-5}\ \text{m}$, $\sigma_v=2\times10^{-4}\ \text{m/s}$
测量噪声方差阵	$R_k^{(p)}=(\sigma_{TOA}^{(p)})^2$
初始估计误差方差阵	$\boldsymbol{P}_0=\begin{bmatrix}p_r^2\boldsymbol{I}_{3\times3} & \\ & p_v^2\boldsymbol{I}_{3\times3}\end{bmatrix}$, $p_r=10\ \text{km}$, $p_v=25\ \text{m/s}$

分别利用传统扩展卡尔曼滤波器和鲁棒扩展卡尔曼滤波器处理通过仿真模拟得到的脉冲到达时间观测量。扩展卡尔曼滤波器的位置估计误差曲线（图 6－6 中实线）以及根据估计误差方差阵相应对角元计算得到的 3σ 误差界（图 6－6 中虚线）如图 6－6 所示，图中横坐标表示仿真时间，单位是航天器的轨道周期，纵坐标表示估计误差，单位是米。显

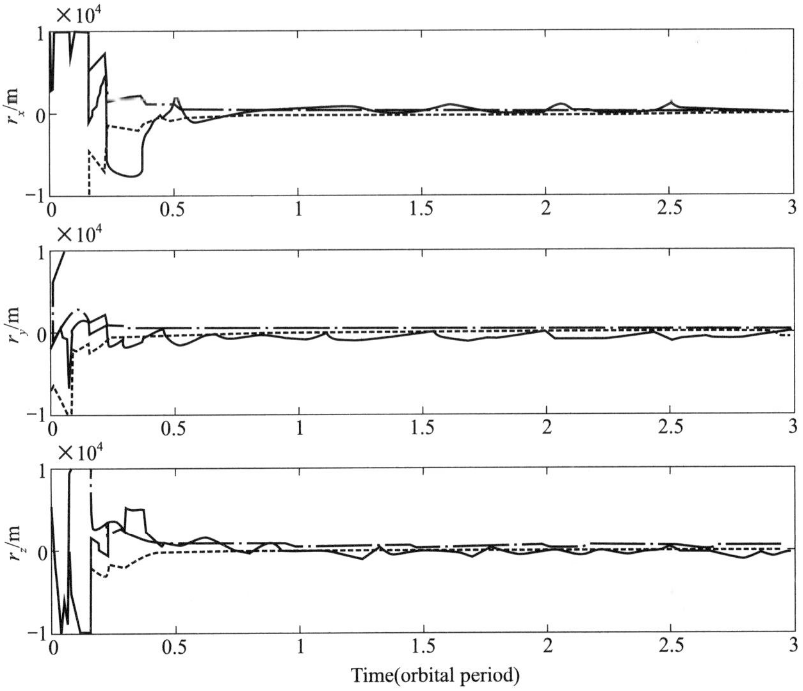

图 6－6　传统扩展卡尔曼滤波器的位置估计误差曲线

然，扩展卡尔曼滤波器的性能受到脉冲星星表误差的影响，其估计结果存在较大偏差，状态估计误差的幅值超出了估计误差方差阵规定的范围。

鲁棒扩展卡尔曼滤波器的位置估计误差曲线和相应的 3σ 误差界如图 6－7 所示。通过对比不难看出，鲁棒扩展卡尔曼滤波器的估计精度更高；并且，航天器位置估计误差曲线在滤波器估计误差方差阵规定的范围内波动，这体现了状态估计方法设计的合理性和有效性。

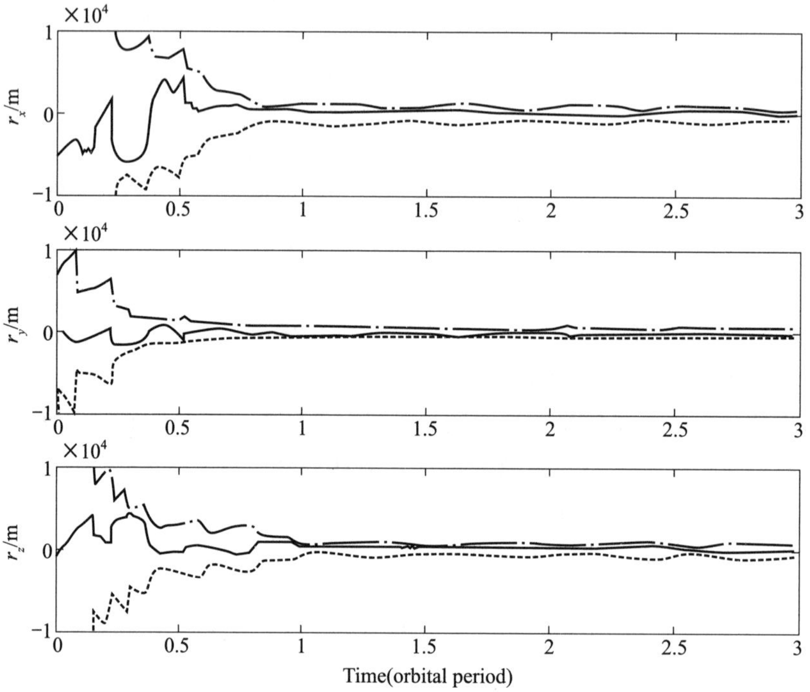

图 6－7　鲁棒扩展卡尔曼滤波器的位置估计误差曲线

为了便于对比，利用航天器轨道动力学模型和脉冲星时间转换方程模拟产生 10 组状态向量和测量数据，再将观测数据分别代入传统扩展卡尔曼滤波器和鲁棒扩展卡尔曼滤波器进行状态估计，通过两种滤波器各得到 10 组状态估计值。分别计算传统扩展卡尔曼滤波器和鲁棒扩展卡尔曼滤波器的三维位置矢量的估计误差均方根，图 6－8 同时给出了在第 2 和第 3 个轨道周期内传统扩展卡尔曼滤波器和鲁棒扩展卡尔曼滤波器的均方根（RMS）误差曲线。

对于以上两种滤波器，体现最后一个轨道周期内航天器三轴位置估计误差均方根的统计值 RMS_x、RMS_y 和 RMS_z，以及体现三轴位置误差综合影响的值 $RMS_p = (RMS_x^2 + RMS_y^2 + RMS_z^2)^{0.5}$ 如表 6－10 所示。

显然，在考虑脉冲星星表误差的情况下，当状态估计进入稳态后，相对传统扩展卡尔曼滤波器而言，鲁棒扩展卡尔曼滤波器的估计精度更高。仿真结果表明，采用鲁棒扩展卡尔曼滤波器优化导航系统的设计，能够在不显著提高算法计算量和数据存储量的前提下改

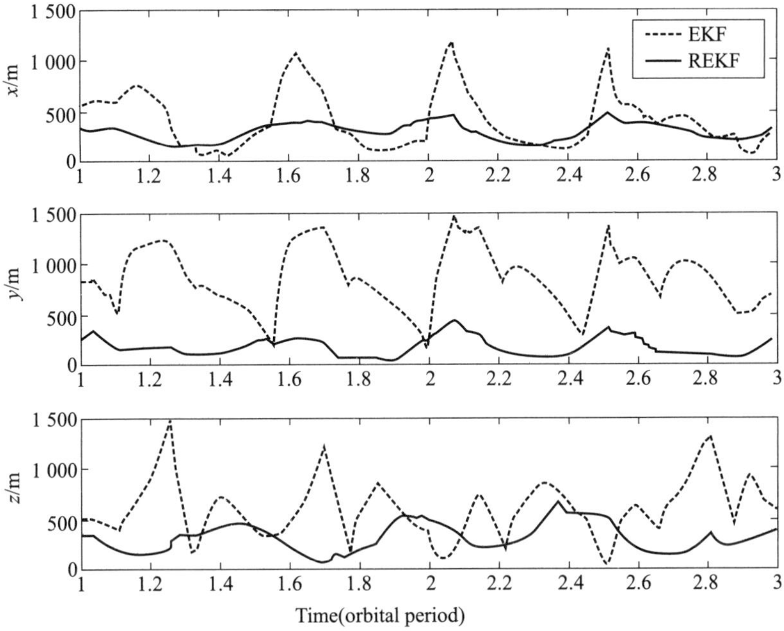

图 6-8　扩展卡尔曼滤波器和鲁棒扩展卡尔曼滤波器的位置估计误差均方根曲线

（EKF：扩展卡尔曼滤波器；REKF：鲁棒扩展卡尔曼滤波器）

善导航系统的定位精度。对于受到模型不确定性影响的 X 射线脉冲星导航系统而言，鲁棒扩展卡尔曼滤波器的性能优于传统扩展卡尔曼滤波器。

表 6-10　REKF 与 EKF 算法精度对比

面向 X 射线脉冲星导航的滤波器	航天器位置估计误差的均方根/m			
	RMS_x	RMS_y	RMS_z	RMS_p
EKF	392.3	877.4	610.3	1 138.5
REKF	282.7	190.2	340.8	481.9

最后，对应用鲁棒扩展卡尔曼滤波器提升 X 射线脉冲星导航精度的原因进行简要概括。鲁棒扩展卡尔曼滤波器的先进性体现在考虑了模型不确定性的影响，并将其体现在不确定系统模型和递推计算公式中，而传统扩展卡尔曼滤波器则忽略了模型不确定性的影响。具体到本章所研究的 X 射线脉冲星导航系统，模型不确定性主要体现为星表误差，也就是说，脉冲星星表中的赤经和赤纬数据是不准确的，而赤经和赤纬的误差会对导航性能产生不利影响。在鲁棒扩展卡尔曼滤波器的设计过程中，将脉冲星赤经和赤纬误差的影响在不确定系统模型中进行了描述，并将不确定系统模型用于优化滤波增益阵的设计，从而获得了更加合理的滤波增益阵。因此，利用鲁棒扩展卡尔曼滤波器，能够恰当地应用不同脉冲星观测量中包含的信息，削弱星表误差的不利影响，从而改善 X 射线脉冲星导航系统的性能。

6.4 本章小结

鲁棒卡尔曼滤波器是随机系统状态估计领域的研究热点之一，与传统卡尔曼滤波器相比，其典型特色是不要求状态空间模型和噪声统计特性精确已知，并且，对于模型不确定性的影响具有一定的鲁棒性；其递推计算公式中增加的可调参数（如 ε 和 ρ_x ），为通过滤波器参数整定改善状态估计性能提供了新的自由度。与本书后面部分将要讨论的更为精巧的多模型自适应估计、并行卡尔曼滤波器和强化学习卡尔曼滤波器相比，鲁棒卡尔曼滤波器的主要优势在于结构简单、计算量小，递推计算公式易于被熟悉传统卡尔曼滤波器的工程技术人员所采纳。

唯物辩证法认为：在事物或过程的多种矛盾中，各种矛盾的地位和作用是不平衡的；在事物发展的任何阶段上，必有而且只有一种矛盾居于支配的地位，起着规定或影响其他矛盾的作用，这种矛盾就是主要矛盾；我们在观察和处理任何事物或过程时，必须善于抓主要矛盾。对于鲁棒卡尔曼滤波器的研究也是如此，为了获得优于传统卡尔曼滤波器的估计精度，要求对所研究的航天器导航系统有充分的理解，从影响导航性能的多种误差因素中找出和抓住主要因素，并充分利用有关主要影响因素的先验知识建立不确定系统模型，在此基础上开展鲁棒卡尔曼滤波器的设计工作。

参考文献

[1] 岳晓奎，袁建平，侯建文．飞行器组合导航鲁棒滤波理论及应用［M］. 北京：中国宇航出版社，2013.

[2] 姜长生，吴庆宪，陈文华，王从庆．现代鲁棒控制基础［M］. 哈尔滨：哈尔滨工业大学出版社，2005.

[3] W Li，Y Jia，J Du. State estimation for stochastic complex networks with switching topology [J]. IEEE Transactions on Automatic Control，2017，62 (12)：6377 - 6384.

[4] L Zou，Z Wang，J Hu，H Gao. On H_∞ finite - horizon filtering under stochastic protocol：dealing with high - rate communication networks [J]. IEEE Transactions on Automatic Control，2017，62 (9)：4884 - 4890.

[5] R Dehghannasiri，M S Esfahani，E R Dougherty. Intrinsically bayesian robust Kalman filter：an innovation process approach [J]. IEEE Transactions on Signal Processing，2017，65 (10)：2531 - 2546.

[6] Y Liu，Z Wang，X He，D H Zhou. Event - triggered filtering and fault estimation for nonlinear systems with stochastic sensor saturations [J]. International Journal of Control，2017，90 (5)：1052 - 1062.

[7] Y Yuan，Z Wang，L Guo. Distributed quantized multi - model H_∞ fusion filtering for two - time - scale systems [J]. Information Science，2018，432：572 - 583.

[8] K Xiong，C Wei，L Liu. Robust Kalman filtering for discrete - time nonlinear systems with parameter uncertainties [J]. Aerospace Science and Technology，2012，18：15 - 24.

[9] A H Sayed. A framework for state - space estimation with uncertain models [J]. IEEE Transactions on Automatic Control，2001，46 (7)：998 - 1013.

[10] A Subramanian，A H Sayeb. Regularized robust filters for time - varying uncertain discrete - time systems [J]. IEEE Transactions on Automatic Control 2004；49 (6)：970 - 976.

[11] K Xiong，L Liu，Y Liu. Regularized robust filter for spacecraft attitude determination [J]. Chinese Journal of Aeronautics，2011，24：467 - 475.

[12] K Xiong，L Liu，Y Liu. Robust extended Kalman filtering for nonlinear systems with multiplicative noises [J]. Optimal Control，Applications and Methods，2011，32 (1)：47 - 63.

[13] K Xiong，C Wei，L Liu. The use of X - ray pulsars for aiding navigation of satellites in constellations [J]. Acta Astronautica，64：427 - 436，2009.

[14] Y Wang，W Zheng，D Zhang，Q Zhou，S Xin. X - ray pulsar - based navigation method using one sensor and modified time - differenced measurement [J]. Proc IMechE Part G：Journal of Aerospace Engineering. 2019，233 (1)：299 - 309.

[15] K Xiong，C Wei，L Liu. Robust extended Kalman filtering for nonlinear systems with stochastic uncertainties [J]. IEEE Transactions on Systems Man & Cybernetics，Part A，2010，40 (2)：

399 - 405.

[16] K Xiong, C Wei, L Liu. Robust multiple model adaptive estimation for spacecraft autonomous navigation [J]. Aerospace Science and Technology, 2015, 42: 249 - 258.

[17] 熊凯．基于脉冲星的空间飞行器自主导航技术研究 [D]. 博士后出站报告，中国空间技术研究院，2008.

[18] S I Sheikh. The use of variable celestial X - ray sources for spacecraft navigation [D]. Doctoral Dissertation, University of Maryland, 2005.

第 7 章　多模型自适应估计

本书第 4 章和第 6 章分别讨论了随机系统的最优状态估计和鲁棒状态估计问题，滤波器公式推导和性能分析是基于已知的精确系统模型或不确定系统模型实现的。但是，在工程实践活动中，会遇到系统模型的结构、参数和噪声统计特性发生变化的情况。此时，原有的数学模型并不能完全描述当前系统的行为，据此模型设计的卡尔曼滤波器不能获得最优状态估计，通过递推计算得到估计误差方差阵也无法准确反映实际估计误差的大小。

利用鲁棒卡尔曼滤波器对发生变化的系统进行状态估计当然是可以的。鲁棒卡尔曼滤波器基于先验知识建立不确定性系统模型，并通过事先确定或调整好的滤波器参数，利用滤波器自身的鲁棒性被动地应对模型不确定性。但是，对于系统模型本身发生变化的情况，鲁棒卡尔曼滤波器以不变应万变地靠滤波器设计时所考虑的鲁棒性，来克服模型变化对状态估计性能的影响，往往只能有效应对标称值附近范围内的模型变化，伴随而来的还会降低滤波器在理想情况下的状态估计精度。

面对上述系统模型结构、参数或噪声统计特性经常发生变化且无法事先确知的情况，如何设计一个满意的滤波器，使其能主动适应模型变化，这是自适应状态估计方法研究所要解决的问题。自适应状态估计方法研究的基本思路是：在滤波器的运行过程中，不断对实际系统实施测量，从而认识或掌握实际系统的运行情况，进而做出决策，根据一定的自适应率来改变滤波器的结构或参数，以保持滤波器在某种意义上的最优或接近最优。与鲁棒卡尔曼滤波器相比，一种理想的自适应状态估计方法应该能够更有效地解决模型不确定性造成的问题。

自适应状态估计具有多种实现方式，如自适应卡尔曼滤波器（Adaptive Kalman Filter，AKF）、多模型自适应估计（Multiple - Model Adaptive Estimation，MMAE）算法，以及神经网络（Neural Networks，NN）辅助卡尔曼滤波方案等，下面分别进行简要说明。

1）自适应卡尔曼滤波器基于最优贝叶斯估计等优化准则，利用滤波过程中获取的新息序列对未知模型参数或噪声统计特性（如系统噪声方差阵和测量噪声方差阵）进行实时估计和调整，使得滤波器的估计误差方差阵能够有效跟踪真实估计误差的变化，从而改善滤波器在系统模型参数或噪声统计特性变化情况下的状态估计精度。

2）多模型自适应估计算法通过由多个系统模型构成的模型集来描述带有不确定性的实际系统，基于模型集中的各个模型分别设计卡尔曼滤波器，多个滤波器进行并行计算，取各滤波器状态估计值的加权平均作为最终的状态估计结果。多模型自适应估计算法的应用效果与选取的模型集有关，通常覆盖范围全面、网格精细化程度高的模型集有助于提升状态估计精度。

3）神经网络辅助卡尔曼滤波方案结合了卡尔曼滤波器的估计能力和神经网络的拟合能力，利用神经网络不断逼近真实的系统模型，从而减小模型不确定性的影响，提升卡尔曼滤波器的自适应能力。在此神经网络指的是一种模仿生物神经组织架构和功能的数学模型，采取简单单元按照一定层次连接的结构形式，根据外界信息改变内部参数，以类似生物的交互方式适应环境。

自适应卡尔曼滤波器、多模型自适应估计算法和神经网络辅助卡尔曼滤波方案均已应用于航天器导航相关研究，并积累了丰富的文献资源（可参阅相关专著［1－4］）。本章以多模型自适应估计算法为例，介绍随机系统自适应状态估计的基本方法。考虑到从优化准则出发推导多模型自适应估计算法的研究并不多见，本章直接给出了算法的递推计算公式；进而，探讨了并行滤波器估计结果加权平均过程中权值的收敛性。研究了多模型自适应估计算法在航天器导航系统中的应用，包括基于照相观测的星座自主导航和星际连音自主导航这两种具有应用前景的技术。

7.1 多模型自适应估计算法

7.1.1 问题描述

在随机系统状态估计研究中，要成功地设计一个滤波器，通常需要掌握系统的数学模型。然而，有一些实际系统的数学模型的某些参数或结构是处于变化之中的，且其变化规律很难事先通过机理建模或离线系统辨识来确知。对于这类难以通过先验知识完全确定数学模型的系统，滤波器参数在设计阶段事先整定的传统状态估计方法往往难以有效应对。导致系统模型处于变化之中的原因主要包括以下内容：

1）技术人员对客观事物发展变化规律认识水平的局限性。由于系统本身的复杂性或所处环境恶劣等因素，使得事先确定系统模型变化规律非常困难或代价太高；如有些化工反应过程机理复杂，又因代价太高而难以通过反复试验并用离线系统辨识的方法来建模。

2）运动模式的改变导致系统模型的变化。例如，在基于视线方向测量的空间目标监视系统中[5]，空间目标执行轨道机动会导致系统状态方程发生变化，此时，基于地心引力及其他空间摄动力作用建立起来的轨道动力学模型将不能准确描述空间目标的运动状态变化；对于执行空间目标监视任务的观察卫星而言，空间目标机动的开始时刻、持续时间和星上推进系统的喷气推力都是未知的。

3）工作环境的改变导致系统模型的变化。受航天器平台姿态抖动、太阳杂光干扰，以及冷热交变的空间环境等因素的影响，星敏感器等光学成像敏感器的在轨误差特性往往会发生变化；X射线探测器的性能则易于受到空间高能粒子辐射等因素的干扰[6-8]。以现阶段的技术水平和试验条件，在地面模拟空间环境存在局限性，难以准确复现敏感器在轨误差特性。

事实上，从随机系统状态估计理论的发展来看，鲁棒状态估计方法和自适应状态估计方法的研究，都是为了克服模型不确定性对滤波器性能的影响。鲁棒状态估计方法与自适应状态估计方法的主要区别在于：鲁棒状态估计方法被动地依靠滤波器自身的鲁棒性来抑制模型变化带来的影响，而自适应估计方法则侧重于主动去适应系统运动模式或工作环境的改变。

一种传统的自适应卡尔曼滤波器结构如图 7-1 所示，基本方法是利用观测量同时对状态向量和模型参数（包括噪声统计特性）进行估计；在滤波模型接近真实模型的情况下，自适应状态估计方法将得到接近最优的状态估计。值得注意的是，自适应状态估计也是基于模型的方法，但对模型准确性的依赖程度较轻，其设计要点是保障滤波器具有在实施过程中不断获取模型信息、自动完善系统模型的能力。

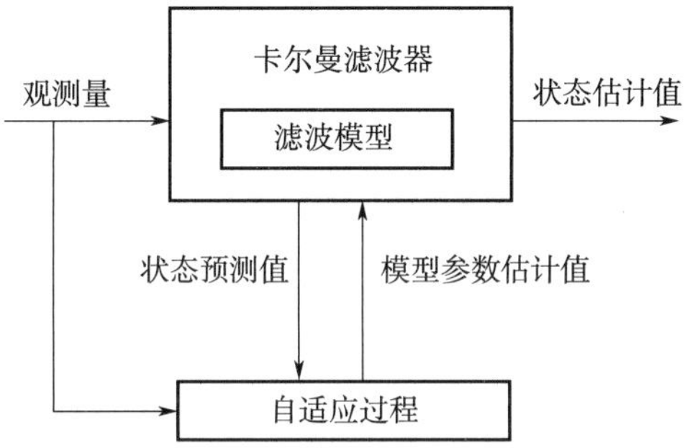

图 7-1　自适应卡尔曼滤波器结构示意图

作为自适应状态估计的典型实现方式之一，多模型自适应估计算法的并行计算结构如图 7-2 所示，其基本思路为：由一系列系统模型组成的模型集来描述模型不确定性，模型集的构建对多模型自适应估计算法的性能有重要影响；在多模型自适应估计算法中，基于模型集中的各个模型分别设计滤波器，各个滤波器进行并行解算，获得各自的状态估计值，多模型自适应估计算法最终的状态估计值是各个并行滤波器状态估计值的加权和；各个并行滤波器的权值通过它们的测量新息计算得到，反映了各个滤波模型与实际系统模型的匹配程度。通过优化模型集和自适应律的设计，使得与实际系统相一致的模型在状态估计中起主导作用，此时，多模型自适应估计算法能够取得优于传统卡尔曼滤波器的估计精度。

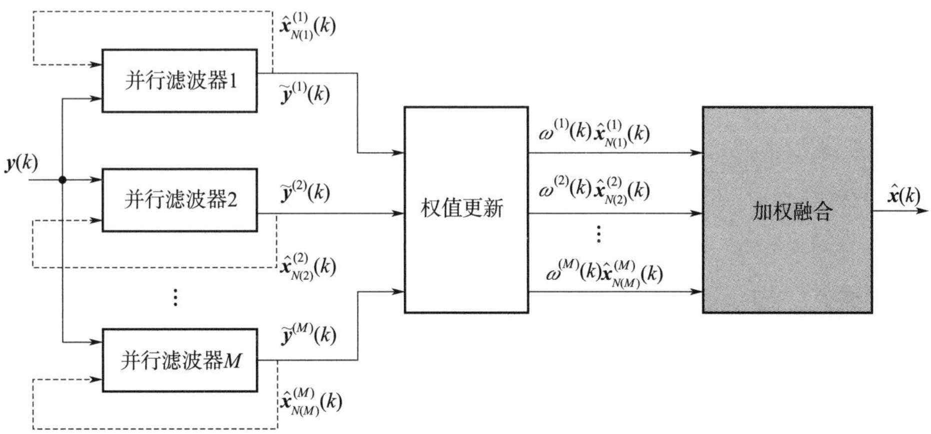

图 7-2　多模型自适应估计算法结构示意图

多模型自适应估计算法自提出以来，受到了学术界的广泛重视，并针对多个工程系统开展了应用研究。经过多年的发展，多模型自适应估计算法在处理模型不确定性问题上取得了极大的成功，应用于机动目标跟踪、飞行器导航定位、系统故障诊断和模型参数辨识等多个领域的研究[9-14]。多模型自适应估计算法的显著优势体现在：理论上能够同时实现对模型结构、参数和噪声统计特性的在线辨识，适用于模型发生变化的情况，并且，能够避免鲁棒卡尔曼滤波器等方法设计较为保守的问题。

7.1.2 模型集的建立

尽管多模型自适应估计算法能够对系统模型中的状态转移矩阵、观测矩阵、系统噪声方差阵和测量噪声方差阵等进行在线辨识，考虑到本书的主要目的是说明滤波器设计的基本原理，为了简单起见，本章仅考虑对测量噪声方差阵进行辨识的情况。对于模型中的其他要素存在不确定性的情况，可以采取类似手段进行处理[15]。

面向多模型自适应估计算法设计，将状态空间形式的离散时间线性随机系统模型集构造如下，包括状态方程和观测方程

$$\boldsymbol{x}_k=\boldsymbol{F}_k\boldsymbol{x}_{k-1}+\boldsymbol{w}_k \tag{7-1}$$

$$\boldsymbol{y}_k=\boldsymbol{H}_k\boldsymbol{x}_k+\boldsymbol{v}_k \tag{7-2}$$

式中，$\boldsymbol{x}_k\in\mathbf{R}^l$ 表示状态向量，$\boldsymbol{y}_k\in\mathbf{R}^m$ 表示观测量，$\boldsymbol{F}_k\in\mathbf{R}^{l\times l}$ 和 $\boldsymbol{H}_k\in\mathbf{R}^{m\times l}$ 为已知的状态转移矩阵和观测矩阵，$\boldsymbol{w}_k\in\mathbf{R}^l$ 和 $\boldsymbol{v}_k\in\mathbf{R}^m$ 分别表示系统噪声和测量噪声。假定 $\boldsymbol{w}_k$ 和 $\boldsymbol{v}_k$ 为不相关的零均值白噪声，且满足以下条件

$$E(\boldsymbol{w}_k\boldsymbol{w}_j^{\mathrm{T}})=\begin{cases}\boldsymbol{Q}_k, & k=j\\ \boldsymbol{0}, & k\neq j\end{cases},E(\boldsymbol{v}_k\boldsymbol{v}_j^{\mathrm{T}})=\begin{cases}\boldsymbol{R}_k^{(\tau)}, & k=j\\ \boldsymbol{0}, & k\neq j\end{cases},\tau=1,2,\cdots,M \tag{7-3}$$

式中，$\boldsymbol{Q}_k$ 为已知的系统噪声方差阵，$\boldsymbol{R}_k^{(\tau)}$ 为不确定的测量噪声方差阵，假定 $\boldsymbol{R}_k^{(\tau)}$ 包含在一个由多个元素构成的集合中，即 $\boldsymbol{R}_k^{(\tau)}\in\{\boldsymbol{R}_k^{(1)}，\boldsymbol{R}_k^{(2)}，\cdots，\boldsymbol{R}_k^{(M)}\}$，上标 τ 用于区分模型集中不同的模型，M 表示模型集中的模型总数。注意到上述模型集由 M 个模型构成，通过由多个元素组成的集合 $\{\boldsymbol{R}_k^{(1)}，\boldsymbol{R}_k^{(2)}，\cdots，\boldsymbol{R}_k^{(M)}\}$ 来描述测量噪声统计特性的不确定性。模型集中各个模型的区别在于测量噪声方差阵不同。

对于基于多敏感器信息融合的组合导航系统，为了清楚起见，将观测方程分解为如下形式

$$\boldsymbol{y}_k=[\boldsymbol{y}_{1,k}^{\mathrm{T}}\quad\boldsymbol{y}_{2,k}^{\mathrm{T}}\quad\cdots\quad\boldsymbol{y}_{N,k}^{\mathrm{T}}]^{\mathrm{T}} \tag{7-4}$$

$$\boldsymbol{H}_k=[\boldsymbol{H}_{1,k}^{\mathrm{T}}\quad\boldsymbol{H}_{2,k}^{\mathrm{T}}\quad\cdots\quad\boldsymbol{H}_{N,k}^{\mathrm{T}}]^{\mathrm{T}} \tag{7-5}$$

$$\boldsymbol{v}_k=[\boldsymbol{v}_{1,k}^{\mathrm{T}}\quad\boldsymbol{v}_{2,k}^{\mathrm{T}}\quad\cdots\quad\boldsymbol{v}_{N,k}^{\mathrm{T}}]^{\mathrm{T}} \tag{7-6}$$

或

$$\boldsymbol{y}_{s,k}=\boldsymbol{H}_{s,k}\boldsymbol{x}_k+\boldsymbol{v}_{s,k},s=1,2,\cdots,N \tag{7-7}$$

其中，$\boldsymbol{y}_{s,k}$ 表示航天器导航系统中第 s 个敏感器的观测量，下标 s 用于区分不同的敏感器，N 表示敏感器的数目，$\boldsymbol{H}_{s,k}$ 和 $\boldsymbol{v}_{s,k}$ 分别表示相应的观测矩阵和测量噪声。为了简化模型集，忽略各个敏感器测量噪声之间的相关性，此时，集合中的某个测量噪声方差阵 $\boldsymbol{R}_k^{(\tau)}$ 可

表示为

$$\boldsymbol{R}_k^{(\tau)}=\begin{bmatrix}\theta_1^{(\tau)}\overline{\boldsymbol{R}}_{1,k} & & & \\ & \theta_2^{(\tau)}\overline{\boldsymbol{R}}_{2,k} & & \\ & & \ddots & \\ & & & \theta_N^{(\tau)}\overline{\boldsymbol{R}}_{N,k}\end{bmatrix} \tag{7-8}$$

式中，$\overline{\boldsymbol{R}}_{s,k}$ 表示第 s 个敏感器的测量噪声方差阵标称值，可通过实验室环境的地面测试得到，可能不同于在轨应用场景中的真实值；$\boldsymbol{\theta}^{(\tau)}=[\theta_1^{(\tau)}\quad\theta_2^{(\tau)}\quad\cdots\quad\theta_N^{(\tau)}]^{\mathrm{T}}$ 表示第 τ 个模型的模型参数矢量，其中的各个参数 $\theta_s^{(\tau)}$（$s=1,2,\cdots,N$）根据潜在的测量噪声方差阵变化范围，权衡实际应用系统的精度要求和计算能力选取。这样，可以得到由 M 个模型参数矢量构成的参数矢量集，将其表示如下

$$\boldsymbol{\Theta}=\{\boldsymbol{\theta}^{(1)},\boldsymbol{\theta}^{(2)},\cdots,\boldsymbol{\theta}^{(M)}\} \tag{7-9}$$

注意到某个敏感器的测量噪声方差不确定性仅通过相应的不确定性参数 $\theta_s^{(\tau)}$（$\tau=1,2,\cdots,M$）来描述。另外，根据式（7-8）中 $\boldsymbol{R}_k^{(\tau)}$ 的设定方式，易于看出，与利用网格法直接对测量噪声方差阵进行离散化的处理方式相比，采取如式（7-8）所示的分块对角阵的表述形式，能够有效减小模型集中元素的数目，从而减小多模型自适应估计算法的计算量。

基于上述模型集表述形式，系统模型中测量噪声方差阵的不确定性可通过参数矢量集 $\boldsymbol{\Theta}$ 来描述。一般来说，对于特定的颗粒度（granularity）要求，测量噪声方差阵的不确定性范围越大，则要求参数矢量集 $\boldsymbol{\Theta}$ 中的元素越多；反之亦然。或许细心的读者已经发现，即使仅考虑测量噪声方差不确定性的影响，尽管已经采用了一些结合工程经验的简化手段，但是，模型集中元素的数量仍有可能相当庞大。对于这一问题，文献［16-18］中提出并发展了一种基于模型集自适应调整的变结构多模型滤波策略，本书第 8 章将介绍另外一套研究思路。

7.1.3　递推计算流程

基于前面对算法结构和模型集的描述，我们已做好准备给出适用于随机系统状态估计的多模型自适应估计算法的递推计算公式。基本方法是基于模型集中的 M 个模型分别建立 M 个并行滤波器，根据先验知识给定各个并行滤波器的初始状态估计值 $\hat{\boldsymbol{x}}_0^{(\tau)}$、估计误差方差阵 $\boldsymbol{P}_0^{(\tau)}$ 和权值 $\omega_0^{(\tau)}$，各个并行滤波器分别进行递推计算，更新各自的状态估计值 $\hat{\boldsymbol{x}}_k^{(\tau)}$、估计误差方差阵 $\boldsymbol{P}_k^{(\tau)}$ 和权值 $\omega_k^{(\tau)}$，并通过加权平均的方式得到最终的状态估计值 $\hat{\boldsymbol{x}}_k$。尽管最终的估计误差方差阵也可以根据各个并行滤波器的估计误差方差阵计算得到，但对于算法的递推计算过程而言并不是必需的。

多模型自适应估计算法的递推计算公式如表 7-1 所示。

表 7-1　多模型自适应估计算法的递推计算流程

Algorithm 7.1：Multiple-model adaptive estimation

for $k=0$, do

　for $\tau=1$ to M, do

　　$\hat{\boldsymbol{x}}_0^{(\tau)}=\hat{\boldsymbol{x}}_0, \boldsymbol{P}_0^{(\tau)}=\boldsymbol{P}_0, \omega_0^{(\tau)}=\dfrac{1}{M}$　　▷ initialization

　end for

end for

for $k=1,2,\cdots$, do

　for $\tau=1$ to M, do

　　$[\hat{\boldsymbol{x}}_k^{(\tau)}, \boldsymbol{P}_k^{(\tau)}, \tilde{\boldsymbol{y}}_k^{(\tau)}] \leftarrow \mathrm{KF}(\hat{\boldsymbol{x}}_{k-1}^{(\tau)}, \boldsymbol{P}_{k-1}^{(\tau)}, \boldsymbol{y}_k, \boldsymbol{Q}_k, \boldsymbol{R}_k^{(\tau)})$　　▷ parallel Kalman filtering

　　$\Lambda_k^{(\tau)}=\dfrac{1}{\sqrt{|2\pi\hat{\boldsymbol{\Omega}}_k^{(\tau)}|}}\exp\left[-\dfrac{1}{2}(\tilde{\boldsymbol{y}}_k^{(\tau)})^{\mathrm{T}}(\hat{\boldsymbol{\Omega}}_k^{(\tau)})^{-1}\tilde{\boldsymbol{y}}_k^{(\tau)}\right]$　　▷ likelihood function

　end for

　for $\tau=1$ to M, do

　　$\omega_k^{(\tau)}=\dfrac{\omega_{k-1}^{(\tau)}\Lambda_k^{(\tau)}}{\omega_{k-1}^{(1)}\Lambda_k^{(1)}+\omega_{k-1}^{(2)}\Lambda_k^{(2)}+\cdots+\omega_{k-1}^{(M)}\Lambda_k^{(M)}}$　　▷ weight update

　end for

　$\hat{\boldsymbol{x}}_k=\sum_{\tau=1}^{M}\omega_k^{(\tau)}\hat{\boldsymbol{x}}_k^{(\tau)}$　　▷ resultant state estimation

end for

return $\{\hat{\boldsymbol{x}}_k\}$

上述算法中，$\hat{\boldsymbol{x}}_0$ 和 $\boldsymbol{P}_0$ 表示状态估计值及其误差方差阵的初始值，上标 τ 用于区分各个并行滤波器。对于线性随机系统模型，各个并行滤波器基于如本书第 4 章给出的卡尔曼滤波器的递推计算公式实施，在此不再重复，测量噪声方差阵的取值 $\boldsymbol{R}_k^{(\tau)}$ 根据事先建立的模型集确定。各个并行滤波器的权值 $\omega_k^{(\tau)}$ 根据似然函数 $\Lambda_k^{(\tau)}$ 计算，似然函数 $\Lambda_k^{(\tau)}$ 利用测量新息 $\tilde{\boldsymbol{y}}_k^{(\tau)}=\boldsymbol{y}_k-\boldsymbol{H}_k\hat{\boldsymbol{x}}_{k|k-1}^{(\tau)}$ 得到，$\hat{\boldsymbol{\Omega}}_k^{(\tau)}$ 为可调参数矩阵，其建议取值将在后面结合滤波器性能分析进行说明。根据似然函数计算和权值更新的方法不难看出，对于某个并行滤波器，如果其测量新息 $\tilde{\boldsymbol{y}}_k^{(\tau)}$ 越小，则相应的权值 $\omega_k^{(\tau)}$ 越大；反之亦然。我们知道，测量新息的大小可作为评价滤波器性能优劣的依据，通常测量新息越小，表示潜在的滤波器估计精度越高。根据多模型自适应估计算法最终状态估计 $\hat{\boldsymbol{x}}_k$ 的计算公式可以看出，对应权值较大、潜在精度较高的并行滤波器的状态估计在加权平均形式的最终状态估计中起主导作用。

上述多模型自适应估计算法的主要特色是对不同测量噪声方差阵的自适应能力，在敏感器受自身因素或外部干扰作用，噪声统计特性不同于地面测试的情况下，可以自适应地选择出恰当的 $\boldsymbol{R}_k^{(\tau)}$ 进行处理，从而获得优于传统卡尔曼滤波器的状态估计结果。在模型不确定性不存在的情况下，该算法可以选择测量噪声方差阵的标称值，从而获得与理想情况下卡尔曼滤波器相近的最优估计值。根据如式（7-8）所示的测量噪声方差阵结构，对基于多敏感器信息融合的组合导航系统而言，当某个敏感器性能显著下降时，应用多模型自适应估计算法，能够自适应地削弱该敏感器的测量新息对状态向量的修正作用，同时，保障其他敏感器测量新息的充分利用。

对于非线性随机系统模型，在各个并行滤波器中，可以应用本书第 5 章所述的扩展卡尔曼滤波器的递推计算公式，即在上述算法中令 $[\hat{\boldsymbol{x}}_k^{(\tau)}, \boldsymbol{P}_k^{(\tau)}, \tilde{\boldsymbol{y}}_k^{(\tau)}] \leftarrow \mathrm{EKF}(\hat{\boldsymbol{x}}_{k-1}^{(\tau)}, \boldsymbol{P}_{k-1}^{(\tau)}, \boldsymbol{y}_k, \boldsymbol{Q}_k, \boldsymbol{R}_k^{(\tau)})$。对于一个实际应用系统而言，如果扩展卡尔曼滤波器是有效的，通常可以认为，以扩展卡尔曼滤波器的递推计算公式为基础建立的各个并行滤波器是有效的。在航天器导航研究中，由于忽略非线性函数泰勒级数展开式高次项造成的线性化误差的影响往往并不显著。事实上，对于强非线性系统，也可以选用无迹卡尔曼滤波器（UKF）等其他非线性滤波器作为多模型自适应估计算法中的并行滤波器，这一点体现了多模型自适应估计算法设计的灵活性。

7.2　多模型自适应估计的收敛性

7.2.1　收敛性分析

在多模型自适应估计算法中，各个并行滤波器的有效性可依据卡尔曼滤波器或扩展卡尔曼滤波器的理论方法得到保证；多模型自适应估计自身的有效性主要取决于自适应率的设计，即各个并行滤波器权值的更新策略。显然，如果滤波模型与真实模型相匹配的并行滤波器能够分配得到较大的权值，则应用多模型自适应估计算法可以达到预期的效果。因此，在多模型自适应估计算法的性能分析过程中，重点分析各个并行滤波器权值的收敛性。在带有测量噪声统计特性不确定性的线性随机系统模型中，测量噪声方程阵的真实值 $\boldsymbol{R}_k$ 是未知的。在涉及多模型自适应估计算法的理论分析中，经常假定真实模型包含在事先建立的模型集中。本节假定模型集中的某个模型（如第 1 个模型）恰好与实际系统一致，即 $\boldsymbol{R}_k^{(1)} = \boldsymbol{R}_k$。多模型自适应估计算法的收敛性分析基于如下引理进行。

引理 7.1 [19]：令 $\boldsymbol{A} \in \mathbf{R}^{p\times p}$ 和 $\boldsymbol{B} \in \mathbf{R}^{p\times p}$ 为两个对称正定阵，那么下列不等式成立

$$p + \ln\left(\frac{\det(\boldsymbol{A})}{\det(\boldsymbol{B})}\right) - \mathrm{tr}(\boldsymbol{B}^{-1}\boldsymbol{A}) \leqslant 0 \tag{7-10}$$

当且仅当 $\boldsymbol{A} = \boldsymbol{B}$ 时等号成立。符号 $\mathrm{tr}(\boldsymbol{A})$ 表示矩阵 $\boldsymbol{A}$ 的迹。

多模型自适应估计算法的收敛性分析可归纳为如下定理。

定理 7.1：考虑式（7－1）和式（7－2）所示的离散时间线性随机系统模型集和如 7.1.3 节所示的多模型自适应估计算法。令

$$\boldsymbol{\Omega}_k^{(1)} = \tilde{\boldsymbol{y}}_k^{(1)} (\tilde{\boldsymbol{y}}_k^{(1)})^{\mathrm{T}} \tag{7-11}$$

$$\boldsymbol{\Omega}_k^{(\tau)} = \tilde{\boldsymbol{y}}_k^{(\tau)} (\tilde{\boldsymbol{y}}_k^{(\tau)})^{\mathrm{T}} (\tau = 2,3,\cdots,M) \tag{7-12}$$

如果下列矩阵不等式成立

$$\boldsymbol{\Omega}_k^{(1)} \leqslant \hat{\boldsymbol{\Omega}}_k^{(1)} \leqslant \boldsymbol{\Omega}_k^{(\tau)} \tag{7-13}$$

并且存在正标量 $\delta\omega_{\min}$ 和 $\omega_{\max}$，使得下列不等式成立

$$\mathrm{tr}(\Delta\boldsymbol{\Omega}_k^{(\tau)}) \geqslant \delta\omega_{\min}, \mathrm{tr}(\hat{\boldsymbol{\Omega}}_k^{(\tau)}) \leqslant \omega_{\max} \tag{7-14}$$

其中

$$\Delta\boldsymbol{\Omega}_k^{(\tau)} = \boldsymbol{\Omega}_k^{(\tau)} - \hat{\boldsymbol{\Omega}}_k^{(1)} \tag{7-15}$$

那么，当 $k\to\infty$，多模型自适应估计算法中，各个并行滤波器的权值 $\omega_k^{(1)}$ 和 $\omega_k^{(\tau)}$（此定理中 $\tau\neq 1$）分别收敛于 1 和 0，即

$$\omega_k^{(1)}\to 1,\omega_k^{(\tau)}\to 0 \tag{7-16}$$

证明：定理证明的基本思路是应用引理 7.1，结合 $\omega_k^{(\tau)}$ 和 $\omega_k^{(1)}$ 的递推计算过程，分析比值 $\frac{\omega_k^{(\tau)}}{\omega_k^{(1)}}$ 随时间 k 变化的规律，得到该比值在 $k\to\infty$ 时趋近于 0 的结果，进而得到定理的结论。将多模型自适应估计算法中用于计算权值的自适应率重写如下

$$\omega_k^{(1)}=\frac{\omega_{k-1}^{(1)}\Lambda_k^{(1)}}{\omega_{k-1}^{(1)}\Lambda_k^{(1)}+\omega_{k-1}^{(2)}\Lambda_k^{(2)}+\cdots+\omega_{k-1}^{(M)}\Lambda_k^{(M)}} \tag{7-17}$$

$$\omega_k^{(\tau)}=\frac{\omega_{k-1}^{(\tau)}\Lambda_k^{(\tau)}}{\omega_{k-1}^{(1)}\Lambda_k^{(1)}+\omega_{k-1}^{(2)}\Lambda_k^{(2)}+\cdots+\omega_{k-1}^{(M)}\Lambda_k^{(M)}} \tag{7-18}$$

令

$$L_k=\frac{\omega_k^{(\tau)}}{\omega_k^{(1)}} \tag{7-19}$$

综合将 $\omega_k^{(1)}$ 和 $\omega_k^{(\tau)}$ 的表达式代入，得到 L_k 的递推表达式

$$L_k=\frac{\Lambda_k^{(\tau)}}{\Lambda_k^{(1)}}L_{k-1} \tag{7-20}$$

将多模型自适应估计算法中的似然函数表达式代入上式，得到

$$L_k=\frac{(\det(\hat{\boldsymbol{\Omega}}_k^{(\tau)}))^{-0.5}\exp[-\frac{1}{2}(\tilde{\boldsymbol{y}}_k^{(\tau)})^{\mathrm{T}}(\hat{\boldsymbol{\Omega}}_k^{(\tau)})^{-1}\tilde{\boldsymbol{y}}_k^{(\tau)}]}{(\det(\hat{\boldsymbol{\Omega}}_k^{(1)}))^{-0.5}\exp[-\frac{1}{2}(\tilde{\boldsymbol{y}}_k^{(1)})^{\mathrm{T}}(\hat{\boldsymbol{\Omega}}_k^{(1)})^{-1}\tilde{\boldsymbol{y}}_k^{(1)}]}L_{k-1} \tag{7-21}$$

根据 L_k 的递推表达式，得到 L_k 和 L_0 之间的解析关系

$$L_k=\frac{(\prod_{j=1}^{k}(\det(\hat{\boldsymbol{\Omega}}_k^{(\tau)}))^{-0.5})\exp[-\frac{1}{2}\sum_{j=1}^{k}(\tilde{\boldsymbol{y}}_j^{(\tau)})^{\mathrm{T}}(\hat{\boldsymbol{\Omega}}_j^{(\tau)})^{-1}\tilde{\boldsymbol{y}}_j^{(\tau)}]}{(\prod_{j=1}^{k}(\det(\hat{\boldsymbol{\Omega}}_k^{(1)}))^{-0.5})\exp[-\frac{1}{2}\sum_{j=1}^{k}(\tilde{\boldsymbol{y}}_j^{(1)})^{\mathrm{T}}(\hat{\boldsymbol{\Omega}}_j^{(1)})^{-1}\tilde{\boldsymbol{y}}_j^{(1)}]}L_0 \tag{7-22}$$

或

$$\frac{L_k}{L_0}=\left(\prod_{j=1}^{k}\frac{(\det(\hat{\boldsymbol{\Omega}}_k^{(\tau)}))^{-0.5}}{(\det(\hat{\boldsymbol{\Omega}}_k^{(1)}))^{-0.5}}\right)\exp[-\frac{1}{2}\sum_{j=1}^{k}(\tilde{\boldsymbol{y}}_j^{(\tau)})^{\mathrm{T}}(\hat{\boldsymbol{\Omega}}_j^{(\tau)})^{-1}\tilde{\boldsymbol{y}}_j^{(\tau)}+\frac{1}{2}\sum_{j=1}^{k}(\tilde{\boldsymbol{y}}_j^{(1)})^{\mathrm{T}}(\hat{\boldsymbol{\Omega}}_j^{(1)})^{-1}\tilde{\boldsymbol{y}}_j^{(1)}] \tag{7-23}$$

对等式两端取自然对数，根据矩阵的迹的性质得到

$$\begin{aligned}\ln\left(\frac{L_k}{L_0}\right)&=\frac{1}{2}\sum_{j=1}^{k}\{\ln\left(\frac{\det(\hat{\boldsymbol{\Omega}}_j^{(1)})}{\det(\hat{\boldsymbol{\Omega}}_j^{(\tau)})}\right)-\mathrm{tr}[(\tilde{\boldsymbol{y}}_j^{(\tau)})^{\mathrm{T}}(\hat{\boldsymbol{\Omega}}_j^{(\tau)})^{-1}\tilde{\boldsymbol{y}}_j^{(\tau)}]+\mathrm{tr}[(\tilde{\boldsymbol{y}}_j^{(1)})^{\mathrm{T}}(\hat{\boldsymbol{\Omega}}_j^{(1)})^{-1}\tilde{\boldsymbol{y}}_j^{(1)}]\}\\&=\frac{1}{2}\sum_{j=1}^{k}\{\ln\left(\frac{\det(\hat{\boldsymbol{\Omega}}_j^{(1)})}{\det(\hat{\boldsymbol{\Omega}}_j^{(\tau)})}\right)-\mathrm{tr}[\tilde{\boldsymbol{y}}_j^{(\tau)}(\tilde{\boldsymbol{y}}_j^{(\tau)})^{\mathrm{T}}(\hat{\boldsymbol{\Omega}}_j^{(\tau)})^{-1}]+\mathrm{tr}[\tilde{\boldsymbol{y}}_j^{(1)}(\tilde{\boldsymbol{y}}_j^{(1)})^{\mathrm{T}}(\hat{\boldsymbol{\Omega}}_j^{(1)})^{-1}]\}\end{aligned} \tag{7-24}$$

将定理 7.1 中 $\boldsymbol{\Omega}_j^{(\tau)}$ 和 $\boldsymbol{\Omega}_j^{(1)}$ 的表达式代入上式得到

$$\ln\left(\frac{L_k}{L_0}\right)=\frac{1}{2}\sum_{j=1}^{k}\left\{\ln\left(\frac{\det(\hat{\boldsymbol{\Omega}}_j^{(1)})}{\det(\hat{\boldsymbol{\Omega}}_j^{(\tau)})}\right)-\mathrm{tr}\,[\boldsymbol{\Omega}_j^{(\tau)}\ (\hat{\boldsymbol{\Omega}}_j^{(\tau)})^{-1}]+\mathrm{tr}[\boldsymbol{\Omega}_j^{(1)}\ (\hat{\boldsymbol{\Omega}}_j^{(1)})^{-1}]\right\} \tag{7-25}$$

令

$$\alpha_k=-2\ln\left(\frac{L_k}{L_0}\right) \tag{7-26}$$

根据上式可得

$$\alpha_k=\sum_{j=1}^{k}\{-\mathrm{tr}\,[\boldsymbol{\Omega}_j^{(1)}\ (\hat{\boldsymbol{\Omega}}_j^{(1)})^{-1}]-\ln\left(\frac{\det(\hat{\boldsymbol{\Omega}}_j^{(1)})}{\det(\hat{\boldsymbol{\Omega}}_j^{(\tau)})}\right)+\mathrm{tr}\,[\boldsymbol{\Omega}_j^{(\tau)}\ (\hat{\boldsymbol{\Omega}}_j^{(\tau)})^{-1}]\} \tag{7-27}$$

或

$$\begin{aligned}\alpha_k=\sum_{j=1}^{k}\{&-\mathrm{tr}\,[\boldsymbol{\Omega}_j^{(1)}\ (\hat{\boldsymbol{\Omega}}_j^{(1)})^{-1}]-\ln\left(\frac{\det(\hat{\boldsymbol{\Omega}}_j^{(1)})}{\det(\hat{\boldsymbol{\Omega}}_j^{(\tau)})}\right)+\mathrm{tr}\,[(\hat{\boldsymbol{\Omega}}_j^{(\tau)})^{-1}\ \hat{\boldsymbol{\Omega}}_j^{(1)}]-\\&\mathrm{tr}\,[(\hat{\boldsymbol{\Omega}}_j^{(\tau)})^{-1}\ \hat{\boldsymbol{\Omega}}_j^{(1)}]+\mathrm{tr}\,[\boldsymbol{\Omega}_j^{(\tau)}\ (\hat{\boldsymbol{\Omega}}_j^{(\tau)})^{-1}]\end{aligned} \tag{7-28}$$

令

$$\Delta\boldsymbol{\Omega}_j^{(1)}=\hat{\boldsymbol{\Omega}}_j^{(1)}-\boldsymbol{\Omega}_j^{(1)} \tag{7-29}$$

应用定理中的条件易知

$$\begin{aligned}\mathrm{tr}\,[\boldsymbol{\Omega}_j^{(1)}\ (\hat{\boldsymbol{\Omega}}_j^{(1)})^{-1}]&=\mathrm{tr}\,[(\hat{\boldsymbol{\Omega}}_j^{(1)}-\Delta\boldsymbol{\Omega}_j^{(1)})\ (\hat{\boldsymbol{\Omega}}_j^{(1)})^{-1}]=\mathrm{tr}\,[\boldsymbol{I}-\Delta\boldsymbol{\Omega}_j^{(1)}\ (\hat{\boldsymbol{\Omega}}_j^{(1)})^{-1}]\\&=\mathrm{tr}(\boldsymbol{I})-\mathrm{tr}\,[\Delta\boldsymbol{\Omega}_j^{(1)}\ (\hat{\boldsymbol{\Omega}}_j^{(1)})^{-1}]\leqslant m\end{aligned} \tag{7-30}$$

应用上式，得到下列不等式

$$\alpha_k\geqslant\sum_{j=1}^{k}\{-m-\ln\left(\frac{\det(\hat{\boldsymbol{\Omega}}_j^{(1)})}{\det(\hat{\boldsymbol{\Omega}}_j^{(\tau)})}\right)+\mathrm{tr}\,[(\hat{\boldsymbol{\Omega}}_j^{(\tau)})^{-1}\ \hat{\boldsymbol{\Omega}}_j^{(1)}]-\mathrm{tr}\,[(\hat{\boldsymbol{\Omega}}_j^{(\tau)})^{-1}\ \hat{\boldsymbol{\Omega}}_j^{(1)}]+\mathrm{tr}\,[\boldsymbol{\Omega}_j^{(\tau)}\ (\hat{\boldsymbol{\Omega}}_j^{(\tau)})^{-1}] \tag{7-31}$$

针对上式右侧前三项，应用引理 7.1 得到

$$-m-\ln\left(\frac{\det(\hat{\boldsymbol{\Omega}}_j^{(1)})}{\det(\hat{\boldsymbol{\Omega}}_j^{(\tau)})}\right)+\mathrm{tr}\,[(\hat{\boldsymbol{\Omega}}_j^{(\tau)})^{-1}\ \hat{\boldsymbol{\Omega}}_j^{(1)}]\geqslant 0 \tag{7-32}$$

整理式（7-31）中的后面两项，应用定理 7.1 中的假设条件，根据矩阵的迹的性质（可回顾本书第 2 章中的知识）可得

$$-\mathrm{tr}\,[(\hat{\boldsymbol{\Omega}}_j^{(\tau)})^{-1}\ \hat{\boldsymbol{\Omega}}_j^{(1)}]+\mathrm{tr}\,[\boldsymbol{\Omega}_j^{(\tau)}\ (\hat{\boldsymbol{\Omega}}_j^{(\tau)})^{-1}]=\mathrm{tr}\,[(\hat{\boldsymbol{\Omega}}_j^{(\tau)})^{-1}(\boldsymbol{\Omega}_j^{(\tau)}-\hat{\boldsymbol{\Omega}}_j^{(1)})]\geqslant\frac{\mathrm{tr}(\Delta\boldsymbol{\Omega}_j^{(\tau)})}{\mathrm{tr}(\hat{\boldsymbol{\Omega}}_j^{(\tau)})}\geqslant\frac{\delta\omega_{\min}}{\omega_{\max}} \tag{7-33}$$

根据以上两式可知

$$\alpha_k\geqslant\frac{\delta\omega_{\min}}{\omega_{\max}}k \tag{7-34}$$

根据 α_k 的表达式，得到如下所示的迭代关系

$$L_k = L_0 \exp(-\frac{1}{2}\alpha_k) \tag{7-35}$$

根据以上两式，结合表达式 $L_k = \frac{\omega_k^{(\tau)}}{\omega_k^{(1)}}$ 易知，在 $k \to \infty$ 时，有 $\omega_k^{(\tau)} \to 0$；根据 $\omega_k^{(1)}$ 和 $\omega_k^{(\tau)}$ 的计算式易知，权值的加权和为1，因此，在 $k \to \infty$ 时，有 $\omega_k^{(1)} \to 1$。证毕。

定理7.1表明，在可调参数矩阵满足一定条件的情况下，随着状态估计过程的进行，与正确的模型相关联的权值逐渐收敛于1，而其他权值收敛于0。根据定理7.1的假设条件 $\boldsymbol{\Omega}_k^{(1)} \leqslant \hat{\boldsymbol{\Omega}}_k^{(1)} \leqslant \boldsymbol{\Omega}_k^{(\tau)}$，要求可调参数矩阵 $\hat{\boldsymbol{\Omega}}_k^{(1)}$ 介于新息矩阵 $\boldsymbol{\Omega}_k^{(1)}$ 和 $\boldsymbol{\Omega}_k^{(\tau)}$ 之间。直觉上，基于正确的系统模型进行滤波处理得到的新息矩阵 $\boldsymbol{\Omega}_k^{(1)}$，应当小于基于错误的系统模型得到的新息矩阵 $\boldsymbol{\Omega}_k^{(\tau)}$。因此，有理由认为，获得满足条件的可调参数矩阵 $\hat{\boldsymbol{\Omega}}_k^{(1)}$ 是可能的。另外，从定理7.1的证明过程中可以看出，权值的收敛速度与标量 $\delta\omega_{\min}$ 有关，而 $\delta\omega_{\min}$ 的取值反映了新息的幅值。一般来说，通过错误的滤波模型得到的滤波器新息的幅值越大，则相应的并行滤波器对应的权值收敛于0的速度越快。

7.2.2　新息方差阵分析

根据定理7.1的推导过程可以看出，$\boldsymbol{\Omega}_k^{(1)} \leqslant \hat{\boldsymbol{\Omega}}_k^{(1)} \leqslant \boldsymbol{\Omega}_k^{(\tau)}$ 是定理7.1成立的关键条件。下面我们尝试分析，对于多模型自适应估计算法，在何种情况下，类似的假设条件是能够成立的。为了方便起见，将实际的测量新息方差阵 $\overline{\boldsymbol{\Omega}}_k^{(1)}$ 和 $\overline{\boldsymbol{\Omega}}_k^{(\tau)}$ 定义为

$$\overline{\boldsymbol{\Omega}}_k^{(1)} = E[\tilde{\boldsymbol{y}}_k^{(1)} (\tilde{\boldsymbol{y}}_k^{(1)})^{\mathrm{T}}] \tag{7-36}$$

$$\overline{\boldsymbol{\Omega}}_k^{(\tau)} = E[\tilde{\boldsymbol{y}}_k^{(\tau)} (\tilde{\boldsymbol{y}}_k^{(\tau)})^{\mathrm{T}}](\tau = 2,3,\cdots,M) \tag{7-37}$$

我们考察矩阵 $\overline{\boldsymbol{\Omega}}_k^{(1)}$、$\hat{\boldsymbol{\Omega}}_k^{(1)}$ 和 $\overline{\boldsymbol{\Omega}}_k^{(\tau)}$ 之间的关系。尽管新息矩阵 $\boldsymbol{\Omega}_k^{(1)}$ 和 $\boldsymbol{\Omega}_k^{(\tau)}$ 与上式定义的 $\overline{\boldsymbol{\Omega}}_k^{(1)}$ 和 $\overline{\boldsymbol{\Omega}}_k^{(\tau)}$ 不同，在实际应用过程中，单个样本与其均值的幅值往往是相近的。对 $\overline{\boldsymbol{\Omega}}_k^{(1)}$、$\hat{\boldsymbol{\Omega}}_k^{(1)}$ 和 $\overline{\boldsymbol{\Omega}}_k^{(\tau)}$ 之间的关系进行理论分析，仍能得到一些具有启发性的结果。退一步说，如果在 $\overline{\boldsymbol{\Omega}}_k^{(1)}$、$\hat{\boldsymbol{\Omega}}_k^{(1)}$ 和 $\overline{\boldsymbol{\Omega}}_k^{(\tau)}$ 之间不存在形如 $\overline{\boldsymbol{\Omega}}_k^{(1)} \leqslant \hat{\boldsymbol{\Omega}}_k^{(1)} \leqslant \overline{\boldsymbol{\Omega}}_k^{(\tau)}$ 的关系，那么，我们也不能期待定理7.1中的假设条件 $\boldsymbol{\Omega}_k^{(1)} \leqslant \hat{\boldsymbol{\Omega}}_k^{(1)} \leqslant \boldsymbol{\Omega}_k^{(\tau)}$ 得到满足。

将各个并行滤波器的估计误差 $\tilde{\boldsymbol{x}}_k^{(1)}$，$\tilde{\boldsymbol{x}}_k^{(\tau)}$ 和预测误差 $\tilde{\boldsymbol{x}}_{k|k-1}^{(1)}$，$\tilde{\boldsymbol{x}}_{k|k-1}^{(\tau)}$ 定义为

$$\tilde{\boldsymbol{x}}_k^{(1)} = \boldsymbol{x}_k - \hat{\boldsymbol{x}}_k^{(1)}, \tilde{\boldsymbol{x}}_k^{(\tau)} = \boldsymbol{x}_k - \hat{\boldsymbol{x}}_k^{(\tau)} \tag{7-38}$$

$$\tilde{\boldsymbol{x}}_{k|k-1}^{(1)} = \boldsymbol{x}_k - \hat{\boldsymbol{x}}_{k|k-1}^{(1)}, \tilde{\boldsymbol{x}}_{k|k-1}^{(\tau)} = \boldsymbol{x}_k - \hat{\boldsymbol{x}}_{k|k-1}^{(\tau)} \tag{7-39}$$

实际的估计误差方差阵 $\boldsymbol{\Sigma}_k^{(1)}$，$\boldsymbol{\Sigma}_k^{(\tau)}$ 和预测误差方差阵 $\boldsymbol{\Sigma}_{k|k-1}^{(1)}$，$\boldsymbol{\Sigma}_{k|k-1}^{(\tau)}$ 定义为

$$\boldsymbol{\Sigma}_k^{(1)} = E[\tilde{\boldsymbol{x}}_k^{(1)} (\tilde{\boldsymbol{x}}_k^{(1)})^{\mathrm{T}}], \boldsymbol{\Sigma}_k^{(\tau)} = E[\tilde{\boldsymbol{x}}_k^{(\tau)} (\tilde{\boldsymbol{x}}_k^{(\tau)})^{\mathrm{T}}] \tag{7-40}$$

$$\boldsymbol{\Sigma}_{k|k-1}^{(1)} = E[\tilde{\boldsymbol{x}}_{k|k-1}^{(1)} (\tilde{\boldsymbol{x}}_{k|k-1}^{(1)})^{\mathrm{T}}], \boldsymbol{\Sigma}_{k|k-1}^{(\tau)} = E[\tilde{\boldsymbol{x}}_{k|k-1}^{(\tau)} (\tilde{\boldsymbol{x}}_{k|k-1}^{(\tau)})^{\mathrm{T}}] \tag{7-41}$$

值得注意的是，由于模型不确定性的存在（$\boldsymbol{R}_k^{(\tau)} \neq \boldsymbol{R}_k$），实际估计误差方差阵 $\boldsymbol{\Sigma}_k^{(\tau)}$ 和预测误差方差阵 $\boldsymbol{\Sigma}_{k|k-1}^{(\tau)}$ 与在并行滤波器中相应的计算值 $\boldsymbol{P}_k^{(\tau)}$ 和 $\boldsymbol{P}_{k|k-1}^{(\tau)}$ 并不相同。采用本书

4.2 节中的分析方法，易于验证这一论断，感兴趣的读者可自行推导。

基于前面的铺垫，将矩阵不等式 $\overline{\boldsymbol{\Omega}}_k^{(1)} \leqslant \hat{\boldsymbol{\Omega}}_k^{(1)} \leqslant \overline{\boldsymbol{\Omega}}_k^{(\tau)}$ 成立的条件归纳为如下定理。在定理证明过程中，会用到本书第 4 章中的引理 4.2。

定理 7.2：考虑如式（7－1）和式（7－2）所示的离散时间线性随机系统模型集和如 7.1.3 节所示的多模型自适应估计算法，假定各个并行卡尔曼滤波器的可调参数矩阵 $\hat{\boldsymbol{\Omega}}_k^{(1)}$、$\hat{\boldsymbol{\Omega}}_k^{(\tau)}$ 按下式计算

$$\hat{\boldsymbol{\Omega}}_k^{(1)} = \boldsymbol{H}_k \boldsymbol{P}_{k|k-1}^{(1)} \boldsymbol{H}_k^{\mathrm{T}} + \hat{\boldsymbol{R}}_k^{(1)},\ \hat{\boldsymbol{\Omega}}_k^{(\tau)} = \boldsymbol{H}_k \boldsymbol{P}_{k|k-1}^{(\tau)} \boldsymbol{H}_k^{\mathrm{T}} + \hat{\boldsymbol{R}}_k^{(\tau)} (\tau = 2,3,\cdots,M) \tag{7-42}$$

并且满足以下条件

$$\boldsymbol{P}_0^{(1)} = \boldsymbol{\Sigma}_0^{(1)} = \boldsymbol{P}_0^{(\tau)} = \boldsymbol{\Sigma}_0^{(\tau)} \tag{7-43}$$

$$\hat{\boldsymbol{R}}_k^{(1)} = (1+\gamma_k) \boldsymbol{R}_k^{(1)},\ \hat{\boldsymbol{R}}_k^{(\tau)} = (1+\gamma_k) \boldsymbol{R}_k^{(\tau)} \tag{7-44}$$

式中，γ_k 为可调参数，满足条件

$$0 \leqslant \gamma_k \leqslant \{\lambda_{\max}[\boldsymbol{R}_k (\boldsymbol{H}_k (\boldsymbol{\Sigma}_{k|k-1}^{(\tau)} - \boldsymbol{P}_{k|k-1}^{(1)}) \boldsymbol{H}_k^{\mathrm{T}})^{-1}]\}^{-1} \tag{7-45}$$

并且 $\boldsymbol{\Sigma}_{k|k-1}^{(\tau)} \geqslant \boldsymbol{P}_{k|k-1}^{(1)}$，其中，符号 $\lambda_{\max}(\cdot)$ 表示矩阵的最大特征值。如果下列等式和不等式成立

$$\boldsymbol{R}_k^{(1)} = \boldsymbol{R}_k \tag{7-46}$$

$$\boldsymbol{R}_k^{(\tau)} \neq \boldsymbol{R}_k \text{（此定理中 } \tau \neq 1\text{）} \tag{7-47}$$

那么

$$\overline{\boldsymbol{\Omega}}_k^{(1)} \leqslant \hat{\boldsymbol{\Omega}}_k^{(1)} \leqslant \overline{\boldsymbol{\Omega}}_k^{(\tau)} \tag{7-48}$$

证明：定理证明的基本思路是结合系统模型和滤波器递推计算公式，应用假设条件和引理 4.2，分别对矩阵不等式 $\overline{\boldsymbol{\Omega}}_k^{(1)} \leqslant \hat{\boldsymbol{\Omega}}_k^{(1)}$ 和 $\hat{\boldsymbol{\Omega}}_k^{(1)} \leqslant \overline{\boldsymbol{\Omega}}_k^{(\tau)}$ 进行验证。首先，考察实际新息方差阵 $\overline{\boldsymbol{\Omega}}_k^{(1)}$ 和可调参数矩阵 $\hat{\boldsymbol{\Omega}}_k^{(1)}$ 之间的关系。根据系统模型和 $\tilde{\boldsymbol{x}}_{k|k-1}^{(1)}$ 的定义式，将第 1 个并行卡尔曼滤波器的预测误差写为

$$\tilde{\boldsymbol{x}}_{k|k-1}^{(1)} = \boldsymbol{F}_k \tilde{\boldsymbol{x}}_{k-1}^{(1)} + \boldsymbol{w}_k \tag{7-49}$$

将上式代入 $\boldsymbol{\Sigma}_{k|k-1}^{(1)}$ 的定义式，得到实际的预测误差方差阵的表达式

$$\boldsymbol{\Sigma}_{k|k-1}^{(1)} = \boldsymbol{F}_k \boldsymbol{\Sigma}_{k-1}^{(1)} \boldsymbol{F}_k^{\mathrm{T}} + \boldsymbol{Q}_k \tag{7-50}$$

根据系统模型、卡尔曼滤波器递推计算公式和 $\tilde{\boldsymbol{x}}_k^{(1)}$ 的定义式，第一个并行卡尔曼滤波器的估计误差可写为

$$\tilde{\boldsymbol{x}}_k^{(1)} = (\boldsymbol{I} - \boldsymbol{K}_k^{(1)} \boldsymbol{H}_k) \tilde{\boldsymbol{x}}_{k|k-1}^{(1)} - \boldsymbol{K}_k^{(1)} \boldsymbol{v}_k \tag{7-51}$$

将上式代入 $\boldsymbol{\Sigma}_k^{(1)}$ 的定义式，得到实际的估计误差方差阵的表达式

$$\boldsymbol{\Sigma}_k^{(1)} = (\boldsymbol{I} - \boldsymbol{K}_k^{(1)} \boldsymbol{H}_k) \boldsymbol{\Sigma}_{k|k-1}^{(1)} (\boldsymbol{I} - \boldsymbol{K}_k^{(1)} \boldsymbol{H}_k)^{\mathrm{T}} + \boldsymbol{K}_k^{(1)} \boldsymbol{R}_k (\boldsymbol{K}_k^{(1)})^{\mathrm{T}} \tag{7-52}$$

这样，就得到了第 1 个并行滤波器实际估计误差方差阵 $\boldsymbol{\Sigma}_k^{(1)}$ 的递推表达式。根据系统模型，得到测量新息的表达式

$$\tilde{\boldsymbol{y}}_k^{(1)} = \boldsymbol{H}_k \tilde{\boldsymbol{x}}_{k|k-1}^{(1)} + \boldsymbol{v}_k \tag{7-53}$$

将上式代入实际新息方差阵的定义式可得

$$\overline{\boldsymbol{\Omega}}_k^{(1)}=\boldsymbol{H}_k\boldsymbol{\Sigma}_{k|k-1}^{(1)}\boldsymbol{H}_k^{\mathrm{T}}+\boldsymbol{R}_k \tag{7-54}$$

根据定理 7.2 中的假设条件，在第 1 个并行滤波器中，估计误差方差阵的递推计算公式为

$$\boldsymbol{P}_{k|k-1}^{(1)}=\boldsymbol{F}_k\boldsymbol{P}_{k-1}^{(1)}\boldsymbol{F}_k^{\mathrm{T}}+\boldsymbol{Q}_k \tag{7-55}$$

$$\boldsymbol{P}_k^{(1)}=(\boldsymbol{I}-\boldsymbol{K}_k^{(1)}\boldsymbol{H}_k)\boldsymbol{P}_{k|k-1}^{(1)}(\boldsymbol{I}-\boldsymbol{K}_k^{(1)}\boldsymbol{H}_k)^{\mathrm{T}}+\boldsymbol{K}_k^{(1)}\boldsymbol{R}_k(\boldsymbol{K}_k^{(1)})^{\mathrm{T}} \tag{7-56}$$

根据定理 7.2 中的假设条件，在根据真实系统模型设计的第 1 个并行滤波器中，可调参数矩阵按下式计算

$$\hat{\boldsymbol{\Omega}}_k^{(1)}=\boldsymbol{H}_k\boldsymbol{P}_{k|k-1}^{(1)}\boldsymbol{H}_k^{\mathrm{T}}+(1+\gamma_k)\boldsymbol{R}_k \tag{7-57}$$

对比 $\boldsymbol{\Sigma}_{k|k-1}^{(1)}$ ，$\boldsymbol{\Sigma}_k^{(1)}$ 的递推表达式与 $\boldsymbol{P}_{k|k-1}^{(1)}$ ，$\boldsymbol{P}_k^{(1)}$ 的递推计算公式，不难看出，二者实质上是一致的，根据定理 7.2 中的假设条件得到

$$\boldsymbol{P}_{k|k-1}^{(1)}=\boldsymbol{\Sigma}_{k|k-1}^{(1)} \tag{7-58}$$

对比 $\overline{\boldsymbol{\Omega}}_k^{(1)}$ 和 $\hat{\boldsymbol{\Omega}}_k^{(1)}$ 的表达式，并考虑到 $\boldsymbol{P}_{k|k-1}^{(1)}=\boldsymbol{\Sigma}_{k|k-1}^{(1)}$ ，得到

$$\overline{\boldsymbol{\Omega}}_k^{(1)}\leqslant\hat{\boldsymbol{\Omega}}_k^{(1)} \tag{7-59}$$

因此，定理 7.2 结论中不等式的前半部分是成立的。

接下来，考察可调参数矩阵 $\hat{\boldsymbol{\Omega}}_k^{(1)}$ 和实际新息方差阵 $\overline{\boldsymbol{\Omega}}_k^{(\tau)}$ 之间的关系。在滤波模型中的测量噪声方差阵与真实模型不匹配的情况下，仿照前面的推导方式，根据系统模型和卡尔曼滤波器的递推计算公式，实际新息方差阵 $\overline{\boldsymbol{\Omega}}_k^{(\tau)}$ 可写为

$$\overline{\boldsymbol{\Omega}}_k^{(\tau)}=\boldsymbol{H}_k\boldsymbol{\Sigma}_{k|k-1}^{(\tau)}\boldsymbol{H}_k^{\mathrm{T}}+\boldsymbol{R}_k \tag{7-60}$$

其中

$$\boldsymbol{\Sigma}_{k|k-1}^{(\tau)}=\boldsymbol{F}_k\boldsymbol{\Sigma}_{k-1}^{(\tau)}\boldsymbol{F}_k^{\mathrm{T}}+\boldsymbol{Q}_k \tag{7-61}$$

$$\boldsymbol{\Sigma}_k^{(\tau)}=(\boldsymbol{I}-\boldsymbol{K}_k^{(\tau)}\boldsymbol{H}_k)\boldsymbol{\Sigma}_{k|k-1}^{(\tau)}(\boldsymbol{I}-\boldsymbol{K}_k^{(\tau)}\boldsymbol{H}_k)^{\mathrm{T}}+\boldsymbol{K}_k^{(\tau)}\boldsymbol{R}_k(\boldsymbol{K}_k^{(\tau)})^{\mathrm{T}} \tag{7-62}$$

下面，我们尝试应用本书第 4 章的引理 4.2 来比较 $\boldsymbol{P}_{k|k-1}^{(1)}$ 和 $\boldsymbol{\Sigma}_{k|k-1}^{(\tau)}$。通过直接代数运算得到第 1 个并行滤波器中估计误差方差阵 $\boldsymbol{P}_k^{(1)}$ 的等价形式

$$\boldsymbol{P}_k^{(1)}=[(\boldsymbol{P}_{k|k-1}^{(1)})^{-1}+\boldsymbol{H}_k^{\mathrm{T}}\boldsymbol{R}_k^{-1}\boldsymbol{H}_k]^{-1} \tag{7-63}$$

根据第 1 个并行滤波器中预测误差方差阵 $\boldsymbol{P}_{k|k-1}^{(1)}$ 的表达式得到

$$\boldsymbol{P}_{k|k-1}^{(1)}=\boldsymbol{F}_k[(\boldsymbol{P}_{k-1|k-2}^{(1)})^{-1}+\boldsymbol{H}_{k-1}^{\mathrm{T}}\boldsymbol{R}_k^{-1}\boldsymbol{H}_{k-1}]^{-1}\boldsymbol{F}_k^{\mathrm{T}}+\boldsymbol{Q}_k \tag{7-64}$$

根据上式易于看出，引理 4.2 中的第一个条件能够得到满足。将第 τ 个并行滤波器的卡尔曼增益写为

$$\boldsymbol{K}_k^{(\tau)}=\boldsymbol{K}_k^{(1)}+\delta\boldsymbol{K}_k^{(\tau)} \tag{7-65}$$

式中

$$\delta\boldsymbol{K}_k^{(\tau)}=\boldsymbol{K}_k^{(\tau)}-\boldsymbol{K}_k^{(1)} \tag{7-66}$$

根据上式得到 $\boldsymbol{\Sigma}_{k|k-1}^{(\tau)}=\boldsymbol{P}_{k|k-1}^{(1)}$ 时，$\boldsymbol{\Sigma}_k^{(\tau)}$ 的表达式

$$\begin{aligned}\boldsymbol{\Sigma}_k^{(\tau)}=&\boldsymbol{P}_k^{(1)}+\delta\boldsymbol{K}_k^{(\tau)}\boldsymbol{P}_{y,k}(\delta\boldsymbol{K}_k^{(\tau)})^{\mathrm{T}}-\delta\boldsymbol{K}_k^{(\tau)}[\boldsymbol{H}_k\boldsymbol{P}_{k|k-1}^{(1)}-\boldsymbol{P}_{y,k}(\boldsymbol{K}_k^{(1)})^{\mathrm{T}}]-\\&[\boldsymbol{P}_{k|k-1}^{(1)}\boldsymbol{H}_k^{\mathrm{T}}-\boldsymbol{K}_k^{(1)}\boldsymbol{P}_{y,k}](\delta\boldsymbol{K}_k^{(\tau)})^{\mathrm{T}}\end{aligned} \tag{7-67}$$

式中

$$\boldsymbol{P}_{y,k}=\boldsymbol{H}_k\boldsymbol{P}_{k|k-1}^{(1)}\boldsymbol{H}_k^{\mathrm{T}}+\boldsymbol{R}_k \tag{7-68}$$

将 $\boldsymbol{K}_k^{(1)}$ 的表达式代入 $\boldsymbol{\Sigma}_k^{(\tau)}$ 的表达式，得到

$$\boldsymbol{\Sigma}_k^{(\tau)} = \boldsymbol{P}_k^{(1)} + \delta\boldsymbol{K}_k^{(\tau)}\boldsymbol{P}_{y,k}(\delta\boldsymbol{K}_k^{(\tau)})^{\mathrm{T}} \tag{7-69}$$

根据上式易知

$$\boldsymbol{\Sigma}_k^{(\tau)} - \boldsymbol{P}_k^{(1)} \geqslant 0 \tag{7-70}$$

根据上式及 $\boldsymbol{P}_{k|k-1}^{(1)}$，$\boldsymbol{\Sigma}_{k|k-1}^{(\tau)}$ 的表达式可得

$$\boldsymbol{\Sigma}_{k+1|k}^{(\tau)} \geqslant \boldsymbol{P}_{k+1|k}^{(1)} \tag{7-71}$$

由上式可知，引理 4.2 中的第 2 个条件能够得到满足。应用引理 4.2 可知，如果 $\boldsymbol{P}_0^{(1)} = \boldsymbol{\Sigma}_0^{(\tau)}$，那么，对于 $k=1, 2, \cdots$

$$\boldsymbol{\Sigma}_{k|k-1}^{(\tau)} \geqslant \boldsymbol{P}_{k|k-1}^{(1)} \tag{7-72}$$

根据定理 7.2 的假设条件可得

$$\gamma_k^{-1} \geqslant \lambda_{\max}[\boldsymbol{R}_k(\boldsymbol{H}_k(\boldsymbol{\Sigma}_{k|k-1}^{(\tau)} - \boldsymbol{P}_{k|k-1}^{(1)})\boldsymbol{H}_k^{\mathrm{T}})^{-1}] \tag{7-73}$$

或

$$\lambda_{\max}[\gamma_k\boldsymbol{R}_k(\boldsymbol{H}_k(\boldsymbol{\Sigma}_{k|k-1}^{(\tau)} - \boldsymbol{P}_{k|k-1}^{(1)})\boldsymbol{H}_k^{\mathrm{T}})^{-1}] \leqslant 1 \tag{7-74}$$

根据上式以及本书第 2 章所述特征值的性质可得

$$\boldsymbol{H}_k(\boldsymbol{\Sigma}_{k|k-1}^{(\tau)} - \boldsymbol{P}_{k|k-1}^{(1)})\boldsymbol{H}_k^{\mathrm{T}} \geqslant \gamma_k\boldsymbol{R}_k \tag{7-75}$$

比较可调参数矩阵 $\hat{\boldsymbol{\Omega}}_k^{(1)}$ 和实际的测量新息方差阵 $\overline{\boldsymbol{\Omega}}_k^{(\tau)}$，得到

$$\overline{\boldsymbol{\Omega}}_k^{(\tau)} - \hat{\boldsymbol{\Omega}}_k^{(1)} = \boldsymbol{H}_k(\boldsymbol{\Sigma}_{k|k-1}^{(\tau)} - \boldsymbol{P}_{k|k-1}^{(1)})\boldsymbol{H}_k^{\mathrm{T}} - \gamma_k\boldsymbol{R}_k \tag{7-76}$$

根据以上两式易知

$$\hat{\boldsymbol{\Omega}}_k^{(1)} \leqslant \overline{\boldsymbol{\Omega}}_k^{(\tau)} \tag{7-77}$$

因此，定理 7.2 结论中不等式的后半部分是成立的。证毕。

正如我们所预期的，可调参数矩阵 $\hat{\boldsymbol{\Omega}}_k^{(1)}$ 介于并行滤波器的实际新息矩阵 $\overline{\boldsymbol{\Omega}}_k^{(1)}$ 和 $\overline{\boldsymbol{\Omega}}_k^{(\tau)}$ 之间。根据定理 7.2 的假设条件，为了保证定理的结论成立，要求第 1 个并行滤波器的测量噪声方差阵 $\boldsymbol{R}_k^{(1)}$ 等于其真值 $\boldsymbol{R}_k$，而其他并行滤波器的测量噪声方差阵 $\boldsymbol{R}_k^{(\tau)}$ 不等于 $\boldsymbol{R}_k$。定理 7.2 可视为定理 7.1 中假设条件合理性的一种诠释。结合定理 7.1 和定理 7.2 我们认为，对于所研究的带有模型不确定性的线性随机系统，基于多模型自适应估计算法中的自适应率，各个并行滤波器的权值能够收敛；并且，与实际系统相一致的滤波模型将分配得到最大的权值。

在本节对多模型自适应估计算法的收敛性分析过程中，假定模型集中的某个模型与实际系统模型一致，这是一个较强的假设条件。在实际应用过程中发现，如果模型集中的某个模型接近于实际系统模型，则多模型自适应估计算法往往能够收敛。对于本章所研究的如式（7-1）和式（7-2）所示的系统，如果集合 $\{\boldsymbol{R}_k^{(1)}, \boldsymbol{R}_k^{(2)}, \cdots, \boldsymbol{R}_k^{(M)}\}$ 中的某个元素接近测量噪声方差阵的真值 $\boldsymbol{R}_k$，则多模型自适应估计算法是有效的。

多模型自适应估计算法根据有关模型不确定性的先验知识事先建立模型集，在递推计算过程中，依据通过实际观测量计算得到的测量新息，对模型集中的模型在线实施优化选取，使得状态估计方法能够适应系统模型的变化。相对同时对状态向量和测量噪声方差阵

进行估计的自适应卡尔曼滤波器（Adaptive Kalman Filter，KF）而言，这种处理方式的好处在于，多模型自适应估计算法的稳定性可以通过各个并行扩展卡尔曼滤波器的稳定性（参阅本书第 5 章对扩展卡尔曼滤波器稳定性的分析）得到保证，多模型自适应估计算法的自适应率是一个加权平均的过程，权值满足加权和为 1 的条件，不会影响最终估计结果的稳定性。由于多模型自适应估计算法中的模型集是事先建立的，在实际应用过程中，可以在地面对模型集中的各个模型分别进行仿真验证，避免在轨出现问题。在同时对系统噪声方差阵和测量噪声方差阵进行估计的情况下，自适应卡尔曼滤波器存在稳定性方面的问题，感兴趣的读者可参阅文献［3］中的说明。多模型自适应估计算法的局限性在于计算量较大，关于这一问题，本书下一章将探讨相关解决方案。

7.3 基于照相观测的星座自主导航

7.3.1 基本原理

在本章的后面部分，将结合两个航天器导航应用实例分析多模型自适应估计算法的有效性，包括基于照相观测的星座定向和星际连音自主导航技术，二者都属于基于相对测量的绝对定轨研究范畴。所谓卫星星座，指的是为完成特定任务而协同工作的多颗卫星。作为卫星星座的典型代表，北斗卫星导航系统承担国家时空基准建立与维持、定位导航授时信息播发等关键任务。在未来相当长的时间内，将作为国家综合 PNT（定位、导航和授时）体系的核心空间基础设施，服务于国民经济发展和国防建设，如图 7－3 所示。

图 7－3　北斗卫星导航系统示意图

新一代卫星导航系统除了要求实现很高的定位精度外，还要求可以工作于高对抗的电子环境中。尽管基于地面信标的地面测控导航定位技术等具有精度高、技术成熟等优点，但这些导航方式要依赖外部人造信号进行工作，从一定程度上消弱了系统的隐蔽性和自主性。前面研究的光学成像导航、X 射线脉冲星导航等方式受测量精度、模型误差或天体目标源自身特性等因素的限制，自主导航精度在 km 量级，以现阶段的技术水平，难以满足导航卫星的高精度定位要求。

星座自主导航是实现自主轨道控制的基础。航天器的空间运动严格受到动力学模型的约束，其轨道参数的变化过程是动力学模型演化的具体体现，而星座卫星之间的相对测量是离散时间点上轨道参数的函数。通过测量一个星座卫星相对另一个星座卫星的位置信息，可以同时确定两个航天器的运行轨道；为保证可观性，要求对星间相对位置信息的获取在惯性坐标系中进行[20-21]。

基于照相观测的星间定向是高精度星座自主导航的实现方式之一，基本方法是在观察卫星上配置具有跟踪指向功能的星相机，对相邻星座卫星视线（LOS）方向矢量进行观测；进而，结合航天器轨道动力学模型，采用扩展卡尔曼滤波器或其改进算法，根据一个时间序列上的目标卫星视线方向观测量，对参与导航的星座卫星的位置和速度矢量进行估计。该导航方式的特色在于：仅依赖星间定向观测信息确定星座卫星的绝对位置，在导航解算过程开始之前，目标卫星和观察卫星的位置均不要求精确易知，二者的概率位置信息满足目标卫星进入星相机视场的跟踪捕获要求即可。利用配置了星相机设备的观察卫星对目标卫星实施照相观测的示意图如图 7－4 所示。

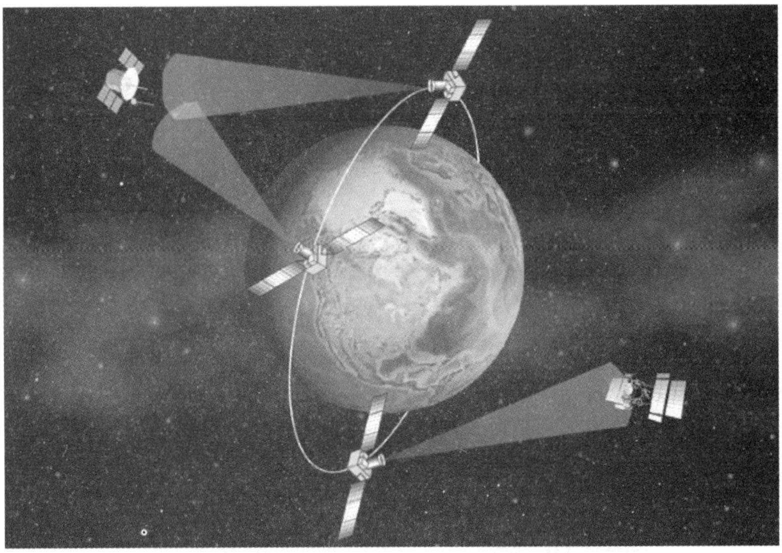

图 7－4　星间照相观测示意图

基于照相观测的星座自主导航精度在很大程度上取决于在地心惯性坐标系中目标卫星视线方向矢量的测量精度。考虑到星相机的探测背景是恒星，由于恒星在地心惯性坐标系中的角位置是固定的，而且在天球上的角位置可根据恒星星表精确得到，因此，采用星相机照相观测的方式同时对目标卫星和背景恒星成像（如图 7－5 所示）；进而，根据目标卫星在星相机中的成像相对于背景恒星成像的几何位置关系，通过图像处理得到目标卫星与多颗恒星之间的角距；再利用星表中恒星在惯性坐标系中的视线方向矢量信息，通过最小二乘法直接计算得到目标卫星在惯性坐标系中的方向矢量。采取基于照相观测的目标卫星定向测量方式，不必用到观察卫星平台的姿态确定信息，可以避免目标卫星视线方向测量精度受观察卫星定姿精度的影响，有助于减少潜在的误差源，实现目标卫星视线方向的高精度测量。

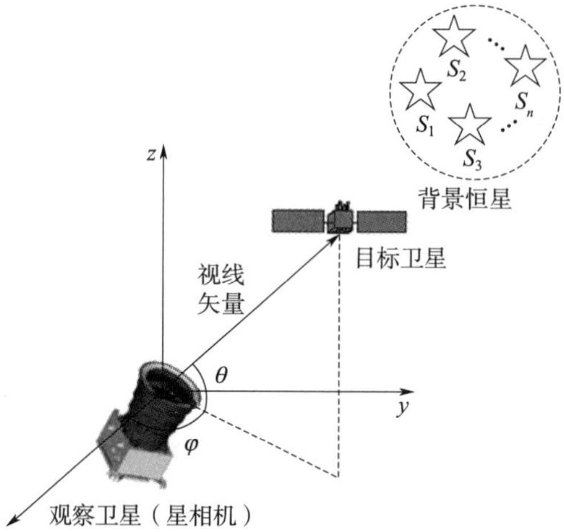

图 7-5　目标卫星和背景恒星的照相观测

目标卫星由于受到太阳的照射而具有一定的亮度，考虑地球阴影遮挡、太阳光照、星座卫星自身的表面积和反射率、星座卫星之间的几何关系等因素，以及星相机探测能力的局限性，目标卫星仅在有限的轨道弧段上是可见的。照相观测需要在目标卫星可见的情况下进行，分析目标卫星相对于观察卫星的可见性，是星座自主导航系统方案论证过程中的设计要点之一。目标卫星可见的条件包括：1）目标卫星的视星等小于星相机的极限星等；2）目标卫星不在地球阴影区；3）地球、太阳和月球等天体不出现在星相机的视场中。分析研究表明，对于北斗导航星座相邻 MEO（Medium Earth Orbit，中地球轨道）卫星，星相机探测灵敏度优于＋11.0 星等时，观察卫星多数情况下能够实现对目标卫星的探测。关于目标卫星视线矢量提取和可见性分析的具体说明可参阅文献［22］。满足高精度和高灵敏度要求的星相机外形结构如图 7-6 所示。

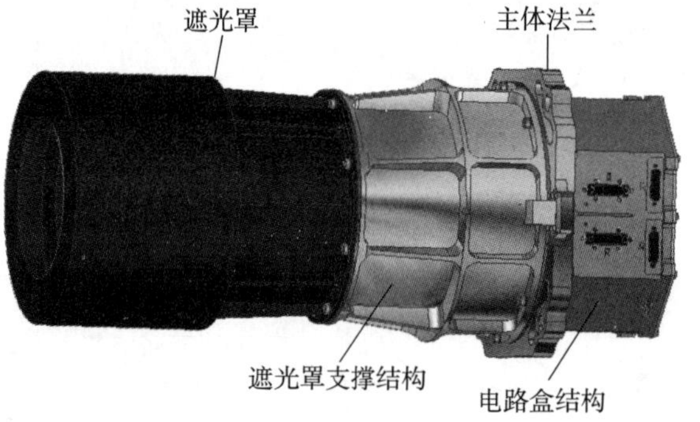

图 7-6　照相观测星相机外形结构

基于照相观测的星座自主导航研究面临的问题在于：理论上，通常假设系统模型中的测量噪声方差阵是精确已知的。然而，在工程实践活动中，受应用条件和空间环境等因素的制约，上述假设往往得不到满足。考虑观察平台姿态抖动和空间光照条件等因素的影响，以及在地面模拟空间环境的局限性，星相机在轨误差特性可能不同于地面测试的情况。对于星相机测量噪声统计特性的变化，传统扩展卡尔曼滤波器不具备自适应能力。在实际测量噪声方差偏离其标称值的情况下，会导致扩展卡尔曼滤波器的性能下降。因此，需要有针对性地改进滤波器的设计，以解决上述问题。

7.3.2　系统模型集

对于由三颗地球卫星构成的星座，基于照相观测的星座自主导航系统对星间相对测量数据进行处理，确定星座卫星的绝对位置和速度，如图 7－7 所示。星座卫星主要在地球重力场的作用下在轨运动，在每个星座卫星上配置一台星相机，对目标卫星实施星间定向观测。目标卫星视线矢量反映了观察卫星和目标卫星之间的相对位置矢量在地心惯性坐标系中的投影。设想参与导航的各个星座卫星之间可以通过星间链路传递星间定向观测数据和导航定位信息。基于克拉美劳下界的系统可观度分析表明，除少数特殊情况外，基于照相观测的航天器导航系统具有较高的可观度，在理想情况下能够达到较高的定位精度水平。关于可观度分析的具体结果，感兴趣的读者可参阅文献 [22]。为了简单起见，本节仅考虑包含三颗卫星的星座，尽管如此，本节所述方法可以推广用于星座中包含多颗卫星的情况。

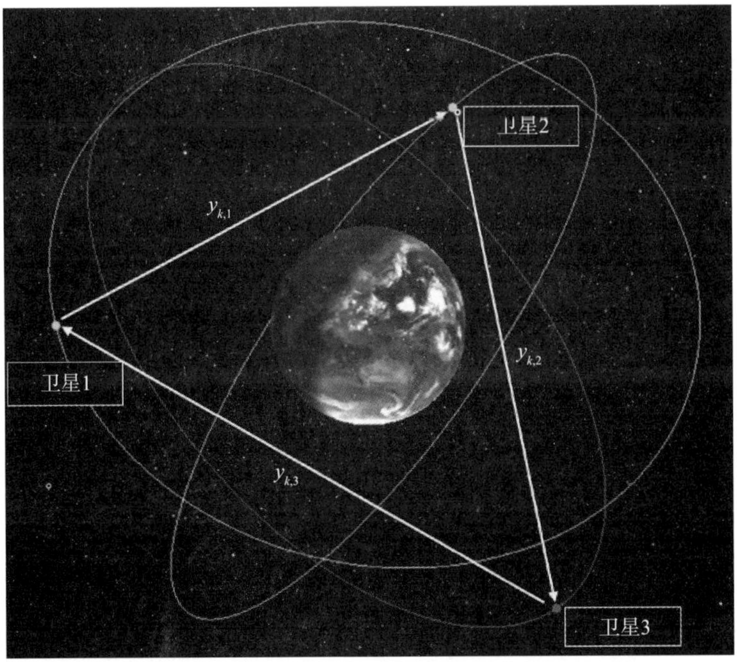

图 7－7　由三颗卫星构成的星座示意图

用于多模型自适应估计算法设计的状态向量由参与导航的三颗星座卫星的位置矢量和速度矢量构成

$$\boldsymbol{x}_k = [\boldsymbol{r}_{1,k}^{\mathrm{T}} \quad \boldsymbol{v}_{1,k}^{\mathrm{T}} \quad \boldsymbol{r}_{2,k}^{\mathrm{T}} \quad \boldsymbol{v}_{2,k}^{\mathrm{T}} \quad \boldsymbol{r}_{3,k}^{\mathrm{T}} \quad \boldsymbol{v}_{3,k}^{\mathrm{T}}]^{\mathrm{T}} \tag{7-78}$$

其中，$\boldsymbol{r}_{i,k} = [r_{i,x,k} \quad r_{i,y,k} \quad r_{i,z,k}]^{\mathrm{T}}$ 和 $\boldsymbol{v}_{i,k} = [v_{i,x,k} \quad v_{i,y,k} \quad v_{i,z,k}]^{\mathrm{T}}$ 分别表示第 i 颗星座卫星的三维位置和速度矢量，定义在地心惯性坐标系中。星座卫星的运动状态演化情况可通过轨道动力学方程来描述，采取与第 5 章类似的方式，将其写为离散时间非线性随机系统模型的标准形式

$$\boldsymbol{x}_k = f(\boldsymbol{x}_{k-1}) + \boldsymbol{w}_k \tag{7-79}$$

式中

$$f(\boldsymbol{x}_k) = \begin{bmatrix} \boldsymbol{r}_{1,k} \\ \boldsymbol{v}_{1,k} \\ \boldsymbol{r}_{2,k} \\ \boldsymbol{v}_{2,k} \\ \boldsymbol{r}_{3,k} \\ \boldsymbol{v}_{3,k} \end{bmatrix} + \begin{bmatrix} \boldsymbol{v}_{1,k} \\ -\dfrac{\mu_e \boldsymbol{r}_{1,k}}{\|\boldsymbol{r}_{1,k}\|^3} + p(\boldsymbol{r}_{1,k}) \\ \boldsymbol{v}_{2,k} \\ -\dfrac{\mu_e \boldsymbol{r}_{2,k}}{\|\boldsymbol{r}_{2,k}\|^3} + p(\boldsymbol{r}_{2,k}) \\ \boldsymbol{v}_{3,k} \\ -\dfrac{\mu_e \boldsymbol{r}_{3,k}}{\|\boldsymbol{r}_{3,k}\|^3} + p(\boldsymbol{r}_{3,k}) \end{bmatrix} \tau \tag{7-80}$$

其中，τ 表示一步状态预测的时间步长，μ_e 表示地球引力常数，$p(\boldsymbol{r}_{2,k})$ 表示除地球质心引力以外，星座卫星受到的其他摄动加速度的影响，包括地球非球形引力摄动、太阳光压和日/月引力摄动等。为了便于应用，通常采用简化的轨道动力学方程作为滤波器的状态方程，状态方程与实际系统之间的差异通过系统噪声 $\boldsymbol{w}_k$ 来描述，假设系统噪声方差阵为 $\boldsymbol{Q}_k$。

利用安装在观察卫星上的星相机对目标卫星和背景恒星进行照相观测，获得星间视线方向观测量。将用于描述星间视线方向矢量的观测方程写为如下所示的标准形式

$$\boldsymbol{y}_k = \boldsymbol{h}(\boldsymbol{x}_k) + \boldsymbol{v}_k$$

式中

$$\boldsymbol{y}_k = \begin{bmatrix} \boldsymbol{y}_{k,1} \\ \boldsymbol{y}_{k,2} \\ \boldsymbol{y}_{k,3} \end{bmatrix}, \boldsymbol{h}(\boldsymbol{x}_k) = \begin{bmatrix} \dfrac{\boldsymbol{r}_{2,k} - \boldsymbol{r}_{1,k}}{\|\boldsymbol{r}_{2,k} - \boldsymbol{r}_{1,k}\|} \\ \dfrac{\boldsymbol{r}_{3,k} - \boldsymbol{r}_{1,k}}{\|\boldsymbol{r}_{3,k} - \boldsymbol{r}_{1,k}\|} \\ \dfrac{\boldsymbol{r}_{3,k} - \boldsymbol{r}_{2,k}}{\|\boldsymbol{r}_{3,k} - \boldsymbol{r}_{2,k}\|} \end{bmatrix}, \boldsymbol{v}_k = \begin{bmatrix} \boldsymbol{v}_{k,1} \\ \boldsymbol{v}_{k,2} \\ \boldsymbol{v}_{k,3} \end{bmatrix} \tag{7-81}$$

其中，$\boldsymbol{y}_{k,1}$，$\boldsymbol{y}_{k,2}$ 和 $\boldsymbol{y}_{k,3}$ 表示通过星相机获得的星间定向观测量，$\boldsymbol{v}_{k,1}$，$\boldsymbol{v}_{k,2}$ 和 $\boldsymbol{v}_{k,3}$ 为相应的测量噪声。假定测量噪声方差阵包含在集合 $\{\boldsymbol{R}_k^{(1)}, \boldsymbol{R}_k^{(2)}, \cdots, \boldsymbol{R}_k^{(M)}\}$ 中，集合中的元素

$$\boldsymbol{R}_k^{(\tau)} = \begin{bmatrix} \theta_1^{(\tau)}\overline{\boldsymbol{R}}_{1,k} & & \\ & \theta_2^{(\tau)}\overline{\boldsymbol{R}}_{2,k} & \\ & & \theta_3^{(\tau)}\overline{\boldsymbol{R}}_{3,k} \end{bmatrix} \tag{7-82}$$

式中，$\overline{\boldsymbol{R}}_{1,k}$，$\overline{\boldsymbol{R}}_{2,k}$ 和 $\overline{\boldsymbol{R}}_{3,k}$ 表示三台星相机的测量噪声方差阵标称值，$\boldsymbol{\theta}^{(\tau)} = [\theta_1^{(\tau)} \quad \theta_2^{(\tau)} \quad \theta_3^{(\tau)}]^{\mathrm{T}}$ 表示第 τ 个模型的模型参数矢量，$\boldsymbol{\theta}^{(\tau)}$ 在根据测量噪声方差阵分布范围事先确定的参数矢量集中选取。

值得注意的是，对于星间距离较远的情况，应设法补偿观测量中光子传播时间的影响。另外，考虑到基于照相观测的星座自主导航系统的状态方程和观测方程都是非线性的，在多模型自适应估计算法中，需要应用扩展卡尔曼滤波器代替卡尔曼滤波器。

7.3.3 数学仿真分析

为了说明多模型自适应估计算法的有效性，以基于照相观测的星座自主导航系统为背景，通过数学仿真将其与扩展卡尔曼滤波器（EKF）和鲁棒扩展卡尔曼滤波器（REKF）进行了对比研究。鲁棒扩展卡尔曼滤波器的设计思路如本书第 6 章所述，采取与第 5 章中的扩展卡尔曼滤波器类似的结构形式，二者的区别在于滤波增益阵有所不同。对于测量噪声统计特性存在潜在变化的系统，传统扩展卡尔曼滤波器不考虑模型不确定性的影响，测量噪声方差阵取其标称值；鲁棒扩展卡尔曼滤波器考虑了模型不确定性的影响，事先结合先验知识和数学仿真进行滤波器参数整定。多模型自适应估计算法根据实际星相机在轨误差特性，在事先建立的模型集中选取适当的模型，从而提升对应用环境的适应性。在轨自适应能力是传统扩展卡尔曼滤波器和鲁棒扩展卡尔曼滤波器不具备的。

假设星座中三颗卫星的初始轨道参数如表 7－2 所示。航天器轨道参数与其位置、速度矢量存在解析形式的转换关系，具体转换公式可参阅专著 [23]。

表 7－2　星座卫星初始轨道参数

卫星编号	半长轴/km	偏心率	轨道倾角/(°)	升交点赤经/(°)	近地点幅角/(°)	平近点角/(°)
1	27 904	2.0×10^{-5}	55	120	0	135
2	27 905	2.0×10^{-5}	55	240	0	165
3	27 906	2.0×10^{-5}	55	0	0	195

星座卫星参考轨道数据通过高精度轨道仿真器获得，考虑地球非球形引力、太阳引力、月球引力和太阳光压等轨道摄动因素。对于中高轨卫星而言，通常不必考虑大气阻力的影响。根据参考轨道数据和系统模型中的观测方程产生测量数据，利用传统扩展卡尔曼滤波器、鲁棒扩展卡尔曼滤波器和多模型自适应估计算法这三种不同的状态估计方法对测量数据进行处理，得到三颗卫星位置矢量和速度矢量的估计值。将状态向量的估计值与参考轨道数据进行比对，得到状态估计误差。在实施多模型自适应估计算法时，基本仿真设置如表 7－3 所示。

表 7-3　基于照相观测的星座自主导航基本仿真设置

仿真设置	
仿真时间	3 天
一步状态预测的时间步长	1 s
初始位置误差	随机产生三轴位置误差，分布为 $N(0,(100\ \mathrm{m})^2)$
初始速度误差	随机产生三轴速度误差，分布为 $N(0,(0.01\ \mathrm{m/s})^2)$
星座卫星个数	3 个
观测数据更新频率	0.1 Hz
测量精度	测量噪声标准差 $\sigma_{\mathrm{LOS}} \in [0.1'',1.9'']$
滤波器参数	
系统噪声方差阵	$\boldsymbol{Q}_k = \begin{bmatrix} \sigma_r^2\boldsymbol{I}_{3\times3} & & & & & \\ & \sigma_v^2\boldsymbol{I}_{3\times3} & & & & \\ & & \sigma_r^2\boldsymbol{I}_{3\times3} & & & \\ & & & \sigma_v^2\boldsymbol{I}_{3\times3} & & \\ & & & & \sigma_r^2\boldsymbol{I}_{3\times3} & \\ & & & & & \sigma_v^2\boldsymbol{I}_{3\times3} \end{bmatrix}$ $\sigma_r = 2\times10^{-5}\ \mathrm{m}, \sigma_v = 1\times10^{-5}\ \mathrm{m/s}$
测量噪声方差阵	各并行滤波器的 $\boldsymbol{R}_k^{(\tau)}$ 在模型集中选取
初始估计误差方差阵	$\boldsymbol{P}_0 = \begin{bmatrix} p_r^2\boldsymbol{I}_{3\times3} & & & & & \\ & p_v^2\boldsymbol{I}_{3\times3} & & & & \\ & & p_r^2\boldsymbol{I}_{3\times3} & & & \\ & & & p_v^2\boldsymbol{I}_{3\times3} & & \\ & & & & p_r^2\boldsymbol{I}_{3\times3} & \\ & & & & & p_v^2\boldsymbol{I}_{3\times3} \end{bmatrix}$ $p_r = 200\ \mathrm{m}, p_v = 0.02\ \mathrm{m/s}$

在数学仿真研究中，为了公平起见，在传统扩展卡尔曼滤波器、鲁棒扩展卡尔曼滤波器和多模型自适应估计算法中取同样的状态估计初始值、初始估计误差方差阵及系统噪声方差阵。图 7-8 至图 7-10 分别针对卫星 1、卫星 2 和卫星 3，给出了多模型自适应估计算法在一次仿真中的位置估计误差曲线（图中实线）以及根据估计误差方差阵相应对角元计算得到的 3σ 误差界（图中虚线），图中横坐标表示仿真时间，单位是天，纵坐标表示估计误差，单位是米。

从图中可以看出，多模型自适应估计算法的位置估计误差曲线在估计误差方差阵规定的范围内，这体现了滤波器设计的合理性和有效性。对于 1″量级的星相机测量精度水平，在一次仿真中，在滤波器进入稳态后，统计多模型自适应估计算法的位置估计误差，对应 3 颗星座卫星的统计值分别为 38.25 m、45.14 m 和 24.48 m。这说明根据给定的仿真条件，基于照相观测的星座自主导航系统能够达到数十米量级的稳态定位精度，高于传统光学成像导航和现阶段的 X 射线脉冲星导航的典型精度水平。

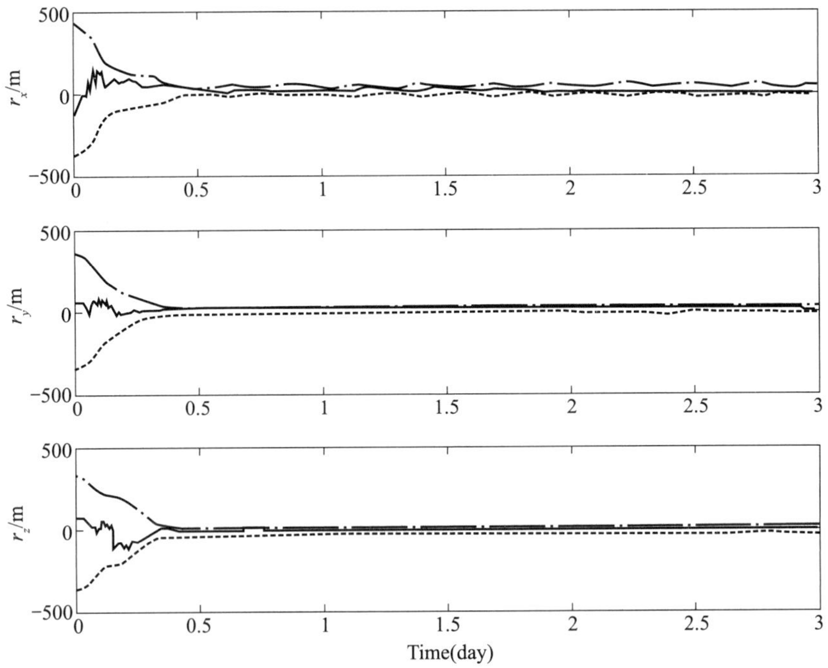

图7-8　多模型自适应估计算法的位置估计误差曲线（星座卫星1）

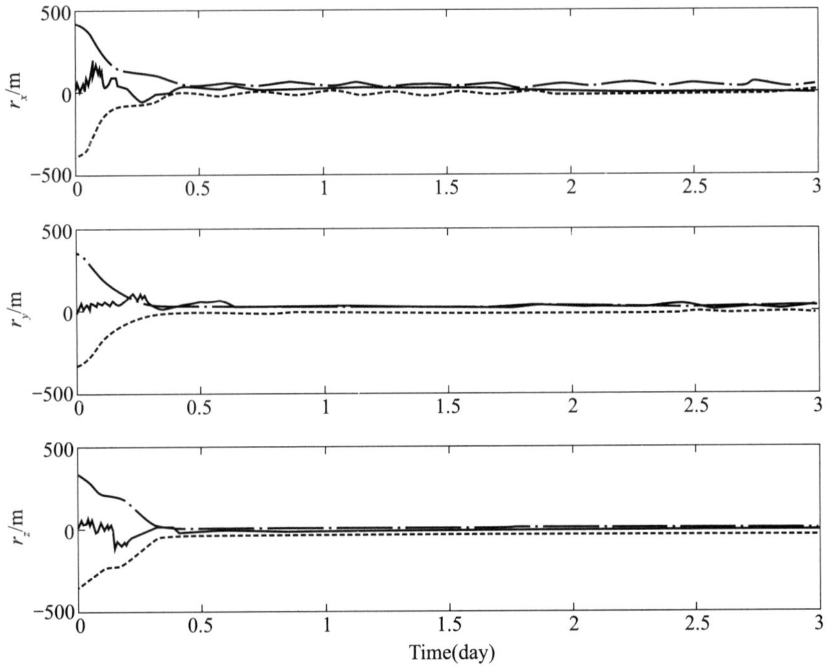

图7-9　多模型自适应估计算法的位置估计误差曲线（星座卫星2）

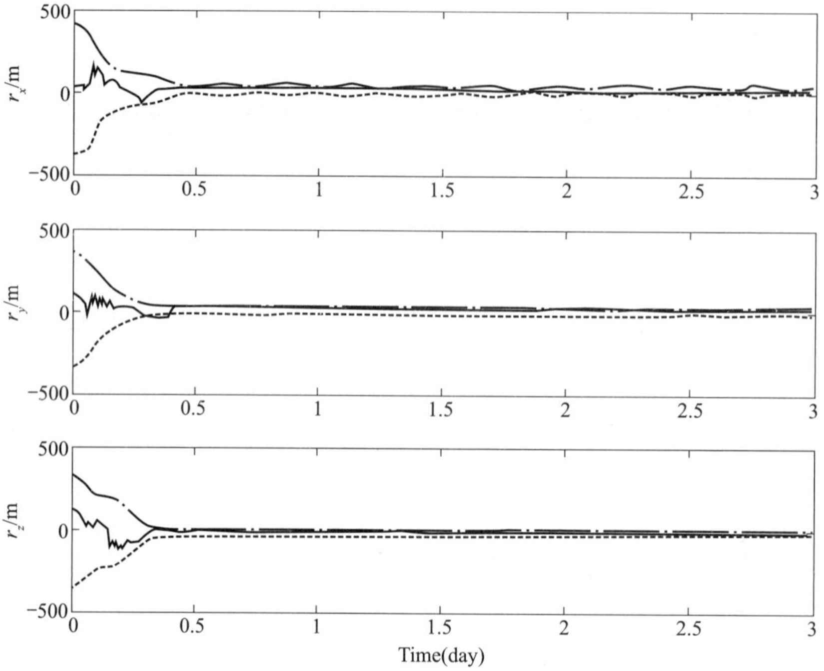

图 7-10 多模型自适应估计算法的位置估计误差曲线（星座卫星 3）

分别对传统扩展卡尔曼滤波器、鲁棒扩展卡尔曼滤波器和多模型自适应估计算法进行 20 次仿真，每次仿真时，星相机测量噪声标准差在区间［0.1″，1.9″］内按均匀分布采样得到，将均方根（RMS）误差的平均值作为评价滤波性能的依据。对于星座系统中的三颗卫星，将三种状态估计方法的位置估计误差的统计值归纳如图 7-11 所示。

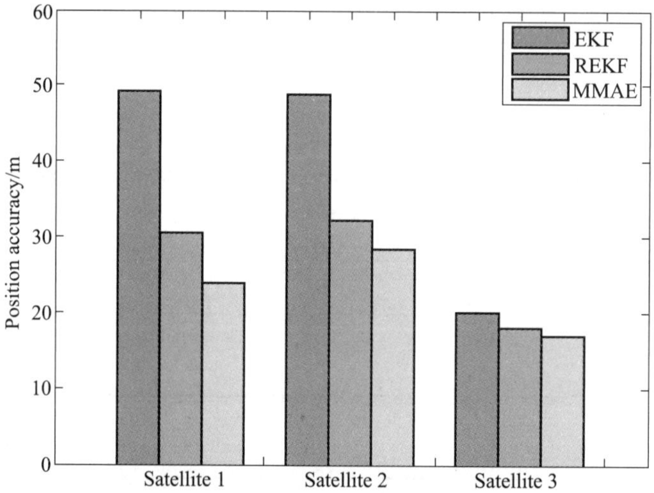

图 7-11 通过三种状态估计方法得到的三颗卫星定位误差统计值

（EKF：扩展卡尔曼滤波器；REKF：鲁棒扩展卡尔曼滤波器；MMAE：多模型自适应估计）

不难看出，真实的星相机测量噪声方差阵在一定范围内取值的情况下，多模型自适应估计算法的综合性能优于传统扩展卡尔曼滤波器和鲁棒扩展卡尔曼滤波器。对于滤波器设计而言，噪声方差阵的取值非常重要。在传统扩展卡尔曼滤波器中未考虑测量噪声方差阵的真实值不同于其标称值的情况，导致其滤波性能受到影响；鲁棒扩展卡尔曼滤波器在设计阶段考虑了测量噪声方差阵的不确定性，综合性能优于传统扩展卡尔曼滤波器，但是，在多数情况下，仍然面临滤波器中的测量噪声方差阵与其真值不一致的问题。相对而言，多模型自适应估计算法能够根据实际情况自适应地调整滤波器中测量噪声方差阵的取值，因此估计精度最高。

通过数学仿真分析可以得到结论，多模型自适应估计算法能够用于解决基于照相观测的星座自主导航系统中星相机测量噪声统计特性不确定性的问题，使得星座自主导航系统可以在星相机测量噪声方差阵的真实值偏离其标称值的情况下，在模型集中自适应地选取适当的测量噪声方差阵进行处理。在给定的仿真条件下，多模型自适应估计算法的导航定位精度受模型不确定性的影响较小，综合滤波性能优于传统扩展卡尔曼滤波器和鲁棒扩展卡尔曼滤波器。

7.4　星际连音自主导航

7.4.1　基本原理

根据前面一节对基于照相观测的星座自主导航方法的讨论，细心的读者可能会产生疑问：既然通过星间定向能够确定航天器的绝对位置，是否可以通过星间测距达到这一目的？本节将对这一问题进行探讨。事实上，早在美国 GPS 导航系统研制的初级阶段，就有学者研究了基于星间距离观测量进行星座自主导航的问题，星间距离测量可通过构成星间链路（Inter - Satellite Link，ISL）的无线电收发设备实现。星间链路设备的示意图如图 7 - 12 所示。

图 7 - 12　星间链路设备示意图

研究表明，对于星座卫星均为地球轨道卫星的情况，通过星间测距信息通常不能对星座的整体旋转形成有效的几何约束，这会造成星座卫星的绝对定位误差随时间增长而逐步积累。通过计算克拉美劳下界或进行数学仿真分析，均能观察到基于星间距离测量的星座自主导航系统定位误差逐渐增大的趋势。因此，与惯性导航系统类似，传统的基于星间距离测量的星座自主导航系统仅能在一定时间范围内维持航天器的导航定位精度。尽管通过照相观测获得的也是星间相对测量信息，但星间定向观测量反映了目标卫星视线矢量在地心惯性坐标系中的投影，对星座的整体旋转误差能够形成有效的几何约束。因此，通过照相观测的方式能够实现基于相对测量的绝对定轨。

值得注意的是，航天器导航系统的可观度分析结果与所采用的系统模型有关。以往研究表明，将航天器轨道动力学方程简化为二体问题处理时（仅考虑航天器在地球中心引力场中运动），基于星间测距的星座自主导航系统是不可观的；但是，如果考虑航天器轨道运动的三体问题，如同时考虑地球和月球的引力对航天器运动规律的影响，那么，基于星间测距的星座自主导航系统是可观的，这说明在理论上，仅通过星间测距就能够实现星座卫星定位和测速。尽管如此，对于参与导航的两个航天器均为地球卫星的情况，由于月球引力对地球卫星轨道运动的影响较小，导致基于星间测距的星座自主导航系统的可观度较弱，事实上仍然难以实现有效定位。为了维持导航系统长时高精度自主运行，要求参与星间测距的卫星系统同时受到地球引力和月球引力的显著影响。基于上述原理，国内外学者提出并发展了星际连音（Linked Autonomous Interplanetary Satellite Orbit Navigation，LIAISON）这一新颖的航天器导航方式[24-27]。

星际连音自主导航指的是基于地月系航天器之间（如地球卫星和月球卫星之间，或地球卫星与拉格朗日点卫星之间）的星间距离测量信息，以及三体轨道动力学方程，通过状态估计同时确定参与导航的航天器的绝对位置和速度的方法或过程。单词“Liaison”直译为“连音”，带有“通过沟通促进相互了解”的含义，连音方法通过星间相对测量实现航天器绝对定轨，其名称恰如其分地描述了该导航方法的功能特点。应当说明，为了维持卫星在拉格朗日点附近运行，要求对拉格朗日点卫星实施位置保持控制。相对在拉格朗日点设置信标卫星的导航方案，选择 1 颗地球卫星和 1 颗月球卫星参与导航的优势在于不需要频繁地对卫星实施位置保持控制，有助于简化操作流程[28]。

星际连音是实现航天器长时高精度自主导航的一种理想方式。一般来说，提高敏感器测量精度是改善航天器导航性能最直接的手段。无线电测距和激光测距技术的发展，为星间高精度距离测量提供了有效手段。星际连音自主导航系统根据高精度星间测距信息和三体轨道动力学模型实时确定地月系航天器的运动状态，能够在不依赖地面测控站的情况下，达到数十米量级的定位精度水平。现阶段星间测距可通过无线电或激光为载体实现，上述技术较为成熟。随着量子信息学理论和技术的发展，未来有望建立星间量子链路，星间测距可基于量子测量方法进行，从而进一步降低系统功耗，提升航天器导航系统的精度和安全性[29-31]。

7.4.2　系统模型集

在本节研究的星际连音自主导航系统中，通过星间链路设备将地球卫星和月球卫星联系起来，在地球卫星和月球卫星之间实施星间测距，基于一个时间序列上的观测量，并引入了三体轨道动力学约束信息进行导航解算；由于地球卫星和月球卫星的轨道动力学方程分别受到地球和月球引力的显著影响，能够有效提高系统的可观度；此时，通过设计合理的随机系统状态估计方法，能够以较高的精度同时确定地球卫星和月球卫星的绝对位置和速度。地月卫星联合测距的示意图如图 7 - 13 所示。

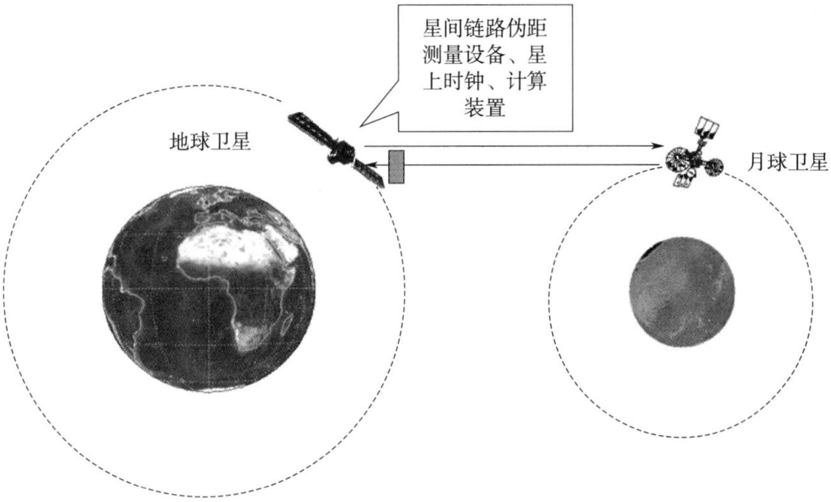

图 7 - 13　地月卫星联合测距的示意图

基于星间链路设备实施的星间距离测量存在信号易受干扰影响的问题。针对未知干扰造成的模型不确定性影响星际连音自主导航系统性能的问题，设计多模型自适应估计算法，根据不同的测量噪声方差阵设定建立多个系统模型，基于模型集分别建立多个并行扩展卡尔曼滤波器进行导航解算；该方法能够识别出系统中未知干扰开始和结束的时间，以及干扰的严重程度，并采取适当策略进行处理，如在干扰出现时，令测量噪声方差阵较大的模型起主导作用；相反，在不存在干扰的情况下，令测量噪声方差阵较小的模型起主导作用，使得通过多个并行滤波器的估计值加权平均给出的最终状态估计值收敛到真值附近。

系统模型中的状态向量由参与导航的地球卫星和月球卫星的位置矢量和速度矢量构成

$$\boldsymbol{x}_k = [\boldsymbol{x}_{0,k}^{\mathrm{T}} \quad \boldsymbol{x}_{1,k}^{\mathrm{T}}]^{\mathrm{T}} \tag{7-83}$$

式中

$$\boldsymbol{x}_{i,k} = [\boldsymbol{r}_{i,k}^{\mathrm{T}} \quad \boldsymbol{v}_{i,k}^{\mathrm{T}}]^{\mathrm{T}}, i = 0,1 \tag{7-84}$$

$$\boldsymbol{r}_{i,k} = [r_{i,x,k} \quad r_{i,y,k} \quad r_{i,z,k}]^{\mathrm{T}}, \boldsymbol{v}_{i,k} = [v_{i,x,k} \quad v_{i,y,k} \quad v_{i,z,k}]^{\mathrm{T}} \tag{7-85}$$

$\boldsymbol{r}_{0,k}$ 和 $\boldsymbol{v}_{0,k}$ 分别表示地球卫星的三维位置和速度矢量，定义在地心惯性坐标系，$\boldsymbol{r}_{1,k}$ 和 $\boldsymbol{v}_{1,k}$ 分别表示月球卫星的三维位置和速度矢量，定义在月心惯性坐标系。考虑三体轨道动

力学约束，将地球卫星和月球卫星的运动状态演化规律写为离散时间非线性随机系统模型的标准形式

$$\boldsymbol{x}_k = f(\boldsymbol{x}_{k-1}) + \boldsymbol{w}_k \tag{7-86}$$

式中

$$f(\boldsymbol{x}_k) = \boldsymbol{x}_k + \begin{bmatrix} \boldsymbol{\phi}_0(\boldsymbol{x}_{0,k}) \\ \boldsymbol{\phi}_1(\boldsymbol{x}_{1,k}) \end{bmatrix} \tau \tag{7-87}$$

$$\boldsymbol{\phi}_0(\boldsymbol{x}_{0,k}) = \begin{bmatrix} v_{0,x,k} \\ v_{0,y,k} \\ v_{0,z,k} \\ -\mu_e \dfrac{r_{0,x,k}}{\|\boldsymbol{r}_{0,k}\|^3}\left\{1+\dfrac{3}{2}J_2\left(\dfrac{R_e}{\|\boldsymbol{r}_{0,k}\|}\right)^2\left[1-5\left(\dfrac{r_{0,z,k}}{\|\boldsymbol{r}_{0,k}\|}\right)^2\right]\right\} - \mu_m\left[\dfrac{r_{0m,x,k}}{\|\boldsymbol{r}_{0m,k}\|^3}+\dfrac{r_{m,x,k}}{\|\boldsymbol{r}_{m,k}\|^3}\right] \\ -\mu_e \dfrac{r_{0,y,k}}{\|\boldsymbol{r}_{0,k}\|^3}\left\{1+\dfrac{3}{2}J_2\left(\dfrac{R_e}{\|\boldsymbol{r}_{0,k}\|}\right)^2\left[1-5\left(\dfrac{r_{0,z,k}}{\|\boldsymbol{r}_{0,k}\|}\right)^2\right]\right\} - \mu_m\left[\dfrac{r_{0m,y,k}}{\|\boldsymbol{r}_{0m,k}\|^3}+\dfrac{r_{m,y,k}}{\|\boldsymbol{r}_{m,k}\|^3}\right] \\ -\mu_e \dfrac{r_{0,z,k}}{\|\boldsymbol{r}_{0,k}\|^3}\left\{1+\dfrac{3}{2}J_2\left(\dfrac{R_e}{\|\boldsymbol{r}_{0,k}\|}\right)^2\left[3-5\left(\dfrac{r_{0,z,k}}{\|\boldsymbol{r}_{0,k}\|}\right)^2\right]\right\} - \mu_m\left[\dfrac{r_{0m,z,k}}{\|\boldsymbol{r}_{0m,k}\|^3}+\dfrac{r_{m,z,k}}{\|\boldsymbol{r}_{m,k}\|^3}\right] \end{bmatrix} \tag{7-88}$$

$$\boldsymbol{\phi}_1(\boldsymbol{x}_{1,k}) = \begin{bmatrix} v_{1,x,k} \\ v_{1,y,k} \\ v_{1,z,k} \\ -\mu_m \dfrac{r_{1,x,k}}{\|\boldsymbol{r}_{1,k}\|^3}\left\{1+\dfrac{3}{2}J_{m2}\left(\dfrac{R_m}{\|\boldsymbol{r}_{1,k}\|}\right)^2\left[1-5\left(\dfrac{r_{1,z,k}}{\|\boldsymbol{r}_{1,k}\|}\right)^2\right]\right\} - \mu_e\left[\dfrac{r_{1e,x,k}}{\|\boldsymbol{r}_{1e,k}\|^3}+\dfrac{r_{e,x,k}}{\|\boldsymbol{r}_{e,k}\|^3}\right] \\ -\mu_m \dfrac{r_{1,y,k}}{\|\boldsymbol{r}_{1,k}\|^3}\left\{1+\dfrac{3}{2}J_{m2}\left(\dfrac{R_m}{\|\boldsymbol{r}_{1,k}\|}\right)^2\left[1-5\left(\dfrac{r_{1,z,k}}{\|\boldsymbol{r}_{1,k}\|}\right)^2\right]\right\} - \mu_e\left[\dfrac{r_{1e,y,k}}{\|\boldsymbol{r}_{1e,k}\|^3}+\dfrac{r_{e,y,k}}{\|\boldsymbol{r}_{e,k}\|^3}\right] \\ -\mu_m \dfrac{r_{1,z,k}}{\|\boldsymbol{r}_{1,k}\|^3}\left\{1+\dfrac{3}{2}J_{m2}\left(\dfrac{R_m}{\|\boldsymbol{r}_{1,k}\|}\right)^2\left[3-5\left(\dfrac{\boldsymbol{r}_{1,z,k}}{\|\boldsymbol{r}_{1,k}\|}\right)^2\right]\right\} - \mu_e\left[\dfrac{r_{1e,z,k}}{\|\boldsymbol{r}_{1e,k}\|^3}+\dfrac{r_{e,z,k}}{\|\boldsymbol{r}_{e,k}\|^3}\right] \end{bmatrix} \tag{7-89}$$

式中，τ 表示一步状态预测的时间步长，μ_e 表示地球引力常数，μ_m 表示月球引力常数，R_e 和 R_m 分别表示地球半径和月球半径，J_2 和 J_{m2} 分别表示地球和月球非球形引力摄动的二阶带谐项系数。$\boldsymbol{r}_{m,k} = [r_{m,x,k} \quad r_{m,y,k} \quad r_{m,z,k}]^{\mathrm{T}}$ 表示月球相对于地心的位置矢量在地心惯性坐标系的投影，$r_{e,k} = [r_{e,x,k} \quad r_{e,y,k} \quad r_{e,z,k}]^{\mathrm{T}}$ 表示地球相对于月心的位置矢量在月心惯性坐标系的投影，$r_{0m,k} = [r_{0m,x,k} \quad r_{0m,y,k} \quad r_{0m,z,k}]^{\mathrm{T}}$ 表示地球卫星相对于月心的位置矢量，$r_{1e,k} = [r_{1e,x,k} \quad r_{1e,y,k} \quad r_{1e,z,k}]^{\mathrm{T}}$ 表示月球卫星相对于地心的位置矢量，即

$$\boldsymbol{r}_{0m,k} = \boldsymbol{r}_{0,k} - \boldsymbol{r}_{m,k}, \boldsymbol{r}_{1e,k} = \boldsymbol{r}_{1,k} - \boldsymbol{r}_{e,k} \tag{7-90}$$

$\boldsymbol{r}_{m,k}$ 和 $\boldsymbol{r}_{e,k}$ 可根据月球星历计算得到。系统噪声 $\boldsymbol{w}_k$ 用于描述状态方程与实际系统之间的差异，假设系统噪声方差阵为 $\boldsymbol{Q}_k$。

利用安装在地球卫星和月球卫星上的星间链路设备获得星间距离观测量。将用于描述星间距离的观测方程写为如下所示的标准形式

$$\boldsymbol{y}_k = h(\boldsymbol{x}_k) + \boldsymbol{v}_k$$

式中

$$h(\boldsymbol{x}_k) = \| \boldsymbol{r}_{m,k} + \boldsymbol{r}_{1,k} - \boldsymbol{r}_{0,k} \| \tag{7-91}$$

其中，$\boldsymbol{y}_k$ 表示星间距离观测量，$\boldsymbol{v}_k$ 为相应的测量噪声。假定测量噪声方差阵包含在集合 $\{\boldsymbol{R}_k^{(1)}, \boldsymbol{R}_k^{(2)}, \cdots, \boldsymbol{R}_k^{(M)}\}$ 中，集合中的某个元素 $\boldsymbol{R}_k^{(\tau)} = \theta^{(\tau)} \boldsymbol{R}_k$，其中，$\boldsymbol{R}_k$ 表示测量噪声方差阵的标称值，$\theta^{(\tau)}$ 表示第 τ 个模型的模型参数，可在根据测量噪声方差阵分布范围事先确定的参数集中选取。

7.4.3　可观度分析

与光学成像导航和 X 射线脉冲星导航不同，仅依赖星间测距信息的星际连音自主导航原理并不是很直观。为了判断该方法能否满足任务要求，本节应用克拉美劳下界（CRLB）对星际连音自主导航系统的可观度进行分析。在导航系统可观度分析过程中，同时选择地球卫星和月球卫星构成导航系统，利用高精度轨道动力学外推软件仿真产生参考轨道数据。假设地球卫星和月球卫星的初始轨道参数如表 7－4 所示，其中，月球卫星的轨道参数是相对于月心定义的。

表 7－4　地球卫星和月球卫星的初始轨道参数

研究对象	半长轴/km	偏心率	轨道倾角/(°)	升交点赤经/(°)	近地点幅角/(°)	平近点角/(°)
地球卫星	12 275	3.8×10^{-3}	109.8	30	30	0
月球卫星	1 995	1.8×10^{-3}	90	0	0	0

假设导航系统的初始误差为 1 km，星间测距噪声标准差分别为 10 m、30 m 和 50 m 时，通过计算卡拉美劳下界得到的星际连音自主导航系统对地球卫星的位置估计极限精度如图 7－14 所示。图中横坐标表示时间，单位为地球卫星的一个轨道周期，纵坐标表示理想情况下的定位精度，单位为米。从图中可以看出，测量噪声对导航性能有一定影响，其标准差在一定范围内变化时，星际连音自主导航系统在理论上能够达到数十米量级的定位精度。

导航系统初始位置误差在 1～20 km 之间变化时，根据克拉美劳下界计算的星际连音自主导航系统定位误差理论值如图 7－15 所示。不难看出，星际连音自主导航系统的性能会受到初始位置误差的影响，针对这一问题，可以借鉴类似本书第 5 章中的策略，融合星间链路设备和紫外地球敏感器的测量新息，建立基于“星际连音＋光学成像”的航天器组合导航系统。

基于克拉美劳下界的星际连音自主导航系统可观度分析结果表明，基于地球卫星和月球卫星之间的距离测量信息，以及三体轨道动力学模型，通过设计适当的状态估计方法，能够同时确定地球卫星和月球卫星的绝对位置，实现仅依赖星间测距信息的高精度自主导航。同时，可以看出，克拉美劳下界是实施航天器导航系统误差影响因素分析的有力工

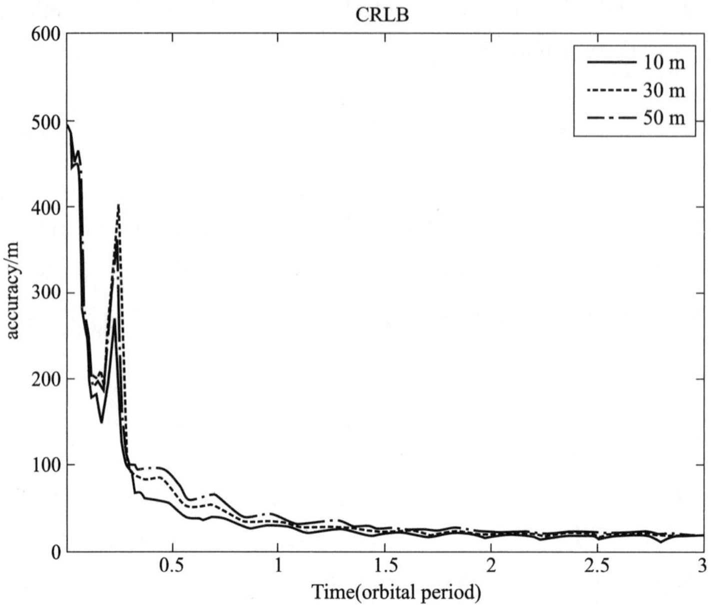

图 7－14　星间距离测量精度对地球卫星导航精度的影响（见彩插）

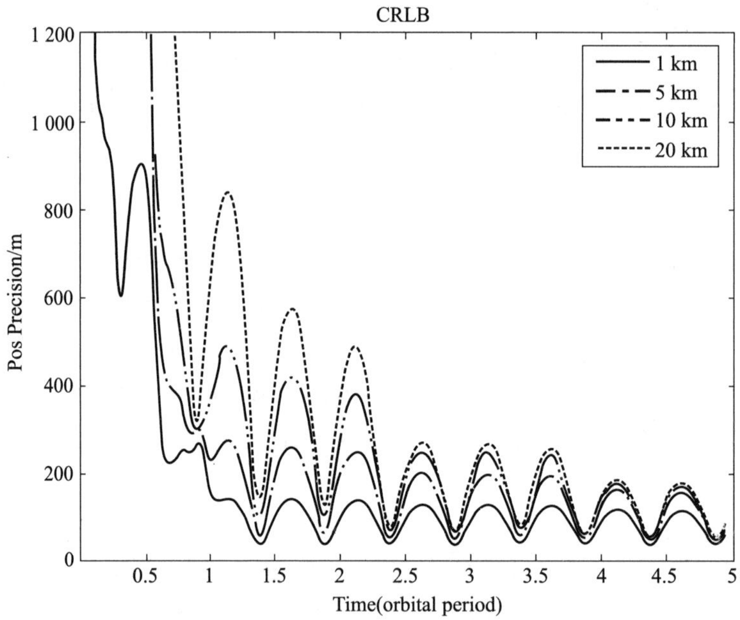

图 7－15　导航系统初始误差对地球卫星导航精度的影响（见彩插）

具，该方法简便易行，理论依据充分，能够在不涉及观测量模拟和滤波器设计等工作的情况下，实现导航系统精度概算。

7.4.4　数学仿真分析

星际连音自主导航系统数学仿真基本方法为：利用高精度航天器轨道仿真器模拟产生地球卫星和月球卫星的参考轨道数据，考虑地球非球形引力、太阳引力、月球引力和太阳光压等摄动因素。基于参考轨道数据和系统模型模拟产生的星间距离观测量，采用多模型自适应估计算法，结合航天器轨道动力学模型，对星间距离观测量进行处理，对参与导航的地球卫星和月球卫星的位置矢量和速度矢量进行估计；进而，将多模型自适应估计算法的估计值与参考轨道数据进行对比，通过定位精度的评估考察基于地月卫星联合测距的星际连音自主导航系统性能。

以由一颗地球卫星和一颗月球卫星构成的星座系统为例，通过仿真实例验证星际连音自主导航的有效性。假定地球卫星在半长轴 27 905 km，轨道倾角 55°的圆轨道上环绕地球运动，月球卫星在半长轴 1 995 km，轨道倾角 90°的圆轨道上环绕月球运动；星间距离测量精度为 10 m，仿真时间为 3 天，观测数据更新频率为 0.25 Hz。地球卫星和月球卫星的初始位置误差均为约 1 km。

在无干扰影响的情况下，采用多模型自适应估计算法处理一个时间序列上的星间距离观测量，同时估计地球卫星和月球卫星的位置和速度矢量，所得到的地球卫星和月球卫星的位置估计误差曲线如图 7－16 和图 7－17 所示。

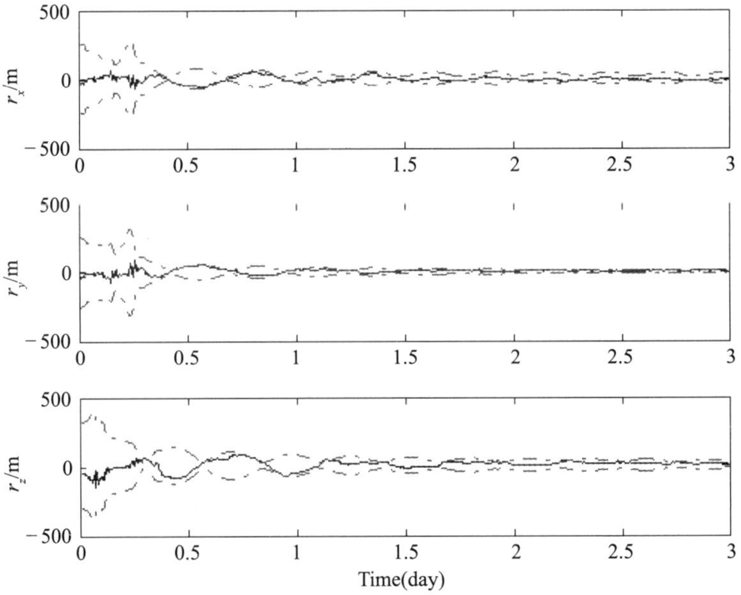

图 7－16　无干扰情况下的地球卫星位置估计误差曲线（见彩插）

图中实线表示航天器位置估计误差曲线，虚线表示根据估计误差方差阵相应对角元计算得到的 3σ 误差界，从上到下三幅图分别对应航天器位置矢量的三个分量。纵坐标表示位置估计误差的大小，单位为 m，横坐标表示时间，单位为天。不难看出，采用星际连音自主导航方法，能够同时确定参与导航的地球卫星和月球卫星的绝对位置。

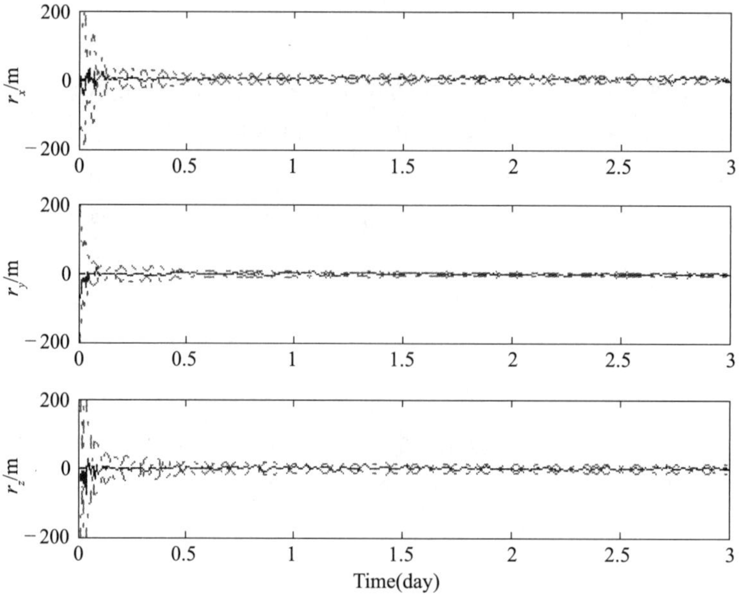

图 7－17　无干扰情况下的月球卫星位置估计误差曲线（见彩插）

考虑星际连音自主导航系统中某个星间链路设备受到干扰因素的影响，测量精度下降（测量噪声标准差分布在区间［10 m，1 000 m］内）的情况，通过传统扩展卡尔曼滤波器和多模型自适应估计算法得到的地球卫星位置估计误差曲线如图 7－18 和图 7－19 所示。

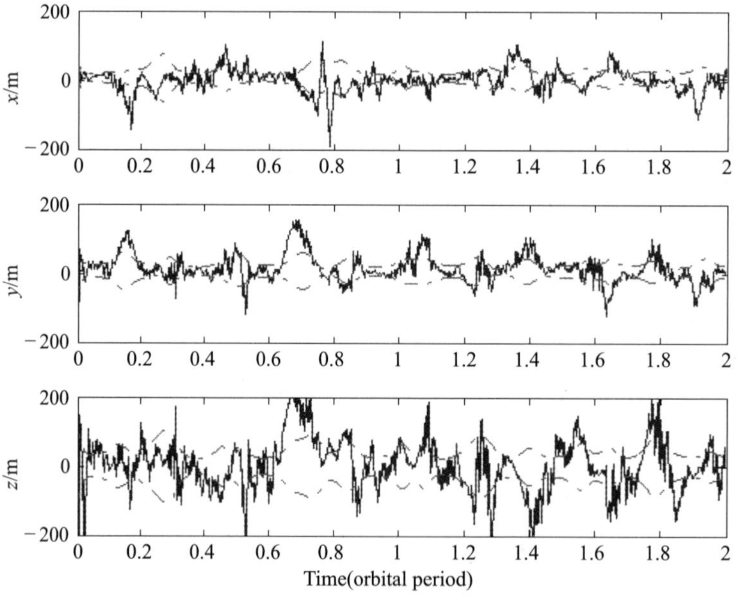

图 7－18　干扰情况下传统扩展卡尔曼滤波器的位置估计误差曲线（见彩插）

从图中可以看出，传统扩展卡尔曼滤波器的估计误差曲线超出了滤波器的估计误差方差阵限定的范围，这说明滤波器性能受到了测量模型不确定性的显著影响。相对而言，多

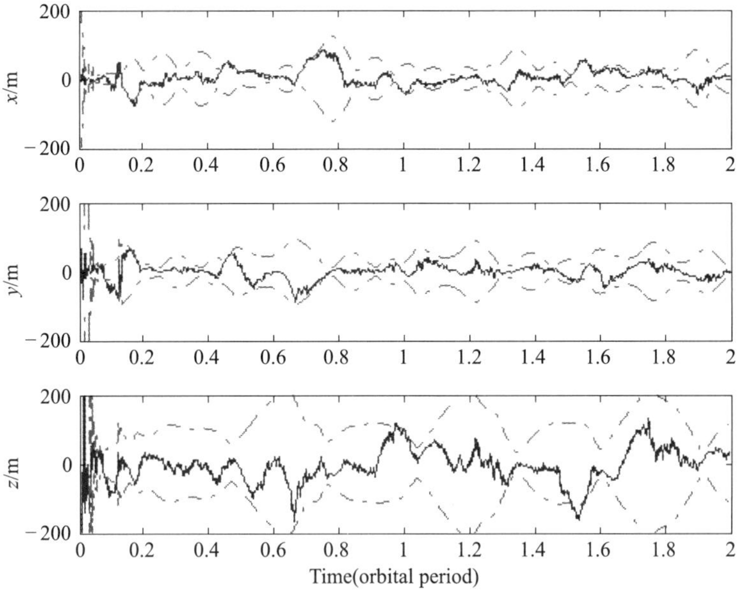

图 7－19　干扰情况下多模型自适应估计算法的位置估计误差曲线（见彩插）

模型自适应估计算法的估计误差曲线限定在滤波器的估计误差限定的范围内，这说明滤波器的设计是有效的。

传统扩展卡尔曼滤波器和多模型自适应估计算法的精度对比情况如表 7－5 所示。根据表中的统计数据不难看出，在星际连音自主导航系统受到测量模型不确定性影响的情况下，多模型自适应估计算法的性能优于传统扩展卡尔曼滤波器。

表 7－5　地球卫星位置估计均方根误差

状态估计方法	导航定位误差/m			
	$r_{0,x}$	$r_{0,y}$	$r_{0,z}$	三轴位置误差的范数
扩展卡尔曼滤波器	34.037 9	40.012 7	76.420 8	92.734 7
多模型自适应估计	23.887 4	20.471 7	49.687 0	58.809 0

为了进一步说明多模型自适应估计算法的优势，针对带有测量模型不确定性的系统，将多模型自适应算法与扩展卡尔曼滤波器、鲁棒扩展卡尔曼滤波器进行了对比研究，通过蒙特卡罗仿真得到的位置估计均方根（RMS）误差曲线如图 7－20 所示。

多模型自适应估计算法能够自适应地在多个模型间进行切换和折中，使得其在应对模型结构或参数变化时，能够体现出相对于传统扩展卡尔曼滤波器和鲁棒卡尔曼滤波器等固定参数状态估计方法的性能优势。不同仿真条件下的研究结果表明，在模型集的覆盖范围内，模型参数的真实值偏离其标称值的幅度越大，则多模型自适应估计算法的优势越明显。

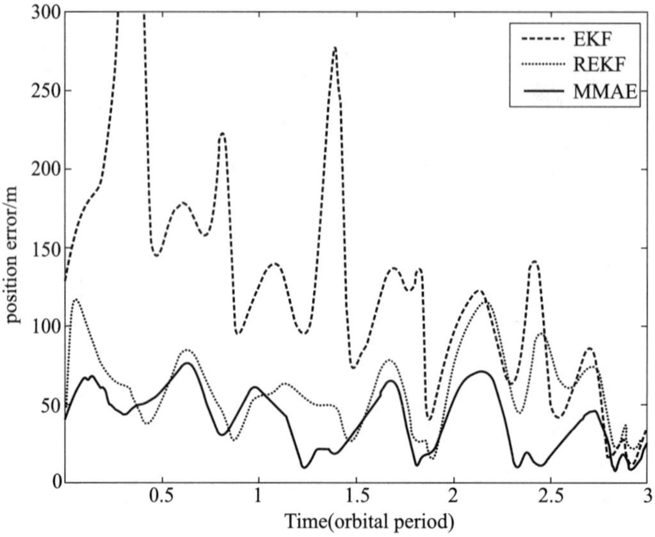

图 7－20　通过不同算法得到的位置估计均方根误差曲线

（EKF：扩展卡尔曼滤波器；REKF：鲁棒扩展卡尔曼滤波器；MMAE：多模型自适应估计）

7.5　本章小结

与传统卡尔曼滤波器不同，在设计自适应状态估计方法时，系统模型的结构和噪声统计特性并非都是精确已知的，部分滤波器参数也不是事先给定的，要求自适应状态估计方法能够根据实际测量数据，在应用过程中不断优化系统模型，使得滤波器的性能逐渐得到提升。在航天器导航系统中，敏感器在轨误差特性难以准确测定是影响航天器定位精度的重要因素，解决该问题的策略之一是基于测量噪声方差阵在一定范围内的不同取值建立多个并行滤波器，并根据各个并行滤波器的测量新息，自适应地选取适当的并行滤波器在最终的状态估计中起主导作用。多模型自适应估计算法有助于消弱测量模型不确定性的不利影响，改善航天器导航定位精度。

多模型自适应估计算法的主要特点为：基于多个并行滤波器的结构形式进行导航解算，并根据加权平均形式的自适应律确定最终的估计结果。该算法的局限性体现在：传统多模型自适应估计算法的设计需要建立完备的模型集，通常要求模型集具有精细的网格结构，以保障未知模型参数描述的准确程度，并覆盖模型参数的潜在取值范围；同时，又要求模型集的规模不能太大，尽量避免增大算法的计算量。上述两种要求是相互矛盾的，对多模型自适应估计算法在航天器导航系统中的应用造成了限制。事实上，基于多模型自适应估计的设计思路，可以衍生出多种具有航天应用前景的自适应状态估计方法，具体途径将在后面两章进行探讨。

参考文献

[1] P S Maybeck. Stochastic models, estimation, and control [M]. Academic Press, 1982.

[2] S Haykin. Adaptive filter theory [M]. Prentice Hall, 2001.

[3] 岳晓奎，袁建平，侯建文．飞行器组合导航鲁棒滤波理论及应用 [M]. 北京：中国宇航出版社，2013.

[4] 房建成，宁晓琳，刘劲．航天器自主天文导航原理与方法 [M]. 北京：国防工业出版社，2017.

[5] K Xiong, C Wei, L Liu. Multiple - model adaptive estimation for space surveillance with measurement uncertainty [J]. Optimal Control, Applications and Methods, 2016, 37 (2): 404 - 423.

[6] 李连升，梅志武，吕政欣，邓楼楼，陈建武，石永强，左富昌，孙艳，周昊，张海力．掠入射聚焦型 X 射线脉冲星望远镜及在轨数据分析 [J]. 兵器装备工程学报，2017，38 (12)：175 - 179.

[7] 李连升，梅志武，邓楼楼，吕政欣，刘继红，孙建波，孙艳，周昊，左富昌．掠入射聚焦型 X 射线脉冲星望远镜装配误差分析与在轨验证 [J]. 机械工程学报，2018，54 (11)：49 - 60.

[8] 左富昌，梅志武，邓楼楼，石永强，贺盈波，李连升，周昊，谢军，张海力，孙艳．多层嵌套掠入射光学系统研制及在轨性能评价 [J]. 物理学报，2020，69 (3)：030702.

[9] P D Hanlon, P S Maybeck. Multiple - model adaptive estimation using a residual correlation Kalman filter bank [J]. IEEE Transactions on Aerospace and Electronic System, 2000, 36 (2): 393 - 406.

[10] B B Alsuwaidan, J L Crassidis, Y Cheng. Generalized multiple - model adaptive estimation using an autocorrelation approach [J]. IEEE Transactions on Aerospace and Electronic System, 2011, 47 (3): 2138 - 2152.

[11] W Li, Y Jia, J Du, J Zhang. Distributed multiple - model estimation for simultaneous localization and tracking with NLOS mitigation [J]. IEEE Transactions on Vehicular Technology, 2013, 62 (6): 2824 - 2830.

[12] S Li, X Jiang, Y Liu. Innovative Mars entry integrated navigation using modified multiple model adaptive estimation [J]. Aerospace Science and Technology, 2014, 39: 403 - 413.

[13] B Gao, S Gao, Y Zhong, G Hu, C Gu. Interacting multiple model estimation - based adaptive robust unscented Kalman filter [J]. International Journal of Control, Automation and Systems, 2017, 15 (5): 2013 - 2015.

[14] Z Zhang, C Gao, W Jing. Infrared measurement and composite tracking algorithm for air - breathing hypersonic vehicles. Journal of Electronic Imaging, 2018, 27 (2): 023023.

[15] K Xiong, C Wei. Multiple model adaptive estimator for nonlinear system with unknown disturbance [J]. Asian Journal of Control, 2015, 17 (6): 2252 - 2262.

[16] X R Li, Y Bar - Shalom. Multiple - model estimation with variable structure [J]. IEEE Transactions on Automatic Control, 1996, 41 (1): 478 - 493.

[17] X R Li, V P Jilkov. Survey of maneuvering target tracking. part V. multiple - model methods [J].

IEEE Transactions on Aerospace and Electronic Systems, 2005, 41 (4): 1255 - 1321.

[18] J Lan, X R Li. Equivalent - model augmentation for variable - structure multiple - model estimation [J]. IEEE Transactions on Aerospace and Electronic Systems, 2013, 49 (4): 2615 - 2630.

[19] B D O Anderson, J B Moore. Optimal Filtering [M]. Prentice - Hall: Englewood Cliffs, 1979.

[20] M L Psiaki. Autonomous orbit determination for two spacecraft from relative position measurements [J]. Journal of Guidance, Control, and Dynamics, 1999, 22 (2): 305 - 312.

[21] M L Psiaki. Absolute orbit and gravity determination using relative position measurements between two satellites [J]. Journal of Guidance, Control, and Dynamics, 2011, 34 (5): 1285 - 1297.

[22] K Xiong, C Wei, L Liu. Autonomous navigation for a group of satellites with star sensors and inter - satellite links [J]. Acta Astronautica, 2013, 86: 10 - 23.

[23] 章仁为．卫星轨道姿态动力学与控制 [M]. 北京：北京航空航天大学出版社，1998.

[24] K Hill, G H Born. Autonomous interplanetary orbit determination using satellite - to satellite tracking [J]. Journal of Guidance, Control, and Dynamics, 2007, 30 (3): 679 - 686.

[25] K Hill, G H Born. Autonomous orbit determination from lunar halo orbits using crosslink range [J]. Journal of Spacecraft and Rockets, 2008, 45 (3): 548 - 553.

[26] 高有涛，徐波，熊欢欢．一种提高导航卫星星座自主定轨精度的方法研究 [J]. 宇航学报，2014，35 (10): 1165 - 1175.

[27] S G Hesar, J S Parker, J M Leonard, R M McGranaghan, G H Born. Lunar far side surface navigation using linked autonomous interplanetary satellite orbit navigation (LiAISON) [J]. Acta Astronautica, 2015, 117: 116 - 129.

[28] K Xiong, C Wei, L Liu. Spacecraft autonomous navigation using multiple model adaptive estimator, aircraft engineering and aerospace technology, 2015, 87 (5): 465 - 475.

[29] V Giovannetti, S Lloyd, L Maccone. Quantum - enhanced positioning and clock synchronization [J]. Nature, 2001, 412: 417 - 419.

[30] Y Shen, L Xu, H Zhang, S Chen, S Song. Relative orbit determination for satellite formation flying based on quantum ranging [J]. Advances in Space Research, 2015, 56: 680 - 692.

[31] 丛爽，宋媛媛，尚伟伟，陈鼎．三颗量子卫星组成的导航定位系统探讨 [J]. 导航定位学报 . 2019，7 (1): 1 - 9.

第 8 章　并行卡尔曼滤波器

前面章节已经介绍了多种适用于处理模型不确定性的随机系统状态估计方法，包括面向未知参数辨识的扩维卡尔曼滤波器，以不变应万变的鲁棒卡尔曼滤波器，以及基于模型优化选取的多模型自适应估计算法等，并概括了它们各自的局限性：如在扩维卡尔曼滤波器中，参数辨识误差可能会导致状态估计精度下降；基于估计误差方差上界设计的鲁棒卡尔曼滤波器存在潜在的保守性问题；多模型自适应估计算法的计算量相对较大，限制了其星上应用。对于这些问题，如果仅在扩维卡尔曼滤波器、鲁棒卡尔曼滤波器和多模型自适应估计各自的范畴内进行探讨，往往仅能得到一些折中的解决方案。事实上，采取并行滤波器的结构形式融合不同的状态估计方法，并通过特定的自适应率对各个并行滤波器的估计值进行加权平均，以获得最终的状态估计结果，是充分利用不同滤波器的性能优势，并避免其局限性的有效手段。

本章旨在说明，在面对一个实际应用系统时，综合运用基于不同理论方法设计的多种滤波器，能够在不同的工作场景和干扰条件下，获得令人满意的状态估计结果。重点讨论了采取并行滤波器的结构形式设计自适应状态估计方法的策略。首先，针对系统中潜在未知模型参数的影响，设计了一种基于卡尔曼滤波器和扩维卡尔曼滤波器并行计算的状态估计算法，其中，卡尔曼滤波器基于理想情况下的精确模型进行设计，而扩维卡尔曼滤波器基于带有未知参数的模型进行设计；以星敏感器低频误差校准为例进行说明。其次，针对带有测量噪声统计特性不确定性的随机系统，设计了一种基于卡尔曼滤波器和自适应卡尔曼滤波器并行计算的状态估计算法；该算法在应对敏感器受环境影响测量特性发生变化时，能够体现出优于传统卡尔曼滤波器的性能优势；以空间目标相对位姿估计为例进行说明。这一章主要结合应用实例对并行滤波器结构的设计展开论述，通过对本章主要内容的浏览，读者将体会到卡尔曼滤波器相关设计工作的灵活性。

8.1　基于并行滤波器的敏感器误差校准

8.1.1　设计原则

传统卡尔曼滤波器的性能会受到未知模型参数的影响，需要通过改善滤波器的设计来提升状态估计性能。在工程实践活动中，很多不确定系统都可以用带有未知模型参数的状态方程和观测方程来描述。利用扩维卡尔曼滤波器将状态向量和未知模型参数一起进行估计，是削弱模型不确定性影响的有效途径之一。在模型不确定性持续存在，并且未知模型参数能够得到准确估计的情况下，应用扩维卡尔曼滤波器代替传统卡尔曼滤波器有助于提升状态估计精度。但是，对于很多应用系统，受环境因素的影响和认知水平的制约，模型不确定性出现的时间及其影响的幅度都是事先未知的。将未知模型参数建模为状态向量的扩维卡尔曼滤波器，在出现模型不确定性的情况下能够体现出较高的估计精度；然而，在模型准确的情况下，受未知模型参数估计误差等因素的影响，扩维卡尔曼滤波器的性能反而不如传统卡尔曼滤波器。很难设计一个单独的卡尔曼滤波器或扩维卡尔曼滤波器，使其在模型不确定性出现和不出现两种情况下，都能达到理想的估计性能。

针对受到潜在未知模型参数影响的系统，基于并行滤波器的结构形式，根据不同的系统模型或优化准则设计多个滤波器，可以提升状态估计方法对于不同应用场景的适应能力。在本节所设计的基于并行滤波器的自适应状态估计算法中，包含一系列并行滤波器，每个并行滤波器提供各自的状态估计值，算法最终的状态估计值是各个并行滤波器估计值的加权和；对应各个并行滤波器的权值根据相应的测量新息计算得到，反映了各个并行滤波器与实际系统的匹配程度。该算法的优势在于，能够针对测量新息大小的不同，自适应地选取适当的状态估计方法进行处理，从而优化状态估计的效果。

值得注意的是，本书第 7 章所述的多模型自适应估计算法也可用于处理未知模型参数的问题，传统方法是构建由多个模型构成的模型集，用于描述未知模型参数向量。对于实际的物理系统，未知模型参数向量的各个元素通常可以认为是有界的，因此，可在固定区间内选取多个样本，形成多维网格结构，作为未知模型参数向量的数学描述。相应地，基于所构造的模型集建立多个并行滤波器，通过设计自适应率，使得最接近实际系统的模型在最终的状态估计中起主导作用，从而削弱未知模型参数的影响。显然，模型集中多维网格的间距越小，对未知模型参数向量进行描述的精细化程度就越高，同时算法的计算量也越大。可想而知，对于某些高维系统，应用传统多模型自适应估计算法对计算能力的要求是很高的，甚至对于现代数字计算机而言也是难以实施的。

本节面向基于星敏感器和陀螺的航天器姿态确定系统，设计一种基于并行滤波器的自适应状态估计算法。本书第 4 章面向未知模型参数辨识设计的扩维卡尔曼滤波器，在星敏感器低频误差对航天器姿态确定精度造成显著影响的情况下，能够取得优于传统卡尔曼滤波器的估计精度；但是，在系统模型足够精确的理想情况下，扩维卡尔曼滤波器的性能往往不及传统卡尔曼滤波器。为了解决该问题，所采取的基本设计原则为：采取两个滤波器并行计算的结构形式，其中，一个滤波器为传统卡尔曼滤波器，在无未知模型参数影响的情况下，对系统进行最优状态估计；另一个滤波器为扩维卡尔曼滤波器，专门用于处理未知模型参数；通过自适应率的设计，根据应用场景的不同对两个并行滤波器的估计结果进行加权平均，从而有效应对实际系统中存在未知模型参数和不存在未知模型参数两种情况。

8.1.2 系统模型

敏感器误差校准是航天器获取准确导航信息的重要保障，通常需要建立包含未知模型参数的观测方程，并将未知模型参数扩充为状态向量，在此基础上，对未知模型参数进行估计和补偿。最近 40 年来，随着新概念敏感器技术的发展、航天器导航系统性能指标的提升，以及星上计算能力的增强，不断有新的敏感器误差校准方法被设计出来。基于星敏感器和陀螺的姿态确定系统在航天器上发挥着重要作用，其性能与星敏感器的在轨误差特性密切相关，而低频误差是影响星敏感器测量精度的主要因素之一（参阅本书第3章中的说明）。因此，有必要设计专门的星敏感器低频误差校准方法，以提高航天器姿态确定精度。

以在航天器姿态确定系统中进行星敏感器低频误差校准为例，说明基于并行滤波器的自适应状态估计算法的设计实施方式。回顾本书第4章给出的方法，将星敏感器低频误差建模为傅里叶级数的形式，并通过扩维卡尔曼滤波器估计傅里叶级数的系数。存在星敏感器低频误差显著影响的情况下，通过扩维卡尔曼滤波器能够提高航天器姿态确定精度。为了方便起见，将航天器姿态确定系统模型重写如下。不考虑星敏感器低频误差的情况下，系统状态向量为

$$\boldsymbol{x}_k = [\delta\boldsymbol{\rho}_k^{\mathrm{T}} \quad \delta\boldsymbol{b}_k^{\mathrm{T}}]^{\mathrm{T}} \tag{8-1}$$

其中，$\delta\boldsymbol{q}_k$ 为误差四元数，$\delta\boldsymbol{b}_k \in \mathbf{R}^3$ 为陀螺漂移误差。根据航天器姿态运动学模型，姿态确定系统的状态方程可写为如下所示的标准形式

$$\boldsymbol{x}_k = \boldsymbol{F}_k\boldsymbol{x}_{k-1} + \boldsymbol{w}_k \tag{8-2}$$

式中，状态转移矩阵的形式为

$$\boldsymbol{F}_k = \begin{bmatrix} \boldsymbol{I}_{3\times3} - \tau[\hat{\boldsymbol{\omega}}_k \times] & -\dfrac{\tau}{2}\boldsymbol{I}_{3\times3} \\ \mathbf{0}_{3\times3} & \boldsymbol{I}_{3\times3} \end{bmatrix} \tag{8-3}$$

星体姿态角速率的估计值 $\hat{\boldsymbol{\omega}}_k$ 可按下式计算

$$\hat{\boldsymbol{\omega}}_k = \overline{\boldsymbol{\varpi}}_k - \hat{\boldsymbol{b}}_k \tag{8-4}$$

式中，$\overline{\boldsymbol{\varpi}}_k$ 表示陀螺观测量，$\hat{\boldsymbol{b}}_k$ 表示陀螺漂移估计值，τ 表示一步状态预测的时间步长，$\boldsymbol{w}_k$ 表示系统噪声，通常假定为0均值高斯白噪声，其方差阵为 $E(\boldsymbol{w}_k\boldsymbol{w}_k^{\mathrm{T}}) = \boldsymbol{Q}_k$，其中，$\boldsymbol{Q}_k$ 是已知的对称正定阵。尽管如式（8-2）所示的状态方程是通过非线性系统线性化技术得到的，以主流星敏感器和陀螺的精度水平，线性化误差对滤波器性能的影响往往并不显著。因此，在本书中将航天器姿态确定系统近似为线性系统进行分析和处理。航天器姿态确定系统中，观测方程的标准形式为

$$\boldsymbol{y}_k = \boldsymbol{H}_k\boldsymbol{x}_k + \boldsymbol{v}_k \tag{8-5}$$

式中，$\boldsymbol{y}_k = \delta\boldsymbol{\rho}_{m,k}$ 是误差四元数 $\delta\boldsymbol{\rho}_k$ 的观测量，观测矩阵 $\boldsymbol{H}_k$ 的形式如下所示

$$\boldsymbol{H}_k = [\boldsymbol{I}_{3\times3} \quad \mathbf{0}_{3\times3}] \tag{8-6}$$

$\boldsymbol{v}_k$ 是测量噪声，通常假定为零均值高斯白噪声，其方差阵为 $E(\boldsymbol{v}_k\boldsymbol{v}_k^{\mathrm{T}}) = \boldsymbol{R}_k$，其中，$\boldsymbol{R}_k$ 是已知的对称正定阵。

考虑星敏感器低频误差的情况下，将星敏感器低频误差参数扩充为状态向量，扩维的状态向量为 $[\boldsymbol{x}_k^{\mathrm{T}} \quad \boldsymbol{\theta}_k^{\mathrm{T}}]^{\mathrm{T}}$，$\boldsymbol{\theta}_k = [a_{x1} \quad b_{x1} \quad a_{y1} \quad b_{y1} \quad a_{z1} \quad b_{z1}]^{\mathrm{T}}$ 是由未知的星敏感器低频误差参数构成的矢量。相应地，构造得到扩维系统的状态方程

$$\begin{bmatrix} \boldsymbol{x}_k \\ \boldsymbol{\theta}_k \end{bmatrix} = \begin{bmatrix} \boldsymbol{F}_k & \boldsymbol{0}_{6\times6} \\ \boldsymbol{0}_{6\times6} & \boldsymbol{I}_{6\times6} \end{bmatrix} \begin{bmatrix} \boldsymbol{x}_{k-1} \\ \boldsymbol{\theta}_{k-1} \end{bmatrix} + \begin{bmatrix} \boldsymbol{w}_k \\ \boldsymbol{0}_{6\times1} \end{bmatrix} \tag{8-7}$$

基于扩维的状态向量，相应的观测方程可在传统航天器姿态确定系统观测方程的基础上拓展得到

$$\boldsymbol{y}_k = [\boldsymbol{H}_k \quad \boldsymbol{\Phi}_k] \begin{bmatrix} \boldsymbol{x}_k \\ \boldsymbol{\theta}_k \end{bmatrix} + \boldsymbol{v}_k \tag{8-8}$$

式中，矩阵 $\boldsymbol{\Phi}_k$ 的数学表达式为

$$\boldsymbol{\Phi}_k = \begin{bmatrix} \cos(\omega_0 k\tau) & \sin(\omega_0 k\tau) & 0 & 0 & 0 & 0 \\ 0 & 0 & \cos(\omega_0 k\tau) & \sin(\omega_0 k\tau) & 0 & 0 \\ 0 & 0 & 0 & 0 & \cos(\omega_0 k\tau) & \sin(\omega_0 k\tau) \end{bmatrix} \tag{8-9}$$

式中，$\omega_0 = \dfrac{2\pi}{T}$，$T$ 为卫星轨道周期。

8.1.3 问题描述

基于扩维系统模型，利用扩维卡尔曼滤波器能够实现星敏感器低频误差校准。但是，校准精度不可避免会受到系统噪声和测量噪声的影响。考虑一种理想情况，即使实际星敏感器的测量数据中不包含低频误差，通过扩维卡尔曼滤波器仍然会得到星敏感器低频误差参数的估计值，基于错误的估计值进行误差补偿，相当于在星敏感器的测量数据中人为引入了部分系统误差。因此，在不存在星敏感器低频误差，或低频误差的影响不显著的情况下，受校准误差的影响，扩维卡尔曼滤波器的估计精度反而不如传统卡尔曼滤波器。换句话说，扩维卡尔曼滤波器的应用效果依赖于星敏感器低频误差的幅度。回顾本书第 4 章中的理论研究和仿真分析，传统卡尔曼滤波器和扩维卡尔曼滤波器的姿态确定精度随星敏感器低频误差幅度变化的情况如图 8－1 所示。

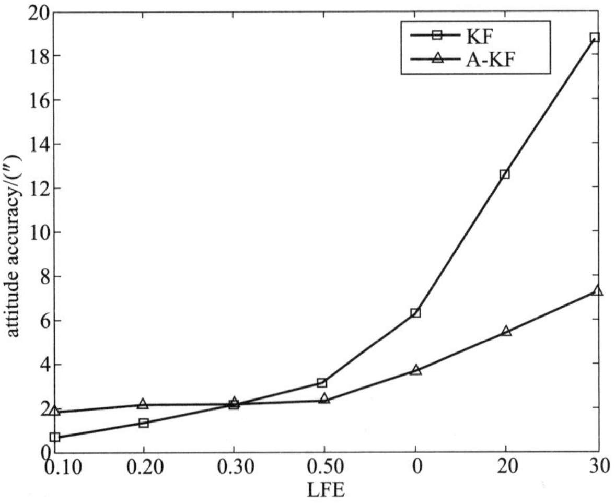

图 8－1　姿态确定精度与星敏感器低频误差幅度变化的关系

图中横坐标表示星敏感器低频误差的幅度，纵坐标表示航天器姿态确定精度，符号“□”和“△”分别表示传统卡尔曼滤波器和扩维卡尔曼滤波器。不难看出，随着星敏感器低频误差幅度的增大，扩维卡尔曼滤波器的优势逐渐显示出来。但是，在星敏感器低频误差的幅度远小于其标称值的情况下，扩维卡尔曼滤波器的估计精度相对较低。

这一结果表明：应当在星敏感器低频误差的幅度较大的情况下，应用基于扩维卡尔曼滤波器的误差校准方法。但是，受地面试验条件的限制，由于难以准确复现航天器发射入轨后所处的空间热环境，对于从事航天器姿态确定系统方案论证工作的设计师而言，在进行滤波器设计的过程中，往往难以准确掌握星敏感器的在轨误差特性。因此，有必要设计一种适用于不同应用场景的随机系统状态估计方法。

8.1.4　递推计算公式

基于前面的分析，在星敏感器低频误差影响显著的情况下，扩维卡尔曼滤波器能够取得优于传统卡尔曼滤波器的估计精度；反之，应用扩维卡尔曼滤波器相当于人为引入校准误差。单独应用卡尔曼滤波器或扩展卡尔曼滤波器，难以在不同情况下均得到令人满意的状态估计结果。针对上述问题，本节将二者相互结合，设计了基于传统卡尔曼滤波器和扩维卡尔曼滤波器并行计算的自适应状态估计算法，其中，传统卡尔曼滤波器适用于不存在星敏感器低频误差（或低频误差影响可忽略）的场合，而扩维卡尔曼滤波器适用于存在星敏感器低频误差的情况，通过计算加权平均融合两个并行滤波器的状态估计结果，获得最终的状态估计值。该算法的实施步骤如图 8－2 所示。

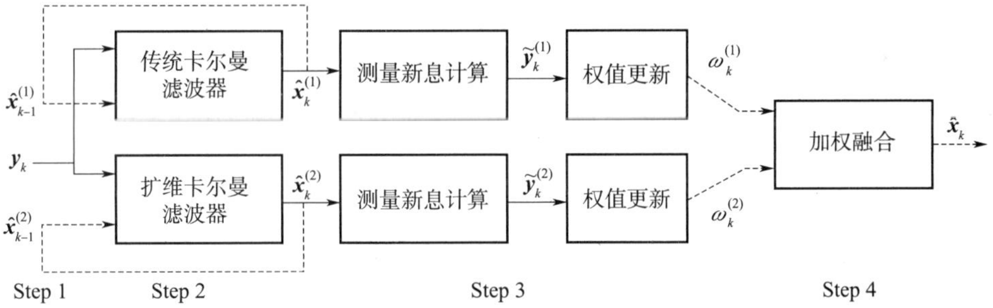

图 8－2　基于并行滤波器的自适应状态估计算法实施步骤

不难看出，该算法具有与多模型自适应估计（MMAE）类似的结构形式。基于并行滤波器的自适应状态估计算法流程如表 8－1 所示。

表 8－1　基于并行滤波器的自适应状态估计递推计算流程

Algorithm 8.1：Adaptive estimation based on parallel filters
1：for $k=0$，do
2：　$\hat{\boldsymbol{x}}_0^{(1)}=\hat{\boldsymbol{x}}_0, \hat{\boldsymbol{x}}_0^{(2)}=[\hat{\boldsymbol{x}}_0^{\mathrm{T}} \quad \hat{\boldsymbol{\theta}}_0^{\mathrm{T}}]^{\mathrm{T}}$　▷ initialization
3：　$\boldsymbol{P}_0^{(1)}=\boldsymbol{P}_0, \boldsymbol{P}_0^{(2)}=\begin{bmatrix}\boldsymbol{P}_0 & \\ & \boldsymbol{P}_{\theta,0}\end{bmatrix}$

续表

$\omega_0^{(1)} = \omega_0^{(2)} = 0.5$

end for

for $k = 1, 2, \cdots$, do

for $\tau = 1, 2$, do

$[\hat{\boldsymbol{x}}_k^{(\tau)}, \boldsymbol{P}_k^{(\tau)}, \tilde{\boldsymbol{y}}_k^{(\tau)}] \leftarrow \mathrm{KF}(\hat{\boldsymbol{x}}_{k-1}^{(\tau)}, \boldsymbol{P}_{k-1}^{(\tau)}, \boldsymbol{y}_k, \boldsymbol{Q}_k, \boldsymbol{R}_k)$　▷ parallel Kalman filtering

$\Lambda_k^{(\tau)} = \dfrac{1}{\sqrt{|2\pi\hat{\boldsymbol{\Omega}}_k^{(\tau)}|}}\exp\left[-\dfrac{1}{2}(\tilde{\boldsymbol{y}}_k^{(\tau)})^{\mathrm{T}}(\hat{\boldsymbol{\Omega}}_k^{(\tau)})^{-1}\tilde{\boldsymbol{y}}_k^{(\tau)}\right]$　▷ likelihood function

end for

$\omega_k^{(1)} = \dfrac{\omega_{k-1}^{(1)}\Lambda_k^{(1)}}{\omega_{k-1}^{(1)}\Lambda_k^{(1)} + \omega_{k-1}^{(2)}\Lambda_k^{(2)}}$　▷ weight update

$\omega_k^{(2)} = \dfrac{\omega_{k-1}^{(2)}\Lambda_k^{(2)}}{\omega_{k-1}^{(1)}\Lambda_k^{(1)} + \omega_{k-1}^{(2)}\Lambda_k^{(2)}}$

$\hat{\boldsymbol{x}}_k = \omega_k^{(1)}\hat{\boldsymbol{x}}_k^{(1)} + \omega_k^{(2)}\hat{\boldsymbol{x}}_k^{(2)}$　▷ resultant state estimation

end for

return $\{\hat{\boldsymbol{x}}_k\}$

其中，$\hat{\boldsymbol{x}}_k^{(1)}$ 和 $\hat{\boldsymbol{x}}_k^{(2)}$ 分别表示 k 时刻两个并行滤波器的状态估计值，$\hat{\boldsymbol{\theta}}_0$ 表示未知模型参数矢量估计值的初始值，$\boldsymbol{P}_{\theta,0}$ 表示相应的初始估计误差方差阵，$\boldsymbol{P}_0^{(1)}$ 和 $\boldsymbol{P}_0^{(2)}$ 表示两个并行滤波器的估计误差方差阵，$\omega_0^{(1)}$ 和 $\omega_0^{(2)}$ 表示两个并行滤波器的权值，$\hat{\boldsymbol{\Omega}}_k^{(\tau)}$ 为可调参数矩阵，其计算方式可参阅本书第 7 章中的说明，$\tilde{\boldsymbol{y}}_k^{(\tau)}$ 为测量新息，$\hat{\boldsymbol{x}}_k$ 表示最终的状态估计值。两个并行滤波器均利用卡尔曼滤波器的递推计算公式实施，二者的区别在于状态向量的维数不同。

事实上，在基于并行滤波器的自适应状态估计算法中，可以将基于不同优化准则设计的状态估计方法作为并行滤波器，只要并行滤波器中的一个是有效的，最终的状态估计结果就是有效的。在本节给出的算法中，通过融合传统卡尔曼滤波器和扩维卡尔曼滤波器的状态估计结果，削弱潜在的星敏感器低频误差影响，获取航天器姿态的精确估计值；实施该算法仅需要建立两个并行滤波器，不会造成计算量大幅度增加。

采取与本书第 7 章类似的方法，通过并行滤波器权值的收敛性分析易知，在星敏感器观测量中不存在低频误差的情况下，对应扩维卡尔曼滤波器的权值收敛于 0，对应传统卡尔曼滤波器的权值收敛于 1；此时，基于并行滤波器的自适应状态估计算法的最终状态估计值实质上是通过传统卡尔曼滤波器得到的，避免状态估计结果受到校准误差的影响。反之，存在星敏感器低频误差的情况下，对应传统卡尔曼滤波器的权值收敛于 0，对应扩维卡尔曼滤波器的权值收敛于 1；此时，基于并行滤波器的自适应状态估计算法的最终状态估计值实质上是通过扩维卡尔曼滤波器得到的，通过误差校准有利于削弱星敏感器低频误差影响，提高航天器姿态确定精度。具体分析过程可参阅文献 [1]。

在基于并行滤波器的自适应状态估计算法中，传统卡尔曼滤波器和扩维卡尔曼滤波器均对星敏感器和陀螺的观测数据进行滤波处理，通过自适应率择优选取传统卡尔曼滤波器或扩展卡尔曼滤波器进行状态估计结果输出，理论上能够取得优于单独应用其中某个滤波器的性能。

8.1.5　数学仿真分析

以基于星敏感器和陀螺的航天器姿态确定为例，通过数学仿真分析基于并行滤波器的自适应状态估计算法的性能，并与传统卡尔曼滤波器和扩维卡尔曼滤波器进行了对比研究。对于星敏感器低频误差存在与不存在两种情况，观察基于并行滤波器的自适应状态估计算法能否收敛到适当的滤波器。

假定航天器在周期 100 min，倾角 98°的近圆轨道上运行，处于对地稳定的工作状态。航天器上安装两个星敏感器和 3 个陀螺。设星敏感器观测量中，随机噪声标准差为 1″，低频误差幅度约为 3″，通过在轨遥测数据分析建立星敏感器误差模型，在此基础上模拟产生低频误差轮廓波形。陀螺的角度随机游走和角速率随机游走系数分别为 4×10^{-4} (°)/$h^{0.5}$ 和 5×10^{-3} (°)/$h^{1.5}$。为了保证数学仿真的保真度，通过静态试验得到的三浮陀螺实测数据，通过在航天器姿态参考值基础上叠加实际陀螺测量噪声的方式，模拟产生陀螺观测量。设计随机系统状态估计方法，融合两个星敏感器和 3 个陀螺的观测量，获得航天器姿态四元数的估计值。滤波器中的噪声方差阵根据星敏感器和陀螺的性能指标选取，在传统卡尔曼滤波器和扩维卡尔曼滤波器中选取相同的测量噪声方差阵。仿真时间约为航天器的 5 个轨道周期，滤波器输出时间间隔为 1 s。

首先考察存在星敏感器低频误差显著影响的情况，采用基于并行滤波器的自适应状态估计算法处理星敏感器和陀螺观测数据，获得的三轴姿态估计误差曲线如图 8－3 所示。

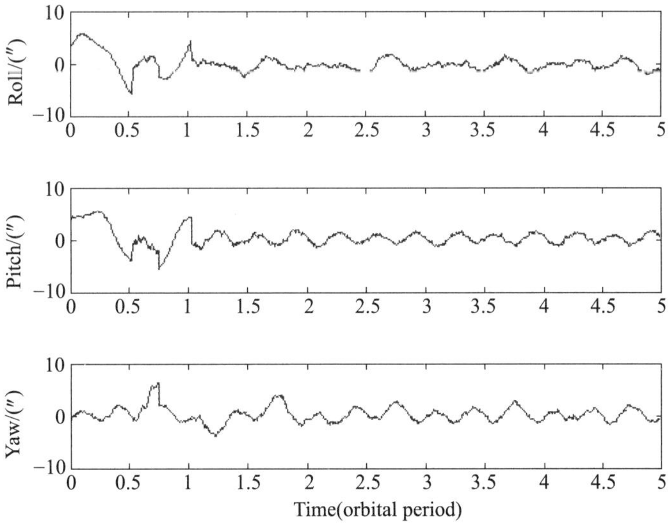

图 8－3　基于并行滤波器的自适应状态估计误差曲线（存在低频误差）

参照本书第 4 章中给出的仿真曲线，不难看出，星敏感器低频误差对基于传统卡尔曼滤波器的航天器姿态确定精度有显著影响。利用扩维卡尔曼滤波器同时对航天器姿态误差、陀螺漂移误差和星敏感器低频误差参数进行估计，能够部分消除星敏感器低频误差的影响。基于并行滤波器的自适应状态估计算法也能实现星敏感器低频误差校准，与传统卡尔曼滤波器相比，姿态确定精度得到显著提升。

图 8－4 给出了基于并行滤波器的自适应状态估计算法中对应传统卡尔曼滤波器和扩维卡尔曼滤波器的权值变化曲线。正如我们所期望的，对于星敏感器低频误差幅值较大的情况，对应扩维卡尔曼滤波器的权值收敛于 1，对应传统卡尔曼滤波器的权值收敛于 0，扩维卡尔曼滤波器在最终的状态估计中起主导作用，这表明基于并行滤波器的自适应状态估计算法能够选择出适当的滤波器实施航天器姿态确定。

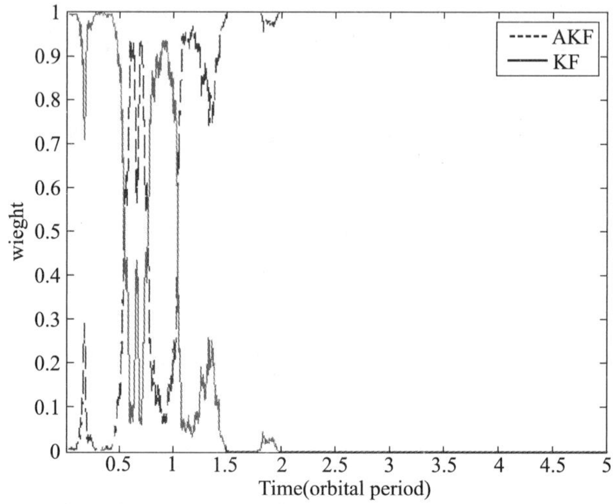

图 8－4　两个并行滤波器的权值变化曲线（存在低频误差）（见彩插）

接下来，分析星敏感器观测量中不包含低频误差时，基于并行滤波器的自适应状态估计算法的航天器姿态确定精度。传统卡尔曼滤波器和扩维卡尔曼滤波器的估计误差曲线如本书第 4 章所示。在不存在低频误差的情况下，通过扩维卡尔曼滤波器进行误差校准后，相对于传统卡尔曼滤波器，姿态确定精度有所降低。事实上，此时不宜实施误差校准。基于并行滤波器的自适应状态估计算法的估计误差曲线和权值变化曲线如图 8－5 和图 8－6 所示。从图中可以看出，对应传统卡尔曼滤波器的权值收敛于 1，这说明传统卡尔曼滤波器在最终的状态估计中起主导作用，基于并行滤波器的自适应状态估计算法的航天器姿态确定结果与传统卡尔曼滤波器类似。

对于不同的星敏感器低频误差幅度，通过传统卡尔曼滤波器、扩维卡尔曼滤波器和基于并行滤波器的自适应状态估计算法得到的航天器三轴姿态估计均方根（RMS）误差的范数，以及在同一数字计算机上的算法仿真平均运行时间如表 8－2 所示。可以看出，在数学仿真过程中，星敏感器低频误差的幅度设置为 3″或 6″时，基于并行滤波器的自适应状态估计算法的性能优于传统卡尔曼滤波器，与扩维卡尔滤波器相仿；星敏感器低频误差的幅度设置为 0″时，基于并行滤波器的自适应状态估计算法的性能优于扩维卡尔曼滤波器，与传统卡尔曼滤波器相仿。不同应用场景下的仿真结果表明，基于并行滤波器的自适应状态

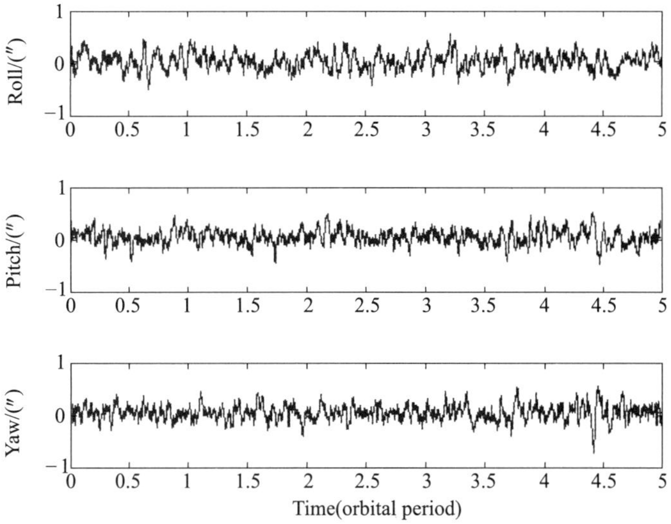

图 8-5　基于并行滤波器的自适应状态估计误差曲线（不存在低频误差）

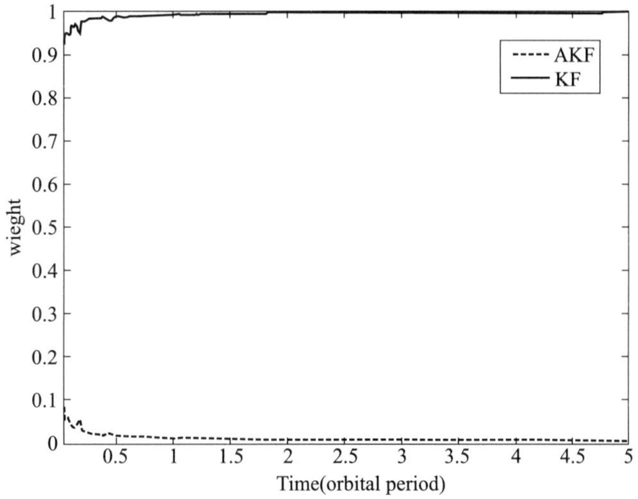

图 8-6　两个并行滤波器的权值变化曲线（不存在低频误差）

估计算法设计达到了预期效果。

表 8-2　三种状态估计方法的三轴姿态估计 RMS 误差的范数

状态估计方法	低频误差幅度/(″)	姿态确定精度/(″)	算法运行时间/s
传统卡尔曼滤波器	0	0.259 1	4.8
	3	5.624 0	
	6	11.234 6	

续表

状态估计方法	低频误差幅度/(″)	姿态确定精度/(″)	算法运行时间/s
扩维卡尔曼滤波器	0	1.567 6	5.0
	3	2.736 3	
	6	5.683 7	
基于并行滤波器的自适应状态估计	0	0.259 2	6.9
	3	2.722 0	
	6	5.403 9	

综上，星敏感器低频误差校准精度受限于姿态敏感器（陀螺和星敏感器）的测量精度，在校准精度有限的情况下，误差校准对航天器姿态确定系统的影响与星敏感器在轨误差特性有关。简单地说，存在星敏感器低频误差的情况下，通过误差校准能够改善航天器姿态确定精度；相反，如果不存在星敏感器低频误差，通过误差校准反而会降低航天器姿态确定精度。针对上述问题，设计了一种基于并行滤波器的自适应状态估计算法，该方法能够自适应地选择适当的滤波器在最终的状态估计中占据主导地位，从而在不同情况下发挥不同算法的性能优势，且不涉及复杂运算，不会给星载计算机造成较大负担，适用于星上计算资源受限的情况。基于现阶段主流敏感器测量精度水平和在轨遥测数据分析的数学仿真研究表明，基于并行滤波器的自适应状态估计算法是有效的。本节所设计的算法在不同仿真场景下的良好表现使其成为航天器高精度姿态确定的一种理想备选方案。结合本书第 3 章、第 4 章和本章涉及星敏感器低频误差校准方法的论述，可以看出，通过对随机系统状态估计方法的深入研究，能够持续改善航天器姿态确定系统的综合性能。

8.2 基于并行滤波器的噪声特性估计

8.2.1 问题描述

在传统卡尔曼滤波器的设计过程中，假设系统模型中的系统噪声和测量噪声方差阵是精确已知的。然而，在工程实践活动中，受应用条件和环境因素的影响，这一假设往往得不到满足。例如，在空间目标相对位姿确定系统中，通过观察卫星上的双目立体视觉敏感器指向目标卫星进行观测，受观察卫星平台姿态抖动和空间光照条件等因素的影响，敏感器误差特性往往会发生变化，此时，测量噪声方差会偏离通过地面测试获得的标称值。对于测量噪声统计特性的变化，传统卡尔曼滤波器不具备自适应能力。在实际敏感器测量噪声方差阵偏离其标称值的情况下，会导致卡尔曼滤波器失去最优性。通过气浮台模拟观测卫星，通过卫星模型模拟空间目标，得到的星间相对测量地面测试环境如图 8 - 7 所示。基于上述实验条件准确模拟平台抖动和空间光照等因素的影响是比较困难的。

针对系统模型中噪声统计特性不确定性的影响，本书前面部分已给出两种设计策略。第 6 章介绍的鲁棒卡尔曼滤波器（RKF）可基于噪声方差阵的上界进行设计，但是，基于先验信息选定的噪声方差阵的上界往往具有某种保守性，不利于在理想情况下提升滤波器

图 8 - 7　星间相对测量地面测试环境示意图

的估计精度。第 7 章介绍的多模型自适应估计（MMAE）算法采用一种更为精巧的方式来描述噪声统计特性不确定性的影响，具体方法是根据噪声方差阵在一定范围内的不同取值，建立由多个模型构成的模型集，并基于各个模型分别设计并行滤波器，各个滤波器实施并行计算，最终的状态估计结果是各个并行滤波器状态估计值的加权和。

多模型自适应估计算法的局限性体现在，为了全面覆盖噪声方差阵的取值范围，如果采取空间网格的形式进行表述，往往需要建立一个庞大的模型集，相应地，需要设计大量的并行滤波器实施解算。举例来说，考虑由 N 个敏感器构成的组合导航系统，假定每个敏感器的测量噪声统计特性的不确定性仅用一个标量形式的模型参数（θ_s，$s=1, 2, \cdots, N$）来描述，并且假定每个模型参数 θ_s 仅在一个包含 10 个元素的离散集中取值，此时，用于描述组合导航系统测量噪声方差阵 $\boldsymbol{R}(\theta_1, \theta_2, \cdots, \theta_N)$ 的模型数将达到 10^N。相应地，需要设计 10^N 个并行滤波器。不难看出，随着组合导航系统中敏感器数量和网格精细化程度的增加，并行滤波器的数目很容易达到天文数字，从而给星上数字计算机造成较大负担。同时，算法复杂度的增加对星上软件的可靠性也会产生不利影响。多模型自适应估计算法自身的局限性是制约其星上应用的瓶颈问题。

长期以来，具有噪声统计特性在线估计能力的自适应滤波器研究一直得到广泛重视，相关文献资源非常丰富，对于线性时不变系统、线性时变系统和非线性系统，分别给出了多种不同实现方式[2-8]。利用测量新息序列同时对状态向量和各个敏感器的测量噪声方差阵进行估计，可以部分解决测量噪声统计特性的不确定性问题。但是，与前面介绍的扩维卡尔曼滤波器的情况类似，对于噪声方差阵的真实值显著偏离其标称值的情况，应用自适应卡尔曼滤波器（AKF）往往能够取得较好的效果；相反，在噪声方差阵的真实值恰好与其标称值一致的情况下，受噪声方差阵在线估计误差的影响，自适应卡尔曼滤波器的性能往往不及传统卡尔曼滤波器，如图 8-8 所示。在工程实践活动中，测量噪声方差阵的真实值是否偏离其标称值，以及偏离的程度，往往是事先未知的。因此，需要有针对性地改进状态估计方法的设计，以解决上述问题。

图 8-8 自适应卡尔曼滤波器在不同情况下的性能表现示意图

面向带有测量噪声统计特性不确定性的多敏感器组合导航系统，本节设计了一种基于并行滤波器的自适应状态估计算法，基本思路是采取类似于多模型自适应估计的结构，通过加权平均形式的自适应率将传统卡尔曼滤波器和自适应卡尔曼滤波器结合起来，如图 8-9 所示。

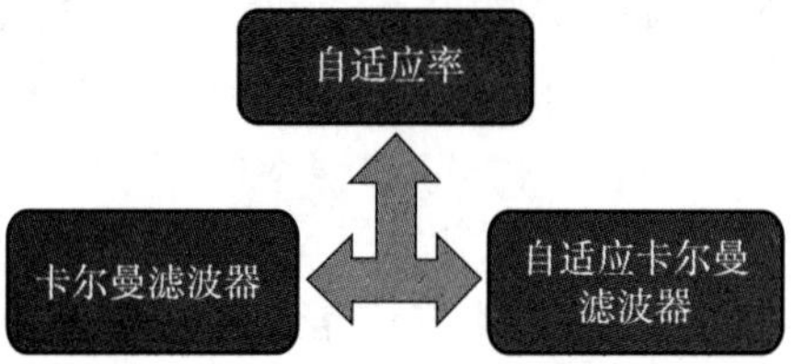

图 8-9 基于并行滤波器的自适应状态估计算法设计思路

该算法能够根据实际敏感器误差特性，自适应地选择测量噪声方差阵的标称值或估计值进行滤波处理，从而提升对环境的适应性。在算法复杂度方面，举例来说，对于前述由 N 个敏感器构成的组合导航系统，由于每个敏感器的测量噪声方差阵仅需在标称值和估计值二者之间进行选取，相当于建立了由 2^N 个元素构成的模型集，相应地，仅需要设计 2^N 个并行滤波器，即可实现基于并行滤波器的自适应状态估计。

8.2.2 系统模型

将包含 N 个敏感器的组合导航系统描述为如下所示的离散时间线性随机系统模型。在此采用线性系统模型主要是为了表述上的方便，事实上，本节所述的设计方法也可以利用类似扩展卡尔曼滤波器的技术手段，推广用于非线性系统。

$$\boldsymbol{x}_k = \boldsymbol{F}_k \boldsymbol{x}_{k-1} + \boldsymbol{w}_k \tag{8-10}$$

$$\boldsymbol{y}_{k,s} = \boldsymbol{H}_{k,s} \boldsymbol{x}_k + \boldsymbol{v}_{k,s}, s = 1, 2, \cdots, N \tag{8-11}$$

其中，$\boldsymbol{x}_k$ 表示状态向量，$\boldsymbol{F}_k$ 表示状态转移矩阵，$\boldsymbol{w}_k$ 表示系统噪声，下标 k 表示离散的时间，$\boldsymbol{y}_{k,s}$ 表示第 s 个敏感器的观测量，$\boldsymbol{H}_{k,s}$ 表示相应的观测矩阵，$\boldsymbol{v}_{k,s}$ 表示测量噪声。假定 $\boldsymbol{w}_k$ 和 $\boldsymbol{v}_{k,s}$ 为不相关的零均值高斯白噪声。不同敏感器的观测方程可合并为

$$\boldsymbol{y}_k = \boldsymbol{H}_k \boldsymbol{x}_k + \boldsymbol{v}_k \tag{8-12}$$

其中

$$\boldsymbol{y}_k = [\boldsymbol{y}_{k,1}^{\mathrm{T}} \quad \boldsymbol{y}_{k,2}^{\mathrm{T}} \quad \cdots \quad \boldsymbol{y}_{k,N}^{\mathrm{T}}]^{\mathrm{T}} \tag{8-13}$$

$$\boldsymbol{H}_k = [\boldsymbol{H}_{k,1}^{\mathrm{T}} \quad \boldsymbol{H}_{k,2}^{\mathrm{T}} \quad \cdots \quad \boldsymbol{H}_{k,N}^{\mathrm{T}}]^{\mathrm{T}} \tag{8-14}$$

$$\boldsymbol{v}_k = [\boldsymbol{v}_{k,1}^{\mathrm{T}} \quad \boldsymbol{v}_{k,2}^{\mathrm{T}} \quad \cdots \quad \boldsymbol{v}_{k,N}^{\mathrm{T}}]^{\mathrm{T}} \tag{8-15}$$

噪声统计特性表述为

$$E(\boldsymbol{w}_k \boldsymbol{w}_j^{\mathrm{T}}) = \boldsymbol{Q}_k \delta_{kj}, \forall k, j = 0,1,2,\cdots \tag{8-16}$$

$$E(\boldsymbol{v}_{k,s} \boldsymbol{v}_{j,s}^{\mathrm{T}}) = \boldsymbol{R}_{k,s} \delta_{kj}, \boldsymbol{R}_{k,s} = \theta_s \overline{\boldsymbol{R}}_{k,s} \ \forall k, j = 0,1,2,\cdots \tag{8-17}$$

其中，$\boldsymbol{Q}_k$ 和 $\overline{\boldsymbol{R}}_{k,s}$ 为对称正定阵，$\boldsymbol{R}_{k,s}$ 和 $\overline{\boldsymbol{R}}_{k,s}$ 分别表示第 s 个敏感器测量噪声方差阵的真实值和标称值，$\theta_s \in [\underline{\theta}_s, \overline{\theta}_s]$ 是未知模型参数，$\underline{\theta}_s$ 和 $\overline{\theta}_s$ 为参数 θ_s 的上界和下界。在理想情况下，测量噪声方差阵的标称值 $\overline{\boldsymbol{R}}_{k,s}$ 等于其真实值 $\boldsymbol{R}_{k,s}$；在实际应用过程中，受干扰因素的影响，敏感器在轨工作时测量噪声方差阵的真实值 $\boldsymbol{R}_{k,s}$ 可能不同于地面测试获得的标称值 $\overline{\boldsymbol{R}}_{k,s}$。对于组合导航系统而言，测量噪声方差阵可合并写为如下形式

$$E(\boldsymbol{v}_k \boldsymbol{v}_j^{\mathrm{T}}) = \boldsymbol{R}_k \delta_{kj}, \boldsymbol{R}_k = \boldsymbol{\Theta} \overline{\boldsymbol{R}}_k, \forall k, j = 0,1,2,\cdots \tag{8-18}$$

其中

$$\boldsymbol{\Theta} = \begin{bmatrix} \theta_1 \boldsymbol{I} & & & \\ & \theta_2 \boldsymbol{I} & & \\ & & \ddots & \\ & & & \theta_N \boldsymbol{I} \end{bmatrix} \tag{8-19}$$

$$\overline{\boldsymbol{R}}_k = \begin{bmatrix} \overline{\boldsymbol{R}}_{k,1} & & & \\ & \overline{\boldsymbol{R}}_{k,2} & & \\ & & \ddots & \\ & & & \overline{\boldsymbol{R}}_{k,N} \end{bmatrix} \tag{8-20}$$

$\boldsymbol{R}_k$ 和 $\overline{\boldsymbol{R}}_k$ 分别表示组合导航系统测量噪声方差阵的真实值和标称值，$\boldsymbol{\Theta}$ 表示未知参数构成的对角阵。

为了覆盖未知模型参数 θ_s 的取值范围 $[\underline{\theta}_s, \overline{\theta}_s]$，传统的多模型自适应估计算法需要在区间 $[\underline{\theta}_s, \overline{\theta}_s]$ 中采样，从而得到模型参数向量 $[\theta_1, \theta_2, \cdots, \theta_N]$ 的离散集，在此基础上建立用于并行滤波器设计的模型集。在敏感器数量 N 比较大、θ_s 的取值范围较大，或在 $[\underline{\theta}_s, \overline{\theta}_s]$ 中的采样点数目较多的情况下，往往导致模型集的规模非常庞大，甚至达到使从事航天器导航系统方案论证的工程技术人员望而却步的程度。

为了克服传统多模型自适应估计算法的局限性，结合传统卡尔曼滤波器和自适应卡尔曼滤波器，设计了基于并行滤波器的自适应状态估计算法，采取并行滤波器的结构形式，每个并行滤波器分配一个互不相同的测量噪声方差阵；对于每个敏感器而言，相应的测量噪声方差阵可在事先测定的标称值 $\overline{\boldsymbol{R}}_{k,s}$ 和通过自适应卡尔曼滤波器得到的在线估计值 $\hat{\boldsymbol{R}}_{k,s}$ 之间选取。对于包含两个敏感器的组合导航系统，仅需要建立 4 个并行滤波器；对于不同的并行滤波器，测量噪声方差阵的分配情况如表 8-3 所示。

表 8-3 不同并行滤波器分配的测量噪声方差

并行滤波器编号	敏感器 1 噪声方差阵	敏感器 2 噪声方差阵	并行滤波器噪声方差阵
1	$\boldsymbol{R}_{k,1}^{(1)}=\bar{\boldsymbol{R}}_{k,1}$	$\boldsymbol{R}_{k,2}^{(1)}=\bar{\boldsymbol{R}}_{k,2}$	$\boldsymbol{R}_{k}^{(1)}=\begin{bmatrix}\bar{\boldsymbol{R}}_{k,1} & \\ & \bar{\boldsymbol{R}}_{k,2}\end{bmatrix}$
2	$\boldsymbol{R}_{k,1}^{(2)}=\hat{\boldsymbol{R}}_{k,1}$	$\boldsymbol{R}_{k,2}^{(2)}=\bar{\boldsymbol{R}}_{k,2}$	$\boldsymbol{R}_{k}^{(2)}=\begin{bmatrix}\hat{\boldsymbol{R}}_{k,1} & \\ & \bar{\boldsymbol{R}}_{k,2}\end{bmatrix}$
3	$\boldsymbol{R}_{k,1}^{(3)}=\bar{\boldsymbol{R}}_{k,1}$	$\boldsymbol{R}_{k,2}^{(3)}=\hat{\boldsymbol{R}}_{k,2}$	$\boldsymbol{R}_{k}^{(3)}=\begin{bmatrix}\bar{\boldsymbol{R}}_{k,1} & \\ & \hat{\boldsymbol{R}}_{k,2}\end{bmatrix}$
4	$\boldsymbol{R}_{k,1}^{(4)}=\hat{\boldsymbol{R}}_{k,1}$	$\boldsymbol{R}_{k,2}^{(4)}=\hat{\boldsymbol{R}}_{k,2}$	$\boldsymbol{R}_{k}^{(4)}=\begin{bmatrix}\hat{\boldsymbol{R}}_{k,1} & \\ & \hat{\boldsymbol{R}}_{k,2}\end{bmatrix}$

其中，$\boldsymbol{R}_k^{(\tau)}$（$\tau=1,2,\cdots,M$）表示第 τ 个并行滤波器的测量噪声方差阵，M 是并行滤波器的数目，取决于模型集中元素的数目，$\boldsymbol{R}_{k,s}^{(\tau)}$（$\tau=1,2,\cdots,M$，$s=1,2,\cdots,N$）表示对应第 s 个敏感器，第 τ 个并行滤波器的测量噪声方差阵。显然，结合测量噪声方差阵的标称值和估计值建立模型集，仅需要少量模型即可有效描述测量噪声统计特性不确定性，能够有效避免传统多模型自适应估计算法计算量大的问题。

8.2.3 递推计算公式

面向带有测量噪声统计特性不确定性的多敏感器组合导航系统，根据前面设计的模型集，基于并行滤波器的自适应状态估计算法结构如图 8-10 所示[9]。

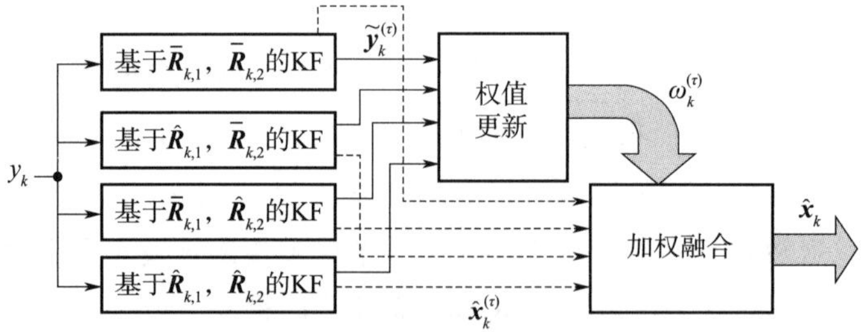

图 8-10 基于并行滤波器的自适应状态估计算法结构

算法实施方式与传统多模型自适应估计方法类似，基本方法是基于测量噪声方差阵的标称值或估计值的不同组合建立多个并行滤波器，分别进行滤波解算，通过自适应率调节各个并行滤波器权值的大小，最终的状态估计值是各个并行滤波器状态估计值的加权平均。随着状态估计方法的迭代进行，滤波模型接近于实际系统的并行滤波器将在最终的状态估计中起到主导作用。具体递推计算公式如表 8-4 所示。

表 8－4　基于并行滤波器的自适应状态估计递推计算流程

Algorithm 8.2: Adaptive estimation based on parallel filters

for $k=0$, do
　for $\tau=1$ to M, do
　　$\hat{\boldsymbol{x}}_0^{(\tau)}=\hat{\boldsymbol{x}}_0, \boldsymbol{P}_0^{(\tau)}=\boldsymbol{P}_0, \hat{\boldsymbol{R}}_{0,s}=\overline{\boldsymbol{R}}_{0,s}\ \omega_0^{(\tau)}=\dfrac{1}{M}$　▷ initialization
　end for
end for
for $k=1,2,\cdots$, do
　for $\tau=1$ to M, do
　　for $s=1,2,\cdots,N$, do ▷ parallel Kalman filtering
　　　$[\hat{\boldsymbol{x}}_k^{(\tau)}, \boldsymbol{P}_k^{(\tau)}, \tilde{\boldsymbol{y}}_{k,s}^{(\tau)}, \hat{\boldsymbol{R}}_{k,s}] \leftarrow \text{AKF}(\hat{\boldsymbol{x}}_{k-1}^{(\tau)}, \boldsymbol{P}_{k-1}^{(\tau)}, \boldsymbol{y}_{k,s}, \boldsymbol{Q}_k, \boldsymbol{R}_{k,s}^{(\tau)}, \hat{\boldsymbol{R}}_{k-1,s})$
　　end
　　$\Lambda_k^{(\tau)}=\dfrac{1}{\sqrt{2\pi\boldsymbol{\Omega}_k}}\exp[-\dfrac{1}{2}\sum_{s=1}^{N}(\tilde{\boldsymbol{y}}_{k,s}^{(\tau)})^{\mathrm{T}}\boldsymbol{\Omega}_{k,s}^{-1}\tilde{\boldsymbol{y}}_{k,s}^{(\tau)}]$　▷ likelihood function
　end for
　for $\tau=1$ to M, do
　　$\omega_k^{(\tau)}=\dfrac{\omega_{k-1}^{(\tau)}\Lambda_k^{(\tau)}}{\omega_{k-1}^{(1)}\Lambda_k^{(1)}+\omega_{k-1}^{(2)}\Lambda_k^{(2)}+\cdots+\omega_{k-1}^{(M)}\Lambda_k^{(M)}}$　▷ weight update
　end for
　$\hat{\boldsymbol{x}}_k=\sum_{\tau=1}^{M}\omega_k^{(\tau)}\hat{\boldsymbol{x}}_k^{(\tau)}$　▷ resultant state estimation
end for
return $\{\hat{\boldsymbol{x}}_k\}$

其中，$\hat{\boldsymbol{x}}_0$ 和 $\boldsymbol{P}_0$ 为状态估计值及其误差方差阵的初始值，$\boldsymbol{R}_{0,s}$ 和 $\hat{\boldsymbol{R}}_{0,s}$ 分别表示第 s 个敏感器测量噪声方差阵标称值和估计值的初始值，$\hat{\boldsymbol{x}}_k^{(\tau)}$ 和 $\boldsymbol{P}_k^{(\tau)}$ 为各个并行滤波器的状态估计值及其误差方差阵，$\omega_k^{(\tau)}$ 为并行滤波器的权值，$\tilde{\boldsymbol{y}}_{k,s}^{(\tau)}=\boldsymbol{y}_{k,s}-\boldsymbol{H}_{k,s}\hat{\boldsymbol{x}}_{k|k-1}^{(\tau)}$ 表示对应第 τ 个滤波器、第 s 个敏感器的测量新息，各个并行滤波器递推计算公式中的测量噪声方差阵 $\boldsymbol{R}_{k,s}^{(\tau)}$ 在其标称值 $\overline{\boldsymbol{R}}_{k,s}$ 和估计值 $\hat{\boldsymbol{R}}_{k,s}$ 之间选取，$\boldsymbol{\Omega}_k=\begin{bmatrix}\boldsymbol{\Omega}_{k,1} & & & \\ & \boldsymbol{\Omega}_{k,2} & & \\ & & \ddots & \\ & & & \boldsymbol{\Omega}_{k,N}\end{bmatrix}$ 为可调参数矩阵，其取值与并行滤波器的权值收敛速度有关，关于该矩阵的选取策略可参阅文献［1］，$\hat{\boldsymbol{x}}_k$ 表示基于并行滤波器的自适应状态估计算法最终的状态估计值。注意到在上述算法中嵌入了在线方差估计器，用于获得敏感器测量噪声方差阵的估计值 $\hat{\boldsymbol{R}}_{k,s}$。自适应卡尔曼滤波器的一步递推计算公式如表 8－5 所示。

表 8-5 自适应卡尔曼滤波器的一步递推计算流程

Algorithm 8.2: Adaptive Kalman filter

function AKF($\hat{\boldsymbol{x}}_{k-1}^{(\tau)}, \boldsymbol{P}_{k-1}^{(\tau)}, \boldsymbol{y}_{k,s}, \boldsymbol{Q}_k, \boldsymbol{R}_{k,s}^{(\tau)}, \hat{\boldsymbol{R}}_{k-1,s}$)

  $\hat{\boldsymbol{x}}_{k|k-1}^{(\tau)} \leftarrow \boldsymbol{F}_k \hat{\boldsymbol{x}}_{k-1}^{(\tau)}$ ▷ prediction

  $\boldsymbol{P}_{k|k-1}^{(\tau)} \leftarrow \boldsymbol{F}_k \boldsymbol{P}_{k-1}^{(\tau)} \boldsymbol{F}_k^{\mathrm{T}} + \boldsymbol{Q}_k$

  $\tilde{\boldsymbol{y}}_{k,s}^{(\tau)} \leftarrow \boldsymbol{y}_{k,s} - \boldsymbol{H}_{k,s} \hat{\boldsymbol{x}}_{k|k-1}^{(\tau)}$

  $\hat{\boldsymbol{R}}_{k,s}^{+} = \hat{\boldsymbol{R}}_{k-1,s} + \frac{1}{L_R}(\tilde{\boldsymbol{y}}_{k,s}^{(\tau)} (\tilde{\boldsymbol{y}}_{k,s}^{(\tau)})^{\mathrm{T}} - \boldsymbol{H}_{k,s} \boldsymbol{P}_{k|k-1}^{(\tau)} \boldsymbol{H}_{k,s}^{\mathrm{T}} - \hat{\boldsymbol{R}}_{k-1,s})$ ▷ noise covariance estimation

  if $\underline{\theta}_s \bar{\boldsymbol{R}}_{k,s} \leqslant \hat{\boldsymbol{R}}_{k,s}^{+} \leqslant \bar{\theta}_s \bar{\boldsymbol{R}}_{k,s}$, then

    $\hat{\boldsymbol{R}}_{k,s} \leftarrow \hat{\boldsymbol{R}}_{k,s}^{+}$

  else

    $\hat{\boldsymbol{R}}_{k,s} \leftarrow \hat{\boldsymbol{R}}_{k-1,s}$

  end

  $\boldsymbol{P}_k^{(\tau)} \leftarrow [(\boldsymbol{P}_{k|k-1}^{(\tau)})^{-1} + \sum_{s=1}^{N} \boldsymbol{H}_{k,s}^{\mathrm{T}} (\boldsymbol{R}_{k,s}^{(\tau)})^{-1} \boldsymbol{H}_{k,s}]^{-1}$

  $\boldsymbol{K}_{k,s}^{(\tau)} \leftarrow \boldsymbol{P}_k^{(\tau)} \boldsymbol{H}_{k,s}^{\mathrm{T}} (\boldsymbol{R}_{k,s}^{(\tau)})^{-1}$

  $\hat{\boldsymbol{x}}_k^{(\tau)} \leftarrow \hat{\boldsymbol{x}}_{k|k-1}^{(\tau)} + \sum_{s=1}^{N} \boldsymbol{K}_{k,s}^{(\tau)} \tilde{\boldsymbol{y}}_{k,s}^{(\tau)}$ ▷ update

  return $\hat{\boldsymbol{x}}_k, \boldsymbol{P}_k^{(\tau)}, \hat{\boldsymbol{R}}_{k,s}$

end function

在自适应卡尔曼滤波器中，测量新息 $\tilde{\boldsymbol{y}}_{k,s}^{(\tau)}$ 不仅用于状态向量的修正，还用于测量噪声方差阵的估计。与卡尔曼滤波器类似，自适应卡尔曼滤波器中的在线方差估计器也采取“预测—更新”的结构形式。通过实时计算得到的 $\tilde{\boldsymbol{y}}_{k,s}^{(\tau)} (\tilde{\boldsymbol{y}}_{k,s}^{(\tau)})^{\mathrm{T}} - \boldsymbol{H}_{k,s} \boldsymbol{P}_{k|k-1}^{(\tau)} \boldsymbol{H}_{k,s}^{\mathrm{T}}$ 可视为观测量，前一步的估计值 $\hat{\boldsymbol{R}}_{k-1,s}$ 可视为预测值，测量噪声方差阵在线估计的实现方式是通过其观测量 $\tilde{\boldsymbol{y}}_{k,s}^{(\tau)} (\tilde{\boldsymbol{y}}_{k,s}^{(\tau)})^{\mathrm{T}} - \boldsymbol{H}_{k,s} \boldsymbol{P}_{k|k-1}^{(\tau)} \boldsymbol{H}_{k,s}^{\mathrm{T}}$ 与预测值 $\hat{\boldsymbol{R}}_{k-1,s}$ 的差（为了便于理解，可与卡尔曼滤波器中的测量新息类比），对预测值 $\hat{\boldsymbol{R}}_{k-1,s}$ 进行修正（或更新），L_R 表示滑动平均的窗口大小，通过调节 L_R 的大小可以改变修正的力度。在实际应用过程中，往往需要根据经验或试凑法选取 L_R，通常 L_R 的取值越大，得到的噪声方差估计曲线越平缓；相反，L_R 的取值越小，得到的噪声方差估计曲线变化越剧烈。经过修正后得到的是测量噪声方差阵的计算值 $\hat{\boldsymbol{R}}_{k,s}^{+}$，考虑到已知条件 $\theta_s \in [\underline{\theta}_s, \bar{\theta}_s]$，将限定的取值范围内的计算值 $\hat{\boldsymbol{R}}_{k,s}^{+}$ 作为测量噪声方差阵的估计值 $\hat{\boldsymbol{R}}_{k,s}$。事实上，系统噪声方差阵也可以根据系统模型和测量新息，通过自适应卡尔曼滤波器进行估计[10]。但是，在实际应用过程中，通常不建议同时对系统噪声方差阵和测量噪声方差阵进行估计，感兴趣的读者可参阅文献［11］中的说明。

另外，上述算法中各个并行滤波器的滤波增益阵可以合并为

$$\boldsymbol{K}_k^{(\tau)} = [\boldsymbol{K}_{k,1}^{(\tau)} \quad \boldsymbol{K}_{k,2}^{(\tau)} \quad \cdots \quad \boldsymbol{K}_{k,N}^{(\tau)}] = \boldsymbol{P}_{k|k-1}^{(\tau)} \boldsymbol{H}_k^{\mathrm{T}} (\boldsymbol{P}_{y,k}^{(\tau)})^{-1} \tag{8-21}$$

式中

$$P_{y,k}^{(\tau)}=H_k P_{k|k-1}^{(\tau)} H_k^{\mathrm{T}}+R_k^{(\tau)} \tag{8-22}$$

其中，$R_k^{(\tau)}=\begin{bmatrix} R_{k,1}^{(\tau)} & & & \\ & R_{k,2}^{(\tau)} & & \\ & & \ddots & \\ & & & R_{k,N}^{(\tau)} \end{bmatrix}$。并行滤波器的估计误差方差阵可以写为如下所示的等价形式

$$P_k^{(\tau)}=\left(I-\sum_{s=1}^{N} K_{k,s}^{(\tau)} H_{k,s}\right) P_{k|k-1}^{(\tau)}\left(I-\sum_{s=1}^{N} K_{k,s}^{(\tau)} H_{k,s}\right)^{\mathrm{T}}+\sum_{s=1}^{N} K_{k,s}^{(\tau)} R_{k,s}^{(\tau)}\left(K_{k,s}^{(\tau)}\right)^{\mathrm{T}} \tag{8-23}$$

与传统多模型自适应估计算法相比，基于并行滤波器的自适应状态估计算法的主要特色在于：将自适应卡尔曼滤波器中的在线方差估计器嵌入并行滤波器结构，用于建立模型集，从而避免模型集中元素的个数出现爆炸性增长。相对于传统自适应卡尔曼滤波器而言，该算法的优势是在测量噪声统计特性不确定性存在和不存在两种情况下，均能得到令人满意的状态估计结果，如图 8－11 所示。

图 8－11　基于并行滤波器的自适应状态估计算法应用效果假想图

借鉴第 7 章的并行滤波器权值收敛性分析方法易知，测量新息较小、潜在精度较高的并行滤波器将分配得到较大的权值，使得其输出在最终的状态估计中起主导作用。采用基于并行滤波器的自适应状态估计算法，相当于在测量噪声方差阵的真值恰好等于其标称值时，令传统卡尔曼滤波器起主导作用，实现最优状态估计；相反，在测量噪声方差阵的真值显著偏离其标称值时，令自适应卡尔曼滤波器起主导作用，进行状态向量和噪声方差阵的联合估计，从而扬长避短，充分发挥传统卡尔曼滤波器和自适应卡尔曼滤波器各自的性能优势。

8.2.4　估计精度对比分析

为了增进读者对基于并行滤波器的自适应状态估计算法的理解，通过对估计误差方差阵的理论分析，对比了该算法与传统卡尔曼滤波器的性能。通过本节的学习，读者将较好地认识到估计误差方差阵理论值和真实值之间的区别。

对于如式（8－10）和式（8－11）所示的多敏感器组合导航系统，考虑测量噪声方差阵的取值不准确的情况，将传统卡尔曼滤波器的一步递推计算公式重写，如表 8－6 所示。

表 8-6 传统卡尔曼滤波器的一步递推计算流程

Algorithm 8.3: Kalman filter

function KF($\hat{\boldsymbol{x}}_{k-1}, \overline{\boldsymbol{\Xi}}_{k-1}, \boldsymbol{y}_k, \boldsymbol{Q}_k, \overline{\boldsymbol{\Theta}}\overline{\boldsymbol{R}}_k$)

  $\hat{\boldsymbol{x}}_{k|k-1} \leftarrow \boldsymbol{F}_k \hat{\boldsymbol{x}}_{k-1}$ ▷ prediction

  $\overline{\boldsymbol{\Xi}}_{k|k-1} \leftarrow \boldsymbol{F}_k \overline{\boldsymbol{\Xi}}_{k-1} \boldsymbol{F}_k^{\mathrm{T}} + \boldsymbol{Q}_k$

  $\boldsymbol{K}_{k,s} \leftarrow \overline{\boldsymbol{\Xi}}_k \boldsymbol{H}_{k,s}^{\mathrm{T}} (\bar{\theta}_s \overline{\boldsymbol{R}}_{k,s})^{-1}$

  $\tilde{\boldsymbol{y}}_k \leftarrow \boldsymbol{y}_k - \boldsymbol{H}_k \hat{\boldsymbol{x}}_{k|k-1}$

  $\hat{\boldsymbol{x}}_k \leftarrow \hat{\boldsymbol{x}}_{k|k-1} + \sum_{s=1}^{N} \boldsymbol{K}_{k,s} (\boldsymbol{y}_{k,s} - \boldsymbol{H}_{k,s} \hat{\boldsymbol{x}}_{k|k-1})$ ▷ update

  $\overline{\boldsymbol{\Xi}}_k \leftarrow \left[\overline{\boldsymbol{\Xi}}_{k|k-1}^{-1} + \sum_{s=1}^{N} \boldsymbol{H}_{k,s}^{\mathrm{T}} (\bar{\theta}_s \overline{\boldsymbol{R}}_{k,s})^{-1} \boldsymbol{H}_{k,s}\right]^{-1}$

  return $\hat{\boldsymbol{x}}_k, \overline{\boldsymbol{\Xi}}_k$

end function

其中，$\hat{\boldsymbol{x}}_{k|k-1}$ 和 $\hat{\boldsymbol{x}}_k$ 分别表示传统卡尔曼滤波器状态向量的预测值和估计值，$\overline{\boldsymbol{R}}_k$ 表示测量噪声方差阵的标称值。考察测量噪声方差阵取值不准确的影响，测量噪声方差阵的真实值 $\boldsymbol{R}_k$ 为未知量。在理论分析中，将传统卡尔曼滤波器递推计算公式中的测量噪声方差阵记为 $\overline{\boldsymbol{\Theta}}\,\overline{\boldsymbol{R}}_k$，矩阵 $\overline{\boldsymbol{\Theta}} = \begin{bmatrix} \bar{\theta}_1 \boldsymbol{I} & & & \\ & \bar{\theta}_2 \boldsymbol{I} & & \\ & & \ddots & \\ & & & \bar{\theta}_N \boldsymbol{I} \end{bmatrix}$，相应地，将根据不准确的测量噪声方差阵，通过滤波器递推计算得到的预测误差方差阵和估计误差方差阵的理论值分别记为 $\overline{\boldsymbol{\Xi}}_{k|k-1}$ 和 $\overline{\boldsymbol{\Xi}}_k$，$\boldsymbol{K}_{k,s}$ 为对应第 s 个敏感器的卡尔曼增益。应当说明，$\overline{\boldsymbol{\Theta}}\,\overline{\boldsymbol{R}}_k$ 是为了便于后续理论分析而采取的一种表述形式，事实上，传统卡尔曼滤波器中的测量噪声方差阵也可以取为真实值 $\boldsymbol{R}_k$ 之外的其他值，并不影响本节中主要问题的讨论。注意到卡尔曼增益可以合并为

$$[\boldsymbol{K}_{k,1} \quad \boldsymbol{K}_{k,2} \quad \cdots \quad \boldsymbol{K}_{k,N}] = \overline{\boldsymbol{\Xi}}_{k|k-1} \boldsymbol{H}_k^{\mathrm{T}} \overline{\boldsymbol{\Xi}}_{y,k}^{-1} = \boldsymbol{K}_k \tag{8-24}$$

式中

$$\overline{\boldsymbol{\Xi}}_{y,k} = \boldsymbol{H}_k \overline{\boldsymbol{\Xi}}_{k|k-1} \boldsymbol{H}_k^{\mathrm{T}} + \overline{\boldsymbol{\Theta}}\boldsymbol{R}_k \tag{8-25}$$

将传统卡尔曼滤波器的预测误差 $\tilde{\boldsymbol{x}}_{k|k-1}$ 和估计误差 $\tilde{\boldsymbol{x}}_k$ 定义为

$$\tilde{\boldsymbol{x}}_{k|k-1} = \boldsymbol{x}_k - \hat{\boldsymbol{x}}_{k|k-1} \tag{8-26}$$

$$\tilde{\boldsymbol{x}}_k = \boldsymbol{x}_k - \hat{\boldsymbol{x}}_k \tag{8-27}$$

根据系统模型和传统卡尔曼滤波器的递推计算公式易知

$$\tilde{\boldsymbol{x}}_{k|k-1} = \boldsymbol{F}_k \tilde{\boldsymbol{x}}_{k-1} + \boldsymbol{w}_k \tag{8-28}$$

$$\tilde{\boldsymbol{x}}_k = \left(\boldsymbol{I} - \sum_{s=1}^{N} \boldsymbol{K}_{k,s} \boldsymbol{H}_{k,s}\right) \hat{\boldsymbol{x}}_{k|k-1} - \sum_{s=1}^{N} \boldsymbol{K}_{k,s} \boldsymbol{v}_{k,s} \tag{8-29}$$

将传统卡尔曼滤波器的预测误差方差阵和估计误差方差阵的真实值定义为

$$\boldsymbol{\Xi}_{k|k-1} = E(\tilde{\boldsymbol{x}}_{k|k-1} \tilde{\boldsymbol{x}}_{k|k-1}^{\mathrm{T}}) \tag{8-30}$$

$$\boldsymbol{\Xi}_k = E(\tilde{\boldsymbol{x}}_k \tilde{\boldsymbol{x}}_k^{\mathrm{T}}) \tag{8-31}$$

基于 $\tilde{\boldsymbol{x}}_{k|k-1}$ 和 $\tilde{\boldsymbol{x}}_k$ 的表达式，根据系统噪声和测量噪声的统计特性，推导得到如下所示的 $\boldsymbol{\Xi}_{k|k-1}$ 和 $\boldsymbol{\Xi}_k$ 的表达式

$$\boldsymbol{\Xi}_{k|k-1} = \boldsymbol{F}_k \boldsymbol{\Xi}_{k-1} \boldsymbol{F}_k^{\mathrm{T}} + \boldsymbol{Q}_k \tag{8-32}$$

$$\boldsymbol{\Xi}_k = \left(\boldsymbol{I} - \sum_{s=1}^{N} \boldsymbol{K}_{k,s} \boldsymbol{H}_{k,s}\right) \boldsymbol{\Xi}_{k|k-1} \left(\boldsymbol{I} - \sum_{s=1}^{N} \boldsymbol{K}_{k,s} \boldsymbol{H}_{k,s}\right)^{\mathrm{T}} + \sum_{s=1}^{N} \boldsymbol{K}_{k,s} \theta_s \boldsymbol{R}_{k,s} \boldsymbol{K}_{k,s}^{\mathrm{T}} \tag{8-33}$$

将基于并行滤波器的自适应状态估计算法中第 τ 个并行滤波器的预测误差和估计误差定义为

$$\tilde{\boldsymbol{x}}_{k|k-1}^{(\tau)} = \boldsymbol{x}_k - \hat{\boldsymbol{x}}_{k|k-1}^{(\tau)} \tag{8-34}$$

$$\tilde{\boldsymbol{x}}_k^{(\tau)} = \boldsymbol{x}_k - \hat{\boldsymbol{x}}_k^{(\tau)} \tag{8-35}$$

将相应的预测误差方差阵和估计误差方差阵的真实值定义为

$$\boldsymbol{\Xi}_{k|k-1}^{(\tau)} = E[\tilde{\boldsymbol{x}}_{k|k-1}^{(\tau)} (\tilde{\boldsymbol{x}}_{k|k-1}^{(\tau)})^{\mathrm{T}}] \tag{8-36}$$

$$\boldsymbol{\Xi}_k^{(\tau)} = E[\tilde{\boldsymbol{x}}_k^{(\tau)} (\tilde{\boldsymbol{x}}_k^{(\tau)})^{\mathrm{T}}] \tag{8-37}$$

经过前面的铺垫，我们已经准备好在理论上对传统卡尔曼滤波器和基于并行滤波器的自适应状态估计算法进行对比研究。首先，考虑一种比较简单的场景，分析在基于并行滤波器的自适应状态估计算法中，某个并行滤波器的测量噪声方差阵恰好等于其真实值的情况，相应的理论分析结果可归纳为以下定理。该定理的证明需要用到第 4 章中的引理 4.2。

定理 8.1：考虑如式（8-10）和式（8-11）所示的离散时间随机系统模型，以及如 8.2 节所示的基于并行滤波器的自适应状态估计算法和传统卡尔曼滤波器，假定对于 $s=1, 2, \cdots, N$，有 $\theta_s=1$，并且，不失一般性，假设第 1 个并行滤波器的测量噪声方差阵等于其真实值，即

$$\boldsymbol{R}_k^{(1)} = \boldsymbol{R}_k \tag{8-38}$$

并且，估计误差方差阵的初始值满足以下条件

$$\boldsymbol{\Xi}_0 = \boldsymbol{\Xi}_0^{(1)} = \boldsymbol{P}_0^{(1)} \tag{8-39}$$

那么，对于 $0 \leqslant k \leqslant n$，以下矩阵不等式成立

$$\boldsymbol{\Xi}_k^{(1)} \leqslant \boldsymbol{\Xi}_k \tag{8-40}$$

证明：在 $\theta_s=1$（$s=1, 2, \cdots, N$）的情况下，传统卡尔曼滤波器的估计误差方差阵的真实值 $\boldsymbol{\Xi}_k$ 可写为

$$\boldsymbol{\Xi}_k = \left(\boldsymbol{I} - \sum_{s=1}^{N} \boldsymbol{K}_{k,s} \boldsymbol{H}_{k,s}\right) \boldsymbol{\Xi}_{k|k-1} \left(\boldsymbol{I} - \sum_{s=1}^{N} \boldsymbol{K}_{k,s} \boldsymbol{H}_{k,s}\right)^{\mathrm{T}} + \sum_{s=1}^{N} \boldsymbol{K}_{k,s} \boldsymbol{R}_{k,s} \boldsymbol{K}_{k,s}^{\mathrm{T}} \tag{8-41}$$

类似地，对于基于并行滤波器的自适应状态估计算法的第 1 个并行滤波器，推导得到估计误差方差阵真实值 $\boldsymbol{\Xi}_k^{(1)}$ 的表达式

$$\boldsymbol{\Xi}_k^{(1)} = \left(\boldsymbol{I} - \sum_{s=1}^{N} \boldsymbol{K}_{k,s}^{(1)} \boldsymbol{H}_{k,s}\right) \boldsymbol{\Xi}_{k|k-1}^{(1)} \left(\boldsymbol{I} - \sum_{s=1}^{N} \boldsymbol{K}_{k,s}^{(1)} \boldsymbol{H}_{k,s}\right)^{\mathrm{T}} + \sum_{s=1}^{N} \boldsymbol{K}_{k,s}^{(1)} \boldsymbol{R}_{k,s} (\boldsymbol{K}_{k,s}^{(1)})^{\mathrm{T}} \tag{8-42}$$

对于传统卡尔曼滤波器而言，如果 $\boldsymbol{\Xi}_{k-1} = \boldsymbol{\Xi}_{k-1}^{(1)}$，则估计误差方差阵的真实值 $\boldsymbol{\Xi}_k$ 为

$$\boldsymbol{\Xi}_k = \left(\boldsymbol{I} - \sum_{s=1}^{N} \boldsymbol{K}_{k,s} \boldsymbol{H}_{k,s}\right) \boldsymbol{\Xi}_{k|k-1}^{(1)} \left(\boldsymbol{I} - \sum_{s=1}^{N} \boldsymbol{K}_{k,s} \boldsymbol{H}_{k,s}\right)^{\mathrm{T}} + \sum_{s=1}^{N} \boldsymbol{K}_{k,s} \boldsymbol{R}_{k,s} \boldsymbol{K}_{k,s}^{\mathrm{T}} \tag{8-43}$$

根据定理 8.1 中的假设条件易于验证

$$\boldsymbol{\Xi}_k^{(1)}=\boldsymbol{P}_k^{(1)},\quad \boldsymbol{\Xi}_{k|k-1}^{(1)}=\boldsymbol{P}_{k|k-1}^{(1)} \tag{8-44}$$

根据以上两式可得

$$\boldsymbol{\Xi}_k=\Big(\boldsymbol{I}-\sum_{s=1}^{N}\boldsymbol{K}_{k,s}\boldsymbol{H}_{k,s}\Big)\boldsymbol{P}_{k|k-1}^{(1)}\Big(\boldsymbol{I}-\sum_{s=1}^{N}\boldsymbol{K}_{k,s}\boldsymbol{H}_{k,s}\Big)^{\mathrm{T}}+\sum_{s=1}^{N}\boldsymbol{K}_{k,s}\boldsymbol{R}_{k,s}\boldsymbol{K}_{k,s}^{\mathrm{T}} \tag{8-45}$$

令 $\delta\boldsymbol{K}_{k,s}^{(1)}=\boldsymbol{K}_{k,s}-\boldsymbol{K}_{k,s}^{(1)}$，或 $\boldsymbol{K}_{k,s}=\boldsymbol{K}_{k,s}^{(1)}+\delta\boldsymbol{K}_{k,s}^{(1)}$，则传统卡尔曼滤波器估计误差方差阵的真实值 $\boldsymbol{\Xi}_k$ 可表示为

$$\begin{aligned}\boldsymbol{\Xi}_k=&\boldsymbol{P}_k^{(1)}-\Big(\sum_{s=1}^{N}\delta\boldsymbol{K}_{k,s}^{(1)}\boldsymbol{H}_{k,s}\Big)\boldsymbol{P}_{k|k-1}^{(1)}\Big(\boldsymbol{I}-\sum_{s=1}^{N}\boldsymbol{K}_{k,s}^{(1)}\boldsymbol{H}_{k,s}\Big)^{\mathrm{T}}+\sum_{s=1}^{N}\delta\boldsymbol{K}_{k,s}^{(1)}\boldsymbol{R}_{k,s}(\boldsymbol{K}_{k,s}^{(1)})^{\mathrm{T}}-\\&\Big(\boldsymbol{I}-\sum_{s=1}^{N}\boldsymbol{K}_{k,s}^{(1)}\boldsymbol{H}_{k,s}\Big)\boldsymbol{P}_{k|k-1}^{(1)}\Big(\sum_{s=1}^{N}\delta\boldsymbol{K}_{k,s}^{(1)}\boldsymbol{H}_{k,s}\Big)^{\mathrm{T}}+\sum_{s=1}^{N}\boldsymbol{K}_{k,s}^{(1)}\boldsymbol{R}_{k,s}(\delta\boldsymbol{K}_{k,s}^{(1)})^{\mathrm{T}}+\\&\Big(\sum_{s=1}^{N}\delta\boldsymbol{K}_{k,s}^{(1)}\boldsymbol{H}_{k,s}\Big)\boldsymbol{P}_{k|k-1}^{(1)}\Big(\sum_{s=1}^{N}\delta\boldsymbol{K}_{k,s}^{(1)}\boldsymbol{H}_{k,s}\Big)^{\mathrm{T}}+\sum_{s=1}^{N}\delta\boldsymbol{K}_{k,s}^{(1)}\boldsymbol{R}_{k,s}(\delta\boldsymbol{K}_{k,s}^{(1)})^{\mathrm{T}}\end{aligned} \tag{8-46}$$

根据滤波器的递推计算公式及其等价形式，可以验证

$$-\Big(\sum_{s=1}^{N}\delta\boldsymbol{K}_{k,s}^{(1)}\boldsymbol{H}_{k,s}\Big)\boldsymbol{P}_{k|k-1}^{(1)}\Big(\boldsymbol{I}-\sum_{s=1}^{N}\boldsymbol{K}_{k,s}^{(1)}\boldsymbol{H}_{k,s}\Big)^{\mathrm{T}}+\sum_{s=1}^{N}\delta\boldsymbol{K}_{k,s}^{(1)}\boldsymbol{R}_{k,s}(\boldsymbol{K}_{k,s}^{(1)})^{\mathrm{T}}=0 \tag{8-47}$$

以及

$$-\Big(\boldsymbol{I}-\sum_{s=1}^{N}\boldsymbol{K}_{k,s}^{(1)}\boldsymbol{H}_{k,s}\Big)\boldsymbol{P}_{k|k-1}^{(1)}\Big(\sum_{s=1}^{N}\delta\boldsymbol{K}_{k,s}^{(1)}\boldsymbol{H}_{k,s}\Big)^{\mathrm{T}}+\sum_{s=1}^{N}\boldsymbol{K}_{k,s}^{(1)}\boldsymbol{R}_{k,s}(\delta\boldsymbol{K}_{k,s}^{(1)})^{\mathrm{T}}=0 \tag{8-48}$$

将以上两式代入 $\boldsymbol{\Xi}_k$ 的表达式可得

$$\boldsymbol{\Xi}_k=\boldsymbol{P}_k^{(1)}+\Big(\sum_{s=1}^{N}\delta\boldsymbol{K}_{k,s}^{(1)}\boldsymbol{H}_{k,s}\Big)\boldsymbol{P}_{k|k-1}^{(1)}\Big(\sum_{s=1}^{N}\delta\boldsymbol{K}_{k,s}^{(1)}\boldsymbol{H}_{k,s}\Big)^{\mathrm{T}}+\sum_{s=1}^{N}\delta\boldsymbol{K}_{k,s}^{(1)}\boldsymbol{R}_{k,s}(\delta\boldsymbol{K}_{k,s}^{(1)})^{\mathrm{T}} \tag{8-49}$$

或

$$\boldsymbol{\Xi}_k=\boldsymbol{\Xi}_k^{(1)}+\Big(\sum_{s=1}^{N}\delta\boldsymbol{K}_{k,s}^{(1)}\boldsymbol{H}_{k,s}\Big)\boldsymbol{P}_{k|k-1}^{(1)}\Big(\sum_{s=1}^{N}\delta\boldsymbol{K}_{k,s}^{(1)}\boldsymbol{H}_{k,s}\Big)^{\mathrm{T}}+\sum_{s=1}^{N}\delta\boldsymbol{K}_{k,s}^{(1)}\boldsymbol{R}_{k,s}(\delta\boldsymbol{K}_{k,s}^{(1)})^{\mathrm{T}} \tag{8-50}$$

根据上式得到

$$\boldsymbol{\Xi}_k^{(1)}\leqslant\boldsymbol{\Xi}_k \tag{8-51}$$

应用引理 4.2 可知，对于 $0\leqslant k\leqslant n$，定理 8.1 的结论成立。证毕。

定理 8.1 表明，如果传统卡尔曼滤波器的模型是不准确的，而在基于并行滤波器的自适应状态估计算法中，某个并行滤波器的模型是准确的，那么，应用基于并行滤波器的自适应状态估计算法，能够取得优于传统卡尔曼滤波器的状态估计精度。这一分析结果与经验是一致的。通过自适应率的设计，性能较高的并行滤波器将分配得到较大的权值，同时，性能较低的并行滤波器分配得到较小的权值。对于某个并行滤波器的测量噪声方差阵恰好等于其真值的情况，可以认为基于并行滤波器的自适应状态估计算法性能优于传统卡

尔曼滤波器。

进而，考虑在基于并行滤波器的自适应状态估计算法中，各个并行滤波器的测量噪声方差阵均不等于其真值的情况。为了便于分析，将滤波器中的测量噪声方差阵恰好等于其真值时，最优卡尔曼滤波器的估计误差方差阵递推计算公式重写如下

$$\boldsymbol{P}_0^O = \boldsymbol{P}_0 \tag{8-52}$$

$$\boldsymbol{P}_{k|k-1}^O = \boldsymbol{F}_k \boldsymbol{P}_{k-1}^O \boldsymbol{F}_k^{\mathrm{T}} + \boldsymbol{Q}_k \tag{8-53}$$

$$\boldsymbol{P}_k^O = \Big(\boldsymbol{I} - \sum_{s=1}^{N} \boldsymbol{K}_{k,s}^O \boldsymbol{H}_{k,s}\Big) \boldsymbol{P}_{k|k-1}^O \Big(\boldsymbol{I} - \sum_{s=1}^{N} \boldsymbol{K}_{k,s}^O \boldsymbol{H}_{k,s}\Big)^{\mathrm{T}} + \sum_{s=1}^{N} \boldsymbol{K}_{k,s}^O \boldsymbol{R}_{k,s} (\boldsymbol{K}_{k,s}^O)^{\mathrm{T}} \tag{8-54}$$

其中，$\boldsymbol{P}_k^O$ 表示最优卡尔曼滤波器的估计误差方差阵，参阅本书第 4 章中的说明可知，在系统模型和噪声统计特性准确的情况下，最优卡尔曼滤波器的估计误差方差阵的理论值和真实值是一致的；$\boldsymbol{P}_{k|k-1}^O$ 表示最优卡尔曼滤波器的预测误差方差阵，注意到滤波器中的测量噪声方差阵等于其真实值 $\boldsymbol{R}_{k,s} = \theta_s \overline{\boldsymbol{R}}_{k,s}$；$\boldsymbol{K}_{k,s}^O$ 表示最优卡尔曼滤波器的卡尔曼增益，对应不同敏感器的卡尔曼增益 $\boldsymbol{K}_{k,1}^O$，$\boldsymbol{K}_{k,2}^O$，…，$\boldsymbol{K}_{k,N}^O$ 可合并为如下形式，用符号 $\boldsymbol{K}_k^O$ 来表示

$$[\boldsymbol{K}_{k,1}^O \quad \boldsymbol{K}_{k,2}^O \quad \cdots \quad \boldsymbol{K}_{k,N}^O] = \boldsymbol{P}_{k|k-1}^O \boldsymbol{H}_k^{\mathrm{T}} (\boldsymbol{P}_{y,k}^O)^{-1} = \boldsymbol{K}_k^O \tag{8-55}$$

式中

$$\boldsymbol{P}_{y,k}^O = \boldsymbol{H}_k \boldsymbol{P}_{k|k-1}^O \boldsymbol{H}_k^{\mathrm{T}} + \boldsymbol{R}_k \tag{8-56}$$

注意到组合导航系统的测量噪声方程阵的真实值和标称值之间的关系描述为 $\boldsymbol{R}_k = \boldsymbol{\Theta} \overline{\boldsymbol{R}}_k$。

基于前面的铺垫，基于并行滤波器的自适应状态估计算法的理论分析结果可归纳为如下定理。

定理 8.2：考虑如式（8－10）和（8－11）所示的离散时间随机系统模型，以及如 8.2 节所示的基于并行滤波器的自适应状态估计算法和传统卡尔曼滤波器，假定对于第 M 个并行滤波器，以下矩阵不等式成立

$$\overline{\boldsymbol{\Theta}}\, \overline{\boldsymbol{R}}_k - \boldsymbol{R}_k \geqslant \boldsymbol{R}_k^{(M)} - \boldsymbol{R}_k > 0 \tag{8-57}$$

如果 k 时刻传统卡尔曼滤波器和第 M 个并行滤波器的先验估计满足以下条件

$$\boldsymbol{\Xi}_{k-1} = \overline{\boldsymbol{\Xi}}_{k-1} = \boldsymbol{\Xi}_{k-1}^{(M)} = \boldsymbol{P}_{k-1}^{(M)} = \boldsymbol{P}_{k-1}^O \tag{8-58}$$

并且 $\overline{\boldsymbol{\Xi}}_{y,k}$，$\boldsymbol{P}_{y,k}^{(M)}$ 和 $\boldsymbol{P}_{y,k}^O$ 为对角阵，那么，下列矩阵不等式成立

$$\boldsymbol{\Xi}_k^{(M)} \leqslant \boldsymbol{\Xi}_k \tag{8-59}$$

证明：定理证明的基本思路是先推导 $\boldsymbol{\Xi}_k^{(M)}$ 和 $\boldsymbol{\Xi}_k$ 的表达式，再结合已知条件对二者进行比对。传统卡尔曼滤波器估计误差方差阵的真实值 $\boldsymbol{\Xi}_k$ 可写为

$$\boldsymbol{\Xi}_k = \Big(\boldsymbol{I} - \sum_{s=1}^{N} \boldsymbol{K}_{k,s} \boldsymbol{H}_{k,s}\Big) \boldsymbol{\Xi}_{k|k-1} \Big(\boldsymbol{I} - \sum_{s=1}^{N} \boldsymbol{K}_{k,s} \boldsymbol{H}_{k,s}\Big)^{\mathrm{T}} + \sum_{s=1}^{N} \boldsymbol{K}_{k,s} \theta_s \overline{\boldsymbol{R}}_{k,s} \boldsymbol{K}_{k,s}^{\mathrm{T}} \tag{8-60}$$

令 $\delta \boldsymbol{K}_{k,s} = \boldsymbol{K}_{k,s} - \boldsymbol{K}_{k,s}^O$，或 $\boldsymbol{K}_{k,s} = \boldsymbol{K}_{k,s}^O + \delta \boldsymbol{K}_{k,s}$。采用与定理 8.1 类似的证明方法，在 $\boldsymbol{\Xi}_{k-1} = \boldsymbol{P}_{k-1}^O$ 的情况下，估计误差方差阵的真实值 $\boldsymbol{\Xi}_k$ 变为

$$\boldsymbol{\Xi}_k = \boldsymbol{P}_k^O + \Big(\sum_{s=1}^{N} \delta \boldsymbol{K}_{k,s} \boldsymbol{H}_{k,s}\Big) \boldsymbol{P}_{k|k-1}^O \Big(\sum_{s=1}^{N} \delta \boldsymbol{K}_{k,s} \boldsymbol{H}_{k,s}\Big)^{\mathrm{T}} + \sum_{s=1}^{N} \delta \boldsymbol{K}_{k,s} \theta_s \overline{\boldsymbol{R}}_{k,s} (\delta \boldsymbol{K}_{k,s})^{\mathrm{T}} \tag{8-61}$$

令 $\delta\boldsymbol{K}_k=[\delta\boldsymbol{K}_{k,1}\quad\delta\boldsymbol{K}_{k,2}\quad\cdots\quad\delta\boldsymbol{K}_{k,N}]$，代入上式得到

$$\boldsymbol{\Xi}_k=\boldsymbol{P}_k^O+\delta\boldsymbol{K}_k\boldsymbol{P}_{y,k}^O\delta\boldsymbol{K}_k^{\mathrm{T}}\tag{8-62}$$

在基于并行滤波器的自适应状态估计算法中，第 M 个并行滤波器的估计误差方差阵的真实值 $\boldsymbol{\Xi}_k^{(M)}$ 可写为

$$\boldsymbol{\Xi}_k^{(M)}=\left(\boldsymbol{I}-\sum_{s=1}^{N}\boldsymbol{K}_{k,s}^{(M)}\boldsymbol{H}_{k,s}\right)\boldsymbol{\Xi}_{k|k-1}^{(M)}\left(\boldsymbol{I}-\sum_{s=1}^{N}\boldsymbol{K}_{k,s}^{(M)}\boldsymbol{H}_{k,s}\right)^{\mathrm{T}}+\sum_{s=1}^{N}\boldsymbol{K}_{k,s}^{(M)}\theta_s\overline{\boldsymbol{R}}_{k,s}(\boldsymbol{K}_{k,s}^{(M)})^{\mathrm{T}}\tag{8-63}$$

令 $\delta\boldsymbol{K}_{k,s}^{(M)}=\boldsymbol{K}_{k,s}^{(M)}-\boldsymbol{K}_{k,s}^O$，或 $\boldsymbol{K}_{k,s}^{(M)}=\boldsymbol{K}_{k,s}^O+\delta\boldsymbol{K}_{k,s}^{(M)}$。在 $\boldsymbol{\Xi}_{k-1}^{(M)}=\boldsymbol{P}_{k-1}^O$ 的情况下，估计误差方差阵的真实值 $\boldsymbol{\Xi}_k^{(M)}$ 可写为

$$\boldsymbol{\Xi}_k^{(M)}=\boldsymbol{P}_k^O+\left(\sum_{s=1}^{N}\delta\boldsymbol{K}_{k,s}^{(M)}\boldsymbol{H}_{k,s}\right)\boldsymbol{P}_{k|k-1}^O\left(\sum_{s=1}^{N}\delta\boldsymbol{K}_{k,s}^{(M)}\boldsymbol{H}_{k,s}\right)^{\mathrm{T}}+\sum_{s=1}^{N}\delta\boldsymbol{K}_{k,s}^{(M)}\theta_s\overline{\boldsymbol{R}}_{k,s}(\delta\boldsymbol{K}_{k,s}^{(M)})^{\mathrm{T}}\tag{8-64}$$

令 $\delta\boldsymbol{K}_k^{(M)}=[\delta\boldsymbol{K}_{k,1}^{(M)}\quad\delta\boldsymbol{K}_{k,2}^{(M)}\quad\cdots\quad\delta\boldsymbol{K}_{k,N}^{(M)}]$，代入上式得到

$$\boldsymbol{\Xi}_k^{(M)}=\boldsymbol{P}_k^O+\delta\boldsymbol{K}_k^{(M)}\boldsymbol{P}_{y,k}^O(\delta\boldsymbol{K}_k^{(M)})^{\mathrm{T}}\tag{8-65}$$

接下来，尝试对传统卡尔曼滤波器和第 M 个并行滤波器的估计误差方差阵的真实值 $\boldsymbol{\Xi}_k$ 和 $\boldsymbol{\Xi}_k^{(M)}$ 进行比对。将传统卡尔曼滤波器的增益阵 $\boldsymbol{K}_k$ 与最优卡尔曼滤波器的增益阵 $\boldsymbol{K}_k^O$ 之间的差异表述为

$$\delta\boldsymbol{K}_k=\boldsymbol{K}_k-\boldsymbol{K}_k^O=\boldsymbol{P}_{k|k-1}^O\boldsymbol{H}_k^{\mathrm{T}}[\overline{\boldsymbol{\Xi}}_{y,k}^{-1}-(\boldsymbol{P}_{y,k}^O)^{-1}]\tag{8-66}$$

将上式代入 $\boldsymbol{\Xi}_k$ 的表达式，得到

$$\boldsymbol{\Xi}_k=\boldsymbol{P}_k^O+\boldsymbol{P}_{k|k-1}^O\boldsymbol{H}_k^{\mathrm{T}}[\overline{\boldsymbol{\Xi}}_{y,k}^{-1}-(\boldsymbol{P}_{y,k}^O)^{-1}]\boldsymbol{P}_{y,k}^O[\overline{\boldsymbol{\Xi}}_{y,k}^{-1}-(\boldsymbol{P}_{y,k}^O)^{-1}]\boldsymbol{H}_k\boldsymbol{P}_{k|k-1}^O\tag{8-67}$$

或

$$\boldsymbol{\Xi}_k=\boldsymbol{P}_k^O+\boldsymbol{P}_{k|k-1}^O\boldsymbol{H}_k^{\mathrm{T}}[(\boldsymbol{P}_{y,k}^O)^{-1}-\overline{\boldsymbol{\Xi}}_{y,k}^{-1}]\boldsymbol{P}_{y,k}^O[(\boldsymbol{P}_{y,k}^O)^{-1}-\overline{\boldsymbol{\Xi}}_{y,k}^{-1}]\boldsymbol{H}_k\boldsymbol{P}_{k|k-1}^O\tag{8-68}$$

将第 M 个并行滤波器的增益阵 $\boldsymbol{K}_k^{(M)}$ 与最优卡尔曼滤波器的增益阵 $\boldsymbol{K}_k^O$ 之间的差异表述为

$$\delta\boldsymbol{K}_k^{(M)}=\boldsymbol{K}_k^{(M)}-\boldsymbol{K}_k^O=\boldsymbol{P}_{k|k-1}^O\boldsymbol{H}_k^{\mathrm{T}}[(\boldsymbol{P}_{y,k}^{(M)})^{-1}-(\boldsymbol{P}_{y,k}^O)^{-1}]\tag{8-69}$$

将上式代入 $\boldsymbol{\Xi}_k^{(M)}$ 的表达式，得到

$$\boldsymbol{\Xi}_k^{(M)}=\boldsymbol{P}_k^O+\boldsymbol{P}_{k|k-1}^O\boldsymbol{H}_k^{\mathrm{T}}[(\boldsymbol{P}_{y,k}^{(M)})^{-1}-(\boldsymbol{P}_{y,k}^O)^{-1}]\boldsymbol{P}_{y,k}^O[(\boldsymbol{P}_{y,k}^{(M)})^{-1}-(\boldsymbol{P}_{y,k}^O)^{-1}]\boldsymbol{H}_k\boldsymbol{P}_{k|k-1}^O\tag{8-70}$$

或

$$\boldsymbol{\Xi}_k^{(M)}=\boldsymbol{P}_k^O+\boldsymbol{P}_{k|k-1}^O\boldsymbol{H}_k^{\mathrm{T}}[(\boldsymbol{P}_{y,k}^O)^{-1}-(\boldsymbol{P}_{y,k}^{(M)})^{-1}]\boldsymbol{P}_{y,k}^O[(\boldsymbol{P}_{y,k}^O)^{-1}-(\boldsymbol{P}_{y,k}^{(M)})^{-1}]\boldsymbol{H}_k\boldsymbol{P}_{k|k-1}^O\tag{8-71}$$

根据定理 8.2 中的假设条件可知

$$\boldsymbol{H}_k\boldsymbol{P}_{k|k-1}^O\boldsymbol{H}_k^{\mathrm{T}}+\overline{\boldsymbol{\Theta}}\,\overline{\boldsymbol{R}}_k\geqslant\boldsymbol{H}_k\boldsymbol{P}_{k|k-1}^O\boldsymbol{H}_k^{\mathrm{T}}+\boldsymbol{R}_k^{(M)}\tag{8-72}$$

或

$$\overline{\boldsymbol{\Xi}}_{y,k}\geqslant\boldsymbol{P}_{y,k}^{(M)}\tag{8-73}$$

根据上式易知

$$(\overline{\boldsymbol{\Xi}}_{y,k})^{-1}\leqslant(\boldsymbol{P}_{y,k}^{(M)})^{-1}\tag{8-74}$$

或

$$(\boldsymbol{P}_{y,k}^{O})^{-1}-\overline{\boldsymbol{\Xi}}_{y,k}^{-1}\geqslant(\boldsymbol{P}_{y,k}^{O})^{-1}-(\boldsymbol{P}_{y,k}^{(M)})^{-1} \tag{8-75}$$

进一步推导得到

$$\begin{aligned}&\boldsymbol{P}_{k|k-1}^{O}\boldsymbol{H}_{k}^{\mathrm{T}}[(\boldsymbol{P}_{y,k}^{O})^{-1}-(\boldsymbol{P}_{y,k}^{(M)})^{-1}]\boldsymbol{P}_{y,k}^{O}[(\boldsymbol{P}_{y,k}^{O})^{-1}-(\boldsymbol{P}_{y,k}^{(M)})^{-1}]\boldsymbol{H}_{k}\boldsymbol{P}_{k|k-1}^{O}\\&\leqslant\boldsymbol{P}_{k|k-1}^{O}\boldsymbol{H}_{k}^{\mathrm{T}}[(\boldsymbol{P}_{y,k}^{O})^{-1}-\overline{\boldsymbol{\Xi}}_{y,k}^{-1}]\boldsymbol{P}_{y,k}^{O}[(\boldsymbol{P}_{y,k}^{O})^{-1}-\overline{\boldsymbol{\Xi}}_{y,k}^{-1}]\boldsymbol{H}_{k}\boldsymbol{P}_{k|k-1}^{O}\end{aligned} \tag{8-76}$$

根据上式，对比 $\boldsymbol{\Xi}_{k}^{(M)}$ 和 $\boldsymbol{\Xi}_{k}$ 的表达式可知定理 8.2 的结论成立。证毕。

定理 8.2 表明，如果相对于传统卡尔曼滤波器而言，在基于并行滤波器的自适应状态估计算法中，某个并行滤波器的模型更接近于真实模型，则该并行滤波器能够达到优于传统卡尔曼滤波器的估计精度。基于上述分析，有理由认为，在各个并行滤波器的模型均不同于真实模型的情况下，基于并行滤波器的自适应状态估计算法仍能取得较好的性能。应当说明，由于定理 8.2 中的条件较强，分析结果是启发式的，读者可尝试寻找更加严谨的推导方式。

8.2.5　相对位姿确定基本方法

随着人类利用空间的能力不断增强，航天活动日益频繁，在轨航天器的数量稳步增长，至 2020 年，我国在轨的卫星数量已超过 200 颗。这些航天器在对地观测、通信、导航、科学实验等领域发挥着重要的作用，已成为支撑国民经济发展的重要力量，其中一些高价值卫星不仅成本昂贵、结构复杂，而且研制周期长，一旦出现故障，将会造成巨大的经济损失。如何对空间目标（如失效卫星）实施在轨维修或维护，使其恢复正常工作或实现功能拓展，逐渐成为航天领域研究的热点问题。这种在航天器轨道上进行的维修与维护任务通常称为在轨服务，如图 8-12 所示。为了实施在轨服务任务，往往需要采取“航天器平台＋机器人”的模式，使空间目标的功能达到希望的水平或使其状态满足特定的要求。

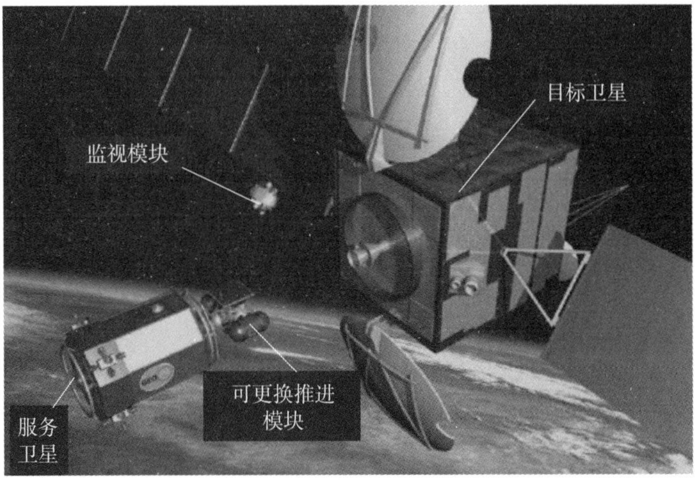

图 8-12　面向目标卫星的在轨服务示意图

航天活动的不断深入，要求人类更加细致和全面地了解空间环境，尤其是那些可能对航天活动造成影响的情况。随着空间碎片数量的不断增加，对在轨正常运行的航天器造成的威胁越来越大。考虑到航天器受损后维修非常困难，航天器一旦受到碰撞而失效，将造成很大损失。找出有效的空间碎片治理方法，解决空间碎片问题，是各航天大国共同努力的目标。通过对空间目标相对位姿确定方法的研究，能够为空间碎片的抓捕转移和收集控制提供测量信息，对解决碎片清理问题也具有重要意义。空间碎片清理方式的示意图如图8-13所示。卫星在轨服务和空间碎片清理均属于空间操作技术的研究范畴。

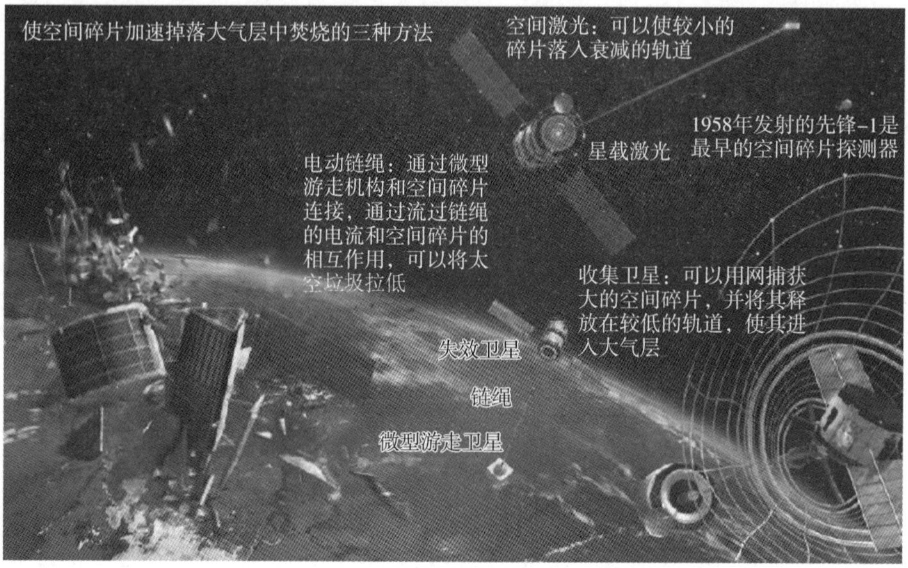

图8-13 空间碎片清理方式的示意图

在空间操作系统中，观察卫星作为空间目标信息感知平台，具有轨道转移和构型保持控制能力。如果通过观察卫星网络对空间目标进行观测，则在网络中可配置3～4颗卫星，在每个观察卫星上配置星间相对测量敏感器。在接到任务指令后，观察卫星或观察卫星网络先通过轨道机动运行到空间目标一定范围内，直到敏感器可以捕获到空间目标。然后，围绕空间目标进行绕飞，并通过协同指向控制，使得观察卫星上的敏感器可以从不同方向指向空间碎片进行观测，如图8-14所示。进而，通过多源信息融合获取空间目标的运动状态，为进一步的空间操作提供参考信息。在观测过程中，观察卫星平台需要精确测定自身姿态并通过控制系统保持姿态稳定，尽可能为敏感器观测空间目标创造良好条件。

实施空间操作任务的前提是通过相对测量手段获取空间目标与观察卫星（或服务航天器）之间的相对位置和相对姿态信息，基于空间目标运动状态信息进行观察卫星位姿控制，实现对空间目标的绕飞观测与逼近停靠，进而完成近旁操作任务。大部分空间目标在控制系统失效后会在空间自由翻滚，并最终围绕惯量主轴旋转。在空间操作任务过程中，随着观察卫星与空间目标的距离越来越近，空间目标将不能当作质点处理，此时，对空间目标位置和姿态的观测存在耦合关系。

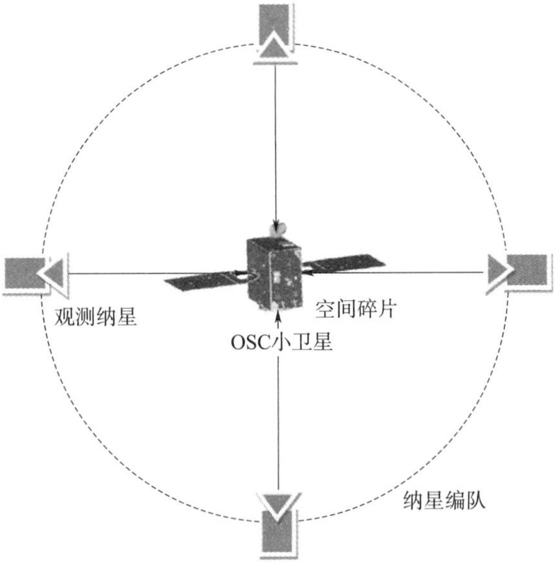

图 8-14　基于观察卫星网络的空间目标观测示意图

空间目标相对位姿确定系统能够提供目标卫星与观察卫星的相对姿态和相对位置信息，是空间操作任务成功的重要保障，常用方法之一是以双目立体视觉敏感器获得的目标卫星特征点位置矢量作为观测量（如图 8-15 所示），以相对姿态、惯性角速度、相对位置和相对速度作为状态向量，利用随机系统状态估计方法，结合航天器轨道姿态动力学模型，对空间目标的运动状态进行估计。相关研究情况可参阅文献［12-14］。

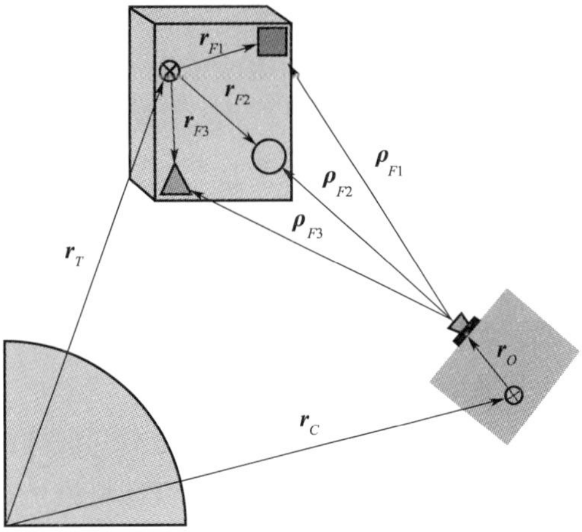

图 8-15　空间目标相对位姿典型测量方式

安装在观察卫星上的敏感器用于获取观测卫星与空间目标之间的相对位置和相对姿态信息，测量装置如图 8-16 所示。星间相对测量基本方法为：首先，结合有关失效卫星构型的先验信息，确定特征点位置矢量在空间目标本体坐标系的投影；其次，通过敏感器照相观测获取空间目标的图像信息，进行空间目标特征点提取；进而，根据事先标定的敏感器参数，通过图像处理解算出特征点位置矢量在观察卫星星体坐标系中的投影；最后，将空间目标特征点位置矢量信息输出到滤波器，用于实现对空间目标的相对位置和相对姿态的估计。

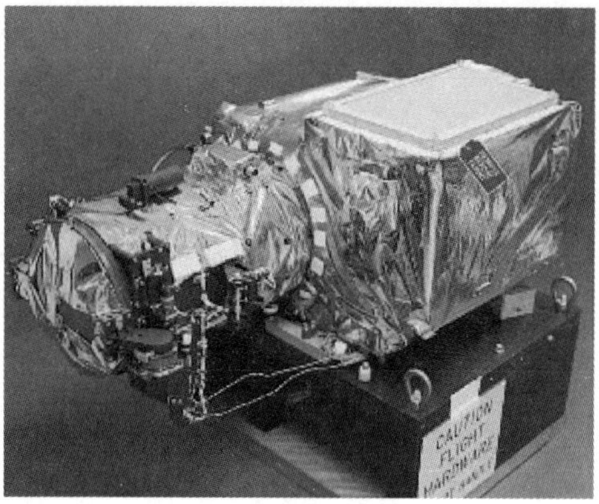

图 8-16　星间相对测量敏感器照片

对于空间目标相对位姿确定系统而言，双目立体视觉敏感器测量噪声方差阵的标称值可通过地面测试得到，但是，在轨应用过程中，受空间环境等因素的影响，敏感器测量噪声方差阵的真实值可能会偏离其标称值。设计基于并行滤波器的自适应状态估计算法，是解决上述问题的途径之一。

8.2.6　相对位姿确定系统模型

在本书前面的章节中，对于航天器的姿态确定问题，以及定位和测速的问题是分开进行讨论的，通常要求用于航天器定位和测速的系统不依赖于航天器的姿态信息，这样做的好处是可以避免定位精度受到定姿误差的影响。但是，对于本章研究的空间目标运动状态确定问题而言，由于双目立体视觉敏感器的观测量与空间目标的位置和姿态都具有密切联系，这时，我们需要将定位、测速和定姿的问题结合起来进行考虑，通过随机系统状态估计方法，同时获得空间目标的位置、速度和姿态信息。

首先，建立描述观察卫星和空间目标相对运动的状态方程。考虑空间目标和观察卫星，如图 8-17 所示，观察卫星在空间目标附近运动。

为了方便地研究观察卫星和空间目标在空间中的相对几何构形，将二者各自绕地球的运动描述为观察卫星相对空间目标的运动，并在空间目标轨道坐标系建立二者的相对运动方程。空间目标轨道坐标系（$oxyz$）的原点 o 定义在空间目标的质心，z 轴由原点 o 沿地垂线方向指向地心，x 轴在轨道平面内指向空间目标的速度方向，y 轴与 x 、z 轴右手正交。此坐标系在空间中是旋转的。在地球轨道航天器自主导航系统中常用的地心惯性坐标系（$ox_iy_iz_i$）的原点位于地心，x_i 轴沿地球赤道面和黄道面的交线指向春分点，z_i 轴指向北极，y_i 轴与 x_i、z_i 轴右手正交。该坐标系的坐标轴在空间平移，但指向保持不变。利用空间目标的轨道参数，可以计算出由地心惯性坐标系到空间目标轨道坐标系的坐标转换矩阵。

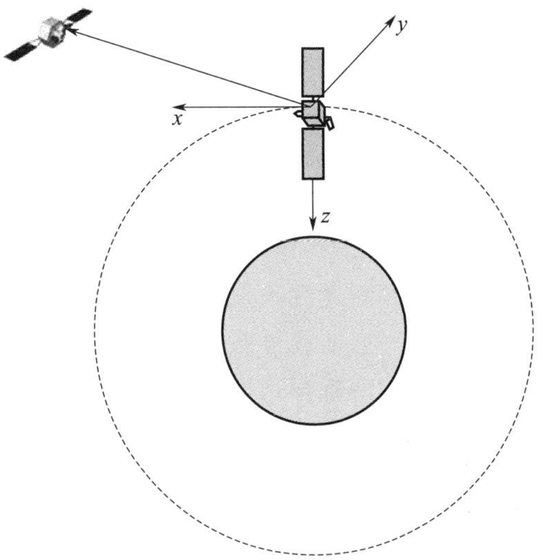

图 8－17　空间目标轨道坐标系示意图

在空间目标轨道坐标系中，描述观察卫星相对空间目标位置变化规律的动力学方程由学者 Clohessy W. H. 给出，通常被称为 C－W 方程，关于 C－W 方程的具体形式可参阅专著［15－16］。该方程的推导过程中忽略了地球非球形引力摄动等因素的影响，这种近似仅在星间距离相对于地心距而言是小量、观察卫星和空间目标受到的摄动因素基本相同的前提下是成立的。以现阶段敏感器的测量精度水平，当观察卫星和空间目标之间的距离较小（km 量级以内），轨道外推时间不是很长（空间目标的数个轨道周期以内）时，采用形式简洁的 C－W 方程代替高精度航天器轨道动力学模型，便于相对位姿确定系统的设计，且对系统性能没有显著影响。忽略主动控制和摄动力作用时，由 C－W 方程可以得到观察卫星相对空间目标运动的解析解，表明观察卫星在地球引力场的作用下，围绕空间目标做椭圆运动。

所谓相对姿态确定，指的是为求取观察卫星星体坐标系相对于空间目标星体坐标系的姿态转换关系。星体坐标系的原点位于航天器质心，三个轴固连于航天器，通常当星体坐标系与轨道坐标系重合时，定义航天器的绝对姿态四元数为 [0　0　0　1]。观察卫星自身的绝对姿态确定可利用星敏感器和陀螺的观测量，通过卡尔曼滤波器实现，参阅本书第 4 章的说明。观察卫星自身的绝对位置可通过星上自主导航系统获得，具体方式包括光学成像导航、X 射线脉冲星导航，以及基于照相观测的星座自主导航等。观察卫星相对于空间目标星体坐标系的相对姿态可表示为相对姿态四元数 $\boldsymbol{q}_{sf,k}$。在空间目标为失效卫星的情况下，空间目标的姿态运动信息无法通过自身的姿态敏感器获得。可根据姿态动力学模型描述空间目标星体坐标系相对于其质心惯性坐标系的角速率变化规律。考虑到长期失效的卫星通常在空间自由翻滚，受到的力矩作用可忽略，因此，可以采用无力矩作用下的简化姿态动力学方程描述其角速率 $\boldsymbol{\omega}_{f,k}$ 的变化情况。

根据空间操作任务需求，在空间目标相对位姿确定系统中，将观察卫星相对于空间目

标的位置和速度矢量，空间目标相对于惯性坐标系的姿态角速率，以及观察卫星相对于空间目标的姿态四元数定义为状态向量，即

$$\boldsymbol{x}_k = [\boldsymbol{q}_{sf,k}^{\mathrm{T}} \quad \boldsymbol{\omega}_{f,k}^{\mathrm{T}} \quad \boldsymbol{\rho}_k^{\mathrm{T}} \quad \boldsymbol{v}_k^{\mathrm{T}}]^{\mathrm{T}} \tag{8-77}$$

其中，$\boldsymbol{q}_{sf,k} = [q_{sf1,k} \quad q_{sf2,k} \quad q_{sf3,k} \quad q_{sf4,k}]^{\mathrm{T}}$ 表示观察卫星相对于空间目标星体坐标系的相对姿态四元数，$\boldsymbol{\omega}_{f,k} = [\omega_{fx,k} \quad \omega_{fy,k} \quad \omega_{fz,k}]^{\mathrm{T}}$ 表示空间目标相对于其质心惯性坐标系的姿态角速率，$\boldsymbol{\rho}_k = [\rho_{x,k} \quad \rho_{y,k} \quad \rho_{z,k}]^{\mathrm{T}}$ 和 $\boldsymbol{v}_k = [v_{x,k} \quad v_{y,k} \quad v_{z,k}]^{\mathrm{T}}$ 分别表示观察卫星相对于空间目标的相对位置矢量和相对速度矢量在空间目标本体坐标系的投影。

空间目标相对位姿确定系统是一个非线性系统，可以用本书第 5 章所述的扩展卡尔曼滤波器实现状态估计。系统状态方程的推导可借助有关航天器轨道动力学和姿态动力学的知识进行 [17-18]。为了突出重点，在此直接给出通过线性化技术得到的，用于扩展卡尔曼滤波器设计的状态误差方程

$$\Delta\boldsymbol{x}_k = \boldsymbol{F}_k \Delta\boldsymbol{x}_{k-1} + \boldsymbol{w}_k \tag{8-78}$$

式中

$$\boldsymbol{F}_k = \boldsymbol{I} + \boldsymbol{\Phi}_k \tau \tag{8-79}$$

$$\boldsymbol{\Phi}_k = \begin{bmatrix} -[\boldsymbol{\omega}_{s,k}\times] & -0.5\boldsymbol{A}(\boldsymbol{q}_{sf,k}) & \boldsymbol{0}_{3\times3} & \boldsymbol{0}_{3\times3} \\ \boldsymbol{0}_{3\times3} & \boldsymbol{\Phi}_{3,k} & \boldsymbol{0}_{3\times3} & \boldsymbol{0}_{3\times3} \\ \boldsymbol{0}_{3\times3} & \boldsymbol{0}_{3\times3} & \boldsymbol{0}_{3\times3} & \boldsymbol{I}_{3\times3} \\ \boldsymbol{0}_{3\times3} & \boldsymbol{0}_{3\times3} & \boldsymbol{\Phi}_{1,k} & \boldsymbol{\Phi}_{2,k} \end{bmatrix} \tag{8-80}$$

$$\boldsymbol{\Phi}_{1,k} = \begin{bmatrix} 0 & 0 & 0 \\ 0 & -\omega_{o,k}^2 & 0 \\ 0 & 0 & 3\omega_{o,k}^2 \end{bmatrix} \tag{8-81}$$

$$\boldsymbol{\Phi}_{2,k} = \begin{bmatrix} 0 & 0 & 2\omega_{o,k} \\ 0 & 0 & 0 \\ -2\omega_{o,k} & 0 & 0 \end{bmatrix} \tag{8-82}$$

$$\boldsymbol{\Phi}_{3,k} = \begin{bmatrix} 0 & \dfrac{I_y - I_z}{I_x}\omega_{fz,k} & \dfrac{I_y - I_z}{I_x}\omega_{fy,k} \\ \dfrac{I_z - I_x}{I_y}\omega_{fz,k} & 0 & \dfrac{I_z - I_x}{I_y}\omega_{fx,k} \\ \dfrac{I_x - I_y}{I_z}\omega_{fy,k} & \dfrac{I_x - I_y}{I_z}\omega_{fx,k} & 0 \end{bmatrix} \tag{8-83}$$

其中，$\Delta\boldsymbol{x}_k = [\Delta\boldsymbol{q}_{sf,k}^{\mathrm{T}} \quad \Delta\boldsymbol{\omega}_{f,k}^{\mathrm{T}} \quad \Delta\boldsymbol{\rho}_{k,k}^{\mathrm{T}} \quad \Delta\boldsymbol{v}_k^{\mathrm{T}}]^{\mathrm{T}}$ 为状态误差向量，$\Delta\boldsymbol{q}_{sf,k}$，$\Delta\boldsymbol{\omega}_{f,k}$，$\Delta\boldsymbol{\rho}_k$ 和 $\Delta\boldsymbol{v}_k$ 分别为 $\boldsymbol{q}_{sf,k}$，$\boldsymbol{\omega}_{f,k}$，$\boldsymbol{\rho}_k$ 和 $\boldsymbol{v}_k$ 的误差，τ 表示一步状态预测的时间步长，$\boldsymbol{\omega}_{s,k} = [\omega_{sx,k} \quad \omega_{sy,k} \quad \omega_{sz,k}]^{\mathrm{T}}$ 为观察卫星相对于其质心惯性坐标系的姿态角速率，矩阵 $[\boldsymbol{\omega}_{s,k}\times]$ 定义为

$$[\boldsymbol{\omega}_{s,k}\times] = \begin{bmatrix} 0 & -\omega_{sz,k} & \omega_{sy,k} \\ \omega_{sz,k} & 0 & -\omega_{sx,k} \\ -\omega_{sy,k} & \omega_{sx,k} & 0 \end{bmatrix} \tag{8-84}$$

$\boldsymbol{A}(\boldsymbol{q}_{sf,k})$ 是根据相对姿态四元数计算得到的从空间目标星体坐标系到观察卫星星体坐标系的转换矩阵，其表达式为

$$\boldsymbol{A}(\boldsymbol{q}_{sf,k})=$$
$$\begin{bmatrix} q_{sf1,k}^2-q_{sf2,k}^2-q_{sf3,k}^2+q_{sf4,k}^2 & 2(q_{sf1,k}q_{sf2,k}+q_{sf3,k}q_{sf4,k}) & 2(q_{sf1,k}q_{sf3,k}-q_{sf2,k}q_{sf4,k}) \\ 2(q_{sf1,k}q_{sf2,k}-q_{sf3,k}q_{sf4,k}) & -q_{sf1,k}^2+q_{sf2,k}^2-q_{sf3,k}^2+q_{sf4,k}^2 & 2(q_{sf2,k}q_{sf3,k}+q_{sf1,k}q_{sf4,k}) \\ 2(q_{sf1,k}q_{sf3,k}+q_{sf2,k}q_{sf4,k}) & 2(q_{sf2,k}q_{sf3,k}-q_{sf1,k}q_{sf4,k}) & -q_{sf1,k}^2-q_{sf2,k}^2+q_{sf3,k}^2+q_{sf4,k}^2 \end{bmatrix} \tag{8-85}$$

$\omega_{o,k}$ 是空间目标的轨道角速率（可根据目标卫星的轨道周期近似计算，参见本书第 3 章中的说明），I_x，I_y 和 I_z 是空间目标的惯量参数，$\boldsymbol{w}_k$ 表示系统噪声，用于描述未建模误差项。

利用观察卫星上的双目立体视觉敏感器对空间目标上的位置已知的特征点进行观测，特征点位置矢量测量示意图如图 8 - 18 所示。

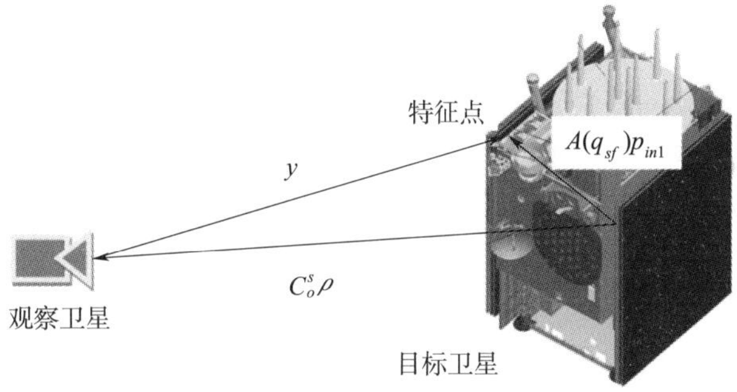

图 8 - 18　特征点位置矢量测量示意图

考虑通过观察卫星网络对空间目标进行观测的情况，假设各个观察卫星可以通过星间链路传递自身的导航信息，并在网络中某颗观察卫星上，通过滤波解算估计空间目标的运动状态。根据观测量、特征点位置矢量和空间目标位置矢量的相互关系，空间目标相对位姿确定系统的观测方程可写为如下形式

$$\boldsymbol{y}_k=\begin{bmatrix} \boldsymbol{A}(\boldsymbol{q}_{sf,k})\boldsymbol{p}_{in1,1}-\boldsymbol{C}_o^s\boldsymbol{\rho}_k \\ \vdots \\ \boldsymbol{A}(\boldsymbol{q}_{sf,k})\boldsymbol{p}_{in1,l_1}-\boldsymbol{C}_o^s\boldsymbol{\rho}_k \\ \boldsymbol{A}(\boldsymbol{q}_{2s,k})\boldsymbol{A}(\boldsymbol{q}_{sf,k})\boldsymbol{p}_{in2,1}-\boldsymbol{A}(\boldsymbol{q}_{2s,k})\boldsymbol{C}_o^s(\boldsymbol{r}_{2s,k}+\boldsymbol{\rho}_k) \\ \vdots \\ \boldsymbol{A}(\boldsymbol{q}_{2s,k})\boldsymbol{A}(\boldsymbol{q}_{sf,k})\boldsymbol{p}_{in2,l_2}-\boldsymbol{A}(\boldsymbol{q}_{2s,k})\boldsymbol{C}_o^s(\boldsymbol{r}_{2s,k}+\boldsymbol{\rho}_k) \\ \vdots \\ \boldsymbol{A}(\boldsymbol{q}_{Ls,k})A(\boldsymbol{q}_{sf,k})\boldsymbol{p}_{inL,1}-\boldsymbol{A}(\boldsymbol{q}_{Ls,k})\boldsymbol{C}_o^s(\boldsymbol{r}_{Ls,k}+\boldsymbol{\rho}_k) \\ \vdots \\ \boldsymbol{A}(\boldsymbol{q}_{Ls,k})\boldsymbol{A}(\boldsymbol{q}_{sf,k})\boldsymbol{p}_{inL,l_L}-\boldsymbol{A}(\boldsymbol{q}_{Ls,k})\boldsymbol{C}_o^s(\boldsymbol{r}_{Ls,k}+\boldsymbol{\rho}_k) \end{bmatrix}+\boldsymbol{v}_k \tag{8-86}$$

式中，$\boldsymbol{y}_k$ 是通过观察卫星网络上的双目立体视觉敏感器得到的空间目标特征点相对位置矢

量观测量，$\boldsymbol{q}_{2s}$，…，$\boldsymbol{q}_{Ls}$ 是用于描述不同观察卫星星体坐标系转换关系的相对姿态四元数，可通过各个观察卫星上的姿态确定系统得到，L 表示观察卫星的数目，在仅有 1 颗观察卫星的情况下，仅考虑观测方程右侧矩阵中的前 3 行即可；$\boldsymbol{p}_{in1,1}$，…，$\boldsymbol{p}_{in1,l_1}$，$\boldsymbol{p}_{in2,1}$，…，$\boldsymbol{p}_{in2,l_2}$，$\boldsymbol{p}_{inL,1}$，…，$\boldsymbol{p}_{inL,l_L}$ 表示已知的特征点在空间目标星体坐标系中的位置（其中包括部分被不同观察卫星观测的同一特征点），l_1，l_2，…，l_L 表示各个观察卫星观测的特征点数目，$\boldsymbol{C}_o^s$ 是从空间目标轨道坐标系到观察卫星星体坐标系的转换矩阵，在空间目标与观察卫星的距离足够接近的情况下，可以根据观察卫星自身的位置和姿态信息计算得到，$\boldsymbol{r}_{1s,k}$，$\boldsymbol{r}_{2s,k}$，…，$\boldsymbol{r}_{Ls,k}$ 表示各个观察卫星的相对位置矢量，可以通过各个观察卫星自身的位置信息计算得到，$\boldsymbol{v}_k$ 表示测量噪声。

系统中选择观察卫星网络中某颗卫星相对于空间目标星体坐标系的相对姿态四元数作为状态向量，这样做的好处是，在所设计的观测方程中，无论是单星观测还是网络观测，状态向量的选取都是相同的；换句话说，状态向量的维数并不随着观察卫星数目的增多而增大，从而为空间目标相对位姿确定系统的性能提升提供了保障。相反，如果直接选取观察卫星网络中各颗卫星相对于空间目标星体坐标系的相对姿态四元数作为状态向量，则状态向量的维数将随着观察卫星数目的增多而增大，从而对系统性能造成不利影响。

基于上述观测方程，通过线性化技术得到的观测矩阵如下所示

$$\boldsymbol{H}_k=\begin{bmatrix} 2[\boldsymbol{A}(\boldsymbol{q}_{sf,k})\boldsymbol{p}_{in1,1}\times] & \boldsymbol{0}_{3\times3} & -\boldsymbol{C}_o^s & \boldsymbol{0}_{3\times3} \\ \vdots & \vdots & \vdots & \vdots \\ 2[\boldsymbol{A}(\boldsymbol{q}_{sf,k})\boldsymbol{p}_{in1,l_1}\times] & \boldsymbol{0}_{3\times3} & -\boldsymbol{C}_o^s & \boldsymbol{0}_{3\times3} \\ 2\boldsymbol{A}(\boldsymbol{q}_{2s,k})[\boldsymbol{A}(\boldsymbol{q}_{sf,k})\boldsymbol{p}_{in2,1}\times] & \boldsymbol{0}_{3\times3} & -\boldsymbol{A}(\boldsymbol{q}_{2s,k})\boldsymbol{C}_o^s & \boldsymbol{0}_{3\times3} \\ \vdots & \vdots & \vdots & \vdots \\ 2\boldsymbol{A}(\boldsymbol{q}_{2s,k})[\boldsymbol{A}(\boldsymbol{q}_{sf,k})\boldsymbol{p}_{in2,l_2}\times] & \boldsymbol{0}_{3\times3} & -\boldsymbol{A}(\boldsymbol{q}_{2s,k})\boldsymbol{C}_o^s & \boldsymbol{0}_{3\times3} \\ \vdots & \vdots & \vdots & \vdots \\ 2\boldsymbol{A}(\boldsymbol{q}_{Ls,k})[\boldsymbol{A}(\boldsymbol{q}_{sf,k})\boldsymbol{p}_{inL,1}\times] & \boldsymbol{0}_{3\times3} & -\boldsymbol{A}(\boldsymbol{q}_{Ls,k})\boldsymbol{C}_o^s & \boldsymbol{0}_{3\times3} \\ \vdots & \vdots & \vdots & \vdots \\ 2\boldsymbol{A}(\boldsymbol{q}_{Ls,k})[\boldsymbol{A}(\boldsymbol{q}_{sf,k})\boldsymbol{p}_{inL,l_L}\times] & \boldsymbol{0}_{3\times3} & -\boldsymbol{A}(\boldsymbol{q}_{Ls,k})\boldsymbol{C}_o^s & \boldsymbol{0}_{3\times3} \end{bmatrix} \tag{8-87}$$

式中，矩阵 $[\boldsymbol{A}(\boldsymbol{q}_{sf,k})\boldsymbol{p}_{in1,1}\times]$ 和矢量 $\boldsymbol{A}(\boldsymbol{q}_{sf,k})\boldsymbol{p}_{in1,1}$ 存在类似式（8－84）的关系。

基于上述系统模型，可以设计出基于并行滤波器的自适应状态估计算法，适用于对双目立体视觉敏感器测量模型不确定性的处理。基于观察卫星网络的空间目标相对位姿确定系统结构如图 8－19 所示。

基于卡尔曼滤波器和自适应卡尔曼滤波器并行计算的自适应状态估计方法既能实现多敏感器信息融合，又能够充分应用各个并行滤波器测量新息中包含的有效信息，根据应用场景的不同自适应地调节估计方式，使得通过观察卫星网络获取的观测量得到充分合理的应用，从而提升随机系统状态估计性能。事实上，在本书第 7 章对星座自主导航系统进行数学仿真研究的过程中，也用到了类似技术，使得导航性能的提升可以通过少量并行滤波器实现。

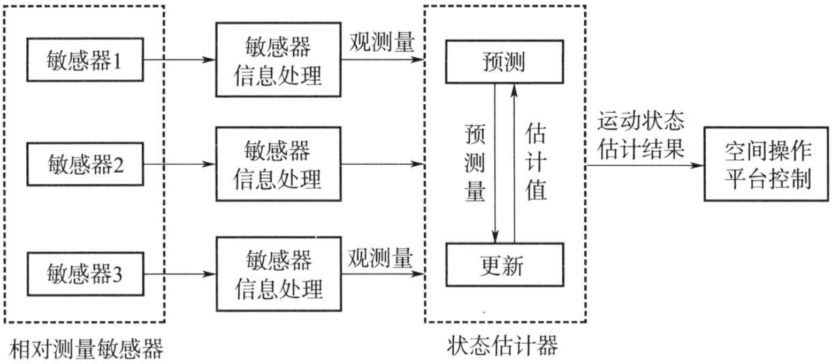

图 8－19　基于观察卫星网络的空间目标相对位姿确定系统结构

8.2.7　数学仿真分析

为了说明基于并行滤波器的自适应状态估计算法的有效性，通过仿真将其与扩展卡尔曼滤波器（EKF）和自适应扩展卡尔曼滤波器（AEKF）进行了对比研究。自适应扩展卡尔曼滤波器的递推计算方式与本节给出的自适应卡尔曼滤波器（AKF）类似，区别在于利用类似扩展卡尔曼滤波器中的线性化技术实现估计误差方差阵外推等运算。空间目标和观察卫星的参考运动状态数据通过高精度姿态轨道仿真器获得，根据参考运动状态数据和观测模型产生测量数据，利用扩展卡尔曼滤波器、自适应扩展卡尔曼滤波器和基于并行滤波器的自适应状态估计算法这三种不同方法对测量数据进行处理，产生状态向量的估计值。将状态向量的估计值与参考运动状态数据进行比对，得到状态估计误差。

假定空间目标在半长轴为 6 878 km、轨道倾角为 98°的近圆轨道飞行，其惯量参数为 $I_x=100\ \mathrm{kg\cdot m^2}$，$I_y=100\ \mathrm{kg\cdot m^2}$，$I_z=200\ \mathrm{kg\cdot m^2}$，特征点位置矢量在星体系的坐标为 $\boldsymbol{p}_{in1}=[1\quad 0\quad 0]^{\mathrm{T}}\ \mathrm{m}$，$\boldsymbol{p}_{in2}=[1\quad 1\quad 1]^{\mathrm{T}}\ \mathrm{m}$，$\boldsymbol{p}_{in3}=[0\quad 1\quad 0]^{\mathrm{T}}\ \mathrm{m}$，$\boldsymbol{p}_{in4}=[-1\quad 1\quad -1]^{\mathrm{T}}\ \mathrm{m}$。观察卫星网络在距离空间目标 100 m 左右位置形成自然绕飞，通过双目立体视觉敏感器对空间目标进行观测，仿真场景如图 8－20 所示。

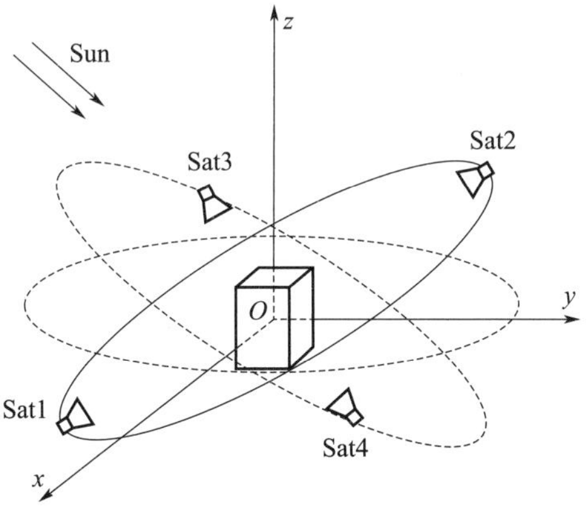

图 8－20　基于观察卫星网络的空间目标观测示意图

基于并行滤波器的自适应状态估计算法的基本仿真设置如表 8 - 7 所示。

表 8 - 7　空间目标相对位姿确定基本仿真设置

仿真设置	
仿真时间	空间目标的 1 个轨道周期
一步状态预测的时间步长	1 s
初始位置误差	随机产生三轴位置误差，分布为 $N(0,(10\ \mathrm{m})^2)$
初始速度误差	随机产生三轴速度误差，分布为 $N(0,(0.1\ \mathrm{m/s})^2)$
初始姿态误差	随机产生三轴姿态误差，分布为 $N(0,(0.1^\circ)^2)$
初始姿态角速率误差	随机产生三轴姿态角速率误差，分布为 $N(0,(0.01^\circ/\mathrm{s})^2)$
观测数据更新频率	1 Hz
测量精度	测量噪声标准差的标称值为 1 cm
滤波器参数	
系统噪声方差阵	$\boldsymbol{Q}_k = \begin{bmatrix} \sigma_q^2\boldsymbol{I}_{3\times3} & & & \\ & \sigma_\omega^2\boldsymbol{I}_{3\times3} & & \\ & & \sigma_\rho^2\boldsymbol{I}_{3\times3} & \\ & & & \sigma_v^2\boldsymbol{I}_{3\times3} \end{bmatrix}$，$\sigma_q = 0.001$，$\sigma_\omega = 0.001^\circ/\mathrm{s}$，$\sigma_\rho = 5\times10^{-5}\ \mathrm{m}$，$\sigma_v = 5\times10^{-5}\ \mathrm{m/s}$
测量噪声方差阵初值	根据测量噪声标准差的标称值选取
初始估计误差方差阵	$\boldsymbol{P}_0 = \begin{bmatrix} p_q^2\boldsymbol{I}_{3\times3} & & & \\ & p_\omega^2\boldsymbol{I}_{3\times3} & & \\ & & p_\rho^2\boldsymbol{I}_{3\times3} & \\ & & & p_v^2\boldsymbol{I}_{3\times3} \end{bmatrix}$，$p_q = 0.3$，$p_\omega = 0.03/\mathrm{s}$，$\sigma_\rho = 30\ \mathrm{m}$，$\sigma_v = 0.3\ \mathrm{m/s}$
滑动平均窗口	$L_R = 100$
权值更新可调参数矩阵	$\boldsymbol{\Omega}_k = (0.01\ \mathrm{m})^2 I$

为了公平起见，在扩展卡尔曼滤波器、自适应扩展卡尔曼滤波器和基于并行滤波器的自适应状态估计算法中，设置同样的初始估计误差方差阵及系统噪声方差阵，测量噪声方差阵的初始值相同。下面分两种不同情况进行仿真。

（1）敏感器测量噪声方差阵的真实值等于其标称值

利用蒙特卡罗仿真方法进行 20 次仿真，得到扩展卡尔曼滤波器、自适应扩展卡尔曼滤波器和基于并行滤波器的自适应状态估计算法的三轴相对姿态估计误差均方根的范数，其时间序列如图 8 - 21 所示。

在基于并行滤波器的自适应状态估计算法中，分别基于扩展卡尔曼滤波器和自适应扩展卡尔曼滤波器设计的两个并行滤波器的权值变化曲线如图 8 - 22 所示。

通过三种状态估计方法得到的相对姿态、姿态角速率、相对位置和相对速度估计误差的统计值如表 8 - 8 所示。

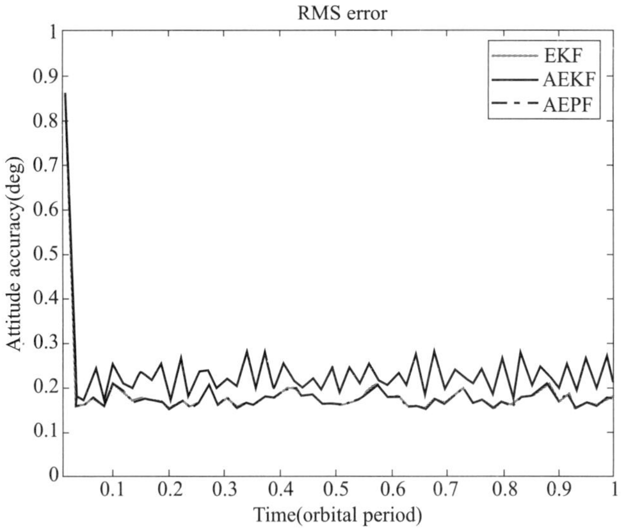

图 8-21　通过三种状态估计方法得到的相对姿态估计均方根误差曲线（1）（见彩插）

（EKF：扩展卡尔曼滤波器；AEKF：自适应扩展卡尔曼滤波器；AEPF：基于并行滤波器的自适应状态估计）

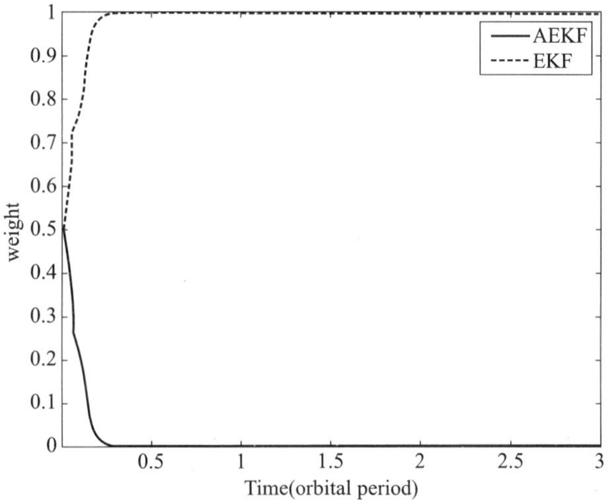

图 8-22　自适应状态估计算法中并行滤波器权值变化曲线（1）

（EKF：基于扩展卡尔曼滤波器设计的并行滤波器；AEKF：基于自适应扩展卡尔曼滤波器设计的并行滤波器）

表 8-8　通过三种状态估计方法得到的空间目标运动状态估计误差统计值（1）

状态估计方法	相对姿态 /(°)	姿态角速率/[(°)/s]	相对位置/m	相对速度/(m/s)
EKF	0.133 6	0.000 4	0.002 8	0.000 2
AEKF	0.186 2	0.000 4	0.003 5	0.000 3
AEPF	0.133 6	0.000 4	0.002 8	0.000 2

从上述仿真结果中不难看出，不存在模型不确定性的情况下，基于并行滤波器的自适应状态估计算法的性能优于自适应扩展卡尔曼滤波器，原因在于基于并行滤波器的自适应

状态估计算法中的1个并行滤波器不会受到测量噪声方差阵估计误差的影响。此时，基于扩展卡尔曼滤波器设计的并行滤波器权值收敛于1，在总体状态估计中起主导作用，结果符合预期。

(2) 敏感器测量噪声方差阵的真实值不等于标称值

在实际的敏感器测量噪声标准差增大为0.1 m的情况下，通过20次蒙特卡罗仿真得到三种状态估计方法的相对姿态估计误差的统计值，如图8-23所示。

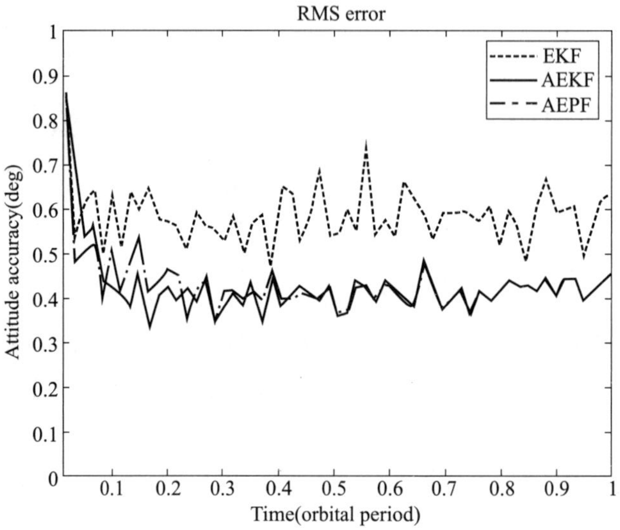

图8-23 通过三种状态估计方法得到的相对姿态估计均方根误差曲线(2)

(EKF：扩展卡尔曼滤波器；AEKF：自适应扩展卡尔曼滤波器；AEPF：基于并行滤波器的自适应状态估计)

相应地，在基于并行滤波器的自适应状态估计算法中，两个并行滤波器的权值变化曲线如图8-24所示。

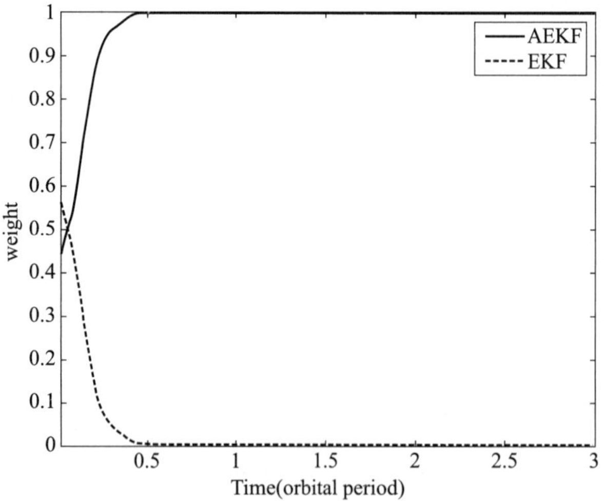

图8-24 自适应状态估计算法中并行滤波器权值变化曲线(2)

(EKF：基于扩展卡尔曼滤波器设计的并行滤波器；AEKF：基于自适应扩展卡尔曼滤波器设计的并行滤波器)

通过三种状态估计方法得到的相对姿态、姿态角速率、相对位置和相对速度估计误差的统计值如表8-9所示。

表8-9　通过三种状态估计方法得到的空间目标运动状态估计误差统计值（2）

状态估计方法	相对姿态/(°)	姿态角速率/[(°)/s]	相对位置/m	相对速度/（m/s）
EKF	0.534 6	0.001 0	0.026 0	0.001 8
AEKF	0.390 4	0.000 5	0.015 7	0.000 4
AEPF	0.390 4	0.000 5	0.015 7	0.000 4

显然，在敏感器测量噪声方差阵的真值偏离其标称值的情况下，基于并行滤波器的自适应状态估计算法的性能优于扩展卡尔曼滤波器，原因在于基于并行滤波器的自适应状态估计算法中的第2个并行滤波器具备在线估计测量噪声方差的能力。基于自适应扩展卡尔曼滤波器设计的并行滤波器权值收敛于1，表明所设计的算法能够自适应地选取适当的并行滤波器进行测量数据处理。

不同条件下的仿真结果表明，无论敏感器测量噪声方差阵的真实值是否偏离其标称值，基于并行滤波器的自适应状态估计算法均能达到较高的估计精度。基于并行滤波器的自适应状态估计算法的综合性能优于传统扩展卡尔曼滤波器或自适应扩展卡尔曼滤波器。

在本节的最后部分，通过仿真简要分析滑动平均窗口 L_R 的大小对基于并行滤波器的自适应状态估计算法性能的影响。在 L_R 的取值分别为50，70，90，110，130和150的情况下，通过基于并行滤波器的自适应状态估计算法得到的空间目标相对姿态估计误差均方根的范数如图8-25所示。

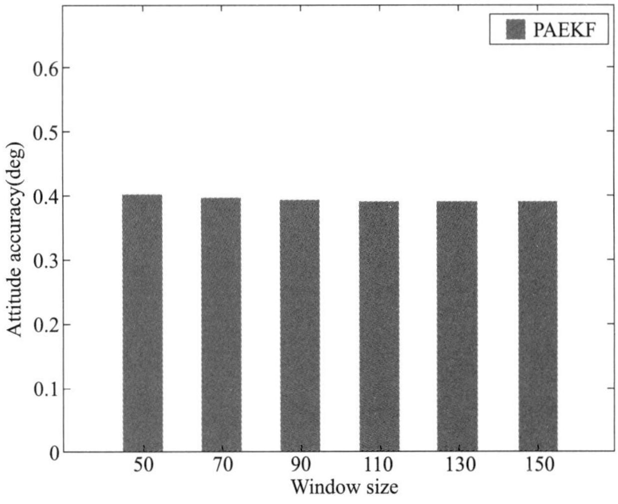

图8-25　滑动平均窗口的取值对自适应状态估计算法的影响

从图中可以看出，对于本节所研究的空间目标相对位姿确定系统，在给定的仿真条件下，滑动平均窗口 L_R 在一定范围内变化时，对基于并行滤波器的自适应状态估计算法的估计精度影响不大。在这种情况下，没必要花费太多精力用于该滤波器参数的优化调整。

8.3 本章小结

在航天器导航系统的整体或部分受到潜在模型不确定性影响的情况下，需要有针对性地设计适当的随机系统状态估计方法来有效应对。本书已经介绍了多种状态估计方法，包括卡尔曼滤波器、扩维卡尔曼滤波器、鲁棒卡尔曼滤波器和自适应卡尔曼滤波器等，每种方法都有自身的优势和局限性。考虑到客观事物往往处于连续不断的发展变化过程中，实际应用系统中模型不确定性出现的时刻和变化的幅度往往是事先未知的。针对上述问题，本章设计了基于并行滤波器的自适应状态估计算法，其特色在于，可以根据当前应用场景的不同，充分发挥不同滤波方法各自的性能优势，使得整个算法在模型不确定性存在和不存在两种情况下，均能取得令人满意的性能表现，其拓展结构如图 8 - 26 所示。

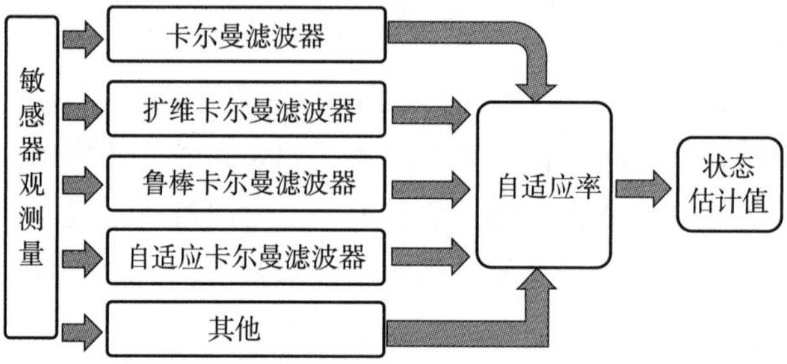

图 8 - 26　基于并行滤波器的自适应状态估计算法结构示意图

图 8 - 26 勾勒出一个开放的体系架构，可容纳根据不同系统模型和优化准则设计的滤波方法。根据实际系统的性能特点和技术需求，将卡尔曼滤波器、扩维卡尔曼滤波器、鲁棒卡尔曼滤波器、自适应卡尔曼滤波器，以及本书并未涉及的其他先进滤波方法作为并行滤波器，通过不同滤波器状态估计值的融合处理，有助于提升航天器导航系统处理或容忍模型不确定性的能力。值得注意的是，在本书第 7 章和第 8 章中，均采用基于似然函数计算加权平均的方式设计并行滤波器的自适应率，事实上，自适应率的设计也可以利用其他方法完成。本书第 9 章将尝试通过强化学习的方法选择适当的并行滤波器。

参考文献

[1] K Xiong, C Wei, L Liu. Multiple - model adaptive estimator for spacecraft attitude sensor calibration [J]. Aircraft Engineering and Aerospace Technology, 2017, 89 (3): 457 - 467.

[2] F D Busse, J P How, J Simpson. Demonstration of adaptive extended Kalman filter for low earth orbit formulation estimation using CDGPS [J]. Navigation, 2003, 50: 79 - 93.

[3] W Li, Y Jia. Adaptive filtering for jump Markov systems with unknown noise covariance [J]. IET Control Theory and Applications, 2013, 7 (13): 1765 - 1772.

[4] Y Wang, S Sun, L Li. Adaptive robust unscented Kalman filter for tracking a maneuvering vehicle [J]. Journal of Guidance, Control, and Dynamics, 2014, 37 (5): 1696 - 1701.

[5] B Feng, M Fu, H Ma, Y Xia, B Wang. Kalman filter with recursive covariance estimation - sequentially estimating process noise covariance [J]. IEEE Transactions on Industrial Electronics, 2014, 61 (11): 6253 - 6263.

[6] X Wang, Z You, K Zhao. Inertial/celestial - based fuzzy adaptive unscented Kalman filter with covariance intersection algorithm for satellite attitude determination [J]. Aerospace Science and Technology, 2016, 48: 214 - 222.

[7] X Ning, Z Li, W Wu, Y Yang, J Fang, G Liu. Recursive adaptive filter using current innovation for celestial navigation during the Mars approach phase [J]. Science China - Information Sciences, 2017, 60: 1 - 15.

[8] B Gao, S Gao, G Hu, Y Zhong, C Gu. Maximum likelihood principle and moving horizon estimation based adaptive unscented Kalman filter [J]. Aerospace Science and Technology, 2018, 73: 184 - 196.

[9] K Xiong, C Wei, H Zhang. Parallel model adaptive Kalman filtering for autonomous navigation with line - of - sight measurements [J]. Proceeding of the Institution of Mechanical Engineers, Part G: Journal of Aerospace Engineering, 2019, 233 (11): 4017 - 4031.

[10] K Xiong, L Liu. Design of parallel adaptive extended Kalman filter for online estimation of noise covariance [J]. Aircraft Engineering and Aerospace Technology, 2019, 91 (1): 112 - 123.

[11] 岳晓奎，袁建平，侯建文．飞行器组合导航鲁棒滤波理论及应用 [M]. 北京：中国宇航出版社，2013.

[12] S Segal, A Carmi, P Gurfil. Stereovision - based estimation of relative dynamics between non - cooperative satellites: theory and experiments [J]. IEEE Transactions on Control System Technology, 2014, 22 (2): 568 - 584.

[13] L Cao, X Chen, A K Misra. A novel unscented predictive filter for relative position and attitude estimation of satellite formation [J]. Acta Astronautica, 2015, 112: 140 - 157.

[14] L Zhang, S Qian, S Zhang, H Cai. Research on angles - only/SINS/CNS relative position and attitude determination algorithm for a tumbling spacecraft [J]. Journal of Aerospace Engineering,

2017，231（2）：218－228.

［15］ 刘林，胡松杰，王歆．航天动力学引论［M］. 南京：南京大学出版社，2006.

［16］ 解永春，陈长青，刘涛，王敏．航天器交会对接制导导航控制原理和方法［M］. 北京：国防工业出版社，2018.

［17］ S G Kim，J L Crassidis，Y Cheng，A M Fosbury. Kalman filtering for relative spacecraft attitude and position estimation［J］Journal of Guidance，Control，and Dynamics，2007，30（1）：133－143.

［18］ K Xiong，C Wei. Adaptive iterated extended Kalman filter for relative spacecraft attitude and position estimation［J］. Asian Journal of Control，2018，20（4）：1595－1610.

第 9 章　强化学习卡尔曼滤波器

随着人工智能（Artificial Intelligence，AI）理论的深入研究，强化学习（Reinforcement Learning，RL）方法逐渐受到广泛关注。在 2016 年至 2017 年，由谷歌（Google）旗下 DeepMind 公司开发的阿尔法围棋（AlphaGo）人工智能程序先后击败李世石、柯洁等人类职业围棋顶尖高手，使人们深切地感受到，现在比以往任何时候都更接近面向复杂任务人工智能的实现。此后几年，对人工智能的研究更加如火如荼地进行。作为人工智能技术研究的一个核心方向，强化学习方法在阿尔法围棋的训练过程中得到成功应用。

近些年来，强化学习理论方法和应用技术的进步，为卡尔曼滤波器的优化设计提供了新的解决方案。强化学习方法的基本思路是通过智能体（Agent）在未知环境中以试错（Trial and Error）的方式逐渐积累经验，最终掌握一种从状态到动作的映射，在未知环境探索和复杂问题决策等方面具有优势。如何削弱模型不确定性对系统性能的影响，同时，尽可能降低滤波器的复杂程度，是从事航天器导航系统研究的工程技术人员经常需要面对的问题。在随机系统状态估计领域，结合卡尔曼滤波器的估计能力和强化学习方法的决策能力，以提升滤波器对不确定系统模型的适应性，是解决问题的方法之一。将强化学习用于卡尔曼滤波器设计，使得滤波器可以通过自身与环境的交互，自适应地选取合理的模型或滤波器参数，在实际应用过程中逐渐改善状态估计精度，从而增强航天器导航系统的任务能力。

本章探讨强化学习方法在随机系统状态估计中的应用。针对系统噪声和测量噪声的统计特性均存在不确定性的非线性系统，给出一种 Q 学习扩展卡尔曼滤波器（Q - learning Extended Kalman filter，QLEKF），主要特色是将 Q 学习方法用于扩展卡尔曼滤波器噪声方差阵的自适应，并讨论了迭代学习过程的收敛性。以基于星间相对测量的星座自主导航和天文观测相对论效应导航系统为例，展示了 Q 学习扩展卡尔曼滤波器用于航天器导航系统时所能产生的有益效果。

9.1　Q 学习方法

9.1.1　基本思路

强化学习指的是智能体通过与环境交互，掌握一套从环境状态到执行动作的映射（通常称为策略），以达到奖赏最大化的方法或过程；通过强化学习，能够使得智能体具备面向不同环境状态的决策能力。在对强化学习方法的研究中，智能体面向特定任务，如何在未知环境中优化选取动作是经常受到关注的问题，如图 9 - 1 所示，在一步学习过程中，智能体根据当前策略（初始阶段可事先设定）选取动作，通过在环境中执行动作，获得一个奖赏，奖赏的取值反映了该动作对于完成特定任务的优劣程度；进而，智能体根据获得的奖赏优化动作选取策略，并根据经过优化的策略进行新一轮的动作选取。

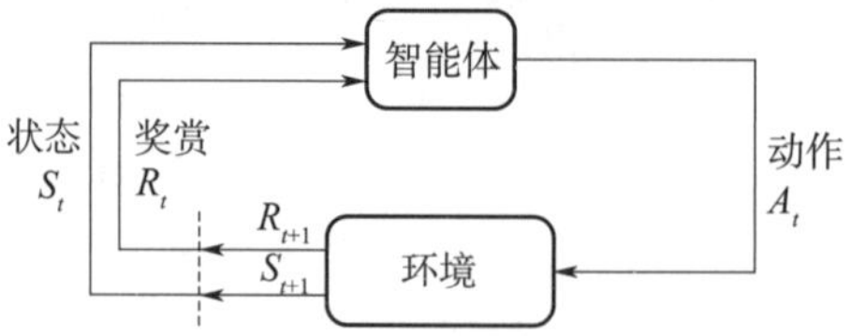

图 9-1　强化学习过程

强化学习的基本方法是通过反复迭代的试错过程，使得累积奖赏最大化，此时，认为动作选择的策略是最优的。随着强化学习理论方法和应用技术的进步，使得智能体可以像人类一样，在不依赖精确数学模型的情况下，在自身与环境的交互过程中，通过学习积累经验，不断改进当前策略，优化自身的行为；从而在面对不同的环境状态（可通过敏感器获取环境状态信息）时，可以选择出正确的动作（或做出正确的决策）。此时，认为智能体已经学习出一套面向当前环境解决特定问题的策略。未来目标是实现一种通用人工智能，解决智能体从感知到决策过程中产生的一系列问题，实现机器人和卫星等智能无人系统的端到端控制，如图 9-2 所示。

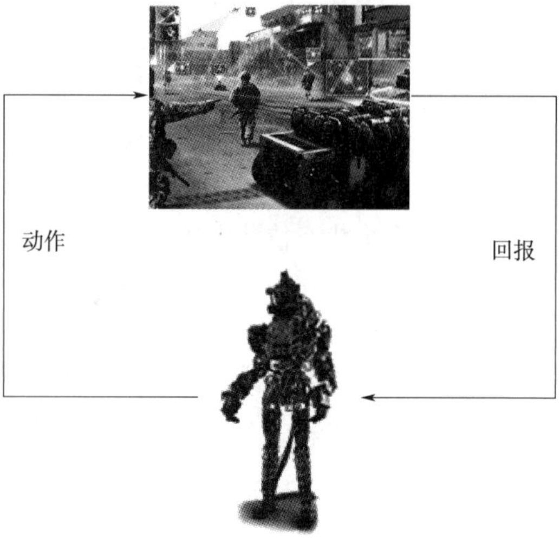

图 9-2　基于强化学习的机器人控制示意图

目前，这种从感知到决策的端到端控制方法已经在围棋等领域取得了突破性的进展，达到了前所未有的高度。阿尔法围棋的成功表明智能体可以像人一样，通过不断地尝试和学习，逐渐从职场菜鸟升级成为领域专家，最终胜任某一复杂任务。将强化学习方法应用到随机系统状态估计方法的优化设计中，有望简化对航天器导航系统的数学建模过程；同时，不需要事先针对不同任务场景和干扰情况设计相应的滤波器参数，而是在建立一套学习框架的基础上，在实际应用过程中，由智能体自身去探索提升滤波器性能的途径，从而获得一套适用于当前对象和环境的状态估计方法。关于强化学习的文献资源非常丰富，感兴趣的读者可参阅［1－5］。

9.1.2　递推计算公式

经过多年发展，强化学习已形成多种不同的实现方式，本章面向扩展卡尔曼滤波器的优化设计，以得到广泛认可的 Q 学习方法为例进行简要说明[6-8]。为了简单起见，假定智能体所处的状态和能够执行的动作均可以用有限的参数集合来描述，当前状态表示为 $s \in S$，其中，S 为状态集；对于任意状态，智能体可选择有限的动作，特定的动作表示为 $a \in A$，其中，A 为动作集。状态集 S 和动作集 A 中的元素均取离散值，状态集 S 中的状态 s 可用于描述当前环境的属性，而动作集 A 中的动作 a 可用于刻画智能体的潜在行为。注意到 Q 学习方法中的状态集与卡尔曼滤波器中的状态向量不是一回事，在阅读本书的过程中应正确地加以辨别。尽管状态集 S 和动作集 A 中都可能包含多个元素，但在习惯上，为了避免与当前时刻、迭代次数等物理量混淆，一般不通过数字形式的上标或下标区别表征集合中的各个元素。

与卡尔曼滤波器类似，Q 学习方法也是以递推计算的形式实现的。在 Q 学习方法的实施过程中，智能体通过不断摸索的方式进行学习，尝试在不确定环境中选择出有利于完成特定任务的动作。在 Q 学习的一步迭代过程中，智能体对于当前状态 $s \in S$ 执行动作 $a \in A$，从环境中获得标量形式的奖赏 $R(s, a)$，同时，状态从当前状态 s 转换为下一状态 s'。奖赏 $R(s, a)$ 可视为当前状态动作对 (s, a) 优劣程度的一种即时反馈，反映了智能体的瞬时特性，简单地说，就是在当前时刻，环境状态为 s 的情况下，智能体选择动作 a 是否有利于特定任务的完成。但是，考虑到实际系统固有的随机性，在一步迭代过程中获得的奖赏 $R(s, a)$ 不一定能够准确反映状态动作对 (s, a) 的优劣程度。正如在卡尔曼滤波器中，往往不能通过一步递推计算获得状态向量的准确估计值。

针对这一问题，在 Q 学习中的处理方式是通过反复迭代来消除随机性的影响，并引入 Q 函数 $Q_i(s, a)$ 来记录累积奖赏，其中，下标 i 用来记录 Q 学习过程中的迭代次数。在状态集 S 和动作集 A 中的元素均为离散值的情况下，Q 函数可表示为数表的形式，如图 9－3 所示。

$Q_i(s, a)$	$Q_i(s, a')$	$Q_i(s, a'')$	$\cdots$
$Q_i(s', a)$	$Q_i(s', a')$	$Q_i(s', a'')$	$\cdots$
$Q_i(s'', a)$	$Q_i(s'', a')$	$Q_i(s'', a'')$	$\cdots$
$\vdots$	$\vdots$	$\vdots$	$\ddots$

图 9－3　数表形式的 Q 函数示意图

在缺乏有关各个状态动作对 (s, a) 优劣程度先验知识的情况下，在迭代计算开始之

前，数表中 Q 函数的取值可均设为 0。Q 函数的递推计算公式为

$$Q_{i+1}(s,a)=Q_i(s,a)+\alpha[R(s,a)+\gamma\max_{a'}Q_i(s',a')-Q_i(s,a)] \tag{9-1}$$

式中，$0\leqslant\alpha<1$ 表示学习速率，$0<\gamma\leqslant 1$ 表示折扣因子，均为可调参数；符号 $\max_{a'}Q_i(s',a')$ 表示在状态为 s' 的情况下，对于任意动作 $a'\in A$，数表中 Q 函数的最大值。注意到上式中符号 a 和 a' 的含义是不同的，a 表示特定的动作，而 a' 表示动作集 A 中的任意动作。

上式给出了根据奖赏 $R(s,a)$，根据当前的 Q 函数 $Q_i(s,a)$ 计算下一步的 Q 函数 $Q_{i+1}(s,a)$ 的方法。细心的读者或许已经发现，以上公式与本书第 8 章介绍的自适应卡尔曼滤波器（AKF）中计算测量噪声方差阵的公式有相似之处。为了便于理解，与自适应卡尔曼滤波器中的在线方差估计器进行类比，式中 $R(s,a)+\gamma\max_{a'}Q_i(s',a')$（含义为当前获得的奖赏与下一步的累积奖赏之和）可视为 Q 函数（含义为累积奖赏）的观测量，而 $Q_i(s,a)$ 可视为 Q 函数的预测值，二者相减得到的值 $[R(s,a)+\gamma\max_{a'}Q_i(s',a')-Q_i(s,a)]$ 相当于测量新息，可用于对预测值 $Q_i(s,a)$ 进行修正，从而得到 Q 函数的估计值 $Q_{i+1}(s,a)$。修正的力度可以通过改变学习速率 α 进行调整。通常学习速率 α 越小，估计得到的 Q 函数变化越平缓；相反，学习速率 α 越大，估计得到的 Q 函数变化越剧烈。

值得注意的是，在 Q 学习算法中，将当前获得的奖赏和下一步的潜在最大累积奖赏与折扣因子的乘积之和 $R(s,a)+\gamma\max_{a'}Q_i(s',a')$ 作为本次更新的依据，引入的 $\gamma\max_{a'}Q_i(s',a')$ 作用是：如果智能体在下一状态 s' 有潜在的更好表现（相对于 $Q_i(s,a)$，$\gamma\max_{a'}Q_i(s',a')$ 的取值较大），则认为当前的动作 a 是有效的，并适当增大相应的 Q 函数 $Q_{i+1}(s,a)$；反之，如果智能体在下一步的潜在表现较差（相对于 $Q_i(s,a)$，$\gamma\max_{a'}Q_i(s',a')$ 的取值较小），则说明当前的动作 a 不可取，并适当减小相应的 Q 函数 $Q_{i+1}(s,a)$。折扣因子 γ 用于调节下一步的潜在最大累积奖赏 $\max_{a'}Q_i(s',a')$ 对 Q 函数的修正作用，显然，如果取 $\gamma\to 0$，则 Q 学习算法退化为对智能体在递推计算过程中仅根据当前奖赏 $R(s,a)$ 修正 Q 函数。

基于如式（9-1）所示的递推计算公式，结合智能体在环境中的探索，通过反复迭代计算，理论上能够得到 Q 函数的最优取值，这时得到的 Q 函数可用于在特定的状态 s 选择最佳的动作 a，具体方式如下

$$a=\arg\max_{a'}Q_i(s,a') \tag{9-2}$$

即对于状态 s，选择对应 Q 函数（或累积奖赏）最大的动作 a。不难看出，Q 学习方法可以写为简单的递推计算形式，且学习过程不依赖于状态转移概率等先验信息，具有便捷高效、易于工程实施等优点。关于 Q 学习方法迭代计算过程的收敛性，将在下面一节进行说明。

9.1.3 收敛性分析

在介绍基于 Q 学习的扩展卡尔曼滤波器参数优化方法之前，简要分析 Q 学习方法迭代计算过程的收敛性[9-11]，对于增进读者对 Q 学习方法的理解是不无裨益的。为了方便

起见，假定学习速率 α 和折扣因子 γ 均为常数，将上面一节给出的 Q 学习方法递推计算公式重写如下

$$Q_{i+1}(s,a)=(1-\eta_i\alpha)Q_i(s,a)+\eta_i\alpha[R(s,a)+\gamma\ \max_{a'}Q_i(s',a')] \tag{9-3}$$

式中，引入更新因子 η_i 的目的是为了强调，对于特定的 Q 函数 $Q_i(s,a)$，不是每次迭代都进行更新，仅当智能体在状态 s 执行动作 a 时，才对相应的 Q 函数进行更新，根据上式得到 $Q_{i+1}(s,a)$。在智能体未探索到的区域，取 $Q_{i+1}(s,a)=Q_i(s,a)$。在一步迭代过程中，对 $Q_i(s,a)$ 进行更新的情况下，取 $\eta_i=1$；相反，未对 $Q_i(s,a)$ 进行更新的情况下，取 $\eta_i=0$。

首先，考虑一种特殊情况，令折扣因子 $\gamma=1$，此时，Q 函数的递推计算公式为

$$\Theta_{i+1}(s,a)=(1-\eta_i\alpha)\Theta_i(s,a)+\eta_i\alpha[R(s,a)+\max_{a'}\Theta_i(s',a')] \tag{9-4}$$

式中，符号 $\Theta_i(s,a)$ 表示折扣因子 $\gamma=1$ 时计算得到的 Q 函数，用于区分折扣因子 $\gamma\neq1$ 时的 Q 函数 $Q_i(s,a)$。为了简化分析过程，假定智能体在环境中探索时，对于同样的状态动作对 (s,a)，获得同样的奖赏 $R(s,a)$。从 $\gamma=1$ 时 Q 函数的上界和下界开始进行推导，说明在特定的条件下，$\Theta_i(s,a)$ 是有界的。分析结果可归纳为如下引理。

引理 9.1：考虑根据如式（9-4）所示的递推计算公式得到的 Q 函数序列 $\{\Theta_i(s,a)\}$，如果存在常数 $\overline{\delta}\geqslant1\geqslant\underline{\delta}\geqslant0$ 和 $\lambda\geqslant0$，使得以下不等式成立

$$\underline{\delta}\Theta^*(s,a)\leqslant\Theta_0(s,a)\leqslant\overline{\delta}\Theta^*(s,a) \tag{9-5}$$

$$\lambda R(s,a)\geqslant\max_{a'}\Theta^*(s',a') \tag{9-6}$$

其中，$\Theta^*(s,a)$ 定义为

$$\Theta^*(s,a)=R(s,a)+\max_{a'}\Theta^*(s',a') \tag{9-7}$$

那么，对于 $i\geqslant0$，以下不等式成立

$$\left[1+\left(\prod_{\tau=0}^{i-1}\left(1-\frac{\eta_\tau\alpha}{\lambda+1}\right)\right)(\underline{\delta}-1)\right]\Theta^*(s,a)\leqslant\Theta_i(s,a)\leqslant\left[1+\left(\prod_{\tau=0}^{i-1}\left(1-\frac{\eta_\tau\alpha}{\lambda+1}\right)\right)(\overline{\delta}-1)\right]\Theta^*(s,a) \tag{9-8}$$

证明：对引理 9.1 的证明基于数学归纳法进行。先考察 $i=0$ 的情况，根据 Q 函数的递推计算公式和引理中的假设条件可知

$$\Theta_1(s,a)\leqslant\overline{\delta}(1-\eta_0\alpha)\Theta^*(s,a)+\eta_0\alpha[R(s,a)+\overline{\delta}\ \max_{a'}\Theta^*(s',a')] \tag{9-9}$$

根据引理中的假设条件，上式中 $R(s,a)+\overline{\delta}\ \max_{a'}\Theta^*(s',a')$ 可写为

$$R(s,a)+\overline{\delta}\ \max_{a'}\Theta^*(s',a')\leqslant\left[1+\frac{\lambda(\overline{\delta}-1)}{\lambda+1}\right][R(s,a)+\max_{a'}\Theta^*(s',a')] \tag{9-10}$$

将 $\Theta^*(s,a)$ 的表达式代入上式可得

$$R(s,a)+\overline{\delta}\ \max_{a'}\Theta^*(s',a')\leqslant\left[1+\frac{\lambda(\overline{\delta}-1)}{\lambda+1}\right]\Theta^*(s,a) \tag{9-11}$$

根据上式可以得到 $\Theta_1(s,a)$ 的上界，如下式所示

$$\Theta_1(s,a)\leqslant\left[1+(\overline{\delta}-1)\left(1-\frac{\eta_0\alpha}{\lambda+1}\right)\right]\Theta^*(s,a) \tag{9-12}$$

根据 Q 函数的递推计算公式和引理中的假设条件可知

$$\Theta_1(s,a) \geqslant \underline{\delta}(1-\eta_0\alpha)\Theta^*(s,a)+\eta_0\alpha[R(s,a)+\underline{\delta}\max_{a'}\Theta^*(s',a')] \tag{9-13}$$

根据引理中的假设条件，上式中的 $R(s,a)+\underline{\delta}\max_{a'}\Theta^*(s',a')$ 可写为

$$R(s,a)+\underline{\delta}\max_{a'}\Theta^*(s',a') \geqslant \left[1+\frac{\lambda(\underline{\delta}-1)}{\lambda+1}\right][R(s,a)+\max_{a'}\Theta^*(s',a')] \tag{9-14}$$

将 $\Theta^*(s,a)$ 的表达式代入上式可得

$$R(s,a)+\underline{\delta}\max_{a'}\Theta^*(s',a') \geqslant \left[1+\frac{\lambda(\underline{\delta}-1)}{\lambda+1}\right]\Theta^*(s,a) \tag{9-15}$$

根据上式可以得到 $\Theta_1(s,a)$ 的下界，如下式所示

$$\Theta_1(s,a) \geqslant \left[1+(\underline{\delta}-1)\left(1-\frac{\eta_0\alpha}{\lambda+1}\right)\right]\Theta^*(s,a) \tag{9-16}$$

根据前面的推导易知，在 $i=0$ 时，引理的结论是成立的。

再假定引理的结论在 $i=l$ 时是成立的，即

$$\left[1+\left(\prod_{j=0}^{l-1}\left(1-\frac{\eta_j\alpha}{\lambda+1}\right)\right)(\underline{\delta}-1)\right]\Theta^*(s,a) \leqslant \Theta_l(s,a) \leqslant \left[1+\left(\prod_{j=0}^{l-1}(1-\frac{\eta_j\alpha}{\lambda+1})\right)(\overline{\delta}-1)\right]\Theta^*(s,a) \tag{9-17}$$

根据 Q 函数的递推计算公式，得到 $\Theta_{l+1}(s,a)$ 的上界

$$\begin{aligned}\Theta_{l+1}(s,a) \leqslant{}& (1-\eta_l\alpha)\left[1+\left(\prod_{j=0}^{l-1}\left(1-\frac{\eta_j\alpha}{\lambda+1}\right)\right)(\overline{\delta}-1)\right]\Theta^*(s,a)+\\ &\eta_l\alpha\{R(s,a)+[1+\left(\prod_{j=0}^{l-1}\left(1-\frac{\eta_j\alpha}{\lambda+1}\right)\right)(\overline{\delta}-1)]\max_{a'}\Theta^*(s',a')\}\end{aligned} \tag{9-18}$$

根据引理中的假设条件可得

$$\begin{aligned}&R(s,a)+[1+\left(\prod_{j=0}^{l-1}\left(1-\frac{\eta_j\alpha}{\lambda+1}\right)\right)(\overline{\delta}-1)]\max_{a'}\Theta^*(s',a')\\ \leqslant{}& R(s,a)+\left[1+\frac{\lambda}{\lambda+1}\left(\prod_{j=0}^{l-1}\left(1-\frac{\eta_j\alpha}{\lambda+1}\right)\right)(\overline{\delta}-1)\right]\max_{a'}\Theta^*(s',a')+\\ &\frac{1}{\lambda+1}\left(\prod_{j=0}^{l-1}\left(1-\frac{\eta_j\alpha}{\lambda+1}\right)\right)(\overline{\delta}-1)\lambda R(s,a)\\ ={}&\left[1+\frac{\lambda}{\lambda+1}\left(\prod_{j=0}^{l-1}\left(1-\frac{\eta_j\alpha}{\lambda+1}\right)\right)(\overline{\delta}-1)\right]\Theta^*(s,a)\end{aligned} \tag{9-19}$$

根据以上两式得到

$$\Theta_{l+1}(s,a) \leqslant \left[1+\left(\prod_{j=0}^{l}\left(1-\frac{\eta_j\alpha}{\lambda+1}\right)\right)(\overline{\delta}-1)\right]\Theta^*(s,a) \tag{9-20}$$

根据 Q 函数的递推计算公式，得到 $\Theta_{l+1}(s,a)$ 的下界

$$\begin{aligned}\Theta_{l+1}(s,a) \geqslant{}& (1-\eta_l\alpha)\left[1+\left(\prod_{j=0}^{l-1}\left(1-\frac{\eta_j\alpha}{\lambda+1}\right)\right)(\underline{\delta}-1)\right]\Theta^*(s,a)+\\&\eta_l\alpha\left\{R(s,a)+\left[1+\left(\prod_{j=0}^{l-1}\left(1-\frac{\eta_j\alpha}{\lambda+1}\right)\right)(\underline{\delta}-1)\right]\max_{a'}\Theta^*(s',a')\right\}\end{aligned} \tag{9-21}$$

根据引理中的假设条件可得

$$\begin{aligned}&R(s,a)+\left[1+\left(\prod_{j=0}^{l-1}\left(1-\frac{\eta_j\alpha}{\lambda+1}\right)\right)(\underline{\delta}-1)\right]\max_{a'}\Theta^*(s',a')\\&\geqslant R(s,a)+\left[1+\frac{\lambda}{\lambda+1}\left(\prod_{j=0}^{l-1}\left(1-\frac{\eta_j\alpha}{\lambda+1}\right)\right)(\underline{\delta}-1)\right]\max_{a'}\Theta^*(s',a')+\\&\quad\frac{1}{\lambda+1}\left(\prod_{j=0}^{l-1}\left(1-\frac{\eta_j\alpha}{\lambda+1}\right)\right)(\underline{\delta}-1)\lambda R(s,a)\\&=\left[1+\frac{\lambda}{\lambda+1}\left(\prod_{j=0}^{l-1}\left(1-\frac{\eta_j\alpha}{\lambda+1}\right)\right)(\underline{\delta}-1)\right]\Theta^*(s,a)\end{aligned} \tag{9-22}$$

根据以上两式得到

$$\Theta_{l+1}(s,a) \geqslant \left[1+\left(\prod_{j=0}^{l}\left(1-\frac{\eta_j\alpha}{\lambda+1}\right)\right)(\underline{\delta}-1)\right]\Theta^*(s,a) \tag{9-23}$$

结合式（9－20）和式（9－23）可知，引理的结论在 $i=l+1$ 时是成立的。利用数学归纳法可知，对于所有 $i \geqslant 0$，引理的结论成立。证毕。

注意到在引理 9.1 中，并未对参数 $\bar{\delta}$ 和 λ 的上界进行约束，因此，对于实际的物理系统，引理 9.1 的假设条件易于得到满足。基于引理 9.1，可以得到 $\gamma=1$ 时 Q 函数 $\Theta_i(s,a)$ 的收敛性分析结果，归纳为如下定理。

定理 9.1：考虑根据如式（9－4）所示的递推计算公式得到的 Q 函数序列 $\{\Theta_i(s,a)\}$，假设引理 9.1 中的结论成立，如果下列条件得到满足

$$0<\alpha\leqslant 1,\sum_{i=0}^{\infty}\eta_i=\infty \tag{9-24}$$

那么

$$\lim_{i\to\infty}\Theta_i(s,a)=\Theta^*(s,a) \tag{9-25}$$

证明：根据定理中的假设条件可知

$$\lim_{i\to\infty}\left(\prod_{j=0}^{i-1}\left(1-\frac{\eta_j\alpha}{\lambda+1}\right)\right)=0 \tag{9-26}$$

因此

$$\lim_{i\to\infty}\left[1+\left(\prod_{j=0}^{i-1}\left(1-\frac{\eta_j\alpha}{\lambda+1}\right)\right)(\underline{\delta}-1)\right]=1 \tag{9-27}$$

$$\lim_{i\to\infty}\left[1+\left(\prod_{j=0}^{i-1}(1-\frac{\eta_j\alpha}{\lambda+1})\right)(\bar{\delta}-1)\right]=1 \tag{9-28}$$

利用引理 9.1 的结论，根据以上两式可知，定理 9.1 的结论成立。证毕。

定理 9.1 表明，如果在无限次的迭代计算中，更新因子 η_i 的和为无穷，那么，在 $\gamma=1$ 的情况下计算得到的 Q 函数 $\Theta_i(s, a)$ 收敛于 $\Theta^*(s, a)$。事实上，如果某一状态动作对 (s, a) 被智能体探索的次数足够多，则 Q 函数的收敛性通常可以得到保障。即使在初始值 $\Theta_0(s, a)$ 偏离 $\Theta^*(s, a)$ 较远的情况下，经过迭代计算仍能收敛于 $\Theta^*(s, a)$。结合引理 9.1 和定理 9.1 可以看出，理论上，增大学习速率 α 有助于提高 Q 学习的收敛速度。

接下来，分析更为一般的情况，即衰减因子 $0<\gamma\leqslant 1$ 时，通过递推计算得到的 Q 函数序列 $\{Q_i(s, a)\}$ 的收敛性。此时，Q 学习的收敛性分析基于如下引理进行。

引理 9.2：考虑根据如式（9－3）所示的递推计算公式得到的 Q 函数序列 $\{Q_i(s, a)\}$，如果以下条件得到满足

$$R(s,a)+\gamma\max_{a'}Q_0(s',a')\geqslant Q_0(s,a) \tag{9-29}$$

那么，对于所有 $i\geqslant 0$，在 $\eta_i=0$ 或 $\eta_i=1$ 的情况下，以下不等式成立

$$Q_{i+1}(s,a)\geqslant Q_i(s,a) \tag{9-30}$$

证明：对引理 9.2 的证明基于数学归纳法进行。先考察 $i=0$ 的情况，根据 Q 函数的递推计算公式和引理中的假设条件可知

$$Q_1(s,a)\geqslant Q_0(s,a) \tag{9-31}$$

显然，在 $i=0$ 时，引理 9.2 的结论是成立的。

再假定引理 9.2 的结论在 $i=l-1$ 时是成立的，即

$$Q_l(s,a)\geqslant Q_{l-1}(s,a) \tag{9-32}$$

在 $\eta_i=1$ 的情况下，根据上式和 Q 函数的递推计算公式可得

$$\begin{aligned}Q_{l+1}(s,a)&\geqslant(1-\alpha)Q_{l-1}(s,a)+\alpha[R(s,a)+\gamma\max_{a'}Q_{l-1}(s',a')]\\&=Q_l(s,a)\end{aligned} \tag{9-33}$$

在 $\eta_i=0$ 的情况下，根据 Q 函数的递推计算公式可知

$$Q_{l+1}(s,a)=Q_l(s,a) \tag{9-34}$$

引理 9.2 的结论在 $i=l$ 时是成立的。利用数学归纳法可知，对于所有 $i\geqslant 0$，引理 9.2 的结论成立。证毕。

引理 9.2 表明，在特定条件下，通过 Q 函数的迭代计算能够产生一个非递减（non－decreasing）序列 $\{Q_i(s, a)\}$。进而，我们将对衰减因子 $0<\gamma\leqslant 1$ 时计算得到的 Q 函数 $Q_i(s, a)$ 的收敛性进行分析，分析结果归纳为以下定理。

定理 9.2：考虑根据如式（9－3）所示的递推计算公式得到的 Q 函数序列 $\{Q_i(s, a)\}$，假定其初始值 $Q_0(s, a)=\Theta_0(s, a)$，对于 $i\geqslant 0$，如果定理 9.1 和引理 9.2 中的结论成立，并且下列条件得到满足

$$Q_i(s,a)\geqslant 0,\ \sum_{i=0}^{\infty}\eta_i=\infty \tag{9-35}$$

那么

$$\lim_{i \to \infty} Q_i(s,a) = Q^*(s,a) \tag{9-36}$$

其中，$Q^*(s, a)$ 定义为

$$Q^*(s,a) = R(s,a) + \gamma \max_{a'} Q^*(s',a') \tag{9-37}$$

证明：我们尝试利用数学归纳法证明

$$Q_i(s,a) \leqslant \Theta_i(s,a) \tag{9-38}$$

先考察 $i=0$ 的情况，根据 $Q_i(s, a)$ 和 $\Theta_i(s, a)$ 的递推计算公式易知

$$Q_1(s,a) \leqslant (1-\eta_0\alpha)Q_0(s,a) + \eta_0\alpha[R(s,a) + \max_{a'} Q_0(s',a')] = \Theta_1(s,a) \tag{9-39}$$

显然，在 $i=1$ 时，$Q_i(s, a) \leqslant \Theta_i(s, a)$ 这一不等式是成立的。

再假定不等式在 $i=l$ 时成立，即 $Q_l(s, a) \leqslant \Theta_l(s, a)$，根据 $Q_i(s, a)$ 和 $\Theta_i(s, a)$ 的递推计算公式得到

$$Q_{l+1}(s,a) \leqslant (1-\eta_l\alpha)Q_l(s,a) + \eta_l\alpha[R(s,a) + \max_{a'} Q_l(s',a')] \leqslant \Theta_{l+1}(s,a) \tag{9-40}$$

因此，在 $i=l+1$ 时，不等式 $Q_i(s, a) \leqslant \Theta_i(s, a)$ 是成立的。利用数学归纳法可知，对于所有 $i \geqslant 0$，该不等式成立。

根据引理 9.2 中的结论可知，$\{Q_i(s, a)\}$ 为非递减序列。根据定理 9.1 中的结论和刚刚证明的不等式 $Q_i(s, a) \leqslant \Theta_i(s, a)$ 可知，在 $i \to \infty$ 时，$Q_i(s, a)$ 的极限存在。定义

$$Q_\infty(s,a) = \lim_{i \to \infty} Q_i(s,a) \tag{9-41}$$

下面，我们尝试利用反证法来证明下式

$$Q_\infty(s,a) = R(s,a) + \gamma \max_{a'} Q_\infty(s',a') \tag{9-42}$$

假设式（9-42）不成立，令

$$R(s,a) + \gamma \max_{a'} Q_\infty(s',a') - Q_\infty(s,a) = \xi(s,a) \tag{9-43}$$

其中，$\xi(s, a) \neq 0$。令 $\varepsilon > 0$ 为小常数，使得 $\xi(s, a)+\varepsilon$ 与 $\xi(s, a)-\varepsilon$ 的正负号均与 $\xi(s, a)$ 相同。考虑到 $Q_\infty(s, a)$ 是 $Q_i(s, a)$ 在 $i \to \infty$ 时的极限，那么，必定存在足够大的正整数 N，使得 $i > N$ 时，以下不等式成立

$$\xi(s,a) + \varepsilon \geqslant R(s,a) + \gamma \max_{a'} Q_i(s',a') - Q_i(s,a) \geqslant \xi(s,a) - \varepsilon \tag{9-44}$$

根据 Q 函数的递推计算公式可得

$$Q_{i+1}(s,a) = Q_0(s,a) + \sum_{j=0}^{i} \eta_j\alpha[R(s,a) + \gamma \max_{a'} Q_j(s',a') - Q_j(s,a)] \tag{9-45}$$

进一步推导得到

$$Q_\infty(s,a) = Q_0(s,a) + \sum_{j=0}^{N-1} \eta_j\alpha[R(s,a) + \gamma \max_{a'} Q_j(s',a') - Q_j(s,a)] + \sum_{j=N}^{\infty} \eta_j\alpha[R(s,a) + \gamma \max_{a'} Q_j(s',a') - Q_j(s,a)] \tag{9-46}$$

根据以上推导易知

$$Q_0(s,a)+\sum_{j=0}^{N-1}\eta_j\alpha[R(s,a)+\gamma\ \max_{a'}Q_j(s',a')-Q_j(s,a)]+\sum_{j=N}^{\infty}\eta_j\alpha[\xi(s,a)+\varepsilon]$$

$$\geqslant Q_\infty(s,a)\geqslant Q_0(s,a)+\sum_{j=0}^{N-1}\eta_j\alpha[R(s,a)+\gamma\ \max_{a'}Q_j(s',a')-Q_j(s,a)]+\sum_{j=N}^{\infty}\eta_j\alpha[\xi(s,a)-\varepsilon]$$

(9-47)

根据上式易知，如果 $\xi(s,\ a)>0$，则可以得到 $Q_\infty(s,\ a)>\infty$；如果 $\xi(s,\ a)<0$，则可以得到 $Q_\infty(s,\ a)<-\infty$。与 $Q_i(s,\ a)$ 在 $i\to\infty$ 时存在极限的事实相互矛盾。因此，反证法中的假设不成立，即式（9-42）成立。注意到式（9-42）与式（9-37）实质上是一致的。因此，定理 9.2 的结论成立。证毕。

对 Q 学习方法的收敛性分析表明，在满足一定条件的情况下，通过递推计算公式得到的 Q 函数 $Q_i(s,\ a)$ 最终收敛于 $Q^*(s,\ a)$，即当前奖赏与下一步的潜在最大累积奖赏之和。如式（9-37）所示的 $Q^*(s,\ a)$ 称为最优 Q 函数，其形式源于最优贝尔曼方程。该方程是由美国数学家贝尔曼（Bellman）于 20 世纪 50 年代为解决动态规划（Dynamic Programming，DP，指求解决策过程优化问题的数学方法或过程）问题提出的，最早应用于控制领域，后来逐渐成为强化学习方法研究的理论基础。智能体根据最优 Q 函数选取的动作通常认为是最优的。

根据 Q 函数的递推计算公式和收敛结果可以看出，Q 学习方法不仅考虑了智能体在与环境交互过程中获得的当前奖赏 $R(s,\ a)$，还考虑了记录在 Q 函数 $Q_i(s,\ a)$ 中的以往经验。应用 Q 学习方法，智能体更热衷于探索潜在的能够获得较高奖赏的状态动作对，而以牺牲部分预期奖赏较小的状态动作对为代价。与盲目尝试各个状态动作对而不免四处碰壁的随机搜索方式相比，Q 学习往往具有较高的效率。

本章假定 Q 学习在有限的状态集 S 和动作集 A 上进行，此时，Q 函数可以方便地表示为数表的形式。但是，在工程实践活动中，经常会遇到状态或动作的数量太多，以至于用数表记录 Q 函数效率低下，甚至难以实现的情况。针对这一问题，一种典型的解决方案是通过神经网络这一万能逼近器来拟合 Q 函数；沿着这一思路，诞生了深度强化学习（Deep Reinforcement Learning，DRL）的一系列方法[12]；在此基础上，实现了阿尔法围棋这一成功应用的案例。

9.2 Q 学习扩展卡尔曼滤波器设计

9.2.1 问题描述

本节将 Q 学习方法用于解决面向非线性不确定系统的滤波器设计问题。与第 5 章中对扩展卡尔曼滤波器的研究类似，考虑如下所示的离散时间非线性随机系统模型

$$\boldsymbol{x}_k=f(\boldsymbol{x}_{k-1})+\boldsymbol{w}_k \tag{9-48}$$

$$\boldsymbol{y}_k=h(\boldsymbol{x}_k)+\boldsymbol{v}_k \tag{9-49}$$

式中，$\boldsymbol{x}_k\in\mathbf{R}^l$ 为状态向量，$\boldsymbol{y}_k\in\mathbf{R}^m$ 为观测量，$f:\ \mathbf{R}^l\to\mathbf{R}^l$ 为状态转移函数，$h:\ \mathbf{R}^l\to\mathbf{R}^m$

为观测函数，$\boldsymbol{w}_k \in \mathbf{R}^l$ 为系统噪声，$\boldsymbol{v}_k \in \mathbf{R}^m$ 为测量噪声。$\boldsymbol{w}_k$ 和 $\boldsymbol{v}_k$ 为与状态向量不相关的零均值高斯白噪声，并且满足以下条件

$$\mathrm{Cov}(\boldsymbol{w}_k,\boldsymbol{w}_j)=\begin{cases}\boldsymbol{Q}_k, & k=j\\ \boldsymbol{0}, & k\neq j\end{cases},\ \mathrm{Cov}(\boldsymbol{v}_k,\boldsymbol{v}_j)=\begin{cases}\boldsymbol{R}_k, & k=j\\ \boldsymbol{0}, & k\neq j\end{cases} \tag{9-50}$$

式中，$\boldsymbol{Q}_k \in \mathbf{R}^{l\times l}$ 为系统噪声方差阵，$\boldsymbol{R}_k \in \mathbf{R}^{m\times m}$ 为测量噪声方差阵，$\boldsymbol{Q}_k$ 和 $\boldsymbol{R}_k$ 均为对称正定阵。基于上述系统模型设计的扩展卡尔曼滤波器递推计算公式已在本书第 5 章给出，为了方便起见，将其重写，如表 9－1 所示。

表 9－1　扩展卡尔曼滤波器的一步递推计算流程

Algorithm 9.1: Extended Kalman filter

function EKF($\hat{\boldsymbol{x}}_{k-1},\boldsymbol{P}_{k-1},\boldsymbol{y}_k,\hat{\boldsymbol{Q}}_k,\hat{\boldsymbol{R}}_k$)
　　$\hat{\boldsymbol{x}}_{k|k-1} \leftarrow f(\hat{\boldsymbol{x}}_{k-1})$　　▷ prediction
　　$\boldsymbol{P}_{k|k-1} \leftarrow \boldsymbol{F}_k\boldsymbol{P}_{k-1}\boldsymbol{F}_k^{\mathrm{T}}+\hat{\boldsymbol{Q}}_k$
　　$\boldsymbol{K}_k \leftarrow \boldsymbol{P}_{k|k-1}\boldsymbol{H}_k^{\mathrm{T}}(\boldsymbol{H}_k\boldsymbol{P}_{k|k-1}\boldsymbol{H}_k^{\mathrm{T}}+\hat{\boldsymbol{R}}_k)^{-1}$
　　$\tilde{\boldsymbol{y}}_k \leftarrow \boldsymbol{y}_k-h(\hat{\boldsymbol{x}}_{k|k-1})$
　　$\hat{\boldsymbol{x}}_k \leftarrow \hat{\boldsymbol{x}}_{k|k-1}+\boldsymbol{K}_k\tilde{\boldsymbol{y}}_k$　　▷ update
　　$\boldsymbol{P}_k \leftarrow (\boldsymbol{I}-\boldsymbol{K}_k\boldsymbol{H}_k)\boldsymbol{P}_{k|k-1}(\boldsymbol{I}-\boldsymbol{K}_k\boldsymbol{H}_k)^{\mathrm{T}}+\boldsymbol{K}_k\hat{\boldsymbol{R}}_k\boldsymbol{K}_k^{\mathrm{T}}$
　　return $\hat{\boldsymbol{x}}_k,\boldsymbol{P}_k$
end function

其中，$\hat{\boldsymbol{x}}_k$ 和 $\boldsymbol{P}_k$ 是状态向量的估计值及其估计误差方差阵，$\hat{\boldsymbol{x}}_{k|k-1}$ 和 $\boldsymbol{P}_{k|k-1}$ 是状态向量的预测值和预测误差方差阵，$\boldsymbol{F}_k$ 和 $\boldsymbol{H}_k$ 是通过非线性系统线性化技术得到的状态转移矩阵和观测矩阵，二者也被称为雅可比矩阵，$\boldsymbol{K}_k$ 是卡尔曼增益，$\tilde{\boldsymbol{y}}_k=\boldsymbol{y}_k-h(\hat{\boldsymbol{x}}_{k|k-1})$ 为测量新息。值得注意的是，考虑模型不确定性的影响，在扩展卡尔曼滤波器递推计算公式中的噪声方差阵 $\hat{\boldsymbol{Q}}_k$ 和 $\hat{\boldsymbol{R}}_k$ 可能不同于实际系统中的真实值 $\boldsymbol{Q}_k$ 和 $\boldsymbol{R}_k$。

根据本书前面章节中关于光学成像导航、X 射线脉冲星导航，以及基于照相观测的星座自主导航等系统的论述易知，如式（9－48）所示的状态方程主要用于描述航天器的运动规律，如式（9－49）所示的观测方程往往基于敏感器数学模型建立。但是，考虑到工程技术人员的认识水平、星上计算机的处理能力，以及在地面实验室模拟空间应用环境的局限性，用于扩展卡尔曼滤波器设计的航天器轨道动力学模型是对实际航天器运动规律的近似，且敏感器测量经常会受到航天器平台姿态抖动、空间热环境和太阳杂光干扰等因素的影响，导致在航天器导航系统的状态方程和观测方程中均存在模型不确定性。模型不确定性的存在会造成扩展卡尔曼滤波器性能下降，使得航天器导航系统无法达到理想精度。

扩展卡尔曼滤波器递推计算公式中的噪声方差阵对于抑制模型不确定性的影响具有重要作用，如果 $\hat{\boldsymbol{Q}}_k$ 和 $\hat{\boldsymbol{R}}_k$ 选取得不合适，将对状态估计性能产生不利影响。在航天器导航系统方案论证中，扩展卡尔曼滤波器参数整定的过程可归纳为：在根据先验知识获得噪声方差阵标称值的基础上，结合系统模型模拟产生敏感器测量数据，利用扩展卡尔曼滤波器进

行处理，围绕标称值附近噪声方差阵的不同组合，开展大量数学仿真并逐一分析状态估计误差序列，选取使状态估计误差最小的一组 $\hat{\boldsymbol{Q}}_k$ 和 $\hat{\boldsymbol{R}}_k$ 作为工程上扩展卡尔曼滤波器的噪声方差阵。不难看出，这一人为整定滤波器参数的优化过程实质上仍然是基于系统模型实现的。在事先建立的模型与实际系统存在差异的情况下，采用上述方法往往不能达到期望的优化效果。前面章节已经指出，对于航天器导航系统而言，敏感器在轨误差特性不同于地面测试结果是经常遇到的情况。基于 Q 学习方法，根据在轨数据实现对扩展卡尔曼滤波器的参数优化，是解决上述问题的有效途径之一。

9.2.2　状态集和动作集设计

本节介绍如何将 Q 学习方法用于优化扩展卡尔曼滤波器的性能，主要思路是利用 Q 学习方法的决策能力，为扩展卡尔曼滤波器选择适当的系统噪声方差阵和测量噪声方差阵。为此，需要建立状态集和相应的动作集。状态集具有网格结构，其中的各个状态对应不同的系统噪声方差阵和测量噪声方差阵的组合。借鉴多模型自适应估计算法的建模方式，在不确定系统模型中，将系统噪声方差阵建模为由 M 个设计值构成的集合 $\{\hat{\boldsymbol{Q}}_k^{(1)}, \hat{\boldsymbol{Q}}_k^{(2)}, \cdots, \hat{\boldsymbol{Q}}_k^{(M)}\}$，将测量噪声方差阵建模为由 N 个设计值构成的集合 $\{\hat{\boldsymbol{R}}_k^{(1)}, \hat{\boldsymbol{R}}_k^{(2)}, \cdots, \hat{\boldsymbol{R}}_k^{(N)}\}$，在这种情况下，状态集 S 中包含 $M \times N$ 个状态，如图 9－4 所示。

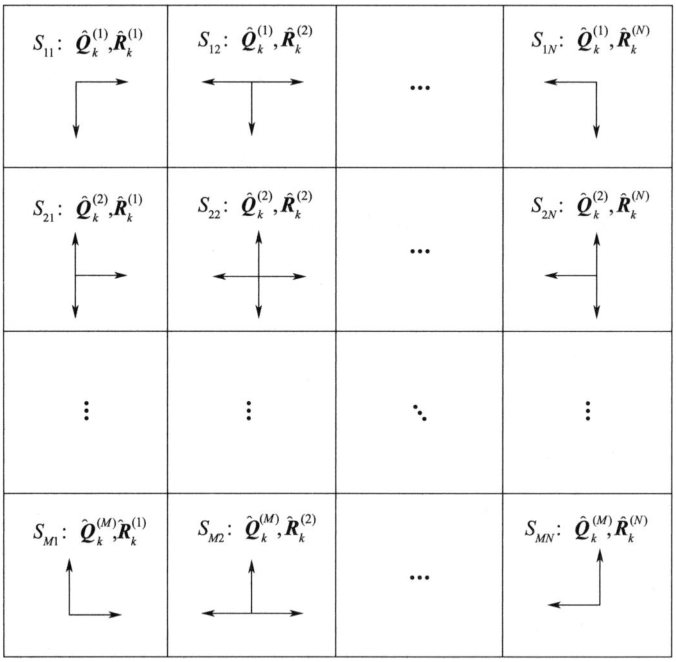

图 9－4　Q 学习的状态集和相应的动作集

应当说明，模型集中元素的数目应权衡精度要求和计算复杂度进行设计。对于航天器导航系统而言，存在噪声统计特性不确定性的情况下，在标称值的一定范围内设定数个可供选择的噪声方差阵，往往就可以显著提升状态估计性能。在智能体处于状态集中的第 i 行、第 j 列时，对应扩展卡尔曼滤波器中选择噪声方差阵 $\hat{\boldsymbol{Q}}_k=\hat{\boldsymbol{Q}}_k^{(i)}$ 、$\hat{\boldsymbol{R}}_k=\hat{\boldsymbol{R}}_k^{(j)}$ 的情况。

对于状态集中的各个状态，相应的动作集用于描述潜在的状态转移动作。假定在一步迭代过程中，智能体可以转移到相邻的状态（如图 9-4 中的箭头所示），或停留在当前的状态。根据智能体在当前状态所能执行的动作数量的不同，可将图 9-4 中 M 行 N 列的状态集 S 划分为 4 个区域，即拐角区域（S_{11}，S_{1N}，S_{M1}，S_{MN}）、边缘区域（S_{1j}，$j=2$，…，$N-1$，S_{i1}，$i=2$，…，$M-1$，S_{Mj}，$j=2$，…，$N-1$，S_{iN}，$i=2$，…，$M-1$）和中心区域（S_{ij}，$i=2$，…，$M-1$，$j=2$，…，$N-1$）。不难看出，除停留在当前状态外，在拐角区域的智能体可以选择向相邻的两个状态转移，在边缘区域的智能体可以选择向相邻的 3 个状态转移，而在中心区域的智能体可以选择向相邻的 4 个状态转移。

为了应用 Q 学习方法，除建立状态集和动作集外，还需要定义奖赏。奖赏的设计对于 Q 学习的成败具有重要作用。通常要求奖赏能够准确刻画需要完成的任务，并且，正面的奖赏易于在智能体探索的过程中获得，避免智能体在状态集中无穷无尽地探索而难以收敛的情况（这一点可以从 Q 学习收敛性分析的定理 9.2 中看出）。在本章的研究中，主要目的是搜索适当的系统噪声方差阵和测量噪声方差阵，使得扩展卡尔曼滤波器的性能得到优化。相应地，Q 学习中的奖赏根据扩展卡尔曼滤波器的测量新息进行构造。众所周知，测量新息的幅度可视为滤波器性能优劣程度的一种征兆。通常在滤波器的测量新息较小的情况下，意味着潜在的状态估计精度较高；相反，在滤波器的测量新息较大的情况下，意味着潜在的状态估计精度较低。基于所设计的奖赏，智能体将趋向于在潜在估计精度较高的状态中进行探索，从而选择出有利于提升滤波器性能的噪声方差阵组合。

为了清楚起见，将 Q 学习扩展卡尔曼滤波器（QLEKF）的算法结构进行归纳，如图 9-5 所示。

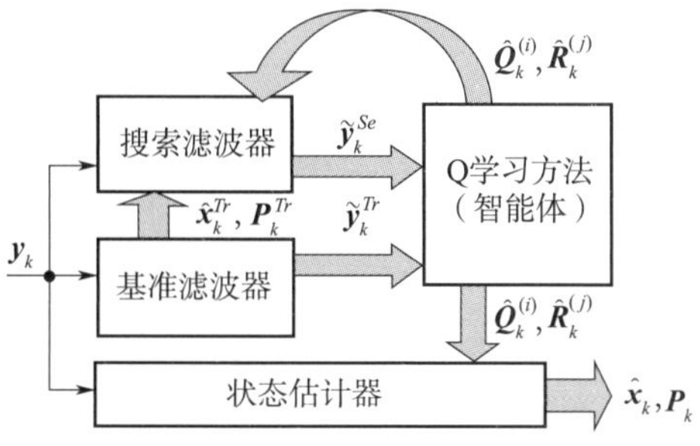

图 9-5　Q 学习扩展卡尔曼滤波器算法结构

从图中可以看出，Q 学习扩展卡尔曼滤波器采取搜索滤波器、基准滤波器和状态估计器并行计算的结构形式。考虑到噪声方差阵的真值 $\boldsymbol{Q}_k$ 和 $\boldsymbol{R}_k$ 是未知的，在基准滤波器中，基于系统噪声方差阵和测量噪声方差阵的标称值 $\overline{\boldsymbol{Q}}_k$ 和 $\overline{\boldsymbol{R}}_k$ 进行滤波解算，即令 $\hat{\boldsymbol{Q}}_k=\overline{\boldsymbol{Q}}_k$ 、$\hat{\boldsymbol{R}}_k=\overline{\boldsymbol{R}}_k$ ；在搜索滤波器中，根据 Q 学习中智能体的当前状态，通过查表的方式，在事先建立的模型集中选定 $\hat{\boldsymbol{Q}}_k=\hat{\boldsymbol{Q}}_k^{(i)}$ ，$\hat{\boldsymbol{R}}_k=\hat{\boldsymbol{R}}_k^{(j)}$ ；在每一步递推计算完成后，利用基准滤波器的

状态估计值及其误差方差阵对搜索滤波器进行重置。不难看出，基准滤波器和搜索滤波器的区别仅在于噪声方差阵的取值不同。采取基准滤波器和搜索滤波器的测量新息差分的方式构造奖赏，有助于消除航天器导航系统中其他误差因素的作用，使得智能体专注于噪声方差阵对滤波器性能的影响。状态估计器中的噪声方差阵也是通过 Q 学习获得的，但与搜索滤波器的不同，在状态估计器中不进行状态估计值及其噪声方差阵的重置，以确保估计结果总是基于当前优选的噪声方差阵得到的。

9.2.3　递推计算流程

基于前面一节对状态集、动作集、奖赏和滤波器结构的描述，给出 Q 学习扩展卡尔曼滤波器的递推计算流程，如表 9-2 所示。为了清楚起见，将算法中用于随机动作选择的 ε 贪心策略描述为子函数的形式，归纳在后面的表格中。

表 9-2　Q 学习扩展卡尔曼滤波器

Algorithm 9.2: Q-learning extended Kalman filter

Initialize $\hat{\boldsymbol{x}}_0^{Tr}=\hat{\boldsymbol{x}}_0^{Se}=\hat{\boldsymbol{x}}_0, \boldsymbol{P}_0^{Tr}=\boldsymbol{P}_0^{Se}=\boldsymbol{P}_0$
$k \leftarrow 0$
For all $s \in S, a \in A, Q(s,a) \leftarrow 0$
Initialize state s according to prior information
$R(s,a) \leftarrow 0$
for each period, do
　　$a \leftarrow \varepsilon-\text{greedy}(A, Q(s,a), s, \varepsilon)$　　▷ choose a in s based on ε-greedy strategy
　　Execute a and observe reached state s'
　　for $t=1,2,\cdots,T$, do
　　　　$k \leftarrow k+1$
　　　　$[\hat{\boldsymbol{x}}_k^{Tr}, \boldsymbol{P}_k^{Tr}, \tilde{\boldsymbol{y}}_k^{Tr}] \leftarrow \text{EKF}(\hat{\boldsymbol{x}}_{k-1}^{Tr}, \boldsymbol{P}_{k-1}^{Tr}, \boldsymbol{y}_k, \bar{\boldsymbol{Q}}_k, \bar{\boldsymbol{R}}_k)$　　▷ benchmark EKF
　　　　$[\hat{\boldsymbol{x}}_k^{Se}, \boldsymbol{P}_k^{Se}, \tilde{\boldsymbol{y}}_k^{Se}] \leftarrow \text{EKF}(\hat{\boldsymbol{x}}_{k-1}^{Se}, \boldsymbol{P}_{k-1}^{Se}, \boldsymbol{y}_k, \hat{\boldsymbol{Q}}_k^{(i)}, \hat{\boldsymbol{R}}_k^{(j)})$　　▷ searching EKF
　　　　▷ $\hat{\boldsymbol{Q}}_k^{(i)}$ and $\hat{\boldsymbol{R}}_k^{(j)}$ are determined with the current state s'
　　　　$R(s,a) \leftarrow R(s,a)+\{[(\tilde{\boldsymbol{y}}_k^{Tr})^{\mathrm{T}}\tilde{\boldsymbol{y}}_k^{Tr}]^{0.5}-[(\tilde{\boldsymbol{y}}_k^{Se})^{\mathrm{T}}\tilde{\boldsymbol{y}}_k^{Se}]^{0.5}\}$　　▷ scalarized reward
　　　　$[\hat{\boldsymbol{x}}_k, \boldsymbol{P}_k, \tilde{\boldsymbol{y}}_k] \leftarrow \text{EKF}(\hat{\boldsymbol{x}}_{k-1}, \boldsymbol{P}_{k-1}, \boldsymbol{y}_k, \hat{\boldsymbol{Q}}_k^{(i)}, \hat{\boldsymbol{R}}_k^{(j)})$　　▷ state estimator
　　end for
　　$Q(s,a) \leftarrow Q(s,a)+\alpha[R(s,a)+\gamma \max_{a'} Q(s',a')-Q(s,a)]$　　▷ update Q-value for s and a
　　$s \leftarrow s'$
　　$R(s,a) \leftarrow 0$
　　$\hat{\boldsymbol{x}}_k^{Se} \leftarrow \hat{\boldsymbol{x}}_k^{Tr}, \boldsymbol{P}_k^{Se} \leftarrow \boldsymbol{P}_k^{Tr}$　　▷ resetting
end for
return $\{\hat{\boldsymbol{x}}_k\}$ and $\{\boldsymbol{P}_k\}$　　▷ resultant state estimation

在上述算法中，$\hat{\boldsymbol{x}}_k^{Tr}$ 和 $\boldsymbol{P}_k^{Tr}$ 表示基准滤波器的状态估计值及其误差方差阵，$\hat{\boldsymbol{x}}_k^{Se}$ 和 $\boldsymbol{P}_k^{Se}$ 表示搜索滤波器的状态估计值及其误差方差阵，$\hat{\boldsymbol{x}}_k$ 和 $\boldsymbol{P}_k$ 表示状态估计器的状态估计值及其误差方差阵，$Q(s, a)$ 表示对应状态 s 和动作 a 的 Q 函数，在符号中略去了表示迭代次数的下标 i，$\varepsilon \in (0, 1)$ 为事先设定的随机动作选择概率，T 表示用于计算奖赏 $R(s, a)$ 的时间周期，$\overline{\boldsymbol{Q}}_k$ 和 $\overline{\boldsymbol{R}}_k$ 表示噪声方差阵的标称值，$\hat{\boldsymbol{Q}}_k^{(i)}$ 和 $\hat{\boldsymbol{R}}_k^{(j)}$ 表示采取 ε 贪心策略，根据 Q 函数选择的噪声方差阵。扩展卡尔曼滤波器和 Q 学习方法的实施根据各自的递推计算公式进行，最终的状态估计结果为状态估计器的输出 $\{\hat{\boldsymbol{x}}_k\}$ 和 $\{\boldsymbol{P}_k\}$ 。

不难看出，Q 学习方法中的奖赏 $R(s, a)$ 通过基准滤波器和搜索滤波器的测量新息经过标量化处理后，经过差分运算得到，其取值反映了当前所选择的噪声方差阵组合 $\hat{\boldsymbol{Q}}_k^{(i)}$ 、$\hat{\boldsymbol{R}}_k^{(j)}$ 与实际应用系统的匹配程度。应当说明，Q 学习方法中的奖赏通常为标量，算法中采取的标量化方法具有形式简洁、易于理解的优点。一般来说，如果搜索滤波器中测量新息的幅度小于基准滤波器，则表明当前的 $\hat{\boldsymbol{Q}}_k^{(i)}$ 和 $\hat{\boldsymbol{R}}_k^{(j)}$ 更适合用于实际系统，相应地，对应当前状态动作对的 Q 函数获得一个正面的奖赏；相反，如果搜索滤波器中测量新息的幅度大于基准滤波器，则表明当前噪声方差阵的组合是不适当的，相应的 Q 函数获得一个负面的奖赏。为了克服随机噪声的影响，奖赏在时间周期 T 内进行累积运算。基于上述设计，随着迭代过程的进行，适当的 Q 函数（或累积奖赏）会逐渐脱颖而出；此时，智能体将倾向于选择与实际系统相匹配的噪声方差阵，从而达到根据敏感器在轨测量数据自适应整定滤波器参数的目的。

值得注意的是，在 Q 学习扩展卡尔曼滤波器中，在每一个计算周期中，都利用基准滤波器的状态估计值 $\hat{\boldsymbol{x}}_k^{Tr}$ 及其误差方差阵 $\boldsymbol{P}_k^{Tr}$ 对搜索滤波器进行重置，这样做是为了公平地对比二者的测量新息，使得测量新息的大小真实地反映当前噪声方差阵的优劣程度，避免两个滤波器初始误差的不同影响测量新息比对的结果。

下面简要介绍算法中用于动作选择的 ε 贪心策略。ε 贪心策略是为了折中处理 Q 学习中“探索还是利用”（exploration - versus - exploitation）问题而提出的。“探索”指的是尝试不同的状态动作对，从而对它们的优劣程度做出准确的评估，体现在相应 Q 函数的取值上；“利用”指的是根据当前状态和积累的经验（或 Q 函数）自以为是地选择最优动作。如果直接应用本书 9.2 节给出的方法，简单地根据 Q 函数选择动作，那么，在探索到最优状态动作对之前，往往就会出现智能体停留在某个状态固步自封、不思进取的情况。换句话说，就是“探索”不足，“利用”有余。为了摆脱这种困境，可以应用表 9 - 3 中的技巧进行处理。

表 9 - 3　基于 ε 贪心策略的动作选择

Algorithm 9.3：ε - greedy action selection

```
function ε − greedy(A, Q(s,a), s, ε)
    ▷ choose action based on the list of Q−value
    if rand(·) < ε , then
        Choose a in A at random
    else
        a = arg max_a Q(s,a)
    end if
    return a
end function
```

在上述算法中，rand(•) 表示根据均匀分布在区间（0，1）上产生的随机数。不难看出，应用贪心策略，智能体将以 ε 的概率在动作集 A 中随机选择动作，以 $1-\varepsilon$ 的概率选择对应 Q 函数 $Q(s, a)$ 最大的动作。适当地设定随机动作选择概率 ε，则通过 ε 贪心策略有助于平衡“探索”与“利用”之间的关系。

在本节的结尾部分，将 Q 学习扩展卡尔曼滤波器的递推计算过程进行归纳，如图 9-6 所示。

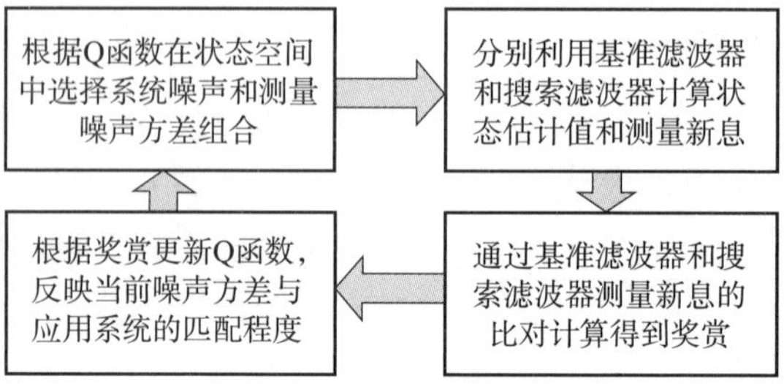

图 9-6　Q 学习扩展卡尔曼滤波器的迭代计算过程

在模型中的系统噪声和测量噪声统计特性均存在不确定性的情况下，基于不同的系统噪声方差阵和测量噪声方差阵建立用于 Q 学习的状态集，根据滤波器的测量新息设计奖赏，智能体以不同的动作在状态集中进行探索，通过与环境的不断交互，根据累积奖赏逐步优化噪声方差阵的选取。随着 Q 学习的进行，智能体将以较大的概率选择停留在状态集中适当的区域，对应与实际系统相匹配的噪声方差阵，从而改善滤波器的在轨性能，提升航天器导航系统对应用场景的适应能力。对于 Q 学习扩展卡尔曼滤波器稳定性的研究，可以根据随机过程有界性判据，仿照本书第 5 章所述的分析方法进行[13]。

9.3　基于星间相对测量的星座自主导航

9.3.1　系统模型

本书第 7 章分别介绍了基于星间定向和星间测距的星座自主导航方式，事实上，可以将这两种测量方式结合起来使用，从而得到星间相对位置矢量的观测量。基于星间相对测量的星座自主导航基本方法为：在星座卫星上，通过星相机照相观测获得星间视线方向信息，通过星间链路伪距测量获得星间距离测量信息，将结合二者获得的星间相对位置矢量作为观测量，以各个星座卫星的绝对位置和速度矢量作为状态向量，利用状态估计方法，结合航天器轨道动力学模型，对各个星座卫星的运动状态进行估计。

与本书 7.3 节类似，仍然考虑由三颗卫星构成的卫星星座，卫星星座的构型、状态向量的列写与状态方程的建立与本书 7.3 节所述的导航系统相同。状态方程在此不再重复，将用于描述星间相对位置矢量的观测方程写为如下所示的标准形式

$$\boldsymbol{y}_k = h(\boldsymbol{x}_k) + \boldsymbol{v}_k \tag{9-51}$$

式中

$$\boldsymbol{y}_k=\begin{bmatrix}\boldsymbol{y}_{k,1}\\\boldsymbol{y}_{k,2}\\\boldsymbol{y}_{k,3}\end{bmatrix},\boldsymbol{h}(\boldsymbol{x}_k)=\begin{bmatrix}\boldsymbol{r}_{2,k}-\boldsymbol{r}_{1,k}\\\boldsymbol{r}_{1,k}-\boldsymbol{r}_{3,k}\\\boldsymbol{r}_{3,k}-\boldsymbol{r}_{2,k}\end{bmatrix},\boldsymbol{v}_k=\begin{bmatrix}\boldsymbol{v}_{k,1}\\\boldsymbol{v}_{k,2}\\\boldsymbol{v}_{k,3}\end{bmatrix} \tag{9-52}$$

其中，状态向量 $\boldsymbol{x}_k=[\boldsymbol{r}_{1,k}^{\mathrm{T}} \quad \boldsymbol{v}_{1,k}^{\mathrm{T}} \quad \boldsymbol{r}_{2,k}^{\mathrm{T}} \quad \boldsymbol{v}_{2,k}^{\mathrm{T}} \quad \boldsymbol{r}_{3,k}^{\mathrm{T}} \quad \boldsymbol{v}_{3,k}^{\mathrm{T}}]^{\mathrm{T}}$ 是三颗星座卫星的位置矢量 $\boldsymbol{r}_{i,k}=[r_{i,x,k} \quad r_{i,y,k} \quad r_{i,z,k}]^{\mathrm{T}}(i=1,2,3)$ 和速度矢量 $\boldsymbol{v}_{i,k}=[v_{i,x,k} \quad v_{i,y,k} \quad v_{i,z,k}]^{\mathrm{T}}(i=1,2,3)$ 的组合，$\boldsymbol{y}_{k,1}$，$\boldsymbol{y}_{k,2}$ 和 $\boldsymbol{y}_{k,3}$ 表示通过星相机和星间链路设备获得的星间相对位置矢量观测量，$\boldsymbol{v}_{k,1}$，$\boldsymbol{v}_{k,2}$ 和 $\boldsymbol{v}_{k,3}$ 为相应的测量噪声。

9.3.2 仿真条件

以基于星间相对测量的星座自主导航系统为例，通过数学仿真说明 Q 学习扩展卡尔曼滤波器的有效性，并将其与扩展卡尔曼滤波器、鲁棒扩展卡尔曼滤波器和自适应扩展卡尔曼滤波器进行了对比研究。本节内容并非为了说明所述方法是现有方法中最好的，而是为了展示强化学习方法的应用对于提升航天器导航系统性能所能产生的有益效果。

简要回顾扩展卡尔曼滤波器、鲁棒扩展卡尔曼滤波器和自适应扩展卡尔曼滤波器的设计思路。设计滤波器的目的是从带有测量噪声 $\boldsymbol{v}_k$ 的观测量 $\boldsymbol{y}_k$ 中估计出状态向量 $\boldsymbol{x}_k$。在传统扩展卡尔曼滤波器理论中，通常假定系统噪声方差阵和测量噪声方差阵是事先已知的，但在实际应用过程中，可能遇到噪声方差阵的真实值偏离其标称值的情况，从而对滤波器性能产生不利影响。针对上述问题，鲁棒扩展卡尔曼滤波器根据有关模型不确定性的先验知识进行设计，目的是确保估计误差方差阵的上界最小化，其性能取决于事先建立的不确定系统模型的有效性。在自适应卡尔曼滤波器中嵌入了在线方差估计器，根据测量新息序列，基于滑动平均方法，同时对状态向量和噪声方差阵进行估计，其性能与噪声方差阵的在线辨识结果有关。

相对而言，Q 学习扩展卡尔曼滤波器根据有关模型不确定性的先验知识建立状态集和动作集，并在实际应用场景中，根据测量新息序列自适应地选择适当的噪声方差阵，从而增强导航系统克服模型不确定性影响的能力。在噪声方差阵的真实值偏离其标称值的情况下，Q 学习扩展卡尔曼滤波器有望获得优于传统扩展卡尔曼滤波器的估计精度。

星座中三颗卫星的初始轨道参数如 7.3 节所示，星座卫星真实轨道数据通过高精度轨道仿真器获得，根据真实轨道数据和系统模型模拟产生测量数据。在实施 Q 学习扩展卡尔曼滤波器时，基本仿真设置如表 9-4 所示。

表 9-4 基于星间相对测量的星座自主导航基本仿真设置

仿真设置	
仿真时间	2 天
一步状态预测的时间步长	1 s
初始位置误差	随机产生三轴位置误差，分布为 $N(0,(50\ \mathrm{m})^2)$
初始速度误差	随机产生三轴速度误差，分布为 $N(0,(0.005\ \mathrm{m/s})^2)$
星座卫星个数	3 个

续表

观测数据更新频率	0.1 Hz
敏感器测量精度	测量噪声标准差 $\sigma_R = 250$ m
滤波器参数	
系统噪声方差阵	$\bar{\boldsymbol{Q}}_k = \begin{bmatrix} \sigma_r^2\boldsymbol{I}_{3\times3} & & & & & \\ & \sigma_v^2\boldsymbol{I}_{3\times3} & & & & \\ & & \sigma_r^2\boldsymbol{I}_{3\times3} & & & \\ & & & \sigma_v^2\boldsymbol{I}_{3\times3} & & \\ & & & & \sigma_r^2\boldsymbol{I}_{3\times3} & \\ & & & & & \sigma_v^2\boldsymbol{I}_{3\times3} \end{bmatrix}$，$\sigma_r = 5\times10^{-4}$ m，$\sigma_v = 5\times10^{-4}$ m/s，在 $\frac{1}{20^2}\bar{\boldsymbol{R}}_k \leqslant \hat{\boldsymbol{Q}}_k^{(i)} \leqslant 20^2\bar{\boldsymbol{R}}_k$ 范围内选取
测量噪声方差阵	$\bar{\boldsymbol{R}}_k = \sigma_{\bar{R}}^2\boldsymbol{I}_{9\times9}$，$\sigma_{\bar{R}} = 50$ m，在 $\frac{1}{20^2}\bar{\boldsymbol{R}}_k \leqslant \hat{\boldsymbol{R}}_k^{(j)} \leqslant 20^2\bar{\boldsymbol{R}}_k$ 范围内选取
初始估计误差方差阵	$\boldsymbol{P}_0 = \begin{bmatrix} p_r^2\boldsymbol{I}_{3\times3} & & & & & \\ & p_v^2\boldsymbol{I}_{3\times3} & & & & \\ & & p_r^2\boldsymbol{I}_{3\times3} & & & \\ & & & p_v^2\boldsymbol{I}_{3\times3} & & \\ & & & & p_r^2\boldsymbol{I}_{3\times3} & \\ & & & & & p_v^2\boldsymbol{I}_{3\times3} \end{bmatrix}$，$p_r = 100$ m，$p_v = 0.01$ m/s
学习速率	$\alpha = 0.1$
折扣因子	$\gamma = 0.9$
随机动作选择概率	$\epsilon = 0.1$

注意到在滤波器仿真过程中设置的初始状态估计误差较小，这样做的主要目的是避免初始误差的影响，获得易于进行比对的估计误差曲线。事实上，基于星间相对测量的星座自主导航系统在初始误差较大的情况下仍能正常工作。

9.3.3　仿真结果

将通过蒙特卡罗仿真得到的均方根（RMS）误差曲线作为评价不同滤波器状态估计性能的依据。对于星座中的第 1 颗卫星，通过扩展卡尔曼滤波器、鲁棒扩展卡尔曼滤波器、自适应扩展卡尔曼滤波器和 Q 学习扩展卡尔曼滤波器得到的航天器位置估计均方根误差曲线如图 9－7 所示。对于星座中的第 2 颗卫星和第 3 颗卫星可以得到类似的仿真结果，相应的估计误差曲线未在此给出。

图中横坐标表示仿真时间，单位为 hour，纵坐标表示位置估计精度，单位为 m。从图中不难看出，通过 Q 学习扩展卡尔曼滤波器得到的导航精度最高，原因在于，该算法能够自适应地选择出适当的系统噪声方差阵和测量噪声方差阵进行扩展卡尔曼滤波器的递推计算。

为了展示 Q 学习扩展卡尔曼滤波器对于噪声统计特性不确定性的自适应能力，在测量噪声方差阵的真实值 $\boldsymbol{R}_k$ 取不同值的情况下，进行了多组仿真，对扩展卡尔曼滤波器、鲁

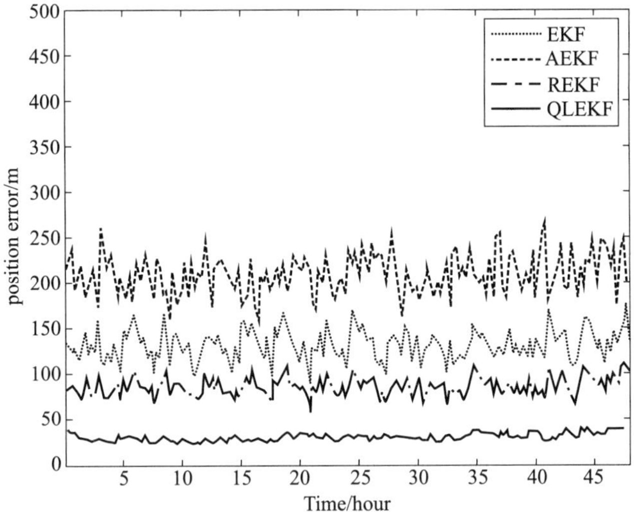

图 9－7　通过不同算法得到的星座卫星位置估计均方根误差曲线

（EKF：扩展卡尔曼滤波器；AEKF：自适应扩展卡尔曼滤波器；
REKF：鲁棒扩展卡尔曼滤波器，QLEKF：Q 学习扩展卡尔曼滤波器）

棒扩展卡尔曼滤波器、自适应扩展卡尔曼滤波器和 Q 学习扩展卡尔曼滤波器的性能进行评估，得到的星座中第 1 颗卫星的位置估计精度归纳如图 9－8 所示。

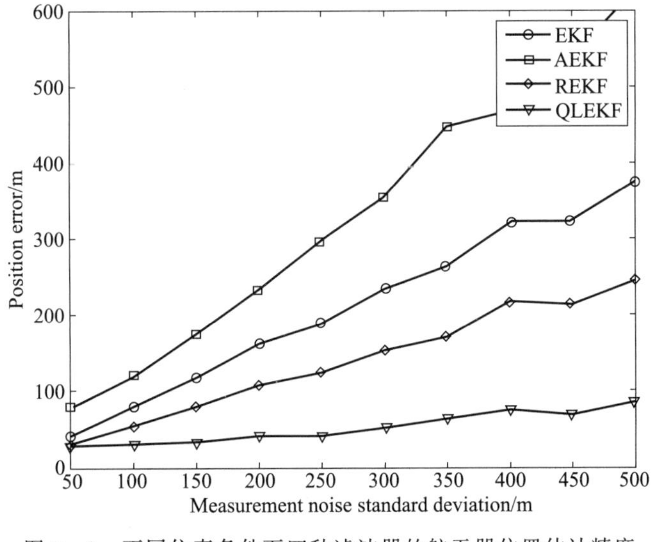

图 9－8　不同仿真条件下四种滤波器的航天器位置估计精度

（EKF：扩展卡尔曼滤波器；AEKF：自适应扩展卡尔曼滤波器；
REKF：鲁棒扩展卡尔曼滤波器，QLEKF：Q 学习扩展卡尔曼滤波器）

图中横坐标表示仿真中测量噪声标准差的真实值，纵坐标表示航天器位置估计误差的统计值。仿真结果表明，在基于星间相对测量的星座自主导航系统中，对于给定的仿真条件，Q 学习扩展卡尔曼滤波器在不同仿真场景下的综合性能优于其他方法；并且，噪声方差阵的真实值与标称值的差异越大，Q 学习扩展卡尔曼滤波器相对于传统扩展卡尔曼滤波器的优势越明显。

接下来，简要分析 Q 学习方法中的设计参数对 Q 学习扩展卡尔曼滤波器的影响。Q 学习方法的主要设计参数包括学习速率 α 、折扣因子 γ 和随机动作选择概率 ε ，当上述参数分别在 $\alpha \in [0.05, 0.15]$ 、$\gamma \in [0.9, 0.99]$ 和 $\varepsilon \in [0.01, 0.10]$ 范围内取值时，基于不同参数进行多组仿真，通过 Q 学习扩展卡尔曼滤波器得到的星座中三颗卫星的位置估计精度如图 9－9～图 9－11 所示。

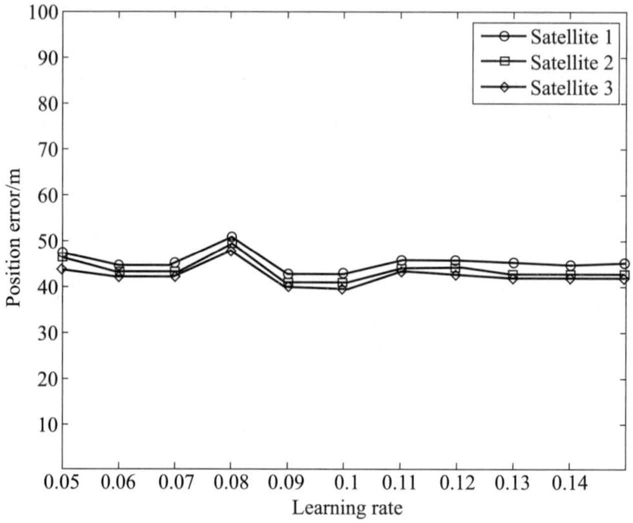

图 9－9　对应不同学习速率的三颗星座卫星位置估计精度

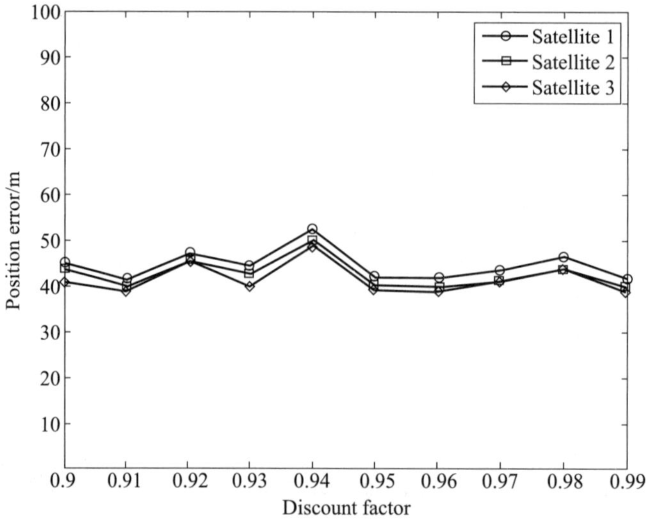

图 9－10　对应不同折扣因子的三颗星座卫星位置估计精度

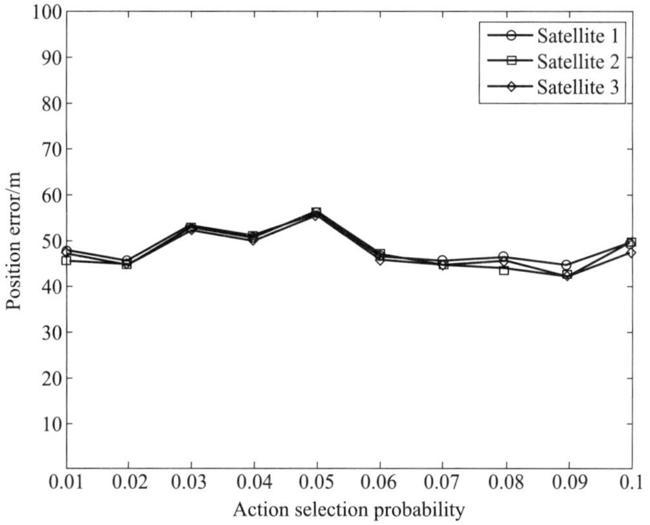

图 9－11　对应不同随机动作选择概率的三颗星座卫星位置估计精度

仿真结果表明，参数 α 、γ 和 ε 限定在一定范围内时，星座卫星位置估计误差统计值的变化幅度不大。因此，对于本节中的仿真场景，Q 学习扩展卡尔曼滤波器对特定范围内学习速率、折扣因子和随机动作选择概率的变化不敏感。

9.4　天文观测相对论效应导航

9.4.1　基本原理

本书已介绍了多种航天器导航方法，其中，光学成像导航和 X 射线脉冲星导航是两种典型的天文导航实现方式，二者的共同特点在于：都需要在航天器上配置具有天体目标捕获跟踪能力的机械指向机构，以便在必要时指向特定的导航目标源进行观测。指向机构上往往带有转动部件和锁紧装置等，会对航天器的可靠性造成不利影响。在航天器发射入轨前后和在轨运行期间，锁紧装置能否在正确的时机弹开？转动部件能否在寿命周期内保持正常工作？这些问题往往使从事航天器导航系统设计的工程技术人员感到焦虑。事实上，对前面一节基于星间相对测量的星座自主导航系统而言，也存在通过指向机构捕获目标卫星的技术需求。能否仅以在天球上广泛分布的恒星为导航目标源，在不依赖指向机构的情况下，通过星上测量设备和计算装置完成航天器自主导航任务？事实上，答案是肯定的。2019 年，美国学者 Christian 提出了通过恒星光行差测量获取航天器导航信息的基本原理[14]。在此基础上，国内外开展了天文观测相对论效应导航方法的研究[15]。

天文观测相对论效应导航系统通过提取卫星运动造成的恒星光行差，以及天体引力场导致的光线引力偏折效应中包含的导航信息，结合航天器轨道动力学方程，通过滤波器处理观测量，估计卫星的运动状态，是航天器高精度全自主导航的一种理想实现方式。相对于本书绪论部分介绍的光学成像导航、X 射线脉冲星导航和恒星光谱测速导航而言，其技术优势主要体现在以下三个方面。

1）基于在天球上广泛分布的恒星观测进行导航，避免了基于光学成像测量的传统天文导航方式近天体数量少、捕获困难的问题。

2）对恒星光行差和光线引力偏折效应的观测在可见光波段进行，避免了 X 射线脉冲星导航目标源信号弱的问题。

3）恒星光行差和光线引力偏折效应可通过相对论精确预测，避免了新兴的恒星光谱测速等导航方式中信号源自身不稳定的问题。

天文观测相对论效应导航系统具有不依赖地面测控和星间链路、不易受电磁干扰的特点，且易于以现阶段敏感器技术水平达到较高的定位精度；随着未来敏感器技术的进步，有望将自主天文导航精度提升到前所未有的水平，具有重要的研究价值。相对于在太阳系质心静止不动且不受重力场影响的观测者而言，在太阳系中处于运动状态的航天器上测得的恒星视线方向变化是恒星自行、视差、光行差和光线引力偏折等多种效应共同作用的结果，其中，恒星自行和视差可在经典牛顿力学框架内建模，恒星光行差和光线引力偏折效应分别在狭义相对论和广义相对论框架内建模。

恒星光行差是指同一瞬间处于运动状态的观测者与静止的观测者测量得到的同一恒星视线方向之差，如图 9－12 所示。

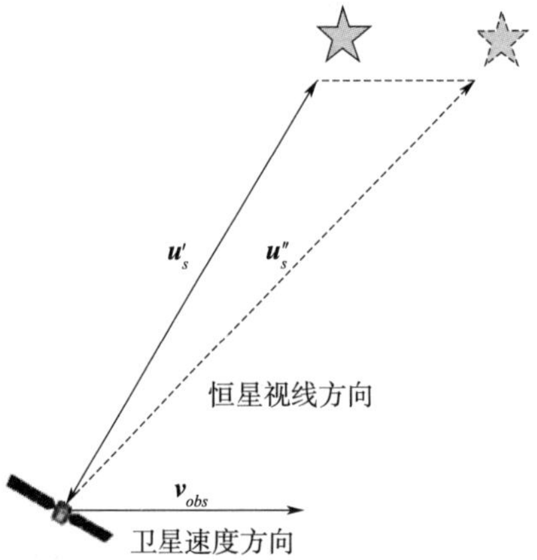

图 9－12　恒星光行差效应示意图

根据狭义相对论，恒星光行差效应是观测者运动引起的，图中卫星为观测者，$\boldsymbol{u}'_s$ 是静止的观测者得到的恒星视线方向，当观测者沿 $\boldsymbol{v}_{\mathrm{obs}}$ 方向运动时，观测到的恒星视线方向从 $\boldsymbol{u}'_s$ 变为 $\boldsymbol{u}''_s$。在航天器姿态确定系统中，恒星光行差的一阶项通常作为星敏感器在轨测量误差源的一部分进行修正处理。

根据广义相对论，由于天体引力场的作用，恒星光线经过天体附近时会发生偏折。星光从地球近旁通过时的光线引力偏折效应如图 9－13 所示。

图中 $\boldsymbol{u}_{s1}$ 和 $\boldsymbol{u}_{s2}$ 是无引力场作用时观测到的恒星视线方向，在地球引力场的作用下，观测到的恒星视线方向分别变为 $\boldsymbol{u}'_{s1}$ 和 $\boldsymbol{u}'_{s2}$。如果再考虑卫星运动造成的光行差效应，则实际观测到的恒星视线方向应为 $\boldsymbol{u}''_{s1}$ 和 $\boldsymbol{u}''_{s2}$。

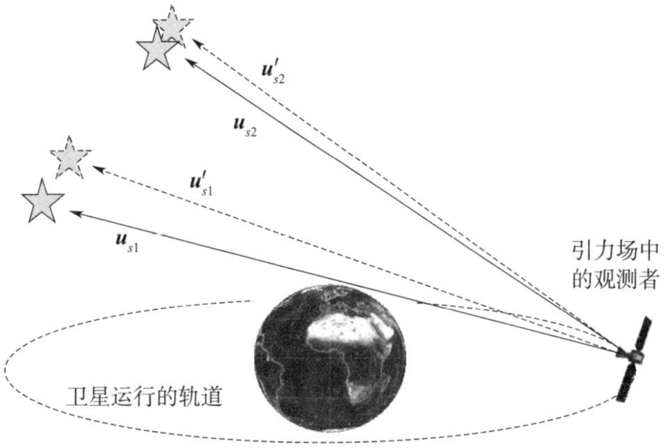

图 9-13　光线引力偏折效应示意图

恒星光行差反映了垂直于恒星视线方向上航天器的运动速度，而光线引力偏折效应反映了航天器与近天体的相对位置关系，二者均可作为潜在的导航信息源，为航天器提供测速和定位信息。在天文观测相对论效应的精确数学表达式中，恒星光行差和光线引力偏折效应分别可写为航天器在惯性坐标系中运动速度和位置的函数形式，在消除恒星自行和视差等因素影响的情况下，上述表达式可用于建立天文观测相对论效应导航系统的测量模型。

值得注意的是，尽管恒星光行差和光线引力偏折效应直接表现为恒星视线方向的变化，但是，惯性坐标系中的恒星视线方向难以直接通过敏感器测量得到。原因在于，对于在太阳系中运动的航天器而言，在航天器自身的运动状态不是精确已知的情况下，难以准确获取无引力场环境静止观测者的恒星视线方向，此时无法得到高精度的惯性基准。我们知道，用于航天器导航的惯性坐标系通常是以天球上的恒星视线方向 $\boldsymbol{u}_{si}$ 为基准建立的，在测量得到的 $\boldsymbol{u}''_{si}$ 自身存在系统偏差且无法得到有效补偿的情况下，将不能得到敏感器坐标系与惯性坐标系的准确转换关系，因而，无法将在敏感器坐标系测量得到的恒星视线方向转换到惯性坐标系。这一问题在敏感器测量精度不高的情况下并不突出，但是，对于 mas 量级的恒星视线方向测量精度，则必须认真加以考虑。

解决上述问题的方法是将不同恒星视线方向矢量之间的夹角，即恒星角距作为观测量。恒星角距的大小与所选择的坐标系无关，在敏感器坐标系中测量得到的恒星角距与惯性坐标系中的恒星角距大小相同；这样，就避免了将恒星视线方向矢量从敏感器坐标系转换至恒星星表所在的惯性坐标系的问题；换句话说，定位解算过程中不需要用到航天器的惯性姿态信息。观测量的选取对于导航系统设计而言至关重要，基本原则是选择易于获取和处理的观测量，避免引入不必要的系统偏差。恒星角距观测量可在敏感器坐标系获取，考虑到角距信息在不同坐标系具有一致性，其取值反映了惯性坐标系中恒星视线方向的变化。

9.4.2 测量方式

为了实现天文观测相对论效应导航，需要精确获取体现恒星光行差和光线引力偏折效应影响的观测量，对敏感器的测角精度提出了很高的要求，本节简要介绍导航所需的恒星角度测量信息的潜在获取方式。光行差效应对恒星视线方向的影响达数十角秒，而光线引力偏折效应的影响介于微角秒（μas）到角秒量级。整体式成像敏感器是传统空间天文观测的主要设备，具有技术成熟、成像质量高等优点，但其极限精度受到光学系统通光口径的限制[16]。

1989 年，伊巴谷卫星（High Precision Parallax Collecting Satellite，Hipparcos）首次在太空中通过成像望远镜进行高精度天体测量，精度为 2～4 mas。作为伊巴谷卫星的继任者，欧空局（European Space Agency，ESA）的“全球天体物理干涉测量仪”（Global Astrometric Interferometer for Astrophysics，GAIA，或盖亚）起初将空间干涉测量作为技术基础，但经过数年研究，盖亚卫星研究团队又回归到与伊巴谷卫星类似的设计方案，即使用大型成像望远镜对恒星进行成像测量，如图 9-14 所示。

图 9-14 盖亚卫星假想图

盖亚卫星搭载了两台“盖亚之眼”望远镜，结构采用碳化硅超稳定材料，具有质量轻和热稳定性好的特点，共用十亿像素阵列大型焦平面；同时，太阳能电池翼展开时呈圆盘形，屏蔽载荷舱中的望远镜，使其温度降到 $-100^{\circ}C$ 以下，进一步保证光学系统的稳定性。盖亚卫星进入发射塔架如图 9-15 所示。

2013 年，盖亚卫星发射升空，在拉格朗日点轨道上对恒星进行观测，精度达 10 μas，天文观测技术水平实现了从 mas 到 μas 级的迈进。基于盖亚卫星数据制成精确的盖亚星表，可为自主天文导航和其他领域研究提供参考信息。

图 9-15　盖亚卫星进入发射塔架

此外，NASA、ESA 和加拿大空间局（Canadian Space Agency，CSA）合作建造，计划于 2021 年发射升空的詹姆斯韦伯空间望远镜（James Webb Space Telescope，JWST）利用精密导星传感器（Fine Guidance Sensor，FGS）对天体视线方向进行观测，如图 9-16 所示，其重量小于 140 kg，探测灵敏度约 18 星等，测量精度优于 4 mas。

光干涉技术是解决整体式成像敏感器精度受限问题的途径之一。空间光学干涉仪原理如图 9-17 所示。利用配置在基线两端的两个光学望远镜接收恒星信号，通过测量星光波前到达两个望远镜的光程差（Optical Path Delay，OPD），获取恒星视线方向与基线方向的夹角信息；配置多条基线可解算得到视线方向或恒星角距[17-19]。

空间光学干涉仪的极限精度取决于基线长度，基线越长，则测量精度越高；对用于收集光线的望远镜口径要求不高。相对于整体式成像敏感器而言，空间光学干涉仪的主要优势是能够以较小的光学系统口径达到更高测量精度。举例来说，通过 2.5 cm 口径的望远镜接收恒星可见光信号，基线长度为 30 cm、恒星为 3 等星时，空间光学干涉仪的理论测量精度可达毫角秒（mas）量级。

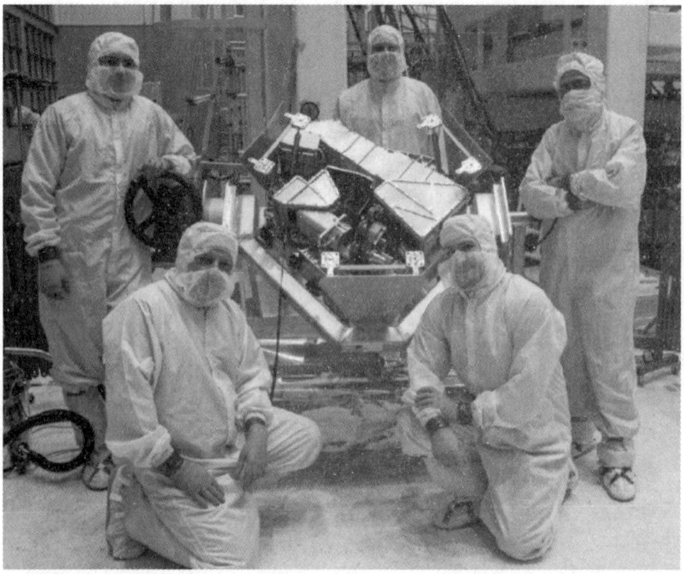

图 9-16 JWST 的 FGS 组件及其研制团队

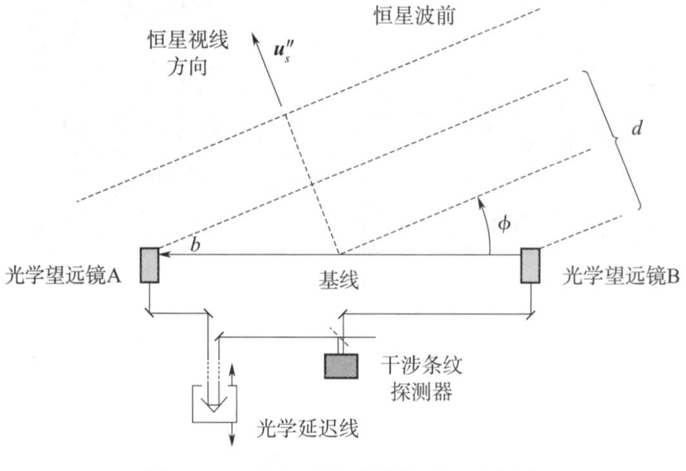

图 9-17 空间光学干涉仪原理示意图

长基线光干涉技术已在地面天体测量中得到广泛应用，如 2019 年获得人类首张黑洞照片的事件视界望远镜（Event Horizon Telescope，EHT）等，但空间应用相对较少。1990 年发射的哈勃太空望远镜（Hubble Space Telescope，HST）将光干涉技术用于望远镜精确指向控制系统，测量望远镜光轴与恒星视线方向的夹角，精度优于 2 mas，如图 9-18 所示。

20 世纪末和 21 世纪初，国外曾提出多个空间光学干涉测量计划，典型代表是美国喷气推进实验室（JPL）于 2001 年实施的空间干涉仪（SIM）任务，计划在轨道高度为 950 km 的卫星上安装 7 台望远镜，排列在 10 m 量级的基线上，组成多个干涉仪，在光学波段可观测 20 000 颗恒星，测角精度达 μas 量级，如图 9-19 所示。

图 9 - 18　哈勃太空望远镜

图 9 - 19　空间干涉仪（SIM）任务假想图

经过规划和研究的空间任务还包括欧空局（ESA）的 Darwin 望远镜，美国 NASA 的类地行星探测器（TPF）和空间红外干涉望远镜（SPIRIT）等，其中，空间红外干涉望远镜任务假想图如图 9 - 20 所示。

图 9-20 空间红外干涉望远镜任务假想图

9.4.3 系统模型

基于前面对天文观测相对论效应导航基本原理和空间光学干涉仪测量方式的介绍，分别根据狭义相对论和广义相对论描述恒星光行差和光线引力偏折效应对恒星角距观测量的影响，以及恒星角距观测量与航天器运动状态的关系，建立天文观测相对论导航系统的状态方程和观测方程。

首先，根据广义相对论，给出光线引力偏折效应对恒星视线方向影响的数学表达式。静止的观测者测量得到的恒星视线方向矢量在惯性坐标系中的投影可表示为

$$\boldsymbol{u}'_{Iik}=\boldsymbol{u}_{Iik}+\delta\boldsymbol{u}_{Iik} \tag{9-53}$$

其中，$\boldsymbol{u}_{Iik}$ 为恒星在不受引力影响情况下的视线方向矢量，下标 i 用于区分不同的恒星，k 表示离散的时刻，$\boldsymbol{u}_{Iik}$ 可通过精确的恒星星表计算得到，$\delta\boldsymbol{u}_{Iik}$ 为光线引力偏折效应对恒星视线方向的影响。对于 mas 量级的敏感器测角精度，在航天器围绕地球运动的情况下，仅考虑地球造成的光线引力偏折效应的影响时，$\delta\boldsymbol{u}_{Iik}$ 的表达式为

$$\delta\boldsymbol{u}_{Iik}=\frac{2\mu_E}{c^2}\frac{(1-\boldsymbol{u}_{Iik}^{\mathrm{T}}\boldsymbol{r}_k/\|\boldsymbol{r}_k\|)(\boldsymbol{I}_{3\times3}-\boldsymbol{u}_{Iik}\boldsymbol{u}_{Iik}^{\mathrm{T}})\boldsymbol{r}_k}{\|(\boldsymbol{I}_{3\times3}-\boldsymbol{u}_{Iik}\boldsymbol{u}_{Iik}^{\mathrm{T}})\boldsymbol{r}_k\|^2} \tag{9-54}$$

其中，μ_E 是地球引力常数，c 是光速，$\boldsymbol{r}_k$ 是航天器相对于地心的位置矢量在惯性坐标系的投影。应当说明，本书主要研究航天器围绕中心天体运动情况下的导航定位实现方式，这是一种较为简单的情况。实际应用过程中，往往需要结合具体的任务对象和应用场景进行有针对性的方案改进；如对于深空探测器的转移、接近和环绕目标天体运动等不同任务段，应着重考虑太阳引力场或目标天体引力场的影响[20]。

其次，根据狭义相对论，给出恒星光行差对视线方向矢量影响的数学表达式。处于运动状态的观测者测量得到的恒星视线方向矢量的数学描述如下所示

$$
\begin{aligned}
\boldsymbol{u}''_{Iik} = & \boldsymbol{u}'_{Iik} + \frac{1}{c}[\boldsymbol{u}'_{Iik} \times (\boldsymbol{v}_{obs,k} \times \boldsymbol{u}'_{Iik})] - \\
& \frac{1}{c^2}\left[(\boldsymbol{v}^{\mathrm{T}}_{obs,k}\boldsymbol{u}'_{Iik})\boldsymbol{u}'_{Iik} \times (\boldsymbol{v}_{obs,k} \times \boldsymbol{u}'_{Iik}) + \frac{1}{2}\boldsymbol{v}_{obs,k} \times (\boldsymbol{u}'_{Iik} \times \boldsymbol{v}_{obs,k})\right] + o(c^{-3})
\end{aligned} \tag{9-55}
$$

其中，$\boldsymbol{v}_{obs,k}$ 为航天器相对于太阳系质心的速度，可表示为

$$
\boldsymbol{v}_{obs,k} = \boldsymbol{v}_k + \boldsymbol{v}_{E,k} \tag{9-56}
$$

其中，$\boldsymbol{v}_k$ 是航天器相对于地心的速度，$\boldsymbol{v}_{E,k}$ 是地球相对于太阳系质心的速度。符号 $o(c^{-3})$ 表示以 mas 级的测量精度水平可以忽略的高阶项。

考虑到在假定航天器运动状态信息未知的情况下，获取优于 1 mas 精度的惯性姿态信息非常困难，在本节设计的天文观测相对论效应导航系统中，以反映恒星光行差和引力偏折效应的恒星角距为观测量。第 i 颗恒星和第 j 颗恒星之间角距的数学表达式为

$$
\begin{aligned}
(\boldsymbol{u}''_{Iik})^{\mathrm{T}}\boldsymbol{u}''_{Ijk} = & (\boldsymbol{u}'_{Iik})^{\mathrm{T}}\boldsymbol{u}'_{Ijk} + \frac{1}{c}[1 - (\boldsymbol{u}'_{Iik})^{\mathrm{T}}\boldsymbol{u}'_{Ijk}](\boldsymbol{v}^{\mathrm{T}}_{obs,k}\boldsymbol{u}'_{Iik} + \boldsymbol{v}^{\mathrm{T}}_{obs,k}\boldsymbol{u}'_{Ijk}) - \\
& \frac{1}{c^2}[1 - (\boldsymbol{u}'_{Iik})^{\mathrm{T}}\boldsymbol{u}'_{Ijk}][(\boldsymbol{v}^{\mathrm{T}}_{obs,k}\boldsymbol{u}'_{Iik})^2 + (\boldsymbol{v}^{\mathrm{T}}_{obs,k}\boldsymbol{u}'_{Ijk})^2 + \\
& (\boldsymbol{v}^{\mathrm{T}}_{obs,k}\boldsymbol{u}'_{Iik})(\boldsymbol{v}^{\mathrm{T}}_{obs,k}\boldsymbol{u}'_{Ijk}) - \boldsymbol{v}^{\mathrm{T}}_{obs,k}\boldsymbol{v}_{obs,k}] + o(c^{-3})
\end{aligned} \tag{9-57}
$$

在应用空间光学干涉仪进行天文观测相对论效应导航信息获取的情况下，直接观测量为空间光学干涉仪的光程差 d_{mik}。光程差指的是源于恒星的光信号被空间光学干涉仪基线两端的望远镜收集后，在仪器不同光路中行进的距离之差，如图 9-21 所示。易于看出，光程差反映了基线矢量在恒星视线方向矢量上的投影。

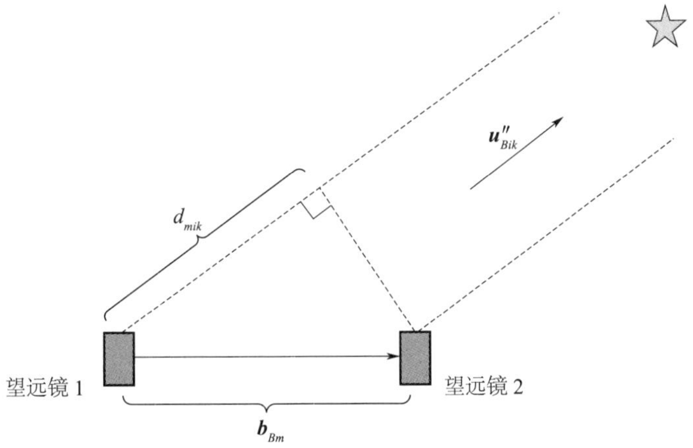

图 9-21　空间光学干涉仪基本观测量

下面，推导光程差与恒星角距之间的关系。光程差表达式如下所示

$$
d_{mik} = \boldsymbol{b}^{\mathrm{T}}_{Bm}\boldsymbol{u}''_{Bik} + \kappa_{mk} \tag{9-58}
$$

其中，d_{mik} 是通过第 m 条基线测量得到的第 i 颗恒星的光程差，$\boldsymbol{b}_{Bm}$ 表示第 m 个基线矢量在

敏感器坐标系的投影（为了简化公式表述，本书不区分敏感器坐标系和星体坐标系），$\boldsymbol{u}''_{Bik}$ 表示第 i 颗恒星的视线方向矢量在敏感器坐标系的投影，κ_{mk} 为空间光学干涉仪的光程差偏移。应当说明，光程差偏移的大小与空间光学干涉仪中光路的实际长度有关，其取值可能受空间热环境等因素的影响而发生缓慢变化，在开展天文观测的初始阶段，观测模型中的光程差偏移为未知量，需要与航天器运动状态一起进行估计。

假定空间光学干涉仪中配置了三条基线，将上式改写为如下形式

$$\begin{bmatrix} d_{1ik}-\kappa_{1k} \\ d_{2ik}-\kappa_{2k} \\ d_{3ik}-\kappa_{3k} \end{bmatrix}=\begin{bmatrix} \boldsymbol{b}_{B1}^{\mathrm{T}} \\ \boldsymbol{b}_{B2}^{\mathrm{T}} \\ \boldsymbol{b}_{B3}^{\mathrm{T}} \end{bmatrix}\boldsymbol{u}''_{Bik} \tag{9-59}$$

假定矩阵 $[\boldsymbol{b}_{B1} \quad \boldsymbol{b}_{B2} \quad \boldsymbol{b}_{B3}]^{\mathrm{T}}$ 是可逆的，则第 i 颗恒星的视线方向矢量可写为光程差函数的形式

$$\boldsymbol{u}''_{Bik}=\begin{bmatrix} \boldsymbol{b}_{B1}^{\mathrm{T}} \\ \boldsymbol{b}_{B2}^{\mathrm{T}} \\ \boldsymbol{b}_{B3}^{\mathrm{T}} \end{bmatrix}^{-1}\begin{bmatrix} d_{1ik}-\kappa_{1k} \\ d_{2ik}-\kappa_{2k} \\ d_{3ik}-\kappa_{3k} \end{bmatrix} \tag{9-60}$$

类似地，得到第 j 颗恒星的视线方向矢量与空间光学干涉仪光程差观测量之间的关系

$$\boldsymbol{u}''_{Bjk}=\begin{bmatrix} \boldsymbol{b}_{B1}^{\mathrm{T}} \\ \boldsymbol{b}_{B2}^{\mathrm{T}} \\ \boldsymbol{b}_{B3}^{\mathrm{T}} \end{bmatrix}^{-1}\begin{bmatrix} d_{1jk}-\kappa_{1k} \\ d_{2jk}-\kappa_{2k} \\ d_{3jk}-\kappa_{3k} \end{bmatrix} \tag{9-61}$$

这样就得到了如下所示的光程差与恒星角距的关系式，注意到在不同坐标系中恒星角距是相同的

$$\begin{aligned}(\boldsymbol{u}''_{Iik})^{\mathrm{T}}\boldsymbol{u}''_{Ijk}&=(\boldsymbol{u}''_{Bik})^{\mathrm{T}}\boldsymbol{u}''_{Bjk}\\ &=[d_{1ik}-\kappa_{1k} \quad d_{2ik}-\kappa_{2k} \quad d_{3ik}-\kappa_{3k}]\boldsymbol{B}^{-1}\begin{bmatrix} d_{1jk}-\kappa_{1k} \\ d_{2jk}-\kappa_{2k} \\ d_{3jk}-\kappa_{3k} \end{bmatrix}\end{aligned} \tag{9-62}$$

其中

$$\boldsymbol{B}=\begin{bmatrix} \boldsymbol{b}_{B1}^{\mathrm{T}} \\ \boldsymbol{b}_{B2}^{\mathrm{T}} \\ \boldsymbol{b}_{B3}^{\mathrm{T}} \end{bmatrix}[\boldsymbol{b}_{B1} \quad \boldsymbol{b}_{B2} \quad \boldsymbol{b}_{B3}] \tag{9-63}$$

但是，考虑到仪器设备的光程差偏移为未知量，在实际应用过程中，无法直接通过上式计算得到 $(\boldsymbol{u}''_{Iik})^{\mathrm{T}}\boldsymbol{u}''_{Ijk}$。为了便于应用，基于空间光学干涉仪测量得到的受 κ_{mk} 影响的光程差，构造以下观测量

$$\boldsymbol{y}_{ijk}=[d_{1ik} \quad d_{2ik} \quad d_{3ik}]\boldsymbol{B}^{-1}\begin{bmatrix} d_{1jk} \\ d_{2jk} \\ d_{3jk} \end{bmatrix} \tag{9-64}$$

根据上式得到描述空间光学干涉仪观测量与恒星角距关系的数学表达式

$$\boldsymbol{y}_{ijk}=(\boldsymbol{u}''_{Iik})^{\mathrm{T}}\boldsymbol{u}''_{Ijk}+\xi_{ijk} \tag{9-65}$$

其中

$$\xi_{ijk}=[d_{1ik}\quad d_{2ik}\quad d_{3ik}]\boldsymbol{B}^{-1}\begin{bmatrix}d_{1jk}\\d_{2jk}\\d_{3jk}\end{bmatrix}-[d_{1ik}-\kappa_{1k}\quad d_{2ik}-\kappa_{2k}\quad d_{3ik}-\kappa_{3k}]\boldsymbol{B}^{-1}\begin{bmatrix}d_{1jk}-\kappa_{1k}\\d_{2jk}-\kappa_{2k}\\d_{3jk}-\kappa_{3k}\end{bmatrix} \tag{9-66}$$

式中，误差项 ξ_{ijk} 反映了光程差偏移 κ_{mk} 对恒星角距观测量 y_{ijk} 的影响。通过以上推导易于看出，根据光程差构造得到的观测量反映了航天器的位置、速度等运动状态信息，上式可直接用于建立天文观测相对论效应导航系统的观测方程。

进而，给出天文观测相对论效应导航系统的状态方程和观测方程。将状态向量构造为航天器位置矢量 $\boldsymbol{r}_k=[r_{xk}\quad r_{yk}\quad r_{zk}]^{\mathrm{T}}$、速度矢量 $\boldsymbol{v}_k=[v_{xk}\quad v_{yk}\quad v_{zk}]^{\mathrm{T}}$ 和空间光学干涉仪光程差偏移矢量 $\boldsymbol{\kappa}_k=[\kappa_{1k}\quad \kappa_{2k}\quad \kappa_{3k}]^{\mathrm{T}}$ 的组合，即

$$\boldsymbol{x}_k=[\boldsymbol{r}_k^{\mathrm{T}}\quad \boldsymbol{v}_k^{\mathrm{T}}\quad \boldsymbol{\kappa}_k^{\mathrm{T}}]^{\mathrm{T}} \tag{9-67}$$

对于地球轨道航天器，基于轨道动力学模型建立的状态方程形式为

$$\boldsymbol{x}_k=f(\boldsymbol{x}_{k-1})+\boldsymbol{w}_k \tag{9-68}$$

其中

$$f(\boldsymbol{x}_k)=\boldsymbol{x}_k+\boldsymbol{\Phi}(\boldsymbol{x}_k)\tau \tag{9-69}$$

$$\boldsymbol{\Phi}(\boldsymbol{x}_k)=\begin{bmatrix}\boldsymbol{v}_k\\-\dfrac{\mu_E\boldsymbol{r}_k}{\|\boldsymbol{r}_k\|^3}+p(\boldsymbol{r}_k)\\\boldsymbol{0}_{3\times1}\end{bmatrix} \tag{9-70}$$

式中，τ 是状态预测的时间步长，$p(\boldsymbol{r}_k)$ 包含了地球中心引力外其他轨道摄动的影响，$\boldsymbol{w}_k$ 是系统噪声，其方差阵为对称正定阵 $\boldsymbol{Q}_k$。

综合考虑恒星光行差和光线引力偏折效应的影响，天文观测相对论效应导航系统的观测方程可写为

$$\boldsymbol{y}_k=h(\boldsymbol{x}_k)+\boldsymbol{v}_k \tag{9-71}$$

其中

$$\boldsymbol{y}_k=\begin{bmatrix}\vdots\\\boldsymbol{y}_{ijk}\\\vdots\end{bmatrix},h(\boldsymbol{x}_k)=\begin{bmatrix}\vdots\\h_{ij}(\boldsymbol{x}_k)\\\vdots\end{bmatrix} \tag{9-72}$$

式中 $\boldsymbol{y}_{p,k}$ 为利用空间光学干涉仪的光程差构造得到的恒星角距观测量，$\boldsymbol{y}_{ijk}$ 可根据光程差观测量计算得到。$\boldsymbol{v}_k$ 表示测量噪声，其方差阵为对称正定阵 $\boldsymbol{R}_k$。观测函数 $h(\boldsymbol{x}_k)$ 中某个分量 $h_{ij}(\boldsymbol{x}_k)$ 的数学表达式为

$$\begin{aligned}h_{ij}(\boldsymbol{x}_k)=&(\boldsymbol{u}'_{Iik})^{\mathrm{T}}\boldsymbol{u}'_{Ijk}+\frac{1}{c}[1-(\boldsymbol{u}'_{Iik})^{\mathrm{T}}\boldsymbol{u}'_{Ijk}]((\boldsymbol{v}_k+\boldsymbol{v}_{E,k})^{\mathrm{T}}\boldsymbol{u}'_{Iik}+(\boldsymbol{v}_k+\boldsymbol{v}_{E,k})^{\mathrm{T}}\boldsymbol{u}'_{Ijk})-\\&\frac{1}{c^2}[1-(\boldsymbol{u}'_{Iik})^{\mathrm{T}}\boldsymbol{u}'_{Ijk}][((\boldsymbol{v}_k+\boldsymbol{v}_{E,k})^{\mathrm{T}}\boldsymbol{u}'_{Iik})^2+((\boldsymbol{v}_k+\boldsymbol{v}_{E,k})^{\mathrm{T}}\boldsymbol{u}'_{Ijk})^2+\\&((\boldsymbol{v}_k+\boldsymbol{v}_{E,k})^{\mathrm{T}}\boldsymbol{u}'_{Iik})((\boldsymbol{v}_k+\boldsymbol{v}_{E,k})^{\mathrm{T}}\boldsymbol{u}'_{Ijk})-(\boldsymbol{v}_k+\boldsymbol{v}_{E,k})^{\mathrm{T}}(\boldsymbol{v}_k+\boldsymbol{v}_{E,k})]+\xi_{ijk}\end{aligned} \tag{9-73}$$

9.4.4 导航解算方式

基于天文观测相对论导航系统的状态方程和观测方程，可以设计出适当的状态估计方法，用于处理空间光学干涉仪在一个时间序列上的光程差观测量，结合航天器轨道动力学模型，获得航天器位置、速度和空间光学干涉仪光程差偏移的估计值。事实上，在得到航天器位置和速度的估计值后，可以利用恒星光行差和光线引力偏折效应的数学表达式，建立恒星视线方向矢量 $\boldsymbol{u}_{Iik}$ 与 $\boldsymbol{u}''_{Iik}$ 的转换关系，并利用光程差偏移的估计值对空间光学干涉仪的测量输出进行校准。上述工作为实现基于空间光学干涉仪的极高精度姿态确定奠定了基础，具体实现方式与基于星敏感器和陀螺的航天器姿态确定方法类似，在此不再赘述，感兴趣的读者可参阅文献［15］中的说明。

基于对导航原理和测量方式的初步研究，将天文观测相对论效应导航系统的定位、测速和定姿解算的基本步骤进行归纳，如图 9－22 所示。

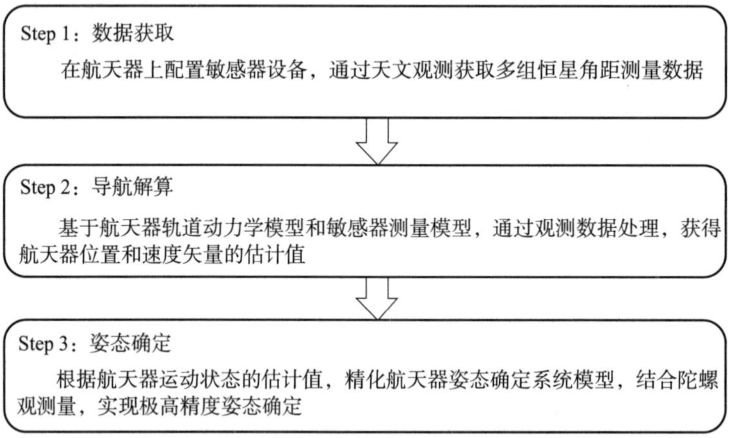

图 9－22　天文观测相对论效应导航解算基本步骤

上述算法编排的特色在于：

1）航天器位置、速度估计和姿态确定过程分开进行，避免航天器定姿误差影响定位精度，从而减少了潜在的误差源；

2）基于一套空间光学干涉仪对自然天体进行观测，同时实现定位、测速和定姿的功能，避免多套设备的配置为航天器平台设计制造带来麻烦。

对于天文观测相对论导航系统而言，航天器运动状态估计当然可以通过扩展卡尔曼滤波器实现，存在的问题之一是缺乏状态方程中有关光行差偏移统计特性的先验知识，导致光行差偏移对应的系统噪声方差阵不易确定。理论上，在一个特定的观测时段内，如果将光程差偏移视为常值，则其系统噪声方差阵应设为 $\mathbf{0}$。但是，在实际应用过程中，面对类似参数辨识的情况，为了改善滤波器递推计算的性能，往往会为被估参数指定一个非零的系统噪声方差阵，其具体取值需要结合专家经验和数学仿真进行人为整定。对于从事航天器导航系统方案论证的工程技术人员而言，这是一项繁冗的工作。事实上，在本书第 4 章和第 8 章涉及星敏感器低频误差参数辨识的研究中，也存在类似的问题。

这种人为整定滤波器参数的过程可以借助强化学习方法，通过数字计算机完成，从而减轻地面人员的负担。本节面向天文观测相对论导航系统，通过 Q 学习扩展卡尔曼滤波器实现光程差偏移对应的系统噪声方差阵参数整定。如果 Q 学习扩展卡尔曼滤波器能够在实际应用场景中成功地选出适当的噪声方差阵，那么，航天器导航系统将在某种程度上具备应对模型不确定性的自适应能力。

在本节的最后部分，为了便于部分读者开展相关工作，给出用于 Q 学习扩展卡尔曼滤波器递推计算的雅可比矩阵的具体形式。状态方程的雅可比矩阵已在本书第 5 章给出，观测方程的雅可比矩阵可根据天文观测相对论导航系统的观测方程推导得到，为了简化计算，忽略观测矩阵 $\boldsymbol{H}_k$ 中高阶项 $o(c^{-2})$ 的影响。

$$\boldsymbol{H}_k=\left[\frac{\partial h(\boldsymbol{x}_k)}{\partial \boldsymbol{r}_k}\quad \frac{\partial h(\boldsymbol{x}_k)}{\partial \boldsymbol{v}_k}\quad \frac{\partial h(\boldsymbol{x}_k)}{\partial \boldsymbol{\kappa}_k}\right] \tag{9-74}$$

观测矩阵 $\boldsymbol{H}_k$ 中的第 1 项中对应第 i 颗恒星和第 j 颗恒星的角距部分可写为

$$\frac{\partial h_{ij}(\boldsymbol{x}_k)}{\partial \boldsymbol{r}_k}=\frac{\partial h_{ij}(\boldsymbol{x}_k)}{\partial \boldsymbol{u}'_{Iik}}\frac{\partial \boldsymbol{u}'_{Iik}}{\partial \boldsymbol{r}_k}+\frac{\partial h_{ij}(\boldsymbol{x}_k)}{\partial \boldsymbol{u}'_{Ijk}}\frac{\partial \boldsymbol{u}'_{Ijk}}{\partial \boldsymbol{r}_k} \tag{9-75}$$

根据恒星角距观测量的数学表达式，以及标量对向量求导的定义，并忽略数学表达式中的高次项可得

$$\frac{\partial h_{ij}(\boldsymbol{x}_k)}{\partial \boldsymbol{u}'_{Iik}}\approx(\boldsymbol{u}'_{Ijk})^{\mathrm{T}}\approx\boldsymbol{u}_{Ijk}^{\mathrm{T}} \tag{9-76}$$

$$\frac{\partial h_{ij}(\boldsymbol{x}_k)}{\partial \boldsymbol{u}'_{Ijk}}\approx(\boldsymbol{u}'_{Iik})^{\mathrm{T}}\approx\boldsymbol{u}_{Iik}^{\mathrm{T}} \tag{9-77}$$

根据光线引力偏折效应的数学表达式可以推导得到

$$\begin{aligned}\frac{\partial \boldsymbol{u}'_{Iik}}{\partial \boldsymbol{r}_k}&=\frac{\partial\delta \boldsymbol{u}_{Iik}}{\partial \boldsymbol{r}_k}\\&=\frac{2\mu_E}{c^2}\frac{1}{\|(\boldsymbol{I}_{3\times3}-\boldsymbol{u}_{Iik}\boldsymbol{u}_{Iik}^{\mathrm{T}})\boldsymbol{r}_k\|^2}\{(1-\boldsymbol{u}_{Iik}^{\mathrm{T}}\boldsymbol{r}_k/\|\boldsymbol{r}_k\|)[\boldsymbol{I}_{3\times3}-\\&\quad\frac{2(\boldsymbol{I}_{3\times3}-\boldsymbol{u}_{Iik}\boldsymbol{u}_{Iik}^{\mathrm{T}})\boldsymbol{r}_k\boldsymbol{r}_k^{\mathrm{T}}(\boldsymbol{I}_{3\times3}-\boldsymbol{u}_{Iik}\boldsymbol{u}_{Iik}^{\mathrm{T}})}{\|(\boldsymbol{I}_{3\times3}-\boldsymbol{u}_{Iik}\boldsymbol{u}_{Iik}^{\mathrm{T}})\boldsymbol{r}_k\|^2}](\boldsymbol{I}_{3\times3}-\boldsymbol{u}_{Iik}\boldsymbol{u}_{Iik}^{\mathrm{T}})-\\&\quad\frac{1}{\|\boldsymbol{r}_k\|}(\boldsymbol{I}_{3\times3}-\boldsymbol{u}_{Iik}\boldsymbol{u}_{Iik}^{\mathrm{T}})\boldsymbol{r}_k\boldsymbol{u}_{Iik}^{\mathrm{T}}(\boldsymbol{I}_{3\times3}-\boldsymbol{r}_k\boldsymbol{r}_k^{\mathrm{T}}/\|\boldsymbol{r}_k\|^2)\}\end{aligned} \tag{9-78}$$

$$\begin{aligned}\frac{\partial \boldsymbol{u}'_{Ijk}}{\partial \boldsymbol{r}_k}&=\frac{\partial\delta \boldsymbol{u}_{Ijk}}{\partial \boldsymbol{r}_k}\\&=\frac{2\mu_E}{c^2}\frac{1}{\|(\boldsymbol{I}_{3\times3}-\boldsymbol{u}_{Ijk}\boldsymbol{u}_{Ijk}^{\mathrm{T}})\boldsymbol{r}_k\|^2}\{(1-\boldsymbol{u}_{Ijk}^{\mathrm{T}}\boldsymbol{r}_k/\|\boldsymbol{r}_k\|)[\boldsymbol{I}_{3\times3}-\\&\quad\frac{2(\boldsymbol{I}_{3\times3}-\boldsymbol{u}_{Ijk}\boldsymbol{u}_{Ijk}^{\mathrm{T}})\boldsymbol{r}_k\boldsymbol{r}_k^{\mathrm{T}}(\boldsymbol{I}_{3\times3}-\boldsymbol{u}_{Ijk}\boldsymbol{u}_{Ijk}^{\mathrm{T}})}{\|(\boldsymbol{I}_{3\times3}-\boldsymbol{u}_{Ijk}\boldsymbol{u}_{Ijk}^{\mathrm{T}})\boldsymbol{r}_k\|^2}](\boldsymbol{I}_{3\times3}-\boldsymbol{u}_{Ijk}\boldsymbol{u}_{Ijk}^{\mathrm{T}})-\\&\quad\frac{1}{\|\boldsymbol{r}_k\|}(\boldsymbol{I}_{3\times3}-\boldsymbol{u}_{Ijk}\boldsymbol{u}_{Ijk}^{\mathrm{T}})\boldsymbol{r}_k\boldsymbol{u}_{Ijk}^{\mathrm{T}}(\boldsymbol{I}_{3\times3}-\boldsymbol{r}_k\boldsymbol{r}_k^{\mathrm{T}}/\|\boldsymbol{r}_k\|^2)\}\end{aligned} \tag{9-79}$$

综合以上各式，观测矩阵 $\boldsymbol{H}_k$ 中的第 1 项可写为

$$\frac{\partial h(\boldsymbol{x}_k)}{\partial \boldsymbol{r}_k}=\begin{bmatrix}\vdots \\ \dfrac{\partial h_{ij}(\boldsymbol{x}_k)}{\partial \boldsymbol{r}_k} \\ \vdots\end{bmatrix} \tag{9-80}$$

其中

$$\begin{aligned}\frac{\partial h_{ij}(\boldsymbol{x}_k)}{\partial \boldsymbol{r}_k}=&\frac{2\mu_E\boldsymbol{u}_{Ijk}^{\mathrm{T}}}{c^2\ \|(\boldsymbol{I}_{3\times3}-\boldsymbol{u}_{Iik}\boldsymbol{u}_{Iik}^{\mathrm{T}})\boldsymbol{r}_k\|^2}\{(1-\boldsymbol{u}_{Iik}^{\mathrm{T}}\boldsymbol{r}_k/\|\boldsymbol{r}_k\|)[\boldsymbol{I}_{3\times3}-\\&\frac{2(\boldsymbol{I}_{3\times3}-\boldsymbol{u}_{Iik}\boldsymbol{u}_{Iik}^{\mathrm{T}})\boldsymbol{r}_k\boldsymbol{r}_k^{\mathrm{T}}(\boldsymbol{I}_{3\times3}-\boldsymbol{u}_{Iik}\boldsymbol{u}_{Iik}^{\mathrm{T}})}{\|(\boldsymbol{I}_{3\times3}-\boldsymbol{u}_{Iik}\boldsymbol{u}_{Iik}^{\mathrm{T}})\boldsymbol{r}_k\|^2}](\boldsymbol{I}_{3\times3}-\boldsymbol{u}_{Iik}\boldsymbol{u}_{Iik}^{\mathrm{T}})-\\&\frac{1}{\|\boldsymbol{r}_k\|}(\boldsymbol{I}_{3\times3}-\boldsymbol{u}_{Iik}\boldsymbol{u}_{Iik}^{\mathrm{T}})\boldsymbol{r}_k\boldsymbol{u}_{Iik}^{\mathrm{T}}(\boldsymbol{I}_{3\times3}-\boldsymbol{r}_k\boldsymbol{r}_k^{\mathrm{T}}/\|\boldsymbol{r}_k\|^2)\}+\\&\frac{2\mu_E\boldsymbol{u}_{Iik}^{\mathrm{T}}}{c^2\ \|(\boldsymbol{I}_{3\times3}-\boldsymbol{u}_{Ijk}\boldsymbol{u}_{Ijk}^{\mathrm{T}})\boldsymbol{r}_k\|^2}\{(1-\boldsymbol{u}_{Ijk}^{\mathrm{T}}\boldsymbol{r}_k/\|\boldsymbol{r}_k\|)[\boldsymbol{I}_{3\times3}-\\&\frac{2(\boldsymbol{I}_{3\times3}-\boldsymbol{u}_{Ijk}\boldsymbol{u}_{Ijk}^{\mathrm{T}})\boldsymbol{r}_k\boldsymbol{r}_k^{\mathrm{T}}(\boldsymbol{I}_{3\times3}-\boldsymbol{u}_{Ijk}\boldsymbol{u}_{Ijk}^{\mathrm{T}})}{\|(\boldsymbol{I}_{3\times3}-\boldsymbol{u}_{Ijk}\boldsymbol{u}_{Ijk}^{\mathrm{T}})\boldsymbol{r}_k\|^2}](\boldsymbol{I}_{3\times3}-\boldsymbol{u}_{Ijk}\boldsymbol{u}_{Ijk}^{\mathrm{T}})-\\&\frac{1}{\|\boldsymbol{r}_k\|}(\boldsymbol{I}_{3\times3}-\boldsymbol{u}_{Ijk}\boldsymbol{u}_{Ijk}^{\mathrm{T}})\boldsymbol{r}_k\boldsymbol{u}_{Ijk}^{\mathrm{T}}(\boldsymbol{I}_{3\times3}-\boldsymbol{r}_k\boldsymbol{r}_k^{\mathrm{T}}/\|\boldsymbol{r}_k\|^2)\}\end{aligned} \tag{9-81}$$

根据恒星角距观测量和恒星光行差的数学表达式，可以推导得到观测矩阵 $\boldsymbol{H}_k$ 中的第 2 项

$$\frac{\partial h(\boldsymbol{x}_k)}{\partial \boldsymbol{v}_k}=\begin{bmatrix}\vdots \\ \dfrac{1}{c}[1-(\boldsymbol{u}'_{Iik})^{\mathrm{T}}\boldsymbol{u}'_{Ijk}](\boldsymbol{u}'_{Iik}+\boldsymbol{u}'_{Ijk})^{\mathrm{T}} \\ \vdots\end{bmatrix} \tag{9-82}$$

根据光程差偏移 $\boldsymbol{\kappa}_{mk}$ 对恒星角距观测量 $\boldsymbol{y}_{ijk}$ 影响的数学表达式，可以推导得到观测矩阵 $\boldsymbol{H}_k$ 中的第 3 项

$$\frac{\partial h_p(\boldsymbol{x}_{p,k})}{\partial \boldsymbol{\kappa}_k}=\begin{bmatrix}\vdots \\ [d_{1ik}+d_{1jk}-2\kappa_{1k}\quad d_{2ik}+d_{2jk}-2\kappa_{2k}\quad d_{3ik}+d_{3jk}-2\kappa_{3k}]\boldsymbol{B}^{-1} \\ \vdots\end{bmatrix} \tag{9-83}$$

结合前面对观测矩阵第 1 项、第 2 项和第 3 项的推导结果，得到观测矩阵 $\boldsymbol{H}_k$ 的完整表达式。值得注意的是，除了需要估计的光程差偏移外，出现在观测矩阵中的模型参数仅包括光速、地球引力常数和恒星在惯性坐标系中的视线方向矢量。上述参数均可以凭借现有技术以足够高的精度测定，不会对该导航方式的工程实施构成障碍。

9.4.5 数学仿真分析

通过数学仿真评估天文观测相对论效应导航系统性能，并验证 Q 学习扩展卡尔曼滤波器的有效性。考虑在近圆轨道飞行的地球轨道卫星，其半长轴为 21 528 km，轨道倾角为 55°。通过高保真度数值轨道外推软件模拟产生航天器参考轨道，考虑地球非球形引力摄

动、太阳光压、日/月引力摄动等因素的影响。根据参考轨道数据和系统模型模拟产生空间光学干涉仪测量数据，数学仿真过程中的基本参数设置如表9-5所示。

表9-5 天文观测相对论效应导航基本仿真设置

仿真设置	
仿真时间	航天器的两个轨道周期
一步状态预测的时间步长	1 s
初始位置误差	随机产生三轴位置误差，分布为 $N(0,(1.5\ \text{km})^2)$
初始速度误差	随机产生三轴速度误差，分布为 $N(0,(0.15\ \text{m/s})^2)$
观测数据更新频率	1 Hz
敏感器测量精度	测量噪声标准差 $\sigma_R = 1$ mas
滤波器参数	
系统噪声方差阵标称值	$\begin{bmatrix} \sigma_r^2 \boldsymbol{I}_{3\times3} & & \\ & \sigma_v^2 \boldsymbol{I}_{3\times3} & \\ & & \sigma_\kappa^2 \boldsymbol{I}_{3\times3} \end{bmatrix}$，$\sigma_r = 1\times10^{-5}$ m，$\sigma_v = 1\times10^{-5}$ m/s，$\sigma_\kappa = 1\times10^{-10}$ m
测量噪声方差阵标称值	根据敏感器测量精度选取
初始估计误差方差阵	$\begin{bmatrix} p_r^2 \boldsymbol{I}_{3\times3} & & \\ & p_v^2 \boldsymbol{I}_{3\times3} & \\ & & p_\kappa^2 \boldsymbol{I}_{3\times3} \end{bmatrix}$，$p_r = 5$ km，$p_v = 0.5$ m/s，$p_\kappa = 1$ m
学习速率	$\alpha = 0.1$
折扣因子	$\gamma = 0.9$
随机动作选择概率	$\varepsilon = 0.1$

首先，为了从理论上说明天文观测相对论效应导航的可行性，通过计算克拉美劳下界给出了该导航系统在理想情况下的定位精度。克拉美劳下界的递推计算公式如本书第2章所示。在恒星角距测量噪声的标准差分别为1 mas、10 mas和100 mas的情况下，通过计算克拉美劳下界得到的天文观测相对论效应导航系统位置估计的极限精度如图9-23所示。

图中横坐标表示时间，单位为航天器的一个轨道周期，纵坐标表示定位极限精度，单位为m。从图中可以看出，在空间光学干涉仪的测量精度达到mas量级时，通过天文观测相对论效应导航系统能够实现地球轨道航天器高精度自主导航。

其次，通过将Q学习扩展卡尔曼滤波器估计得到的结果与参考轨道数据进行比对来计算定位和测速误差，通过定位误差的统计值来评估导航性能。假定在空间光学干涉仪上配置三条基线，对三颗恒星进行观测，形成三个角距观测量；在角距测量精度1 mas，测量数据更新频率1 Hz的情况下，通过天文观测相对论效应导航系统得到的航天器位置和速度估计误差曲线如图9-24、图9-25所示。

图中横坐标表示时间，单位为航天器的一个轨道周期，纵坐标表示位置估计误差的大小，单位为m；实线表示状态估计误差曲线，虚线表示根据滤波器估计误差方差阵的相应

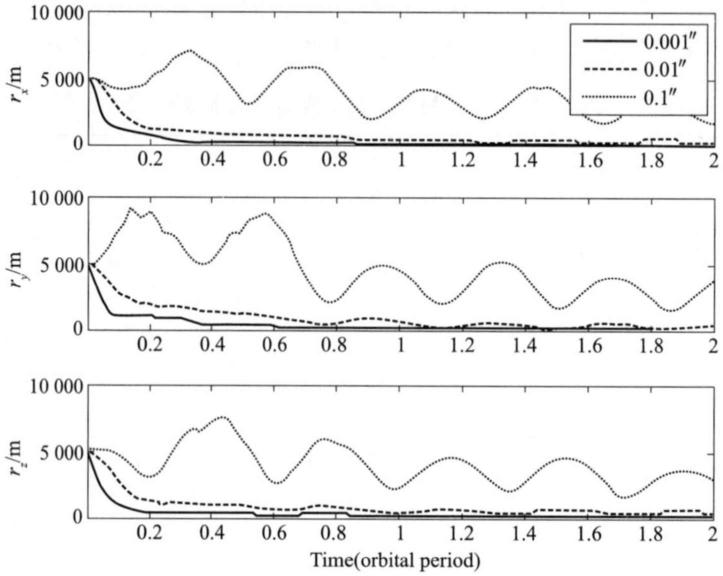

图 9-23 恒星角距测量噪声对地球卫星位置估计精度的影响

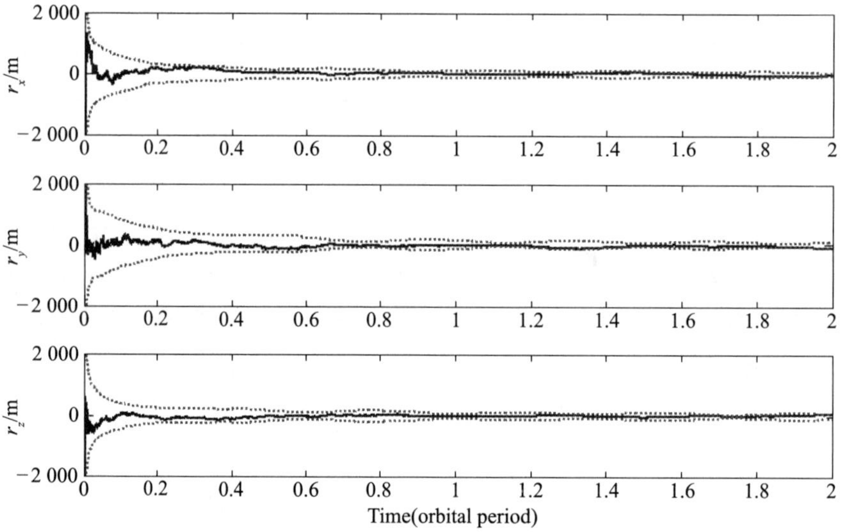

图 9-24 航天器位置估计误差曲线

对角元计算得到的 3σ 误差界，从上到下三幅图分别对应航天器位置矢量的三个分量。仿真结果表明，所设计的 Q 学习扩展卡尔曼滤波器适用于天文观测相对论效应导航系统。基于研究中给定的仿真条件，理想情况下能够达到百米量级的定位精度。对于图 9-24 所示仿真场景，航天器位置矢量估计误差的统计值约为 151 m。

进而，为了说明 Q 学习扩展卡尔曼滤波器的有效性，面向天文观测相对论效应导航系统，将 Q 学习扩展卡尔曼滤波器与传统扩展卡尔曼滤波器进行了对比研究。通过蒙特卡罗仿真得到的两种滤波器的位置估计均方根误差曲线如图 9-26 所示。

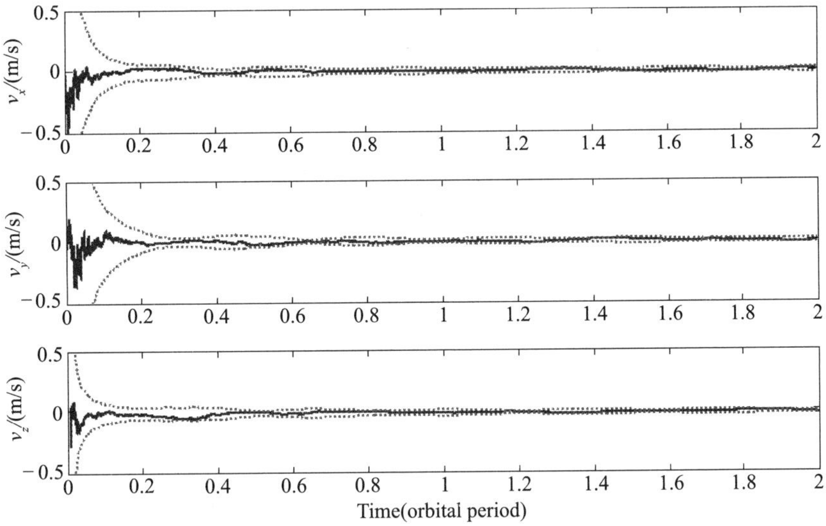

图 9-25 航天器速度估计误差曲线

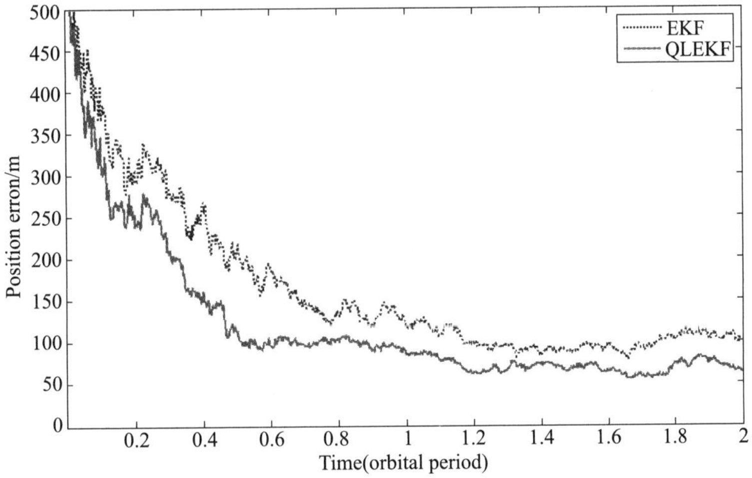

图 9-26 通过不同算法得到的航天器位置估计均方根误差曲线

（EKF：扩展卡尔曼滤波器；QLEKF：Q 学习扩展卡尔曼滤波器）

不难看出，Q 学习扩展卡尔曼滤波器在定位精度上优于传统扩展卡尔曼滤波器。原因在于，Q 学习扩展卡尔曼滤波器能够在状态估计过程中，根据测量新息自适应地调节递推计算公式中的系统噪声方差阵，从而使得敏感器的观测量能够得到充分合理的运用。

9.5 本章小结

作为自适应状态估计的一种实现方式，Q 学习扩展卡尔曼滤波器采取智能体探索未知环境的工作模式，与多模型自适应估计算法相比，二者的主要区别在于自适应率的设计不同。多模型自适应估计算法采用加权平均形式的自适应率，需要为模型集中的每个模型设计一个并行滤波器；而Q学习扩展卡尔曼滤波器将Q学习方法嵌入并行滤波器结构，使得并行滤波器的数目与模型集中元素的数量无关，无论事先建立的模型集中有多少模型，在Q学习扩展卡尔曼滤波器中始终仅需要三个并行滤波器，使得该算法适用于计算能力受限的航天器导航系统。事实上，除了滤波器参数整定之外，Q学习方法还可以用于精化随机系统模型、完善滤波器解算方式和敏感器优化调度等，可结合典型对象、应用场景和总体需求设计出相应的自适应状态估计方法，为航天器导航系统中敏感器数据处理提供可行的解决方案。

目前，Q学习扩展卡尔曼滤波器的理论方法尚不完善，还有一些问题需要继续研究。例如，研究Q学习方法中状态集、动作集和奖赏的优化设计方法，将有助于提升Q学习卡尔曼滤波器的计算效率；将神经网络等更为先进的技术手段代替数表，用于记录Q函数，有助于Q学习扩展卡尔曼滤波器适应更为复杂的环境。

参考文献

[1] 周志华 . 机器学习 [M]. 北京：清华大学出版社，2016.

[2] R S Sutton，A G Barto. Reinforcement learning：an introduction [M] . The MIT Press，London，England，2018.

[3] A Gosavi. Reinforcement learning：a tutorial survey and recent advances [J]. INFORMS Journal on Computing，2009，21：178-192.

[4] J Kober，J A Bagnell，J Peters. Reinforcement learning in robotics：a survey [J]. The International Journal of Robotics Research，2013，32：1238-1274.

[5] B Kiumarsi，K G Vamvoudakis，H Modares，F L Lewis. Optimal and autonomous control using reinforcement learning：A Survey [J]. IEEE Transactions on Neural Networks and Learning Systems，2018，29 (6)：2042-2062.

[6] C J Watkins，P Dayan. Q-learning [J]. Machine Learning，1992，8：279-292.

[7] S A A Rizvi，Z Lin. Output feedback Q-learning for discretetime linear zerosum games with application to the Hinfinity control [J]. Automatica，2018，95：213-221.

[8] K G Vamvoudakis，J P Hespanha. Cooperative Q-learning for rejection of persistent adversarial inputs in networked linear quadratic systems. IEEE Transactions on Automatic Control [J]. 2018，63：1018-1031.

[9] Q Wei，F L Lewis，Q Sun，P Yan，R Song. Discretetime deterministic Q-learning：a novel convergence analysis [J]. IEEE Transactions on Cybernetics，2017，47：1224-1237.

[10] G Arslan，S Yuksel. Decentralized Q-learning for stochastic teams and games [J]. IEEE Transactions on Automatic Control，2017，62：1545-1558.

[11] B Luo，H Wu，T Huang. Optimal output regulation for model-free quanser helicopter with multistep Q-learning [J]. IEEE Transactions on Industrial Electronics，2018，65：4953-4961.

[12] 张浩昱 . 深度强化学习方法研究及其在机器人控制中的应用 [D]. 中国空间技术研究院工学硕士学位论文，2019.

[13] K Xiong，C Wei，H Zhang. Q-learning for noise covariance adaptation in extended Kalman filter，Asian Journal of Control，https：//doi. org/10. 1002/asjc. 2336，2020.

[14] J A Christian. StarNAV：autonomous optical navigation of a spacecraft by the relativistic perturbation of starlight [J]. Sensors，2019，19：4064.

[15] K Xiong，C Wei. Integrated celestial navigation for spacecraft using interferometer and Earth sensor [J]. Journal of Aerospace Engineering，https：//doi. org/10. 1177/0954410020927522，2020.

[16] 张学军，樊延超，鲍 赫，薛栋林 . 超大口径空间光学遥感器的应用和发展 [J]. 光学精密工程，2016，24 (11)：2613-2626.

[17] Y L Allan，W Y Jeffrey，B K Peter，L S Richard. Space interferometry mission spacecraft pointing error budgets [J]. IEEE Transactions on Aerospace and Electronic Systems，2002，38：502-514.

[18] M H Milman, S G Turyshev. Observational model for microarcsecond astrometry with the space interferometry mission [J]. Optical Engineering 2003, 42: 1873 - 1883.
[19] I Basdogan, M Milman. Space interferometry mission instrument model and astrometric performance validation [J]. IEEE Transactions on Aerospace and Electronic Systems, 2004, 40: 1228 - 1238.
[20] 王大轶，黄翔宇，魏春岭．基于光学成像测量的深空探测自主控制原理与技术［M]．北京：中国宇航出版社，2012.

第10章　结论与展望

10.1　航天器导航技术需求

随着新型测量设备的不断问世，人类拥有了越来越多的导航手段。在致力于开发传统GNSS（全球导航卫星系统）、INS（惯性导航系统）和CNS（天文导航系统）等技术的同时，国内外仍在不断研究新体制、新概念的导航方法。在美国国防预先研究计划局（DARPA）于2015年发布的战略指南文件《保障国家安全的突破性技术》中明确指出“增强GNSS（全球导航卫星系统）拒止环境下的定位、授时和导航能力”是未来重点研究领域。美国在2019财年国防预算案中强调，美军应具备在GPS（全球定位系统）信号受到干扰或遮挡的环境中作战的能力。我国正在开展国家综合PNT（定位、导航和授时）体系的论证；2018年，习近平总书记指出，中国将建设完善更加泛在、更加融合、更加智能的综合时空体系。

航天技术在过去的30年中得到快速发展，人类利用和改造空间的能力得到持续提升。进入21世纪以来，通信、导航和遥感等空间基础设施逐渐升级换代，深空探测和空间天文学研究不断获得新发现，新型航天系统如雨后春笋般涌现。“十三五”期间，我国陆续实施的“火星探测”和“在轨维修维护”等国家重大专项，对航天器导航系统的高精度、高可靠、全自主和智能化提出了挑战。例如，面向灾害应急监测、军事侦察等任务，遥感卫星应具备对目标的主动发现和识别确认，以及观测任务的自主规划能力，要求提升自身导航信息获取的精确性和时效性。地外行星探测着陆过程时间短、地面测控时延大、星表大气环境多变、地形复杂、缺乏先验知识，深空探测器需要具备目标感知识别、风险认知理解，以及面向不确定环境的自适应导航能力。卫星网络的研究和应用要求实现自主、安全、自防护的编队飞行，在部分卫星失效时具有编队重构控制能力；面向空间目标的在轨维护等任务，为了保障操作平台到达未知空间目标近旁的特定位置，并按照一定的姿轨协同规律进行运动，需要导航系统具备自主测量感知和在轨自学习能力，图10－1为由多颗卫星构成的卫星网络示意图。

导航系统是保障航天器准确地按预定姿态和轨道飞行的关键，其性能水平直接制约着航天器的任务能力，实现全部或部分自主导航是未来航天器的发展趋势。新一代人工智能技术与航天控制技术的融合与发展，促进了以“感知-决策-操控”星上闭环为特色的航天器智能控制研究，致力于将各类航天器发展成为具备感知、学习、推理、执行、进化等能力的智能无人系统（如图10－2所示）；要求提升航天器导航系统的自主能力和智能水平，使其能够对环境和态势的变化做出适应性反应，在无人干预的情况下完成载体运动状态测定。

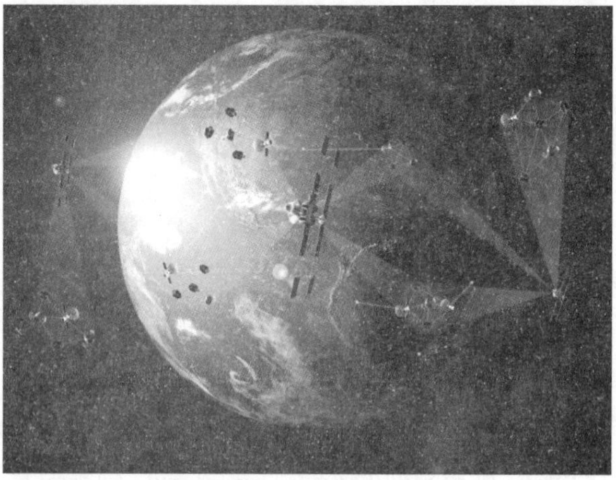

图 10-1 由多颗卫星构成的卫星网络示意图

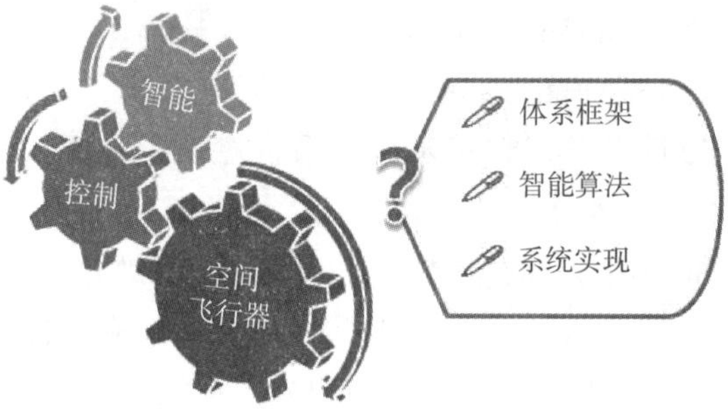

图 10-2 人工智能技术与航天控制技术的融合

10.2 航天器导航未来发展

10.2.1 全源定位与导航

以高精度、低成本和自适应能力为特色的全源定位与导航（All Source Positioning Navigation，ASPN）研究计划，旨在设计不依赖 GNSS 的新概念导航敏感器和组合方式、快速集成的系统架构，以及信息融合和状态估计方法，设计无缝导航解决方案，从而有效降低对 GNSS 的依赖及因此产生的风险，以期在未来对抗条件下保持精确 PNT 能力的优势，图 10-3 为美国 PNT 体系规划示意图。

国内外对全源定位与导航技术高度重视，基本实现方式是融合天文导航敏感器、惯性测量器件、多模 GNSS 接收机和芯片级原子钟等提供的导航信息，充分发挥多种导航方式的优势，为不同平台和不同环境下的用户提供全天时高精度的自主 PNT 服务，基本原则为：在 GNSS 信号可用的情况下，优先利用 GNSS 技术进行导航；在 GNSS 信号不可用时，能够提供同等功能和精度的替代导航技术。发展多样化的新型 PNT 手段是实现全源

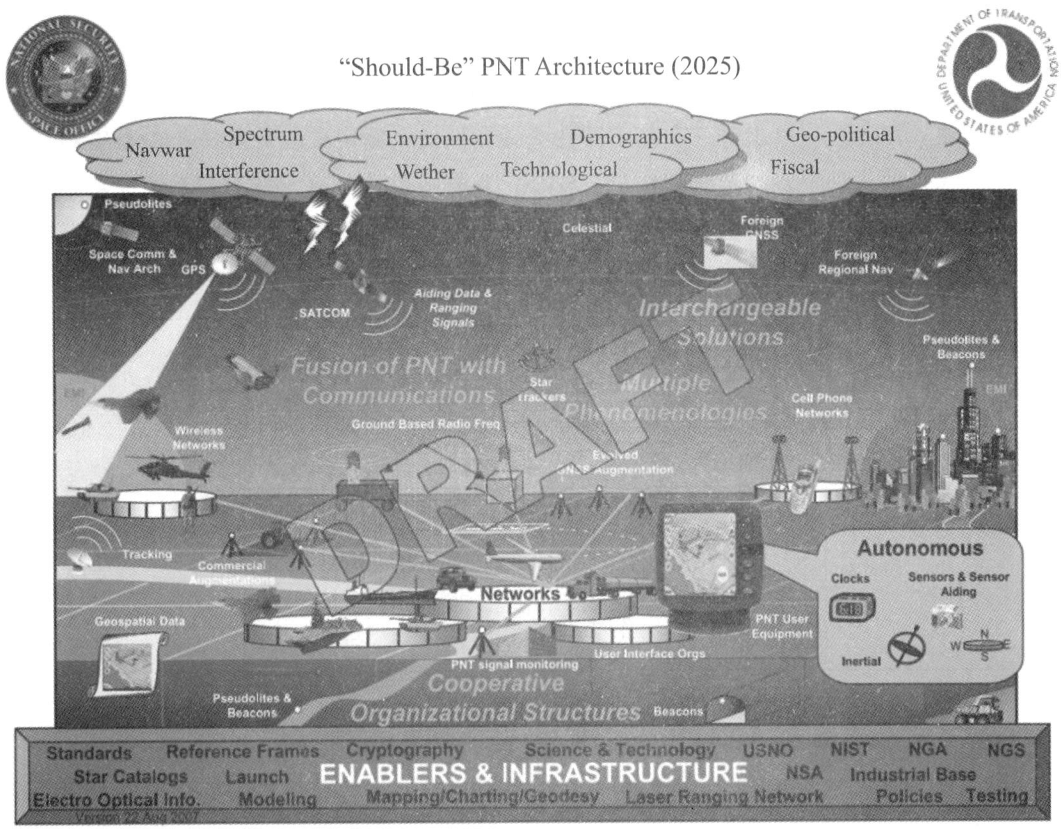

图 10－3　美国 PNT 体系规划示意图

定位与导航的基础。对于替代导航技术的研究，重点关注以下三个方面的问题：一是精度与精度保持问题，二是体积、重量、功耗与成本问题，三是反应时间问题。全源定位与导航技术研究的主要特色如下。

1）对导航敏感器提出了高精度、全自主和小型化的要求，满足上述要求的微型惯性测量器件和先进天文导航敏感器是全源定位与导航技术发展的重要基础；并且，全源定位与导航系统支持通过多源信息融合增强其自身性能。

2）基于即插即用技术和开放式体系架构进行设计，使得全源定位与导航系统兼容现有的，以及一些尚未开发的导航敏感器，能够智能识别环境变化并及时做出调整，自主选取适当的测量信号源、模型数据库和状态估计方法进行 PNT 解算，以自适应的方式实现对多种导航资源的优化调度。

要提高导航系统的精确性和可靠性，仅依靠单一的导航方式难度很大。全源定位与导航系统将观测不同目标、具有不同特性的多种敏感器借助智能处理器组合起来，并对敏感器输出的测量信息进行综合处理，能够充分发挥不同导航方式的优越性。不同类型敏感器所受环境因素的干扰各不相同，在多敏感器测量的基础上，通过设计具有自适应能力的状态估计方法，能够更有效地克服模型不确定性的影响，充分发挥当前不受模型不确定性影响、或受模型不确定性影响相对较小的敏感器对载体运动状态的修正作用，从而实现测量信息的优化处理。

全源定位与导航系统运用所有可用信息，根据载体的动力学特性和敏感器输出计算出精确的结果。图 10－4 给出了一个基于惯性测量器件的全源定位与导航系统的基本组成示意图，此系统使用如下多种敏感器信息：GPS、人造随机信号（SoOP）、光学成像、激光测距、地球磁场、重力场以及雷达。该导航系统可适当地结合所有可用信息，当部分信号源或敏感器不可用时，仍可使用其他信号源或敏感器进行导航。

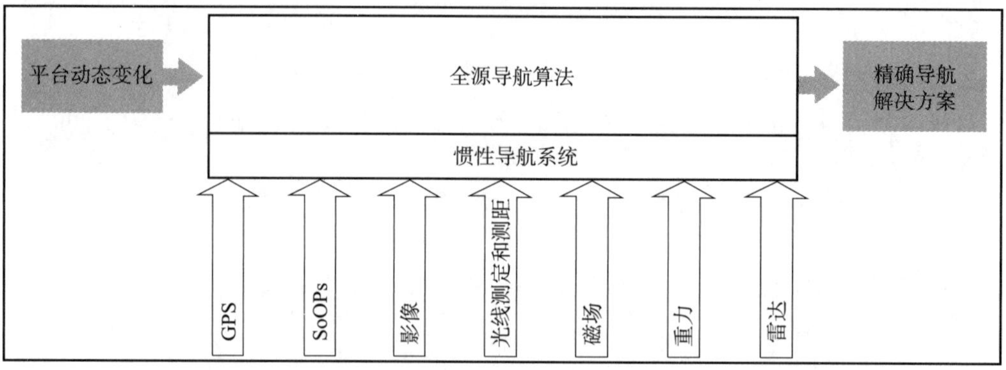

图 10－4　全源定位与导航系统示例

为了合理地应用全源定位与导航系统，应开发自适应机制，使得最适合的敏感器和滤波器在不同环境条件下提供可用导航信息。基于并行滤波器的自适应状态估计方法适用于全源定位与导航系统信号处理。针对潜在敏感器的精度、灵敏度和应用模式设计多个并行滤波器，根据应用环境的变化对不同敏感器的测量信息进行加权融合和自适应处理，或通过人工智能方法进行决策，选择出适应当前场景的敏感器和滤波器，能够增强导航系统应对各种复杂环境的能力。

通过合理地设计自适应状态估计方法，能够识别出敏感器所受到的未知干扰，以及干扰的严重程度，并采取适当策略进行处理，如在不存在未知干扰的情况下，令全源定位与导航系统中的多模 GNSS 接收机起主导作用；相反，在 GNSS 信号受到干扰影响时，令惯性测量器件或天文导航敏感器起主导作用。通过自适应状态估计方法自主实现多个导航信息源的切换和折中，使其在应对模型不确定性，或敏感器受环境影响测量特性发生变化时，能够体现出优于传统卡尔曼滤波器和鲁棒卡尔曼滤波器滤波的性能优势。

10.2.2　脉冲星计时导航系统

在 X 射线脉冲星导航技术下一阶段的研究工作中，将逐步建立天地一体化的脉冲星计时导航系统，获得精确的脉冲星计时模型、辐射特征和空间角位置等，构建和精化脉冲星导航数据库，为后续航天器导航应用提供关键支撑。未来脉冲星计时导航系统在太阳系质心框架下实现航天器自主导航与授时服务，主要由三大部分组成，即空间导航部分、地面支撑部分和射电观测部分，如图 10－5 所示。

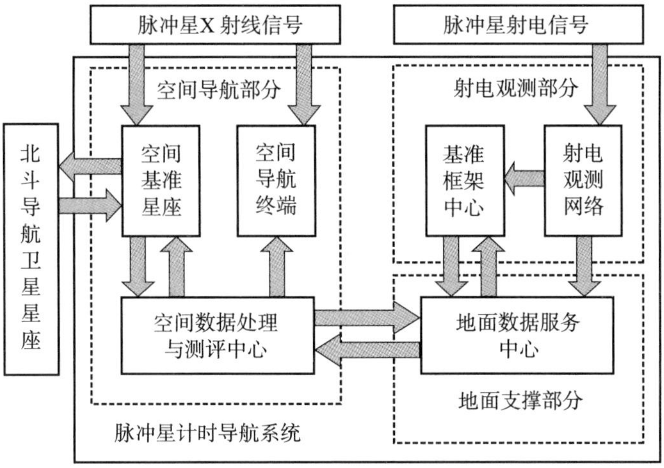

图 10－5　X 射线脉冲星计时导航系统组成框图

图 10－5 中，空间导航部分由空间基准星座、空间导航终端和空间数据处理与测评中心等组成，以具有稳定周期的 X 射线脉冲星信号作为主要信息源，主要功能是为近地轨道航天器和深空探测器播发脉冲星导航数据库，并向地面支撑部分提供 X 射线脉冲星观测数据；射电观测部分由基准框架中心和射电观测网络等组成，负责观测脉冲星射电信号，收集天文基准框架数据，并将观测和收集到的数据发送至地面支撑部分。地面支撑部分主要包括地面数据服务中心等，用于融合空间导航部分和射电观测部分提供的脉冲星数据，提供脉冲星监测服务、科研服务和时间服务，并发送脉冲星特征参数等至空间导航部分。

规划中的脉冲星计时导航系统的应用模式可归纳为以下三类。

第一，通过在航天器上配置脉冲星导航终端，探测 20 颗以上脉冲星构成的天然导航星座辐射的 X 射线脉冲信号，基于空间数据处理与测评中心播发的脉冲星导航数据库，为近地轨道和星际飞行航天器以及无稠密大气行星表面巡视器提供位置、速度、姿态和时间等导航信息服务，实现整个太阳系内各类航天器的自主 PNT。

第二，通过空间基准星座探测 X 射线信号，并与北斗导航卫星建立星间链路，进行空间基准星座与北斗导航卫星之间的双向测距和数据共享，通过信息融合和联合定轨为北斗导航卫星系统提供精确的绝对时空基准信息，提升星座系统长时间自主运行能力，实现北斗星座的自主性能增强。

第三，融合空间脉冲星 X 射线观测数据和地面射电观测数据，通过地面数据服务中心构建统一、稳定的脉冲星时间基准，作为国家综合 PNT 体系的重要组成部分，为国防、科研和国民经济建设提供服务。

10.2.3　北斗星座自主运行

时空基准与 PNT（定位导航授时）系统是支撑时空信息服务的物质基础，国家级 PNT 系统将以北斗卫星导航系统及其广域增强/备份系统为主，目标是构建时空基准统一、覆盖无缝、安全可信、高效便捷的国家综合定位导航授时体系框架，具备较强的抗毁能力，满足国家安全、经济社会时空信息保障需求。2020年，在中共中央对北斗三号全球卫星导航系统建成开通的贺电中指出："北斗卫星导航系统已进入全球服务的新阶段，深化北斗系统应用面临广阔前景和全新挑战，建设更加完善的北斗综合定位导航授时体系等后续任务依然艰巨繁重"。国家PNT体系的建设，要求全面发展以全空域的高性能导航服务、高自主的星座稳定运行、卓越的系统安全与导航战，以及基于北斗全球网络的拓展服务为主要特征的新一代卫星导航系统。星座自主导航技术是当前的研究重点之一，它的成功将为星座轨道维持管理提供巨大的便利，同时，节省星座运行成本，提升星座自主生存能力。

将不同体制导航敏感器提供的信息进行融合，构成组合导航系统，可实现各种导航方法之间的优势互补，并使组合导航系统的性能优于各子系统，是实现高精度、高安全性自主导航的有效途径。面向未来北斗导航卫星系统自主运行的组合导航系统由照相观测星相机、星间量子测量敏感器（指的是基于纠缠光子实现发射端和接收端之间距离测定的一套设备，相对传统无线电或激光测距体制，能够突破信号功率对测量精度的限制，同时在保障信息安全方面具有优势）、X射线探测器和高性能星载计算机等关键设备构成，根据对空间目标、恒星、脉冲星等的观测实现导航定位，如图10-6所示。

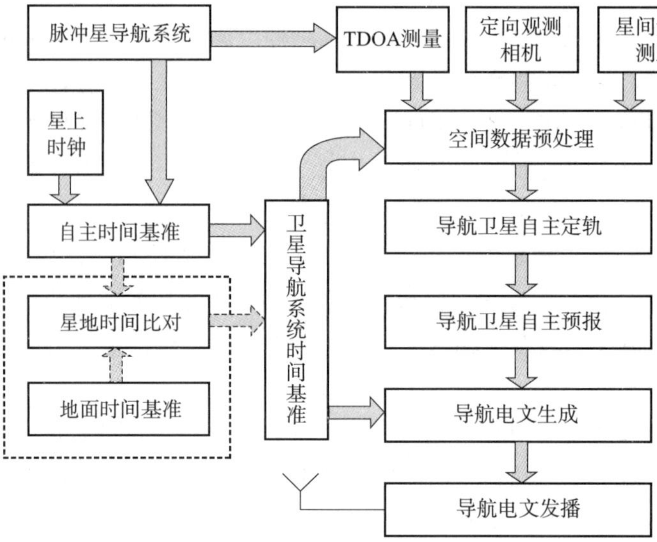

图10-6　面向北斗导航卫星系统自主运行的PNT解算流程

基本工作模式为：在星上综合电子系统指令控制下，利用星间量子测量敏感器和照相观测星相机，北斗导航卫星定期进行星间距离和方向观测，得到星座卫星的星间相对测量数据，通过X射线探测器改善组合导航系统的精度和可靠性，并对星上时钟的长期累积误差进行校准。通过敏感器进行数据预处理，得到自主导航的基本观测量；通过高性能星载计算机在星座卫星上完成自主PNT解算，并根据需要定期进行轨道预报，从而得到自主时空基准。上述计算均在星上完成，地面测控站只起到星地时空基准监控和校正作用。

考虑到体积、重量和成本的限制，在三个轨道面上各取一对中轨道（MEO）卫星（每组卫星中包括一颗目标卫星和一颗观察卫星）进行照相观测和星间距离测量，在观察卫星上配置星间定向观测星相机，同时，在不同轨道面的观察卫星上配置星间链路设备。为了避免异面卫星相对运动影响照相观测精度，在不同轨道面的卫星之间仅进行距离测量，不进行照相观测。对于脉冲星导航和授时的实施，可以采取在 MEO 卫星的三个轨道面上各配置一套 X 射线探测器的策略，所获得的 PNT 信息可通过量子星间链路传送到轨道面上的其他卫星。

在此基础上，为了进一步增强星间相对测量对航天器位置误差的几何约束，拓展导航技术的应用范围，可基于星际连音自主导航原理，设置多颗地球卫星和月球卫星构成空间网络（网络节点的位置事先不需要精确已知）。在多颗地球卫星之间进行星间相对测量的基础上，在月球卫星星座和地球卫星星座之间建立星间链路，进行星间相对测量和联合定轨，如图 10－7 所示。

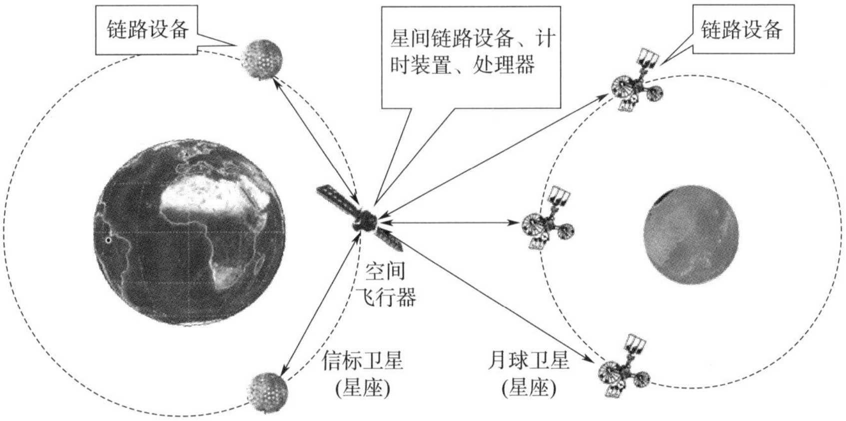

图 10－7　基于不同体制航天器建立的空间信息网络

通过多个不同体制的航天器（包括通信、导航、遥感卫星，空间天文观测望远镜以及深空探测器等）建立空间信息系统，进行多源测量信息融合，能够有效增加可用观测量，提升整个空间信息系统的导航数据处理精度和可靠性。通过空间信息系统体系架构和处理策略的优化设计，即使一个或几个航天器信号受到干扰或自身出现故障，整个空间信息系统仍能正常工作。上述系统的设计与实现是未来航天技术领域的研究方向之一。

10.2.4　天文观测相对论效应导航

天文观测相对论效应导航系统通过提取卫星运动造成的恒星光行差，以及天体引力场导致的光线引力偏折效应中包含的导航信息，通过滤波器处理确定卫星的运动状态，是一种独立的、不受制于人的、全球范围的导航方式。我国在自主天文导航算法和敏感器研制方面具备很好的研究基础，但天文观测相对论效应导航系统模型尚不完善，对制约导航精度的因素和相应的处理方法缺乏系统性工作，空间热环境和卫星平台抖动等因素都会对测量性能造成影响，设计满足应用要求的测量基准在轨标校方法具有一定难度，尚不能形成面向工程应用的天文观测相对论效应导航系统方案。

下一步的研究重点是面向高轨卫星高精度、全自主导航技术需求，从引入新概念测量、提高信息获取精度和改进滤波器设计这三个层面入手，着重解决制约导航精度的关键问题，近期目标是在 36 000 km 轨道高度上达到 100 m 量级的定位精度水平。天文观测相对论效应导航是一种新颖的方法，但又涉及一些不可回避的问题，如图 10-8 所示。

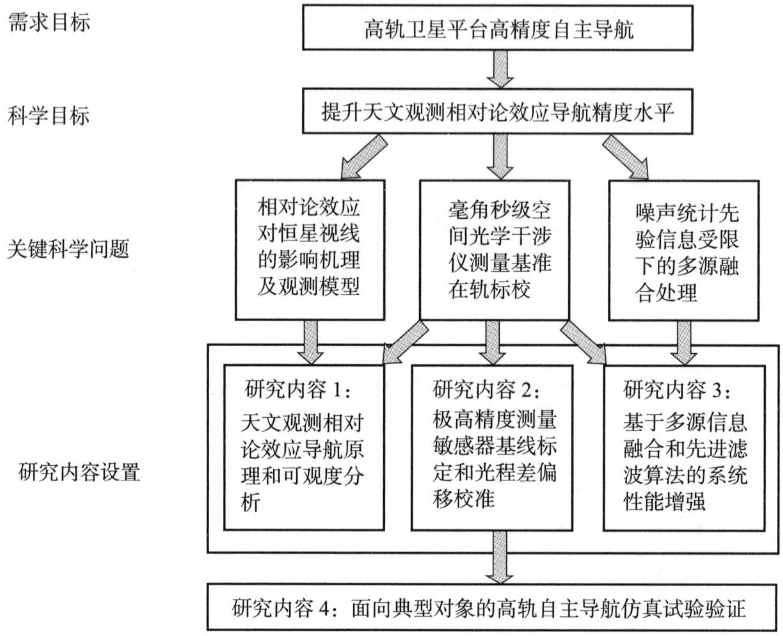

图 10-8　天文观测相对论效应导航研究方案框图

（1）相对论效应对恒星视线的影响机理及观测模型

航天器导航系统性能取决于系统模型、敏感器测量和数据处理的精度水平，探明相对论效应对恒星视线方向的影响机理，借以构建完善的观测模型，是天文观测相对论效应导航研究的关键基础性问题。相对于在惯性空间中静止不动且不受重力场影响的观测者而言，在太阳系中处于运动状态的航天器上测得的恒星视线方向变化是恒星自行、视差、光行差和光线引力偏折等多种效应共同作用的结果，面向导航的高精度要求，模型应全面反映上述效应的综合影响。在国外以往工作中，仅将与航天器速度相关联的恒星光行差作为导航信息源，而将与航天器位置相关联的光线引力偏折效应作为系统误差进行处理，事实上，太阳和地球引力场造成的光线引力偏折效应分别可达角秒和毫角秒（mas）量级，会对导航性能产生不利影响。对于 mas 级甚至更高测角精度水平，选择易于获取的观测量，并给出准确可靠的数学表达式，有效克服恒星自行、视差和截断误差等因素的影响，同时充分发挥恒星光行差和光线引力偏折效应在测速和定位方面的效能。上述问题需要在系统建模研究中加以解决。

（2）毫角秒级空间光学干涉仪测量基准在轨标校

在空间光学干涉仪开展天文观测的初始阶段，观测模型中的基线矢量及光程差偏移均为未知量，如何设计测量基准在轨标校方法，得到与测量精度相匹配的标校结果，是敏感器观测量得以高精度表现出来的关键。空间热环境是影响天体精密测量的主要因素之一，航天器长期在轨运行的情况下，受太阳光照角度呈现周期性变化，干涉仪基线自身受热不均匀而产生形变，导致测量基准偏差的出现，严重制约了测角精度，必须进行定期校准。尽管测量基准标校可通过在星上配置激光干涉定标设备等方式实现，但完全依赖外测设备对其精度要求极高：通过概算易知，对于 1 m 基线，1 μm 的测距精度对应约 0.2″的测角误差，远大于空间光学干涉仪自身的测角精度。如果实施空间光学干涉仪自校准，即通过多条基线观测多颗恒星的方式对基线矢量和光程差偏移进行最小二乘估计，则要求至少配置三条基线并同时对十二颗以上恒星进行观测，限制了其应用场景。如何通过多源信息融合和组合系统滤波提升基准偏差估计和补偿的准确性，是在轨标校研究中亟待解决的问题。

(3) 噪声统计先验信息受限下的多源融合处理

航天器平台的稳定度对空间光学干涉仪中干涉条纹的获取和测量的准确程度具有显著影响，星上转动部件高频抖动、太阳帆板挠性振动等干扰因素都会导致平台姿态稳定度下降。即使采取高精、高稳姿态控制或超静平台减振隔振等技术措施，平台抖动对测角精度的影响仍可达到 mas 量级，与空间光学干涉仪测量精度需求相当，其影响不可忽略。针对干扰因素的影响，传统扩展卡尔曼滤波器的优化设计依赖于模型中系统噪声和测量噪声的统计特性。尽管测量噪声统计特性的标称值可通过地面测试给出，但受现有技术水平和试验条件的限制，难以在地面准确模拟空间环境，敏感器在轨误差特性往往不同于地面测试情况，技术人员通常难以准确掌握模型不确定性的影响程度，给滤波器的设计造成了困难。在动态干扰环境和先验信息受限条件下，针对非线性不确定系统模型，如何改善滤波器的精确性和稳定性，同时兼顾算法的实时性是需要研究的问题。

对天文观测相对论效应导航的研究力求突破传统自主天文导航手段的精度限制，相关成果可服务于新一代高轨通用卫星平台，也可推广用于深空探测工程，并牵引带动空间光学干涉仪等产品和技术的发展，基于多源信息融合的测量基准在轨标校方法可用于未来空间天文观测任务，将对航天科技进步起到推动作用。

10.3　卡尔曼滤波器的研究方向

航天器导航系统性能的优劣，一方面与获取测量数据的敏感器设备密切相关，另一方面，也取决于所采用的测量数据处理方式，包括随机系统状态估计方法。事实上，在确定性理论中有时也要兼顾随机性的影响。试想，如果一个确定性系统的初始状态向量是已知的，状态方程也是已知的，则理论上利用状态方程就可以精确计算未来任意时刻系统的状态向量，那么，也就没有必要设计状态观测器了。随机系统状态估计理论的发展，带动了航天器导航技术的不断进步，这种进步又促进随机系统状态估计理论的进一步发展。在航天器上应用卡尔曼滤波器等最优估计方法已有几十年的历史，采用数字计算机技术，使得星上导航解算能够以一定意义上的最优方式完成。在航天器上进一步推广应用天文导航和其他先进导航技术，能够使航天器的性能，尤其是自主性得到极大的提升。近些年来，现代控制理论的成熟和人工智能技术的发展，为随机系统状态估计研究开辟了广阔的发展空间。

对于随机系统而言，由于系统的状态方程和观测方程一般都受到随机噪声的干扰，系统的状态向量是未知的随机过程，人们掌握的仅是通过敏感器获得的观测数据序列。如何克服随机干扰的影响，利用观测数据去精确估计未知的状态向量？对这一问题的多种解决方案，形成了不同的滤波器结构或优化准则。观测数据利用方式的不同，会产生不同的状态估计结果。对很多实际问题而言，随机性因素的作用是客观存在的，在这方面，随机系统模型相比确定性系统模型更能本质地刻画客观实在。如何充分合理地利用敏感器观测数据、随机系统模型和相关先验知识中包含的信息，对于状态估计方法研究显得十分重要。

作为最著名的随机系统状态估计方法，从 20 世纪中叶以来，卡尔曼滤波器已经在很多能够获取精确系统模型的场景下得到成功应用。但是，传统卡尔曼滤波器不能很好地解决在模型不确定情况下的航天器运动状态估计问题。如何提高卡尔曼滤波器抑制模型不确定性影响的能力，逐渐成为一个突出的问题。卡尔曼滤波器及其改进算法不断发展完善的过程，从某种意义上说，就是面向应用对象的科研人员同多种多样的模型不确定性进行不懈斗争的过程。一种有效的随机系统状态估计方法，往往为充分利用或获取模型中有关实际系统的知识提供了便利，如本书中所述的最小二乘法利用了状态向量与观测量在解析式上的关联关系；相对而言，卡尔曼滤波器的优势在于考虑了状态向量自身的演化规律，并将噪声的统计特性用于优化卡尔曼增益；此后，扩维卡尔曼滤波器实现了对事先未知的模型参数的辨识；后来发展起来的鲁棒卡尔曼滤波器应用了有关模型不确定性的先验信息，自适应卡尔曼滤波器能够在线获取部分知识并选取适当的方法进行处理，而强化学习卡尔曼滤波器则具备在应用过程中与环境交互并逐渐累积经验的能力，为航天器应对空间环境能力的增强奠定了算法基础。

随机系统状态估计方法的优化设计对于抑制噪声影响、提升航天器导航系统性能具有重要作用。现有的地球轨道卫星和深空探测器导航数据处理多采用扩展卡尔曼滤波器（EKF）等传统非线性滤波算法。在实际系统与滤波模型不匹配的情况下，传统扩展卡尔曼滤波器不具备自适应能力，模型不确定性的影响会导致状态估计性能下降，从而增大导航系统误差。针对上述问题，在航天器导航技术攻关过程中得到关注的典型方法包括鲁棒扩展卡尔曼滤波器（REKF）、自适应扩展卡尔曼滤波器（AEKF）、多模型自适应估计（MMAE）算法和 Q 学习扩展卡尔曼滤波器（QLEKF）等，下面对上述算法研究中需要解决的问题进行简单归纳。

（1）鲁棒扩展卡尔曼滤波器

鲁棒扩展卡尔曼滤波器具有多种设计准则和实现方式，基本思路是面向不确定性模型开展设计，将有关模型不确定性的先验知识用于状态估计方法的优化，使得模型不确定性对状态估计的影响最小化。应当说明，鲁棒扩展卡尔曼滤波器是否有效，很大程度上取决于不确定性模型是否准确反映了实际系统中不确定性的影响。如果不确定性模型选择不恰当，会导致滤波器设计过于保守，造成估计精度降低。

（2）自适应扩展卡尔曼滤波器

自适应扩展卡尔曼滤波器因其具有噪声方差在线估计能力而得到广泛重视，通过与其他非线性滤波算法相结合，已衍生出自适应无迹卡尔曼滤波器（Adaptive Unscented Kalman Filter，AUKF）、自适应容积卡尔曼滤波器（Adaptive Cubature Kalman Filter，ACKF）等多种形式。上述方法的共性问题在于，对于系统噪声和测量噪声方差阵均未知的时变系统，受方差估计和状态估计误差的综合影响，使得滤波器整体的闭环稳定性在理论上得不到保证；应用于特定系统时会出现自适应扩展卡尔曼滤波器性能不及传统扩展卡尔曼滤波器的情况。

（3）多模型自适应估计算法

多模型自适应估计算法是另外一种能够处理模型不确定性的滤波方法，基本思路是由一系列模型构成的模型集来描述模型不确定性，基于模型集中的各个模型分别设计滤波器，各个滤波器通过并行解算，获得各自的状态估计值，多模型自适应估计算法最终的状态估计值是各个并行滤波器状态估计值的加权和；各个并行滤波器的权值通过测量新息计算得到，反映了各个滤波模型与实际系统模型的匹配程度。通过优化模型集和自适应律的设计，使得与实际系统相一致的滤波模型在状态估计中起主导作用，此时，多模型自适应估计算法能够取得优于传统卡尔曼滤波器的估计精度。但是，对于航天器导航任务，往往需要针对模型不确定性的不同来源和表现建立多个模型，导致算法复杂程度较高，限制了其星上应用。

（4）Q学习扩展卡尔曼滤波器

强化学习理论方法为滤波器的优化设计提供了新的解决方案，基本思路是通过智能体在未知环境中以试错的方式逐渐积累经验，最终掌握一种从环境状态到执行动作的映射。Q学习扩展卡尔曼滤波器可以通过自身与环境的交互，自适应地选取合理的滤波器参数，逐渐改善估计精度，从而增强导航系统应对模型不确定性影响的能力。

未来随机系统状态估计方法研究主要以智能遥感、深空探测、在轨服务以及卫星集群等任务为背景，从理论分析、数学建模、仿真研究和试验验证等几个方面系统性开展工作，重点发展环境适应性强、无长期积累误差、具有较强抗干扰能力的导航滤波方法，通过对X射线脉冲星和恒星视线方向等的观测确定航天器的运动状态，面向mas量级高性能光学导航敏感器的在轨应用，解决导航系统精确建模和系统误差在轨校准问题，设计具有学习能力的随机系统状态估计方法，形成具有应用价值的自主导航技术方案。

在本节的结尾部分，借用周志华教授在专著《机器学习》中的一段文字："脱离具体问题，空泛地谈论什么学习算法更好毫无意义，因为若考虑所有潜在的问题，则所有学习算法都一样好。要谈论算法的相对优劣，必须要针对具体的学习问题；在某些问题上表现好的算法，在另一些问题上却可能不尽如人意"。对于随机系统状态估计方法的研究也是这样。为了实现卡尔曼滤波器及其改进算法的有效设计和评估，要求工程技术人员对具体对象、总体需求和应用场景有足够的了解。一种先进的滤波算法，其技术优势能否充分地展示出来，在很大程度上取决于其性能特点与所要解决的问题是否匹配。设计者的工程经验和先验知识往往会对滤波器的优化设计起到至关重要的作用。

10.4 结束语

新的随机系统状态估计理论方法层出不穷，每种获得广泛认可的方法都有其特定的优势和适用范围。如何通过并行计算和智能融合，采取形式简洁、鲁棒性强、易于实现的策略，充分发挥不同理论工具和技术手段在对抗环境下多源信息处理方面的效能，是面向航天器导航系统的滤波器设计研究中需要关注的内容。

理论与实践的统一是马克思主义的一个最基本的原则，任何理论都要不断接受实践的检验。对于卡尔曼滤波器相关理论方法的研究也是如此，检验一种滤波器是否有效的标准，归根结底只能是工程实践。相信通过本书的学习，多数读者已经能够面向各自领域的应用系统，建立合理的状态空间模型，设计出有效的随机系统状态估计方法，并通过规范的数学仿真手段对其性能进行评估。下一步的工作是努力将所学到的知识用于解决工程实践活动中遇到的问题。

参考文献

[1] 张伟，许俊，黄庆龙，陈晓．深空天文自主导航技术发展综述［J］．飞控与探测，2020，3（4）：8－16.

[2] 崔平远，秦同，朱圣英．火星动力下降自主导航与制导技术研究进展［J］．宇航学报，2020，41（1）：1－9.

[3] 邢琰，刘祥，滕宝毅，毛晓艳．月球表面巡视探测自主局部避障规划［J］．控制理论与应用，2019，36（12）：2042－2046.

[4] 刘涛，解永春，王晓磊，胡锦昌．火星轨道交会自主导航与制导方法［J］．宇航学报，2019，40（4）：406－414.

[5] 薛连莉，沈玉芃，宋丽君，陈效真．2019年国外导航技术发展综述［J］．导航与控制，2020，19（2）：1－9.

[6] 杨文钰，李东兵，隋毅，沈玉芃．2020年国外不依赖卫星的导航技术发展综述［J］．飞航导弹，2021（1）：25－30.

[7] 左富昌，梅志武，邓楼楼，石永强，贺盈波，李连升，周昊，谢军，张海力，孙艳．多层嵌套掠入射光学系统研制及在轨性能评价［J］．物理学报，2020，69（3）：030702.

[8] 丁陶伟，帅平，黄良伟，张新源．基于扩展卡尔曼滤波的XPNAV－1卫星自主定轨算法研究［J］．中国空间科学技术，2021，41（1）：13－21.

[9] 张艾，李勇．考虑星间测量的航天器自主导航并行滤波器［J］．控制理论与应用，2018，35（6）：761－768.

[10] 林夏，林宝军，刘迎春，白涛，武国强．一种同轨区域集中的北斗卫星自主导航算法［J］．宇航学报，2021，42（1）：113－121.

[11] K Xiong，C Wei，L Yuan. Spacecraft navigation using stellar aberration and gravitational deflection of light［C］. China Automation Congress（CAC 2020），Shanghai，2020.

[12] 王若璞，佟帅，詹银虎．天体测量中的光行差［J］．测绘科学技术学报，2020，37（4）：331－339.

[13] 王大轶，侯博文，王炯琦，葛东明，李茂登，徐超，周海银．航天器自主导航状态估计方法研究综述［J］．航空学报，2021，42（4）：524310.

[14] 刘劲，汪婷，胡爽，宁晓琳，康志伟．考虑太阳自转的天文多普勒差分导航方法［J］．飞控与探测，2020，3（4）：33－38.

[15] 周志华．机器学习［M］．北京：清华大学出版社，2016.

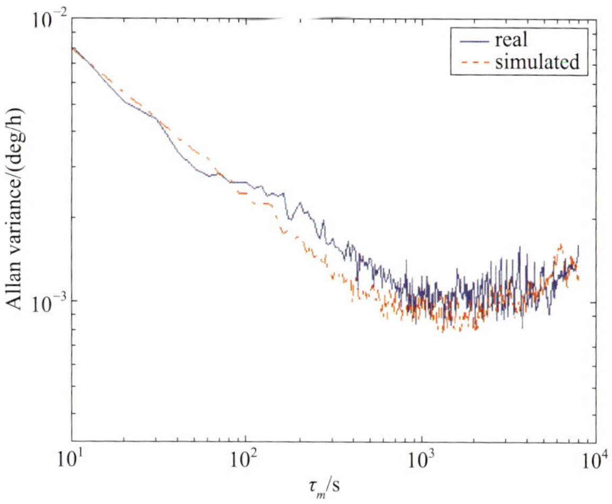

图 3－6　通过实测数据和仿真数据得到的陀螺 Allan 方差曲线（P58）

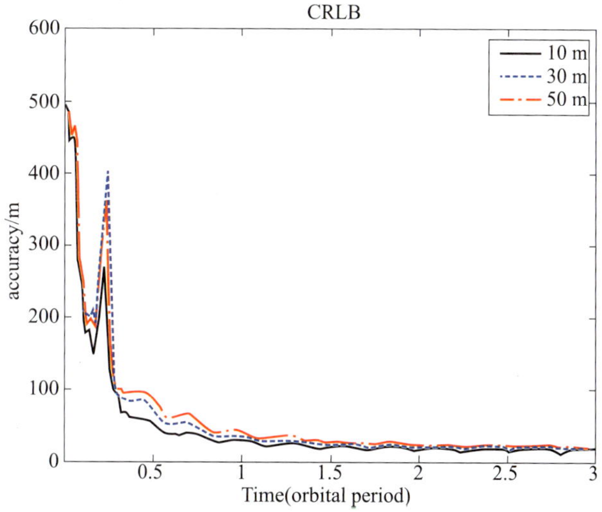

图 7－14　星间距离测量精度对地球卫星导航精度的影响（P204）

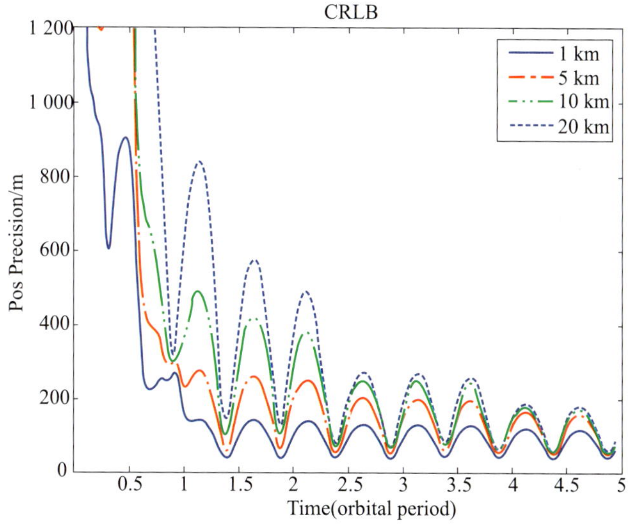

图 7－15　导航系统初始误差对地球卫星导航精度的影响（P204）

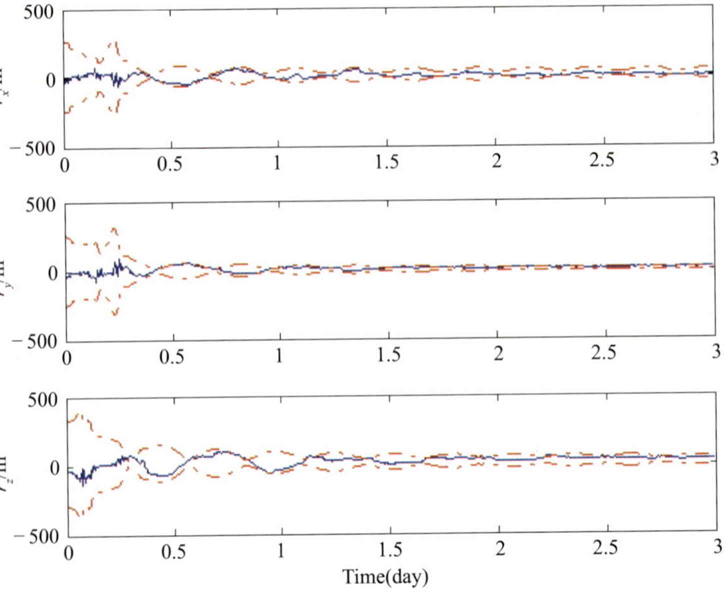

图 7－16　无干扰情况下的地球卫星位置估计误差曲线（P205）

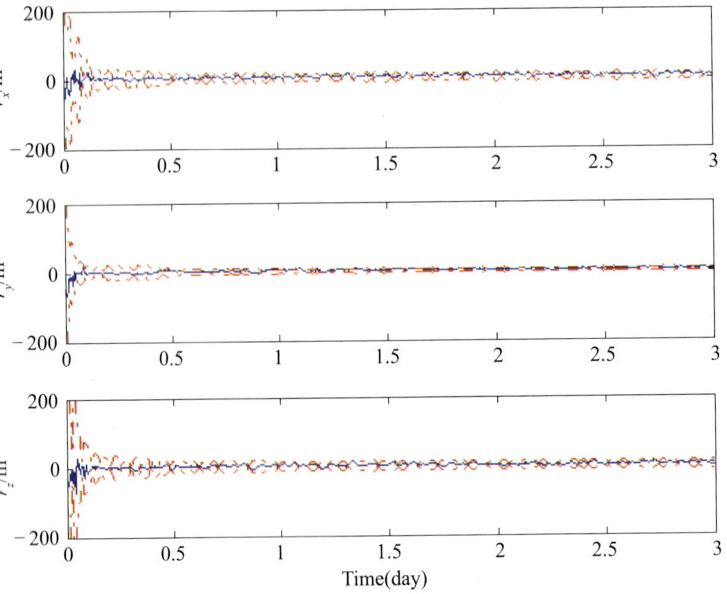

图 7－17　无干扰情况下的月球卫星位置估计误差曲线（P206）

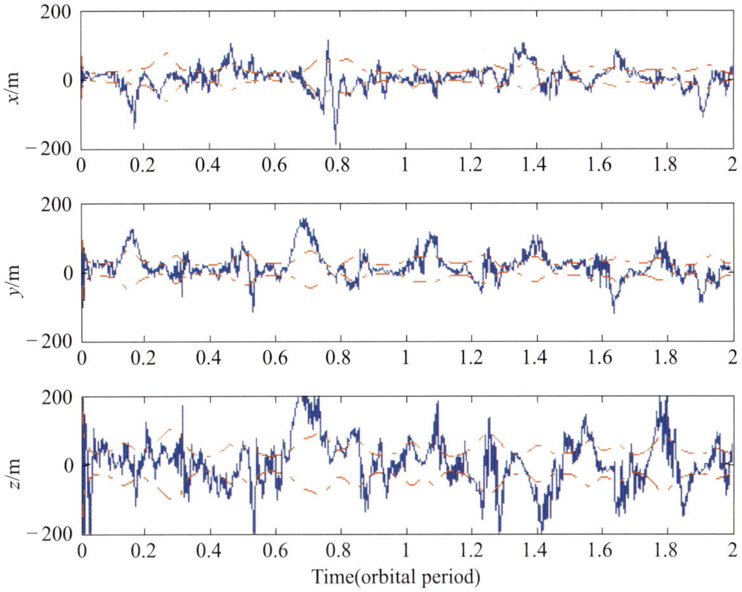

图 7 - 18　干扰情况下传统扩展卡尔曼滤波器的位置估计误差曲线（P206）

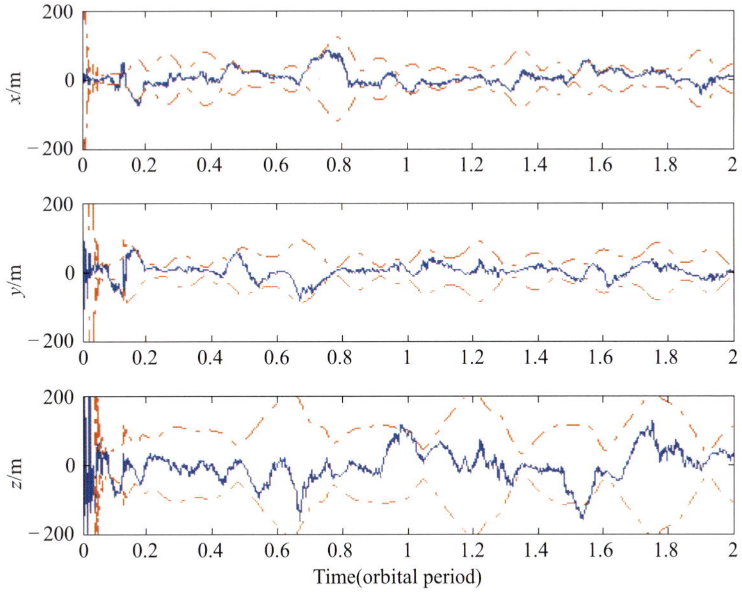

图 7 - 19　干扰情况下多模型自适应估计算法的位置估计误差曲线（P207）

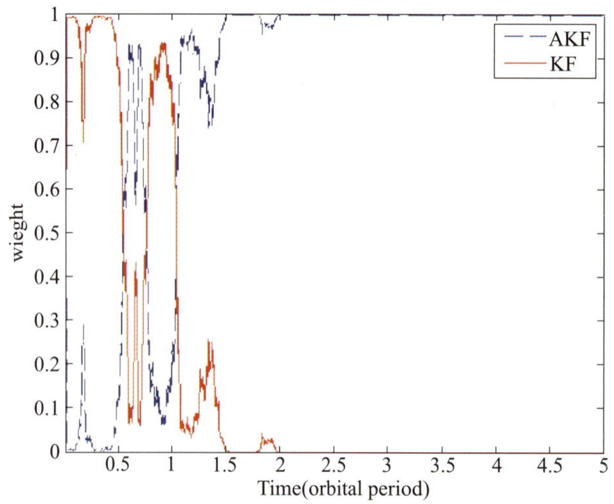

图 8-4　两个并行滤波器的权值变化曲线（存在低频误差）（P218）

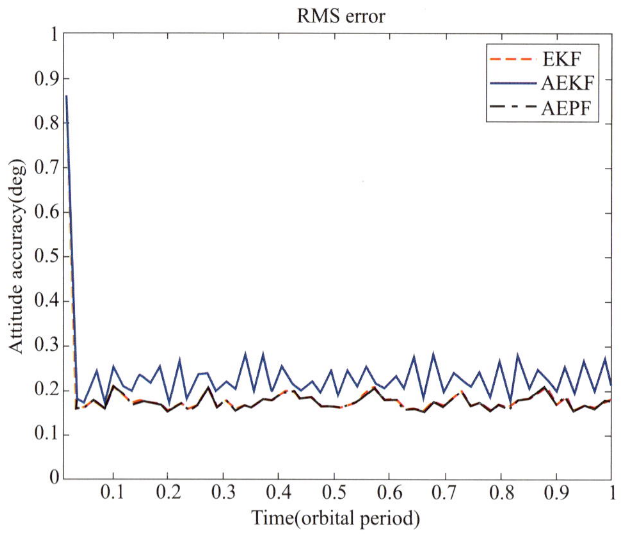

图 8-21　通过三种状态估计方法得到的相对姿态估计均方根误差曲线（1）（P243）

（EKF：扩展卡尔曼滤波器；AEKF：自适应扩展卡尔曼滤波器；AEPF：基于并行滤波器的自适应状态估计）